普通高等教育能源动力类系列教材

工程热力学

主　编　杨玉顺
参　编　张昊春　贺志宏
主　审　何雅玲

机械工业出版社

全书分为四个部分：热力学基本概念和基本定律、工质的热力性质、热力过程及热力循环、化学热力学基础和能量直接转换及可再生能源。本书注重基本理论的阐述，注重理论与工程实践的联系，注重结合课程内容对学生进行热力学分析方法和思维能力的训练。本书各章附有例题、思考题和习题。附录有较详细的热工图表。此外，各章附有知识结构框图，便于学生掌握各章知识要点及其相互联系。多数章后还附有热力学史方面的选读材料，旨在使学生了解重要热力学概念、定律的来龙去脉及创立过程，从中受到科学家创新精神的启迪和科学素养的熏陶。

本书可作为热能动力、热力发动机、飞行器动力、制冷与低温技术、工程热物理、核工程及能源工程等专业的工程热力学教材，也可供有关工程技术人员参考。

图书在版编目（CIP）数据

工程热力学/杨玉顺主编. —北京：机械工业出版社，2009.4（2022.1重印）

普通高等教育能源动力类系列教材

ISBN 978-7-111-26582-5

Ⅰ. 工… Ⅱ. 杨… Ⅲ. 工程热力学-高等学校-教材 Ⅳ. TK123

中国版本图书馆 CIP 数据核字（2009）第 037294 号

机械工业出版社（北京市百万庄大街22号 邮政编码100037）
责任编辑：蔡开颖 版式设计：霍永明 责任校对：陈延翔
封面设计：赵颖喆 责任印制：郜 敏
北京富资园科技发展有限公司印刷
2022年1月第1版第5次印刷
184mm×260mm · 23.5印张 · 1插页 · 579千字
标准书号：ISBN 978-7-111-26582-5
定价：55.00元

电话服务
客服电话：010-88361066
010-88379833
010-68326294

网络服务
机 工 官 网：www. cmpbook. com
机 工 官 博：weibo. com/cmp1952
金 书 网：www. golden-book. com
机工教育服务网：www. cmpedu. com

前　言

本书是根据教育部制定的多学时《工程热力学课程教学基本要求》（2004 年修订版），吸收了国内外同类教材的优点，结合编者多年教学经验和校内试用多年的《工程热力学》讲义的基础上编写而成的。

全书 15 章既包括了工程热力学的传统内容，也适当反映科学技术的新进展。为了适应工程、能源、环保等需要，增加了工程实用过程、新型动力循环、可再生能源、能量直接转换等方面的内容。本书编排不同于国内同类书的体系，全书分为四个部分：热力学基本概念和基本定律、工质的热力性质、热力过程及热力循环、化学热力学基础和能量直接转换及可再生能源。每部分内容既相对独立自成体系，又相互衔接形成统一的整体。

本书结合了作者的长期教学经验和心得，在某些热力学基本概念和定律的阐述上作了大胆尝试：如在对外界的定义中强调了外界是指热力系之外的环境中与热力系有直接作用的那些物体，而并非热力系之外的环境都是外界；如对界面真假之分、动静之别、能质可传三个特性的概括；如在比热容的定义中强调了没有化学变化和相变的前提；如在对自发过程定义中强调了是系统内部的不平衡势差推动了自发过程的进行，而绝非没有任何驱动力自发过程就可以自动进行；如对热力学第二定律实质是熵产以及熵产与实际过程的不可逆性、单向性、方向性关系的论述；如对耗散效应本质的探究；等等。相信以上这些内容对于学生加深热力学基础知识的理解无不裨益。

各章都附有知识结构框图，对每章重要的知识点加以梳理，帮助学生将零散孤立的内容编织成科学合理的知识网络，便于学生掌握每章知识要点及其相互联系，有利于学生学以致用。

多数章后还附有热力学史方面的选读材料，这些背景知识既可供教师教学参考，又便于学生学习时阅读。编选的宗旨在于使学生了解重要的热力学概念、基本定律、定理的产生背景、创立过程及来龙去脉，使学生从中受到科学家创新精神的启迪和科学素养的熏陶。

本书绪论、第 1 ~6 章、第 8 章、第 11 ~13 章由杨玉顺教授编写，第 9 章、第 10 章、第 15 章由张昊春编写，第 7 章、第 14 章由贺志宏副教授编写，全书由杨玉顺统稿。

全书采用我国法定计量单位。本书配套有多媒体电子课件，包括 PPT 电子教案和习题参考答案，免费提供给使用本教材授课的教师，联系方式见书末的信息反馈表。

本书由西安交通大学何雅玲教授担任主审，何教授对本书进行了仔细审阅并提出了宝贵意见，在此表示衷心感谢。由于水平所限，书中难免有不妥之处，敬请读者批评和指正。

哈尔滨工业大学　杨玉顺

常用符号表

拉丁字母

A　面积
C　常数
C_B　分子浓度
C_m　摩尔热容
c　比热容；流速
c_s　声速
D　过热度
DA　干空气
d　含湿量
E　总能量；能量
E_L　不可逆损失；㶲损
E_x　㶲
$E_{x,Q}$　热量㶲
$E_{x,U}$　工质㶲
e　比总能量
e_L　比㶲损
e_x　比㶲
F　力；亥姆霍兹自由能
f　比亥姆霍兹自由能
G　吉布斯自由能
g　重力加速度；比吉布斯自由能
H　焓
h　比焓
K　平衡常数
k　玻耳兹曼常数
M　摩尔质量
Ma　马赫数
m　质量；分子数
N　（压气机）级数
n　物质的量；多变指数
P　功率
p　压力
p_b　大气压力
Q　热量；反应热
q　每千克工质的热量
q_m　质量流量
q_V　体积流量
R　摩尔气体常数
R_g　气体常数
r　汽化热
S　熵
s　比熵
T　热力学温度
t　摄氏温度
U　热力学能
u　比热力学能
V　体积
v　比体积
W　功；膨胀功
w　每千克物质的功；每千克物质的膨胀功；质量分数
x　干度；摩尔分数
y　湿度
Z　压缩因子
z　高度

希腊字母

α　抽汽率；过量空气系数
α_p　相对压力系数
α_V　体膨胀系数
β_c　临界压力比；离解度
γ　比热比；化学计量系数；表面张力
Δ　增量
δ　微小量
ε　压缩比；制冷系数
ζ　供热系数
η　效率
κ　等熵指数

绪　论

0.1 能源及我国能源面临的主要问题

能源、材料、信息是构造人类社会的三大支柱。在这三者中，能源既是材料生产、机械制造及其功能实现的动力，又为信息采集、加工、储存、传递提供所需的能量，它更居于核心地位和发挥着关键作用。而且生产力愈发达，社会愈进步，人类物质生活及精神生活水平愈提高，则对能源的依赖性愈大。曾记否，1973 年第一次能源（石油）危机，不仅使美、日等资本主义国家蒙受数以百亿美元的巨大的经济损失，而且给整个社会生活造成极大的混乱。当时，在最发达、最文明的美国甚至出现了马拉汽车、燃木取暖和蜡烛照明的景象。西方报刊惊呼 1973 年的美国过了一个寒冷、暗淡的冬天。可以这样说，现代社会的物质生活和精神生活时刻都离不开能源的供应，没有足够的能源，人类社会将要停滞，现代文明的大厦将要坍塌。不仅如此，当今世界能源不仅是人类社会赖以生存和发展的物质基础，而且是一种重要战略物资。能源已经成为全球军事、政治、经济斗争的争夺目标和斗争手段。中东战火为什么连年不断，说到底，某些大国和政治集团垂涎和争夺那里丰富而廉价的石油资源是其动荡不安的根源。

新中国成立后的近 60 年以来，我国的能源工业取得了举世瞩目的成就，有力地保证和促进了整个国民经济发展和社会进步。但是，由于我国是一个人口众多的发展中国家，我国能源工业面临着许多问题，概括起来是“三低、污染重、不均衡”。

（1）人均能源拥有量和储备量低　我国能源资源虽然较为丰富，但人均能源资源拥有量远低于世界平均水平，不但与美国相距甚远，在油、气资源方面与世界的平均水平也相差悬殊。我国人均原煤资源不到美国的 1/10，也低于世界的 1/2；人均原油资源只有美国的 1/5，也远低于世界的 1/9；天然气资源低于美国的 1/8 和世界的 1/20。地大而人均物不博才是中国真正的国情。

（2）能源利用率低　受到我国科技水平和生产力水平的限制，我国能源终端利用率仅为 33%，比发达国家低 10 个百分点。单位产值平均能耗比发达国家高 30% ~80%，加权平均高 40%，单位产值能耗为发达国家的两倍。百万美元 GDP 中国能耗是美国的 2.5 倍，是欧盟的 5 倍，几乎是日本的 9 倍。例如，我国工业锅炉效率仅为西方发达国家的 80%，燃煤电厂平均煤耗我国是 414g/(kW · h)，而国际平均为 350g/(kW · h)，鼓风机及水泵的能源利用率也仅为国际水平的 85%，国产电动机在产生相同动力的情况下，其电力消耗比国际水平高 5% ~10%。

（3）人均能耗水平低　我国人均能耗水平特别是生活用能水平很低。例如，目前我国电力装机容量和总发电量已均居世界第二位，但人均占有量分别为 0.21kW 和 900kW · h，均只有世界水平的 1/3。中国 1998 年的人均能源消费为 1.165t 标准煤，居世界第 89 位，不足世界人均消费水平的 2.4t 标准煤的一半，只是发达国家的 1/10 ~1/5。专家预计到 2040

年将达到2.3t标准煤左右，相当于目前世界平均水平，远低于发达国家的目前水平。可见人均常规能源相对不足，是中国经济、社会可持续发展的一个制约因素，尤其是石油和天然气。所以我们要有能源忧患意识。

（4）环境污染严重　我国能源构成的特点是富煤、贫油、少气。由于以煤为主，而且人口众多，生产和生活用能源给环境造成的污染已十分严重。有资料表明，生活及取暖用煤和生物质燃烧造成的室内空气污染每年约造成11.1万人早亡，城市内一些空气污染严重地带，呼吸道癌发病率上升50%，肺癌死亡率上升近20%。我国南部和西南部高硫煤地区的酸雨影响已危及全国40%的陆地面积和19%的耕地面积，使受影响地区农作物及林业生产率平均下降3%。据世界银行报道，我国城市空气污染对人体健康和生产力造成的损失估计每年超过200亿美元；酸雨造成的每年农作物收成减产及其他损失高达上千亿美元。造成温室效应的二氧化碳排量更是居高不下，目前中国排放量居世界第二位，占世界总排放量的13.6%（约1/7），能源给环境造成的影响是十分严峻的。

（5）能源分布极不均衡　经济发达的沿海和东部地区缺油少气，天然气丰富的西部经济又欠发达，不得不进行晋煤外运和西气东输等工程。

我国要实现四个现代化，在21世纪实现中华民族的伟大复兴，必须要解决好我国能源问题。解决我国面临的能源问题，除了要靠国家的宏观政策调控（有效地控制人口，改善我国能源构成和加大投入），更要靠科技进步和自主创新。推动能源科技进步和自主创新的重担历史地落在能源科技工作者的肩上。在能源问题上，目前面临确保能源供应和保护环境的两大挑战，这是大有作为的天地。国家兴亡，匹夫有责，前辈们（例如哈尔滨工业大学的王仲奇院士和秦裕锟院士）已为我们做出了榜样。在校学习的青年学生是未来中国建设的骨干和中坚力量，现在应该学习掌握好科学技术，将来为国家富强和人民幸福作出自己的贡献。

0.2 热能及其利用

人类在日常生活和生产中，需要多种形式的能源。人类最早从自然能源中寻找所需能源，自然能源的开发和利用是人类社会进步的起点，而能源开发和利用的程度又是社会生产力发展水平和人类富裕文明生活水平的一个重要标志。蒸汽机的发明，开创了人类利用自然力的先河，解放了人的体力和畜力，人类由农业社会过渡到工业社会；电力的发现特别是微电子技术与计算机的出现，又解放了人的体力和部分脑力劳动（重复性脑力劳动），人类社会开始由工业社会向信息社会过渡。

所谓能源，是指为人类生活和生产提供能量和动力的物质资源。自然界中以自然形态存在的、可直接利用的能源称为一次能源，主要有风能、水力能、太阳能、地热能、燃料化学能和核能等，其中有些可直接加以利用，但通常需要经过适当加工转换才能利用。由一次能源加工转换后的能源称为二次能源，其中主要是热能、机械能和电能。因此，能量的利用过程，实质上是能量的传递和转换过程，其大致如图0-1所示。

由图0-1可见，在能量转换过程中，热能不仅是最常见的形式，而且具有特殊重要的作用。一次能源中除太阳能通过光电反应，化学能通过燃料电池直接提供电能以及风能、水力能可直接提供机械能外，其余各种一次能源都往往要转换成热能的形式。据统计，经过热能形式而被利用的能量，在我国占90%以上，世界其他各国平均超过85%。因此，热能的开发利用对人类社会的发展有着重要的意义。

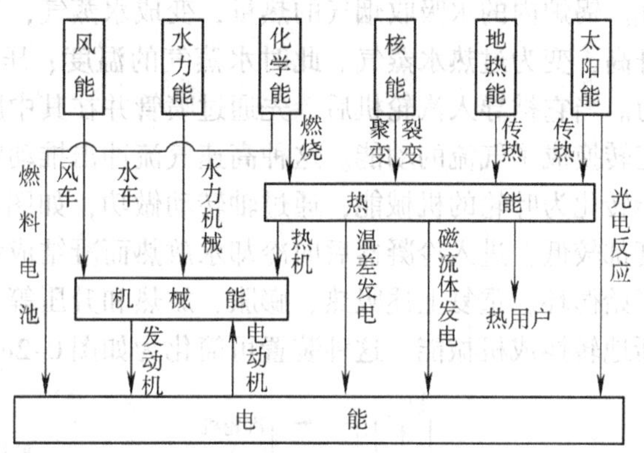

图0-1　能量的传递和转换过程

热能的利用有热利用和动力利用两种基本形式。热能的热利用或称为热能的直接利用，即将热能直接用于加热物体，以满足烘干、采暖、熔炼等生产工艺和人们生活需要。这种利用的方式已有几千年，它有两个特点：一是能量形式无变化，即产热体提供的是热能，受热体利用的也是热能；二是理论上无损失，即如不考虑实际上的热损失的话，理论上可以百分之百地利用。在这种热利用方式中，由于提供热能与利用热能的往往不是同一个物体或物体的同一部分，所以要提高其利用效率就必须研究热能传递的规律与特征，这就需要学习好传热学知识。热能的动力利用或称为热能的间接利用，通常是指通过各种热能动力装置将热能转换成机械能或者再转换成电能加以利用，为人类的日常生活和工农业生产及交通运输提供动力。自从发明蒸汽机以来，这种利用方式虽然至今仅有200多年的历史，但却开创了热能动力利用的新纪元，使人类社会生产力和科学技术突飞猛进。由此可见热能动力利用的重要性。这种利用形式具有与前种利用方式相反的两种特点：一是能量形式有变化，即供热体提供的是热能，而受热体（热机）输出的可能是机械能或电能；二是理论上必有损失，即在完全理想化的条件下，由于受到热力学第二定律的限制，热能也不能百分之百地转化为机械能或电能。事实也正是这个原因，当今世界，热能通过各种热能动力装置转换为机械能的有效利用程度较低。早期蒸汽机的热效率只有1%～2%。目前燃气轮机装置的热效率大约只有20%～30%，内燃机的热效率为25%～35%，蒸汽电站的热效率也只有40%左右。如何更有效地实现热功转换，是一个十分迫切而又重要的课题。正如前所述，尽管新中国成立以来，能源生产发展迅速，已成为世界第三能源大国，而且燃料资源比较丰富，但人均占有量相对不足，特别是我国目前热能利用的技术水平与世界发达国家相比，还有很大差距，这个差距需要大家共同努力来缩小。由于这种利用方式的能量形式有变化、要转换，就需要学习和掌握热能与机械能转换的规律。这就是工程热力学所要研究的内容。对于每一位有志于报国的热能工作者来说，不仅要有报国之志，更要有报国之才，这就必须学习好、掌握好工程热力学这一门十分重要的专业基础课。

0.3　能量转换装置的工作过程

热能的转换和利用，离不开各种热能转换装置，如蒸汽动力装置、内燃机、燃气轮机装置以及压缩制冷装置等。为了从这些装置中总结出能量转换的基本规律以及共同特性，本节简要介绍几种常用的热能转换装置。

1. 蒸汽动力装置

简单循环的蒸汽动力装置由锅炉、汽轮机、水泵和冷凝器等设备组成。图0-2a为其系统简图。煤粉、油、天然气等化石燃料在锅炉内燃烧，其化学能转变为热能，产生高温的烟气。锅炉内的水吸收烟气的热量，变成水蒸气，当它流经过热器时，继续吸热，温度进一步升高，变为过热水蒸气。此时水蒸气的温度、压力比外界介质（空气）的高，具有做功能力。当它被导入汽轮机后，先通过喷管并在其中膨胀，压力、温度都降低，而速度增大，热能转换成了气流的动能。这种高速气流冲击推动叶片，带动叶轮旋转。气流的速度降低，动能转化为叶轮的机械能，通过轴转动做功，如图 0-2b 所示。膨胀做功后的乏汽，压力与温度都较低，进入冷凝器后向冷却水放热而凝结成水，并由泵升压后打入锅炉加热。如此周而复始循环，重复上述吸热、膨胀、放热和升压等一系列过程，把燃料燃烧放出的热能源源不断地转换成机械能。这种装置可简化为如图 0-2c 所示的热力系统图。

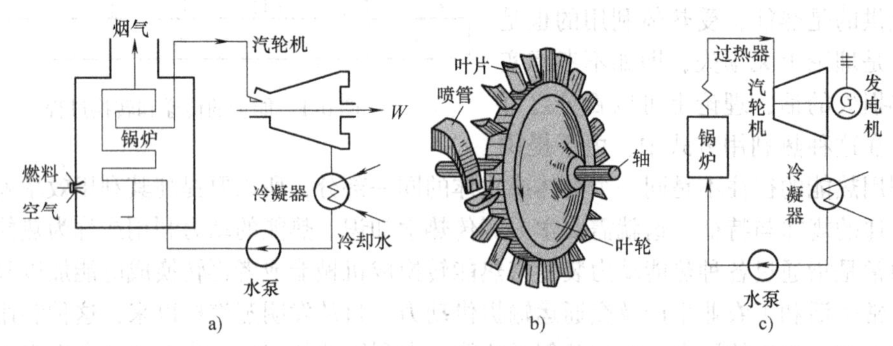

图 0-2　蒸汽动力装置

2. **燃气轮机装置**

燃气轮机装置是 20 世纪 40 年代发展起来的一种比较新型的动力装置。最简单的燃气轮机装置包括三个主要部件：压气机、燃气轮机和燃烧室，图 0-3 所示为其流程示意图。空气和燃料分别经压气机与泵增压后送入燃烧室，在燃烧室中燃料与空气混合并燃烧，释放出热能。燃烧所产生的燃气吸热后温度升高，然后流入燃气轮机边膨胀边做功。做功后的气体排向大气并向大气放热。重复上述升压、吸热、膨胀与放热的过程，连续不断地将燃料的化学能转变成热能，进而转换成机械能。

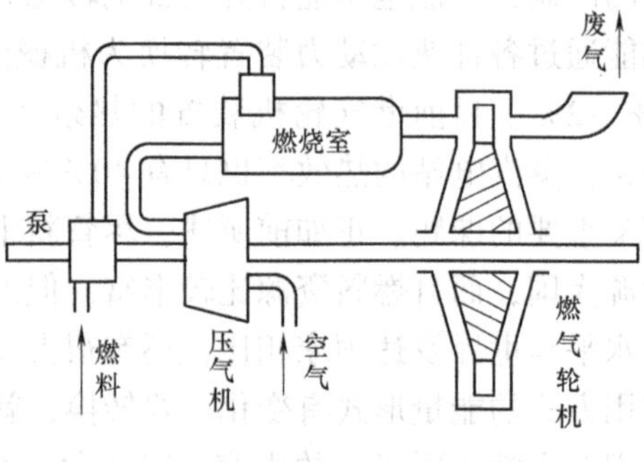

图 0-3　燃气轮机装置

3. **内燃机**

内燃机的工作特点是，燃料在气缸内燃烧，所产生的燃气直接推动活塞做功。下面，以图 0-4 所示的汽油机为例加以说明。

开始，活塞向下移动，进气阀开启，排气阀关闭，汽油与空气的混合气进入气缸。当活塞到达最低位置后，改变运动方向而向上移动，这时进、排气阀关闭，缸内气体受到压缩。压缩终了，火花塞将燃料气点燃。燃料燃烧所产生的燃气在缸内膨胀，向下推动活塞而做功。当活塞再次上行时，进气阀关闭，排气阀打开，做功后的燃气排向大气。重复上述压缩、燃烧、膨胀、排气等过程，周而复始，不断地将燃烧的化学能转变成热能，进而转换成机械能。

4. 压缩制冷装置

以上介绍了热能动力装置，其目的是将热能转换成机械能。工程实际中还存在着另一种装置，它们消耗机械功来实现热能从低温物体向高温物体的转移，这类装置通常称为制冷装置或热泵。现以氟利昂蒸气压缩制冷装置为例说明其工作原理。

图 0-5 所示的系统中，一般采用氟利昂作为制冷剂。当低温低压的氟利昂蒸气从冷藏室出来被吸入压缩机后，经压缩变为温度和压力较高的氟利昂过热蒸气，此过热蒸气被送至冷凝器冷凝为液态氟利昂，同时放出热量，液态氟利昂再经膨胀机绝热膨胀，降温降压后送至冷藏室，吸收热量而汽化，这是在冷藏室内形成低温制冷的条件。

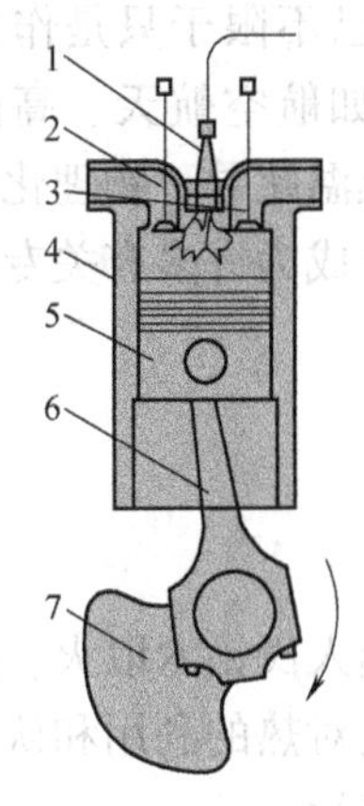

图 0-4　汽油机

1—火花塞　2—进气阀　3—排气阀

4—气缸　5—活塞　6—连杆　7—曲轴

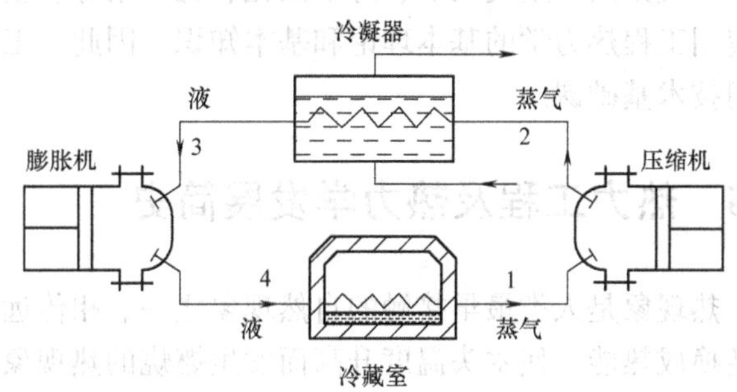

图 0-5　制冷装置

尽管上述几种能量转换装置的结构与工作方式各不相同，分析后有如下的共性。

首先，在热能装置中实现能量转换时，均需要某种物质作为工作物质，称为工质。例如水蒸气、空气、燃气以及氟利昂等。简言之，工质是在能量转换中必不可少的。

其次，能量转换是在工质状态连续变化的情况下实现的。工质在热能动力装置中都要经历升压、吸热、膨胀和放热等过程才能实现能量转换。简言之，热力过程是能量转换必须经历的途径。

再其次，供给热能动力装置的热能，只有一部分转变成机械能，其余的部分传给大气或冷却水。简言之，热能不能百分之百转换为机械能。

以上是通过初步的观察和分析得到的寓于各装置个性中的共性。所有这些，正是工程热力学这门课程中所要讨论的问题。

0.4　工程热力学的研究对象及其主要研究内容

工程热力学是研究热能和机械能转换规律及应用的科学。从理论上阐明提高热机效率和热能利用率的途径是工程热力学的一项主要任务。

工程热力学的主要研究内容，包括下列几个部分：

1）能量转换的客观规律，即热力学第一、第二定律。这是工程热力学的理论基础，其中，热力学第一定律从数量上描述了热能与机械能相互转换时的关系；热力学第二定律从质量上说明热能与机械能之间的差别，指出能量转换时的条件和方向性。

2）工质的基本热力性质。包括空气、燃气、水蒸气、湿空气等的热力性质。

3）各种热工设备中的工作过程。即应用热力学基本定律，分析计算工质在各种热工设备中所经历的状态变化过程和循环，探讨、分析影响能量转换效果的因素以及提高能量转换效果的途径。

4）与热工设备工作过程直接有关的一些化学与物理问题。目前，热能的主要来源是依靠燃料的燃烧，而燃烧是剧烈的化学反应过程，因此需要讨论化学热力学的基本知识。

随着科技进步与生产发展，工程热力学的研究与应用范围已不限于只是作为建立热机（或制冷装置）理论的基础，现已扩展到许多工程技术领域，如航空航天、高能激光、热泵、空气分离、空气调节、海水淡化、化学精炼、生物工程、低温超导、物理化学等，都需要应用工程热力学的基本理论和基本知识。因此，工程热力学已成为许多有关专业所必修的一门技术基础课。

0.5 热力工程及热力学发展简史

热现象是人类最早接触的自然现象之一。相传远古时代的燧人氏钻木取火，这就是机械能转换成热能，使木头温度升高而发生燃烧的热现象。但是人类对热的利用和认识，经历了漫长的岁月，直到近300年，人类对热的认识逐步形成了一门科学。

在18世纪初期，由于煤矿开采工业上对动力抽水机的需要，最初在英国出现了带动往复水泵的原始蒸汽机。到了18世纪的下半期，由于资本主义工厂手工业的发展和自动纺纱机、织布机等工作机的不断发明，就迫切地需要一种实用的动力机来带动这些工作机，所以只有到了工场手工业的晚期阶段热力动力机的发明与应用才有了可能与需要。因此，可以说，蒸汽机的发明与应用是社会生产力发展的必然结果，而且蒸汽机的发明和改进也是经过当时许多国家的很多人共同努力所完成的。

1763~1784年间英国人瓦特（James Watt，1736—1819）对当时的原始蒸汽机作了重大改进，发明了应用于高于大气压的蒸汽作为工质、有回转运动、有独立冷凝器的单缸蒸汽机，现在估计其热效率约为2%，这在当时已是很大的进步。

此后蒸汽机被纺织、冶金等工业所普遍采用，生产力得到很大提高。以后蒸汽机被不断改进。到了19世纪初，发明了以蒸汽机作为动力的铁路机车和船舶。

随着蒸汽机的广泛应用，如何进一步提高蒸汽机效率的问题变得日益重要。这样就促使人们对提高蒸汽机热效率、热功转换的规律以及水蒸气的热力性质问题进行了深入研究，从而推动热力学的发展。

在热功转换规律的研究上，最早、最卓越的年轻工程师卡诺（Sadi Carnot，1796—1832）在1824年发表了卡诺定理。他首先在理论上指出热机必须工作于温度各不相同的热源之间，才能将从高温热源吸入的热量转变为有用的机械功，并提出了热机最高效率的概念。这些实质上已揭示了热力学第二定律最基本的内容，但是由于卡诺受到了当时流行的热质说的束缚，使他不能从中发现热力学第二定律。尽管如此，卡诺对热力学的贡献是功不可没的，他指出冷热源之间温差愈大，工作于其间的热机的热效率就愈高，这成为以后各种实际热机等热动力设备提高热效率的总指导原则。

热力学第一定律，即能量守恒及转换定律的建立，世界目前公认应归功于德国人迈耶（Julius Robert Mayer，1814—1878）、英国人焦耳（James Prescotl Joule，1818—1889）和德国人亥姆霍兹（H. T. Von Helmholtz，1821—1892）。迈耶于1842年首先发表论文全面阐明了这一定律，但当时尚缺乏实验支持，没有得到公认。焦耳在与迈耶的理论研究没有联系的情况下，在这方面进行了全面的实验研究。到1850年，焦耳在发表的第一篇关于热功相当实验的总结论文中，以各种精确的实验结果使热力学第一定律得到了充分的证实，从而获得物理学界的公认。1847年，亥姆霍兹发表了著名论文《论力的守恒》。虽然这篇论文内容就其实质来讲并没有超出早他几年的迈耶和焦耳所发表的论文，但它除了兼有迈耶论文的深刻思想和焦耳论文的坚实的实验数据外，充分运用了数学知识，使用的是物理学家的语言，容易令人信服，它是十分接近于今天各类教科书中能量守恒定律的一般叙述。在促使人们最终接受能量守恒原理的过程中，这篇论文所起的作用比迈耶和焦耳的论文起的作用大。

能量守恒及转换定律是19世纪物理学最重要的发现，它用定量的规律将各种物理现象联系起来，求一个可以量度各种现象的物理量，即能量。能量这一概念是由汤姆逊（William Thomson，原名开尔文 Lord Kelvin，1824—1907）于1851年引入热力学的。热力学第一定律的建立宣告了不消耗能量的永动机（第一类永动机）是不可能实现的。

随着热力学第一定律的建立，克劳修斯（Rudolf Clausius，1822—1888）在迈耶和焦耳工作的基础上，重新分析了卡诺的工作，根据热量总是从高温物体传向低温物体这一客观事实，于1850年提出了热力学第二定律的一种表述：不可能把热量从低温物体传到高温物体而不引起其他变化。

1851年，开尔文也独立地从卡诺的工作中发现了热力学第二定律，提出了热力学第二定律的另一种表述：不可能从单一热源吸取热量使之完全转变为功而不产生其他影响。

从单一热源（如大气）吸热完全转变为功而不产生其他影响的机器是不违背能量守恒定律的。但这种机器可从大气或海洋中吸取热量使热量完全转变为功，因而可以说不需任何代价，是完全免费的，所以实质上这也是一种永动机（称为第二类永动机）。第二类永动机是非常吸引人的，曾使许多人浪费了大量的精力。热力学第二定律的建立，宣告了第二类永动机和第一类永动机一样，也是不可能实现的。

在卡诺研究的基础上，克劳修斯和开尔文提出了热力学第二定律。热力学第二定律本质上是指明过程方向性的定律。在热力学两个基本定律建立以后，热力学理论将它们应用于分析各种具体问题的过程中，得到了进一步的发展。如应用这两个基本定律，导出了反映物质各种性质的相应的热力学函数以及各热力学函数之间的普通关系，求得了各种物质在相变过程中化学反应中的各种规律等。

在将热力学原理应用于低温现象的研究中，能斯特（Walther Nerst，1864—1949）在1906年得到了一个称为能氏定理的新规律，并于1913年将这一规律表述为绝对零度不能达到原理。这就是热力学第三定律。经典热力学的基础理论就是由上面三个热力学基本定律构成的。

纵观热力学的发展简史，可以说是热力学理论与热机技术及热力工程相互促进而共同发展的。19世纪末期发明了内燃机，它具有体积小、重量轻、热效率较高等优点很快成为汽车、飞机、船舶、机车等交通运输工具的主要动力机，也广泛用作拖拉机、采矿机械、国防战车等的动力。与内燃机的发明相适应，在热力学中发展了对内燃机中热力过程和循环以及提高效率的研究。

19 世纪后半期，蒸汽机已经不能满足工业生产对动力的巨大需要。19 世纪末发明了蒸汽轮机，它具有适宜于应用高参数的蒸汽、热效率高、功率可以很大等主要优点，现今成为火力发电厂最主要的动力设备。蒸汽轮机的发明与应用，在工程热力学中提出并发展了高参数蒸汽的性质、气体与蒸汽经过喷管的流动等问题的研究。

20 世纪 40 年代，燃气轮机已经改进发展成为实际应用的一种重要热动力设备，在热力学中也发展了相应的研究内容。

1942 年，美国人凯南（Joseph Henry Keenan，1900—1977）在热力学基础上提出了有效能的概念，使人们对能源利用和节能的认识又上了一个台阶。

近代科学技术的发展向热力学提出了新的课题，如等离子发电、燃料电池等能量转换新技术，环保型制冷工质研究，以及物质在超高温、超高压和超低温、超低真空等极端条件下的性质与规律等。古老的热力学不仅在传统领域中继续保持着青春与活力，而且也必将在解决高新技术领域的新课题中扮演着十分重要的角色。

0.6 热力学的研究方法

热力学有两种不同的研究方法：一种是宏观研究方法，另一种是微观研究方法。

宏观研究方法不考虑物质的微观结构，也不考察微观粒子（分子和原子）的运动行为，而是把物质看成连续的整体，并且用宏观物理量来描述它的状态。通过大量的直接观察和实验，总结出基本规律，再以基本规律为依据，经过严格逻辑推理，导出描述物质性质的宏观物理量之间的普遍关系以及其他的一些重要推论。由于热力学基本定律是无数经验的总结，因而具有高度的可靠性和普遍性。

应用宏观研究方法的热力学叫做宏观热力学，或经典热力学或唯象热力学。工程热力学主要应用宏观研究方法。

在热力学和工程热力学中，还普遍采用抽象、概括、理想化和简化处理方法。为了突出主要矛盾，往往将较为复杂的实际现象与问题略去细节，抽出共性，建立起合适的物理模型，以便能更本质地反映客观事物。例如，将空气、燃气、湿空气等气体理想化为理想气体处理，将高温热源以及各种可能的热源概括成为具有一定温度的抽象热源，将实际不可逆过程理想化为可逆过程，以便分析计算，然后再依据实验给予必要校正，等等。当然，运用理想化和简化方法的程度要视分析研究的具体目的和所要求的精度而定。

宏观研究方法也有它的局限性，由于它不涉及物质的微观结构，因而往往不能解释热现象的本质及其内在原因。

微观研究方法正好弥补了这个不足。应用微观研究方法的热力学叫做微观热力学，或统计热力学。它从物质的微观结构出发，即从分子、原子的运动和它们的相互作用出发，研究热现象的规律。在对物质的微观结构及微粒运动规律作某些假设的基础上，应用统计方法，将宏观物理量解释为微观量的统计平均值，从而解释热现象的本质及其发生的内部原因。由于作了某些假设，所以其结果与实际并不完全符合，这是它的局限性。

作为应用科学之一的工程热力学，是以宏观研究方法为主，以微观理论的某些假设来帮助理解宏观现象的物理本质的。

思 考 题

1. 我国能源面临的主要问题是什么？
2. 热能利用的两种主要方式是什么？各有什么特点？
3. 工程热力学的研究对象和主要研究内容是什么？
4. 能量转换有哪些共同的特点？

第1部分 热力学基本概念和基本定律

第1章 基本概念

【提要】 本章阐明热力学系统（热力系）的定义及其描述，着重介绍热力系的平衡状态以及由这样的平衡状态构成的准（内部）平衡过程。温度、压力、比体积、热力学能、焓和熵是描述平衡（均匀）状态的六个常用的状态参数，其中温度、压力、比体积这三个基本状态参数之间的关系称为状态方程。（传）热量和（做）功（量）是在热力过程中热力系与外界交换的两种基本能量形式，功和热量都是过程量（参数）。

1.1 热力系

1. 热力系

作任何分析研究，首先必须明确研究对象。理论力学研究的对象是刚体与质点，材料力学研究的对象是弹性体，热力学研究的对象是热力系。那么什么是热力系呢？通常根据所研究问题的需要把用某种表面包围的特定物质和空间作为具体指定的热力学的研究对象称之为热力学系统，简称热力系。

热力系的选取主要取决于所提出的研究任务。它可以是一个物体，如一杯水、一台锅炉，也可以是一个物体的一部分，如蒸汽管道上的阀门，还可以是一群物体，如一个由诸多设备组成的火力发电厂。

热力系的选取应注意两个限制条件。第一，热力系虽然可以选得很小，但构成热力系的微观粒子数必须是大量的。因为这是热力学理论赖以建立的统计基础。对于只含有少量微观粒子甚至单个粒子的系统，可以按力学规律来研究而不能用热力学的方法研究。这个“微观粒子必须是大量的”要求，在实际中是很容易满足的，譬如，在标准状态（101.325kPa，0℃）下的空气，每立方厘米的容积中含有 2.7×10^{19} 个分子，即使压力下降到原来的1/1 000，每立方厘米的容积中仍含有 2.7×10^{16} 个分子。第二，热力系尽管可以选得很大，但作为热力系的宏观物体必须是有限的，对于无边无垠的无限系统，即使含有大量微观粒子也不能用做热力学研究对象。这是因为，热力学规律虽然是自然界的根本规律，但它的理论是人们在长期实践中研究有限系统总结出来的。这些理论是否能用于无限系统中去，目前尚无科学根据。简而言之，热力系选取的限制是系统中微观粒子数量足够多，作为系统的宏观物体尺寸要有限大。

热力系的选择非常重要，这是进行热力学分析计算的前提和基础。热力系选择得恰当与否虽然不会影响分析计算的结果，却会影响求解的繁简、难易程度，因此必须逐步学会选择热力系的方法与本领。

2. **外界与界面**

热力系是根据研究问题的需要从众多物体中人为划定的部分物体，热力系之外的其他物体统称为环境。热力系的外界是指在热力系之外的环境中与热力系有某种直接作用的那些物体。这样定义外界就抓住了规定外界的目的是要分析外界与热力系相互作用的这个实质。

界面是热力系与外界的分界面。界面有真假之分、动静之别和能质可穿过三个特征。即界面可能是真实的物理实壁面，也可能是为便于分析计算而人为划定的几何面或计算表面；界面可能是固定不变的，也可能是移动变化的。然而无论哪种界面，能量和质量可以从中穿过是其共同的特征。界面只有让能量和质量可穿过、可传递才能实现热力系与外界的相互作用，从而达到热工设计的目的。

图 1-1 所示为热力系、外界、环境的示意图。图 1-2a 所示为一气缸活塞的简图，取缸内气体为热力系时，则活塞内侧面为功可输入输出的真实的移动的界面，其余三个侧面为热可输入输出的真实的固定的界面。在图 1-2b 所示的流体通道中，如取其中的水蒸气为热力系时，则 1-1 面和 2-2 面为水蒸气可流入流出的人为划定的界面，其余各面则为热或功可传递的真实的固定的界面。

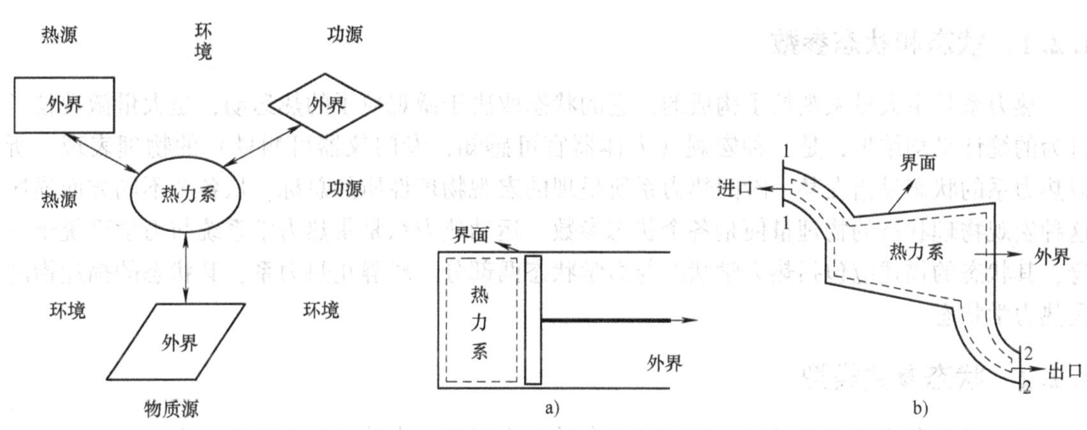

图 1-1 热力系、外界、环境示意图

图 1-2 热力系、外界、界面
a) 气缸活塞 b) 流体通道

3. **热力系的类型**

客观物质世界和热力学研究对象的多样性决定了热力系也是多样的。为便于对热力系分析研究，需对热力系加以分类。

根据热力系内部情况的不同，热力系可以分为如下六种：

（1）单元系 由单一的化学成分组成。

（2）多元系 由多种化学成分组成。

（3）单相系 由单一的相（如气体或液体）组成。

（4）复相系 由多种相（如气-液两相或气-液-固三相等）组成。

（5）均匀系 各部分性质均匀一致。

（6）非均匀系 各部分性质不均匀一致。

根据热力系和外界相互作用情况的不同，热力系又可分为如下四种：

（1）闭口系　和外界无物质交换，实际中有这种系统。

（2）开口系　和外界有物质交换，实际中有这种系统。

（3）绝热系　和外界无热量交换，实际中近似存在这种系统。

（4）孤立系　和外界无任何相互作用，虽然实际不存在这种系统，但这种系统在热力学分析中极为重要。

需要注意的是孤立系一定是闭口的，反之则不然。同样，孤立系一定是绝热的，但绝热系不一定都是孤立的。

另外，还有一种热力系在热力学分析中常常遇到，即热（冷）源（库），是指具有无限大热容量的系统，其特点是从中取出或投入有限量的热量却不改变其温度的热力系。这种热力系是真实存在的，如大气、湖泊、海水等就属于这种系统，这种热力系在热力学分析中很重要。在工程热力学中讨论的大部分系统是那些与外界只有热量及膨胀功或压缩功交换的简单可压缩系统。

1.2　状态和状态参数

1.2.1　状态和状态参数

热力系是由大量微观粒子构成的，它的状态取决于微观粒子的热运动，是大量微观粒子行为的统计平均结果，是一种宏观（人体器官可感知，专门仪器可测量）的物理表现，所以热力系的状态是指在某一瞬间热力系所呈现的宏观物理性质的总称。从各个不同方面描述这种宏观物理状态的物理量便是各个状态参数。运动热力系是集热力学系统与力学系统于一身，其状态的描述应包括热力学状态与力学状态两部分。对静止热力系，其状态的描述指的是热力学状态。

1.2.2　状态参数类型

热力学对象研究的广泛性，决定状态参数的多样性，大体可分为以下五类：

（1）几何参数　体积（或容积）V、面积 A、长度 L、应变 ε 等。

（2）力学参数　压力 p、表面张力 γ、拉伸力（或压缩力）F、应力 σ 等。

（3）电磁参数　电场强度 E、磁场强度 H、电位 V、电荷量 Q 等。

（4）化学参数　质量 m、物质的量 n、浓度 c、密度 ρ 等。

（5）热力学参数　温度 T、热力学能 U、熵 S 以及其他派生的参数。

如此众多的状态参数可以分成两类：一类与物质总量成正比，例如体积、质量、热力学能、熵等，这类参数视为广延量，以［广］表示；一类参数与物质总量无关，例如温度、压力、密度等，这类参数视为强度量，以［强］表示。广延量和强度量有如下关系：

［广］/［广］=［强］，例如：$\rho = m/V$

［广］×［强］=［广］，例如：$\delta w = p\mathrm{d}v$

［强］×［强］=［强］，例如：$p = \rho RT$

［广］=［广］，例如：$Q = \Delta U + W$

［强］=［强］，例如：$q = \Delta u + w$

其中：$q=Q/m$，$u=U/m$，$w=W/m$ 等皆为［强］。

1.2.3　工程热力学中常用的状态参数

在工程热力学中常用的状态参数有六个，即温度、压力、比体积、热力学能、焓、熵。其中压力、比体积和温度可直接测量，也比较直观，视为基本状态参数。下面介绍这六个状态参数。

1. 温度

温度可以有两种定义方法，按经验定义方法，温度是表示物体冷热程度的物理量。这种定义方法尽管便于接受，但容易引起误解，因为具有相同温度的同一物体，不同的人接触时冷热感觉是不同的；对于具有相同温度的不同物体，同一个人的感觉也不同。温度的严格定义是建立在热力学第零定律基础之上的，确定一个系统是否与其他系统处于热平衡的物理量被定义为温度，或说温度是表征系统是否处于热平衡的物理量。

温度的实质是体系内大量微观粒子紊乱运动的宏观表现。对于气体，温度可以用分子平均移动能的大小来表示，即

$$\frac{1}{2}\overline{m}\,\overline{c}^2=\frac{3}{2}kT \tag{1-1}$$

式中，$\overline{m}$ 为一个分子的平均质量；$\overline{c}$ 为分子的方均根移动速度，$\overline{c}=\sqrt{(\sum_{i=1}^{n}C_i^2)/N}$，$N$ 为分子数；$\overline{m}\,\overline{c}^2/2$ 为分子的平均移动能；k 为玻耳兹曼常数，$k=1.380\,658\times10^{-23}\text{J/K}$；$T$ 为热力学温度(K)。

温度的测量须了解测量温度的标尺，即温标。在国际单位制即 SI 制中，温度测量采用热力学绝对温标，它是基本温标，一切温度测量后都可以以热力学绝对温标为准，它也叫开尔文温标，用开（K）表示；温度值用 T 表示。工程实际中，除了热力学绝对温标外，还使用摄氏温标，其温标用摄氏度（℃）来表示；温度值用 t 来表示。它们之间的换算关系为

$$\{t\}_{℃}=\{T\}_{\text{K}}-273.15 \tag{1-2}$$

目前，某些资料和仪表中还保留着西方常用的其他温标，如华氏温标和兰氏温标。华氏温标用（℉）表示；温度值用 t 表示，它与摄氏温度之间的换算关系为

$$\{t\}_{℉}=\frac{9}{5}\{t\}_{℃}+32 \tag{1-3}$$

以绝对温标零度为起点的华氏温度称为兰氏绝对温度，温标用（°R）表示，温度值用 t 表示，它与华氏温度的关系为

$$\{t\}_{°\text{R}}=\{t\}_{℉}+459.69 \tag{1-4}$$

四种温标的温度对应关系见表 1-1。

表 1-1　四种温标的温度对应关系

K	℃	℉	°R
873.15	600	1 112	1 571.69
773.15	500	932	1 391.69
673.15	400	752	1 211.69
573.15	300	572	1 031.69

（续）

K	℃	℉	°R
473.15	200	392	851.69
373.15	100	212	671.69
273.15	0	32	491.69
173.15	-100	-148	311.69
73.15	-200	-328	131.69
0	-273.15	-459.69	0

兰氏温度的零点与热力学温度的零点相同，它们的转换关系为

$$\{T\}_{°R}=\frac{9}{5}\{T\}_K \tag{1-5}$$

例1-1 已知某系统温度为50℃，问它的热力学温度、华氏温度和兰氏温度各为多少？

解 由式（1-2）

$$\{T\}_K=\{t\}_{℃}+273.15=50+273.15=323.15$$

相当于华氏温度

$$\{t\}_{℉}=\frac{9}{5}\{t\}_{℃}+32=\frac{9}{5}\times50+32=122$$

相当于兰氏温度

$$\{t\}_{°R}=\{t\}_{℉}+459.69=122+459.69=581.69$$

2. **压力**

压力是指单位面积上所承受的垂直作用力，即

$$p=\frac{F}{A} \tag{1-6}$$

式中，p 为压力（Pa）；F 为垂直作用力（N）；A 为面积（m^2）。

气体压力的微观实质是组成气体的大量微观粒子紊乱的热运动中对容器壁频繁碰撞的结果。

在使用压力这个状态参数时，应注意两个问题，一是测压仪表上显示的测量值并不是压力的真实值；二是压力单位的换算。

（1）绝对压力、表压力、真空度 式（1-6）表示的是系统的真实压力，也叫绝对压力。由于测压原理是建立在力学平衡基础上的，测压仪表总是置于环境之中，所以仪表所示的测压值是绝对压力与环境压力的差值。如图1-3a所示，当罐内气体的真实压力 p 高于大气压力 p_b 时，测压计显示的压力称为表压力 p_g，是系统的真实压力高于大气压力 p_b 的部分，即

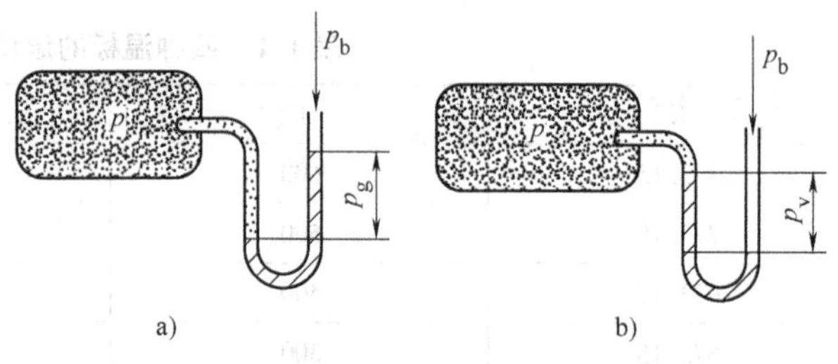

图1-3 绝对压力图

$$p_g = p - p_b \tag{1-7}$$

如图1-3b所示，当罐内气体的真实压力低于大气压力 p_b 时，测压计（此时称为真空计）显示的压力称为真空度 p_v，是系统的真实压力低于大气压力 p_b 的部分，即

$$p_v = p_b - p \tag{1-8}$$

绝对压力、表压力、真空度与大气压力之间的关系可示于图1-4中。

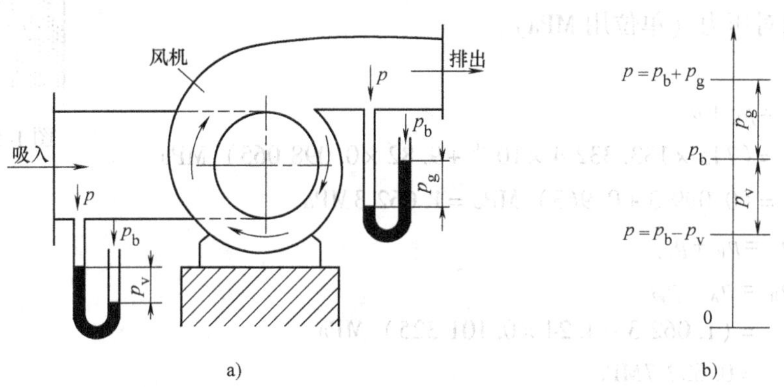

图1-4 绝对压力、表压力、真空度和大气压力间的关系
a）风机中的压力 b）各压力之间的关系

由式（1-7）和式（1-8）可知，即使气体的绝对压力保持不变，如果大气压力发生变化，则压力计和真空计的读数也是会发生变化的。

（2）压力的单位及换算 计量压力的单位，在SI单位制中为牛/米²（N/m²），符号为Pa。

$$1\text{Pa} = 1\text{N/m}^2$$

因为“帕”太小，实际中常用百帕（hPa）、千帕（kPa）、兆帕（MPa）表示，它们的关系为

$$1\text{MPa} = 10^3\text{kPa} = 10^4\text{hPa} = 10^6\text{Pa}$$

由于大气压是一个因地因时而变化的量，因此物理学中，将纬度45°海平面上常年平均的大气压定为标准物理气压，符号为atm，其值为760mmHg（0℃）。

$$1\text{atm} = 101\ 325\text{Pa}$$

例1-2 气压计测得某地大气压力为755mmHg，将其换算成单位为：atm，Pa，at，lbf/in²。若容器上压力表显示为3.58kgf/cm²，问容器内气体的绝对压力各为何值？（以SI制表示）

解 大气压力用 p_b 表示，则

$$p_b\,(\text{atm}) = 755/760\text{atm} = 0.993\text{atm}$$

$$p_b\,(\text{Pa}) = 1.013\ 25 \times 10^5 \times 0.993\text{Pa} = 1.007 \times 10^5\text{Pa}$$

$$p_b\,(\text{at}) = \frac{1.007 \times 10^5}{9.806\ 65 \times 10^4}\text{at} = 1.027\text{at}$$

$$p_b\,(\text{lbf/in}^2) = \frac{1.007 \times 10^5}{6.894\ 7 \times 10^3}\text{lbf/in}^2 = 14.605\text{lbf/in}^2$$

由式（1-7）

$$p=p_g+p_b=(3.58+1.027)\text{at}=4.607\times9.80665\times10^4\text{Pa}=0.4518\text{MPa}$$

例 1-3 有一容器，内装隔板，将容器分成 A、B 两部分（图 1-5）。容器两部分中装有不同压力的气体，并在 A 的不同部位安装了两个刻度为不同压力单位的压力表。已测得 1、2 两个压力表的表压依次为 9.82at 和 4.24atm。当时大气压力为 745mmHg。试求 A、B 两部分中气体的绝对压力（单位用 MPa）。

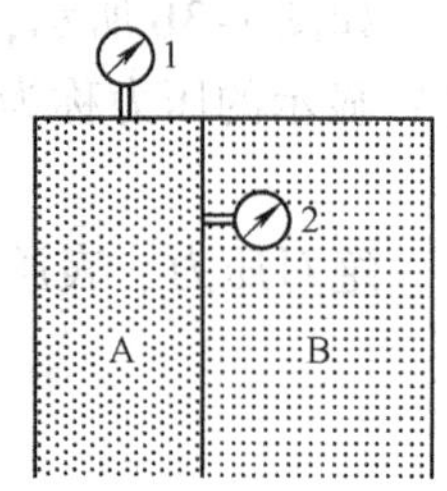

图 1-5 例 1-3 图

解

$$\begin{aligned}p_A&=p_b+p_{g1}\\&=(745\times133.3324\times10^{-6}+9.82\times0.098065)\ \text{MPa}\\&=(0.0993+0.963)\ \text{MPa}=1.0623\text{MPa}\end{aligned}$$

因为 $p_A=p_B+p_{g2}$

所以
$$\begin{aligned}p_B&=p_A-p_{g2}\\&=(1.0623-4.24\times0.101325)\ \text{MPa}\\&=0.6327\text{MPa}\end{aligned}$$

解此题时要特别注意压力表所处的环境是大气环境还是非大气环境。

3. 比体积

单位质量物质所占有的容积就是比体积，即

$$v=\frac{V}{m} \tag{1-9}$$

式中，v 为比体积（m^3/kg）；V 为体积（m^3）；m 为质量（kg）。

比体积是描述系统中分子聚集疏密程度的参数。对于均匀系统有：$V=vm$。

密度与比体积互为倒数，密度是单位体积内所包含的物质质量。

$$\rho=\frac{m}{V} \tag{1-10}$$

$$v\rho=1 \tag{1-11}$$

式中，ρ 为密度（kg/m^3）。

因为比体积和密度不是相互独立的参数，可以任意选用其中一个，热力学中通常选用比体积 v 作为独立状态参数。

4. 热力学能

存在于热力系内部的大量微观粒子本身具有的能量，称之为热力学能（内能）。它与系统内粒子微观运动和粒子的空间位置有关。热力学能应该包括分子的动能、分子力所形成的位能、构成分子的化学能和构成原子的原子能等。由于在热能和机械能的转换过程中，一般不涉及化学变化和核反应，后两者的能量不发生变化，因此在工程热力学中通常只考虑前两者。

气体组成的热力系分子的动能包括分子的移动动能、分子的转动动能、分子的振动动能（分子内部原子振动动能）和分子间位能。以上前三项视为气体分子的内动能，它是温度的函数。

气体的分子间存在着作用力，因此气体内部还具有克服分子间作用力形成的分子位能，也称气体的内位能，它是比体积和温度的函数。

在一般热力学分析中，如不特别说明，热力学能是指分子内动能和分子内位能的总和。

单位质量的热力学能称为比热力学能，对于均匀系统，有

$$u=\frac{U}{m}$$

$$U=um \tag{1-12}$$

式中，u 为比热力学能（J/kg）；U 为热力学能（J 或 kJ）。

既然气体的内动能取决于气体的温度，内位能取决于气体的比体积和温度，所以气体的热力学能就是温度和比体积的函数，即气体热力学能是一个状态参数。

$$U=f(T,v) \tag{1-13}$$

5. 焓

焓是组合的状态参数，其定义式为

$$H=U+pV \tag{1-14}$$

单位质量物质的焓称为比焓，对于均匀系统有

$$H=hm$$

$$h=H/m=u+pv \tag{1-15}$$

式中，H 为焓（J 或 kJ）；h 为比焓（J/kg 或 kJ/kg）。

焓的物理意义待学习热力学第一定律和能量方程式后再介绍。由于 u，p，v 都是状态参数，故 h 也是状态参数，并可以写成任意两个独立参数的函数形式，例如 $h=f(T,p)$ 或 $h=f(T,v)$ 等。

6. 熵

熵是导出的状态参数，对于简单可压缩均匀热力系，熵可由其他状态参数写出

$$S=\int\frac{\mathrm{d}U+p\mathrm{d}V}{T}+S_0$$

式中，S_0 为熵的初值。

$$\mathrm{d}S=\frac{\mathrm{d}U+p\mathrm{d}V}{T} \tag{1-16}$$

单位物质的熵称为比熵，对均匀系统有

$$s=\frac{S}{m}=\int\frac{\mathrm{d}u+p\mathrm{d}v}{T}+s_0$$

$$\mathrm{d}s=\frac{\mathrm{d}S}{m}=\frac{\mathrm{d}u+p\mathrm{d}v}{T} \tag{1-17}$$

式中，S 为熵（J/K 或 kJ/K）；s 为比熵［J/(kg·K) 或 kJ/(kg·K)］。

从宏观上来看，熵的物理意义是表征热力系做功能力和热力过程进行的程度的状态参数。

1.2.4 状态参数的特征

1）状态参数是热力状态的单值函数，其数值仅仅取决于它所处的热力状态，而与如何达到这一状态的途径无关。

2）状态参数是点函数，它的微分是全微分，其全微分的循环积分恒等于零，即有

$$\oint\mathrm{d}T\equiv0,\oint\mathrm{d}p\equiv0,\oint\mathrm{d}v\equiv0$$

$$\oint \mathrm{d}u \equiv 0, \oint \mathrm{d}h \equiv 0, \oint \mathrm{d}s \equiv 0$$

1.3 平衡状态

平衡是一个使用非常广泛的词汇。各种平衡现象几乎随处可见，如力的平衡、收支平衡、酸碱平衡等。如同力学状态有静止与运动之分一样，热力系的状态也有平衡态与非平衡态之分。热力系的状态在内外因素的影响下，是随着时间变化的，通常处于非平衡（状态参数不均匀一致且随时间变化）状态，这是非平衡热力学研究的内容。经典热力学或平衡态热力学只能研究平衡态，平衡态在热力学中是非常重要的概念。本书所说的热力状态是指某一瞬间系统所呈现的一种特殊的宏观平衡状态，简称平衡态。

平衡态是指热力系在没有外界作用的情况下其宏观性质不随时间变化的状态。这里的没有外界作用是指没有外界对系统的能量（功、热）作用与质量作用，并不排除有恒定的外力场如重力场的作用。

考虑到系统的多样性，热力系平衡一般有热平衡、力平衡、相平衡和化学平衡四种类型。

热平衡是指在无外界作用下，系统内各部分温度不随时间而变化。力平衡是在无外界作用下，系统内各部分力（广义力）参数不随时间而变化。相平衡是指在无外界作用下，系统内各部分（气、液、固相等）的性质与质量不随时间而变化。化学平衡是指在无外界作用下，系统内各部分的化学成分与质量不随时间而变化。

无外界作用是系统平衡的必要条件，有外界作用必然破坏平衡。破坏热平衡的驱动力是系统与外界间的温差，破坏力平衡的驱动力是系统与外界间的（压）力差，等等，总之，造成对系统平衡破坏的外因是系统与外界之间存在的某种势差，可称之为外势差。

应该指出“无外界作用”只是系统平衡的必要条件，但不是充分条件。例如，对于一孤立系不受外界任何作用，但由于内部某种势差的存在，起初也可能出现非平衡态，但一段时间后，参数趋向均匀，自发地转化为平衡态，所以，无外界作用和系统内宏观状态不随时间而变化才是系统平衡的必要和充分条件。

平衡态下，虽然热力系的宏观性质不随时间变化，但是组成系统的大量微观粒子却在不断地运动中，只是这种热运动的统计平均效果在宏观上难以测到它的变化。所以热力系的平衡态是一种动态平衡，与力学平衡中的绝对静止是有差异的。

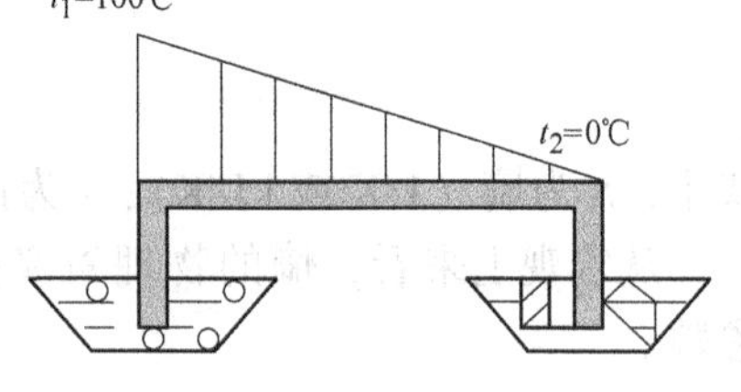

图 1-6 稳定导热

稳定状态下，虽然热力系的宏观性质也不随时间变化，但是要有外界作用，例如，一块“n”形铁条，一端放在沸水中，一端放在冰水槽内（图 1-6），只要外界作用不变，铁条所形成的温度分布长时间内不会改变。但这不是平衡态，而是一种稳定的非平衡态。一旦取消外界作用（撤掉沸水和冰槽），铁条各点温度分布立刻改变，最后均匀一致，使铁条处于平衡态。可见稳定态与平衡态的差异在于前者有外界作用，而后者则无外界作用，平衡必定稳定，但稳定未必平衡。

平衡与均匀也是不同的概念。平衡是相对时间而言的，而均匀是相对空间而言的。平衡不一定均匀，例如，处于平衡态下的水和水蒸气，虽然汽液两相的温度与压力分别相同，但比体积相差很大，显然并非均匀系统。但是对于单相流体（气相或液相）系统，如果忽略重力场对压力分布的影响，则可认为平衡必定是均匀的，即平衡态下的单相流体系统内部的热力参数均匀一致，不仅温度、压力以及其他的参数均匀一致，而且它们不随时间变化。本书所研究的就是这样一种平衡均匀连续系统。因此，整个系统既可用一组统一的并具有确定数值的状态参数来描述其热力状态，又可用微积分等数学工具来计算平衡均匀状态间连续变化的热力过程，使热力学分析大为简化和便利。

1.4 状态方程和状态坐标图

1. 状态公理

在力学系统中，空间质点的运动状态用三个位置坐标分量和三个速度坐标分量即可确定，那么热力系平衡态需要几个状态参数才能确定其状态呢？虽然对于一定平衡（均匀）态的热力系，其各个状态参数都有确定的值。但是，反过来要规定这样的平衡态，却并不要求给出全部状态参数值，这是由状态公理所决定的。由状态公理可知，确定热力系状态参数的个数，取决于确定系统平衡态的自由度，或者可以说取决于系统内可变化（化学变化）物质值的数目和系统与外界相互作用的数目。设系统内部 K 种可以变化的物质，系统与外界有 L 种的交换（或作用温差之外的），温差是系统与外界热交换（作用）的唯一驱动力，它给系统的自由度为1，则系统可变化的总的自由度 I 为

$$I = K + L + 1 \tag{1-18}$$

例如，对于一个化学成分不改变的定质量可压系（即定组元的闭口系），因可变物质数量 $K=0$，只做容积功，$L=1$，所以 $I=2$，其独立状态参数为 2。对于质量可变化的单组元单相简单可压系，$K=1$，$L=1$，$I=3$，其独立状态参数为 3。

对于在本书目前讨论的与外界只存在热能和机械能交换的（即两个自由度的）单元简单可压缩热力系，只要给出两个相互独立的状态参数就可以确定它的平衡态。所谓两个相互独立的状态参数，亦即其中一个不能是另一个的函数。例如，比体积和密度不是两个相互独立的状态参数 $[v = 1/\rho = f(\rho)]$，给出比体积值也就意味着给出了密度值。

2. 状态参数的关联与状态方程

热力系的各个状态参数都是与热力系内部大量微粒热运动密切相关的、描述同一热运动的某一方面特性的宏观物理量，因为它们之间必定是相关的。对于简单可压缩的闭口系，只要给出两个相互独立的状态参数，就可以确定其热力状态以及其他状态参数数值。原则上可以给出任意两个独立状态参数，但是通常给出容易测得的温度 T 和压力 p，再求其他参数。

$$\begin{aligned} v &= f(T, p) \\ u &= f_1(T, p) \\ h &= f_2(T, p) \\ s &= f_3(T, p) \end{aligned} \tag{1-19}$$

其中 $v=f(T, p)$，还可以写成隐函数 $F(T, p, v)=0$ 的形式。它表示的三个直接测得的

基本状态参数之间的关系，称为状态方程，其余三个形式不是状态方程。状态方程给出了热力系一个平衡均匀点基本状态参数之间的关系，是热力状态点状态参数计算的基本公式。

3. 状态参数坐标图

状态参数坐标图是用几何图形的方法来表示热力系的热力状态、热力过程及进行热力分析计算的方便而直观的数学工具。简单可压缩热力系的平衡（均匀）态，可由任何两个相互独立的状态参数确定。状态参数坐标图可由两个任意独立的状态参数为纵、横坐标所组成的平面直角坐标系来组成。所以，热力系任意平衡态可用这种坐标图上的点代表。常用的坐标图有 p-v 图、T-S 图。如图 1-7 所示，纵坐标轴表示状态参数 p，横坐标轴表示状态参数 v，图中点 A 表示由 p、v 这两个独立状态参数所确定的平衡态。如果系统处于非平衡态，由于无确定的状态参数数值，也就无法用图上的点加以表示。

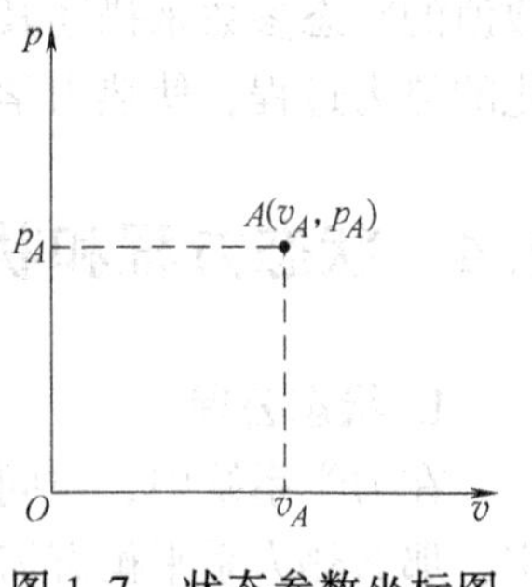

图 1-7　状态参数坐标图

1.5　过程和循环

1. 过程和内部平衡过程

热力系从一个状态向另一个状态转化时，所经历的全部热力状态的总和称之为热力过程，简称过程。一般热力过程所经历的热力状态是不平衡的，这样的热力过程就是非平衡过程。讨论这种非平衡过程是复杂和困难的，它是非平衡热力学研究的内容。工程热力学所研究的是一种特殊的热力过程，即内部平衡过程。热力系从一个平衡态（均匀）出发，连续经过一系列的（无数个）平衡的中间状态，到达另一个平衡（均匀）态，这样的过程称之为内部平衡过程。严格地讲，内部平衡过程所经历的每一个中间状态，不是绝对的平衡态或静止状态，而是一种无限接近平衡的准平衡态，或是一种似动非动、似静非静的准静态，因此有的教科书称这种过程为准平衡过程或准静态过程，如图 1-8a 所示。内部平衡过程在状态参数坐标图上可以用一条连续实曲线表示。内部不平衡过程，严格说不能这样表示。但是如果过程的初、末态是平衡的，而中间状态的不平衡（不均匀）状态程度相对较小，那么也可以用虚线来近似表示，如图 1-8b 所示。

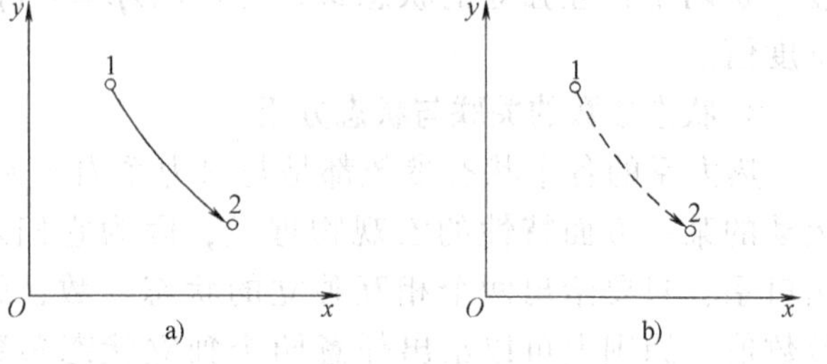

图 1-8　热力过程

a）内部平衡　b）内部不平衡

平衡是指状态静止不变，而过程意味着状态的变化，这两个相互对立的概念怎么会合在一起变成了（内部）平衡过程呢？两极相通，物极必反是自然界的普遍规律。

现用两个例子来说明这个道理，如图 1-9 所示的小鸟叼纸图，开始缸内气体压力与缸内活塞上厚纸重量处于力平衡状态。先从减压气体膨胀来看，小鸟在每次叼出一叠纸后缸内气体所经历的过程就是非平衡膨胀过程。如图 1-10 所示的大象吸纸图，大象在每次吸出一张纸后缸内气体所经历的过程非常接近内部平衡膨胀过程。反过来加压气体被压缩也有类似过程。

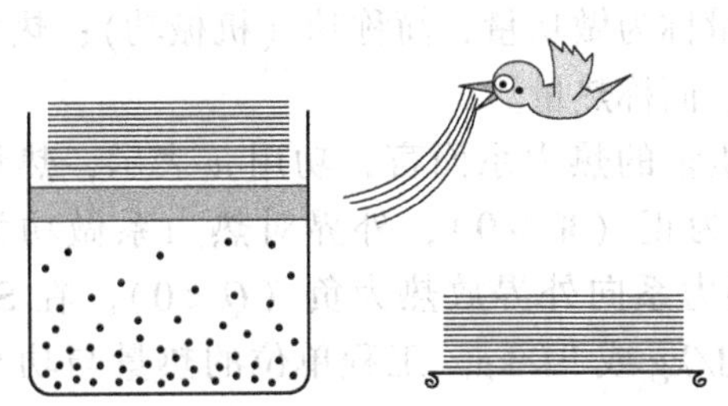
图 1-9　小鸟叼纸

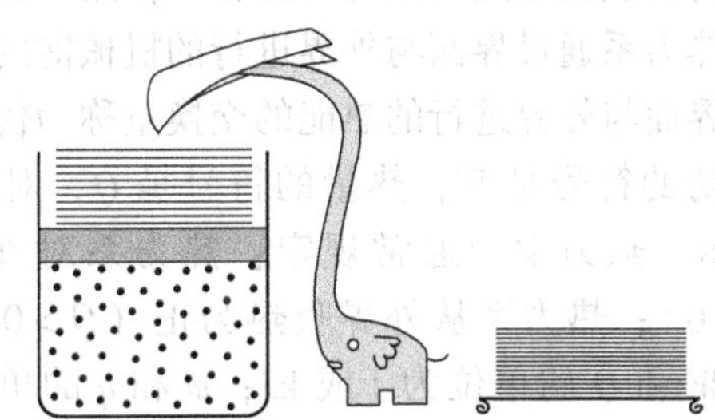
图 1-10　大象吸纸

从理论上讲，内部平衡过程进行的时间是无限长的，过程进行的速度是无限缓慢的。但是从实际情况上看，并非如此，只要实际过程进行得足够缓慢，缓慢到外界作用对系统平衡态的破坏速度低于系统本身的平衡态的恢复速度即可。也就是说只要弛豫时间小于状态变化时间，实际过程就可以看做是内部平衡过程了。

所幸的是，以上这种内部过程在很多情况下很接近于实际。如在活塞式机械中，活塞在气缸内的运动速度是每秒十几米或几十米的数量级，这也就是外界作用对缸内气体系统的平衡造成了破坏速度或状态变化（过程进行）的速度，而缸内系统中状态恢复平衡的速度取决于气体运动的速度，这种速度是以一种压力波的传播速度即是以声速传播的，每秒几百米甚至上千米，非常之快。也就是说，相对于系统从一个状态变化到另一个状态所需的时间来说是足够长的。在这足够长的时间内，系统内有充分的时间达到新的平衡态，从而使系统连续地经历一系列平衡态而达到末态，构成一个内部平衡过程。

对于一般管内流动，流速不可能大于声速，内部平衡过程假设是正确的，但是对于叶轮机械这种流速很高的外流，例如超声速气流（马赫数大于1），内部平衡过程假设是不正确的，但仍可用此模型来分析，只是需要用实验系数来修正这种误差。

2. 循环和内部平衡循环

循环就是封闭的过程，也就是说，循环是这样的过程：热力系从某一状态开始，经历一系列中间状态后，又回复到原来状态。

循环也有内部非平衡循环和内部平衡循环的区分，内部平衡循环在状态坐标图上可以用封闭的实曲线来表示如图 1-11a，而内部非平衡循环不能这样表示，如果构成循环的过程是近似内部平衡过程，则在状态坐标图上可用封闭的虚曲线来近似地表示，如图 1-11b 所示。

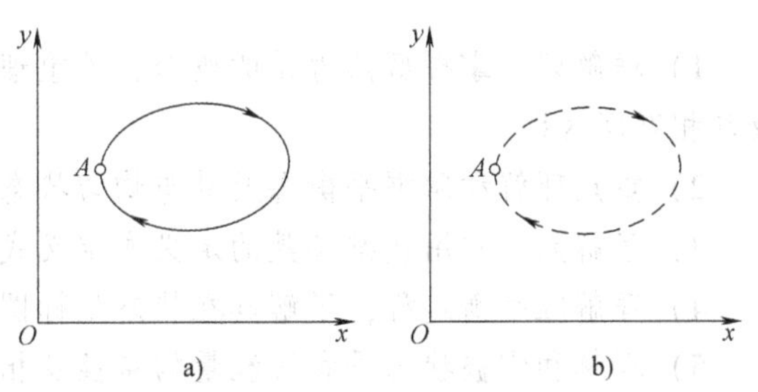

图 1-11　热力循环

a）内部平衡循环　b）内部非平衡循环

1.6 功和热量

功和热量是热力系与外界相互作用（交换）的两种能量形式。

热力系通过界面与外界进行的机械能的交换量称为做功量，简称功（机械功）；热力系通过界面与外界进行的热能的交换量称为传热量，简称热量。

功的符号是 W，热量的符号是 Q，对单位质量的热力系而言，功用 w 表示，热量用 q 表示。热力学中通常规定：热力系对外做功为正（$W>0$），外界对热力系做功为负（$W<0$）；热力系从外界吸热为正（$Q>0$），热力系向外界放热为负（$Q<0$）。在 SI 制中，W 和 Q 的单位为 J 或 kJ；w 和 q 的单位为 J/kg 或 kJ/kg。工程单位的热量与功与法定单位的换算为

$$1\text{kcal}=4.1868\text{kJ} \tag{1-20}$$

与状态参数的特性相反，功和热量有如下特性：

1）功和热量不是状态量，虽然它们都是状态量变化的结果，但其本身都不是状态量。因此不能说：热力系在某一状态下具有多少功，具有多少热量。虽然状态量和过程量是两种本质不同的量，但是二者是密切相关的，即热力系内部状态量的变化必然引起热力系与外界之间过程量的传递（或交换）。反之亦然。

2）功和热量都是过程量。它们的数值大小与所经历的具体过程路线有关，即使过程的初、末态相同，如果中间经历的途径不同，则功和热量的数值也不同，如图 1-12 所示。

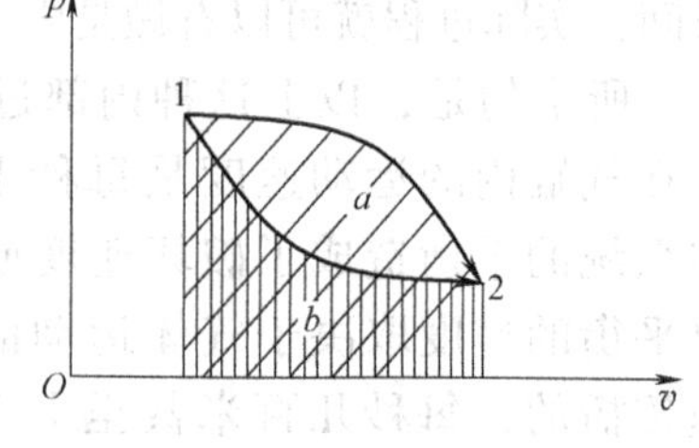

图 1-12　不同热力过程做功示意图

3）功和热量作为过程量的数学特征是它们都不是点函数而是线函数，它们的微分都不是全微分，它们微分的循环积分均不为零。即不能写成 dW 和 dQ，且

$$\oint \mathrm{d}W \neq 0, \oint \mathrm{d}Q \neq 0$$

本章要求重点与讨论

1）理解好、掌握好热力系的概念，着重理解闭口系、开口系、绝热系和孤立系的特点及其相互间区别。

2）重点理解和掌握平衡态及其与均匀状态、稳定状态的区别。

3）了解六个常用状态参数的定义或定义式、物理意义、单位及表示符号。

4）理解准平衡过程，了解其在状态坐标图中的表示方法。

5）理解和掌握状态量和过程量的特性及相互区别。

6）掌握容器中压力的计算。

本章给出了工程热力学中最常用、最重要的一些定义和概念：热力系、平衡（均匀）态、内部平衡过程和循环、状态（量）参数和过程（量）参数、参数坐标图等。

根据研究任务而具体指定的研究对象就是热力系。热力系涵盖了热能动力工程中所涉及的所有装置和设备，它可以是非常具体的一台热机或一个换热器，也可以是非常抽象某一热源（库）。热力系由界面所包围并通过界面与外界进行着能（热能、机械能）质作用（或交换）。正是通过这种热力系与外界的相互作用，才实现了热力系自身状态的变化、热能与机械能相互转换及热力系与外界之间能质的授受，从而达到人们之目的。

热力系可以是某种场（电场、磁场等），更多的是物质的实体。热力系内部由大量微观粒子所组成，称之为工质。工质承担着完成热功转换的载能体的作用。由于热功转换常常通过工质的膨胀来实现的，所以要求工质有很好的膨胀性。同时，工程实际中热能动力装置要连续不断地实现热功之间的转换。这就要求工质能够连续通畅地流进流出，因此，要求工质要有很好的流动性。同时具有良好膨胀性和流动性的工质只能是气态工质。所以本课程中气态工质的性质是重要研究内容之一。

气态工质构成的热力系所处的状态，可能是平衡（均匀）的，也可能是不平衡（不均匀）的。前者是平衡态热力学或称经典热力学所研究的内容，这是本课程的任务。后者即为非平衡热力学，它是平衡态热力学的继承和发展。非平衡热力学（或称不可逆过程热力学）从20世纪60年代以来有了突破性的发展，其中最有代表性的成就是诺贝尔奖获得者比利时科学家普里高津提出的耗散结构理论。耗散结构理论对自然科学、社会科学乃至人类社会和整个宇宙具有很大的指导意义，是当今非平衡热力学研究的世界前沿。

人们研究的热力系都是处于平衡（均匀）态，而平衡（均匀）态，在状态坐标图上又可简化为一个平衡（均匀）态点，所以整个热力系的行为可由一个点代表（即以点代体）。平衡（均匀）过程和循环就是由这样的平衡（均匀）态来组成的。那么，这样的过程和循环就可以在状态参数坐标图中用连续线来表示。

涉及平衡（均匀）态及其过程和循环的具体描述和定量计算，则需要用到状态参数（状态量）和过程参数（过程量）。状态参数（T、p、v、u、h、s）是从各个不同侧面描述处于平衡（均匀）态的热力系宏观性质的物理量。状态参数是热力系处热力状态的单值函数。状态参数着眼于热力系内部特性的描述，一组确定的状态参数数值与一个相应的平衡（均匀）态点一一对应。过程参数（w、q）是从能量的角度对热力系与外界相互作用的热或功进行计量的物理量。过程参数着眼于热力系与外界间作用特征的描述。过程参数的确定数值取决于热力系与外界之间相互作用过程的具体特征。离开了具体热力过程，便无过程量而言。

状态量与过程量有本质上的差别，但二者是对立统一的关系。可以说二者是互为因果：热力系状态量改变必然引起热力系与外界间过程量的传递；反过来，热力系与外界间过程量的授受，也必然引起热力系状态量的增减。其所以如此，皆由能量守恒与转换定律所制约。

本章的知识结构框图如图1-13所示。

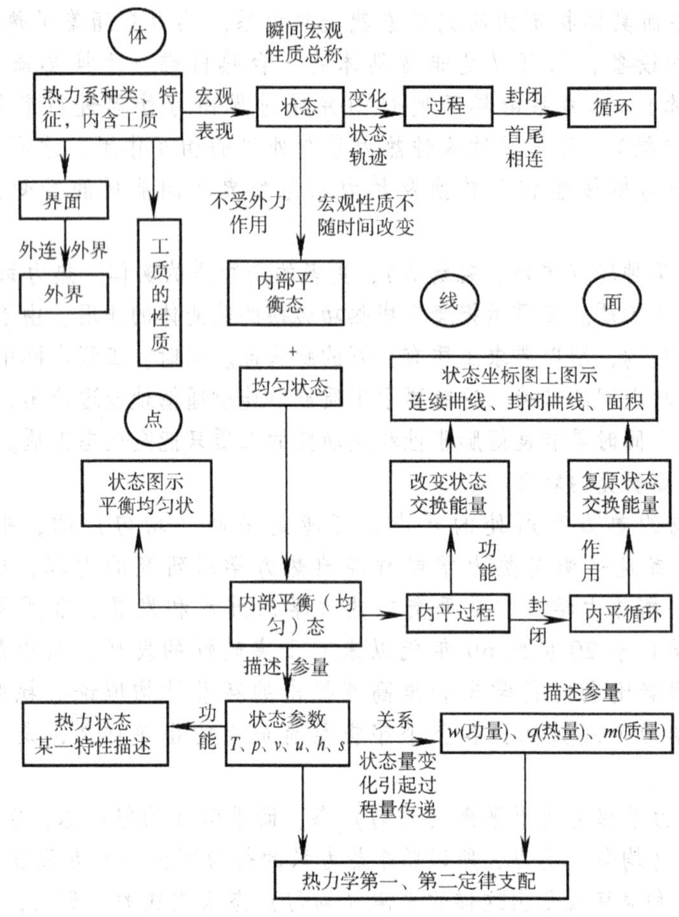

图 1-13　知识结构框图

思　考　题

1. 有人说绝对压力、表压力和真空度都是状态参数，对吗？为什么？
2. 如果容器中气体的压力保持不变，那么压力表的读数一定也保持不变吗？
3. 平衡态与稳定状态有何区别和联系？
4. 平衡态与均匀状态有何区别和联系？
5. 状态量和过程量有何区别和联系？
6. 热力系的选取有何限制？
7. 有人说，状态方程就是状态参数之间的关系，对吗？

习　　题

1-1　人体正常温度是37℃，问这个温度相当于华氏温度、兰氏温度和开尔文温度各为多少？

1-2 气象报告说：某高压中心气压是102.5kPa，它相当于多少毫米汞柱？它比标准大气压高出多少kPa？

1-3 用U形管测量容器中气体的压力。在水银柱上加一段水柱（图1-14）。已测得水柱高850mm，汞柱高520mm。当地大气压力p_b为755mmHg，问容器中气体的绝对压力为多少MPa？

1-4 用斜管压力计测量锅炉烟道中烟气的真空度（图1-15）。管子的倾角$\alpha=30°$；压力计使用密度为800kg/m^{3}的煤油；斜管中液柱长度l = 200mm。当时大气压力p_b = 745mmHg。问烟气的真空度为多少毫米水柱？烟气的绝对压力为多少毫米汞柱？

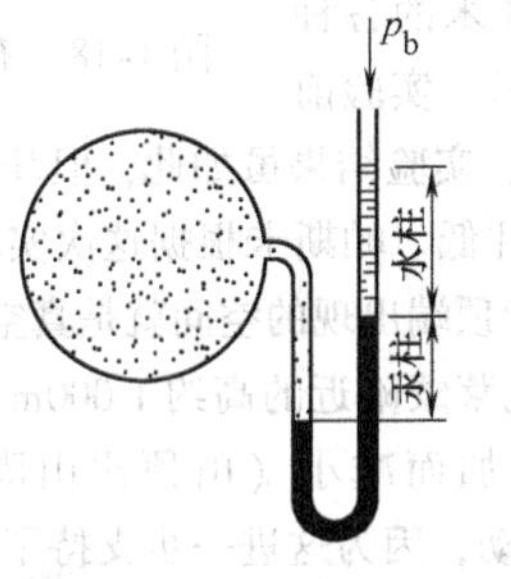

图1-14 习题1-3图

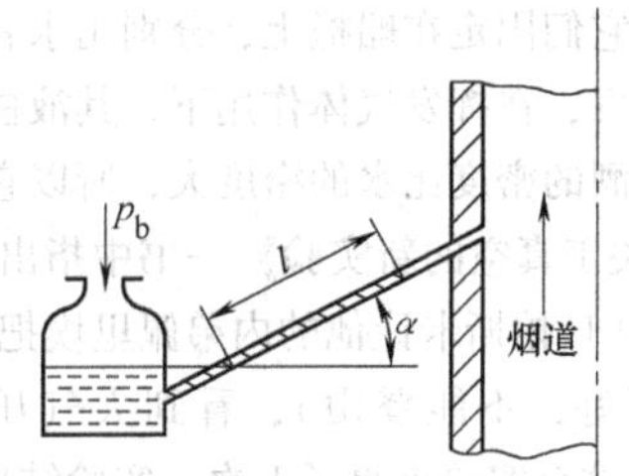

图1-15 习题1-4图

1-5 某冷凝器上的真空表读数为750mmHg，而大气压力计的读数为761mmHg，试问冷凝器的绝对压力为多少Pa？

1-6 有一容器，内装隔板，将容器分为A、B两部分（图1-16）。容器两部分中装有不同压力的气体，并在不同部位安装三个压力表。已测得1、2两个压力表的表压依次为1.10×10^5Pa和1.75×10^5Pa。当时大气压0.97×10^5Pa。试求A、B两部分中气体的绝对压力和表3的读数（单位用MPa）。

1-7 某实验设备中空气流过管道，利用压差计测量孔板两边的压差（图1-17）。如果使用的是水银压差计，测得液柱高为300mmHg，水银密度为13.60g/cm^{3}试确定孔板两边压差。

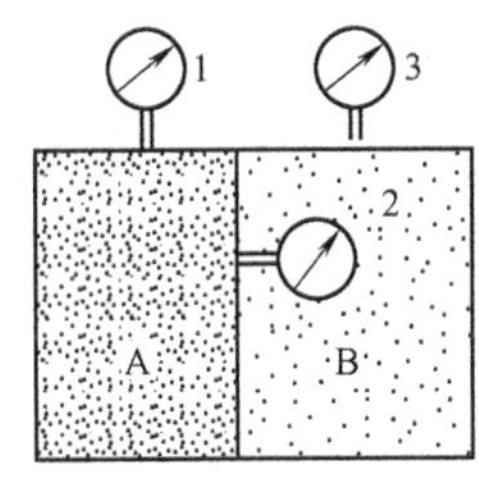

图1-16 习题1-6图

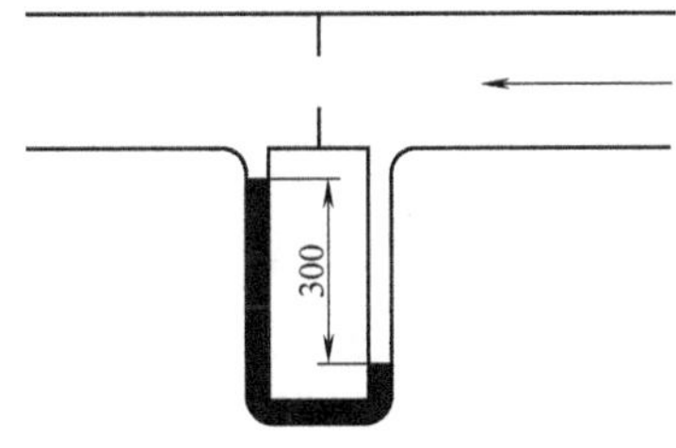

图1-17 习题1-7图

1-8 从工程单位制热力性质表中查得，水蒸气在500℃、10MPa的比体积和比焓分别为$v=0.03347$m^3/kg、$h=806.6$kcal/kg。试问，在国际单位中，这时水蒸气的温度、压力和比焓各为多少？

选读之一　帕斯卡与大气压

法国数学家、物理学家布莱斯·帕斯卡（图 1-18）于 1623 年 6 月 19 日生于奥弗涅的克勒加菲朗，从小体弱多病，但智力发育超群绝伦。他只活了 39 岁，但却在科学、哲学和文学上都创下了不朽的业绩。

图 1-18　布莱斯·帕斯卡

帕斯卡在物理学方面的主要成就在于对流体力学和大气压强的研究，1653 年发现了关于液体压强的传递定律即著名的帕斯卡定律。

1643 年意大利物理学家托里拆利用水银证实了大气压强的存在，并确定其数值。托里拆利的实验传到法国，在学术界引起强烈的反响，帕斯卡也在思考同样的问题。1646～1647 年，他准备了几根长约几米的各种形状的玻璃管，把它们固定在船桅上，分别用水和葡萄酒作实验。实验前很多人认为酒易挥发，在挥发气体作用下，其液柱要比水低些，实验结果虽如此，但却不是酒易挥发造成的，这是因为葡萄酒的密度比水的密度大，所以它的液柱比水柱低。帕斯卡根据这次实验的结果，在 1647 年 10 月出版的《关于真空的新实验》一书中指出，倒立玻璃管顶端出现的空间就是真空。

1648 年 9 月 19 日帕斯卡让他的内弟佩里埃把气压计带到克莱蒙附近的高约 1 000m 的多姆山上进行实验（他自己身体不好，不能登山），看到大气压因高度的增加而减小（山顶比山脚的水银柱高度低 8.5cm）。帕斯卡将这个实验重复了五次，实验结果使他非常激动，因为这进一步支持了托里拆利关于大气压的观点。正是在上述一系列的实验中，帕斯卡发明了注射器。帕斯卡还发现大气压强的数值跟天气有关，这在气象学上具有重大意义。并还作了虹吸实验，并用大气压来解释虹吸原理。帕斯卡有关大气压强的研究工作在 1653 年就写在《论空气的重量》的论文中，此论文一直到他死后十年（1672 年）才发表。

帕斯卡对文学的造诣也很高，他的文字婉约，流利而有力，为世人称赞，对法国的文学颇有影响，他的许多名句常为后人所传诵，而逐渐成为法国谚语。他所著的《思想录》、《致外省人书》，对法国的散文影响甚大，1962 年，世界和平理事会曾推荐帕斯卡为世界文化名人。

第2章 热力学第一定律

【提要】 本章根据能量守恒原理，在得出一般热力系热力学第一定律基本表达式——基本能量方程的基础上，运用演绎法逐一推导出了闭口系、开口系、稳定流动系统的能量方程，并给出了能量方程中涉及的功和热量的基本计算公式以及功和热量在坐标图中的表示，本章内容为后续课热工分析和计算提供了最基本的理论依据。

2.1 能量守恒原理及热力学第一定律的实质

人们从无数的实践经验中总结出了这样一条规律：自然界中存在着各种形式的能量，如热能、机械能、电磁能、化学能、光能、原子能等，各种不同形式的能量都可以彼此转移(从一个物体传递到另一个物体或由物体的一部分传递到另一个部分)，也可以相互转换(从一种能量形式转变为另一种能量形式)，但在转移和转换过程中，尽管能量的形式可以改变，但是它们的总量保持不变。这一规律称为能量守恒与转换定律。这是自然界中一条普遍原理，它适用于各个领域和各个方面。能量守恒与转换定律应用在热力学中，或者说应用在伴有热效应的各种过程中，便是热力学第一定律。在工程热力学中，热力学第一定律主要说明热能和机械能在相互转换时，能量的总量必定守恒。热力学第一定律是热力学的基本定律，它建立了热能与机械能等其他形式能量在相互转换时的数量关系，是热工分析和计算的基础。热力学第一定律有多种表述形式，如“当热能与其他形式的能量相互转换时，能量的总量保持恒定”，“第一类永动机是不可能制成的”，等等。

2.2 热力学第一定律表达式

2.2.1 一般热力系的能量方程——热力学第一定律基本表达式

1. 热力系具有的总能量

设有一热力系如图2-1中虚线（界面）所包围的体积所示。假设，热力系具有的质量为m，能量为E（图2-1a）。热力系作为一个整体，在空间运动速度为c，它所具有的动能为E_k，热力系质心位置离开地面的高度为z，它所具有的重力位能为E_p，则有$E_k = mc^2/2$，$E_p = mgz$。由于这种宏观动能和重力位能是热力系本身所储存的机械能，它们需要借助热力系外的参考坐标系内测量的参数（c，z）来表示，故而也称之为外部储存能。

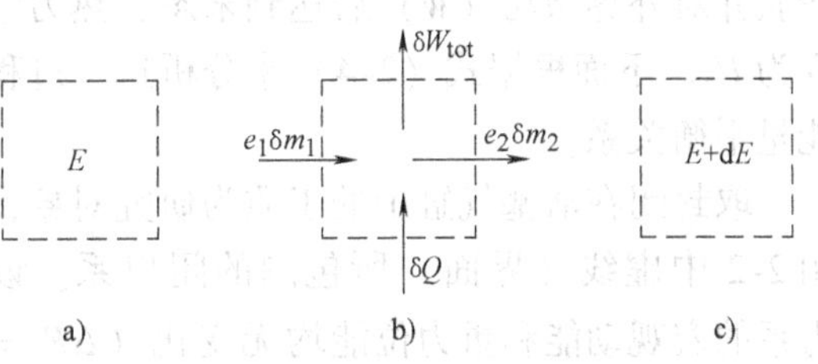

图2-1 热力系能量方程推导示意图

a）初始状态 b）中间状态 c）终了状态

此外，热力系的能量是与热力系内部大量粒子微观运动和粒子空间位形有关的能量，称作热力学能，记为 U。

综前所述，热力系总能量是指热力学能（U）、宏观动能（E_k）和重力位能（E_p）的总和

$$E = U + E_k + E_p \tag{2-1}$$

2. 一般热力系的能量方程

如图 2-1 所示，假定这一热力系在一段极短的时间 $d\tau$ 内从外界吸收了微小的热量 δQ，又从外界流进了每千克总能量为 e_1（$e_1 = u_1 + e_{k1} + e_{p1}$）的质量 δm_1（注意：这里用"δ"表示微元过程中传递的微小量，以便和用全微分符号"d"表示的状态量的微小增量区分开）；与此同时，热力系对外界做出了微小的总功 δW_{tot}（即各种形式功的总和），并向外界流出了每千克总能量为 e_2（$e_2 = u_2 + e_{k2} + e_{p2}$）的质量 δm_2（图 2-1b）。经过这段时间（$d\tau$）后，热力系的总能量变成了 $E + dE$（图 2-1c）。

根据质量守恒定律可知，热力系质量的变化等于流进和流出质量的差，即

$$dm = \delta m_1 - \delta m_2 \tag{2-2}$$

式中，dm 为热力系在 $d\tau$ 时间内质量的增量，它是热力系状态量的变化；δm_1 和 δm_2 为热力系在 $d\tau$ 时间内和外界交换的质量，它们是过程量。

根据热力学第一定律可知

加入热力系的能量的总和 - 热力系输出的能量的总和 = 热力系总能量的增量

即
$$(\delta Q + e_1 \delta m_1) - (\delta W_{tot} + e_2 \delta m_2) = (E + dE) - E$$

或
$$\delta Q = dE + (e_2 \delta m_2 - e_1 \delta m_1) + \delta W_{tot} \tag{2-3}$$

对有限长的时间 τ，可将式（2-3）积分，从而得

$$Q = \Delta E + \int_{(\tau)} (e_2 \delta m_2 - e_1 \delta m_1) + W_{tot} \tag{2-4}$$

式（2-3）和式（2-4）是热力学第一定律的最基本的表达式，适用于任何工质进行的任何无摩擦或有摩擦的过程。

下面以工程中常见的三种情况（闭口系、开口系、稳定流动）为例，进一步把热力学第一定律的基本表达式具体化。

2.2.2 闭口系的能量方程

设有一带活塞的气缸，内装气体（图 2-2），气体在初态下热力学能为 U_1，吸热（Q）膨胀并对外界做功（W）后达到末态，热力学能变为 U_2。下面根据式（2-4）来分析这一过程的能量平衡关系。

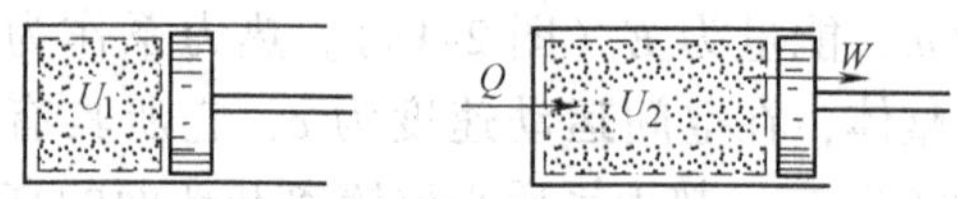

图 2-2 带活塞的气缸

取封闭在活塞气缸中的工质为研究对象，即图 2-2 中虚线（界面）所包围的闭口系。该热力系的宏观动能和重力位能均无变化（$\Delta E_k = \Delta E_p = 0$），而且与外界无物质交换（$m_1 = 0$，$m_2 = 0$），同时在 W_{tot} 中只有由于热力系的体积变化而和外界交换的容积变化功 W（称为膨胀功）。因此，根据式（2-4），有

$$\Delta E = \Delta U + \Delta E_k + \Delta E_p = \Delta U$$

$$\int_{(\tau)}(e_2\delta m_2 - e_1\delta m_1) = 0$$

$$W_{tot} = W$$

从而得

$$Q = \Delta U + W = U_2 - U_1 + W \tag{2-5}$$

对每千克工质而言，可得

$$q = \Delta u + w = u_2 - u_1 + w \tag{2-6}$$

对微元过程而言，则可将式（2-6）微分，从而得

$$\delta q = \mathrm{d}u + \delta w \tag{2-7}$$

式（2-5）~式（2-7）都是闭口系的能量方程（热力学第一定律表达式）。

2.2.3 开口系的能量方程

活塞式动力机械在工作时，工质并不一直封闭在气缸中，而总是伴有进气、排气过程交替进行着（图2-3）。所以，如果考虑到工质的流进、流出，那么界面为气缸内壁和活塞顶面的热力系在整个工作周期就不再是闭口系。在进气、排气期间，它和外界有质量交换，因而是开口系。

在开始进气前，活塞位于气缸顶端，如图2-3a所示。这时气缸中没有气体，热力系的质量为零，总能量也为零。进气过程中（图2-3b），进入气缸的气体给热力系带进热力学能 U_1［宏观动能忽略或并入滞止参数（参见第9.3节）］；进口、出口气体的重力位能基本不变，因而在计算能量变化时可以不必考虑；同时，外界对体积 V_1 压力 p_1 的气体做了推动功 p_1V_1，使它通过进气口进入热力系，这部分推动功通过活塞传递给动力机械（飞轮），这样动力机械就获得了进气功（W_{in}）。进气完毕后，气体工质被封闭在气缸中。从这时开始，外界向气体供给热量 Q，气体受热膨胀推动活塞向外使动力机械做出膨胀功 W，同时气体由状态1变化到状态2，如图2-3c所示。然后开始排气。动力机械通过活塞向气体输送排气功（W_{out}）；而热力系又通过排气口将这部分功以推动功的形式传递给外界（p_2V_2）（图2-3d）。排气完毕后，活塞又回到气缸的顶端，动力机械完成了一个工作周期，这时气缸中没有气体，热力系的总能量回复到零。

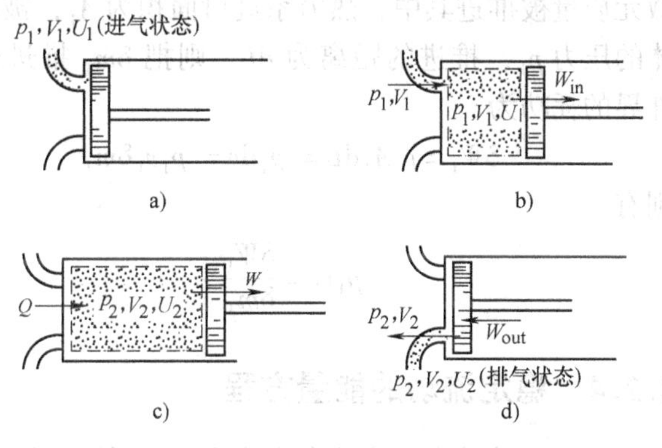

图2-3 进气、排气过程

a）进气前 b）进气过程 c）吸热膨胀 d）排气后

下面分析这个开口系在一个工作周期中的能量进出情况。按式（2-4），列出其中的各项

$$\Delta E = 0$$

（工作周期始末，气缸中均无气体）

$$\int_{(\tau)}(e_2\delta m_2 - e_1\delta m_1) = U_2 - U_1$$

$$W_{tot} = -p_1V_1 + W_{in} + W - W_{out} + p_2V_2$$

（热力系对外界做功为正，从外界获得功为负）

所以，根据式（2-4）可得

$$Q = U_2 - U_1 + p_2V_2 - p_1V_1 + W_{in} + W - W_{out} \tag{2-8}$$

式中，$W_{in} + W - W_{out}$ 为动力机械在一个工作周期中获得的功，称为技术功，用 W_t 表示，即

$$W_t = W_{in} + W - W_{out} \tag{2-9}$$

式（2-9）是技术功的定义式。将它代入式（2-8），并考虑到焓的表达式可得

$$Q = H_2 - H_1 + W_t \tag{2-10}$$

对每千克工质而言，则得

$$q = h_2 - h_1 + w \tag{2-11}$$

对微元过程，可将式（2-11）微分，从而得

$$\delta q = \mathrm{d}h + \delta w_t \tag{2-12}$$

式（2-10）~式（2-12）都是开口系的能量方程（热力学第一定律表达式）。在上面的推导中称 pv 为推动功，其物理意义分析如下：

如图 2-4 所示，虚线所包围的热力系中将有 δm_1 的微元质量被推进其中，热力系进口面积为 A_1，被推入气体的压力 p_1，推进的距离为 $\mathrm{d}L$，则把 δm_1 推进热力系外界的耗功为

$$\delta W_1 = p_1A_1\mathrm{d}L = p_1\mathrm{d}v = p_1v_1\delta m_1$$

则有

$$p_1v_1 = \frac{\delta W_1}{\delta m_1}$$

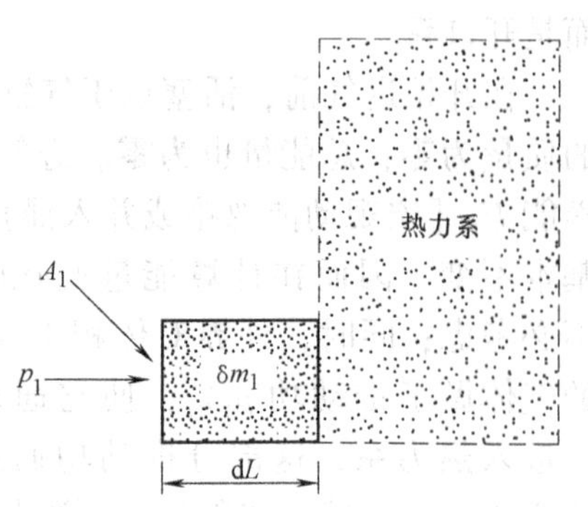

图 2-4 热力系

2.2.4 稳定流动的能量方程

稳定流动是指流道中任何位置上流体的流速及其他状态参数（温度、压力、比体积、比热力学能等）都不随时间变化的流动。各种工业设备处于正常运行状态时，流动工质所经历的过程都接近于稳定流动。设有流体流过一复杂通道（图 2-5），取通道进出口之间的流体为研究对象，即图 2-5 中虚线（界面）所包围的开口系。假定进出口截面上流体的各个参数均匀一致（如果不均匀则取平均值），压力、比体积、比热力学能、流速、高度、比总能量依次为

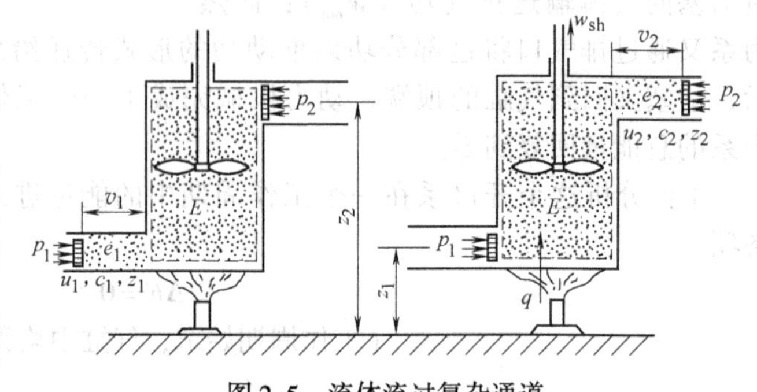

图 2-5 流体流过复杂通道

$$p_1,\ v_1,\ u_1,\ c_1,\ z_1,\ e_1 \ （进口截面）$$
$$p_2,\ v_2,\ u_2,\ c_2,\ z_2,\ e_2 \ （出口截面）$$

显然，对于稳定流动，这些参数不随时间变化，开口系的总能量 E 也不随时间变化。取一段时间 $\Delta\tau$，设在这段时间内恰好有 1kg 流体流过通道（因为是稳定流动，所以在这段时间内流过进出口截面以及流过任意截面的流体都是 1kg），同时有热量 q 从外界通过界面传入该热力系，又有轴功 w_{sh} 由热力系通过叶轮轴向外界做出。对这样一个稳定流动的开口系，根据式（2-4）可得

$$\Delta E = 0 \quad (E = 定值)$$

$$\int_{(\tau)} (e_2 \delta m_2 - e_1 \delta m_1) = (e_2 - e_1) \int_{(\tau)} \delta m = e_2 - e_1$$

$$w_{tot} = w_{sh} - p_1 v_1 + p_2 v_2$$

w_{tot} 中除叶轮的轴功 w_{sh} 外，在进口处外界对热力系做推动功 $p_1 v_1$（负值），在出口处热力系对外界做推动功 $p_2 v_2$（正值）。所以，根据式（2-4）可得

$$\begin{aligned} q &= e_2 - e_1 + w_{sh} - p_1 v_1 + p_2 v_2 \\ &= (e_2 + p_2 v_2) - (e_1 + p_1 v_1) + w_{sh} \end{aligned}$$

式中

$$e_2 + p_2 v_2 = u_2 + e_{k2} + e_{p2} + p_2 v_2 = h_2 + \frac{c_2^2}{2} + g z_2$$

$$e_1 + p_1 v_1 = u_1 + e_{k1} + e_{p1} + p_1 v_1 = h_1 + \frac{c_1^2}{2} + g z_1$$

最后得

$$q = (h_2 - h_1) + \frac{1}{2}(c_2^2 - c_1^2) + g(z_2 - z_1) + w_{sh} \tag{2-13}$$

从式（2-11）和式（2-13）的推导过程中可以看出：对流动工质，焓可以理解为流体向下游传送的热力学能与推动功之和。

式（2-13）也可以换一种方式推得。如果取图 2-5 中两个假想活塞之间的流体（阴影部分）为热力系，那么这就是一个闭口系。对这一闭口系，根据式（2-4），有

$$\Delta e = (e + e_2) - (e + e_1) = e_2 - e_1$$

$$\int_{(\tau)} (e_2 \delta m_2 - e_1 \delta m_1) = 0 \quad （对闭口系\ m_2 = m_1 = 0）$$

$$w_{tot} = w_{sh} - p_1 v_1 + p_2 v_2$$

同样可得

$$q = e_2 - e_1 + w_{sh} - p_1 v_1 + p_2 v_2 = (h_2 - h_1) + \frac{1}{2}(c_2^2 - c_1^2) + g(z_2 - z_1) + w_{sh}$$

式（2-13）即稳定流动的能量方程（热力学第一定律表达式）。

上述两种推导稳定流动能量方程的方法和相应的两种热力系的选取方法可谓是异曲同工、殊途同归。

应该指出，式（2-13）中下标 1、2 指的是流道进出口“两个截面”，而不是像式(2-6)和式（2-11）那样指过程始末“两个瞬时”。事实上，对稳定流动而言，整个流道空间（包括进出口截面）的状况是不随时间变化的。但是，如果设想取一流体微团为热力系，考察这微团从流道进口到出口的变化过程，则“两个截面”和“两个瞬时”将是一致的。

2.2.5 能量方程之间的内在联系和热变功的实质

式（2-6）、式（2-11）、式（2-13）三个能量方程有各自适用的场合，但也有着基本的共性。事实上，如果把稳定流动能量方程中流体动能的增量和重力位能的增量看做是暂存于流体（热力系）本身而尚未对外界做出的功，并把它们与轴功合并在一起，那么合并以后的功也就相当于开口系能量方程中的技术功。这样，式（2-13）和式（2-11）也就完全一样了，即

$$q = h_2 - h_1 + \left[\frac{1}{2}(c_2^2 - c_1^2) + g(z_2 - z_1) + w_{sh}\right] = h_2 - h_1 + w_t \tag{2-14}$$

如果再把式（2-11）中的焓写为热力学能与推动功之和，把技术功写为进气功、膨胀功及排气功的代数和，消去一些项后，便可得到式（2-6）

$$q = (u_2 + p_2 v_2) - (u_1 + p_1 v_1) + w_{in} + w - w_{out}$$

因为

$$e_2 + p_2 v_2 = u_2 + e_{k2} + e_{p2} + p_2 v_2 = h_2 + \frac{c_2^2}{2} + g z_2$$

$$w_{in} = p_1 v_1,\ w_{out} = p_2 v_2$$

所以

$$q = u_2 - u_1 + w$$

这就是说，归根结底，反映热能和机械能转换的是式（2-6）。可以将式（2-6）改写为

$$w = (u_1 - u_2) + q$$

它说明：在任何情况下，膨胀功都只能从热力系本身的热力学能储备或从外界供给的热量转变而来，这就是热变功的实质；所不同的只是，在闭口系中，膨胀功（w）全部向外界输出；在开口系中，膨胀功中有一部分要用来弥补排气推动功和进气推动功的差值（$p_2 v_2 - p_1 v_1$），剩下的部分（即为技术功）可供输出。所以有

$$w_t = w - (p_2 v_2 - p_1 v_1) \tag{2-15}$$

而在稳定流动中，膨胀功除用于弥补排气推动功和进气推动功的差值外，还要用于增加流体的动能$\left[\frac{1}{2}(c_2^2 - c_1^2)\right]$和位能［$g(z_2 - z_1)$］，剩下的部分（即为轴功）才供输出。所以

$$w_{sh} = w - (p_2 v_2 - p_1 v_1) + \frac{1}{2}(c_2^2 - c_1^2) + g(z_2 - z_1) \tag{2-16}$$

将式（2-15）和式（2-16）分别代入式（2-6），即可得出式（2-11）和式（2-13）。

从以上的推导和讨论中可以清楚地看到总功（W_{tot}）、膨胀功（W）、技术功（W_t）和轴功（W_{sh}）之间的区别和内在联系，但不应得出膨胀功大于技术功、技术功大于轴功的结论，因为（$p_2 v_2 - p_1 v_1$）、$\frac{1}{2}$（$c_2^2 - c_1^2$）、g（$z_2 - z_1$）都是可正可负的。

2.3 稳定流动能量方程的应用

1. 做功的动力机（汽轮机、燃气轮机）

1）工质的动能变化一般只占做功量的千分之几，可忽略，即

$$\frac{1}{2}\Delta c^2 = 0$$

2）工质的位能变化一般不到做功量的万分之一，可忽略，即

$$g\Delta z = 0$$

3）热力系散热一般只占做功量的百分之一左右，有时也可忽略，$q=0$。在以上的条件下，如图 2-6a 所示，由式（2-13）可得

$$w_{sh} = w_T = h_1 - h_2$$

即动力机对外做功等于工质的焓降。

2. 耗功的工作机（压气机、风机、水泵）

以上三个条件基本适用，如图 2-6b 所示，由式（2-13）可得

$$w_c = w_{sh} = h_1 - h_2 \text{ 或 } \quad -w_c = h_2 - h_1 > 0$$

即压气机、风机和水泵的耗功等于工质的焓升。

3. 换热器（加热器、散热器、蒸发器、冷凝器）

工质的动能及位能变化可以忽略，又不做轴功，即 $\Delta c^2/2=0$，$g\Delta z=0$，$w_{sh}=0$，由式（2-13）可得

对于加热器　　$q = h_2 - h_1 > 0$

对于散热器　　$q = h_2 - h_1 < 0$

即加入加热器的热量等于工质焓升，散热器散出的热量等于工质的焓降，如图 2-7 所示。

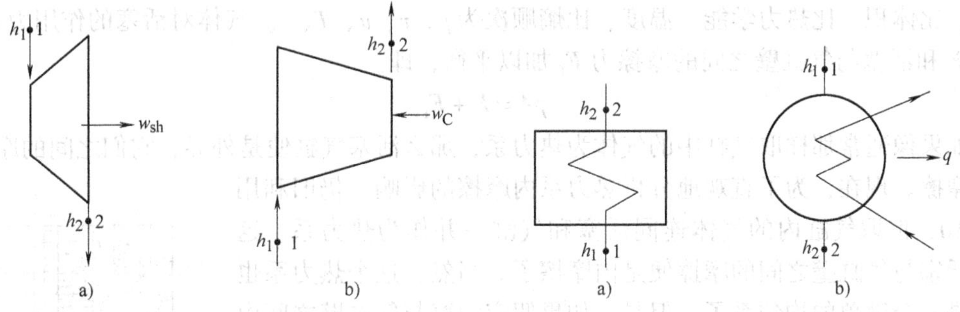

图 2-6　汽轮机与压气机
a）汽轮机　b）压气机

图 2-7　加热器与散热器
a）加热器　b）散热器

4. 喷管

喷管是使流体降压升速的特殊管道，一般可认为是绝热过程，$q=0$，可忽略位能的变化，$g\Delta z=0$，又不对外做功 $w_{sh}=0$，如图 2-8 所示，由式（2-13）可得

$$\frac{1}{2}(c_2^2 - c_1^2) = h_1 - h_2 > 0$$

即工质通过喷管后动能的增加等于工质的焓降。

5. 扩压管

扩压管是降速升压的特殊管道，以上喷管的假定条件同样适用于扩压管（图 2-8），由式（2-13）可得

$$\frac{1}{2}(c_1^2 - c_2^2) = h_2 - h_1 > 0$$

即工质通过扩压后动能的降低等于工质的焓升。

6. **节流**

流体工质流经阀门、缝隙等时所经历的过程称之为节流，如图 2-9 所示。可以认为此时 $q=0$，$g\Delta z=0$，$w_{sh}=0$。在节流前后足够远的地方 $c_1\approx c_2$，$\Delta c^2/2=0$，由式（2-13）可得

$$\Delta h=0 \quad 或 \quad h_2=h_1$$

即节流前后焓相等。需要说明的是，节流不是等焓过程，因为在节流过程中焓是变化的。

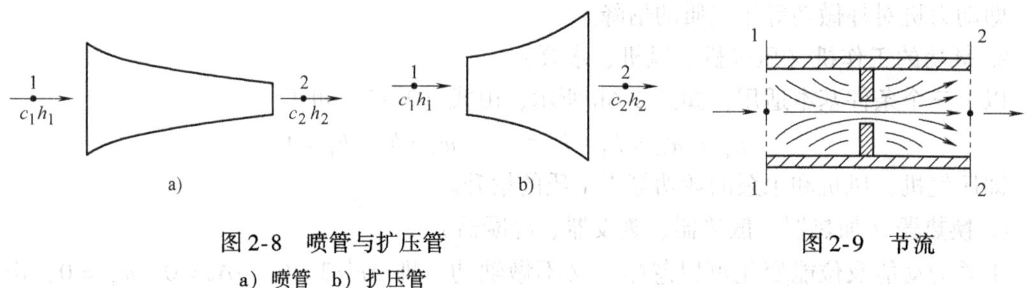

图 2-8 喷管与扩压管
a）喷管 b）扩压管

图 2-9 节流

2.4 功和热量的计算及其在压容图和温熵图中的表示

设有一截面为 A 的带活塞的气缸，里面装有 1kg 气体（图 2-6），气体处于平衡状态，压力、比体积、比热力学能、温度、比熵顺次为 p、v、u、T、s。气体对活塞的作用力 pA 由外力 F 和活塞与气缸壁之间的摩擦力 F_f 加以平衡，即

$$pA=F+F_f$$

如果像通常那样取气缸中的气体为热力系，那么活塞气缸便是外界，它们之间的摩擦便是外摩擦。现在，为了直观地分析热力系内摩擦的影响，仍旧利用图 2-10，但取气缸内的气体连同活塞和气缸一并作为热力系。这样，活塞与气缸壁之间的摩擦便是内摩擦了。当然，这个热力系也就不是一个简单的均匀系了。但是，如果假定活塞与气缸壁之间由于摩擦生成的热全部由气缸中的气体吸收，而活塞和气缸的热力状态无改变，那么在分析过程时，对活塞和气缸就可以不予考虑了。下面来分析摩擦[⊖]对过程的影响。

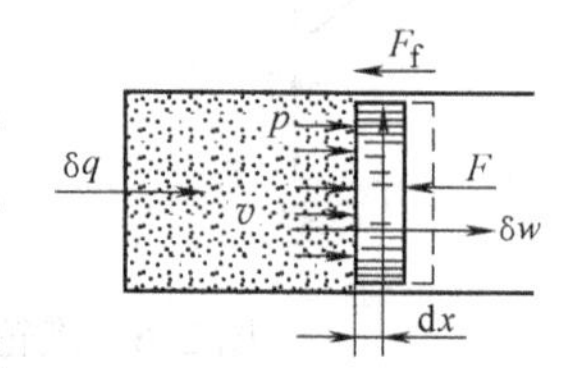

图 2-10 带活塞的气缸

当外界向气体加热量 δq 以后，气体膨胀，并在平衡状态下使活塞移动了 dx 距离，气体对外界做出了（外界获得了）δw 的功，有

$$\begin{aligned}\delta W&=F\mathrm{d}x=(pA-F_f)\mathrm{d}x\\&=p\mathrm{d}V-F_f\mathrm{d}x=p\mathrm{d}V-\delta W_L<p\mathrm{d}V\end{aligned} \tag{2-17}$$

式中 δW_L 是由于存在摩擦损失的功，称为功损。由功损产生的热称为热产，用 Q_g 表示。显然有

$$q_g=w_L \tag{2-18}$$

应该指出，不等式（2-17）对压缩过程同样是适用的。在压缩过程中，如果存在摩擦（这

⊖ 本章以及以后各章中，凡“摩擦”均指热力系的内摩擦。

时摩擦力反向），由于有功损，外界将消耗比 pdV 计算值较多的功，$|\delta W| > |pdV|$，但由于这时 δW 和 pdV 均为负值，所以不等式（2-17）($\delta W < pdV$) 仍然成立。

如果不存在摩擦（$\delta w_L = 0$），则无论对膨胀过程或是压缩过程，均可得

$$\delta w = p\mathrm{d}v \tag{2-19}$$

对式（2-19）积分，可得膨胀功的计算式（对无摩擦的内平衡过程而言）

$$w = \int_1^2 p\mathrm{d}v \tag{2-20}$$

根据式（2-15）和式（2-20），可得技术功的计算式（对无摩擦的内平衡过程而言）

$$w_t = w - p_2v_2 + p_1v_1 = \int_1^2 p\mathrm{d}v - \int_1^2 \mathrm{d}(pv) = -\int_1^2 v\mathrm{d}p \tag{2-21}$$

根据熵的定义式［式（1-16）］，有

$$\mathrm{d}s = \frac{\mathrm{d}u + p\mathrm{d}v}{T},\ \mathrm{d}u + p\mathrm{d}v = T\mathrm{d}s$$

在无摩擦内平衡的情况下，式（2-7）可写为

$$\delta q = \mathrm{d}u + p\mathrm{d}v$$

所以，对无摩擦的内平衡过程可得

$$\delta q = T\mathrm{d}s$$

积分后得

$$q = \int_1^2 T\mathrm{d}s \tag{2-22}$$

式（2-20）~式（2-22）表明：一个无摩擦的内平衡过程，其膨胀功和技术功可以用压容图（p-v 图）中过程曲线下边和左边相应的面积表示出来（图 2-11）；而热量则可以用温熵图（T-s 图）中过程曲线下边相应的面积表示出来（图 2-12）。

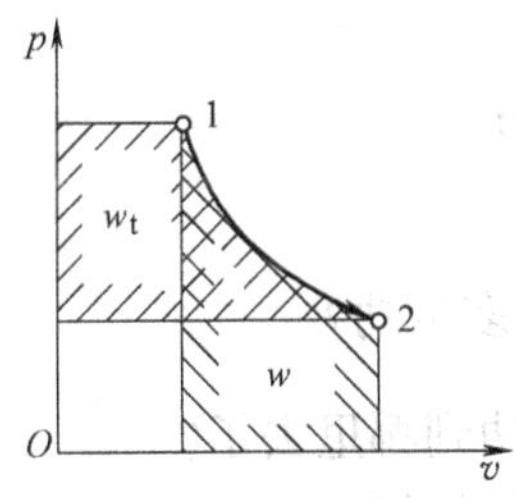

图 2-11　无摩擦内平衡过程压容图

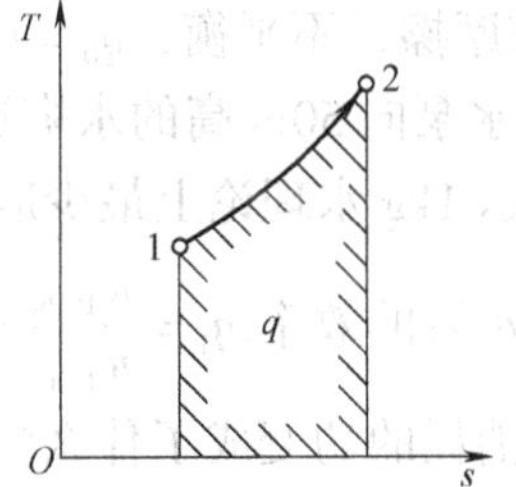

图 2-12　无摩擦内平衡过程温熵图

一个无摩擦的内平衡过程，其膨胀功与技术功相等（证明见下面），用循环功 W_0 表示。在压容图中，对每千克工质而言，w_0 可用包围在循环曲线内部的面积 $abcda$ 表示（图 2-13）

$$w_0 = \oint p\mathrm{d}v = \int_{abc} p\mathrm{d}v + \int_{cda} p\mathrm{d}v$$

$$= \text{面积 } abcefa - \text{面积 } cdafec$$

$$= \text{面积 } abcda$$

$$w_0 = -\oint v\mathrm{d}p = -\int_{bcd} v\mathrm{d}p - \int_{dab} v\mathrm{d}p$$

$$= \text{面积 } bcdghb - \text{面积 } dabhgd$$

$$= \text{面积 } abcda$$

循环的热量 q_0 则可用温熵图中循环曲线包围的面积 $ABCDA$ 表示（图 2-14）

$$
\begin{aligned}
q_0 &= \oint T\mathrm{d}s = \int_{ABC} T\mathrm{d}s + \int_{CDA} T\mathrm{d}s \\
&= \text{面积}\,ABCEFA - \text{面积}\,CDAFEC \\
&= \text{面积}\,ABCDA
\end{aligned}
$$

对能量方程式（2-7）循环积分，可得

$$\oint \delta q = \oint \mathrm{d}u + \oint \delta w = \oint \delta w$$

即

$$q_0 = w_0 \tag{2-23}$$

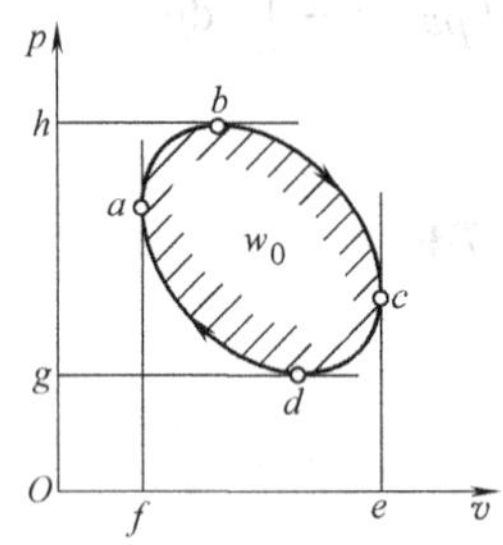

图 2-13　压容图中循环功

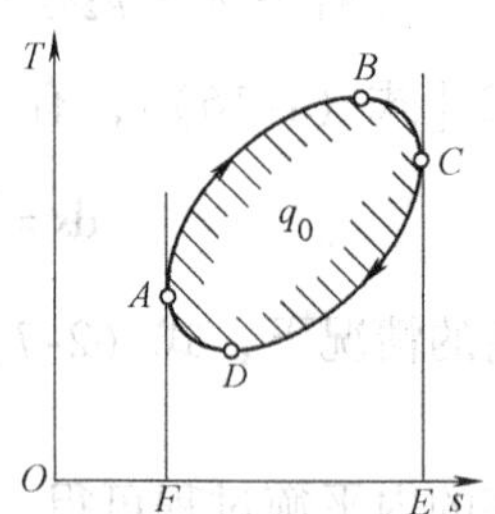

图 2-14　温熵图中热量

式（2-23）表明：循环的净热量等于循环的净功。这是很容易理解的，因为工质完成一个循环后回到了原状态，工质的热力学能未变，所以循环对外界做出的净功，只能由从外界获得的净热量转变而来。正因为如此，对有摩擦的内不平衡循环，虽然 w_0 和 q_0 不能用压容图和温熵图中包围在循环曲线内部的面积表示，但是由于 $\oint \mathrm{d}u = 0$，根据能量守恒与转换定律，纵然有摩擦、不平衡，$q_0 = w_0$ 的结论仍然成立。

例 2-1　水泵向 50m 高的水塔送水（图 2-15）。试问：

1）每输送 1kg 水理论上最少应消耗多少功？

2）如果水泵的效率 $\eta_{\mathrm{P}} = \dfrac{w_{\mathrm{P,the}}}{w_{\mathrm{P,act}}} = 70\%$，那么实际消耗多少功？

3）理论消耗的功变成了什么？实际比理论多消耗的功到哪里去了？

4）过程 1→2 和过程 1→3 的比焓和比热力学能的变化如何？

计算时可以忽略和外界的热交换及动能的变化，并认为水是不可压缩的。

解　1）理论上最少应消耗的功即无摩擦情况下消耗的功（对水泵而言，通常取消耗功为正）。因此，由式（2-21）可得

$$
\begin{aligned}
w_{\mathrm{P,the}} &= -w_{\mathrm{t}} = \int_1^2 v\mathrm{d}p = v(p_2 - p_1) = v[(p_{\mathrm{b}} + \rho g\Delta z) - p_{\mathrm{b}}] \\
&= v\rho g\Delta z = g\Delta z = 9.807 \times 50\,\mathrm{J/kg} \\
&= 490.4\,\mathrm{J/kg} = 0.4904\,\mathrm{kJ/kg}
\end{aligned}
$$

在压容图中这部分理论功如图 2-16 中矩形面积所示。

2）实际消耗的功，有

$$w_{\mathrm{P,act}} = \frac{w_{\mathrm{P,the}}}{\eta_{\mathrm{P}}} = \frac{0.4904}{0.70}\,\mathrm{kJ/kg} = 0.7006\,\mathrm{kJ/kg}$$

3）理论消耗的功（0.490 4kJ/kg），在水泵出口处（状态 2）由于压力提高而增加了水的焓；在水塔里（状态 3）由于高度增加而变成水的重力位能。实际比理论多消耗的功为

$$\Delta w_{\mathrm{p}} = (0.700\,6 - 0.490\,4)\ \mathrm{kJ/kg} = 0.210\,2\mathrm{kJ/kg}$$

这部分功变成了热（功损变为热产），加给了水，使水的热力学能增加。

4）稳定流动的能量方程为

$$q = \Delta h + \frac{\Delta c^2}{2} + g\Delta z + w_{\mathrm{sh}}$$

在过程 1→2 中

$$q = 0,\ \frac{\Delta c^2}{2} = 0,\ \Delta z = 0$$

从而得
$$-w_{\mathrm{sh}} = w_{\mathrm{P,act}} = \Delta h = \Delta u + \Delta\ (pv) = \Delta u + v\Delta p$$

所以，焓的变化为
$$h_2 - h_1 = w_{\mathrm{P,act}} = 0.700\,6\mathrm{kJ/kg}$$

热力学能的变化为

$$u_2 - u_1 = (h_2 - h_1) - (p_2v_2 - p_1v_1) = w_{\mathrm{P,act}} - v\ (p_2 - p_1) = \Delta w_{\mathrm{P}} = 0.210\,2\mathrm{kJ/kg}$$

在过程 1→3 中

$$q = 0,\ \frac{\Delta c^2}{2} = 0,\ \Delta p = 0$$

从而得
$$-w_{\mathrm{sh}} = w_{\mathrm{P,act}} = \Delta h + g\Delta z = \Delta u + v\Delta p + g\Delta z = \Delta u + g\Delta z$$

所以，焓的变化为

$$\begin{aligned} h_3 - h_1 &= w_{\mathrm{P,act}} - g\ (z_3 - z_1) \\ &= (0.700\,5 - 9.807 \times 50 \times 10^{-3})\ \mathrm{kJ/kg} \\ &= 0.210\,2\mathrm{kJ/kg} \end{aligned}$$

热力学能的变化为

$$u_3 - u_1 = (h_3 - h_1) - (p_3v_3 - p_1v_1) = h_3 - h_1 = 0.210\,2\mathrm{kJ/kg}$$

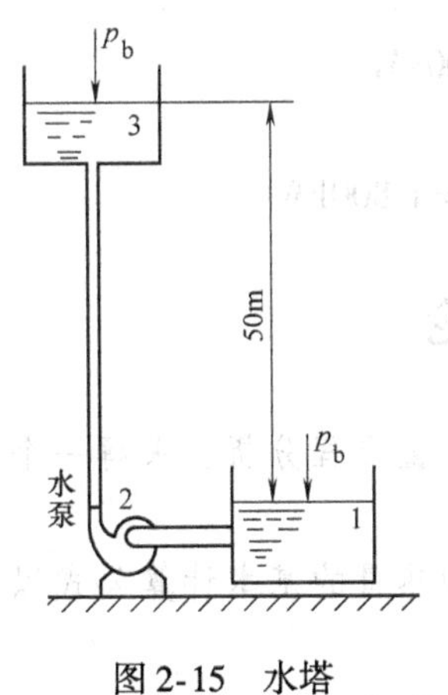

图 2-15　水塔

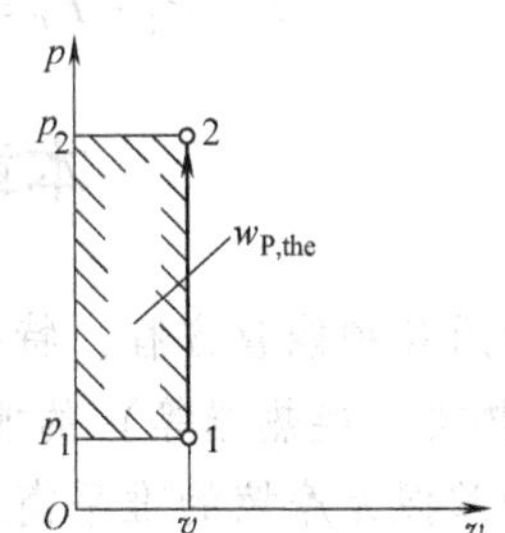

图 2-16　例 2-1 压容图

例 2-2　某燃气轮机装置如图 2-17 所示。空气质量流量 $q_m = 10\mathrm{kg/s}$；在压气机进口处空气的比焓 $h_1 = 290\mathrm{kJ/kg}$；经过压气机压缩后，空气的比焓升为 580kJ/kg；在燃烧室中喷油燃烧生成高温燃气，其比焓为 $h_3 = 1\,250\mathrm{kJ/kg}$；在燃气轮机中膨胀做功后，比焓降低为 $h_4 = 780\mathrm{kJ/kg}$，然后排向大气。试求：

1）压气机消耗的功率；

2）燃料消耗量（已知燃料发热量 $H_v=43\ 960\text{kJ/kg}$）；

3）燃气轮机发出的功率；

4）燃气轮机装置输出的功率。

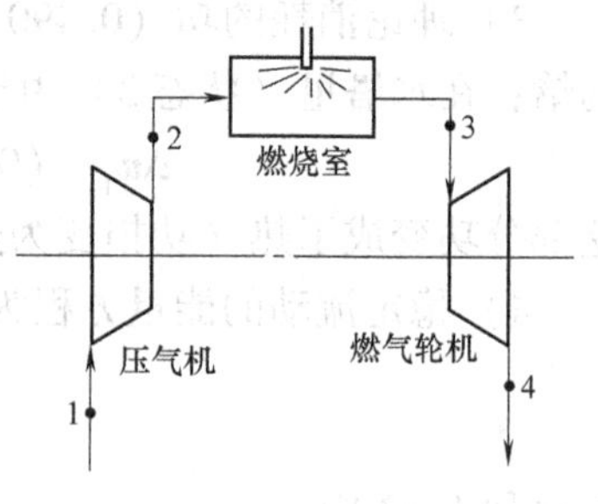

图 2-17　例 2-2 图

解　稳定流动的能量方程为

$$q=\Delta h+\frac{\Delta c^2}{2}+g\Delta z+w_{sh}$$

1）对压气机

$$q=0,\ \frac{\Delta c^2}{2}=0,\ g\Delta z=0$$

因而得　$-w_{sh}=w_C=\Delta h=h_2-h_1=(580-290)\ \text{kJ/kg}=290\text{kJ/kg}$

所以压气机消耗的功率为

$$P_C=q_m w_C=10\times290\text{kW}=2\ 900\text{kW}$$

2）对燃烧室

$$\frac{\Delta c^2}{2}=0,\ g\Delta z=0,\ w_{sh}=0$$

因而得　$q=\Delta h=h_3-h_2=(1\ 250-580)\ \text{kJ/kg}=670\text{kJ/kg}$

所以，燃料消耗量为

$$q_{mf}=\frac{q_m q}{H_v}=\frac{10\times670}{43\ 960}\text{kg/s}=0.152\ 4\text{kg/s}$$

3）对燃气轮机

$$q=0,\ \frac{\Delta c^2}{2}=0,\ g\Delta z=0$$

因而得　$w_{sh}=w_T=-\Delta h=h_3-h_4=(1\ 250-780)\ \text{kJ/kg}=470\text{kJ/kg}$

所以，燃气轮机发出的功率为

$$P_T=q_m w_T=10\times470\text{kW}=4\ 700\text{kW}$$

4）燃气轮机装置输出的功率为

$$P=P_T-P_C=(4\ 700-2\ 900)\ \text{kW}=1\ 800\text{kW}$$

本章要求重点与讨论

1）能够应用各种能量方程，特别是应用稳流系统的能量方程分析、求解一个具体的热能动力设备（热机、换热器等）的能量计算问题。

2）理解和掌握无摩擦的准平衡过程膨胀功、技术功和热量的基本计算公式以及功和热量在压容图、温熵图中的表示。

3）理解任何动力循环的循环净功总等于循环净热量的概念。

4）能量方程是热工计算的根本依据，一定要理解和掌握好。对每千克工质而言，最能表达热变功本质的是闭口系能量方程 $w=q+(-\Delta u)$，由此可知，热力系对外所做的功只能从外界供给的热量（q）或闭口系自身工质的热力学能的减少（$-\Delta u$）的转化而来。各种热力系对外输出功，从根本上讲都是来自膨胀功 w，只是由于热力系特点不同，因而输出功的形式有所不同。对于开口系，由于为了连续对外做功必有工质的流进、流出，所以要从膨胀功中扣除掉工质的流动功 $p_2v_2-p_1v_1$，此时开口系真正向外输出的或外界实际得到的就是技术功 $w_t=w-(p_2v_2-p_1v_1)$。对于稳定流动系统而言，系统对外所作功除了要从膨胀功 w 中扣除工质的流动功外，还要扣除工质流动快慢的动能变化 $\frac{1}{2}(c_2^2-c_1^2)$ 和工质流动位置高低不同的势能变化 $g(z_2-z_1)$，此时系统真正向外输出的或外界实际得到的就是轴功，即

$$w_{sh}=w-(p_2v_2-p_1v_1)-\frac{1}{2}(c_2^2-c_1^2)-g(z_2-z_1)$$

5）本章给出的无摩擦准平衡过程功的计算式 $w=\int_1^2 p\mathrm{d}v$ 和 $w_t=-\int_1^2 v\mathrm{d}p$ 非常重要，它是后续课计算理论功的基本公式，不过只有学习了热力过程后才能得出功的具体计算式。对于有摩擦的过程存在摩擦功损 w_L，它是实际功比理论功减少的部分，在膨胀过程中外界得不到这部分功，它以热产 q_g 的形式耗散掉了。能量方程中出现的状态参数变化量 Δu、Δh、Δs 的计算问题要在学完热力性质之后才能最终解决。

本章的知识结构框图如图 2-18 所示。

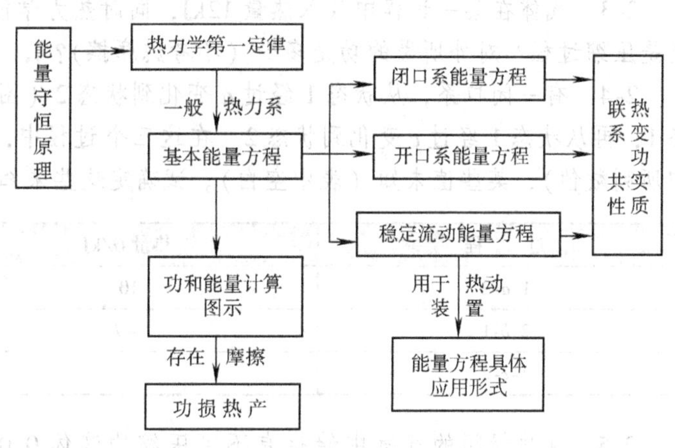

图 2-18　知识结构框图

思　考　题

1. 热量和热力学能有什么区别？有什么联系？

2. 如果将能量方程写为 $\delta q=\mathrm{d}u+p\mathrm{d}v$ 或 $\delta q=\mathrm{d}h-v\mathrm{d}p$，那么它们的适用范围如何？

3. 能量方程 $\delta q=\mathrm{d}u+p\mathrm{d}v$ 与比焓的微分式 $\mathrm{d}h=\mathrm{d}u+\mathrm{d}(pv)$ 很相像，为什么每千克工质的热量 q 不是状态参数，而比焓 h 是状态参数？

4. 用隔板将绝热刚性容器分成 A、B 两部分（图 2-19），A 部分装有 1kg 气体，B 部分为高度真空。将隔板抽去后，气体热力学能是否会发生变化？能不能用 $\delta q=\mathrm{d}u+p\mathrm{d}v$ 来分析这一过程？

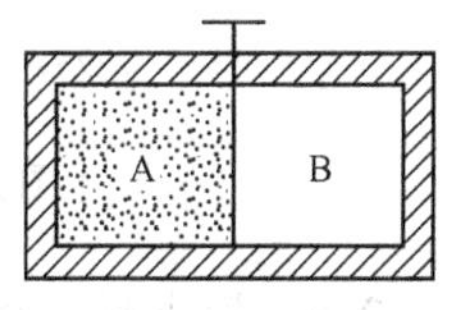

图 2-19　绝热刚性容器

5. 说明下列论断是否正确：

1）气体吸热后一定膨胀，热力学能一定增加；

2）气体膨胀时一定对外做功；

3）气体压缩时一定消耗外功；

4）气体对外做功，热力学能一定减少。

习　题

2-1　冬季，工厂某车间要使室内维持一适宜温度。在这一温度下，透过墙壁和玻璃窗等处，室内向室外每小时传出 2.93×10^6kJ 的热量。车间各工作机器消耗的动力为 680kW（认为机器工作时将全部动力转变为热能）。另外，室内经常点着 50 盏 100W 的电灯。要使这个车间的温度维持不变，问每小时需供给多少 kJ 的热量?

2-2　某机器运转时，由于润滑不良产生摩擦热，使质量为 150kg 的钢制机体在 30min 内温度升高 50℃。试计算摩擦引起的功率损失（已知每千克钢每升高 1℃需热量 0.461kJ）。

2-3　气体在某一过程中吸入热量 12kJ，同时热力学能增加 20kJ。问此过程是膨胀过程还是压缩过程？对外所做的功是多少（不考虑摩擦)?

2-4　有一闭口系，从状态 1 经过 a 变化到状态 2（图 2-20)；又从状态 2 经过 b 回到状态 1；再从状态 1 经过 c 变化到状态 2。在这三个过程中，热量和功的某些值已知（如下表中所列数值)，某些值未知（表中空白)。试确定这些未知值。

过　程	热量 Q/kJ	膨胀功 W/kJ
1-a-2	10	
2-b-1	−7	−4
1-c-2		8

2-5　绝热封闭的气缸中储存有不可压缩的液体 0.002m³，通过活塞使液体的压力从 0.2MPa 提高到 4MPa（图 2-21)。试求：

1）外界对流体所做的功；

2）液体热力学能的变化；

3）液体焓的变化。

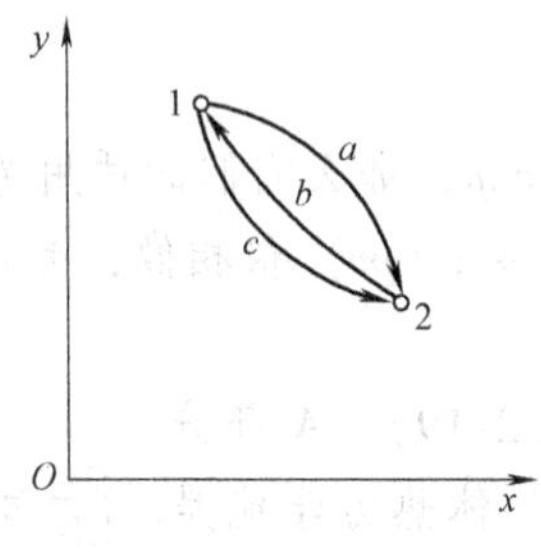

图 2-20　习题 2-4 图

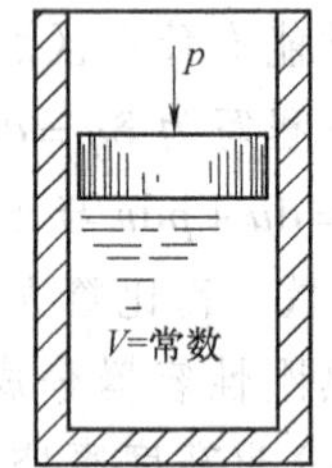

图 2-21　习题 2-5 图

2-6　同上题，如果认为液体是从压力为 0.2MPa 的低压管道进入气缸，经提高压力后排向 4MPa 的高压管道，这时外界消耗的功以及液体的热力学能和焓的变化如何?

2-7　已知汽轮机中蒸汽的质量流量 $q_m=40$t/h；汽轮机进口蒸汽比焓 $h_1=3\ 442$kJ/kg；出口蒸汽比焓 $h_2=2\ 448$kJ/kg，试计算汽轮机的功率（不考虑汽轮机的散热以及进、出口气流的动能差和位能差)。

如果考虑到汽轮机每小时散失热量 0.5×10^6kJ，进口流速为 70m/s，出口流速为

120m/s，进口比出口高1.6m，那么汽轮机的功率又是多少？

2-8 一汽车以45km/h的速度行驶，每小时耗油$34.1\times10^{-3}m^3$。已知汽油的密度为$0.75g/cm^3$，汽油的发热量为44 000kJ/kg，通过车轮输出的功率为118kW。试求每小时通过排气及水箱散出的总热量。

2-9 有一热机循环，在吸热过程中工质从外界获得热量1 800J，在放热过程中向外界放出热量1 080J，在压缩过程中外界消耗功700J。试求膨胀过程中工质对外界所做的功。

2-10 一个6V的绝热电池释放5A的电流持续了20min。计算使电池回到初始温度所需要的传热量。

2-11 一台制冷机放在一个绝热的房间里，一个2.7kW的电动机驱动压缩机。在30min里提供5 300kJ的冷量以使空间冷却，有8 000kJ的热量从制冷机后部的盘管排出。计算房间里热力学能的增量。

2-12 某蒸汽循环12341，对每千克工质而言，各过程中的热量、技术功及焓的变化有的已知（如下表中所列数值），有的未知（表中空白）。试确定这些未知值，并计算循环的净功w_0和净热量q_0。

过　程	q /(kJ/kg)	w_t /(kJ/kg)	h /(kJ/kg)
1-2	0		18
2-3		0	
3-4	0		−1 142
4-1		0	−2 094

选读之二 能量守恒定律和热力学第一定律的建立

思想渊源和科学背景 在中国古代和古希腊的哲学家那里，运动不灭的思想已经被提了出来。近代自然科学产生以来，笛卡儿和莱布尼茨都从不同的角度明确提出了宇宙中运动量不灭的光辉思想。对近代自然科学的发展产生了深远的影响。

对能量守恒原理的具体认识，是从力学的研究开始的，一直被称为“活力守恒定律”。伽利略、惠更斯、莱布尼茨和伯努利等人对这一定律的建立都作出过自己的贡献。随着动力学的发展，人们逐渐形成了“功”和“能”的概念。伽利略将力与路程的乘积称为“矩”；莱布尼茨把与重量和高度的乘积等值的运动作为基本量来考察运动的量度——“活力”。从1820年起，在法国出版的一系列工程技术论著中，“功”这个概念逐渐被确立为一个重要概念。法国工程师卡诺以物体的重量与升高的高度的乘积来评价机器的功效，他把这个量称为“作用矩”，法国数学家蒙日把功称为“动力效应”。1829年，法国物理学家科里奥利坚决主张活力应表示为$mv^2/2$，因为这样一来它在数值上就会等于它所能做的功。法国工程师彭塞利在同年明确地推荐了“功”这一术语，并提出了机械过程中的能量守恒原理：任何时候都不能从无中产生功或活力，功或活力也不能转化为无。这样，“功”这一概念就从机械效率的研究中引入了物理学。至于“能量”这一概念，最早是英国物理学家托马斯·杨于1807年提出的。他在《自然哲学讲义》中写道：“应该用能量一词来表示物体的质量或重量与速度的平方的乘积。”不过，他的这个意见并未引起人们的重视，直到1853年才被汤姆逊所采用。

在动力学中引进的另一个重要概念是“力函数”或“势函数”。1783年，伯努利首先引进了“位势”概念。1755年，欧拉在关于流体力学的研究中最先引进一个函数，并得到了位势理论的“欧拉-拉普拉斯方程”。后来经拉格朗日、拉普拉斯、泊松、格林等人的工作，明确形成了这一概念。1843 年，哈密顿也引进了“力函数”以表示只与相互作用着的粒子的位置有关的力，并把后来所说的“势能”称为“张力之和”，把动能称为“活力之和”。到了 19 世纪 40 年代，“势”的概念得到了普遍的应用。这样，到了 19 世纪 40 年代，建立能量守恒原理所必需的基本概念，大体已齐备了。

永动机之不可能实现，是导致能量守恒原理确立的另一重要线索。很早以来，包括达·芬奇在内的不少有杰出创造才能的人，付出了大量的智慧和劳动，企图制造出一种不消耗任何燃料和动力。就可以连续不断进行有效工作的理想机械——永动机。自 13 世纪以来，几百年形形色色永动机方案的失败，从反面启示人们想到，自然界是否存在着某种普遍的规律，制约着人们无论用什么方法，都不能不付出代价地创造出可供利用的有效动力。

各种自然现象之间相互转化的普遍发现。18 世纪末到 19 世纪前半叶，自然科学上的一系列重大发现，广泛地揭示出各种自然现象之间的普遍联系和转化。

古代早已发现的摩擦生热现象，直接表明了机械运动向热的转化。伦福德和戴维的实验进一步证实了这种转化。17、18 世纪蒸汽机的发明和改进，为热向机械运动的转化作出了令人信服的证明。在理论方面，1824 年卡诺关于热机效率的研究已经触及了“热功当量”的问题。1821 年德国物理学家塞贝克发现的“温差电”现象和 1834 年法国的帕耳帖发现的“温差电”的逆效应，实现了热和电之间的转化。1840 年和 1842 年焦耳和楞茨分别发现了电流转化为热的著名定律。古人早已发现的摩擦生电的现象，是机械运动转化为电的过程。17 世纪以来，人们根据这一现象制造了摩擦起电机以获得大量电荷。1821 年，法拉第制成的“电磁旋转器”则是电流产生机械运动的过程。这样，机械运动和电运动之间的转化完成了循环。1820 年奥斯特关于电流磁效应的发现和 1831 年法拉第关于电磁感应现象的发现，使电与磁之间的相互转化完成了循环。继意大利学者伽伐尼关于“动物电”的发现之后，伏打于 1800 年制成了“伏打电堆”，这是化学运动向电的转化。人们很快就利用伏打电流进行电解，又实现了电运动向化学运动的转化。拉瓦锡在 18 世纪就已经了解化学反应中的热现象的重要性。德国化学家李比希得出了发酵和腐烂过程中的热来自化学变化的结论。1840 年，彼得堡科学院的黑斯提出了关于化学反应中释放热量的重要定律。这个定律指出，在一组物质转变为另一组物质的过程中，不管反应是通过哪些步骤完成的，释放的总热量是恒定的。这个定律已经接触到化学反应中的能量守恒原理。

自然科学上的这类发现，在哲学上也得到了反映。德国哲学家黑格尔提出了各种自然现象之间联系和转化的思想。谢林进一步断言，磁的、电的、化学的、甚至有机现象都会被编织成一个综合体系；他还指出，光、电等现象都不过是同一种力的不同形式。这种观点，为发现能量守恒原理提供了有利的哲学环境。

总之，到了 19 世纪 40 年代前后，欧洲科学界已经普遍蕴含着一种思想气氛，以一种联系的观点去观察自然现象。正是在这种情况下，以西欧为中心，从事七八种专业的十余位科学家，分别通过不同的途径，各自独立地发现了能量守恒原理。

独立地发现了能量守恒原理的科学家主要有迈耶、亥姆霍兹、焦耳，还有卡诺、格罗夫等。

迈耶的工作　德国青年医生罗伯特·迈耶（Robert Mayer，1814—1878，图 2-22）生于德国的海尔布隆。他的父亲是药剂师，他自幼接触了一些医药知识，然而他的兴趣爱好不囿于医学领域。据记载，从青年时代起，迈耶就以富于“起源性”和“透彻性”的钻研精神见长于同辈之中。他接受了父亲的建议，考入杜宾根大学学医。毕业后，一直以医生为业。

图 2-22　罗伯特·迈耶

1840 年，迈耶在一艘从荷兰驶往东印度的船上当随船医生，在船驶近爪哇时，他发现患病船员的静脉血比在欧洲时红一些，在拉瓦锡的燃烧理论的启示下，他想到在热带高温的情况下人体只需从食物中吸收较少的热量，这使人体中食物的氧化过程减弱，因而在静脉血中留下较多的氧。这个现象促使迈耶去思考各种自然力之间的相互转化。1841 年航行结束后，迈耶将自己的发现写成一篇论文寄给德国权威性刊物《物理学和化学年刊》。由于论文中缺少精确的实验根据以及迈耶在数理知识上的缺陷，论文没有被发表。这激励迈耶发奋自学了数学和物理学，并重新写成了《论无机界的力》，于1842年5月被发表在《化学和药学年刊》上。在这篇论文中，迈耶从“无不生有，有不变无”和“原因等于结果”的哲学思考中得出了“力就是不灭的、能转化的、无重量的客体”的结论。他所说的“力”在当时就是指“能量”。迈耶以“下落力”（重力势能）、运动的“力”（动能）和热的转化具体论证了力的转化和守恒。1854年，迈耶自费出版了《论有机运动与新陈代谢》，他首先在论文中肯定了力的转化与守恒定律是支配宇宙的普遍规律。接着迈耶考察了5种不同形式的“力”，即“运动的力”、“下落力”、“热”、“电”和“化学力”，描述了运动转化的25种情况，做出了否定热质和其他无重量流质的结论。他根据当气体的温度发生确定的变化时，等压过程中吸收的热量大于等容过程中吸收的热量的实事，计算出热功当量的数值为J＝365kgf·m/kcal，相当于J＝3.48J/cal。这个计算方法实际上就是后来所说的迈耶公式$C_p-C_V=R$的另一种形式。

迈耶还把自然力的转化与守恒原理推广到生物机体中，指出了在机体内发生着化学力转化为其他自然力的复杂过程，并说明上述的各种力都是太阳供给的，如植物把太阳的光和热转化为化学力，动物通过消化食物又把这种化学力转化为体热和肌肉运动的机械力。

迈耶的工作不仅没有得到应有的评价，反而遭到了粗暴的、侮辱性的中伤。加上1848年他的两个孩子相继夭亡，弟弟因参加革命活动而被捕，迈耶几乎陷入绝境。在1849年他从三层楼上跳下自杀，两腿严重骨折，留下终生残疾。但他还是在1851年写完了《论热的机械当量》一文，反驳了对他研究成果的质疑。同年他被送到精神病医院接受原始而残酷的治疗，身心遭受到进一步的摧残。令人欣慰的是，迈耶的晚年终于看到了自己的工作得到了应有的荣誉，1871年他被英国皇家学会授予科普利奖章。

焦耳关于热功当量的测量　焦耳（Janes Prescott Joule，1818—1889，图2-23）关于热功当量的测量，为能量守恒原理的确立奠定了坚实的实验基础。

图2-23　焦耳

焦耳是英国曼彻斯特一个酿酒商的儿子和业余科学家。焦耳没上过学，而是在家由家庭教师进行教育。16岁起，他与其兄弟一起到化学家道尔顿那里学习。虽然学习时间不长，但在道尔顿的鼓励下，使焦耳走上了业余进行科学研究之路。焦耳的父亲去世后，焦耳就成为酿酒厂的厂主。他白天要处理许多商业上的事情，在人们心目中他是一位酿酒商。一到晚上，他就在自己的家里作起了各种实验，因此他实际上又是一位十分勤奋的业余科学家。

焦耳很早就关心各种物理力的转化问题。当时正值电磁力和电磁感应现象发现不久，磁电式发电机刚刚出现，这些成果已使人们相信电力终将代替蒸汽机成为更加有效的新动力。所以，研制、改进、使用各种磁电机，关注提高磁电机的功效和电力的应用前景，成为当时一股热潮。

1837年，焦耳在他父亲的工厂装配了用电池驱动的磁电机，并对它进行了多方面的实验测试。在测试中焦耳注意到电机和电路中的发热现象，他想到这和机器中的摩擦生热一样，都是动力损失的来源，这促使他对电流的热效应进行了定量研究。他在玻璃管中装入了水银，通以强弱不同的电流，测出一定时间内相应的温度变化，从而发现了导体的发热量与电流强度的平方成正比。他又利用不同尺寸的导体进行实验，发现一定的电流在一定的时间内产生的热量与导体的电阻成正比。1840年他写出了《论伏打电所产生的热》一文，得出了“在一定时间内伏打电流通过金属导体产生的热与电流的平方和导体电阻的乘积成正比”的结论。1841年他又写了《电解时在金属导体和电池组中放出的热》一文，得出了电路中所放出的热量和电池中化学变化产生的热量正好相等的结论；电流的机械动力和产生热的能力都与电流有相同的比例关系，所以二者成正比。这里焦耳已经接近了热、电、化学能的等价性的概念。

焦耳想到，磁电式发电机的感生电流应该与来自化学电源的电流一样地产生热效应。他使一个线圈在电磁体的两极之间转动产生感应电流，线圈放在量热器内。这个实验完全证实了热可以由磁电机产生。焦耳从这个实验立即领悟到热和机械功可以互相转化，在转化过程中遵从一定的当量关系。这样，“探求热和失去或得到的机械功之间是否有一个恒定的比值，就成了十分有意义的课题”。焦耳在磁电机线圈的转轴上绕两条线，跨过两个定滑轮后挂上几磅重的砝码，由砝码的重量和下落距离可以计算出所做的功。他共做了 13 组实验，得出了一个平均结果：“能使 1lb 水的温度升高 1℉的热量，等于（并可转化为）把 838lb 重物提升 1ft 的机械功㊀”，这个值相当于 460kgf · m/kcal。1844 年，焦耳又作了测定空气在压缩和膨胀时产生的热量变化的实验，求得了热功当量的平均值是 437kgf · m/kcal。他要求在皇家学会宣读他的论文遭到拒绝。1845 年，他将这些结果写入《论由空气的胀缩所产生的温度变化》一文中。

1847 年 6 月，在牛津举行的英国科学促进协会的会议上，年仅 29 岁的焦耳争取到了简单介绍他的最新实验的机会。焦耳报告了他用砝码下落带动铜制的翼轮分别搅动水、鲸脑油和水银的实验，测得热的机械当量分别为 317.289kgf · m/kJ、317.533kgf · m/kJ、319.766kgf · m/kJ。会议规定对焦耳的论文不予讨论，但是在他发言之后，当时已很有名气的青年物理学家威廉 · 汤姆逊提出了质询，认为焦耳的结论是同法国工程师们所建立的热机理论相矛盾的。当时比焦耳还小 7 岁的科学家突然站起身，情绪激动地说：**“主席先生，我认为焦耳先生得出的结论虽然是同法国工程师所建立的热机理论相矛盾，但它是通过严谨的实验的出来的。因此，我们就没有任何理由怀疑这些从实验得出的有关各种形式的能量相互转化的结论。显然，迄今为止，就是在伽利略、牛顿等人的研究中，也从未提到过如此广泛联系的自然原理”**。这一精彩的发言，立即引起了人们对焦耳工作的注意，也使焦耳和汤姆逊结下了终生友谊。从此二人共同取得了诸如著名的焦耳-汤姆逊气体节流制冷实验等一些重要的热力学成果。后来，焦耳继续进行摩擦生热的实验。1849 年 6 月 21 日，他通过法拉第把论文《论热的功当量》送交皇家学会。在这篇论文中，焦耳全面地整理了他用摩擦水、水银和铸铁的方法测定热功当量的实验结果，最后得出两个重要结论：“第一，由物体（不论固体或液体）的摩擦所产生的热量总是与所消耗的力之量成正比；第二，要使 1lb 水（在真空中和 55 ~ 60℉时称量）的温度升高 1℉，需要消耗相当于使 722lb 的重物下落 1ft 的机械力。”这个值即 424.3kg · m/kcal。这个测量结果同 30 年后（1879 年），由美国物理学家罗兰所作出的测定在 1/400 的误差范围内是相一致的。

焦耳测定热功当量的工作，从 1843 年以磁电机为对象开始测量，直到 1878 年最后一次发表实验结果，总共延续了 35 年以上的时间，先后采用不同的方法作了 400 多次实验，以精确的数据为能量守恒原理提供了无可置疑的实验证明。焦耳这种利用业余时间长期一贯地献身于科学真理的精神，最终得到了各国科学家的敬佩和高度评价。焦耳最后给出的当量值相当 J = 423.9kg · m/kcal，和目前公认的 426.936kg · m/kcal 相差不到 1%，可见焦耳实验的精确性。1850 年，焦耳当选为英国皇家学会会员，他的研究成果终于得到了承认，并标志着他对科学的发展作出了重大贡献。

亥姆霍兹的《论力的守恒》德国科学家亥姆霍兹（Hermann Helmhotz，1821—1894，图 2-24）是从生理现象入手展开能量转换这一探索工作的。在他还是一个大学生的时候，就对当时流行的施塔尔（G. E. Stahl，1660—1734）关于生物机体中“存在着一种内在的生命力或活力”的学说产生了怀疑。通过深入思考他认识到，这个学说“对每一个生物体都赋予了永动机的性质”。但是，亥姆霍兹认为永动机是不可能的。他从这一观点出发提出了这样的问题：“如果永动机是不可能的话，那么在自然界的不同的力之间应该存在着什么样的关系呢？而且这些关系实际上是否真正存在呢？”这个问题把他引导到能量守恒原理的发现。1847 年，亥姆霍兹自费出版了《论力的守恒》这一著名的著作，从物理假设和已有的物理理论出发，导出可与经验相比较的结论，论证了这一基本原理。

图 2-24　亥姆霍兹

亥姆霍兹认为自然科学的基本任务就在于“把自然界种种现象归结为固定不变的吸力或斥力，它们的强度取决于距离”。他把这种中心力看做自然界种种变化的“始终不变的终极原因”，并证明了这种力的保

㊀ 1lb = 0.453 592 37kg，1ft = 0.304 8m，$1℉ = \frac{5}{9}$K。

守性，指出：“某质点在有心力作用下位移时，其活力的增加等于与它距离的改变相对应的张力的总和。”他证明了这种力的保守性同永动机的不可能实现彼此是同一的，并得出了更普遍的“力的守恒原理”：“当自由质点在引力和斥力（它们的数值取决于距离）的作用下而运动的一切场合，所具有的活力和张力的总和是守恒的。”

亥姆霍兹具体研究了能量守恒原理在各种物理、化学过程中的应用，指出，在万有引力作用下产生的一切运动（包括天体的运动和地球上有重物体的运动），用不可压缩的固体或液体传递的运动（如由简单机械所传递和改变的运动）、完全弹性固体或液体的运动（包括菲涅耳用活力守恒定律导出光的折射和偏振）、波的吸收和辐射热等，都符合“力的守恒原理”。这样，亥姆霍兹就系统地证明了力的守恒定律“与自然科学中任何一个已知现象都不矛盾”，他确信“这个定律的完全证实将是不远的未来物理学家们的基本任务之一”。

除了迈耶、焦耳和亥姆霍兹之外，这一时期还有不少人进行了同一问题的探索。卡诺在 1830 年已经认识到热质说的错误，认识到热是“改变了形式的运动”，热的损失必定有动力的产生。他由此得出一个普遍的命题：在自然界中存在的动力，在量上是不变的。他还给出热功当量的数值：370kgf · m/kcal。卡诺的这个发现的遗稿在 1878 年才被公布。

英国律师格罗夫（William Robert Grove，1811—1896）在 1842 年从电的研究中认识到一切物理力，甚至包括化学力，在一定的条件下都可以相互转化而不发生任何损失。丹麦工程师柯尔丁（Ludwig August Colding，1815—1888）在 1843 年也提出了他用摩擦实验测定热功当量的报告，他同样得到了力的守恒的结论。

这样，从 19 世纪 30 年代到 50 年代，许多人彼此独立地以不同的形式提出了能量守恒的思想。这一重要发现，生动地表明了科学的发展受到社会生产发展和科学内在逻辑发展规律的制约。

1853 年，汤姆逊重新恢复了“能量”概念，并给予它一个精确的定义：“我们把给定状态中的物质系统的能量表示为：当它从这个给定状态无论以什么方式过渡到任意一个固定的零态时，在系统外所产生的用机械功单位来量度的各种作用的总和。”这样，格拉斯哥的力学教授兰金（William John Rankine，1820—1872）就首先把“力的守恒原理”改称为“能量守恒原理”，大约到 1860 年左右，这个原理才得到普遍承认，而且很快成为物理学和全部自然科学的重要基石。

在能量守恒定律的发现过程中，热和机械功的转化与守恒关系的研究起到了直接和关键性的作用。在迈耶和焦耳的对热功当量的研究后，物理学家主要展开了两个方面的工作。一方面是继续测定和计算热功当量；另一方面则是从热功转化和守恒关系出发，深入研究热功转化的机制与规律性。德国物理学家克劳修斯（R. E. Clausius，1822—1888）着眼于热功转化过程中介质（主要是空气和水蒸气）的做功，即从功的角度进行研究。

1850 年，克劳修斯在《物理和化学年鉴》上，发表了热力学史上极为重要的“论热的动力和可由此推导热学本身的定律”的论文。在这篇论文中，他第一次明确地提出了热力学第一定律和热力学第二定律作为热力学的两个基本定律的主张。他从热是物质粒子的一种运动的观点提出热功转化过程中，一部分热量可转化为机械功，并可用力学原理进行推导和计算；另一部分热量由热体向冷体传导，而使冷体的温度升高。前一部分的热量消失，以机械功的形式表现出来；后一部分的热量并未消失，而是传导到冷体上去了。通过这样的分析，他在热转化为机械功的基础上建立了热力学第一定律：在一切热做功的情况中，产生的功与消耗的热量成比例。反之，通过消耗同样大小的功，将能产生同样数量的热量。

1850 年，克劳修斯在《论热的动力和由此得出的热学理论的普遍规律》论文中，从热是运动的观点对热机的工作过程进行了新的分析。他把迈耶、焦耳关于热功当量的结论和卡诺关于热机效率的结论看做热学理论的两个基本定律。他根据第一个基本定律指出，在热机做功过程中，一部分热量被消耗了，另一部分热量从热物体传到了冷物体，这两部分热量和所产生的功之间存在的关系为：$dQ = dU + dW$，dQ 表示传递给物体的热量，dW 表示所做的功；U 是克劳修斯第一次引入热力学的一个新的函数，“它包括添加的自由热和变成内功所耗去的热”，是体积和温度的一个函数，并由变化过程的初态和终态完全确定。实际上，克劳修斯在提出热力学第一定律后的10多年中，对U的真正物理意义并不十分清楚。直到1865年，他才同意汤姆逊和亥姆霍斯的意见，称之为热力学能。

能量守恒定律把各种自然现象用定量的规律联系起来，指出了机械运动、热运动、电磁运动和化学运动等，都不过是同一运动在不同条件下的各种特殊形式，它们在一定条件下可以相互转化而不发生量上的任何损耗。任何一种科学理论，都必须经受住能量守恒原理的检验。不过，这一重要原理的发现者们都只是从量上强调了能量的“守恒”。1885年，恩格斯首先指出了这种表述的不完善性，他把这个原理改述为“能量转化与守恒定律”，准确而深刻地反映了这一定律的本质内容。

第3章 热力学第二定律

【提要】热力学第二定律是工程热力学的重点和难点之一。本章首先阐明热力学第二定律存在的客观性，指出这是独立于热力学第一定律之外的制约热力过程必不可少的客观规律。而后介绍了热力学第二定律的任务是研究热力过程进行的方向、条件和限度问题。熵方程、卡诺定理和卡诺循环、克劳修斯积分式以及可用能的不可逆损失是本章的重点和难点。通过熵方程推导出了孤立系熵增原理和克劳修斯积分式，通过孤立系熵增原理推导出了卡诺定理及不可逆损失的计算公式。本章还介绍了热量㶲、流动工质㶲和热力学能㶲及其㶲损等概念。

3.1 热力学第二定律的任务

1. 热力学第二定律存在的客观性和必然性

前面学习了热力学第一定律，知道了自然界中各种形式的能量可以相互转换和彼此转移不会引起总能量的改变。而且，自然界中一切过程都严格遵守热力学第一定律。然而，是否任何不违反热力学第一定律的过程都是可以实现的呢？事实上又并非如此，不妨考察几个常见的例子。

例如，一个烧红了的高温汽轮机转子轴锻件，放在热处理车间空气中进行时效处理，让它自然冷却。随着时间的推移，轴锻件要向空气中散热，直至轴锻件的温度与空气温度相等，散热停止。显然，车间周围空气获得的热量等于轴锻件放出的热量，这完全遵守热力学第一定律。现在设想这个已经冷却了的轴锻件从周围空气中收回它散失的那部分热能，使自己重新热起来。这样的过程也并不违反热力学第一定律（轴锻件获得的热量等于周围空气供给的热量）。然而，经验告诉人们，这样的过程是不会实现的。

又例如，骑自行车的人都有这样的经验：当骑车从高坡冲向平地的时候，如果不再用力蹬车，那么，在风的阻力、车胎与地面的摩擦阻力及各种传动阻力等的作用下，自行车行进的速度就会逐渐减低，最后停下来。自行车原先具有的动能由于车轮轴和轴承之间的摩擦、车胎与地面的摩擦以及人车表面和空气的摩擦，变成了热能散发到周围空气中去了，行进中的自行车失去的动能等于周围空气获得的热能，这完全遵守热力学第一定律。但是反过来，周围空气是否可以将原先获得的热能变成动能，还给自行车和人，使自行车重新倒转起来从平地再退回到坡上呢？经验告诉人们，这也是不可能的，尽管这样的过程并不违反热力学第一定律（自行车获得的动能等于周围空气供给的热能）。

再例如，一个阀门不严的液化石油气罐中的高压气体可以自发地向压力较低的室内空气中漏气，而泄漏出来的低压气体却不会自动向高压液化石油气罐瓶中充气。

类似的例子还可以举出很多，从中可以看出：尽管自然界中存在的各种过程都一定符合热力学第一定律，但是并不是所有符合热力学第一定律的现象和过程都能够存在和发生。这样就提出一个问题：符合热力学第一定律的什么样的过程能够发生，什么样的过程不能够发生呢？显然，热力学第一定律回答不了这个问题。因为热力学第一定律只告诉人们在能量的转移和转换时能量的数量是守恒的，是得失相当的，但是其中究竟谁得谁失却并不加区别。如果对能量的转换和转移方向不加以区别的话，就不能全面完整地说明过程中的能量转换问题。由此可见，只有一个仅从能量数量关系上说明的热力学第一定律是不够的、不充分的，还必须有一个从能量转换方向和转换条件上来约束它的新的定律，这就是热力学第二定律。所以说，热力学第二定律不是凭空臆造的而是客观必然存在的规律。

2. 热力学第二定律的任务是研究热力过程的方向性、条件和限度

首先，看过程方向。前面考察的三个实例已经涉及过程的方向问题了。高温转子轴锻件总是自发地向低温空气散热，而低温空气却不能使冷却的转子轴锻件重新被加热到高温，这说明热能总是自发地从温度较高的物体传向温度较低的物体，而反之不能自发进行；飞驰的自行车的机械能总是自发地转变为热能，而反之不能自发进行；高压气体总是自发地膨胀，而低压气体被压缩不能自发进行，等等。不仅热力过程如此，自然界中这种有方向的过程几乎到处可见：水可以自发地从高处流向低处却不能从低处自发地流向高处，岩石会自发地裂碎而裂碎的岩石却不会自发地聚拢，树皮会自发地脱落而脱落的树皮却不会自发地长回到树上。这种有方向现象也反映在古代文人和圣贤的作品及言论中：唐代大诗人李白在《将进酒》中有“君不见黄河之水天上来，奔流到海不复回，君不见高堂明镜悲白发，朝如青丝暮成雪”的名句。望着滚滚东去的流水，孔子有“逝者如斯夫”的感叹。

其次，看过程的条件。前面在介绍过程的方向时，细心的读者可能看出来了，作者强调了“自发地”这样一个词。实际过程可以分成自发过程和非自发过程两大类。自发过程是不用借助外界作用而是靠热力系内部的某种势差（广义热力学力）推动下进行的过程。非自发过程是借助外界作用才能进行的过程。自发过程都是在内部势差推动下的过程：热量从高温物体传向低温物体就是在温差推动下进行的自发传热过程，水从高处流向低处就是在水位差推动下进行的自发流动过程，电能从高电位传向低电位就是在电位差推动下进行的电子自发流动过程等。不少工程热力学教科书上讲，自发过程是不借助外界作用可以自动进行的过程，这种说法是不全面的。因为自发过程虽然没有外界作用，但是它必须有内部的推动力才能进行，否则任何自发过程根本不能进行。

非自发过程不能自发进行并不是说这些非自发过程根本无法实现，而只是说，如果没有外界的推动，它们是不会自发进行的。如果借助外界作用和条件，非自发过程是完全可以进行的。事实上，在制冷装置中可以使热能从温度较低的物体（冷库）转移到温度较高的物体（大气）。但是，这个非自发过程的实现是以另一个自发过程的进行（比如说制冷机消耗了一定的功，使之转变为热并排给了大气）作为代价的。或者说，前者是靠后者的推动才得以实现的。在热机中可以使一部分高温热能转变为机械能，但是这个非自发过程的实现是以另一部分高温热能转移到低温物体（大气）的自发过程作为代价的。在压气机中气体被压缩，这一非自发过程的进行是以消耗一定的机械能（这部分机械能变成了热能）的自发过程作为补偿条件的。

总之，一切过程的进行都是有条件的。一个非自发过程的进行，必须有另外的自发过程来推动，或者说必须以另外的自发过程的进行作为代价、作为补偿条件。或者说，一个非自发过程的进行中需要有一个自发过程的时时伴随，对于这一点，许多教科书都这样提出过。作者这里再延伸一句，一个自发过程的进行前需要有一个非自发过程的历史积累。这种非自发过程的历史积累造成内部势差从而形成自发过程进行的内驱力。

再其次，看过程的限度。对于热机而言，这个过程的限度就是热机效率问题。瓦特发明蒸汽机以后，尽管经过包括瓦特本人在内的许多人的改进和工作，但是热机的热效率还是一直很低。经过大约半个世纪的努力，热机效率从3%左右提高到8%左右。热机效率还能否提高？如何提高？热机效率有没有限度？它是否可以无限度提高？这些问题在当时从理论上并没有真正解决。直到19世纪初才被法国杰出的年轻工程师卡诺解决了。卡诺提出了卡诺定理和卡诺热机，指出热机效率是可以提高的，热机效率提高的根本途径在于提高循环的吸热温度和降低循环的放热温度；热机效率是有限度的，即使是最理想最完善的热机的热效率也只能小于100%。卡诺关于热机理论的这些结论对于热机指导具有划时代意义。研究过程进行的方向、条件和限度正是热力学第二定律的任务。

3. 热力学第二定律是更重要、作用更大的定律

热力学第一、第二定律是构成对能量转换规律完整描述的两条定律，两者互为补充，都很重要。但是，热力学第二定律似乎更重要。热力学第一定律解决的是能量收支平衡的数量计算问题，但是这种计算必须有一个基本前提，即所要计算的热力过程本身必须存在才行，否则，再精确的计算也无任何意义。而判断过程是否存在，能否实现，热力学第一定律是无能为力了，只有热力学第二定律才能解决这个问题。所以相对而言，热力学第二定律似乎更重要。热力学第二定律以及熵的概念应用十分广泛，许多古老学科的发展和新兴学科的出现都曾经从中汲取过营养，而且，社会科学的许多领域里也呈现出将熵和热力学第二定律不断引入的明显趋势。科学巨匠爱因斯坦说过：热力学第二定律和熵的法则是自然界中的基本法则之一。还有人说：任何学科，哪怕是最索然无味、最枯燥的学科，一旦与热力学第二定律结合就如同白开水加了味素一样变成有滋有味的汤一样。让我们来共同品尝这汤吧！刚一入口可能多少会有些苦涩，细细品来，会愈发觉得它的甘甜与芳香。

3.2 可逆过程和不可逆过程

一切实际过程都是有方向的。所谓过程的方向性就是实际自发过程只能自发地向一个方向进行，而不能自发地向着与之相反的方向进行。因此，过程的方向性也就是过程的单向性或不可逆性。热力学第二定律虽说要解决三个问题，其实质就是说明过程的不可逆性。所以，要学好和掌握热力学第二定律必须对实际过程的不可逆性要很好地理解，必须弄清楚可逆过程与不可逆过程这两种截然不同的过程。实际过程的不可逆性是由于其中的不可逆因素造成的。一般说来，造成实际过程不可逆性的因素很多。简单地讲，对于所讨论的热力系与外界只有功和热量交换的热力过程而言，主要是具有相对运动时的摩擦和传热时的温差这两种不可逆因素，下面分别详细讨论。

1. 相对运动物体之间摩擦的不可逆因素

在一个实际过程的进行中，凡产生相对运动的各接触部分（包括流体各相邻部分）之间，摩擦是不可避免的。因此，不管是膨胀过程还是压缩过程，或多或少总会损失一部分机械能。这样，当热力系进行完一个过程后，如果再使热力系沿原路线进行一个反向过程并回到原状态时，就会在外界留下不能消除的影响。该影响就是：由于作机械运动时有摩擦，有一部分机械能不可复逆㊀地变成热能。

2. 两个物体之间有温差传热时的不可逆因素

一个实际过程在进行时，如果有热量交换，那么热量总是由温度较高的物体传向温度较低的物体。因此，当热力系从外界吸热时（图3-1a），外界物体A的温度必须高于热力系的温度（$T_A > T$）；当热力系沿原路线反向进行而向外界放出热量时（图3-1b），外界物体B的温度必须低于热力系的温度（$T_B < T$）。经过一次往返，热力系恢复了原来的状态，但却给外界留下了不能消除的影响。这影响就是：由于传热时有温差，有一部分热能不可复逆地从温度较高的物体转移到了温度较低的物体。

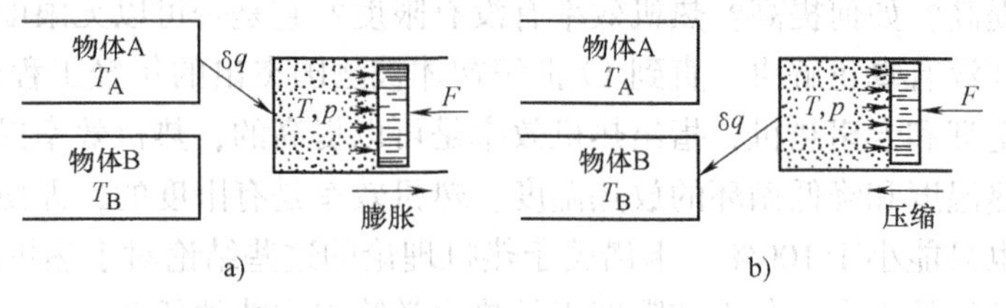

图3-1 不等温传热
a）不等温吸热 b）不等温放热

3. 可逆过程与不可逆过程

如上所述，任何实际热力过程在作机械运动时不可避免地存在着摩擦（力不平衡），在传热时必定存在着温差（热不平衡）。因此，实际的热力过程必然具有这样的特性：如果使过程沿原路线反向进行，并使热力系回复到原状态，将会给外界留下这种或那种影响——这就是实际过程的不可逆性。人们把这样的过程统称为不可逆过程。一切实际的过程都是不可逆过程。

要精确地分析计算不可逆过程往往是比较困难的，因为热力系和外界之间以及热力系内部都可能存在不同程度的力不平衡和热不平衡。为了简便起见，常常宁愿对假想的可逆过程进行分析计算，必要时再用一些经验系数加以修正。

所谓可逆过程是指具有如下特性的过程：过程进行后，如果使热力系沿原过程的路线反向进行并恢复到原状态，将不会给外界留下任何影响。因此，可逆过程的进行必须满足下述条件㊁：

1）热力系内部原来处于平衡状态。

2）作机械运动时热力系和外界保持力平衡（无摩擦）。

3）传热时热力系和外界保持热平衡（无温差）。

也可以说：可逆过程是运动无摩擦、传热无温差的准平衡过程。实质上，无势差和无耗散效应是可逆过程的两个根本条件。反之，有限势差和耗散效应是造成不可逆过程的两个根本原因，而且势差愈大耗散愈强。

由以上可逆过程的条件可知，可逆过程比准平衡过程的限制更加严格，可逆过程一定是准平衡过程，但是准平衡过程并非一定是可逆过程，准平衡过程只有在无摩擦等耗散效应的条件下才是可逆过程。显然，可逆过程实际上是不能进行的，因为没有温差实际上就不能传

㊀ 这里所说的“不能消除”、“不可复逆”，意思不是说无法消除系统中某种已形成的影响而使之恢复原来的状态。事实上，依靠外界的帮助，可以消除系统中任何已形成的影响。但消除这种影响的同时，却给外界留下了新的、往往是更大的影响。因此，要使系统和外界最终都完全消除已形成的影响，使一切恢复初始的状况是不可能的。在这种意义上，可以说已造成的影响是“不能消除”的、“不可复逆”的。

㊁ 如果有化学反应或电、磁等其他作用时，则还应加上化学平衡或其他平衡条件。

热，要完全避免摩擦就不能有机械运动。但是，可逆过程也可以理解为在无限小的温差下传热，在摩擦无限微弱的情况下作机械运动的理想过程。也就是说，可逆过程可以理解为不可逆过程当不平衡因素无限趋小时的极限情况。可逆过程还可以从如下两个角度来理解：从过程得以进行的角度看，推动过程的作用力——某种势差（温差、压差等）必须是一个有限大的量，否则不足以推动过程进行；从不给外界留下任何影响的角度看，这种推动过程进行的作用力或势差又必须是一个无限小的量，否则，必然会给外界留下不可消除的影响。

4. 可逆过程概念的实际意义

虽然可逆过程实际上并不存在，但却是一种有用的抽象和概念。可逆过程不仅是构成经典热力学理论的重要基础之一，而且它的引入具有重要意义：可逆过程指出了能量转换、能量利用最理想的情况，给出了能量转换的最大值；可逆过程可以作为实际过程完善优化程度的比较标准；可逆过程指出了实际过程改进方向；可逆过程可以给热力分析和计算带来极大的简化与方便。所以说，可逆过程不但可以得出原则性的结论，而且从工程应用的角度来看，很多实际过程也比较接近可逆过程。因此，对可逆过程进行分析和计算，无论在理论上还是在实用上都有重要意义。

3.3　状态参数熵

热力学第二定律要解决的任务都与熵这个参数有关，应用熵参数及其变化可以判断过程进行的方向、条件和限度，因此熵参数是热力学第二定律的核心和重点。关于熵是一个状态参数的问题，许多工程热力学教科书都是采用传统的卡诺循环和克劳修斯积分法来证明的。严家騄教授只用了可逆过程的概念及借助理想气体存在熵状态参数就给出了另一种证明方法，最终得出的结论是任何气体包括实际气体和理想气体都存在熵这样一个状态参数。关于详细证明过程，读者可以参考严家騄教授编著的《工程热力学》教材。对于工科学生来说，重要的不是证明熵是否是状态参数问题，而应该是加深对熵概念的理解和它的应用。

3.4　热力学第二定律的表达式——熵方程

热力学第一定律可以用能量方程表达，热力学第二定律则可以用熵方程来表达。在建立熵方程前，需要对影响热力系熵变化的两个过程量（不是状态量）——熵流和熵产有所了解。

1. 熵流和熵产

对内部平衡（均匀）的闭口系，在 $\mathrm{d}\tau$ 时间内熵的变化 $\mathrm{d}S$ 可根据熵的定义式得出，即

$$\begin{aligned}\mathrm{d}S &= \frac{\mathrm{d}U + p\mathrm{d}V}{T} = \frac{\mathrm{d}U + \delta W + \delta W_L}{T} \\ &= \frac{\delta Q + \delta Q_g}{T} = \frac{\delta Q}{T} + \frac{\delta Q_g}{T} \\ &= \delta S_f + \delta S_g^{Q_g}\end{aligned} \tag{3-1}$$

式中，$\delta S_f = \delta Q/T$ 为熵流，它表示热力系与外界交换热量而导致的熵的流动量，熵流可正可负，对热力系而言，当它从外界吸热时，熵流为正，当它向外界放热时，熵流为负，如果热力系既不吸热也不放热，则熵流为零；$\delta S_g^{Q_g} = \delta Q_g/T$ 为热力系内部的热产引起的熵产，因为

热产恒为正，所以热产引起的熵产亦恒为正。

对内部不平衡（不均匀）的闭口系，其熵的变化除了熵流和热产引起的熵产外，还应包括热力系内部传热引起的熵产。事实上，如果热力系温度不均匀，那么在热力系内部也会传热（由热力系的高温部分传给低温部分）。先来分析一种最简单的情况。假定有一温度不均匀的热力系，它由温度各自均匀的两部分 A 和 B 组成（图 3-2）。由于两部分温度不相等（$T_A > T_B$），在 dτ 时间内，A 部分向 B 部分传递了 δQ_i 的热量（δQ_i 表示内部传热量）。对整个热力系而言，内部传热量的代数和一定等于零，即

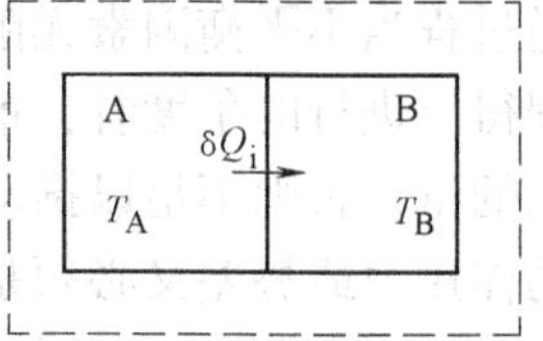

图 3-2 不均匀闭口热力系

$$\delta Q_A + \delta Q_B = -\delta Q_i + \delta Q_i = 0$$

但是由内部传热引起的内部熵流的代数和却总是大于零，即

$$\delta S_{f,A} + \delta S_{f,B} = \frac{-\delta Q_i}{T_A} + \frac{\delta Q_i}{T_B} = \delta Q_i\left(\frac{1}{T_B} - \frac{1}{T_A}\right) > 0 \quad （因为 T_A > T_B）$$

这就是这个不平衡热力系内部传热引起的熵产，用符号 $\delta S_g^{Q_i}$ 表示，即

$$\delta S_g^{Q_i} = \delta Q_i\left(\frac{1}{T_B} - \frac{1}{T_A}\right) > 0$$

推广言之，如果一个内部不平衡的热力系由 n 个温度各自均匀的部分组成，则可得

$$\delta Q_i = \sum_{j=1}^{n} \delta Q_{i,j} = 0 \tag{3-2}$$

$$\delta S_g^{Q_i} = \sum_{j=1}^{n} \frac{\delta Q_{i,j}}{T_j} > 0 \tag{3-3}$$

若将一个内部不平衡的闭口系分成无数个温度各自平衡（均匀）的部分，然后再对整个体积 V 积分，则可得热力系内部传热引起的熵产和热产引起的熵产分别为

$$\delta S_g^{Q_i} = \int_V \frac{\delta\ (\delta Q_i)}{T} \tag{3-4}$$

$$\delta S_g^{Q_g} = \int_V \frac{\delta\ (\delta Q_g)}{T} \tag{3-5}$$

再沿整个热力系的外表面积 A 积分，则可得熵流为

$$\delta S_f = \int_A \frac{\delta\ (\delta Q)}{T} \tag{3-6}$$

将式（3-4）、式（3-5）、式（3-6）相加，可得闭口系在 dτ 时间内熵的变化为

$$dS = \delta S_f + \delta S_g^{Q_i} + \delta S_g^{Q_g} = \delta S_f + \delta S_g = \int_A \frac{\delta\ (\delta Q)}{T} + \int_V \frac{\delta\ (\delta Q_i + \delta Q_g)}{T} \tag{3-7}$$

式中

$$\left.\begin{aligned} &熵流\quad \delta S_f = \int_A \frac{\delta\ (\delta Q)}{T}\ （可正、可负）\\ &熵产\quad \delta S_g = \int_V \frac{\delta\ (\delta Q_i + \delta Q_g)}{T} > 0 \end{aligned}\right\} \tag{3-8}$$

式（3-8）说明：因热力系与外界交换热量引起的熵流可正、可负（视热流方向而定），而由热力系内部不等温传热和热产（摩擦产生的热）引起的熵产恒为正。

2. 熵方程

设想有一热力系，如图3-3中虚线（界面）包围的体积所示，其总熵为 S（图3-3a）。假定在一段极短的时间 $d\tau$ 内，由于传热，从外界进入热力系的熵流为 δS_f，又从外界流进了比熵为 s_1 的质量 δm_1，并向外界流出了比熵为 s_2 的质量 δm_2；与此同时，热力系内部的熵产为 δS_g（图3-3b）。经过这段极短的时间 $d\tau$ 后，热力系总熵变为 $S+dS$（图3-3c）。这时，熵方程可用文字表达为

（流入热力系的熵的总和）+（热力系的熵产）-（从热力系流出的熵的总和）
=（热力系总熵的增量）

即
$$(\delta S_f + s_1\delta m_1) + \delta S_g - s_2\delta m_2 = (S+dS) - S$$

所以
$$dS = \delta S_f + \delta S_g + s_1\delta m_1 - s_2\delta m_2 \tag{3-9}$$

将式（3-9）对时间积分，可得
$$\Delta S = S_f + S_g + \int_\tau (s_1\delta m_1 - s_2\delta m_2) \tag{3-10}$$

式（3-9）和式（3-10）即熵方程的基本表达式。式中 $s\delta m$ 也是一种熵流，它是随物质流进或流出热力系的熵流，流进热力系的为正，流出热力系的为负。这样，热力系熵的变化就等于总的熵流与熵产之和。

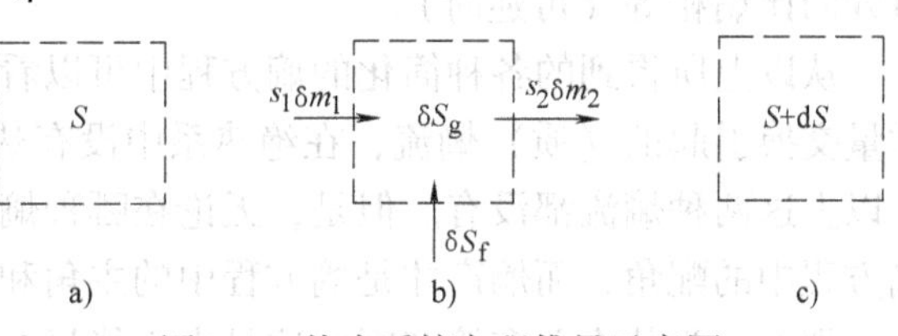

图3-3　热力系熵方程推导示意图
a）初始状态　b）中间状态　c）终了状态

3. 熵方程的简化与热力学第二定律的实质——熵产

对闭口系而言，由于热力系和外界无物质交换，即
$$\delta m_1 = \delta m_2 = 0$$

所以
$$dS = \delta S_f + \delta S_g \tag{3-11}$$

积分后得
$$\Delta S = S_f + S_g \tag{3-12}$$

如果这个闭口系是绝热的，则熵流等于零，即
$$\delta S_f = 0$$

因而
$$dS = \delta S_g \geqslant 0 \tag{3-13}$$

积分后得
$$\Delta S = S_g \geqslant 0 \tag{3-14}$$

孤立系显然符合闭口系和绝热的条件，因而上述不等式经常表示为
$$\Delta S_{id} = S_{g,id} \geqslant 0 \tag{3-15}$$

式（3-13）~式（3-15）说明：绝热闭口系或孤立系的熵只会增加，不会减少——这就是绝热闭口系或孤立系的熵增原理。式中，不等号对不可逆过程而言；等号对可逆过程而言。

对稳定流动的开口系来说，由于在 $d\tau$ 时间内流进和流出热力系的质量相等（$\delta m_1 = \delta m_2 =$

δm)，这种开口系的总熵又不随时间而变化（$dS=0$），因而式（3-9）简化为

$$\delta S_f+\delta S_g+(s_1-s_2)\ \delta m=0$$

如果取一段时间，在这段时间内恰好有1kg流体流过开口系，则该式又可进一步写为

$$s_f+s_g+(s_1-s_2)=0$$

即

$$s_2-s_1=s_f+s_g \tag{3-16}$$

式（3-16）表明：对稳定流动过程而言，热力系（开口系）在每流过1kg流体时间内的熵流与熵产之和恰好等于流出和流入热力系的流体的比熵之差（而不是等于热力系的熵的变化，事实上该开口热力系的熵是不变的）。

如果稳定流动过程是绝热的（$s_f=0$），则可得

$$s_2-s_1=s_g\geqslant 0 \tag{3-17}$$

式中，不等号对不可逆绝热稳定流动过程而言；等号对可逆绝热（定熵）稳定流动过程而言。该式表明：绝热的稳定流动过程，其出口处的比熵比入口处的大（不可逆时）或与入口处的比熵相等（可逆时）。

从以上所得到的各种简化的熵方程中可以看出，熵流是可有可无的，如在闭口系中没有质量交换引起的（质）熵流，在绝热系中没有热量交换引起的（热）熵流，在绝热闭口系中以上这两种熵流都没有。但是，无论在哪种熵方程中熵产总是必不可少的。可见熵流只是熵方程中的配角，而熵产才是熵方程中的主角和核心，熵产也正是热力学第二定律的实质内容。那么，为什么总有熵产呢？这是由于能量在转移和转换过程中的特性引起的。其一，因为在能量转换中总不可避免地会有一部分其他形式能量转变成热能：如热功转换中摩擦功的功损变为热产进而转化为熵产，电光转换中的焦耳效应也会使一部分电能转变成热产和熵产，功电转换中发电机发热的热产也会引起熵产，等等。其二，热量传递必须有温差，而且热量总是从高温物体传向低温物体，这种不等温传热也会造成熵产。

从熵方程中可见，有熵产就有不可逆损失，这种损失不是能量数量的损失而是能量质量的损失即能量做功能力的损失。因为各种形式的能量不仅有数量的多少而且还有质量和品质的高低，能量质量的高低具体体现在它的转换能力上。高级或高品质的能量如机械能、电能等可以全部转换成热能，而低级或低品质的能量如热能只能部分地转换成机械能。而且，即使低品质的热能由于它所具有的温度不同其转换能力也大不相同。高温热能比低温热能具有较大的做功或转换能力。弄清楚了能量品质的含义之后，便可以理解为什么实际过程有熵产时就会有能量质量的损失了。

实际过程中能量是守恒的而熵产是不守恒的。熵产不但不守恒，而且还会自发地产生出来，一旦有了熵产，过程就是不可逆的。热力学第二定律实质反映了过程的方向性、单向性和不可逆性问题。实际过程一旦有熵产，能量的品质就要下降，就要退化，就要贬值。当一个实际过程进行完了再沿原路线返回原状态时，由于熵产造成了能量的贬值和转换能力的降低，如果不借助外界的力量就无法使热力系再返回原状态，但是，一旦借助了外界的作用而使热力系完全恢复原状态，就必然给外界留下这样或那样的影响。那么这样的过程必然是不可逆的。所以，只有熵产才是造成实际过程的方向性、单向性和不可逆性的根源。如果说热力学第一定律确定了能量既不能创造，也不会消灭，那么热力学第二定律则确定了熵不但不会消灭（它只能随热量和质量而转移），而且会在能量的转换和转移过程中自发地产生

出来。

概括地讲，熵产或不可逆损失有两个来源：一是推动各种输运（热量传递、质量传递、动量传递……）得以进行的有限势差；二是伴随各种能量转换（热功转换、功电转换、电热转换……）过程中的不可避免的耗散效应。而且势差愈大耗散愈强。何谓耗散？说到底，耗散效应是一种非目的转化。任何传递转换过程都是有目的的，通过一个过程要达到的传递转换效果或效率是人们的预期目的转化，而与之相伴的、不可避免的非目的转化就是损失就是耗散。耗散效应是事物之间联系的普遍性在能量转换中的反映。

例3-1 先用电热器使20kg、温度 $t_0=20℃$ 的凉水加热到 $t_1=80℃$，然后再与40kg、温度为20℃的凉水混合。求混合后的水温以及电加热和混合这两个过程各自造成的熵产。水的比定压热容为4.187kJ/(kg·K)，水的膨胀性可忽略。

解 设混合后的温度为 t，则能量方程为

$$m_1c_p\ (t_1-t)=m_2c_p\ (t-t_0)$$

即
$$20\times4.187\times(80℃-t)=40\times4.187\times(t-20℃)$$

从而解得
$$t=40℃\ (T=313.15\text{K})$$

电加热过程引起的熵产为

$$S_{\rm g}^{Q_{\rm g}}=\int\frac{\delta Q_{\rm g}}{T}=\int_{T_0}^{T_1}\frac{m_1c_p\mathrm{d}T}{T}=m_1c_p\ln\frac{T_1}{T_0}=20\times4.187\times\ln\frac{353.15}{293.15}\text{kJ/K}=15.593\text{kJ/K}$$

混合过程造成的熵产为

$$S_{\rm g}^{Q_{\rm i}}=\int\frac{\delta Q_{\rm i}}{T}=\int_{T_1}^{T}\frac{m_1c_p\mathrm{d}T}{T}+\int_{T_0}^{T}\frac{m_2c_p\mathrm{d}T}{T}=m_1c_p\ln\frac{T}{T_1}+m_2c_p\ln\frac{T}{T_0}$$

$$=20\times4.187\times\ln\frac{313.15}{353.15}+40\times4.187\times\ln\frac{313.15}{293.15}\text{kJ/K}$$

$$=(-10.966+11.053)\ \text{kJ/K}=0.987\text{kJ/K}$$

总的熵产

$$S_{\rm g}=S_{\rm g}^{Q_{\rm g}}+S_{\rm g}^{Q_{\rm i}}=(15.593+0.987)\ \text{kJ/K}=16.580\text{kJ/K}$$

由于本例中无熵流（将电热器加热水看做水内部摩擦生热），根据式（3-12）可知，熵产应等于热力系的熵增。熵是状态参数，它的变化只和过程始末状态有关，而和具体过程无关。因此，根据总共60kg水由最初的20℃变为最后的40℃所引起的熵增，也可计算出总的熵产。

$$S_{\rm g}=\Delta S=(m_1+m_2)\ c_p\ln\frac{T}{T_0}$$

$$=60\times4.187\times\ln\frac{313.15}{293.15}\text{kJ/K}$$

$$=16.580\text{kJ/K}$$

例3-2 某换热设备由热空气加热凉水（图3-4），已知空气流参数为

$$t_1=200℃,\ p_1=0.12\text{MPa}$$

$$t_2=80℃,\ p_2=0.11\text{MPa}$$

水流的参数为

$$t_1'=15℃,\ p_1'=0.21\text{MPa},\ t_2'=70℃,\ p_2'=0.115\text{MPa}$$

每小时需供应2t热水（$q_m'=2\ 000\text{kg/h}$）。试求：

1）热空气的流量；

2）由于不等温传热和流动阻力造成的熵产。

不考虑散热损失，空气和水都按定比热容计算。空气的比定压热容 $c_p = 1.005\text{kJ/(kg·K)}$；水的比定压热容 $c_p{}' = 4.187\text{kJ/(kg·K)}$。

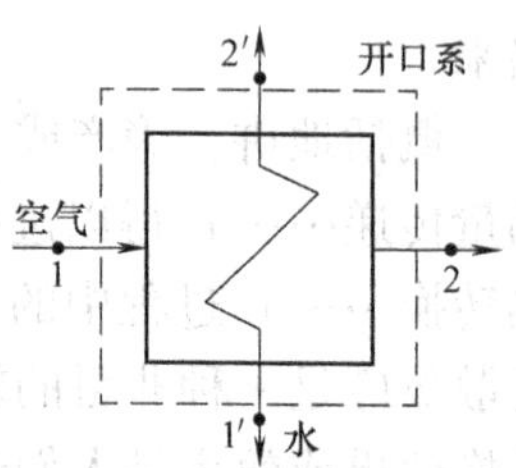

图 3-4　例 3-2 图

解　1）换热设备中进行的是不做技术功的稳定流动过程。单位时间内热空气放出的热量

$$\dot{Q} = q_m\ (h_1 - h_2) = q_m c_p\ (t_1 - t_2)$$

水吸收的热量　$$\dot{Q}' = q'_m\ (h'_2 - h'_1) = q'_m c'_p\ (t'_2 - t'_1)$$

对于水（它不是理想气体），它在各种温度和压力下的比焓和比熵的精确值可由专门的水和水蒸气的热力性质表查得（参看附录 A 表 A-8），但由于水基本不可压缩，只要温度和压力不是很高，对等压过程和不做技术功过程，均可近似地认为其比焓差

$$(h'_2 - h'_1) = c'_p\ (T'_2 - T'_1) = c'_p\ (t'_2 - t'_1),$$

其比熵差　$$(s'_2 - s'_1) = \int_{T'_1}^{T'_2} \frac{\delta q'}{T'} = \int_{T'_1}^{T'_2} \frac{c'_p dT'}{T'} = c'_p \ln \frac{T'_2}{T'_1}$$

没有散热损失，因此二者应该相等，有

$$q_m c_p\ (t_1 - t_2) = q'_m c'_p\ (t'_2 - t'_1)$$

所以热空气的流量为

$$\begin{aligned} q_m &= \frac{q'_m c'_p\ (t'_2 - t'_1)}{c_p\ (t_1 - t_2)} \\ &= \frac{2\,000 \times 4.187 \times (70 - 15)\ \text{kg/h}}{1.005 \times (200 - 80)} \\ &= 3\,819\text{kg/h} \end{aligned}$$

2）该换热设备为一稳定流动的开口系。该开口系与外界无热量交换（热交换发生在开口系内部），其内部传热和流动阻力造成的熵产可根据式（3-17）计算，即

$$\begin{aligned} \dot{S}_g &= \dot{S}_2 - \dot{S}_1 = (q_m s_2 + q'_m s_2) - (q_m s_1 + q'_m s_1) \\ &= q_m\ (s_2 - s_1) + q'_m\ (s_2 - s_1) = q_m\left(c_p \ln\frac{T_2}{T_1} - R_g \ln\frac{p_2}{p_1}\right) + q'_m c'_p \ln\frac{T'_2}{T'_1} \\ &= 3\,819 \times \left[1.005 \times \ln\frac{(80 + 273.15)}{(200 + 273.15)} - 0.287\,1 \times \ln\frac{0.11}{0.12}\right]\text{kJ/(K·h)} + \\ &\quad 2\,000 \times 4.187 \times \ln\frac{(70 + 273.15)}{(15 + 273.15)}\text{kJ/(K·h)} \\ &= [3\,819 \times (-0.269\,0) + 2\,000 \times 0.731\,4]\ \text{kJ/(K·h)} \\ &= 435.5\text{kJ/(K·h)} \end{aligned}$$

3.5　热力学第二定律各种表述的等效性

热力学第二定律是揭示实际热力过程的方向性和不可逆性的普遍规律。由于热力过程的多样性，人们可以从不同的方面来阐明热力学第二定律。在历史上，热力学第二定律曾以不

同的方式表述，但它们所表达的实质是共同的、一致的，任何一种表述都是其他各种表述的逻辑上的必然结果。因此，这些不同的表述是等效的。下面举几种常见的热力学第二定律的表述，并证明它们的等效性。

3.5.1 热力学第二定律表述

1. 克劳修斯表述

人们很早就发现两个温度不同的物体相互接触时，热量总是从高温物体传向低温物体，而不能自发反向传热。当时热动说已经取代了热质说，认为热是一种能量而不是一种物质，而且空气压缩制冷机已经发明使用，有了实现热量从低温物体传向高温物体的知识和经验。在这个基础上，1850 年克劳修斯从热量传递的角度针对传热方向性问题，提出了热力学第二定律的一种表述："不可能将热量由低温物体传送到高温物体而不引起其他变化"。

2. 开尔文-普朗克表述

蒸汽机出现以后，在生产实践的基础上，人们在提高蒸汽机热效率的研究中逐渐认识到要使热能连续不断地转变为机械能必须至少有两个温度不同的热源，这是一条根本条件，如果只有一个热源，热动力装置是无法工作的。在此基础上出现了开尔文-普朗克表述："不可能制造出从单一热源吸热而使之全部转变为功的循环发动机"。或者说："第二类永动机是不可能制成的"。

3. 孤立系熵增原理

熵方程用于孤立系（或绝热闭口系）而得出的熵增原理也可以作为热力学第二定律的一种表述。即

$$(\Delta S)_{id} = S_g \geqslant 0 \quad (=0\text{ 可逆、}>0\text{ 不可逆})$$

这个式子就是熵增原理表达式。因此，孤立系的熵增原理可作为热力学第二定律的概括表述，即："自然界的一切过程总是自发地、不可逆地朝着使孤立系熵增加的方向进行。"

孤立系熵增原理有两个用途：一是判断过程进行的方向和限度，二是计算实际过程的不可逆损失。后者稍后介绍，就判断用途而言，不等式 $(\Delta S_g)_{id} \geqslant 0$ 表明发生在孤立系内的实际过程总是朝着熵增加的方向进行，当 $(\Delta S_g)_{id} = 0$ 时，熵达到极大值，过程停止，系统达到平衡不再变化。如果 $(\Delta S_g)_{id} < 0$ 则过程不可能发生。对于一些比较复杂的化学反应过程，利用 $(\Delta S_g)_{id} \geqslant 0$ 可以得到相应的判断准则。

在应用孤立系熵增原理时需要注意以下几点：

1）孤立系整体总熵是只增不减，但是对于孤立系内的某一部分物体的熵可能会随着其物质或热量的迁移而出现熵减少的现象。

2）从表面上看，熵增原理只适用于孤立系而不适用于非孤立系，似乎其应用受到限制，其实这正是它的普适性所在。因为只要把所有物体、所有过程都包括进来而构成一个足够大的孤立系，就可以放心大胆地适用这个原理。

3）熵增原理的应用具有局限性，只有在有限空间内才具有普适性。换句话说，不能把这一原理推广到无限大的宇宙中去，否则将会导致谬误。历史上曾对热力学作出巨大贡献的克劳修斯就犯过这样的错误。他认为：宇宙的能量恒定不变，宇宙的熵趋于极大。显然，前一句是正确的，而后一句则是错误的。因为，在克劳修斯看来，宇宙现在处于不平衡状态，

而任何不平衡状态总是要在有限的时间内达到平衡状态，平衡态熵具有极大值。随着熵的增加，一切其他运动形式（机械的、光的、电磁的、化学的生命的等）都将最终转化为热运动，而热量又总是不断地从高温处向低温处扩散，最终达到处处温度均衡，于是宇宙进入了一切运动过程都将终止的“热寂死”状态。

宇宙热寂论是对热力学第二定律的反科学的推论，是违反辩证唯物主义的。按照辩证唯物主义原理，宇宙中物质和能量逸散的过程与导致物质和能量集中的过程是不可分割地联系着。换句话说，在一定的条件下，熵要增加，能量要发散，而在另一条件下，熵则减少，能量则集聚。近几十年来，人们通过天文观测了解到各种天体无处不在聚集和分散、塌缩和爆发、生成和死亡的不断转化之中。年老的星体渐渐冷下去，年轻的星体正在热起来，宇宙丝毫没有走向热平衡的趋势。这些事实表明，在宇宙中，热并不是单一地由高温物体向低温物体发散而使宇宙体系走向热寂死状态，而是到处发生着热不断发散和热重新集结的转化过程。

3.5.2　热力学第二定律各种表述的等效性

孤立系的熵增原理和热力学第二定律的克劳修斯表述及开尔文-普朗克表述有着逻辑上的必然联系。下面来阐明这种联系。

假定有一种机器能使热量 Q 从低温热源（T_2）转移到高温热源（T_1），而机器并没有消耗功，也没有产生其他变化（图 3-5），那么包括两个恒温热源（$\Delta S_{h,ry}$，$\Delta S_{l,ry}$）和机器（ΔS_{mach}）在内的孤立系的熵的变化为

$$\begin{aligned}\Delta S_{id} &= \Delta S_{h,ry} + \Delta S_{l,ry} + \Delta S_{mach} \\ &= \frac{Q}{T_1} + \frac{-Q}{T_2} + 0 = Q\left(\frac{1}{T_1} - \frac{1}{T_2}\right) < 0 \qquad （因为\ T_1 > T_2）\end{aligned}$$

但是，根据式（3-15）可知，孤立系的熵是不可能减少的。所以，“使热量从低温物体转移到高温物体而不产生其他变化是不可能的”——这就是克劳修斯对热力学第二定律的表述。

再假定有一种热机（循环发动机），它每完成一个循环就能从温度为 T_0 的单一热源取得热量 Q_0 并使之转变为功 W_0（图 3-6）。根据热力学第一定律可知

$$Q_0 = W_0$$

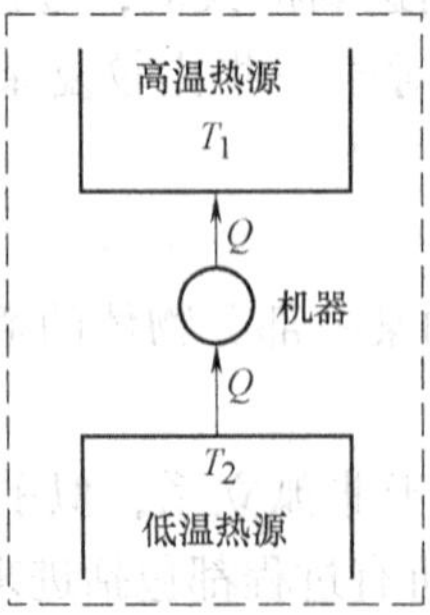

图 3-5　证明克劳修斯表述示意图

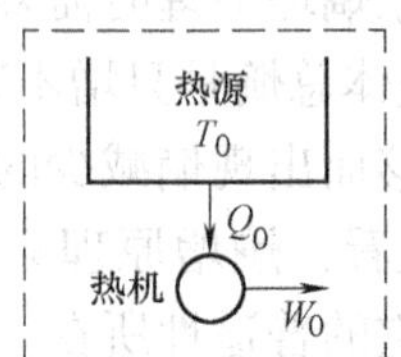

图 3-6　证明开尔文-普朗克表述示意图

当热机完成一个循环，工质回到原状态后，包括热源和热机的整个孤立系熵的变化为

$$\Delta S_{id} = \Delta S_{ry} + \Delta S_{rj} = \frac{-Q_0}{T_0} + 0 < 0$$

热机中的工质完成一个循环后回到原状态，因此熵未变。但是，孤立系的熵不可能减少。所以，“利用单一热源而不断做功的循环发动机是不可能制成的”——这就是开尔文-普朗克对热力学第二定律的表述。

如上面的推理所表明的，热力学第二定律的各种表述是逻辑上相互联系的、一致的、等效的。一种表述成立必然导致另一种表述也成立，一种表述不成立将会导致另一种表述也不成立。

3.6 卡诺定理和卡诺循环

1. 卡诺定理

卡诺定理的内容是：工作在两个恒温热源（T_1 和 T_2）之间的循环，不管采用什么工质，如果是可逆的，其热效率均为 $1-T_2/T_1$；如果是不可逆的，其热效率恒小于 $1-T_2/T_1$。

可以通过孤立系的熵增原理来证明这一定理。设有一热机工作在两个恒温热源（T_1 和 T_2）之间（图3-7）。热机每完成一个循环，工质从高温热源（简称热源）吸取热量 Q_1，其中一部分转变为机械功 W_0，其余部分 Q_2 排给低温热源（简称冷源）[⊖]。

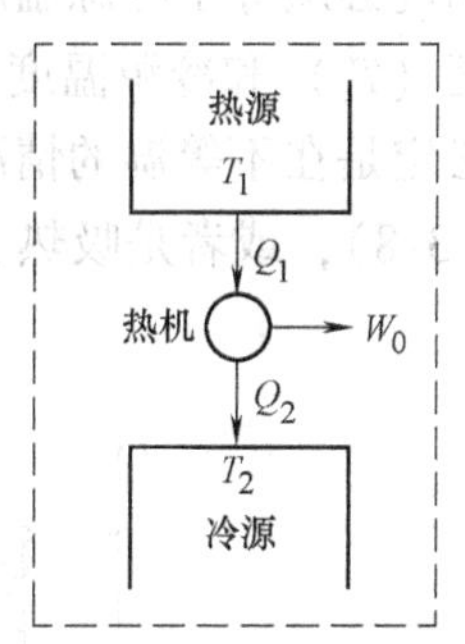

图3-7 证明卡诺定理示意图

根据热力学第一定律可知

$$W_0 = Q_1 - Q_2 \tag{3-18}$$

热机循环的热效率为

$$\eta_t = \frac{收获}{消耗} = \frac{W_0}{Q_1} = \frac{Q_1 - Q_2}{Q_1} = 1 - \frac{Q_2}{Q_1} \tag{3-19}$$

当热机完成一个循环，工质回到原状态后，包括热源（ΔS_{ry}）、冷源（ΔS_{ly}）和热机（ΔS_{rj}）的整个孤立系熵的变化为

$$\begin{aligned}\Delta S_{id} &= \Delta S_{ry} + \Delta S_{ly} + \Delta S_{rj} \\ &= \frac{-Q_1}{T_1} + \frac{Q_2}{T_2} + 0 = \frac{Q_2}{T_2} - \frac{Q_1}{T_1}\end{aligned}$$

根据孤立系的熵增原理可知

$$\Delta S_{id} = \frac{Q_2}{T_2} - \frac{Q_1}{T_1} \geqslant 0$$

即

$$\frac{Q_2}{Q_1} \geqslant \frac{T_2}{T_1} \tag{3-20}$$

将式（3-20）代入式（3-19）可得

$$\eta_t \leqslant 1 - \frac{T_2}{T_1} \tag{3-21}$$

式中，等号对可逆循环而言；不等号对不可逆循环而言。

⊖ W_0、Q_1 和 Q_2 均取正值（绝对值）。

式（3-21）说明：所有工作在两个恒温热源（T_1、T_2）之间的可逆热机，不管采用什么工质以及具体经历什么循环，其热效率相等，都等于 $1-T_2/T_1$；而所有工作在同样这两个恒温热源之间的不可逆热机，也不管采用什么工质以及具体经历什么循环，其热效率必定低于 $1-T_2/T_1$——这就是卡诺定理的内容。

2. 卡诺循环

为要保证热机所进行的循环是可逆的，首先工质内部必须是平衡的。另外，当工质从热源吸热时，工质的温度必须等于热源的温度（传热无温差），工质在吸热膨胀时无摩擦，也就是说，工质必须进行一个可逆的等温吸热（膨胀）过程。同样，在向冷源放热时，工质的温度必须等于冷源温度，工质必须进行一个可逆的等温放热（压缩）过程。工质在热源温度（T_1）和冷源温度（T_2）之间变化时，不能和热源或冷源有热量交换（如果有热量交换必定是在不等温的情况下进行的，因而是不可逆的），因此只能是可逆绝热（等熵）过程（图 3-8），或者是吸热、放热在循环内部正好抵消的可逆过程（图 3-9）。

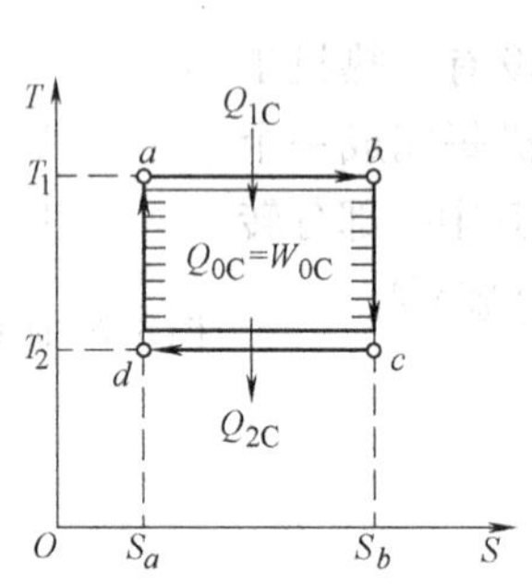

图 3-8 简单卡诺循环

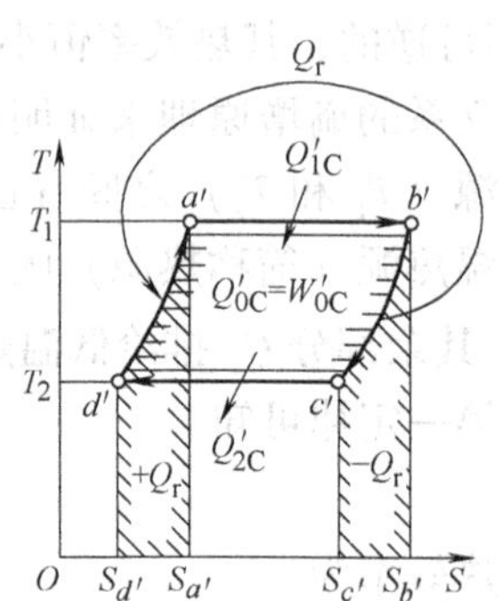

图 3-9 回热卡诺循环

图 3-8 所示的循环由两个可逆的等温过程（$a\to b$ 和 $c\to d$）以及两个可逆的绝热（等熵）过程（$b\to c$ 和 $d\to a$）组成，称为卡诺循环。卡诺循环的热效率为

$$\eta_{t,C}=\frac{W_{0C}}{Q_{1C}}=\frac{Q_{0C}}{Q_{1C}}=\frac{Q_{1C}-Q_{2C}}{Q_{1C}}=1-\frac{Q_{2C}}{Q_{1C}}$$

$$=1-\frac{T_2\ (S_b-S_a)}{T_1\ (S_b-S_a)}=1-\frac{T_2}{T_1} \tag{3-22}$$

图 3-9 所示的循环由两个可逆的等温过程（$a'\to b'$ 和 $c'\to d'$）以及两个在温熵图中平行的，即吸热（Q_r）和放热（$-Q_r$）在循环内部通过回热（吸热和放热）正好抵消的可逆过程（$d'\to a'$ 和 $b'\to c'$）组成，称为回热卡诺循环。它的热效率为

$$\eta'_{t,C}=\frac{W'_{0C}}{Q'_{1C}}=1-\frac{Q'_{2C}}{Q'_{1C}}=1-\frac{T_2\ (S_{c'}-S_{d'})}{T_1\ (S_{b'}-S_{a'})}$$

由于

$$S_{c'}-S_{d'}=S_{b'}-S_{a'}$$

因此

$$\eta'_{t,C}=1-\frac{T_2}{T_1} \tag{3-23}$$

所以，工作在两个恒温热源之间的可逆热机进行的具体循环，只能是卡诺循环或回热卡

诺循环（卡诺循环也可看做是回热卡诺循环中 $Q_r=0$ 的特例）。它们是一定温度范围（T_1、T_2）内热效率最高的循环（$\eta_{t,C}=\eta'_{t,C}=1-T_2/T_1$）。

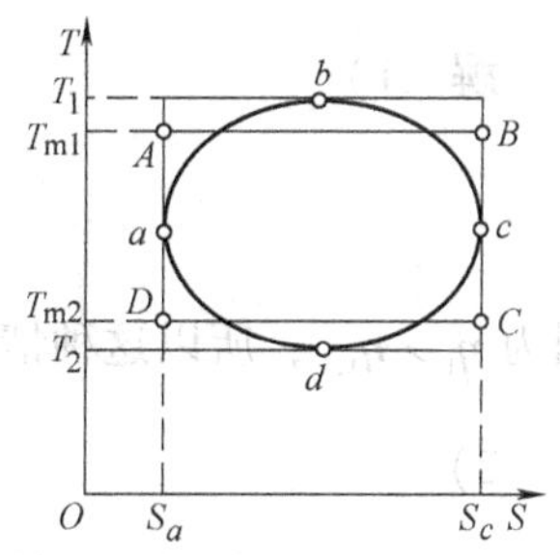

图 3-10　内平衡循环

任何其他循环，例如图 3-10 所示的任意一个内平衡循环 $abcda$，由于它们的平均吸热温度 T_{m1} 低于循环的最高温度 T_1，而平均放热温度 T_{m2} 却又高于循环的最低温度 T_2

$$T_{m1}=\frac{Q_1}{\Delta S}=\frac{Q_{abc}}{S_c-S_a}<T_1$$

$$T_{m2}=\frac{Q_2}{\Delta S}=\frac{Q_{cda}}{S_c-S_a}>T_2$$

因此，它们的热效率总是低于相同温度范围（T_1 和 T_2）内卡诺循环的热效率，而只相当于工作在较小温度范围（T_{m1}、T_{m2}）内的卡诺循环的热效率，即

$$\eta_t=1-\frac{Q_2}{Q_1}=1-\frac{T_{m2}\ (S_c-S_a)}{T_{m1}\ (S_c-S_a)}$$

$$=1-\frac{T_{m2}}{T_{m1}}<1-\frac{T_2}{T_1}=\eta_{t,C} \tag{3-24}$$

工作在平均吸热温度 T_{m1} 和平均放热温度 T_{m2} 之间的卡诺循环 $ABCDA$ 称为循环 $abcda$ 的等效卡诺循环。

从以上对卡诺定理和卡诺循环的分析讨论，可以得出如下几点对热机具有原则指导意义的结论：

1）任何热机包括卡诺热机的热效率都不能达到 100%。因为要使热效率达到 100%，就必须使 $T_2=0$ 或 $T_1=\infty$。然而，这都是不可能的。所以，供给循环发动机的热量不可能全部转变为机械功。

2）无论采用什么工质和什么循环，也无论将不可逆损失减小到何种程度，在相同的温度范围 T_1 到 T_2 之间，任何实际热机的热效率不可能超过卡诺热机的热效率。最高热效率 $1-T_2/T_1$ 也只能接近，而实际上不能达到。

3）热机要循环做功必须至少要有高温和低温两个热源。不能指望靠单一热源供热而使热机循环不停地工作。因为当 $T_1=T_2$ 时，$\eta_{t,C}=0$，也就是说，在单一热源的情况下，不可能通过循环发动机从该热源吸取热量而使之转变为正功（第二类永动机不可能制成）。

4）提高实际热机循环热效率的根本途径是提高循环的平均吸热温度和降低循环的平均放热温度。

以上四点结论极其重要，前两点是热机循环热效率的限制条件，第三条是热机工作的必备条件，最后一条是体改热效率的根本方法。再加上孤立系熵增原理就把热力学第二定律的三大任务都解决了。

例 3-3　某热机工作于 $T_H=2\ 000$K 的高温热源和 $T_L=300$K 的低温冷源之间，试判断下列三种情况循环是可逆的、不可逆的、还是不可能的。

1）$Q_H=1.0$kJ，$W=0.9$kJ；

2）$Q_H=2.0$kJ，$Q_L=0.3$kJ；

3）$W=1.5$kJ，$Q_L=0.5$kJ。

解 1）

$$\eta_t = \frac{W}{Q_H} = \frac{0.9}{1.0} = 0.9$$

$$\eta_{t,C} = 1 - \frac{T_L}{T_H} = 1 - \frac{300}{200} = 0.85$$

因为 $\eta_t > \eta_{t,C}$，所以这种情况是不可能的。

2）

$$\eta_t = \frac{W}{Q_H} = \frac{Q_H - Q_L}{Q_H} = \frac{2.0 - 3.0}{2.0} = 0.85$$

因为 $\eta_t = \eta_{t,C}$，所以这种情况是可逆的。

3）

$$\eta_t = \frac{W}{Q_H} = \frac{W}{W + Q_L} = \frac{1.5}{1.5 + 0.5} = 0.75$$

因为 $\eta_t < \eta_{t,C}$，所以这种情况是不可逆的。

3.7 克劳修斯积分式

克劳修斯积分式包括一个等式和一个不等式，即

$$\oint \frac{\delta Q}{T'} \leqslant 0 \tag{3-25}$$

式中，T'为外界温度；等号对可逆循环而言；小于号对不可逆循环而言。

式（3-25）所表达的意思是：任何闭口系，在进行了一个循环后，它和外界交换的微元热量（有正、有负）与参与这一微元换热过程时外界温度的比值（商）的循环积分，不可能大于零，而只能小于零（如果循环是不可逆的），或者最多等于零（如果循环是可逆的）。

可以利用熵方程来证明克劳修斯积分式的正确性。对闭口系可以利用式（3-11），即

$$dS = \delta S_f + \delta S_g \tag{a}$$

式（a）中熵产

$$\delta S_g = \int_V \frac{\delta\ (\delta Q_i + \delta Q_g)}{T} \geqslant 0 \tag{b}$$

式中，等号对热力系内部无传热和热产的过程而言；大于号对热力系内部有传热和热产的过程而言。

式（a）中熵流

$$\delta S_f = \int_A \frac{\delta\ (\delta Q)}{T} \geqslant \int_A \frac{\delta\ (\delta Q)}{T'} \tag{c}$$

式中，等号对热力系和外界交换热量时无温差的情况而言；大于号对热力系和外界交换热量时有温差的情况而言。

无论热力系吸热（$Q>0$）或是放热（$Q<0$），式（c）中的不等式总是成立的。因为吸热时，外界温度必须高于热力系的温度，这时 $Q>0$，$T'>T$，所以不等式成立；放热时，外界温度必须低于热力系的温度，这时 $Q<0$，$T'<T$，原不等式仍然成立。

将式（b）和式（c）代入式（a）得

$$dS = \delta S_f + \delta S_g \geqslant \int_A \frac{\delta\ (\delta Q)}{T'} \tag{d}$$

式中，等号对可逆过程（即热力系内部无传热、无热产、和外界交换热量时无温差的过程）而言；大于号对不可逆过程而言。

如果外界的温度（T'）是均匀的，即在任何指定瞬时各部分均有一致的温度（温度不随空间而变），那么式（d）将变为

$$dS \geqslant \frac{1}{T'}\int_A \delta\ (\delta Q)\ = \frac{\delta Q}{T'}$$

对过程积分后得

$$S_2 - S_1 \geqslant \int_1^2 \frac{\delta Q}{T'} \tag{3-26}$$

如果外界的温度恒定不变（也不随时间而改变），比如说外界是一个恒温热源，则式（3-26）将变为

$$S_2 - S_1 \geqslant \frac{1}{T'}\int_1^2 \delta Q = \frac{Q}{T'} \tag{3-27}$$

式（3-26）和式（3-27）表明：当闭口系由状态1无论经过什么过程变化到状态2时，作为状态参数的熵的变化是一定的，都等于$S_2 - S_1$；如果这一状态变化所经历的过程是可逆的，那么这个闭口系的熵的变化等于外界的热温商（外界向热力系放热为正，外界从热力系吸热为负）；如果这一状态变化所经历的过程是不可逆的，那么这个闭口系的熵的变化就一定大于外界的热温商。

将式（3-26）应用于循环，即得克劳修斯积分式。

$$\oint \frac{\delta Q}{T'} \leqslant \oint dS = 0$$

克劳修斯积分式可用来判断循环是否可逆。它将循环的内在特性（是否可逆）和循环对外界的影响（外界热温商的变化）联系了起来。

例3-4 有人声称设计出一台可以工作于$T_1 = 400\text{K}$和$T_2 = 250\text{K}$之间的热机，当工质从高温热源吸收了104 750kJ热量，对外做功为20kW·h，向低温冷源放出的热量恒为两者之差，可能吗？

解 这个问题可以用克劳修斯积分式计算证明。

已知 $T_1 = 400\text{K}$，$T_2 = 250\text{K}$，$Q_H = 104\ 750\text{kJ}$，$W = 20\text{kW} \cdot \text{h} = 20 \times 3\ 600\text{kJ} = 72\ 000\text{kJ}$

$Q_L = Q_H - W = (104\ 750 - 72\ 000)\ \text{kJ} = 32\ 750\text{kJ}$

由克劳修斯积分式，则有

$$\begin{aligned}\oint \frac{\delta Q}{T'} &= \frac{\sum Q}{T'} = \frac{Q_H}{T_1} + \frac{Q_L}{T_2} \\ &= \left(\frac{104\ 750}{400} + \frac{-32\ 750}{250}\right)\text{kJ/K} \\ &= 130.875\text{kJ/K} > 0\end{aligned}$$

因此，这种热机是不可能的。

3.8 热量的可用能及其不可逆损失

热力学第一定律确定了各种热力过程中总能量在数量上的守恒，而热力学第二定律则说

明了各种实际热力过程（不可逆过程）中能量在质量上的退化、贬值、可用性降低、可用能减少⊖。

3.8.1 能量的可用性和可用能

事实上，各种形式的能量并不都具有同样的可用性。也就是说，不同形式的能量从它可以转换成功的多少角度分析，不同形式的能量中具有的可用能是不一样的。机械能和电能等具有完全的可用性，它们全部是可用能；而热能则不具有完全的可用性，即使通过理想的可逆循环，热能也不能全部转变为机械能。热能中可用能（即可以转变为功的部分）所占的比例，既和热能所处的温度水平有关，也和环境的温度有关。

人们生活在地球表面，地球表面的空气和海水等成为天然的环境和巨大热库，具有基本恒定的温度（T_0），容纳着巨大的热能。然而，这些温度一致的热能是无法用来转变为动力的，因而都是废热。

对热能而言，把热机中可以转变为机械功的那部分热能称为做功热或可用能，而不能转变为机械功的那部分热能称为废热或不可用能。因而，任何热能从理论上讲均有下列关系

热能 = 做功热（可用能）+ 废热（不可用能）

实际上，由于不可逆因素的存在，总有不可逆损失，必然造成了做功热（可用能）的减少和废热（不可用能）的增加。人们把由于实际过程中不可逆因素造成的做功热（可用能）减少的部分或废热（不可用能）增加的部分称为可用能的不可逆损失，简称不可逆损失。

3.8.2 热量的可用能不可逆损失分析

1. 完全可逆的没有任何可用能不可逆损失的情况

某个供热源（如高温烟气）在某一温度范围内（T_a 和 T_b 之间）可以提供热量 Q，如图3-11中面积 $abcd$ 所示。可以设想利用某种工质通过可逆循环 12341 使供热源提供的热量 Q 中的 W_{max} 部分转变为功，如图中面积 1234 所示。这就是热量 Q 中的可用能部分，也叫热量㶲 $E_{x,Q}$

$$E_{x,Q} = W_{max} = Q - T_0\ (S_a - S_b)$$
$$= Q - T_0 S_f = \int_b^a \delta Q - T_0 \int_b^a \frac{\delta Q}{T}$$

即

$$E_{x,Q} = Q - T_0 S_f = \int_b^a \left(1 - \frac{T_0}{T}\right)\delta Q \tag{3-28}$$

式中$\left(1 - \dfrac{T_0}{T}\right)$是卡诺循环热效率的表达式，在这里亦称为卡诺因子，它表示了热量㶲在热量中的相对含量。剩余的不能转变为功的部分便是废热［$Q_{fei} = Q - W_{max} = T_0\ (S_a - S_b) = T_0 S_f$］，它将被排给大气。应该指出：热量㶲 $E_{x,Q}$ 是过程量而不是状态量，它表示过程所传热量中的可用能部分，而不是工质在某种状态下的可用能。然而，任何不可逆因素的存在都必然会使可用能部分减少，并使废热有相应的增加。

⊖ 在这里，“退化”、“贬值”、“可用性降低”、“可用能减少” 都是相对于人们力图获得动力（功）这一目标而言的。

2. 供热源和工质在传热过程中存在温差时的不可逆损失

如图 3-12 所示，工质的平均吸热温度必然有所下降，因而热量 Q 中转变为功的部分将减少为 W'（$W'=W_{max}-E_{L1}$），而废热则将增加为（$Q-W_{max}+E_{L1}$），比原来增加了 E_{L1}。在这里，E_{L1} 即为不可逆传热过程造成的可用能损失，称为㶲损。这㶲损变成附加的废热排给环境。

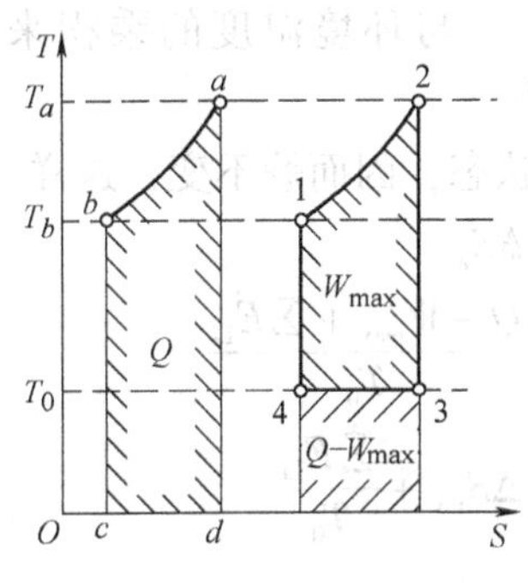

图 3-11　完全可逆循环

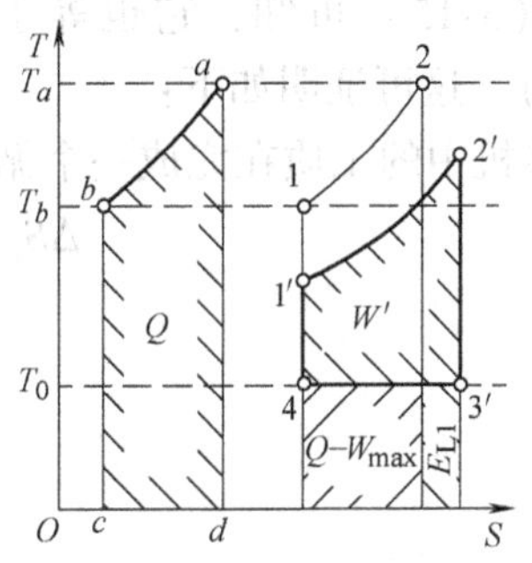

图 3-12　吸热有温差循环

3. 绝热膨胀过程有摩擦时的不可逆损失

如图 3-13 中过程 2→3″所示，则同样会引起可用能的减少（减少为 $W''=W_{max}-E_{L2}$）和废热的增加（增加为 $Q-W_{max}+E_{L2}$）。在这里，E_{L2} 即为不可逆绝热膨胀造成的㶲损，该㶲损同样变成附加的废热排给环境。

4. 完全不可逆时的可用能不可逆损失

如果不仅工质的吸热过程有温差，放热过程也有温差；不仅绝热膨胀过程有摩擦，绝热压缩过程也有摩擦，如图 3-14 中循环①②③④①所示。那么原来所提供的热量 Q 中就只有（$W_{max}-E_{L1}-E_{L2}-E_{L3}-E_{L4}$）可以转变为功，其余部分（$Q-W_{max}+E_{L1}+E_{L2}+E_{L3}+E_{L4}$）都将成为废热。

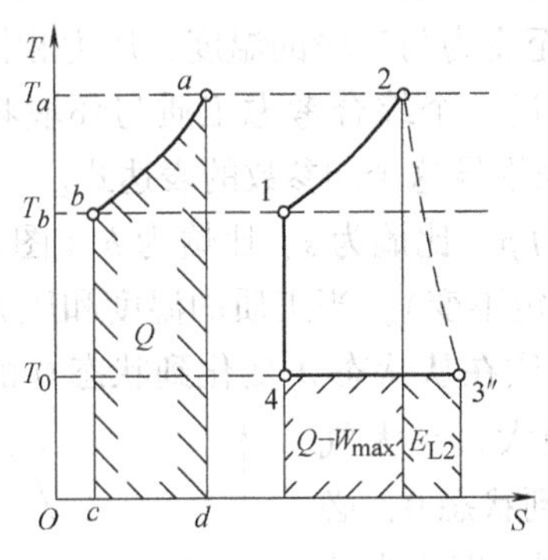

图 3-13　膨胀有摩擦循环

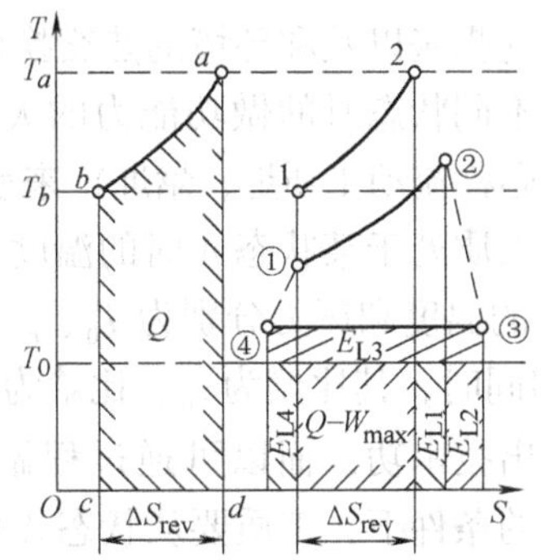

图 3-14　完全不可逆循环

总之，由于各种不可逆因素的存在，使所提供的热量 Q 中实际转变为功的部分比理论上的最大值（$W_{max}=E_{x,Q}$）减少。这减少的部分便是可用能的不可逆损失（㶲损）E_L（$E_L=\sum E_{Li}$），这损失都变成附加的废热排给环境。

特别需要强调的是：在完全可逆的循环中，由于受热力学第二定律限制的缘故，总有一部分不能转换为功的废热排向冷源，但是，这部分废热是完成循环必不可少的必要废热或理论废热，这部分废热不是可用能的不可逆损失。在实际的不可逆循环中，只有任何不可逆因素所造成的向冷源多放出的那部分附加废热才是真正的可用能的不可逆损失。

5. 可用能不可逆损失的计算

可以通过包括供热源（ΔS_{ry}）、热机（ΔS_{rj}）及周围环境（ΔS_e）在内的整个孤立系的熵增［由式（3-15）可知，它也等于孤立系的熵产］与环境温度的乘积来计算（$E_L = T_0\Delta S_{id} = T_0 S_g$）。这可证明如下：

考虑到热机中的工质在完成一个循环后回到了原状态，因而熵不变，这样

$$\begin{aligned}\Delta S_{id} &= \Delta S_{ry} + \Delta S_{rj} + \Delta S_e \\ &= -\Delta S_{rev} + 0 + \frac{Q - W_{max} + \sum E_{Li}}{T_0} \\ &= -\Delta S_{rev} + 0 + \Delta S_{rev} + \frac{\sum E_{Li}}{T_0} \\ &= \frac{\sum E_{Li}}{T_0} = \sum S_{gi} = S_g\end{aligned}$$

从而得

$$E_L = \sum E_{Li} = T_0 \sum S_{gi} = T_0 S_g = T_0 \Delta S_{id} \tag{3-29}$$

显然，㶲损（E_L）是过程量，它是对过程而言，不是对状态而言的。后面几节提到的㶲损也是如此。

3.9 流动工质的㶲和㶲损

在工程中，能量转换及热量传递过程大多是通过流动工质的状态变化实现的。在一定的环境条件下（通常的环境均指大气，它具有基本稳定的温度 T_0 和压力 p_0），如果流动工质具有不同于环境的温度和压力，它就具有一种潜在的做功能力。例如，高温、高压的气流可以通过自身的膨胀以及和环境的热交换而做功，直至变为与环境的温度、压力相同为止。流动工质处于不同状态时的做功能力的大小，可以通过一个综合考虑工质与环境状况的新参数——㶲（亦称流动工质㶲、焓㶲）来表示。下面来推导这个㶲参数的表达式。

设流动工质处于某状态 A 时的温度为 T、压力为 p、比熵为 s、比焓为 h（图 3-15）；大气（环境）的温度和压力分别为 T_0、p_0（T_0、p_0 恒定不变）。当工质的温度和压力与大气参数 T_0、p_0 相同时，其比熵为 s_0、比焓为 h_0。流动工质在从状态 A 变化到状态 0 的过程中将会对外界做出技术功，而以可逆过程做出的功为最大。在大气是唯一热源的条件下，工质要从状态 A 可逆地变化到状态 0，必须先可逆绝热（等熵）地变化到与大气温度 T_0 相同，即先由状态 A 经历一个等熵过程变化到状态 B（若在温度达到 T_0 前与环境交换热量，则必为不可逆的温差传热）；然后再在温度 T_0 下与大气交换热量，进行一个可逆的等温过程，从状态 B 变化到状态 0。在这一定温过程中，从大气吸收的热量或向大气放出的热量都是废热。所以在 $A \to B$ 和 $B \to 0$ 的整个可逆过渡过程中的

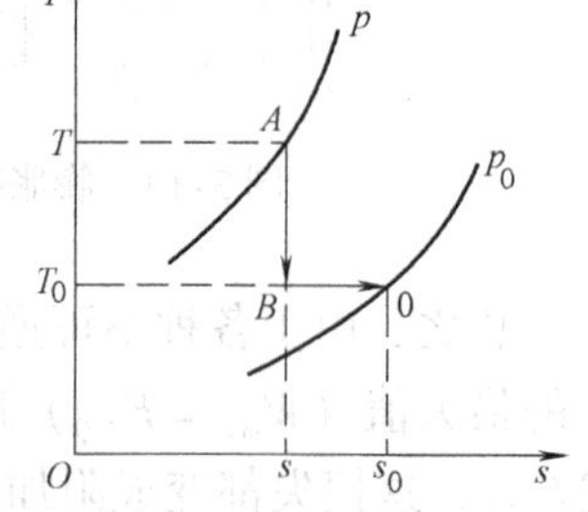

图 3-15 流动工质的 T-s 图

最大技术功为

$$\begin{aligned}w_{t,\max} &= w_{t,AB} + w_{t,B0}\\ &= [q_{AB} - (h_B - h_A)] + [q_{B0} - (h_0 - h_B)]\\ &= [0 - (h_B - h)] + [T_0\ (s_0 - s) - (h_0 - h_B)]\\ &= (h - h_0) - T_0\ (s - s_0)\end{aligned}$$

最大技术功称为流动工质的比㶲（有时也将比㶲称为㶲），用符号 e_x 表示，有

$$e_x = (h - h_0) - T_0\ (s - s_0) \tag{3-30}$$

对任意质量工质的㶲，则用符号 E_x 表示，有

$$E_x = (H - H_0) - T_0\ (S - S_0) \tag{3-31}$$

由于 T_0 和 p_0 可认为是不变的，工质在 T_0、p_0 状态下的比焓 h_0 和比熵 s_0 是定值，所以比㶲值只取决于流体所处的状态（T、p 或 h、s），因而可以认为比㶲的单位为 kJ/kg。

比㶲是状态参数。它表示单位质量的流动工质在给定状态下具有的做功能力（或可用能）；这种做功能力，在大气是唯一热源的条件下，可以通过从该给定状态可逆地变化到与大气参数相同时，以对外做出技术功的形式全部发挥出来。

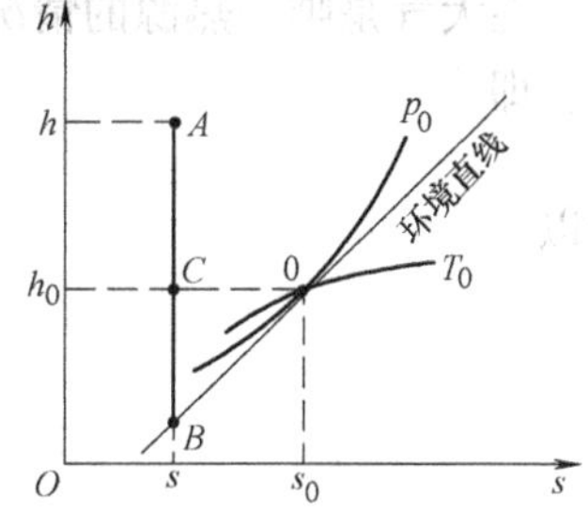

图 3-16　流动工质的 h-s 图

流动工质的比㶲可以在焓熵图中用垂直线段方便而清楚地表示出来。先在焓熵图中画出某指定工质在环境温度 T_0 下的等温线和环境压力 p_0 下的等压线（图 3-16），再在二者的交点 0 上作 p_0 等压线的切线，这条切线称为环境直线。从任意状态 A 到环境直线的纵向距离 $\overline{AB}$ 即为流动工质处于该状态时的比㶲。证明如下：

环境直线的斜率为

$$\tan\alpha = \left(\frac{\partial h}{\partial s}\right)_{p(T_0,p_0)} = \frac{\overline{CB}}{\overline{0C}}$$

根据熵的定义式（1-16）可得

$$T\mathrm{d}s = \mathrm{d}u + p\mathrm{d}v = \mathrm{d}h - v\mathrm{d}p \tag{3-32}$$

或

$$\mathrm{d}h = T\mathrm{d}s + v\mathrm{d}p$$

从而得

$$\left(\frac{\partial h}{\partial s}\right)_p = T \tag{3-33}$$

式（3-33）表明：焓熵图中等压线上各点的斜率等于该等压线上各点的绝对温度。

因此

$$\left(\frac{\partial h}{\partial s}\right)_{p(T_0,p_0)} = T_0$$

所以流动工质的比㶲

$$\begin{aligned}e_x &= (h - h_0) - T_0\ (s - s_0) = (h - h_0) + T_0\ (s_0 - s)\\ &= \overline{AC} + \tan\alpha\ \overline{0C} = \overline{AC} + \overline{CB} = \overline{AB}\end{aligned}$$

于是得证。

在除大气外别无其他热源的条件下，流动工质从状态 1 变化到状态 2 时的㶲降（$E_{x1}-E_{x2}$），理论上应该等于对外界做出的技术功

$$W_{t,the}=E_{x1}-E_{x2}$$
$$=(H_1-H_2)-T_0(S_1-S_2) \tag{3-34}$$

实际上，由于过程的不可逆性，流动工质做出的技术功总是小于㶲降。减少的这部分就是㶲损（流动工质的可用能损失）

$$E_L=W_{t,the}-W_t$$
$$=(H_1-H_2)-T_0(S_1-S_2)-W_t \tag{3-35}$$

该式又可写为

$$E_L=-(H_2-H_1+W_t)+T_0(S_2-S_1)$$

根据热力学第一定律可知

$$H_2-H_1+W_t=Q$$

在大气是唯一热源的情况下，工质只能和大气交换热量，二者的热量必定相等，符号相反，即

$$Q_{atm}=-Q$$

所以

$$E_L=-Q+T_0(S_2-S_1)$$
$$=Q_{atm}+T_0\Delta S_{ws}$$
$$=T_0\Delta S_{atm}+T_0\Delta S_{ws}$$

即

$$E_L=T_0\Delta S_{id}=T_0S_g\quad（孤立系统的熵增等于熵产） \tag{3-36}$$

这里的㶲损计算式，与式（3-29）完全相同。

例 3-5 压力为 1.2MPa、温度为 320K 的压缩空气从压气机站输出。由于管道、阀门的阻力和散热，到车间时压力降为 0.8MPa，温度降为 298K。压缩空气的流量为 0.5kg/s。求每小时损失的可用能（按比定压热容理想气体计算，空气的比定压热容为1.005kJ/(kg·K)，大气温度为 20℃，压力为 0.1MPa）。

解 对于管道、阀门，技术功 $W_t=0$。根据式（3-35）可知，输送过程中的不可逆损失等于管道两端的㶲差（㶲降），即

$$\dot{E}_L=q_m(e_{x1}-e_{x2})=q_m[(h_1-h_2)-T_0(s_1-s_2)]$$
$$=q_m\left[c_{p0}(T_1-T_2)-T_0\left(c_{p0}\ln\frac{T_1}{T_2}-R_g\ln\frac{p_1}{p_2}\right)\right]$$
$$=(0.5\times3\,600)\times\left[1.005\times(320-298)-293.15\times\left(1.005\times\ln\frac{320}{298}-0.287\,1\times\ln\frac{1.2}{0.8}\right)\right]\text{kJ/h}$$
$$=63\,451\text{kJ/h}$$

也可以根据式（3-36）由孤立系的熵增与大气温度的乘积来计算此不可逆㶲损。每小时由压缩空气放出的热量等于大气吸收的热量，有

$$\dot{Q}_{atm}=-\dot{Q}=-q_mc_{p0}(T_2-T_1)$$

$$= -(0.5 \times 3\,600) \times 1.005 \times (298 - 320)\ \text{kJ/h}$$
$$= 39\,798\text{kJ/h}$$

$$\Delta \dot{S}_{id} = \Delta \dot{S}_{a} + \Delta \dot{S}_{atm} = q_m \left(c_{p0} \ln \frac{T_2}{T_1} - R_g \ln \frac{p_2}{p_1} \right) + \frac{\dot{Q}_{atm}}{T_0}$$
$$= \left[0.5 \times 3\,600 \times \left(1.005 \times \ln \frac{298}{320} - 0.287\,1 \times \ln \frac{0.8}{1.2} \right) + \frac{39\,798}{293.15} \right] \text{kJ/(K·h)}$$
$$= 216.446\text{kJ/(K·h)}$$

所以

$$\dot{E}_L = T_0 \Delta \dot{S}_{id} = 293.15 \times 216.44\text{kJ/h} = 63\,451\text{kJ/h}$$

3.10 工质的㶲和㶲损

工质的总能量包括热力学能、动能和位能（$E = U + E_k + E_p$），其中动能和位能本来就是可用能，而热力学能中可用能的含量则和工质所处的状态及环境状态有关。当工质所处状态的温度和压力（T、p）与环境温度、压力（T_0、p_0）不同时（图 3-17a），该工质就可以与环境相互作用（换热、做功）进行一个过程，直至工质的温度、压力与环境的温度、压力相同而过程不再能进行为止（图 3-17b）。在这一过程中工质会对外界做出可用功。如果这一过程是可逆的，对外界做出的可用功将达到最大值。

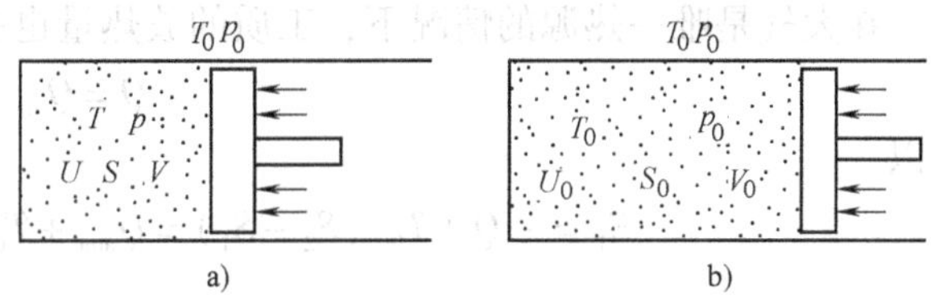

图 3-17 工质状态

a) 初始状态 b) 终了状态

这里提到了可用功，它与膨胀功的区别在于：当气体膨胀时，它对外界做出膨胀功（W），但该膨胀功中有一部分［p_0（$V_0 - V$）］对大气做出（用于排开大气）而无法利用，其余部分才是可用功（当气体被压缩时，在大气压力的帮助推动下，可以减少压缩耗功）。

工质从初始状态经过什么样的具体过程才能可逆地过渡到与环境平衡的状态呢？与上节的讨论相同，工质由 T 变到 T_0 的过程必须是可逆绝热过程（等熵过程，参考图 3-15 中过程 $A \to B$），然后再在 T_0 温度下进行一个可逆的等温过程，使压力达到 p_0（参考图 3-15 中过程 $B \to 0$）。在这两个可逆过程中，工质对外界做出的最大可用功为

$$W_{av,max} = W_{AB} + W_{B0} - p_0 (V_0 - V)$$
$$= [Q_{AB} - (U_B - U_A)] + [Q_{B0} - (U_0 - U_B)] - p_0 (V_0 - V)$$
$$= [0 - (U_B - U)] + [T_0 (S_0 - S) - (U_0 - U_B)] - p_0 (V_0 - V)$$
$$= (U - U_0) - T_0 (S - S_0) + p_0 (V - V_0)$$

最大可用功称为工质㶲（亦称热力学能㶲、内能㶲），用符号 $E_{x,U}$ 表示，有

$$E_{x,U} = (U - U_0) - T_0 (S - S_0) + p_0 (V - V_0) \tag{3-37}$$

对单位质量的工质而言，工质㶲用符号 $e_{x,U}$ 表示，有

$$e_{x,U} = (u - u_0) - T_0 (s - s_0) + p_0 (v - v_0) \tag{3-38}$$

式中，$E_{x,U}$ 的单位为 kJ；$e_{x,U}$ 的单位为 kJ/kg。

显然，工质㶲是状态量，它表示对一定的环境而言，工质在某一状态下所具有的热力学能中理论上可以转化为可用能的部分，或者说工质在该状态下具备的做功能力，该做功能力可以在从该状态可逆过渡到与环境参数相同的过程中以对外界做出最大可用功的方式全部发挥出来。

在除大气外别无其他热源的条件下，工质（闭口系）从状态1变化到状态2时，工质㶲的减少量理论上应等于对外界做出的可用功

$$\begin{aligned}W_{av,the} &= E_{x,U_1} - E_{x,U_2}\\ &= (U_1 - U_2) - T_0\ (S_1 - S_2) + p_0\ (V_1 - V_2)\end{aligned} \tag{3-39}$$

实际上，由于过程的不可逆性，工质实际做出的可用功总是小于工质㶲的减少量，二者的差值就是㶲损

$$\begin{aligned}E_L &= W_{av,the} - W_{av}\\ &= (U_1 - U_2) - T_0\ (S_1 - S_2) + p_0\ (V_1 - V_2) - W_{av}\\ &= -[(U_2 - U_1) + W_{av} + p_0\ (V_2 - V_1)] + T_0\ (S_2 - S_1)\\ &= -[(U_2 - U_1) + W] + T_0\ (S_2 - S_1)\\ &= -Q + T_0\ (S_2 - S_1)\end{aligned}$$

在大气是唯一热源的情况下，工质的放热量也就是大气的吸热量

$$-Q = Q_{atm}$$

所以

$$E_L = -Q + T_0\ (S_2 - S_1) = Q_{atm} + T_0\Delta S_{ws} = T_0\Delta S_{atm} + T_0\Delta S_{ws}$$

即

$$E_L = T_0\Delta S_{id} = T_0 S_g \quad \text{（孤立系的熵增等于熵产）} \tag{3-40}$$

这里的㶲损计算式与式（3-29）、式（3-36）完全相同。

例3-6 有一台用压缩空气驱动的小型车，已知压缩空气罐的容积为0.2m³，压力为15MPa（表压）。问在平均功率为2.942kW的情况下车子最多能行驶多长时间？用完这罐压缩空气，最终造成的熵产为多少？已知大气状况为0.1MPa，20℃。

解 压缩空气与大气有很大的压差，因而具有做功能力。每1kg压缩空气可能做出的最大可用功（工质）为

$$\begin{aligned}e_{x,U} &= (u - u_0) - T_0\ (s - s_0) + p_0\ (v - v_0)\\ &= c_V\ (T - T_0) - T_0\left(c_p \ln\frac{T}{T_0} - R_g \ln\frac{p}{p_0}\right) + p_0\left(\frac{R_g T}{p} - \frac{R_g T_0}{p_0}\right)\end{aligned}$$

根据题意，压缩空气的温度显然等于大气温度（$T = T_0$），所以

$$\begin{aligned}e_{x,U} &= R_g T_0 \ln\frac{p}{p_0} + R_g T_0 p_0\left(\frac{1}{p} - \frac{1}{p_0}\right) = R_g T_0\left(\ln\frac{p}{p_0} + \frac{p_0}{p} - 1\right)\\ &= 0.287\ 1 \times 293.15 \times \left(\ln\frac{15.1}{0.1} + \frac{0.1}{15.1} - 1\right)\text{kJ/kg}\\ &= 338.67\text{kJ/kg}\end{aligned}$$

罐中空气的质量为

$$m = \frac{pV}{R_g T} = \frac{15.1 \times 10^6 \times 0.2}{287.1 \times 293.15}\text{kg} = 35.88\text{kg}$$

总的工质㶲为

$$E_{x,U}=me_{x,U}=35.88\times338.67\text{kJ}=12\ 151\text{kJ}$$

所以，最多能行驶的时间为

$$\tau=\frac{12\ 151}{2.942}\text{s}=1.147\text{h}=1\text{h}9\text{min}$$

此处算出的时间是理论上可能行使的最长时间，它要求气体进行一个可逆的等温（保持 20℃）吸热膨胀过程。由于实际过程中的各种不可逆损失，行使时间肯定会显著减少，但不管实际行使时间的长短，压缩空气原来具备的可用能，由于机器中的损失、车轮与地面以及车身与空气的摩擦等损失，最终都变成了废热（㶲损）排入大气。所以大气的熵增也就是整个过程的熵产，有

$$S_g=\frac{E_L}{T_0}=\frac{E_{x,U}}{T_0}=\frac{12\ 151}{293.15}\text{kJ/K}=41.45\text{kJ/K}$$

3.11　关于㶲损的讨论及㶲方程

1. 关于㶲损的讨论

在前三节讨论热量㶲、流动工质㶲和工质㶲在不可逆过程中的损失（㶲损）时，得到了同样的计算式［参看式（3-29）、式（3-36）、式（3-40）］

$$E_L=T_0\Delta S_{id}=T_0S_g$$

虽然该式是针对三种不同情况分别得出的，但实际上，该式是普遍成立的。也就是说，任何㶲损（可用能的不可逆损失）都等于孤立系的熵增（它等于熵产㊀）与环境温度的乘积。这一普遍结论的正确性显然不能通过设想各种可能情况逐一加以证明，但可通过下面一段推理来证明。

假定某个任意指定的孤立系由于其内部的不可逆性引起该孤立系的熵增为 ΔS_{id}。现在设想打破该孤立系的孤立状态，使它与周围环境（温度为 T_0）之间进行某种可逆过程，并令这一可逆过程进行的结果使原“孤立系”的熵减少一个数量 ΔS_{id}，使它回复到进行不可逆过程前的初始值。由于原“孤立系”已打破孤立状态，它本身已不是孤立系，但它和周围环境构成了一个扩大的孤立系。该扩大的孤立系进行了可逆过程后总熵应该不变。因此，当原“孤立系”的熵减少了 ΔS_{id} 的同时，周围环境的熵必定增加了同一数量。环境的熵增加 ΔS_{id} 意味着废热增加了 $T_0\Delta S_{id}$。这废热的形成当然不是由于扩大的孤立系中进行了可逆过程，而只能是由于原“孤立系”中原先进行了不可逆过程。所以，原孤立系由于其内部不可逆性所造成的可用能损失（㶲损）必定等于 $T_0\Delta S_{id}$。

应该指出，由各种不可逆因素造成的孤立系可用能的损失，和由摩擦造成的功损并不相同。即使在孤立系的不可逆损失完全由功损（热产）引起的情况下，可用能的损失也并不一定等于功损。因为功损所形成的热产，如果其温度 T 高于环境温度 T_0，则这一部分热产

㊀ 这里的熵产（S_g）原是指孤立系中的熵产，但也可以说成不可逆过程造成的熵产，而不强调孤立系。例如，对图 3-2所示的由高温物体 A 向低温物体 B 不可逆传热造成的熵产，可以说是物体 A 由于进行了一个不可逆放热过程而引起了熵产；也可以说物体 B 由于进行了一个不可逆的吸热过程而引起了熵产；当然也可以说由于 A、B 两物体组成的孤立系内部传热引起了熵产。熵产的大小通常都是（而且一定可以）通过计算囊括了参与过程的全部物体的孤立系的熵增来确定（$S_g=\Delta S_{id}$）。㶲损（$E_L=T_0S_g$）也是如此，可以不强调孤立系，而说成是不可逆因素造成的㶲损。

对环境而言仍然具有一定的可用能，因而这时可用能的损失小于功损（如涡轮机前级的摩擦热在后级中得以部分利用；用电锅炉产生的蒸汽也可以发电）；只有当功损所形成的热产全部是废热（其温度为 T_0）时，可用能的损失才等于功损。从下列二式的比较中也可清楚地看出这一点：

可用能损失——㶲损

$$E_L = T_0 \Delta S_{id} = T_0 \left(S_2 - S_1\right)_{id}$$

摩擦的损失——功损

$$W_L = Q_g = \int_1^2 T dS_{id} = T_m (S_2 - S_1)_{id}$$

当 $T_m > T_0$时，$E_L < W_L$；当 $T_m = T_0$时，$E_L = W_L$。

能量在数量上是守恒的，因此，所谓的能量损失，实质上是指能量质量上的损失，即由可用能变成废热的不可逆损失。有关可用能及其不可逆损失的讨论，使人们懂得了如何估价能量的可用性，以及如何计算实际过程中可用能的不可逆损失，以便在改进热能设备的效率时做到心中有数。

2. 㶲方程

各种实际过程中有㶲损，㶲是不守恒的。如果把㶲损考虑进㶲的平衡式，就可以建立起平衡的㶲方程。

设有一热力系如图 3-18 中虚线（界面）包围的体积所示。热力系处于大气环境下（T_0、p_0），它可以有胀缩，也可以有运动。设该热力系开始时具有动能 E_k、位能 E_p、工质㶲 $E_{x,U}$，在一段极短的时间 $d\tau$ 内，从外界进入热力系的热量㶲为 $\delta E_{x,Q}$，又从外界流进了比㶲为 $e_{x,i}$、流速为 c_i、高度为 z_i 的质量 δm_i；与此同时，热力系向外界流出了比㶲为 $e_{x,j}$、流速为 c_j、高度为 z_j 的质量 δm_j，并对外界做出了可用功 δW_{av}。在 $d\tau$ 时间内，热力系内部由于不可逆因素造成的㶲损为 δE_L。经过 $d\tau$ 时间后，热力系的动能、位能和工质㶲相应地变为（$E_k + dE_k$）、（$E_p + dE_p$）、（$E_{x,U} + dE_{x,U}$）。

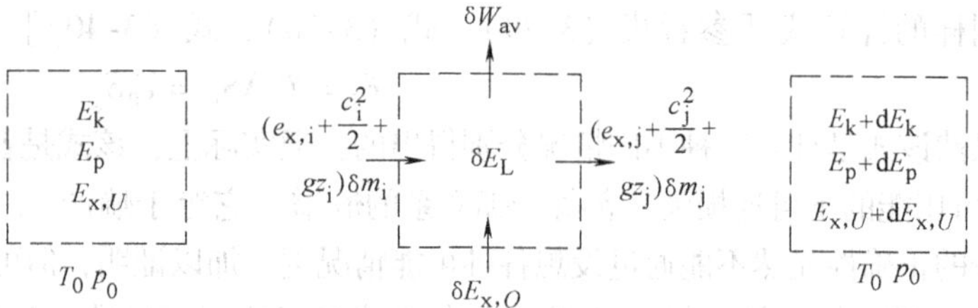

图 3-18 热力系

热力系的可用能平衡可用文字表述如下：

（输入热力系的可用能的总和）-（热力系输出的可用能的总和）-（热力系内部可用能的不可逆损失）=（热力系的可用能的增量）

即
$$\left[\delta E_{x,Q} + \left(e_{x,i} + \frac{c_i^2}{2} + gz_i\right)\delta m_i\right] - \left[\delta W_{av} + \left(e_{x,j} + \frac{c_j^2}{2} + gz_j\right)\delta m_j\right] - \delta E_L = dE_k + dE_p + dE_{x,U}$$

亦可写成

$$\delta E_{x,Q} = dE_{x,U} + dE_k + dE_p + \left[\left(e_{x,j} + \frac{c_j^2}{2} + gz_j\right)\delta m_j - \left(e_{x,i} + \frac{c_i^2}{2} + gz_i\right)\delta m_i\right] + \delta W_{av} + \delta E_L \tag{3-41}$$

对时间积分后可得

$$E_{x,Q} = \Delta E_{x,U} + \Delta E_k + \Delta E_p + \int_{(\tau)}\left[\left(e_{x,j} + \frac{c_j^2}{2} + gz_j\right)q_{m,j} - \left(e_{x,i} + \frac{c_i^2}{2} + gz_i\right)q_{m,i}\right]d\tau + W_{av} + E_L \tag{3-42}$$

式中，$q_{m,i}$和$q_{m,j}$为进口和出口的质量流量$\left(q_m = \frac{\delta m}{d\tau}\right)$。

式（3-41）和式（3-42）为可用能的平衡式，也叫㶲方程。它们是普遍适用的㶲方程的基本表达式。它们的含义按式子的书写形式可以解读为：热力系由于吸热从外界获得的热量㶲不外乎用于增加本身的工质㶲，增加本身的动能和位能，弥补流出和流入热力系的流体的㶲差、动能差和位能差，对外界做出可用功，以及用于因不可逆因素变成废热的㶲损（式中除㶲损一定是正值外，其他各项均可正、可负）。

如果是稳定流动，并取一段时间，在该段时间内正好有 1kg 流体流过，则由式（3-42）得到

$$\Delta E_{x,U} = \Delta E_k = \Delta E_p = 0$$

$$\int_{(\tau)}\left[\left(e_{x,j} + \frac{c_j}{2} + gz_j\right)q_{m,j} - \left(e_{x,i} + \frac{c_i}{2} + gz_i\right)q_{m,i}\right]d\tau = \left(e_{x2} + \frac{c_2^2}{2} + gz_2\right) - \left(e_{x1} + \frac{c_1^2}{2} + gz_2\right)$$

$$w_{av} = w_{sh}$$

从而得

$$e_{x,Q} = (e_{x_2} - e_{x_1}) + \frac{c_2^2 - c_1^2}{2} + g\ (z_2 - z_1) + w_{sh} + e_L \tag{3-43}$$

对各种涡轮式机械，可认为流动是绝热的，并可略去进、出口动能和位能的变化$\left[E_{x,Q} = \frac{c_2^2 - c_1^2}{2} = g\ (z_2 - z_1) = 0\right]$，因此可得

$$w_{sh} = (e_{x_1} - e_{x_2}) - e_L \tag{3-44}$$

将式（3-44）展开可得

$$\begin{aligned} w_{sh} &= (e_{x_1} - e_{x_2}) - e_L = (h_1 - h_2) - T_0\ (s_1 - s_2) - T_0 s_g \\ &= (h_1 - h_2) - T_0\ (s_1 - s_2) - T_0\ (s_2 - s_1) \\ &= h_1 - h_2 \end{aligned}$$

与从能量方程式所得结果相同。

对各种换热器$\left[w_{sh} = \frac{c_2^2 - c_1^2}{2} = g\ (z_2 - z_1) = 0\right]$，则可从式（3-43）得出

$$e_{x,Q} = (e_{x_2} - e_{x_1}) + e_L \tag{3-45}$$

式（3-45）可写为

$$q - T_0 s_f = (h_2 - h_1) - T_0\ (s_2 - s_1) + T_0 s_g$$

所以

$$\begin{aligned} q &= (h_2 - h_1) - T_0\ (s_2 - s_1) + T_0\ (s_f + s_g) \\ &= (h_2 - h_1) - T_0\ (s_2 - s_1) + T_0\ (s_2 + s_1) \\ &= h_2 - h_1 \end{aligned}$$

对处于某一状态的工质（闭口系）在大气环境中进行的过程（从状态 1 到状态 2），式

(3-42) 中的某些项为零

$$\Delta E_{\mathrm{k}} = \Delta E_{\mathrm{p}} = 0$$

$$\int_{(\tau)}\left[\left(e_{\mathrm{x,j}} + \frac{c_{\mathrm{j}}^{2}}{2} + gz_{\mathrm{j}}\right)q_{m,\mathrm{j}} - \left(e_{\mathrm{x,i}} + \frac{c_{\mathrm{i}}^{2}}{2} + gz_{\mathrm{i}}\right)q_{m,\mathrm{i}}\right]\mathrm{d}\tau = 0$$

从而得

$$E_{\mathrm{x},Q} = (E_{\mathrm{x},U_2} - E_{\mathrm{x},U_1}) + W_{\mathrm{av}} + E_{\mathrm{L}} \tag{3-46}$$

将式 (3-46) 展开

$$Q - T_0S_{\mathrm{f}} = [(U_2 - U_1) - T_0 (S_2 - S_1) + p_0 (V_2 - V_1)] + W_{\mathrm{av}} + T_0S_{\mathrm{g}}$$

从而得

$$\begin{aligned} Q &= (U_2 - U_1) - T_0 (S_2 - S_1) + p_0 (V_2 - V_1) + W_{\mathrm{av}} + T_0 (S_{\mathrm{f}} + S_{\mathrm{g}}) \\ &= (U_2 - U_1) - T_0 (S_2 - S_1) + W + T_0 (S_2 - S_1) \\ &= (U_2 - U_1) + W \end{aligned}$$

以上所举各例和推导结果都表明：能量方程、熵方程、㶲方程都是用来确定热力过程中各状态量和过程量之间的变化关系的，它们的表达形式不一样，但只要是正确的，就必定是相通、相容的。

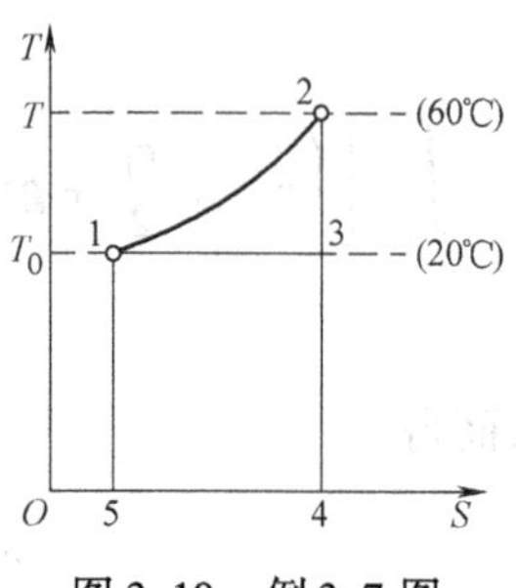

图 3-19 例 3-7 图

例 3-7 将 500kg 温度为 20℃ 的水用电热器加热到 60℃。求这一不可逆过程造成的功损和可用能的损失。不考虑散热损失。周围大气温度为 20℃，水的比定压热容为 4.187kJ/(kg·K)。

解 在这里，功损即消耗的电能，它等于水吸收的热量，如图 3-19 中面积 12451 所示。

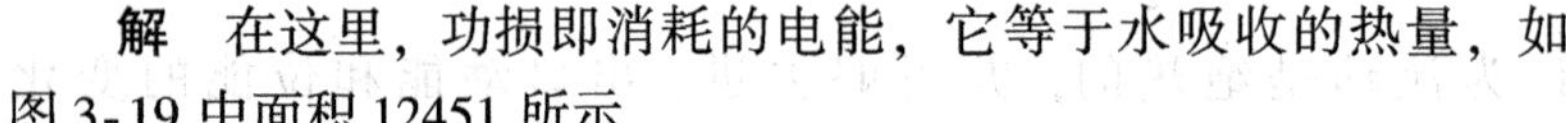

$$\begin{aligned} W_{\mathrm{L}} &= Q_{\mathrm{g}} = mc_p (t - t_0) \\ &= 500 \times 4.187 \times (60 - 20)\ \mathrm{kJ} \\ &= 83\ 740\mathrm{kJ} \end{aligned}$$

整个系统（孤立系）的熵增为

$$\begin{aligned} \Delta S_{\mathrm{id}} &= mc_p \ln\frac{T}{T_0} \\ &= 500 \times 4.187 \times \ln\frac{(60 + 273.15)}{(20 + 273.15)}\mathrm{kJ/K} \\ &= 267.8\mathrm{kJ/K} \end{aligned}$$

可用能损失如图 3-20 中面积 13451 所示，即

$$E_{\mathrm{L}} = T_0\Delta S_{\mathrm{id}} = 293.15 \times 267.8\mathrm{kJ} = 78\ 500\mathrm{kJ}$$

$E_{\mathrm{L}} < W_{\mathrm{L}}$，可用能的损失小于功损。图中面积 1231 即表示这二者之差。这一差值也就是 500kg、60℃ 的水（对 20℃ 的环境而言）的可用能。

例 3-8 同例 3-2。求该换热设备损失的可用能（已知大气温度为 20℃）。若不用热空气而用电炉加热水，则损失的可用能为多少？

解 可以将该换热设备取作一孤立系，如图 3-20 所示。该孤立系的熵增等于熵产［式 (3-15)］，它与例 3-2 中按开口系计算所得的熵产相同。所以，根据式 (3-36) 可知该换热设备的可用能损失为

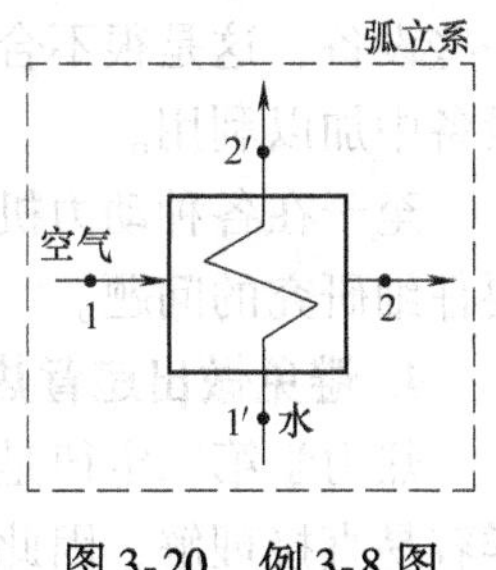

图3-20　例3-8图

$$\dot{E}_L = T_0 \Delta \dot{S}_{id} = T_0 \dot{S}_g$$
$$= (20 + 273.15) \times 435.5\text{kJ/h}$$
$$= 127\ 670\text{kJ/h}$$

若不用热空气而用电炉加热水，则该孤立系的熵增即为水的熵增。这时的可用能损失为

$$\dot{E}'_L = T_0 \Delta \dot{S}'_{id} = T_0 q'_m \Delta s' = T_0 q'_m c'_p \ln \frac{T'_2}{T'_1}$$
$$= (20 + 273.15) \times 2\ 000 \times 4.187 \times \ln \frac{(70 + 273.15)}{(15 + 273.15)}\text{kJ/h}$$
$$= 428\ 830\text{kJ/h}$$

$$\frac{\dot{E}'_L}{\dot{E}_L} = \frac{428\ 830}{127\ 670} = 3.359$$

从计算结果的比较可知，用电加热水造成的可用能损失是用热空气加热水时的3倍多。可见由电热器产生热能是不符合节能原则的。

3.12　热力学第二定律对工程实践的指导意义

1. 对热机的理论指导意义

参看第3.6节末，卡诺定理和卡诺循环对热机的原则指导意义。

2. 预测过程进行的方向和判断平衡状态

有些简单过程进行的方向很容易看出来。例如一个高温物体和一个低温物体相接触，传热过程的方向必定是高温物体将热量传给低温物体。这个过程将一直进行到两个物体的温度相等为止。传热过程停止后，两个物体的温度不再发生变化，据此就可以断定两个物体已处于热平衡状态。但是，很多比较复杂的过程，例如一些化学反应，要直接预测它们进行的方向是很困难的。这时可以通过计算孤立系的熵的变化来预测，因为过程总是朝着使孤立系熵增加的方向进行，并且一直进行到熵达到给定条件下的最大值为止。孤立系的熵达到了最大值，也就达到了平衡状态。所以，孤立系的熵是否达到给定状态下的最大值，可以作为判断孤立系是否处于平衡状态的依据。此外，还可以根据孤立系的熵增原理，结合具体条件，得出平衡状态的其他一些判据。

3. 指导节约能源

热力学第二定律揭示了一切实际过程都具有不可逆性的规律。从能量利用的角度来看，不可逆性意味着能量的贬值、可用能和功的损失或能源利用上的浪费。掌握了能量贬值的规律性，就可以懂得如何避免不必要的不可逆损失，并将不可避免的不可逆损失降到尽可能低的程度。这就可以使现有的能源得到充分而合理的利用，达到节约能源的目的。

例如，用电炉取暖（功变热）就是最大的浪费（能量、质量上的浪费）。直接烧燃料取暖也很浪费。利用低温热能（如地热、热机排气中的热能以及工业余热等）取暖则比较合理。

再如，在一些工厂中，一方面消耗冷却水去冷却一些设备，另一方面又消耗燃料去加热一些设备，这是很不合理的。应该设法将需要冷却的设备中放出的热量，尽量在需要加热的设备中加以利用。

至于在各种动力机械中如何尽量减少不可逆损失，提高效率，节约能量的消耗，更是需要仔细研究的问题。

4. 避免做出违背热力学第二定律的傻事

热力学第二定律是客观规律，只能遵循不能违反。然而，由于它不像热力学第一定律那样容易直接理解，因此一些实质上是违背热力学第二定律的过程，或实质上属于第二类永动机的构想（虽然有时被一些复杂的情况所掩盖），还是屡见不鲜地被提出来。掌握了热力学第二定律，应该能够透过复杂的现象正确判别某种构想是否违背热力学第二定律，然后再决定取舍，以免工作徒劳，造成时间、人力、财力和物力的浪费。

本章要求重点与讨论

1）理解和掌握熵方程的构成与作用，特别注意区别熵流与熵产的根本不同，能够应用熵方程推导出相关的定理或原理，并能进行有关过程和循环问题的分析与计算。

2）理解卡诺定理和卡诺循环及其对热机理论的指导意义。

3）了解克劳修斯积分式的物理意义及用途。

4）理解不可逆损失与熵产的等价关系，会使用不可逆损失计算公式。

5）掌握热量在实际循环中不可逆损失的分析方法，特别注意区别循环过程中热力系（工质）向冷源放出的理论废热（必要废热）、实际废热（全部废热）、附加废热（实际废热与理论废热之差）的异同及其与不可逆损失的关系。

6）理解和掌握循环平均吸热温度与循环平均吸热温度的概念，这个概念在分析热力循环时非常有用。

7）理解熵产和不可逆性是热力学第二定律的核心与本质。

由于历史原因，热力学第二定律的内容比较庞杂，不像热力学第一定律条理那么清晰，所以一些学生觉得热力学第二定律不易掌握，也不会应用。出现这种情况，原因不在学生，而在教师本身对此的理解和教学上。热力学第二定律和熵方程的应用是通过由此得出的定理或原理实现的。具体说，有三种应用形式和两种应用方面。

三种应用形式如下：

(1) 孤立系熵增原理　将孤立系条件加到一般热力系熵方程上则有

$$\Delta S_{id} = S_g > 0$$

此原理文字表述为“自然界中进行的一切实际过程总是自发地朝着使孤立系熵增加的方向发展”。这个公式和原理的用途可以判断过程进行的方向、条件和限度，为解决热力学第二定律的任务提供了一种方法。

(2) 卡诺定理、卡诺循环热效率公式　将孤立系熵增原理应用于工作在两个恒温热源 T_1、T_2 之间的可逆循环，可得循环的热效率公式为

$$\eta_{t,C} = 1 - T_2/T_1$$

此式文字表述的卡诺定理为“所有工作在恒温热源 T_1、T_2 之间的可逆热机，不管采用什么工质以及具体经历什么循环，其热效率相等，都等于 $1 - T_2/T_1$；而所有工作在同样这

两个恒温热源之间的不可逆热机，不管采用什么工质以及具体经历什么循环，其热效率总小于$1-T_2/T_1$”。卡诺定理、卡诺循环用途广泛，尤其对热机有非常重要的应用价值和指导意义，可概括为如下几点：

1）任何热机包括卡诺热机的热效率总小于1，即总有η_t（$\eta_{t,C}$）<1。

2）任何实际热机的热效率总小于相同温度范围的卡诺热机的热效率，即总有η_t（$\eta_{t,C}$）<1（$T_1\sim T_2$）。$\eta_{t,C}$是可望不可及的，因为实际热力过程中不可逆损失是不可避免的。

3）热机要循环作功至少有两个热源，即不能指望依靠单一热源供热而使热机循环工作不已。

4）提高热机循环热效率的根本途径在于尽可能提高循环最高温度T_1和尽可能降低循环的最低温度T_2。

以上四点作用各不相同，前两点是热力学过程和循环进行的限度，第三点是热机循环做功的条件，第四点是提高热机循环热效率的根本途径。

（3）克劳修斯积分式

对于循环
$$\oint\frac{\delta Q}{T'}<0$$

对于过程
$$S_2-S_1>\int_1^2\frac{\delta Q}{T'}$$

以上两式可借助孤立系熵增原理或闭口系熵方程导出。克劳修斯积分式文字表述为“任何闭口热力系在进行了一个循环后，它和外界交换的微元热量（有正、有负）与参与微元换热过程时外界温度的比值（商）的循环积分不可能大于零，只能小于零（如果循环是不可逆的），或者最多等于零（如果循环是可逆的）”。

历史上克劳修斯积分式是克劳修斯分析卡诺循环时得出来的，并且为熵参数的导出起过关键作用，它是热力学第二定律或熵方程的重要应用形式，有着普遍的应用价值。实际上它把循环可逆与否的内在特性与循环对外界的影响（外界热温比的变化）联系起来，它可以用来判断过程和循环可逆与否。使用定义判断过程或循环可逆与否是困难的和不方便的，而克劳修斯积分式却提供了用定量计算方法的判别工具，这一点就是克劳修斯积分式的最大价值。

对于闭口系经历的任何一种热力循环，如果
$$\oint\frac{\delta Q}{T'}=0$$
则该循环是可逆的。

如果
$$\oint\frac{\delta Q}{T'}<0$$
则该循环是不可逆的。

如果
$$\oint\frac{\delta Q}{T'}>0$$
则该循环是不可能的。

同样，对于任何一种热力过程，如果
$$S_2-S_1=\int_1^2\frac{\delta Q}{T'}$$
则该过程是可逆的。

如果
$$S_2 - S_1 > \int_1^2 \frac{\delta Q}{T'}$$
则该过程是不可逆的。

如果
$$S_2 - S_1 < \int_1^2 \frac{\delta Q}{T'}$$
则该过程是不可能的。

这就把闭口系在一个过程中的内在特性——熵变（$S_2 - S_1$）与它对外界的影响变化——外界热温比（Q/T）联系起来了。

1. 热力学第二定律和熵方程的应用

熵方程（或热力学第二定律）有两大用途：一是判断用，二是计算用。

关于判断用途：

1）判断过程进行方向。

热工过程 $\Delta S_{id} > 0$

化工过程 $(\Delta F)_{T,v} < 0$

$(\Delta G)_{T,p} < 0$

2）判断过程或循环可逆与否，可能与否。

熵增原理法	$\Delta S_{id} = 0$	可逆
	$\Delta S_{id} > 0$	不可逆
	$\Delta S_{id} < 0$	不可能
克劳修斯积分法	$Q/T' = 0$	可逆
	$Q/T' < 0$	不可逆
	$Q/T' > 0$	不可能
卡诺定理法	$\eta_t = \eta_{t,C} = 1 - T_2/T_1$	可逆
	$\eta_t > \eta_{t,C} = 1 - T_2/T_1$	不可能
	$\eta_t < \eta_{t,C} = 1 - T_2/T_1$	不可逆

关于计算用途：

1）计算不可逆过程的熵变（非理想气体、非气体）。
$$\Delta S_{irr} = \Delta S_{rev} = S_2 - S_1 = \int_1^2 \frac{\delta Q}{T'}$$

上式说明一个不可逆过程的熵变可以通过一个可逆过程中的热温比来计算根据有两条，一是熵是状态参数，熵变与过程的具体路径无关，不可逆过程的熵变等于可逆过程的熵变。二是对于可逆过程，熵变就等于热温比。

2）计算实际过程的不可逆损失
$$E_L = T_0 \Delta S_{id} = T_0 S_g$$

2. 关于熵概念的要点

1）如同温度、压力、比体积等一样，熵是一个实实在在的客观存在的物理量。它有些神秘和不可捉摸原因有二：一是至今没有直接测量熵的仪器，如测温度有各种温度计，测压力有各种压力表，等等，但是唯独测熵没有专门的仪器，而是间接计算出来的；二是大概学生们上了大学才开始接触熵的概念，少见多怪了。

2）对于可逆过程则有 $dS = \delta Q/T$，可见熵的变化表征了可逆过程中热量传递的方向，系统可逆地从外界吸收热量，$\delta Q > 0$，系统熵增大；系统可逆地向外界放出热量，$\delta Q < 0$，系统熵减少；在可逆绝热过程中，$\delta Q = 0$，系统熵不变，这是熵的物理意义之一。

3）从孤立系熵增原理可知，孤立系熵的变化（或者说任何系统的熵产）表征过程不可逆的程度和不可逆损失的程度。孤立系熵增越大，表明系统的不可逆程度越大。

4）熵是判断自然界中所进行的一切实际过程进行方向的普适判据。

本章的知识结构框图如图3-21所示。

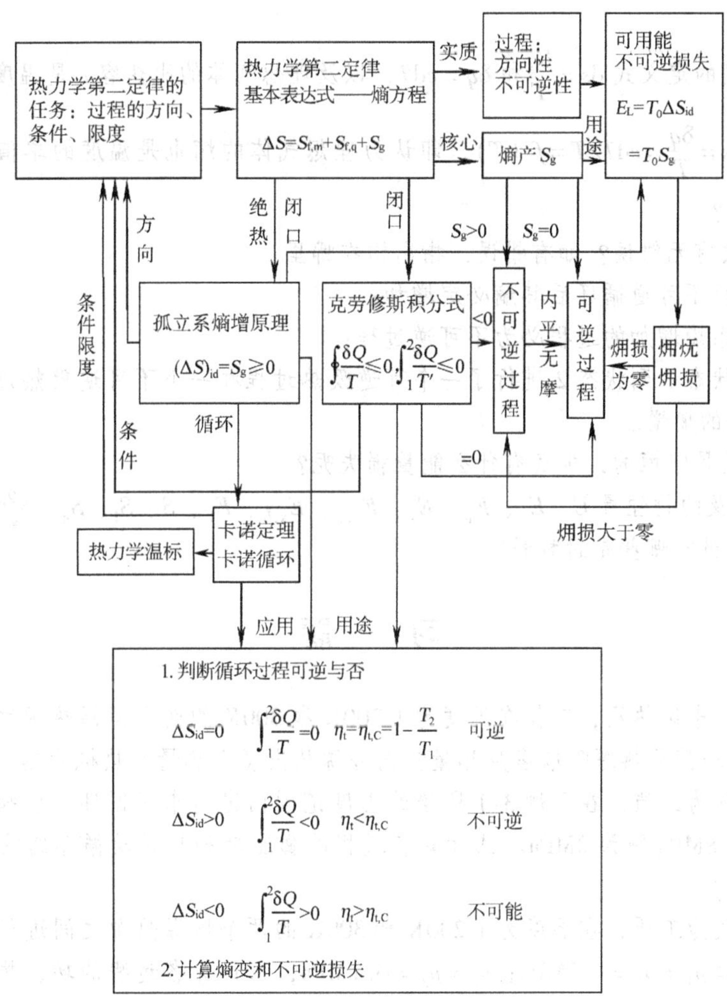

图3-21 知识结构框图

思考题

1. 自发过程是不可逆过程，非自发过程是可逆过程，这样说对吗？

2. 热力学第二定律能不能说成“机械能可以全部转变为热能，而热能不能全部转变为机械能”？为什么？

3. 与大气温度相同的压缩气体可以从大气中吸热而膨胀做功（依靠单一热源做功）。这是否违背热力学第二定律？

4. 闭口系进行一个过程后，如果熵增加了，是否能肯定它从外界吸收了热量？如果熵减少了，是否能肯定它向外界放出了热量？

5. 试指出循环热效率公式 $\eta_t=1-Q_2/Q_1$ 和 $\eta_t=1-T_2/T_1$ 各自的适用范围（T_1 和 T_2 是指热源和冷源的温度）。

6. 要提高卡诺循环热效率是保持 T_2 不变，升高 T_1 为好，还是保持 T_1 不变，降低 T_2 为好呢？

7. 有人从熵的定义式 $ds=\dfrac{\delta q}{T}$ 和 $\delta q=c\mathrm{d}T$，以及理想气体的比热容 c 是温度的单值函数条件出发，得出 $ds=\dfrac{\delta q}{T}=c\mathrm{d}T/T=f(T)$，即认为理想气体的熵也是温度的单值函数，请问上述推导错在哪里？

8. 下列说法有无错误？如有错误，指出错在哪里。

1）工质进行不可逆循环后其熵必定增加；

2）使热力系熵增加的过程必为不可逆过程；

3）工质从状态 1 到状态 2 进行了一个可逆吸热过程和一个不可逆吸热过程。后者的熵增必定大于前者的熵增。

9. 既然能量是守恒的，那还有什么能量损失呢？

10. 本章涉及的物理量 E、E_k、E_p、E_x、$E_{x,Q}$、$E_{x,U}$、E_L、S、S_f、S_g、$S_g^{Q_g}$、$S_g^{Q_i}$ 各表示什么？哪些是状态量？哪些是过程量？

习　题

3-1　设有一卡诺热机，工作在温度为 1 200K 和 300K 的两个恒温热源之间。试问热机每做出 1kW · h 功需从热源吸取多少热量？向冷源放出多少热量？热机的热效率为多少？

3-2　以空气为工质，在习题 3-1 所给的温度范围内进行卡诺循环。已知空气在等温吸热过程中压力由 8MPa 降为 2MPa。试计算各过程的膨胀功和热量及循环的热效率（按空气热力性质表计算）。

3-3　以氩气为工质，在温度为 1 200K 和 300K 的两个恒温热源之间进行回热卡诺循环（图 3-22）。已知 $p_1=p_4=1.5\text{MPa}$；$p_2=p_3=0.1\text{MPa}$，试计算各过程的功、热量及循环的热效率。

如果不采用回热器，过程 4→1 由热源供热，过程 2→3 向冷源排热。这时循环的热效率为多少？由于不等温传热而引起的整个孤立系（包括热源、冷源和热机）的熵增为多少（按定比热容理想气体计算）？

3-4　两台卡诺热机串联工作。A 热机工作在 700℃ 和 t 之间；B 热机吸收 A 热机的排热，工作在 t 和 20℃ 之间。试计算在下述情况下的 t 值：

1）两热机输出的功相同；

2）两热机的热效率相同。

3-5 以 T_1、T_2 为变量，导出图3-23a、b所示两循环的热效率的比值，并求 T_1 无限趋大时此值的极限。若热源温度 $T_1=1\,000\text{K}$，冷源温度 $T_2=300\text{K}$，则循环热效率各为多少？热源每供应100kJ热量，图3-23b所示循环比卡诺循环少做多少功？冷源的熵多增加多少？整个孤立系（包括热源、冷源和热机）的熵增加多少？

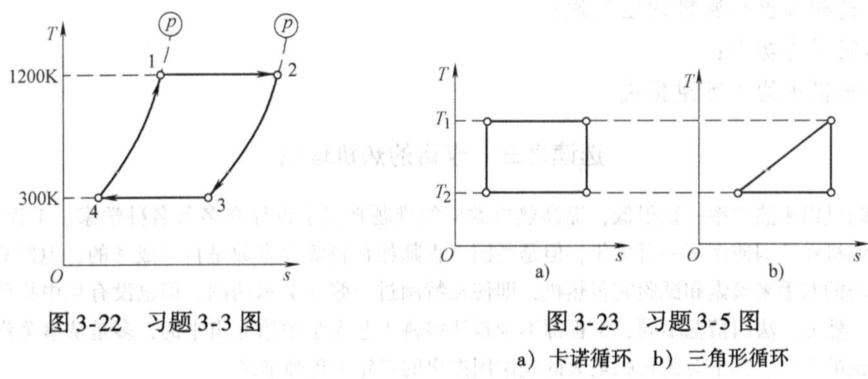

图3-22 习题3-3图

图3-23 习题3-5图

a）卡诺循环 b）三角形循环

3-6 试证明：在压容图中任何两条等熵线（可逆绝热过程曲线）不能相交；若相交，则违反热力学第二定律。

3-7 3kg空气，温度为20℃，压力为1MPa，向真空作绝热自由膨胀，容积增加了4倍（增加到原来的5倍）。求膨胀后的温度、压力及熵增（按定比热容理想气体计算）。

3-8 空气在活塞气缸中作绝热膨胀（有内摩擦），体积增加了2倍，温度由400K降为280K。求每千克空气比无摩擦而体积同样增加2倍的情况少做的膨胀功以及由于摩擦引起的熵增，并将这两个过程（有摩擦和无摩擦的绝热膨胀过程）定性地表示在压容图和温熵图中（按空气热力性质表计算）。

3-9 将3kg温度为0℃的冰，投入盛有20kg温度为50℃的水的绝热容器中。求最后达到热平衡时的温度及整个绝热系的熵增。已知水的比热容为4.187kJ/(kg·K)，冰的熔解热为333.5kJ/kg（不考虑体积变化）。

3-10 有两物体质量相同，均为 m；比定压热容相同，均为 c_p（比定压热容为定值，不随温度变化）。A物体初温为 T_A，B物体初温为 T_B（$T_\text{A}>T_\text{B}$）。用它们作为热源和冷源，使可逆热机工作于其间，直至两物体温度相等为止。试证明：

1）两物体最后达到的平衡温度为 $T_\text{m}=\sqrt{T_\text{A}T_\text{B}}$；

2）可逆热机做出的总功为 $W_0=mc_p\left(T_\text{A}+T_\text{B}-2\sqrt{T_\text{A}T_\text{B}}\right)$；

3）如果抽掉可逆热机，使两物体直接接触，直至温度相等。这时两物体的熵增为

$$\Delta S=mc_p\ln\frac{(T_\text{A}+T_\text{B})^2}{4T_\text{A}T_\text{B}}$$

3-11 求质量为2kg、温度为300℃的铅块具有的可用能。如果让它在空气中冷却到100℃，则其可用能损失了多少？如果将这300℃的铅块投入5kg温度为50℃的水中，则可用能的损失又是多少？已知铅的比定压热容 $c_p=0.13\text{kJ/(kg·K)}$，空气（环境）温度为20℃。

3-12 活塞式气缸中装有0.8MPa、20℃的空气0.1kg。用300℃的恒温热源将它等压加热到200℃。问其做功能力增加了多少？不可逆传热造成的损失是多少？已知大气状况为

0.1MPa、20℃。

3-13　压力为0.4MPa、温度为20℃的压缩空气，在膨胀机中绝热膨胀到0.1MPa，温度降为-56℃，然后通往冷库。已知空气流量为1 200kg/h，环境温度为20℃，压力为0.1MPa，试求：

1）流进和流出膨胀机的空气比；

2）膨胀机的功率；

3）膨胀机中的不可逆损失。

选读之三　卡诺的热机理论

蒸汽机问世以来热效率一直很低，提高热机效率的难题吸引了世界众多著名科学家、工程师和专家。虽然当时蒸汽机在英国使用了一百多年，但是英国工程师如瓦特等大多数是自学成才的，他们只是凭借实践经验和灵巧的双手来摸索和试验完善热机，即使瓦特画过一张p-V示功图，但也没有从中找到提高热机效率的途径。然而，法国情况不同，工程师不少是从多科工艺大学中培养出来的，多是从事蒸汽机理论和一般热机理论的专家。其中对此贡献最大的是法国杰出的青年工程师卡诺。

图3-24　萨迪·卡诺

萨迪·卡诺（Sadi Carnot，1796—1832，图3-24）出身于法国的名门望族，其父亲拉萨尔·卡诺是法国大革命时代的公安委员，军功显赫而被拿破仑封为陆军大臣。后来他因反对拿破仑称帝而遭贬回家。老卡诺不仅是军事家，而且在数学、物理、语言和音乐方面造诣颇深，对热机也作过研究。所有这些对卡诺影响很大，可以说卡诺从小受过良好的教育。卡诺16岁（1812年），也就是当时法国允许的最低年龄考入著名的巴黎多科工学院，两年后又转到工兵学院学军事。20岁毕业后当了一名工程师。可能是受其父亲历史问题的牵连而备受排挤，终不得志，32岁时辞职回家而专心于他的热机理论研究。四年后，1832年8月36岁的卡诺因患霍乱病而英年早逝。

早在1824年当时身为工程师的卡诺就出版了《关于火的动力的思考》专著，书中总结了他研究热机的早期成果，提出了卡诺热机理论和卡诺循环，并以普遍的理论形式得出关于消耗热而得到功的结论，从而阐明了热机工作原理，找出热机不完善的原因以提高热机热效率的办法。卡诺以“热质说”为哲学基础，运用类比的研究方法把水蒸气和热机类比于水和水车。他认为，水蒸气中含有的热质跟水一样，水车靠水从高处降落而做功，而蒸汽机靠水蒸气中的热质从高温的锅炉流向低温物体而做功。因而他得出一个正确结论：如同水车做功要有水位差，热机要工作必须有高温和低温两个热源，二者温差越大，热机做功越多，做功多少与热质无关。但是，卡诺用类比法也得出一个错误结论：水通过落差带动水车做功后，水的总量并没有改变，同样，在热机工作过程中，蒸汽机（热机）通过热质流动做功，做功后的热质的总量也没有损失，从高温加热器中放出的热量全部传给低温热源。他说：“蒸汽机实际上并没有消耗热，只是使热质从高温物体转移到低温物体”。正因为如此，卡诺本人并没有得出理想卡诺热机的热效率公式，而是后人完成了这个工作，但是历史上仍归功于他。卡诺的研究工作，初期并没有引起任何人注意，唯独克拉珀龙例外。克拉珀龙对卡诺的成果作了进一步研究并加以发展，在1834年发表了他的《关于热的动力》论文，其中重新提出了瓦特的示功图，并用p-V图表示了卡诺循环过程，这为热力循环的研究提供了很大的方便条件。这种示功图较为直观地反映了蒸汽机在一次循环中压力随气缸容积变化的情况，图中可估计一个循环中做出的功，他还提出了一台热机的效率=功/热量。由于克拉珀龙的这些发展，卡诺贡献的意义才逐渐被人们所理解。

卡诺对热力学特别是热机理论的贡献是划时代的。在实践上，卡诺定理的提出，为了提高热机效率指明了方向和可能达到的限度。只要设法提高两个热源之间的温度差，热机热效率就可以提高，从而回答了当时生产实际中急需解决的问题；在理论上，卡诺断言，热机必须工作于至少两个热源之间，如果只有一个热源，热机就不能工作，这是热机工作的必要条件。这一点实际上已经包含了热力学第二定律的内容，所以卡诺的思想是非常深刻的。正如恩格斯在《自然辩证法》中所说的，卡诺他差不多已经探究到（热力学第二定律）问题的"底蕴"，阻碍他完全解决这个问题的并不是事实材料不足，而是一个先入为主的（热质说）错误理解。不过卡诺毕竟是唯物的科学家，在他逝世的前两年即1830年，他已经意识到把热机和水车相类比是不恰当的，认识到热机循环工作中，一部分热由热机转化为机械功而消耗掉了。他逐渐抛弃了热质说接受了热动说。他得出了能量守恒与转化的结论，他还计算了热功当量。遗憾的是他死后，大部分遗稿被烧毁（以上这些研究内容是在残存的一些遗稿中发现的，法国习惯，凡死于霍乱者，所有遗物必须一起烧掉），到了1878年才发表，而那时能量守恒原理早已被发现并被公认多年了。

从卡诺研究热机理论的不平凡的经历中，可以得出如下有益的启示：

1）厄运不馁，自强不息，才能逆境成才。人生在世几十年，不可能总是一帆风顺，总会遇到各种坎坷和曲折。这时候决不能被厄运和困难压垮。要迎着困难上，踏着坎坷走，奋斗自强，坚持不懈，总会干出点名堂来。试想，如果卡诺当时因其父亲被贬而自暴自弃，最后不是默默无闻，就是变成一个纨绔子弟，而决不会有这样大的作为。中国历史上更是不乏这样逆境成才的先例：西伯拘而演《周易》，屈原逐乃赋《离骚》，李时珍试不第方著《本草纲目》，曹雪芹家道中落始有《红楼梦》。

2）个人的理想志向只有与国家的需要和命运结合起来才大有作为，如果脱离社会需求而一味搞个人设计是不会有光明前途的。时势造英雄就是这个道理。

3）基础研究非常重要，打好基础对人的一生成长和成就至关重要。卡诺为什么比别人成果大？就是因为他从热变功这个最基本、最基础的研究开始，从原始创新开始且有所突破，才有如此巨大的贡献。正如恩格斯所说，一个民族要想站在世界先列就一刻也不能停止理论思维。对一个民族如此，对一个人又何尝不是这样呢？学生只有现在在学校里学好基础知识，打牢德、识、才、学、心（理）、（身）体等各方面素质基础，将来才有可能大有作为，为人民和国家作出较大的贡献。

4）自觉学习哲学和唯物辩证法非常重要。卡诺如果不受"热质说"思潮的束缚，很可能优先独立提出热力学第二定律。当然，我们不能苛求前人，但是我们完全可以把握自己。对于学哲学，不是"要我学"，而应该是"我要学"。学好用好哲学对个人的学习、工作与生活将是全面的终身受益的。

上述的这些虽然与工程热力学课程内容不太直接相关的，但是却是十分有用的。首先，了解了卡诺定理发明者的经历和发明过程更有利于学习理解和掌握好定理内容本身，我们要学的不仅仅只是一个孤零零的赤裸裸的结论，还要明了发明者的研究过程和研究方法以及渗透其中的理想与情感。其次，教书必先育人，只有育好了人，调动起学生学习积极性，才能把书教好，这是真正懂得教育的教育工作者共同的作法。

选读之四 热力学第二定律的建立

19世纪以来，蒸汽机得到了越来越广泛的应用，但是当时蒸汽机的效率很低，如何进一步提高蒸汽机的效率成为人们非常关注的问题。

卡诺热机理论的建立 法国年轻的工程师萨迪·卡诺（Sadi Carnot，1796—1832）首先以普遍理论的形式研究了"由热得到运动的原理"。1824年，卡诺出版了《关于火的动力的思考》专著，书中总结了他早期的研究成果。在这一研究工作中，卡诺出色地运用了类比和建立理想模型的方法，他撇开了热机工作过程中那些次要因素，通过同水车的类比，构思了一部理想的热机。这种热机虽然不可能制造出来，但它却揭示了热机中热向机械运动转化的本质过程，在实践上，卡诺的工作为提高热机效率指明了方向；在理论上，他的结论已经包含了热力学第二定律的基本思想，只是由于热质观念的阻碍，使他未能完全探究到问题的底蕴。

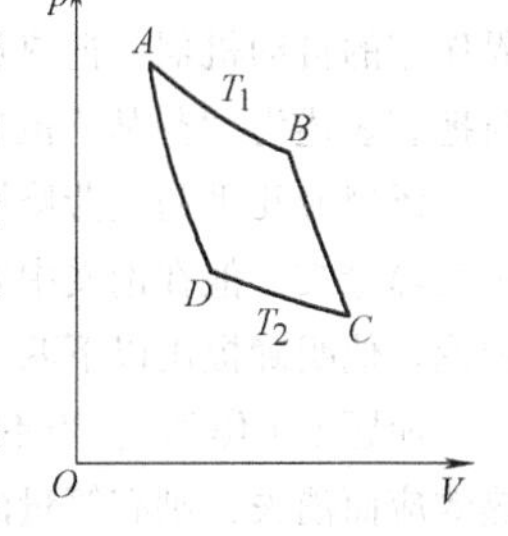

图3-25 p-V图

卡诺的工作价值，没有被人们所理解，很快就被遗忘了。只是由于法国工程师克拉珀龙（B. P. E. Clapeyron，1799—1864）在1843年的重新研究和发展，卡诺的理论才被人们所注意。克拉珀龙将卡诺循环在p-V示功图（图3-25）上表示出来，并且证明了卡诺热机在一次循环中所做的功，其数值正好等于循环曲线所围成的面积。克拉珀龙的工作，为卡诺理论的进一步发展创造了条件。

汤姆逊热力学温标的建立 威廉·汤姆逊（William Thomson，1824—1907，图3-26）这位后来以开尔文勋爵而著称的英国著名物理学家从小是个神童。他10岁上格拉斯哥大学学习数学，并发表了他的第一篇数学论文。17岁又进入剑桥大学。毕业后去法国留学，1846年回国后就被聘为格拉斯哥大学自然哲学教授，1851年为法国科学院院士，1890～1895年期间担任皇家学会会长，1904年出任格拉斯哥大学校长。由于成功铺设了大西洋海底电缆，于1866年被封为爵士，1892年又被册封为开尔文勋爵。他对电磁学和热力学的发展都作出了重要贡献。1848年，在《建立在卡诺热之动力论基础上和由卡诺的观察结果计算出来的一种绝对温标》的论文中，汤姆逊提出了这样的问题：有没有能够据以建立一种绝对温标的任何原则？他接着回答说："在我看来，卡诺关于热之动力的学说使我们可以给出一个肯定的回答。按照卡诺所确立的动力与热之间的关系，在由热的作用得到的机械功的数量关系中，只包括热量和温度间隔的因素；又因为我们有独立地测量热量的确定的方法，所以就为我们提供了温度间隔的一个量度，根据它可以确定绝对的温度差。"汤姆逊具体指出了这种温标的特点，他说："这一温标系统中的每一度都有同样的数值；也就是说，只要一单位热从温度为 T 的物体A传至温度（$T-1$）的物体B，则不论 T 是什么数值，都将给出同样的机械效应。这样的温标应当称为绝对温标，因为这个温标的特点是完全不依赖于任何特殊物质的物理性质。"

图3-26 威廉·汤姆逊

1852年，在汤姆逊与焦耳合作的一篇论文中，专门用一节讨论了"基于热的机械作用的一种绝对温标"。他们利用摄氏温度 t 和气体膨胀系数 E，把温度定义为 $T/K=(1+Et/℃)/E$ 汤姆逊当时利用了 $E=0.003\ 665$ 这个数值，得出 $T/\mathrm{K}=272.85+t/℃$。如果考虑到密度随压力增大的修正，他们得到的修正结果为 $T/\mathrm{K}=273.3+t/℃$。1887年绝对温标得到了国际公认，1968年国际实用温标（IPST—68）规定 $T/\mathrm{K}=273.15+t/℃$。绝对温标的建立对热力学的发展有重要意义。

热力学第二定律的物理表述在能量守恒原理确定之后，卡诺关于热质在两个热源之间"降落"而产生机械动力的看法当然是不能成立了。1849年，汤姆逊在《关于卡诺学说的说明》中指出，卡诺关于热只在机器中重新分配而并不消耗的观点是不正确的，但是如果抛弃了卡诺关于热转化为功的条件的结论，那就会碰到不可克服的困难；因此，热的理论需要从根本上进行改造。

1850年，克劳修斯在迈耶、焦耳关于热功当量的结论及卡诺关于热机效率的结论的基础上，提出了热力学第一定律

$$\mathrm{d}Q=\mathrm{d}U+\mathrm{d}W$$

关于卡诺定理，克劳修斯指出，卡诺的证明是错误的，因为他所依据的出发点是热机工作过程中"热量维持不变"，而实际上热的传递和热的消耗是同时发生的。克劳修斯指出，为了证明在同样温度的高温热源和低温热源之间工作的一切热机都不可能高于可逆卡诺热机的效率，只需依据热的一个一般特性就可以了。这个特性就是："热总是表现出这样的趋势：它总是从较热的物体转移到较冷的物体，使存在的温度差消失而趋于平衡。"1851年，汤姆逊把克劳修斯所揭示的这一热的特性改述为："一台不借助于任何外界作用的自动机器，把热从一个物体传到另一个温度比它高的物体，这是不可能的"。后来克劳修斯也重新把它表述为"热从冷的物体传向热的物体不可能无补偿地发生"。

汤姆逊几乎与克劳修斯同时进行了这一课题的研究。1851年，他以《论热的动力理论》为总题目发表了三篇论文。他在论文中要解决的主要任务就是要采取与卡诺信奉的热质说相反的动力说，以修改卡诺的理论。他明确提出以下两个命题作为全部热的动力理论的基础。

命题1（焦耳）：当不论借助于什么方法从单纯的热源得到机械效应，或有等量的机械效益变成纯粹的热效应而消失，则有等量的热消失或产生出来。

命题2（卡诺与克劳修斯）：如果有这样一部机器，当它反过来运转时，它的每一部分的物理的和化学

的动作全部逆转过来；那么，它将像具有相同温度的热源和冷凝器的任何热机一样，由一定量的热产生同样多的机械效应。

为了给命题 2 的证明提供一个正确的依据，他提出了下述公理："借助于非生物的物质机构"，通过使物质的任何部分冷却到比周围物体的最低温度还要低的温度的方法而得到机械效应，是不可能的"，这个原理后来被表述为："从单一热源吸收热量使之完全变为有用的功而不产生其他影响是不可能的。"德国物理化学家奥斯特瓦尔德把这一原理表述为"第二类永动机是不可能的"，汤姆逊指出，他所提出的这个公理与克劳修斯的表述是完全一致的。

熵增加原理　由于热质观念的束缚，卡诺本人也未能充分理解自己工作中所包含的深刻思想。但是克劳修斯（图 3-27）却从可逆卡诺循环中引出了新的物理概念。

克劳修斯对可逆卡诺循环进行了深刻的分析：一个靠热来产生动力的循环，在某一定量的热转化为功的同时，另外一些数量的热就从高温状态转化为低温状态。如果把这一循环反过来，在功转化为热的同时，就可能将热从低温传向高温。这就是说，如果使热转化为功的过程逆向进行的话，就可以消除热从高温状态向低温状态的转化。这就意味着，在可逆循环中，这两种转化是等价的，或者说它们是彼此均衡或等效的。克劳修斯着手按照这条途径建立一个定量的变换理论，以确定两种转化的等效值。他希望这个等效值能够以一个新的自然规律的形式表示这个均衡条件或他称的"补偿条件"。

图 3-27　克劳修斯

通过深入的数学分析，并依据热力学第一定律和理想气体状态方程，克劳修斯得出：在循环中发生的所有转化的等效值是积分 $\oint \frac{dQ}{T}$。他指出，对于可逆循环过程，这个值趋于零；对于不可逆循环过程，这个积分总为负值。即

$$\oint \frac{dQ}{T}=0 \quad \text{可逆循环}$$

$$\oint \frac{dQ}{T}<0 \quad \text{不可逆循环}$$

这表明，在可逆循环中，过程中的所有转化是互相抵消或互相补偿的；在不可逆循环中，总有一些转化无法得到补偿。这部分讨论是克劳修斯在 1854 年的论文《论热的动力理论的第二原理的另一形式》中作出的。

1865 年，在《论热的动力理论的主要方程的各种应用形式》中，克劳修斯指出，在可逆循环中，由于积分 $\oint \frac{dQ}{T}$ 为零，所以 $\oint \frac{dQ}{T}$ 必为一个物理量的全微分，这个量只同系统的状态有关，而与达到这个状态的过程无关。如果用 S 表示这个物理量，则可规定 $dS=\frac{dQ}{T}$。由于 S 是一个态函数，所以 dS 沿任意可逆过程的积分等于 S 的末态与初态之值的差，即

$$\int_1^2 dS = S_2 - S_1$$

克劳修斯把他引入的这一新的函数 S 称为系统的"熵"（entropie），表示系统的"转变含量"（transformation content），即对热的转化程度的测度。

利用这个新的函数，克劳修斯证明了，任何孤立系统，它的熵的总和永远不会减少，或者说，自然界里的一切自发过程，总是沿着熵不减小的方向进行的，这就是"熵增加原理"，它是利用熵的概念所表述的热力学第二定律。

选读之五　熵概念渊源初探

引言　熵的概念提出到现在已有一百多年的历史了，提出熵的概念以来，它的遭遇并不像能量的概念

那样一帆风顺，它既受到了人们的重视和应用，又遭到了人们的责难。提出熵概念的克劳修斯认为，熵是物体的“转变含量”，是物体的“离散度”，熵变是自然变化“不可逆程度”的量度；玻耳兹曼认为熵是物体“状态几率”的量度，是物体中大量微观粒子“混乱度”的量度；在近代信息论中，申农等人则认为信息就是负熵，等等。由于熵这个概念在理解上的困难，并且不同于以往绝大多数的物理量，它对自然发生的变化只增不减，这就隐含着热寂的疑难，所以它成了哲学和科学上长期争论的问题；但也由于熵在科学上高度抽象地概括了运动转化的不可逆性，并在应用上成功地判断了自然变化的方向问题，所以人们不断对它进行深入的研究和探索。在过去这短短的一百多年中，从宏观到微观，发展了热力学（包括公理化热力学）和统计热力学；从整个宇宙到个别粒子，讨论了熵和宇宙演化的关系，以及是否存在实现反熵过程的麦克斯韦精灵；从无生物界到生物界，探索了熵和物理、化学变化以至生命本质的关系；从物理化学到通信、语言学、概率论和数论等，熵的概念又被人们进行了大胆而卓有成效的进一步开拓。

熵是什么？熵增加原理又意味着什么？熵的概念究竟能开拓到什么程度？下面就这些问题作一历史性的简要回顾。

为什么要引入熵？熵的概念是生产斗争发展到一定阶段的必然产物，熵的概念是在研究自然界运动转化的过程中诞生的。

人类在四五十万年前学会用火以来，尤其是在十几万年前掌握了摩擦取火以后，就在生产斗争的基础上实现着机械运动向热运动的转化。可以说，涉及运动的转化就触及了熵的问题。但是直到 18 世纪末期，人们对热的认识还是相当肤浅和混乱的，甚至往往是错误的。18 世纪欧洲大陆盛行着热是一种物质的看法，机械运动和热并不被看做是物质的两种不同运动形式，在这样的认识水平上，自然不能产生出反映运动转化规律的熵概念的；而且人们长期以来就认为运动是不生不灭的，运动是可以循环转化的，而这种转化仍然是作为一种机械运动的转化，其遵循的是机械运动的规律，如力矩守恒、动量守恒、角动量守恒、活力守恒等。从这种观点出发，当然不需要引入一个新的概念——熵。

可是在欧洲资产阶级工业革命的进程中，1705 年出现了蒸汽机，1768 年蒸汽机基本完善，蒸汽机的发明和广泛应用，是人类以自己的实践完成了热向机械运动的转化的。但是，那时蒸汽机的效率是极低的，最好的蒸汽机在最佳工作条件下，最大的效率也只有 5% ~6%，而许多机器，尤其是机车，还达不到 1%。所以人们迫切要求为提高蒸汽机的效率深入研究热和功的互变过程。

在 18 世纪末 19 世纪上半期的这段时间里，在蒸汽机的促进下，把原来各自独立研究的力学和热学紧密地结合起来了。从而阐明了热是一种运动，热功可以按当量转变，发现了热力学第一定律，引入了能（量）的概念，进而把它推广为各种运动形式可以当量转化的能量转化与守恒定律。能的概念可以概括为运动在量上不灭、在质上可以转化的共性，这是科学史上伟大的成就。但是，除了共性的一面外，蒸汽机进而还揭示了热功互变中存在的差异，即机械运动转化为热运动而消失后，决不能立即自行恢复原状。从这差异中发现了热力学第二定律，引入了反映这种不能复原程度的熵概念，提出了熵增加原理。蒸汽机所揭示的卡诺原理又为确定绝对温标提供了依据。总之，科学的发展一开始就是由生产决定的，而体现生产的蒸汽机促进了热力学的诞生。

1824 年，卡诺研究分析了一台理想热机的循环过程，发现了卡诺原理，揭示了热功转化中存在着差异。可惜的是，卡诺当时还是一个热质论者，所以热和机械运动当然不能互变，基于这个前提，尽管他在热功互变上触及了熵的问题，但却未能提出熵的概念。

熵概念产生的前提是，必须搬开热质这块绊脚石。1842 年，德国的迈耶、丹麦的柯尔丁、英国的格罗夫以及后来的焦耳几乎同时从研究运动形式的转化入手发现了能量守恒与转化定律。根据这个发现，热是一种运动，是能的一种形式，热和功以至电、磁、光、化学等任何一种运动形式都可以互相转变。这个定律在哲学界和科学界立即得到了广泛的支持。然而，人们立即发现，能量守恒与转化定律与 1824 年的卡诺原理，产生了尖锐的矛盾。前者说，功热可以当量互变；但后者却说，功可以完全直接变为热，但热却不能完全直接变为功，因为卡诺指出：“当热做了功而工作物质又不发生永恒变化的任何情况下，总有一定量的热从热体流向冷体。”即一定量的热不能全部用于做功，总有一部分要损失。从 1845 ~1850 年这五年时间里，科学工程界为此引起了剧烈的争论，要么是焦耳的实验错了，要么放弃卡诺原理。但是焦耳的工作不断得到了新的实验证明，而卡诺原理是法国工程师经过精心研究而提出的，而开尔文基于卡诺原理曾确定了绝对温标，从这原理还可以很容易推得克拉珀龙关于冰点因压力而下降的公式，所以卡诺定理也是确立不移的。到这时，非常明显，单纯能量的概念已不足以概括这种运动转化过程中出现的差异，于是引入一个新的熵概念，确立一条反映这种差异的熵原理，已经提到议事日程上来了。

熵是转变含量　大自然在向人们揭示着，尽管宇宙万物千变万化、错综复杂、似乎毫无头绪，但它们总有一个变化的规律，总是按照一定的方向变化，这种变化在一定条件下达到了平衡。例如，焦耳的摩擦生热实验，气体从高压向低压膨胀，水从高处流向低处，热从高温传向低温，电从高电位流向低电位，氢氧爆炸的化学反应转变为水，等等，进而不仅物理、化学现象有方向，就是生命和天体也有它们生老病死的演化过程。这种大自然呈现出来的现象，虽然人们司空见惯，但要把它们总结成为科学，却是在生产的猛烈推动下，人们研究了运动转化的方向性规律之后才能做到。

1850年，德国的克劳修斯从卡诺原理中揭示了一条关于自然过程方向问题的定律，他指出："卡诺假定'有热所完成的等当量的功，仅在热从热体向冷体的传递过程中发生，而热的量在传递前后保持不减。'这个假定的后一部分——热的量在传递前后保持不减是与热功当量定理相矛盾的。所以，如果要保持热功当量定理，就必须抛弃卡诺假定中的后一部分。当然，这个假定的前一部分，却在它的一切基本方面都仍然是可以成立的。"克劳修斯从卡诺原理中扬弃了热质说，把其中的合理部分确立为科学的定律，提出了著名的"热不可能自行从一冷体流向热体"的热力学第二定理。

克劳修斯确定热力学第二定理的线索可分为四步。第一，他指出从自然变化的方向来看，可以把这些变化分为"正转变"和"负转变"两类。在无需任何补偿的情况下，热只有在从高温传向低温的过程中才能转变为功，转变为功的热量和带给低温的热量之间有着一定的关系。这种在没有外界干预，即在无需任何补偿的情况下能够发生的过程可以列举很多。例如，上面提到的摩擦生热、气体真空膨胀、电池放电、化学变化等。克劳修斯把这些转变过程统称为"自动"、"自发"或"正"的转变。而气体压缩、电池充电、电化分解、热分解、热变功，热从低温传向高温等，这些转变是必须在外界的干预的条件下才能实现的，所以是非"自动"或非"自发"的过程，克劳修斯统称之为"负转变"。他根据当时对各种运动形式转化规律的认识，进而把光归为热的同类，把电、磁、化学变化、直线运动、转动、振动等归为功的一类。这样一来，两类运动形式之间的转化就都被纳入了卡诺原理中热功互变的+规律之中。

第二，他指出不仅"存在于自然界中的所有转变，都是按照我取作正的确定方向自发地（即在没有补偿的情况下）发生的，而且如果要它们发生相反的或负向的转变，那只有在同时发生一个正向的转变，把负转变补偿掉的情况下才有可能"。换言之，一个体系发生正转变时，可以有也可以没有同时发生负的转变，但是一个体系发生负转变时，却必须同时伴随发生正转变。例如，在热机工作时，发生了热向功的"负转变"，那么必然与之同时发生了热在两个热源之间传递的"正转变"；当然，热也可以不做功而直接从热源传递给冷源，这就是发生了一个"正转变"时无须一定要伴随有"负转变"的例子。克劳修斯用下述一个等价的新命题来进一步阐明这种关系："热从一个冷体向一个热体的流动不可能没有补偿地发生"，他用"没有补偿"来解释"自发"的含义，并用这个命题来阐明正、负转变之间存在着的重要关系。

第三，由于发生正转变时无须一定伴随有负转变，而发生负转变时却必须伴随有正转变，所以自然界中正转变总要超过负转变，因之自发的变化，是不能复员的了。从这个基本事实出发，就引出了"不可逆转变"的概念。当然，从理论上说，可以存在一种"可逆转变"。例如，热机在可逆的正向循环中，有热从热源向冷源传递的正转变，以及热向功的负转变；如果热机作可逆的负向循环，则反过来就有功向热的正转变和热从冷源传递到热源的负转变。而在前一过程中发生的正、负转变，恰好被后一过程中发生的负、正转变所抵消，自然界里就好像没有发生过任何变化一样。那么这样的转变就是可逆转变，它是理论上认为可以实现的一种极限情况，按这种极限情况进行的一切过程，总是可以使之复原的。但这毕竟是极限情况，自然界里的过程往往是在远离这个极限情况下进行的。江河日下，一泻千里，历史尽管有时是令人惊讶地相似，但决不会重演。例如，热机从热源吸取的热，决不会按卡诺的理论效率做出最大功的，大部分的热因辐射、传导和摩擦等原因而浪费掉了。当时机车的效率往往不大于1%，正说明大部分热是消耗掉了。这样的热机做出的功就远小于理想的可逆热机所做出的功。用这样小的功，是不可能通过热机的逆循环，把热源提供的热再全部还给它的。这就是说，在不可逆过程中所发生的变化已经不能复员了。

克劳修斯至此指出了三点：首先，自发的自然过程是正转变过程；其次，负转变必然要伴随有正转变；再其次，由于正转变总超过负转变，所以出现了不可逆转变。从自发变化的方向到不可逆变化的方向，这是人们在认识自然变化的方向性上的深入和发展，也为判断时间变化方向性提供了根据。

第四，为了度量正、负转变的数量，为了度量这个不可逆性，就必须要找到各种转变之间的关系，以使热力学第二原理从定性发展为定量的形式。克劳修斯从1850～1865年，花了15年的时间来寻找这个形式。他为此而发表的论文，其内容和含义是非常丰富而深邃的。以下只作择要介绍。

克劳修斯认为，热力学第一定律引入了"热功当量"的概念，才使热、机械、光、电、化学等各种能的形式可以相互定量的比较；而热力学第二定律必须引入一个新的概念——转变当量，才能对所有的转变形式作出定量的比较。克劳修斯在1867年9月在莱茵河畔法兰克福第41届自然科学家和医师集会上的一篇演讲中，回顾这个当量概念诞生的过程时指出，这个当量值可以用下述方法来确定："蕴藏在物体中的热，力图使物体膨胀，使固体液化和汽化，使化合物分解为它们的元素，等等，在所有这些情况中，热的作用在于使存在于分子或原子之间的联系松弛乃至完全解除，并且使那些已不再有任何联系的分子再尽量地彼此远离。"他把这种分散和远离的程度称为"物体离散度"。"热试图增加物体的离散度"，而"离散度减少时，功就转变为热"，因为离散度减少等于要加以压缩，而压缩就要对之做功。因此，"离散度增加应属正转变，而离散度减少应属负转变"。在这一总前提下，克劳修斯举了一个十分简单的例子来得到转变当量。他说："设有一定量的理想气体，它占据一定的体积，当这气体等温膨胀到其两倍的另一体积时，就发生了一个完全由初态体积和最终体积所决定的离散度的增加"，"如果这个过程在较高温度下发生"，"则在此两种情况（指低温膨胀与高温膨胀）下，虽然还是和同一个离散度（转变）打交道，但在高温情况下需要有更多的热转变为功"。离散度变化相同，转变当量也就应该相等，"据此就很容易得出，这种热向功的转变当量值不仅与转变的热的数量有关，而且与发生转变时的温度有关，为了使两种情况下都得到相同的当量值，就必须把热量所涉及的绝对温度去除。"即 Q/T，如以 Q 表示热量，T 表示热力学温度的话。这也是由物态方程 $pV=RT$ 必然得出的结果，因为 $p\Delta V=Q$。

上面讲的是等温转变过程。"一个简单的循环过程，其结果是产生了两种转变，一种是热向功的转变（或相反），另一种是一个高温热向一个低温热的转变（或相反）。"前一种热向功的转变当然可以用已讨论过的等温过程的转变当量，而后一种一个高温热向一个低温热的转变，也无非是"热在一个温度转变为功，而在另一温度又从功产生出热来的假设下，作为这种热功和功热双重转变的总和"，所以也可以用等温过程的转变当量来表示。这样，克劳修斯就首先得到了一条区别于热功当量原理的"转变当量原理"。这条原理是：对任何一个复杂的过程，其中一个或几个物体经受任意的可逆变化，那么所出现的一切转变当量的代数和必须为零。这就是"转变当量守恒原理"。这些重要而又简练的分析，并由此推导出一条原理，其推论方法在近代科学书刊中少见。

但是自然界的变化普遍而重要的是正转变超过负转变的不可逆过程。有了"转变当量"，就可用它来定量地判断正转变超过负转变的数量，或者说判断自然变化的方向，或自然变化的不可逆程度。

克劳修斯"为了把第二定理用最简单的数学分析式表示，假定物体所经历的变化构成了一个循环过程，亦即物体又回到了它的初始状态，并应用上面推得的转化当量值。如 $\mathrm{d}Q$ 是（物体在循环过程中的一小段路途上）所吸收的热量，即热元，T 是吸收这部分热元 $\mathrm{d}Q$ 时物体的热力学温度，如果把该热元用这温度去除，并把由此确立的微分式对整个循环过程积分，则有

$$\int \frac{\mathrm{d}Q}{T} \leqslant 0$$

这里等号用于循环过程中一切转变都以可逆方式进行的情况，而当转变以不可逆方式进行时，则应用小于号。如用等号来表示这个由积分而得到的量，则因

$$\frac{dQ}{T}=dS$$

从而

$$S=S_0+\int\frac{dQ}{T}$$

式中，S_0 为 S 的初态值。

克劳修斯为 S 找了一个特殊的名称，这样就可以如同对能量 U 称为物体的热函和功函一样，对 S 称为物体的转变含量（verwand lungsinhalt）。但从造字角度上看来，更为理想的是把这个在科学上如此重要的量的名称取自于古老的语言，并用之于新的语言之中，因之他建议把这个量命名为物体的熵（entropy），它是从希腊文的 η'τροπη'，即转变一词来的。这里故意把 entropy 这一词造得与 energy（能）的词头尽可能相近似，因为“要用这些名词来称呼的这两个量在物理意义上是如此密切相关，以致在名称上的一定相似性也是有好处的”

熵是什么意义呢？它是“物体的转变含量”，“它与各个转变的关系和能量与热和功的关系一样，就是为了使一个物体或者一个物体组达到它目前状态所必须进行的一切转变之和，这个量就称之为熵。”一个体系的能量，是一个具有普遍性的概念，是无法定出它的绝对值来的，但这个体系能量的变化却可以从热和功的变化中得出，从而判断这个体系的能量是增是减，以及增减的数量。同理，一个体系的熵，或转变含量，也是一个具有普遍性的概念，无法定出它的绝对值来，但一个体系的熵变却可以由该体系从一个状态达到目前状态所必须发生的一切转变当量或转变含量之和来得到，并从而判断这个转变是正是负，以及转变量的大小。任何热力学可逆过程，都是一系列可逆转变的综合，这些转变都遵守转变当量的守恒定律，一个体系从一个状态到另一个状态可以发生的最大转变，是由这两个状态的熵确定的，所以熵被克劳修斯称之为“转变含量”是完全合理的。当后一状态的熵值大于前一状态的熵值，就可以发生正转变，反之为负转变；两个状态间的熵变愈大，就可以发生愈大的转变，反之为小的转变。中国字“熵”的含义是热量与温度的“商”值，同时它又与火的动力相关而这样特地造出来的。

熵是状态概率的量度 熵的概念提出后，引起了人们普遍的重视，许多人对这个登上科学舞台的物理量提出了疑问：熵为什么总是单向增加？自然的变化为什么有方向？为什么不可逆？这些问题促使人们进一步对熵的本质进行研究。在历史上熵得到微观本质的理解是以热之唯动说的发展为线索的。

第一，微观上认识熵的需要与可能。当时热功的转变仍然是工程上继续研究的问题，通过对热功转变规律的研究，蒸汽机发展为涡轮机，使热的利用率有了很大的提高。同时，在热机中水蒸气发生的状态变化，以及水蒸气在不同温度下的热力学性质都是人们需要彻底了解的内容。尽管熵原理指出理想热机的效率与工作物质无关，但当用到特定的工作物质时，就要考虑它的沸点、凝固点、分解点、比定容热容、比定压热容、汽化热等性质，这对于有效使用热机，节约燃料和寻求新的工作物质都是极其重要的。因此，热力学中只考虑物质运动状态的变化，而不顾及物质本身的特性，既有其有利的一面，也显示了它不足的地方。因为人们不仅要知道各种物质的这些性质之间的联系和规律，而且还要回答为什么这个物质的这些性质和另外一个物质的这些性质不同。这就要求人们从物质的不同原子和分子来考察这个问题，也就是必须考虑构成物质的大量原子和分子的总体性质。同时，人们还发现，热力学中把物质看成一个连续体，在达到平衡后，它应该处处均匀，但是处处均匀就不能解释人们熟知的布朗运动。布朗运动是一定温度下，悬浮在水中的花粉粒子的剧烈涨落运动。人们认为花粉粒子的宏观运动是由于粒子与周围大量微观水分子碰撞的平均结果。根据热力学平衡的观点，这是花粉的粒子数应该处处相同，或者说在一个小区域里花粉粒子数应该不随时间改变。但布朗通过仔细观察，指出这些小粒子正在进行剧烈而杂乱的扰动，因之小区域里花粉粒子数有着明显的涨落。这些都促使人们迫切要求深入到物质的微观层次来定量地考察热运动的规律以及熵所以要增加的原理。

这个要求，对当时来说条件已经成熟。从化学上看，19 世纪初，道尔顿就是在研究气体和气体反应的基础上提出了原子论。阿伏伽德罗也在同样的基础上随即提出了分子论。到 19 世纪中叶，化学开始深入到分子内部的结构，这对了解物质结构及其性质的关系提供了重要的条件。从物理上看，18 世纪末到 19 世纪初，热之唯动说正在对热质说的顽固堡垒进行最后突破性的攻击。1842 年，能量守恒与转化定律发现后，在科学上同时出现一对明亮的双子星座：一颗是经典的宏观热力学，一颗就是微观的热之唯动说。宏观热力学立即得到飞速的发展，而热之唯动说也不甘落后，迫切要求从定性向定量发展。而科学自身的发展也要求它逐步形成一门学科。

第二，力学原理不能导出熵增加原理。热之唯动说悠久流长，古代人朴素的猜测暂且不论，早在 1620 年，英国唯物主义和整个现代实验科学的真正师祖弗兰西斯·培根，就主张热是“作用在物体的微小粒子上的运动”。1675 年，把化学确立为科学的玻意耳就主张过，热是“物体各部分发生的强烈而杂乱的运动”。胡克、莱布尼茨、牛顿、洛克等都主张热之唯动说。1738 年，丹尼尔·伯努利初次作了关于气体的压力正比于粒子速度的计算。但由于分子、原子的概念还未能为人们普遍接受，这一工作就没有受到足够重视。过了 100 年，热之唯动说取得胜利后，焦耳在 1851 年才第一次正确地指出，气体的压力正比于粒子速度平方，而个各个粒子都能向空间六个方向运动；同时他还粗糙地认为在相同温度下，各个粒子的绝对速度都相同。1856 年，克朗尼格从分子运动的冲量定理推出了气体方程。这就促使许多科学家企图从分子的力学规律来推出熵原理，即从分子的力学运动规律来推出热为什么总是自动从高温流向低温，以及为什么自然变化总的结果熵老是增加，或者说热能总是贬值，机械能总是耗散，等等这些事实。所谓热能贬值是指热在依次的不可逆循环过程中，转为功的量每况愈下。人们企图从分子的层次来寻找自然现象的自发变化和不可逆的原因。

克劳修斯、玻耳兹曼、开尔文等在开始时，都曾朝这个方向努力过，焦耳基本上持这种观点，而亥姆霍兹则是这个观点的坚定维护者。但是他们的这种努力没有得到任何积极的结果，因为反映个别分子机械运动的哈密顿方程对时间来说是二次微分式，因而方程的解对正、负时间坐标（$+t$ 和 $-t$）来说是完全对称的，这就使他们要从微观粒子的力学运动导出宏观变化方向性的企图碰到了不可逾越的障碍。一句话，热运动不符合力学规律。

第三，熵是状态概率的量度。克劳修斯、麦克斯韦与玻耳兹曼是成功地把统计用于推求物质性质的三位主要奠基人。

克劳修斯于 1857 年在《论热运动的类型》中指出：气体在容器壁上产生的压力，是大量分子所作的杂乱运动在长时间里产生的平均结果，并认为个别粒子不可能一直在撞击着容器的壁，个别分子在一定时间碰到壁上的机会是复杂的、偶然的，这是一个概率的考虑；同时，他又假定热能是平均地分布在每个分子上的，即每个分子的速度都相同。当然，速度都相同这点是不对的，但是能量作平均分布也是一个概率的考虑。尽管他并不完全意识到在这里已经把统计几率的观念引入了物理学。而且他的统计考虑也是非常简化的，但却基本上推出了在一定温度下玻意耳的气体 p-V 反比定律，并且如果绝对温度可以作为分子动能的度量，那么也就同时推得了盖·吕萨克的压力和温度成正比的定律。两者结合，就可得出理想气体定律。从此使人们认识到，单靠力学原理是不能得到大量粒子体系的宏观特性的，还必须加上统计考虑！通过统计而把大量粒子的微观量和物质的宏观性质联系起来。统计力学于是开始萌芽。

1859 年麦克斯韦推得了著名的麦克斯韦速度平衡分布。他明确指出：“粒子之间速度的分布是与‘最小二乘方’理论中观察误差的分布定律完全相同的。”这说明他已把热之唯动说和概率论联系了起来，并且他很容易地解释了蒸发、扩散和化学变化现象。

1872 年，玻耳兹曼证明麦克斯韦的速度分布是平衡态的唯一分布，并进而推得平衡态的能量分布。从这个平衡分布就可以求得物质体系的全部宏观性质，实际上统计力学的任务，就是归结为确定体系的能量是如何在体系的微观可能状态上的统计分布问题。

玻耳兹曼指出平衡态的分布是“最可几分布”，非平衡的分布偏离这个最可几分布。他举了一个例子说明熵是与概率联系在一起的，他说：“非平衡状态下气体的速度分布将通过分子的碰撞而愈来愈接近于最可几分布，这种最可几分布的状态就是分子混乱无序的状态。在作这样处理时就要引入概率的计算。”“因此，这就启示我们一个事实，在自然界中熵总是趋于极大值。这事实所说明的是，个别分子在实际气体中所发生的所有作用，其行为是符合概率定律的。”“所以第二定律是一条关于概率的定律”，“并且这样的证明极为有意义地联系到了熵原理”。

为了求得熵与概率之间的关系，玻耳兹曼提出了著名的 H 定理。他在证明理想气体分子的麦克斯韦速度分布是平衡态的唯一分布时，曾引进了一个所谓 H 函数或对数函数，即

$$H = \int F \lg F \mathrm{d}\omega$$

式中，F 是具有一定速度的分子的数目，$\mathrm{d}\omega$ 是速度空间的体积元，而积分是遍及整个速度空间。因此，H 是一个纯数，其大小只与 F 的解析式，亦即与分子的速度概率分布有关。由于在平衡态中 F 不会改变，所以 $\mathrm{d}H/\mathrm{d}t=0$，亦即 H 不随时间改变而是一个常数。但是对于非平衡态，玻耳兹曼曾证明“H 通过气体分子的碰撞只会减少”，即 $\mathrm{d}H/\mathrm{d}t<0$。$\mathrm{d}H/\mathrm{d}t=0$ 和 $\mathrm{d}H/\mathrm{d}t<0$ 两式合起来就称为玻耳兹曼 H 定理。可见 H 和 S 性质上完全相同，都是一个数，不过相差一个符号：对于一个体系如理想气体，通过碰撞其 H 值只会减小而 S 值只会增加，直到达到平衡为止。通过对理想气体的计算，玻耳兹曼得出它们之间关系为

$$S = -\frac{R}{N}H = -kH$$

其中 R 是摩尔气体常数，N 是阿伏伽德罗常数，k 为玻耳兹曼常数。至于 H 的物理意义是什么，也是由玻耳兹曼从分子运动论的考察而回答了的一个问题。他指出“$-H$ 所表示的，除某些常数因子外，就是所考察的气体的状态概率的对数”，并证明 $-H=\lg W$，从而得到熵 S 正比于状态概率 W 的对数的玻耳兹曼等式，即

$$S = k\lg W$$

正如玻耳兹曼所说：“如果把 H 用于第二定律，就可以确认通常称为熵的量 S 就是实际状态概率的量度。”（玻耳兹曼《论关于热平衡定律的热力学第二定律和概率论之间的关系》，1877 年）。

玻耳兹曼是通过分子运动论得到这个关系的。然而熵与状态概率之间的关系是一个基本的关系，应该普遍有效而不只限于理想气体。为了对这个关系普遍地加以推导，后来普朗克提出一个命题，即在熵 S 与概率 W 之间假定存在着某一函数关系

$$S = f(W)$$

再根据经验上完全可以肯定的事实，两个独立体系所组成的体系的状态概率 W，等于两个体系的概率 W_1 和 W_2 的乘积，即 $W=W_1W_2$；而这个体系的熵 S 则是两个分体系的熵 S_1 与 S_2 之和，即 $S=S_1+S_2$，因此得

$$S = f(W) = f(W_1W_2) = f(W_1) + f(W_2)$$

从这里稍加运算就可得 $S=C\lg W$ 的关系，其中常数 C 可以通过把此式应用于特例（如理想气体）来加以决定。人们得出它等于玻耳兹曼常数 k，所以于是得到

$$S = k\lg W$$

普朗克说：“从方程 $S=k\lg W$，我们当然就可以通过熵而在绝对意义上决定概率 $\overline{W}$。我们把这样决定的量 $\overline{W}$ 称为‘热力学概率’以与‘数学概率’相区别，它们两者是成比例的，但并不相等。因为数学概率是一个分数，而热力学概率正如我们已经看到的总是一个整数。”至此熵的微观解释以及联系宏观与微观的方程 $S=k\lg\overline{W}$ 基本上已经定型，直至今日这仍然是最经典的解释与方程。

第四，不存在能实现反熵的麦克斯韦小精灵。由于熵是状态概率的量度，熵极大的平衡状态无非是一种所能处在的最可几的状态。即使已经达到了这个状态还是可以出现熵的涨落，因为个别粒子的运动是完全偶然的。所以早在 1871 年，麦克斯韦就提出了一个引起科学界长期感兴趣的问题，即“热力学第二定律的局限性”问题。他指出：“在热力学中确立的最好事实之一是，在没有体积变化和热流、并且温度和压力处处相等的封闭体系中，如果不消耗功，就不可能产生压力和温度的任何不均匀性。这就是热力学第二定律。如果我们只能从整体上处理物体，而没有能力去观察和控制组成物体的个别分子，那么这无疑是正确的。但是如果我们设想有一个小精灵，它是如此敏锐以致能跟踪每一个分子的经历；虽然它的能力实质上和我们一样也是有限的，但是它能做我们目前所不能做的事。因为在充满温度均匀的空气的容器中，虽

然当我们任意地取出大量分子时，其平均速度几乎是完全一样，但每个分子的运动速度却绝不相同。现在我们假设容器用隔板分成为 A 和两 B 部分，在隔板上开有一个小孔，上述那个看得见各个分子的小精灵把守着这个孔，它只让高速分子从 A 进入到 B，也只让低速分子从 B 进入到 A，这样它就能在没有消耗功的情况下，升高 B 的温度，而降低 A 的温度，从而做到了违反热力学第二定律。”同时也就推翻了自然界熵只增不减的结论。麦克斯韦小精灵为摆脱热力学的不可逆性所隐含的热寂灾难带来了诱人的魅力，以致有不少人沿着这条思路去探索。例如，有人认为整流器只让交流电单向通过，它的作用就好像是看守机关门的小精灵；或者，从平衡态的涨落来考虑，由于时时发生偏离平衡的减熵过程，所以只要有一类能连续记忆熵减少的机构，那么它也类似于一个小精灵，等等。但到了 20 世纪 30 年代以后，人们逐渐明确，这种小精灵必须在符合热力学第二定律的情况下工作。例如，处在平衡态的整流器，在一定温度下是具有热扰动的，要它正常地起整流作用，就必须要有足够的阈值电压，以克服热扰动所起的扰乱作用，而得以使整流器中的“小精灵”开始工作，用热力学的语言来说，要小精灵开始工作就必须先要对它做功，或者说先要使小精灵能引起一定数量的熵的减少，但在这个减少过程的同时，必须在总体上要有相应的熵的增加，而且增加的数量将大于减少的数量。所以，小精灵完全是在符合热力学第二定律的情况下工作的。

总之，熵的概念诞生至今，已有一个多世纪了，它在自然科学领域里以至社会科学领域里取得了非常巨大的成功，而且现今仍然充满着生命的活力，并满怀信心地正在向着天体的演化、生命的进化、通信、数学、社会的变迁、人口的集散等各个重要领域进军。我们相信，它不仅会在这些具体的领域里取得新的成绩，而且一定会对科学自身的发展开放出更为绚丽的花朵，结出更为丰硕的果实。

选读之六　统计力学的奠基人——玻耳兹曼

路德维希·玻耳兹曼（Ludwig Boltzmann，1844—1906，图 3-28）1844 年 2 月 20 日出生于奥地利首都维也纳。他的父亲是皇家国库的助理员。玻耳兹曼从小就勤奋好学而且非常踏实，小学、中学一直都是班上的优等生。1869 年玻耳兹曼毕业于维也纳大学获博士学位，先后曾在格拉茨、维也纳、慕尼黑和莱比锡等几所大学任教。1884 年，玻耳兹曼根据热力学理论，从数学上推导出了德国物理学家斯忒藩提出的一个实验定律：一个炽热的物体所发射出的总能量与其绝对温度的四次方成正比。为了纪念他们二人的杰出成就，这个定律现在称作斯忒藩-玻耳兹曼定律。

图 3-28　路德维希·玻耳兹曼

玻耳兹曼毕生从事分子运动论和统计力学的研究。在 1863 ~ 1871 年间，他把麦克斯韦的气体分子分布律推广到有外力场作用的情况，并进而得出气体分子在重力场中按高度分布的规律。用这个分布规律很好地说明了大气的密度（和压强）随高度的变化。

1872 年玻耳兹曼建立了非平衡态的分布函数的运动方程，即著名的玻耳兹曼积分-微分方程并从中发现了“玻耳兹曼 H 定理”。可以看出，这个定理与热力学中的熵增加原理是相当的，都指示出了过程的不可逆性的特点。显然，H 函数与 S 函数也是密切联系的，所不同的是：前者随时间减小；后者随时间增大；对平衡态来说，二者互为负值。

然而，H 定理和玻耳兹曼方程的可靠性，立即引起了异议，这首先是从所谓“可逆佯谬”中提出来的。可逆佯谬是 1874 年首先由开尔文提出的，1876 年洛施密特又促使玻耳兹曼注意这个问题。可逆佯谬是基于动力学运动定律在时间上是可逆的这一事实。那么，“可逆佯谬”是怎么回事呢？原来，分子运动论是以单个分子的运动为基础的，单个分子的运动服从牛顿方程、拉格朗日方程或哈密顿方程。这些方程具有时间反演对称性，即这些方程在以 $-t$ 代替 t 时是不变的；它表明无论时间向前流逝还是向后倒流是无关紧要的，单个粒子的每一个过程都能够严格相同地沿相反方向进行。如果使全部事件在时间上倒过来进行，动力学方程也不变地适用。就像人们看一部弹跳着的小球的影片，如果小球作的完全是弹性碰撞，即每次下落后都能上升到同样的高度，那么人们就不能区别影片是正向放映还是反向放映的。就是说无论沿 t 的方向还是沿 $-t$ 的方向，都完全一样，这就是可逆的意思。在分子运动论中，分子被假设是作完全弹性碰撞的，因而单个分子的运动和分子间的相互作用是完全可逆的，也就是说，微观运动过程是完全可逆的；然而由极大数目的分子在相互作用（碰撞）中所表现出来的宏观状态变化，却服从 H 函数单向减小或 S 函数单向增加的规律，表现出不可逆性。宏观过程的不可逆性的存在表明时间总是沿着确定的方向流逝着，从过去到未来，不会逆转，因而运动定律也是违反时间反演的对称性的。因此，H 定理和玻耳兹曼方程不可能和任何严格的动力学理论相一致，它们不可能是正确的。这就是“佯谬”之所在，由单个分子的运动是可逆的如何会得出宏观过程的不可逆性这一切结论呢？

为了解决这个矛盾所作的努力，把玻耳兹曼的研究工作推向高峰。1877 年他提出了对可逆佯谬的最初答辩，在这个答辩中玻耳兹曼把熵 S 和系统相应的热力学状态概率 W 联系起来，得出

$$S \propto \ln W$$

1900 年普朗克引进了常数 k，得出了公式

$$S = k\ln W$$

通过这个关系，玻耳兹曼就把分子的力学过程和系统的热力学统一起来，指出：函数 S 和 H 都是同热力学状态的概率相联系着的；孤立系统自发过程的方向性，正相应于系统从热力学概率较小的状态向热力学概率较大的状态过渡；平衡态是热力学几率最大亦即 S 取极大值和 H 取极小值的状态。这样，玻耳兹曼就热力学第二定律的统计本质指出，熵自发减小或 H 函数自发增加的过程不是绝对不可能的，只是几率非常小而已。

玻耳兹曼在物理学的研究中取得了很多重大的成就。正因为如此，他遭到了一些小人的嫉妒。这些人到处散布流言飞语，污蔑陷害玻耳兹曼。而且，他在学术工作中，是一位自觉的唯物主义者。这使他遭到那些唯心主义者和极端宗教分子的残酷迫害。这一切使得这位杰出的物理学家产生了厌世思想。1906 年 9 月 5 日，玻耳兹曼在里雅斯德附近杜伊诺自杀身亡，终年 62 岁。

玻耳兹曼终生从事物理研究和物理教学。他在欧洲的多所大学先后任教长达 37 年，直到去世前一直奋战在物理教学与科研的最前线。玻耳兹曼学识渊博，他的教学造诣尤其高深。他在讲课时，物理概念交代得清楚，数学工具运用得灵活，而且讲课生动有趣，因此深受学生的欢迎。玻耳兹曼对青年学生热情帮助、严格要求，他培养了大批的物理学者，他桃李满天下，学生遍布欧洲各地。他的许多学生后来都成了著名的物理学家。

玻耳兹曼在物理学的研究，特别是在辐射理论、气体分子运动论和统计力学等方面的研究取得了突出的成就，建立了不朽的业绩。在物理教科书中以他的名字命名的常数、定律、方程都是重要的基本内容，可见他的贡献是很大的。

第 2 部分　工质的热力性质

第 4 章　气体的热力性质

【提要】 工程热力学所研究的热能与机械能之间的相互转换是通过气态工质的状态变化来实现的。气态工质是这种转换的载能体。因此，气态工质的热力性质对热功转换效果影响很大。本章首先从分子运动论出发，将气态工质人为地划分为实际气体和理想气体，接着导出了理想气体状态方程、比热容、比热力学能、比焓和比熵的计算式。本章指出了实际气体与理想气体在状态方程和集聚态上的偏离，通过建立范德瓦耳斯方程等新的实际气体状态方程和通用压缩因子图等的方法可修正这种偏离，进而求得实际气体的热力性质。

4.1　实际气体和理想气体

热机中的工质都采用气体。严格地讲，这些气体都是实际气体。为了分析计算的方便，人为地将气体划分为实际气体和理想气体。按照分子运动论的观点，气体与液体及固体一样，都是由大量分子组成的，这是其微粒性。这些分子处于永不停息的紊乱运动状态，称为热动性。气体分子尽管很小、很轻，都有体积和质量，而且分子间都有作用力。因为微粒性、热动性和分子有质量是所有气体都具有的性质，所以实际气体和理想气体主要区别在于分子是否具有体积和分子间是否具有作用力。一般把分子本身具有体积、分子间具有作用力的气体称为实际气体，把分子本身不具有体积、分子间没有作用力的气体称为理想气体。

气体通常具有较大的比体积，气体分子之间的作用力（分子力）也较小，在高温、低压的状态下更是如此。处于这样状态的气体在工程计算中可视为理想气体。在低温、高压的状态下，当气体的比体积不是很大，在工程计算中则通常必须考虑分子本身体积和分子间作用力的影响，应按实际气体来对待。其实，实际气体和理想气体之间没有天然的鸿沟，实际气体当比体积趋于无穷大时也就成了理想气体，因为这时分子间的作用力随着距离的无限增大而逐渐消失了，分子本身的体积比起气体的极大体积来也完全可以忽略了。

至于气体在什么情况下才能按理想气体处理，什么情况下必须按实际气体对待，这主要取决于气体所处的状态以及计算所要求的精确度。在热力工程中经常遇到的很多气体（如空气、燃气、烟气、湿空气等），如果压力不很高，一般都可以按理想气体进行分析和计算，并能保证满意的精确度。所以，关于理想气体的讨论，无论在理论上或者在实用上都有很重要的意义。工程中常用的蒸气（如水蒸气及很多制冷剂蒸气），如果压力不很低，则需按实际气体对待。

4.2　理想气体状态方程和摩尔气体常数

根据分子运动理论和理想气体的假定（分子本身不具有体积，分子之间无作用力），可以得出如下的基本方程（参看分子物理学）

$$p=\frac{2}{3}n\frac{\overline{m}\,\overline{c^2}}{2} \tag{4-1}$$

式中，n 为体积分子数，即单位体积包含的分子数（$n=N/V$）；$\overline{m}\,\overline{c^2}/2$ 为分子平均移动能，$\overline{m}$ 为分子平均质量。

式（4-1）可用文字表述如下：理想气体的压力等于单位体积中全部分子移动能总和的 2/3。

根据式（1-1）有

$$\frac{\overline{m}\,\overline{c^2}}{2}=\frac{3}{2}kT$$

代入式（4-1）后得

$$p=\frac{2}{3}n\frac{\overline{m}\,\overline{c^2}}{2}=\frac{2}{3}\frac{N}{V}\frac{3}{2}kT=\frac{N}{mv}kT$$

式中，m 为气体质量。

所以

$$\frac{pv}{T}=k\frac{N}{m}=kN_{(1\text{kg})}$$

令

$$kN_{(1\text{kg})}=R_g \tag{4-2}$$

则得

$$\frac{pv}{T}=R_g \quad \text{或} \quad pv=R_gT \tag{4-3}$$

式（4-3）即理想气体的状态方程。R_g 称为气体常数，它等于玻耳兹曼常数 k 与每千克气体所包含的分子数 $N_{(1\text{kg})}$ 的乘积。气体常数的单位在我国法定计量单位中是 J/(kg · K)。

对于同一种气体，$N_{(1\text{kg})}$ 是一定的，所以 R_g 是一个不变的常数；对于不同的气体，由于相对分子质量不同，$N_{(1\text{kg})}$ 的数值是不同的，所以各种气体具有不同的气体常数。

如果对不同气体都取 1mol，那么式（4-3）变为

$$Mpv=MR_gT \quad \text{或} \quad pV_m=RT \tag{4-4}$$

式中，M 为摩尔质量（g/mol 或 kg/kmol）；V_m 为 1mol 气体的体积，称为摩尔体积（m³/mol）；R 为 1mol 气体的气体常数，称为摩尔气体常数［J/(mol · K)］。

对不同气体，R 是同一数量。这可证明如下：

式（4-2）乘以 M 得

$$kMN_{(1\text{kg})}=MR_g$$

即

$$kN_{(1\text{mol})}=kN_A=R \tag{4-5}$$

式中，N_A 为阿伏加德罗常数，对任何物质

$$N_A=6.022\,136\,7\times10^{23}\text{mol}^{-1} \tag{4-6}$$

所以，对任何气体，摩尔气体常数是相同的。

$$\begin{aligned}R&=kN_A=1.380\,658\times10^{-23}\times6.022\,136\,7\times10^{23}\text{J/(mol}\cdot\text{K)}\\&=8.314\,51\text{J/(mol}\cdot\text{K)}\end{aligned} \tag{4-7}$$

若已知气体的摩尔质量，则可以很方便地由摩尔气体常数计算出气体常数

$$R_g = \frac{R}{M} \tag{4-8}$$

例如，已知氮气的摩尔质量是0. 028 016kg/mol，所以氮气的气体常数为

$$R_{g,N_2} = \frac{8.314\ 51}{0.028\ 016}\text{J/(kg}\cdot\text{K)} = 296.777\text{J/(kg}\cdot\text{K)} = 0.296\ 777\text{kJ/(kg}\cdot\text{K)}$$

根据摩尔气体常数也可以很容易地计算出标准摩尔体积（标准，standard，缩写 std），即 1mol 理想气体在标准状况（101. 325kPa，0℃）下的体积。

4.3 气体的热力性质

1. 气体的比热容

早在蒸汽机出现之前，英国伦敦格拉斯格大学化学教授、瓦特的好友布莱克（Black）在量热学研究中就提出了比热容的概念，后来他的学生提出了比热的概念。其实，人们在生活中早就不自觉地使用比热容这个概念。沏茶要烧开水，只有足够加热，水的温度才能升高到沸腾。比热容就是建立了加热量与水的温度间的关系。

比热容是物质的重要热力性质之一。定义为在不发生相变和化学反应的前提下，单位质量的物质在无摩擦内平衡的特定过程（x）中，作单位温度变化时所吸收或放出的热量

$$c_x = \left(\frac{\delta q}{\partial T}\right)_x \tag{4-9}$$

比热容的单位在国际单位制中是 J/(kg · K)。

比热容不仅因不同物质和不同过程而异，而且还和物质所处的状态有关，

$$c_x = f\ (T,\ p) \tag{4-10}$$

如果已知某种物质在某过程中比热容随状态的变化规律，即已知式（4-10）所表达函数的具体形式，则可根据下列积分式求出该过程的热量

$$q_x = \int_{T_1}^{T_2} c_x \mathrm{d}T \tag{4-11}$$

式中，T_1、T_2 依次为过程开始和终了时的温度。

气体的比热容，常用的有比定容热容（c_V）和比定压热容（c_p）。

$$c_V = \left(\frac{\delta q}{\partial T}\right)_v = \frac{\delta q_v}{\mathrm{d}T} \tag{4-12}$$

$$c_p = \left(\frac{\delta q}{\partial T}\right)_p = \frac{\delta q_p}{\mathrm{d}T} \tag{4-13}$$

它们对应的特定过程分别是等容过程（过程进行时保持比体积不变）和等压过程（过程进行时保持压力不变）。

对无摩擦的内平衡过程，热力学第一定律的表达式可写为

$$\delta q = \mathrm{d}u + p\mathrm{d}v$$

$$\delta q = \mathrm{d}h - v\mathrm{d}p$$

因而得

$$c_V = \left(\frac{\delta q}{\partial T}\right)_v = \left(\frac{\partial u}{\partial T}\right)_v \tag{4-14}$$

$$c_p = \left(\frac{\delta q}{\partial T}\right)_p = \left(\frac{\partial h}{\partial T}\right)_p \tag{4-15}$$

式（4-14）和式（4-15）可用文字表述为：比定容热容是单位质量的物质，在比体积不变的条件下，作单位温度变化时相应的比热力学能变化；比定压热容是单位质量的物质，在压力不变的条件下，作单位温度变化时相应的比焓变化。

2. 理想气体的比热容、比热力学能和比焓

理想气体的比热力学能中只有分子动能而没有分子位能，因此它仅仅是温度的函数

$$u = u(T) \tag{4-16}$$

理想气体的比焓也仅仅是温度的函数

$$h = u + pv = u(T) + R_g T = h(T) \tag{4-17}$$

因此，对于理想气体

$$c_{V0} = \frac{du}{dT},\ du = c_{V0}dT \tag{4-18}$$

$$c_{p0} = \frac{dh}{dT},\ dh = c_{p0}dT \tag{4-19}$$

在这里，用 c_{V0} 和 c_{p0} 分别表示理想气体的比定容热容和比定压热容，以区别于实际气体的 c_V 和 c_p。

由于理想气体的比热力学能和比焓仅仅是温度的函数，所以对于理想气体，式（4-18）和式（4-19）对任何过程都是成立的，而不局限于等容或等压的条件。也就是说，理想气体进行的任何过程，其比热力学能的微元变化均为 $c_{V0}dT$，其比焓的微元变化均为 $c_{p0}dT$。

根据焓的定义式，有

$$h = u + pv$$

微分后可得

$$dh = du + d(pv)$$

对理想气体又可写为

$$c_{p0}dT = c_{V0}dT + R_g dT$$

所以

$$c_{p0} = c_{V0} + R_g \tag{4-20}$$

式（4-20）称为迈耶公式。它建立了理想气体比定容热容和比定压热容之间的关系。无论比热容是定值或是变量（随温度变化），只要是理想气体，该式都成立。

如果将式（4-20）乘以摩尔质量，则得

$$Mc_{p0} = Mc_{V0} + MR_g$$

或写为

$$C_{p0,m} = C_{V0,m} + R \tag{4-21}$$

式中，$C_{p0,m}$ 和 $C_{V0,m}$ 是理想气体的摩尔定压热容和摩尔定容热容。式（4-21）说明，对任何理想气体，摩尔定压热容恰好比摩尔定容热容大一个摩尔气体常数的值，即

$$C_{p0,m} - C_{V0,m} = R = 8.314\,51\text{J/(mol·K)} \tag{4-22}$$

因为理想气体的比热力学能和比焓都只是温度的函数，所以根据式（4-18）和式（4-19）可知，理想气体的比定容热容和比定压热容也都只是温度的函数。这一函数，通常可以表示为温度的三次多项式（经验式）

$$c_{p0}=a_0+a_1T+a_2T^2+a_3T^3 \tag{4-23}$$

$$c_{V0}=(a_0-R_g)+a_1T+a_2T^2+a_3T^3 \tag{4-24}$$

对不同气体，a_0、a_1、a_2、a_3 各有一套不同的经验数值，可查阅本书附录 A 表 A-2。

利用式（4-23）和式（4-24）计算等压过程和等容过程的热量时需要积分，即

$$\begin{aligned}q_p&=\int_{T_1}^{T_2}c_{p0}\,\mathrm{d}T=\int_{T_1}^{T_2}(a_0+a_1T+a_2T^2+a_3T^3)\,\mathrm{d}T\\&=a_0(T_2-T_1)+\frac{a_1}{2}(T_2^2-T_1^2)+\frac{a_2}{3}(T_2^3-T_1^3)+\frac{a_3}{4}(T_2^4-T_1^4)\end{aligned} \tag{4-25}$$

$$\begin{aligned}q_v&=\int_{T_1}^{T_2}c_{V0}\mathrm{d}T=\int_{T_1}^{T_2}\left[(a_0-R_g)+a_1T+a_2T^2+a_3T^3\right]\mathrm{d}T\\&=(a_0-R_g)(T_2-T_1)+\frac{a_1}{2}(T_2^2-T_1^2)+\frac{a_2}{3}(T_2^3-T_1^3)+\frac{a_3}{4}(T_2^4-T_1^4)\end{aligned} \tag{4-26}$$

为了避免积分的麻烦，可利用平均比热容表（附录 A 表 A-3 和表 A-4）来计算热量。这种平均比热容表中的数据通常均指 0℃到 t 之间的平均比热容

$$\bar{c}_{p0}\Big|_0^t=\frac{\int_0^t c_{p0}\mathrm{d}t}{t-0}=\frac{q_p\big|_0^t}{t} \tag{4-27}$$

$$\bar{c}_{V0}\Big|_0^t=\frac{\int_0^t c_{V0}\mathrm{d}t}{t-0}=\frac{q_v\big|_0^t}{t} \tag{4-28}$$

所以，利用平均比热容表中的数据求 0℃到 t 之间的热量（$q_p\big|_0^t$或 $q_v\big|_0^t$）非常方便，只要查出 t 时的平均比热容 $\bar{c}_{p0}\big|_0^t$或 $\bar{c}_{V0}\big|_0^t$，再乘以 t 即可直接计算出热量

$$q_p=\bar{c}_{p0}\Big|_0^t t \tag{4-29}$$

$$q_v=\bar{c}_{V0}\Big|_0^t t \tag{4-30}$$

利用平均比热容表中的数据求 t_1 到 t_2之间的热量（$q_p\big|_{t_1}^{t_2}$或 $q_v\big|_{t_1}^{t_2}$）也很方便，只需将0℃到 t_2之间的热量减去 0℃到 t_1之间的热量即可。

$$q_p\Big|_{t_1}^{t_2}=q_p\Big|_0^{t_2}-q_p\Big|_0^{t_1}=\bar{c}_{p0}\Big|_0^{t_2}t_2-\bar{c}_{p0}\Big|_0^{t_1}t_1 \tag{4-31}$$

$$q_v\Big|_{t_1}^{t_2}=q_v\Big|_0^{t_2}-q_v\Big|_0^{t_1}=\bar{c}_{V0}\Big|_0^{t_2}t_2-\bar{c}_{V0}\Big|_0^{t_1}t_1 \tag{4-32}$$

应该指出，单原子气体的比定容热容和比定压热容基本上是定值，可以认为与温度无关。对双原子气体和多原子气体，如果温度接近常温，为了简化计算，亦可将比热容看做定值。通常取 298K（25℃）时气体比热容的值为定比热容的值。某些常用气体在理想气体状态下的定比热容值可查阅附录 A 表 A-1。

比定压热容和比定容热容的比值称为比热容比，用 γ 表示

$$\gamma=\frac{c_p}{c_V} \tag{4-33}$$

对理想气体，结合式（4-33）和迈耶公式可得

$$\gamma_0=\frac{c_{p0}}{c_{V0}}=1+\frac{R_g}{c_{V0}} \tag{4-34}$$

$$R_g = c_{V0}(\gamma_0 - 1) \tag{4-35}$$

$$c_{V0} = \frac{R_g}{\gamma_0 - 1} \tag{4-36}$$

$$c_{p0} = \frac{\gamma_0 R_g}{\gamma_0 - 1} \tag{4-37}$$

理想气体的比热力学能和比焓可以根据式（4-18）和式（4-19）积分而得

$$u = \int_0^T c_{V0}\mathrm{d}T = u(T) \tag{4-38}$$

$$h = \int_0^T c_{p0}\mathrm{d}T = h(T) \tag{4-39}$$

如果将式（4-23）和式（4-24）分别代入式（4-38）和式（4-39）进行积分，则得

$$u = (a_0 - R_g)\ T + \frac{a_1}{2}T^2 + \frac{a_2}{3}T^3 + \frac{a_3}{4}T^4 + C \tag{4-40}$$

$$h = a_0 T + \frac{a_1}{2}T^2 + \frac{a_2}{3}T^3 + \frac{a_3}{4}T^4 + C \tag{4-41}$$

式中，C 为积分常数。

$$h - u = R_g T = pv \quad (\text{对理想气体}) \tag{4-42}$$

空气在理想气体状态下的比热力学能和比焓的精确值可查阅附录 A 表 A-5。

3. 理想气体的熵

根据熵的定义式，有

$$\mathrm{d}s = \frac{\mathrm{d}u + p\mathrm{d}v}{T}$$

对理想气体

$$\mathrm{d}u = c_{V0}\mathrm{d}T,\quad \frac{p}{T} = \frac{R_g}{v}$$

所以

$$\mathrm{d}s = \frac{c_{V0}}{T}\mathrm{d}T + \frac{R_g}{v}\mathrm{d}v$$

积分后得

$$s = \int \frac{c_{V0}}{T}\mathrm{d}T + R_g \ln v + C_1 = f_1(T,\ v) \tag{4-43}$$

式中，C_1 为积分常数。

如果利用式（4-24）表示的比定容热容的经验式，则积分后可得

$$s = (a_0 - R_g)\ \ln T + a_1 T + \frac{a_2}{2}T^2 + \frac{a_3}{3}T^3 + R_g \ln v + C_1 = f_2\ (T,\ v) \tag{4-44}$$

如果认为理想气体的比定容热容是定值，则得

$$s = c_{V0}\ln T + R_g \ln v + C_1 = f_3(T,\ v) \tag{4-45}$$

式（1-16）亦可写为

$$\mathrm{d}s = \frac{\mathrm{d}h - v\mathrm{d}p}{T}$$

对理想气体

$$\mathrm{d}h = c_{p0}\mathrm{d}T,\quad \frac{v}{T} = \frac{R_g}{p}$$

所以
$$ds = \frac{c_{p0}}{T}dT - \frac{R_g}{p}dp$$

积分后得
$$s = \int \frac{c_{p0}}{T}dT - R_g \ln p + C_2 = f_1 \ (T,\ p) \tag{4-46}$$

式中，C_2 为积分常数。

如果利用式（4-23）表示的比定压热容的经验式，则积分后可得

$$s = a_0 \ln T + a_1 T + \frac{a_2}{2}T^2 + \frac{a_3}{3}T^3 - R_g \ln p + C_2 = f_2 \ (T,\ p) \tag{4-47}$$

如果认为理想气体的比定压热容是定值，则得

$$s = c_{p0} \ln T - R_g \ln p + C_2 = f_3 \ (T,\ p) \tag{4-48}$$

式（4-44）和式（4-47）是理想气体的比熵的计算式；式（4-45）和式（4-48）是定比热容理想气体的比熵的计算式。从这些式子可以得出结论：对理想气体来说，比熵确实是一个状态参数（无论比热容是定值或随温度而变）。另外，应该注意：如果说理想气体的比热力学能和比焓都只是温度的函数，那么理想气体的比熵则不仅仅是温度的函数，它还和压力或比体积有关。

例 4-1 利用比热容与温度的关系式及平均比热容表，计算每千克低压氮气从 500℃定压加热到 1 000℃所需要的热量。

解 从附录 A 表 A-2 得到氮气在低压下（理想气体状态下）比定压热容随温度的变化关系为

$$\{c_{p0}\}_{kJ/(kg \cdot K)} = 1.031\,6 - 0.056\,08 \times 10^{-3}\{T\}_K + 0.288\,4 \times 10^{-6}\{T\}_K^{\ 2} - 0.102\,5 \times 10^{-9}\{T\}_K^{\ 3}$$

$$q_p \Big|_{500℃}^{1\,000℃} = \int_{773.15K}^{1\,273.15K} c_{p0} dT$$

所以

$$= \Big[1.031\,6 \times (1\,273.15 - 773.15) - \frac{0.056\,08}{2} \times 10^{-3} \times (1\,273.15^2 - 773.15^2) + \frac{0.288\,4}{3} \times 10^{-6} \times (1\,273.15^3 - 773.15^3) - \frac{0.102\,5}{4} \times 10^{-9} \times (1\,273.15^4 - 773.15^4)\Big] kJ/kg = 583 kJ/kg$$

利用平均比热容表进行计算，则更为简便。由附录 A 表 A-3 查得，氮气在理想气体状态下 500℃和 1 000℃的平均比定压热容分别为

$$\bar{c}_{p0}\Big|_{0℃}^{500℃} = 1.066 kJ/(kg \cdot K)$$

$$\bar{c}_{p0}\Big|_{0℃}^{1\,000℃} = 1.118 kJ/(kg \cdot K)$$

所以

$$q_p \Big|_{500℃}^{1\,000℃} = (1.118 \times 1\,000 - 1.066 \times 500) \ kJ/kg = 585 kJ/kg$$

例 4-2 空气初态为 $p_1 = 0.1MPa$、$T_1 = 300K$，经压缩后变为 $p_2 = 1MPa$、$T_2 = 600K$。试求该压缩过程中比热力学能、比焓和比熵的变化。

1）按定比热容理想气体计算；

2）按理想气体比热容经验公式计算。

解 1）按附录 A 表 A-1 取空气的定比热容为

$$c_{p0} = 1.005 kJ/(kg \cdot K) \qquad c_{V0} = 0.718 kJ/(kg \cdot K)$$

气体常数　　　　$R_g = 0.2871\text{kJ/(kg·K)}$

根据式（4-38）和式（4-39）可知

$$\Delta u = u_2 - u_1 = c_{V0}(T_2 - T_1)$$
$$= 0.718 \times (600 - 300)\ \text{kJ/kg}$$
$$= 215.4\text{kJ/kg}$$
$$\Delta h = h_2 - h_1 = c_{p0}(T_2 - T_1)$$
$$= 1.005 \times (600 - 300)\ \text{kJ/kg}$$
$$= 301.5\text{kJ/kg}$$

根据式（4-48）可知

$$\Delta s = s_2 - s_1 = c_{p0}\ln\frac{T_2}{T_1} - R_g\ln\frac{p_2}{p_1}$$
$$= \left(1.005 \times \ln\frac{600}{300} - 0.2871 \times \ln\frac{1}{0.1}\right)\text{kJ/(kg·K)}$$
$$= 0.0355\text{kJ/(kg·K)}$$

2）从附录 A 表 A-2 查得空气比定压热容各项系数的数值为

$$a_0 = 0.9705,\qquad a_1 = 0.06791 \times 10^{-3},$$
$$a_2 = 0.1658 \times 10^{-6},\qquad a_3 = -0.06788 \times 10^{-9}$$

根据式（4-41）可得

$$\Delta h = h_2 - h_1 = a_0(T_2 - T_1) + \frac{a_1}{2}(T_2^2 - T_1^2) + \frac{a_2}{3}(T_2^3 - T_1^3) + \frac{a_3}{4}(T_2^4 - T_1^4)$$
$$= \Big[0.9705 \times (600 - 300) + \frac{0.06791 \times 10^{-3}}{2} \times (600^2 - 300^2) +$$
$$\frac{0.1658 \times 10^{-6}}{3} \times (600^3 - 300^3) + \frac{-0.06788 \times 10^{-9}}{4} \times (600^4 - 300^4)\Big]\text{kJ/kg}$$
$$= 308.7\text{kJ/kg}$$

根据式（4-42）可得

$$\Delta u = u_2 - u_1 = (h_2 - h_1) - (p_2v_2 - p_1v_1) = (h_2 - h_1) - R_g(T_2 - T_1)$$
$$= [308.7 - 0.2871 \times (600 - 300)]\text{kJ/kg} = 222.6\text{kJ/kg}$$

根据式（4-47）可得

$$\Delta s = s_2 - s_1 = a_0\ln\frac{T_2}{T_1} + a_1(T_2 - T_1) + \frac{a_2}{2}(T_2^2 - T_1^2) + \frac{a_3}{3}(T_2^3 - T_1^3) - R_g\ln\frac{p_2}{p_1}$$
$$= \Big[0.9705 \times \ln\frac{600}{300} + 0.06791 \times 10^{-3} \times (600 - 300) + \frac{0.1658 \times 10^{-6}}{2} \times$$
$$(600^2 - 300^2) + \frac{-0.06788 \times 10^{-9}}{3} \times (600^3 - 300^3) - 0.2871 \times \ln\frac{1}{0.1}\Big]\text{kJ/(kg·K)}$$
$$= 0.0501\text{kJ/(kg·K)}$$

在这里应该认为，按比热容公式积分计算的结果比按定比热容计算的结果精确。

4.4　实际气体对理想气体性质的偏离

工程中常用的气态工质，有的（如空气、燃气、湿空气等）由于压力相对较低、温度相对较高，比较接近理想气体的性质，基本遵守理想气体状态方程（$pv=R_gT$）；有的（如水蒸气、各种制冷剂等）由于压力相对较高、温度相对较低，比较接近液相，不遵守理想气体状态方程，出现了实际气体对理想气体性质的偏离。这种偏离主要表现在状态方程的偏离和集聚态上的偏离。

1. 状态方程的偏离

实验表明：任何气体只有在高温低压（大比体积、低密度）的情况下，气体的性质近似服从理想气体的状态方程 $pv=R_gT$，即 $\frac{pv}{R_gT}=1$。但是，在高压低温（比体积小、密度大）的情况下，任何气体对理想气体状态方程都出现了偏差，$pv\neq R_gT$，即压缩因子 $Z=\frac{pv}{R_gT}\neq 1$。以水蒸气为例，在 $p=3\text{MPa}$，$T=513\text{K}$ 时，按理想气体状态方程计算，$v=0.078\ 92\text{m}^3/\text{kg}$，$Z=1$，然而实验结果却是 $v=0.068\ 1\text{m}^3/\text{kg}$，$Z=0.863\ 2<1$。图 4-1 给出了 $\frac{pv}{R_gT}$ 与 p 的关系，图中理想气体始终是一条 $\frac{pv}{R_gT}=1$ 的水平线。但是实际气体并不符合这样的规律。

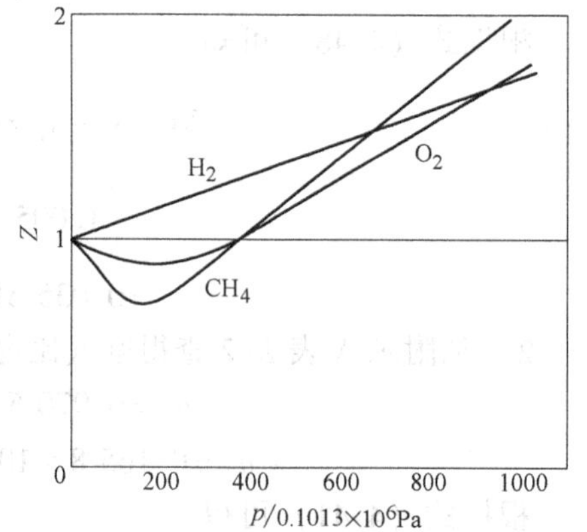

图 4-1 气体的压缩因子

实际气体的这种偏离通常采用压缩因子或压缩系数 Z 表示，其定义为

$$Z=\frac{pv}{R_gT} \tag{4-49}$$

理想气体的 $Z=1$，实际气体的 Z 可大于 1，或小于 1。Z 值偏离 1 的大小，反映了实际气体对理想气体性质的偏离程度。Z 值的大小不仅与气体的种类有关，而且同一种气体 Z 值还随压力和温度的变化而变化。为了便于理解 Z 的物理意义，将式（4-49）改写为

$$Z=\frac{pv}{R_gT}=\frac{v}{\frac{R_gT}{p}}=\frac{v}{v_0}$$

式中，v 为实际气体在 p、T 时的比体积；v_0 为在相同的 p、T 下把实际气体当做理想气体时计算的比体积。

可见，压缩因子 Z 即为温度、压力相同时的实际气体与理想气体比体积之比，是用比体积的比值来描述实际气体的偏离程度的。$Z>1$，说明该气体的比体积比将之作为理想气体在同温同压下计算而得的比体积大，也说明实际气体较之理想气体更难压缩；反之，若 $Z<1$，则说明实际气体可压缩性大。所以，压缩因子 Z 的实质反应了气体的可压缩性的大小。产生这种偏离的原因是，理想气体模型中忽略了气体分子间的作用力和气体分子所占据的体积。分子间的吸引力有助于气体的压缩；而分子本身具有体积，使分子自由活动的空间减小，不利于压缩，正是由于同时存在这两个影响相反的因素的综合作用，才使实际气体偏离理想气体，偏离的方向取决于哪一个因素起主导作用。

2. 集聚态上的偏离——实际气体的液化

在适当的条件下，实际气体还可以发生气液相变，这是实际气体与理想气体之间的重要差别，而理想气体无论状态如何变化，始终是气态，不会发生相变。

1863年荷兰科学家安德鲁斯（Andrews）在不同温度下，对二氧化碳气体等温压缩，并相应测定不同温度下的 p、v 值，得到了 p-v 图上的一组等温曲线（图4-2）。实验表明：当 $t<t_c$（31.1℃），气态 CO_2 等温压缩或膨胀时，存在着气-液相变；当 $t=t_c$（31.1℃）时，气-液相变过程线段缩成一个点 C，表明不存在 CO_2 相变过程，称 t_c 为临界温度；当 $t>t_c$（31.1℃），CO_2 等温压缩或膨胀时，无论压力如何变化，CO_2 始终是气态，而且温度越高就越符合理想气体规律。

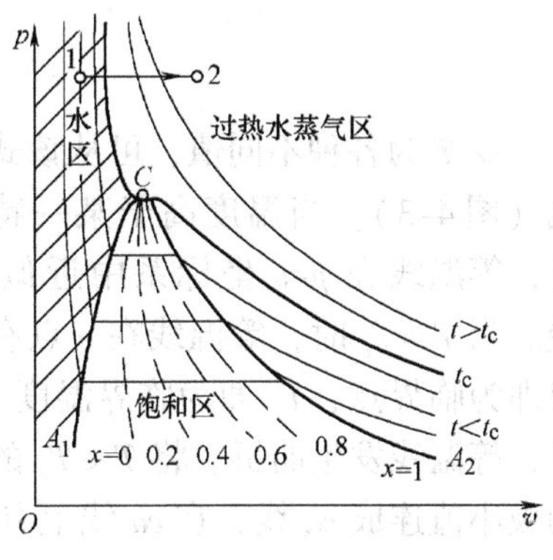

图4-2　CO_2 等温压缩曲线

4.5　实际气体状态方程

出现上述偏差的根本原因是理想气体状态方程（$pv=R_gT$）不能准确反映实际气体的基本特征及 p、v、T 之间的关系，因此需要设法找出适合于它们的实际气体状态方程 $F(p$、v、$T)=0$ 的具体函数形式。有了实际气体的状态方程，加上其低压下（理想气体状态下）比定压热容与温度的关系式 $c_{p0}=f(T)$，就可以通过热力学一般关系式计算出气体的全部平衡性质。由此可见状态方程在流体热物性研究中的特殊重要性。

实际气体的状态方程大致可分两类。第一类是在考虑了物质结构的基础上建立起来的半经验状态方程，其特点是形式比较简单，物理意义比较清楚，利用少数几个经验或半经验的参量就能得到一定精确度的结果。第二类是为数很多的各种经验的状态方程，这些方程对特定的物质在特定的参数范围内能给出精确度较高的结果，其形式一般都比较复杂。

1. 范德瓦耳斯方程

比较成功的半经验状态方程，首推范德瓦耳斯方程。1873年，荷兰学者范德瓦耳斯（Vander Waals）针对实际气体区别于理想气体的两个主要特征（分子有体积，分子间有引力），对理想气体状态方程进行了相应的修正而提出了如下的状态方程

$$\left.\begin{aligned}\left(p+\frac{a}{v^2}\right)(v-b)&=R_gT\\ p&=\frac{R_gT}{v-b}-\frac{a}{v^2}\end{aligned}\right\}\tag{4-50}$$

这就是著名的范德瓦耳斯方程。式中修正项 b 是考虑到分子本身有体积，因而将分子运动的自由空间由 v 减小为 $(v-b)$。修正项 a/v^2 是考虑分子间吸引力的。当气体分子与容器壁碰撞时，由于受到容器内部分子吸引而产生一指向容器内部的合力，这样，由分子碰撞容器壁而产生的压力就会减小，影响压力减小量的碰撞强度和碰撞频率与气体密度有关。气体密度愈大，分子引力作用愈大，对碰撞的减弱作用愈明显，这是其一；其二，气体密度愈大，单位时间内碰撞在容器单位面积上的被减弱碰撞力度的分子数也愈多。因此，压力的减小量应与气体密度的平方成正比，或者说与比体积的平方成反比，设比例系数为 a，则这一压力的减小量应为 a/v^2。

可以将范德瓦耳斯方程整理成比体积的三次式

$$v^3-\left(b+\frac{R_g T}{p}\right)v^2+\frac{a}{p}v-\frac{ab}{p}=0$$

令 T 为各种不同值，可从该式得到一簇等温线（图4-3）。当温度高于某一特定温度 $T>T_c$ 时，等温线在 p-v 坐标系中近似地是一条双曲线。当 $T=T_c$ 时，等温线在 c 点有一拐点。这拐点即为临界点，T_c 即为临界温度。当温度 $T<T_c$ 时，等温线发生曲折。将 $T<T_c$ 的一簇等温线上的极小值连成 ca 线，在 ca 线上有

$$\left(\frac{\partial p}{\partial v}\right)_T=0，\left(\frac{\partial^2 p}{\partial v^2}\right)_T<0$$

将这一簇等温线上的极大值连成 cb 线，在 cb 线上有

$$\left(\frac{\partial p}{\partial v}\right)_T=0，\left(\frac{\partial^2 p}{\partial v^2}\right)_T>0$$

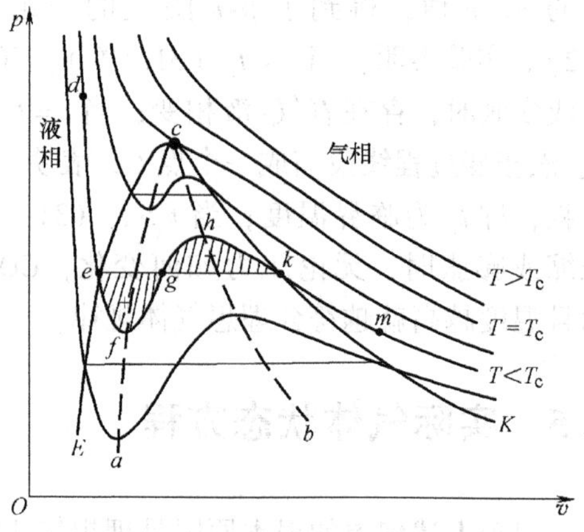

图4-3 范德瓦耳斯方程等温曲线

原则上对应每一温度和每一压力，比体积都有三个值，即 v 的三个根。这三个根可能是一个实根、两个虚根（如图4-3中 d、m 点）；也可能是一个实根和一个二重根（如图4-3中 f、h 点）；或是一个三重根（临界点 c）；当然，也可能是三个不同的实根（如图中的 e、g、k 点）。对 $T<T_c$ 的一簇等温线中的每一条，总可以相应地找到一条等压线（水平线），它和该等温线的横S形线段相交时所形成的两块面积正好相等（图4-3中用"+"和"−"标出的两块带阴影的面积相等）。这条等压线（图4-3中直线 egk）就是对应于该温度的饱和压力线，也是实际的等温线（参看本章4.4节）。将所有这种等压线和等温线相交时左边的交点连接起来形成一条 ci 线，它相当于实验中的饱和液体线；将所有右边的交点连接起来形成一条 cj 线，它相当于饱和蒸气线。

为什么饱和等压线（亦即实际的等温线）必须正好平分那块横S形的面积呢？这可以用热力学第二定律来说明。直线 egk 是实际的等温线，曲线 $efghk$ 是同一温度的理论的等温线。设想沿整个 $egkhgfe$ 等温线进行一个可逆循环，这时将形成正向循环 $egfe$（功为正）和逆向循环 $gkhg$（功为负）。如果正循环做出的功大于逆循环消耗的功，则整个循环可以输出功，而热力学第二定律已经确定没有温差是不能循环做功的。如果正循环做出的功小于逆循环消耗的功，造成净功的不可逆损失，则又不符合可逆循环的假定。所以图4-3中的这两块面积必定相等。据此可在 $T<T_c$ 的等温线上找到相应于饱和液体和饱和蒸气的 e、k 两点。

图4-3中 egk 也是等压线，这时气、液两相并存，达到稳定平衡。理论的等温线 $efghk$ 是否也可能实际存在呢？应该说，其中的 ef 段和 kh 段，当压力升高时，比体积减小 $\left[\left(\frac{\partial v}{\partial p}\right)_T<0\right]$，还是可能存在的。$ef$ 段相当于应该汽化而没有汽化的过热液体，kh 段相当于应该凝结而没有凝结的过冷蒸气，它们处于亚稳状态，虽然可以存在，但很容易转变为稳定的气-液共存状态，因此通常情况下不易实现。至于 fgh 线段，当压力升高时比体积也增大 $\left[\left(\frac{\partial v}{\partial p}\right)_T>0\right]$，则是完全不稳定的无法存在的状态。

下面再来看看范德瓦耳斯修正数 a、b 和临界参数之间有什么联系。由于 p-v 图中临界等温线在临界点处的斜率等于零，并且形成拐点，因此有

$$\left(\frac{\partial p}{\partial v}\right)_T=0,\quad \left(\frac{\partial^2 p}{\partial v^2}\right)_T=0$$

可以根据这两个约束条件求得 a、b 和 T_c、p_c、v_c 之间的关系。

范德瓦耳斯方程为

$$p=\frac{R_gT}{v-b}-\frac{a}{v^2} \tag{a}$$

在临界点上

$$\left(\frac{\partial p}{\partial v}\right)_T=-\frac{R_gT_c}{(v_c-b)^2}+\frac{2a}{{v_c}^3}=0 \tag{b}$$

$$\left(\frac{\partial^2 p}{\partial v^2}\right)_T=\frac{2R_gT_c}{(v_c-b)^3}-\frac{6a}{{v_c}^4}=0 \tag{c}$$

由式（b）和式（c）可解得

$$b=\frac{v_c}{3},\quad a=\frac{9}{8}R_gT_cv_c \tag{4-51}$$

将式（4-51）代入式（a），在临界点上可得

$$\frac{p_cv_c}{R_gT_c}=\frac{3}{8}=0.375 \tag{4-52}$$

令 $\frac{p_cv_c}{R_gT_c}=Z_c$，$Z_c$ 为临界压缩因子。

由式（4-52）可得

$$v_c=\frac{3}{8}\frac{R_gT_c}{p_c} \tag{d}$$

将式（d）代入式（4-51）可得

$$b=\frac{R_gT_c}{8p_c},\quad a=\frac{27}{64}\frac{{R_g}^2{T_c}^2}{p_c} \tag{4-53}$$

以上分析结果表明，遵守范德瓦耳斯方程的气体（简称范德瓦耳斯气体）的临界压缩因子值应该是相同的，都等于 3/8 = 0.375。实际情况如何呢？从表 4-1 最后一列数据可以看出，大多数气体 Z_c = 0.23 ~ 0.30，距 0.375 较远。所以范德瓦耳斯方程虽然在定性上能很好地反映气体和液体的很多特性，但在定量上还不很精确。

表 4-1 某些物质的临界参数

物　质	分子式	摩尔质量 $M/(\mathrm{g/mol})$	临界温度 T_c/K	临界压力 p_c/MPa	临界比体积 $v_c/(\mathrm{m^3/kg})$	临界压缩因子 Z_c
氩	Ar	39.948	150.8	4.874	0.001 875	0.291
氦-4	He^4	4.003	5.19	0.227	0.014 31	0.301
氢	H_2	2.016	33.2	1.297	0.032 24	0.305
氮	N_2	28.013	126.2	3.394	0.003 195	0.289
氧	O_2	31.999	154.6	5.046	0.002 294	0.288
一氧化碳	CO	28.01	132.9	3.496	0.003 324	0.295
二氧化碳	CO_2	44.01	304.2	7.376	0.002 136	0.274
水	H_2O	18.016	647.14	22.064	0.003 106	0.229

（续）

物　质	分 子 式	摩尔质量 $M/(g/mol)$	临界温度 T_c/K	临界压力 p_c/MPa	临界比体积 $v_c/(m^3/kg)$	临界压缩因子 Z_c
氨	NH_3	17.031	405.6	11.277	0.004 257	0.242
甲烷	CH_4	16.043	190.6	4.6	0.006 171	0.287
丙烷	C_3H_8	44.097	369.8	4.246	0.004 603	0.28
异丁烷	C_4H_{10}	58.124	408.1	3.648	0.004 525	0.283
R134a	$C_2H_2F_4$	102.032	374.3	4.064	0.001 97	0.262

表 4-2 列出了某些物质的范德瓦耳斯修正数 a 和 b 的值，它们由物质的气体常数、临界温度和临界压力根据式（4-53）计算而得。

表 4-2　某些物质的范德瓦耳斯修正数

物　质	分 子 式	$a/(m^6 \cdot Pa/kg^2)$	$b/(m^3/kg)$
氦	He	215.97	0.005 936
氩	Ar	85.268	0.000 805
氢	H_2	6 098.3	0.013 196
氮	N_2	456.37	0.003 610
氧	O_2	134.91	0.000 995
一氧化碳	CO	187.81	0.001 411
二氧化碳	CO_2	188.91	0.000 974
氨	NH_3	1 466.83	0.002 195
水	H_2O	1 705.50	0.001 692

2. 维里方程

1901 年卡末林·昂尼斯（Kamerlingh Onnes）提出了用幂级数形式表达的状态方程（维里方程）

$$\frac{pv}{R_g T} = A + \frac{B}{v} + \frac{C}{v^2} + \frac{D}{v^3} + \cdots$$

式中，A、B、C、D、…为第一、第二、第三、第四、…维里系数。

事实上，当 $v \to \infty$ 时，$\frac{pv}{R_g T} = Z \to 1$（即趋近于理想气体），所以第一维里系数 $A = 1$，上式可写为

$$Z = 1 + \frac{B}{v} + \frac{C}{v^2} + \frac{D}{v^3} + \cdots \tag{4-54}$$

维里系数 B、C、D、…都是温度的函数。也可以将维里方程写成压力的幂级数的形式，即

$$Z = 1 + B'p + C'p^2 + D'p^3 + \cdots \tag{4-55}$$

式中，B'、C'、D'、…也都是温度的函数。

式（4-55）中的维里系数和式（4-54）中的维里系数之间的关系为

$$B' = \frac{B}{R_g T},\quad C' = \frac{C - B^2}{R_g^2 T^2},\quad D' = \frac{D - 3BC + 2B^3}{R_g^3 T^3}; \tag{4-56}$$

式（4-56）可证明如下：

从式（4-54）得 $$p=\frac{R_gT}{v}\left(1+\frac{B}{v}+\frac{C}{v^2}+\frac{D}{v^3}+\cdots\right) \tag{a}$$

将式（a）代入式（4-55），有

$$Z=1+B'\frac{R_gT}{v}\left(1+\frac{B}{v}+\frac{C}{v^2}+\frac{D}{v^3}+\cdots\right)+C'\frac{R_g^2T^2}{v^2}\left(1+\frac{B}{v}+\frac{C}{v^2}+\frac{D}{v^3}+\cdots\right)^2+$$

$$D'\frac{R_g^3T^3}{v^3}\left(1+\frac{B}{v}+\frac{C}{v^2}+\frac{D}{v^3}+\cdots\right)^3+\cdots$$

即

$$Z=1+\frac{1}{v}(B'R_gT)+\frac{1}{v^2}(B'R_gTB+C'R_g^2T^2)+\frac{1}{v^3}(B'R_gTC+2C'R_g^2T^2B+D'R_g^3T^3)+\cdots \tag{b}$$

将式（b）与式（4-54）进行比较，可得

$$B=B'R_gT$$

$$C=B'R_gTB+C'R_g^2T^2$$

$$D=B'R_gTC+2C'R_g^2T^2B+D'R_g^3T^3$$

从而解得

$$B'=\frac{B}{R_gT},\qquad C'=\frac{C-B^2}{R_g^2T^2},\qquad D'=\frac{D-3BC+2B^3}{R_g^3T^3},\ \cdots$$

式（4-54）和式（4-55）这两个维里方程都是无穷级数。实际应用时，可将它们截断，取前面若干项。从哪一项开始截断应这样来确定：截断处以后的各项的总和应在实验误差之内。

由于式（4-55）比式（4-54）收敛得慢，在同样的精度下，对式（4-55）应取更多的项。正因为式（4-55）收敛得慢，它主要用于低密度的情况。

维里方程提供了一种状态方程的形式。任何状态方程原则上都可以用维里方程的形式来表达（不过，有时一个简单的状态方程，用维里方程形式表达时反而复杂化了），例如范德瓦耳斯方程

$$p=\frac{R_gT}{v-b}-\frac{a}{v^2}=\frac{R_gT}{v}\left(\frac{v}{v-b}-\frac{a}{R_gTv}\right)=\frac{R_gT}{v}\left(\frac{1}{1-\frac{b}{v}}-\frac{a}{R_gTv}\right)$$

$$=\frac{R_gT}{v}\left(1+\frac{b}{v}+\frac{b^2}{v^2}+\frac{b^3}{v^3}+\cdots-\frac{a}{R_gTv}\right)$$

所以 $$\frac{pv}{R_gT}=Z=1+\frac{b-a/(R_gT)}{v}+\frac{b^2}{v^2}+\frac{b^3}{v^3}+\cdots \tag{c}$$

式（c）即维里形式的范德瓦耳斯方程，它显然比式（4-50）复杂。

4.6 对比状态方程和对应态原理

1. 对比状态方程

由有量纲参数表达的状态方程 $F(p,\ v,\ T)=0$，也可以改由量纲一的参数表达。所谓

量纲一的参数是指由有量纲参数组成的量纲一的比值。如

对比温度 $$T_r = \frac{T}{T_c}$$

对比压力 $$p_r = \frac{p}{p_c}$$

对比比体积 $$v_r = \frac{v}{v_c}$$

压缩因子 $$Z = \frac{pv}{R_g T}$$

由量纲一的对比状态参数组成的状态方程称为对比状态方程。任何有量纲参数表达的状态方程都可以变换为量纲一的对比状态方程。例如有量纲参数表达的范德瓦耳斯方程［式(4-50)］为

$$\left(p + \frac{a}{v^2}\right)(v - b) = R_g T \tag{a}$$

对该方程曾推得［式(4-51)和式(4-52)］

$$a = \frac{9}{8} R_g T_c v_c, \quad b = \frac{v_c}{3}, \quad R_g = \frac{8}{3}\frac{p_c v_c}{T_c} \tag{b}$$

将式(b)代入式(a)

$$\left(p + \frac{9}{8}\frac{R_g T_c v_c}{v^2}\right)\left(v - \frac{v_c}{3}\right) = \frac{8}{3}\frac{p_c v_c}{T_c} T$$

全式除以 $p_c v_c$

$$\left(\frac{p}{p_c} + \frac{9}{8}\frac{R_g T_c}{p_c v_c}\frac{v_c^2}{v^2}\right)\left(\frac{v}{v_c} - \frac{1}{3}\right) = \frac{8}{3}\frac{T}{T_c}$$

考虑到$\frac{R_g T_c}{p_c v_c} = \frac{8}{3}$，该式变为

$$\left(p_r + \frac{3}{v_r^2}\right)\left(v_r - \frac{1}{3}\right) = \frac{8}{3} T_r \tag{4-57}$$

式(4-57)即为范德瓦耳斯对比状态方程。也可以用压缩因子 Z 替代对比比体积 v_r 来表达范德瓦耳斯对比状态方程。

$$Z = \frac{pv}{R_g T} = \frac{p_r p_c \cdot v_r v_c}{R_g T_r T_c} = \frac{p_r v_r}{T_r} Z_c \tag{4-58}$$

对范德瓦耳斯气体$\left(Z_c = \frac{3}{8}\right)$

$$v_r = \frac{Z T_r}{Z_c p_r} = \frac{8}{3}\frac{Z T_r}{p_r} \tag{4-59}$$

将式(4-59)代入式(4-57)

$$\left[p_r + \frac{3}{\left(\frac{8}{3}\frac{Z T_r}{p_r}\right)^2}\right]\left(\frac{8}{3}\frac{Z T_r}{p_r} - \frac{1}{3}\right) = \frac{8}{3} T_r$$

即 $$p_r\left(1+\frac{27}{64}\frac{p_r}{Z^2T_r^{\ 2}}\right)Z\left(\frac{8}{3}\frac{T_r}{p_r}-\frac{1}{3Z}\right)\frac{3}{8T_r}=1$$

亦即 $$\left(Z+\frac{27}{64}\frac{p_r}{ZT_r^{\ 2}}\right)\left(1-\frac{p_r}{8ZT_r}\right)=1 \tag{4-60}$$

式（4-60）为另一种形式（用 Z 替代 v_r）的范德瓦耳斯对比状态方程。

式（4-57）和式（4-60）都是范德瓦耳斯对比状态方程，式中不包含反映不同物质特性的不同常数（如气体常数、临界参数、修正数等），它们是通用的，对任何范德瓦耳斯气体都适用。但是，如果用范德瓦耳斯对比状态方程来计算实际气体的性质，误差将是很大的，因为该方程中不合实际地认为所有物质的临界压缩因子 Z_c 都等于0.375，而实际上所有物质的临界压缩因子都远小于此值。理想气体的对比状态方程最简单：$Z=1$。

2. 对应态原理

虽然范德瓦耳斯对比状态方程不适合用于实际气体性质的定量计算，但它却提供了一个很好的启示：所有的范德瓦耳斯气体（范德瓦耳斯气体其实也是一类假想的气体）都可以用同一个包含三个对比参数（T_r、p_r、v_r 或 T_r、p_r、Z）的对比状态方程表示它们的性质。那么对所有的凡德瓦耳斯气体，只要有两个对比参数相同，第三个对比参数也就必定相同。

所有的范德瓦耳斯气体是热力学相似的，它们在 $T_r-p_r-v_r$ 或（T_r-p_r-Z）三维图中具有同一的热力学面，该热力学面上任何一点代表着所有范德瓦耳斯气体的一个相应的状态。事实上，任何一组热力学相似的气体（它们可以具有不同于范德瓦耳斯气体的对比状态方程），在 $T_r-p_r-v_r$ 或（T_r-p_r-Z）三维图中都具有同一的热力学面，该热力学面上任何一点代表这组热力学相似气体的一个对应状态。因此，可以得出这样一个普遍的推论：对热力学相似的流体［它们具有相同的对比状态方程 F（T_r、p_r、v_r）$=0$ 或 f（T_r、p_r、Z）$=0$］，在三个对比参数中，如果有两个相同，那么第三个也必定相同，这就是对应态原理（热力学相似原理）。这时，具有相同对比参数的热力学相似的流体处于对应状态下。

4.7 通用的压缩因子图、对比余焓图和对比余熵图

1. 通用压缩因子图

范德瓦耳斯气体是热力学相似的，但实际气体偏离范德瓦耳斯气体较远，那么实际气体是否也存在热力学相似的现象呢？图4-4画出了多种气体的 p、v、T 实验数据在 Z-p_r 坐标系中整理出来的定对比温度线上各点的实际位置。从该图可以看出，这些性质差异较大的物质，基本上遵守对应态原理（当 T_r、p_r 相同时，实验数据 Z 值也基本相同）。

从式（4-58）可知

$$Z=\frac{p_r v_r}{T_r}Z_c$$

而 v_r 是 T_r 和 p_r 的函数［$v_r=v_r$（T_r，p_r）］，所以

$$Z=Z(T_r,\ p_r,\ Z_c) \tag{4-61}$$

对具有相同 Z_c 值的气体，则

$$Z=f(T_r,\ p_r) \tag{4-62}$$

式（4-61）和式（4-62）表明，具有相同临界压缩因子值的流体是一组热力学相似的

流体，不同 Z_c 值的流体具有不同的状态方程。由于大多数流体的临界压缩因子比较接近0.27，因此，如能得到一个 $Z_c=0.27$ 的对比状态方程，将能表达一大批热力学相似的气体的性质。但是要想获得一个在较大参数范围内适用的对比状态方程并非易事，因而只好通过很多 $Z_c\approx0.27$ 的物质的大量实验数据在 $Z\text{-}p_r$ 图中画出等对比温度线簇，以此来代替对比状态方程，这就形成了图4-5所示的通用压缩因子图。通用压缩因子图就是图示的对比状态方程。

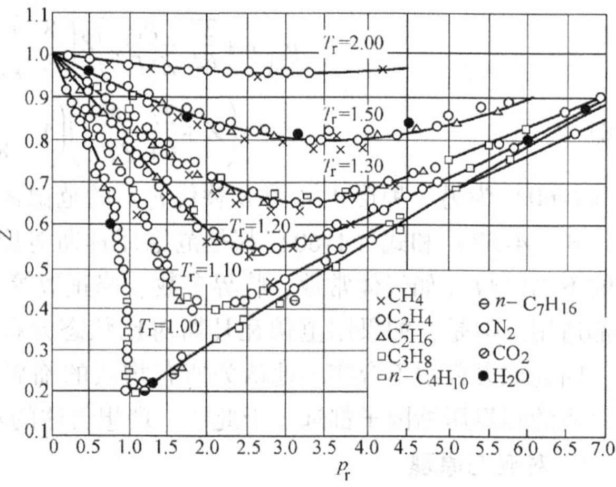

图4-4 若干种气体压缩因子

从图4-4及图4-5可以看出：所有等对比温度线在 $p_r\to0$ 时都将集中到 $Z=1$ 处，这是因为任何气体，在极低压力下，其性质都趋于理想气体。

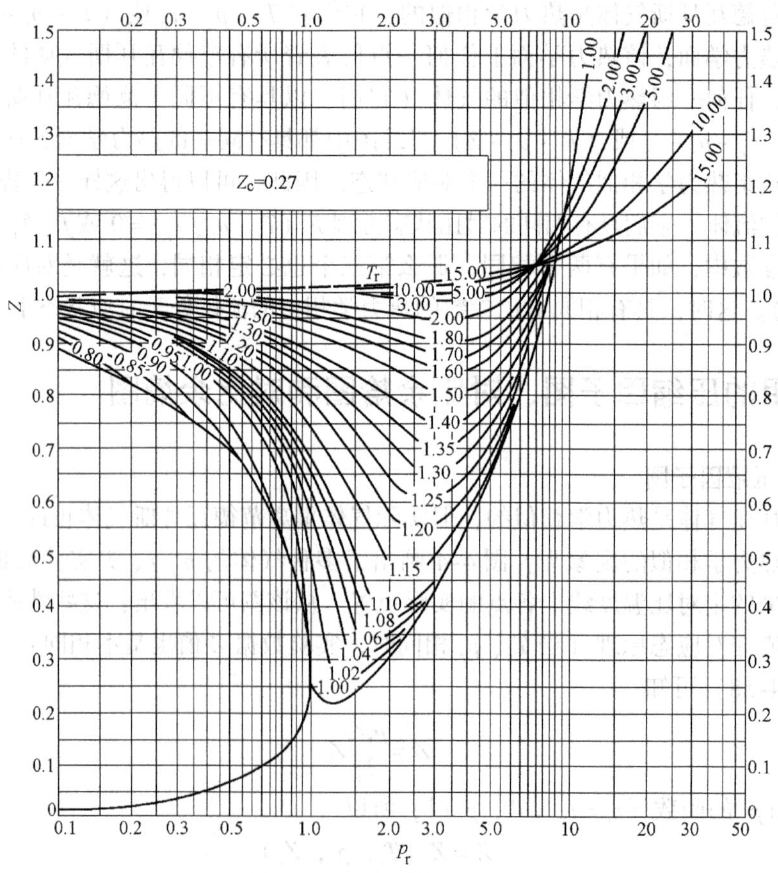

图4-5 通用压缩因子图

对一些 Z_c 值离0.27较远的流体，也可以绘制其他 Z_c 值（如 $Z_c=0.29$，$Z_c=0.25$）的通用压缩因子图，但那些图用得较少。通用压缩因子图的用途是为那些缺乏专用状态方程和专用图表的流体提供计算 p、v、T 的依据。

2. **通用对比余焓图**

以 T、p 为独立变量的比焓的微分方程为

$$\mathrm{d}h = c_p\mathrm{d}T - \left[T\left(\frac{\partial v}{\partial T}\right)_p - v\right]\mathrm{d}p$$

在等温下积分

$$\int_{h_0}^{h}\mathrm{d}h_T = -\int_0^p\left[T\left(\frac{\partial v}{\partial T}\right)_p - v\right]\mathrm{d}p_T$$

即

$$(h - h_0)_T = \int_0^p\left[v - T\left(\frac{\partial v}{\partial T}\right)_p\right]\mathrm{d}p_T \tag{4-63}$$

式中，h_0 为零压下（即理想气体状态下）气体的比焓，h_0 仅仅是温度的函数。用压缩因子代替比体积

$$v = \frac{ZR_gT}{p} \tag{a}$$

$$\left(\frac{\partial v}{\partial T}\right)_p = \frac{ZR_g}{p} + \frac{R_gT}{p}\left(\frac{\partial Z}{\partial T}\right)_p \tag{b}$$

将式（a）和式（b）代入式（4-63）

$$\begin{aligned}(h - h_0)_T &= \int_0^p\left[\frac{ZR_gT}{p} - \frac{ZR_gT}{p} - \frac{R_gT^2}{p}\left(\frac{\partial Z}{\partial T}\right)_p\right]\mathrm{d}p_T\\ &= -\int_0^p\left[\frac{R_gT^2}{p}\left(\frac{\partial Z}{\partial T}\right)_p\right]\mathrm{d}p_T = -\int_0^{p_r}\frac{R_gT_r^2T_c^2}{p_rp_c}\left(\frac{\partial Z}{\partial T_r}\right)_{p_r}\mathrm{d}\ (p_r)_{T_r}\frac{p_c}{T_c}\\ &= -R_gT_r^2T_c\int_0^{p_r}\left(\frac{\partial Z}{\partial T_r}\right)_{p_r}\mathrm{d}\ (\ln p_r)_{T_r}\end{aligned}$$

或写为

$$-\left(\frac{h - h_0}{R_gT_c}\right)_T = -\Delta h_r = T_r^2\int_0^{p_r}\left(\frac{\partial Z}{\partial T_r}\right)_{p_r}\mathrm{d}\ (\ln p_r)_{T_r} \tag{4-64}$$

式（4-64）等号左边的 Δh_r 为量纲一的对比余焓，等号右边的 Z 为 T_r 和 p_r 的函数，所以该式又可写为

$$-\Delta h_r = \left(\frac{h_0 - h}{R_gT_c}\right)_T = \varphi\ (T_r,\ p_r) \tag{4-65}$$

式（4-65）表明对比余焓是对比温度和对比压力的函数。它提供了绘制通用对比余焓图的理论依据。对热力学相似的流体来说（比如说 $Z_c \approx 0.27$ 的各种流体），可以根据已有的通用压缩因子图，按式（4-64）表示的关系，经图解求导和积分而得出如式（4-65）所示的对比余焓与 T_r 和 p_r 的关系曲线（图 4-6）。

有了通用对比余焓图，只要知道流体的临界温度和临界压力以及理想气体状态下相同温度时的比焓（h_0），即可求得实际气体的比焓值。

3. **通用对比余熵图**

以 T、p 为独立变量的比熵的微分方程为

$$\mathrm{d}s = \frac{c_p}{T}\mathrm{d}T - \left(\frac{\partial v}{\partial T}\right)_p\mathrm{d}p$$

在等温下积分

$$\int_{s_0}^{s_p}\mathrm{d}s_T = -\int_0^p\left(\frac{\partial v}{\partial T}\right)_p\mathrm{d}p_T$$

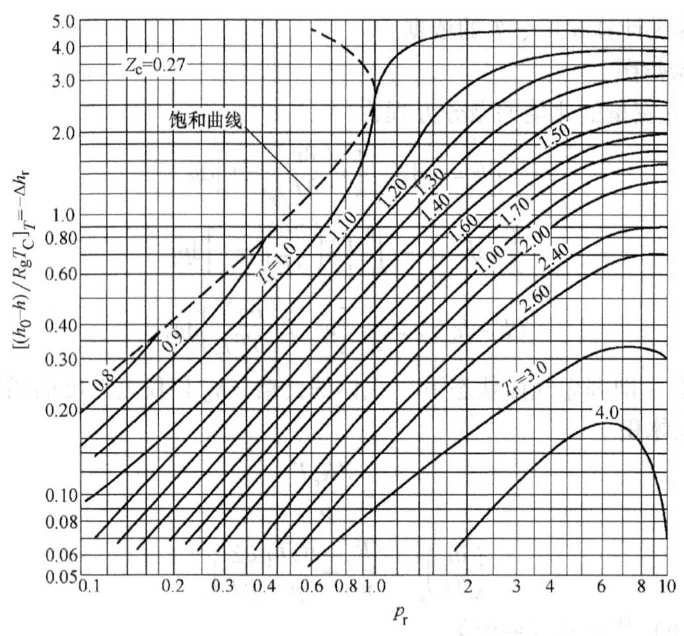

图 4-6　通用对比余焓图

即
$$(s_p - s_0)_T = -\int_0^p \left(\frac{\partial v}{\partial T}\right)_p \mathrm{d}p_T \tag{c}$$

式（c）表达了实际气体当温度不变时比熵随压力的变化。

理想气体的比熵不像理想气体的比焓那样只是温度的函数，而是和温度及压力都有关系。理想气体在定温下，比熵随压力的变化关系为

$$(s_{0,p} - s_{0,0})_T = -\int_0^p \frac{R_g}{p}\mathrm{d}p_T \tag{d}$$

式（c）中的 s_0 表示温度为 T，$p\to 0$ 时，实际气体趋于理想气体时的比熵；式（d）中的 $s_{0,0}$表示温度为 T，$p\to 0$ 时，理想气体的比熵。显然，二者是相等的。

式（c）减式（d），得

$$(s_p - s_{0,p})_T = -\int_0^p \left[\left(\frac{\partial v}{\partial T}\right)_p - \frac{R_g}{p}\right]\mathrm{d}p_T \tag{e}$$

将式（b）代入式（e）

$$\begin{aligned}(s_p - s_{0,p})_T &= -\int_0^p \left[\frac{ZR_g}{p} + \frac{R_gT}{p}\left(\frac{\partial Z}{\partial T}\right)_p - \frac{R_g}{p}\right]\mathrm{d}p_T \\ &= -R_g\int_0^p \left[\frac{Z-1}{p} + \frac{T}{p}\left(\frac{\partial Z}{\partial T}\right)_p\right]\mathrm{d}p_T \\ &= -R_g\int_0^{p_r} \left[\frac{Z-1}{p_rp_c} + \frac{T_rT_c}{p_rp_cT_c}\left(\frac{\partial Z}{\partial T_r}\right)_{p_r}\right]\mathrm{d}(p_r)_{T_r}p_c \\ &= -R_g\int_0^{p_r}(Z-1)\ \mathrm{d}\ (\ln p_r)_{T_r} - R_gT_r\int_0^{p_r}\left(\frac{\partial Z}{\partial T_r}\right)_{p_r}\mathrm{d}(\ln p_r)_{T_r}\end{aligned}$$

或写为

$$-\left(\frac{s-s_0}{R_g}\right)_{p,T}=-\Delta s_r=\int_0^{p_r}(Z-1)\ \mathrm{d}\ (\ln p_r)_{T_r}+T_r\int_0^{p_r}\left(\frac{\partial Z}{\partial T_r}\right)_{p_r}\mathrm{d}(\ln p_r)_{T_r}\tag{4-66}$$

式（4-66）等号左边的 Δs_r 为量纲一的对比余熵。考虑到式（4-64）已建立的关系，式（4-66）又可写为

$$-\Delta s_r=\left(\frac{s_0-s}{R_g}\right)_{p,T}=\int_0^{p_r}(Z-1)\ \mathrm{d}\ (\ln p_r)_{T_r}+\frac{1}{T_r}\left(\frac{h_0-h}{R_gT_c}\right)_T\tag{4-67}$$

已经知道 $Z=f\ (T_r,\ p_r)$，$\left(\frac{h-h_0}{R_gT_c}\right)_T=\varphi\ (T_r,\ p_r)$ ［式（4-65）］，因此式（4-67）又可写为

$$-\Delta s_r=\left(\frac{s_0-s}{R_g}\right)_{p,T}=\psi\ (T_r,\ p_r)\tag{4-68}$$

式（4-68）表明对比余熵也是对比温度和对比压力的函数。它提供了绘制通用对比余熵图的理论依据。对热力学相似的流体来说，可以根据已有的通用压缩因子图和通用对比余焓图按式（4-67）所示的关系，经图解积分和组合而得出与式（4-68）对应的对比余熵与 T_r 和 p_r 关系的曲线（图4-7）。

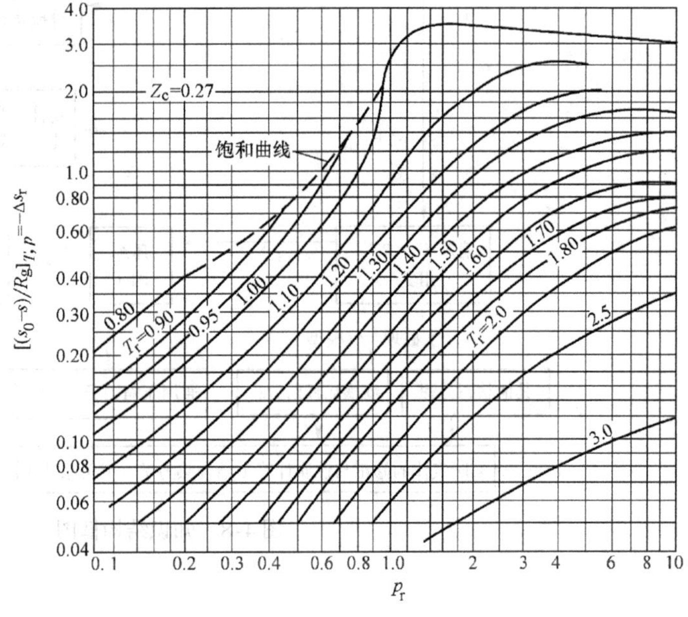

图4-7　通用对比余熵图

有了通用对比余熵图，只要知道流体的临界温度和临界压力，以及相同温度和相同压力下理想气体的熵（s_0），即可求得实际气体的熵。

以上所有通用线图之所以通用，其基本依据是流体物性的热力学相似。通用线图是对比状态方程、对比焓方程和对比熵方程的不得已的替代物。因为由实验数据综合得出的曲线形状复杂，很难由一个总的数学关系式表达出来，因此就直接用图中曲线表示。

本章要求重点与讨论

1）了解实际气体与理想气体的根本区别及其各自适用条件。

2）掌握理想气体热力性质（状态方程、比热容、比热力学能、比焓、比熵）的计算。

3）了解范德瓦耳斯方程推导过程及其在状态方程研究中的地位与作用。

4）理解压缩因子的物理意义，能够使用通用压缩因子图、通用对比余焓图、通用对比余熵图对气体性质进行修正。

本章知识结构框图如图4-8所示。

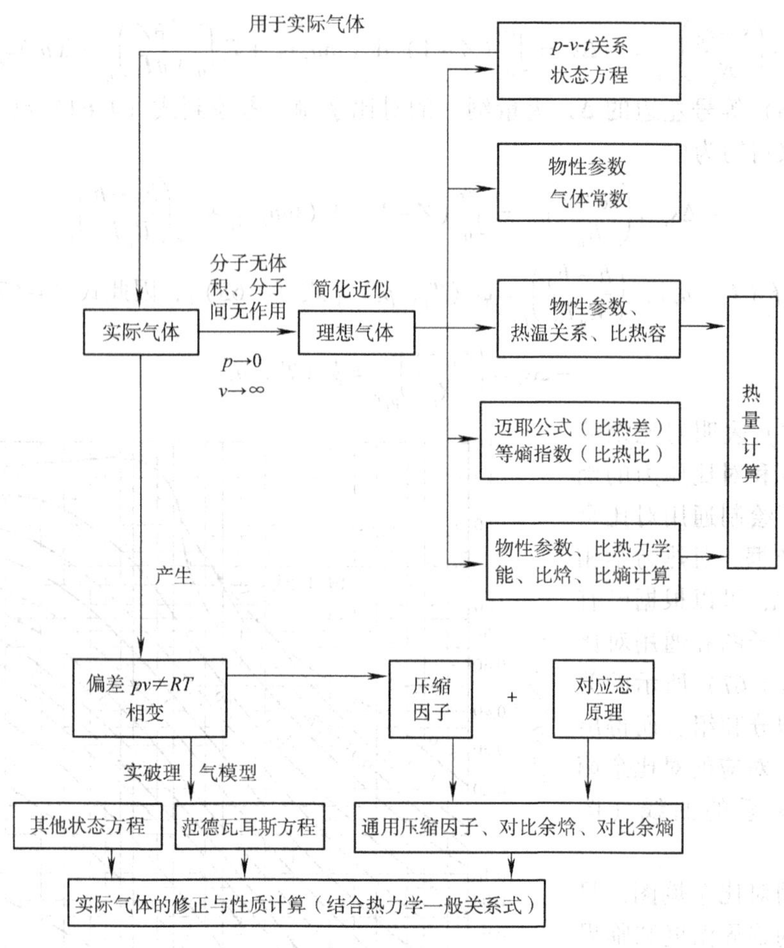

图 4-8　知识结构框图

思　考　题

1. 理想气体的比热力学能和比焓只和温度有关，而和压力及比体积无关。但是根据给定压力和比体积又可以确定比热力学能和比焓。其间有无矛盾？如何解释？

2. 迈耶公式对变比热容理想气体是否适用？对实际气体是否适用？

3. 为什么 c_{p0} 要比 c_{V0} 大？

4. 在压容图中，不同等温线的相对位置如何？在温熵图中，不同等容线和不同等压线的相对位置如何？

5. 在温熵图中，如何将理想气体在任意两状态间比热力学能的变化和比焓的变化表示出来？

6. 物质的临界状态究竟是怎样一种状态？

7. 对应态原理和通用压缩因子图、通用对比余焓图、通用对比余熵图适用于什么样的情况？

8. 实际气体在低压下 $Z<1$，而在高压下 $Z>1$（图 4-1），能否解释为什么？

习 题

4-1 已知氖的相对分子质量为20.183，在25℃时比定压热容为1.030kJ/(kg·K)。试计算（按理想气体）：

1）气体常数；

2）标准状况下的比体积和密度；

3）25℃时的比定容热容和比热比。

4-2 容积为2.5m^{3}的压缩空气储气罐，原来压力表读数为0.05MPa，温度为18℃。充气后压力表读数升为0.42MPa，温度升为40℃。当时大气压力为0.1MPa。求充进空气的质量。

4-3 有一容积为2m^{3}的氢气球，球壳质量为1kg。当大气压力为750mmHg(99.991 5kPa)、温度为20℃时，浮力为11.2N。试求其中氢气的质量和表压力。

4-4 某轮船从气温为-20℃的港口领来一个容积为40L的氧气瓶。当时压力表指示出压力为15MPa。该氧气瓶放于储藏舱内长期未使用，检查时氧气瓶压力表读数为15.1MPa，储藏室当时温度为17℃。问该氧气瓶是否漏气？如果漏气，漏了多少（按理想气体计算，并认为大气压力$p_b \approx 0.1\text{MPa}$)？

4-5 空气从300K等压加热到900K。试按理想气体计算每千克空气吸收的热量及熵的变化：

1）按定比热容计算；

2）利用比定压热容经验公式计算；

3）利用热力性质表计算。

4-6 狄特里奇（Dieterici）方程为：$p=\dfrac{R_gT}{v-b}e^{-a/(R_gTv)}$（式中修正数$a$、$b$为常数）。试导出$a$、$b$与临界参数之间的关系并证明临界压缩因子的值$z_c=\dfrac{2}{e^2}=0.270\,7$。

4-7 试导出范德瓦耳斯气体在可逆等温过程中比体积由v_1变为v_2时，膨胀功和技术功的计算式。

4-8 雷特里奇-邝（Redlich-Kwong）方程为：$p=\dfrac{R_gT}{v-b}-\dfrac{a}{T^{0.5}v\ (v+b)}$（式中修正数$a$、$b$为常数）。试证明：

$$a=\frac{1}{9\ (\sqrt[3]{2}-1)}\frac{R_g^2T_c^{2.5}}{p_c}=0.427\,48\frac{R_g^2T_c^{2.5}}{p_c},\quad b=\frac{1}{3}\ (\sqrt[3]{2}-1)\ \frac{R_gT_c}{p_c}=0.086\,64\frac{R_gT_c}{p_c},\quad Z_c=\frac{1}{3}$$

4-9 一容积为100L的氧气瓶中装有高压氧气，已测得其表压力为10MPa（大气压力为0.1MPa)，当时室温为20℃。试按下列方法计算所装氧气的质量：

1）认为氧气是理想气体；

2）认为氧气是范德瓦耳斯气体（修正数a、b可从表4-2查得）；

3）利用通用压缩因子图（图4-5）计算（临界参数从表4-1查得）。

4-10 范德瓦耳斯气体的转回曲线（$\mu_J=0$）如图4-9所示。试证明其最高转回温度、最低转回温度和最高转回压力分别为 $T_H=6.75T_c$，$T_L=0.75T_c$，$p_M=9p_c$。

4-11 甲烷在理想气体状态下的比热容与温度的关系式可从附录 A 表 A-2 查得。假设甲烷遵守范德瓦耳斯方程，并设定它在标准状况下的比焓和比熵为零。试计算在 $T=300\text{K}$、$p=10\text{MPa}$ 时甲烷的比体积、比焓和比熵。

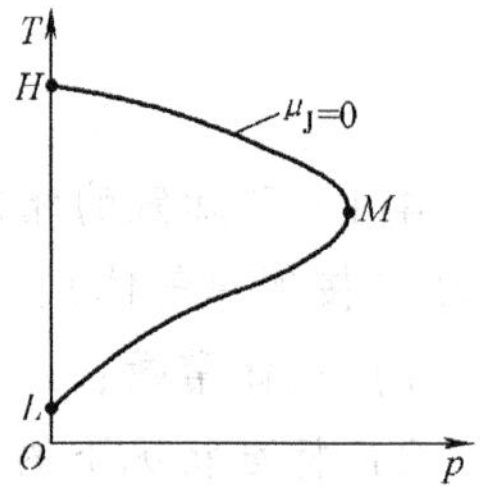

图 4-9 习题 4-10 图

选读之七 克拉贝隆及理想气体状态方程

克拉贝隆生于法国巴黎，他 19 岁就毕业于巴黎综合技术学校。21 岁便前往俄国彼得堡的交通工程部门担任工程师，前后工作十余年，在铁路工程方面积累了丰富的经验和知识。后来，他回到巴黎，在桥梁和道路学校任教授，接着又做了该校的校长。他设计了法国的第一条铁路线，并为法国第一座铁路桥的建造提供了计算方法和数据，他因此而发明了关于支撑力矩的克拉贝隆计算法。在克拉贝隆以工程方面的卓越成就，赢得了八方赞誉的时候，他私下里对热学方面的理论研究产生了兴趣，当然这种兴趣还是由工程问题引发而来的。

当时瓦特已对蒸汽机进行了完善，由他制造的蒸汽机的效率比纽可门机的效率提高了三四倍，但瓦特机的效率仍很低，只能达到 4% 左右（现在的蒸汽机的效率可达 38% 以上）。因此，在科学家面前提出了这样的课题，能不能在理论上确定蒸汽机的可以达到的最高效率。克拉贝隆在卡诺工作的基础上，为解决这一难题作出了突出贡献。

1834 年，克拉贝隆在巴黎发表了题为《关于热的动力》的论文。克拉贝隆在该文中重新提出了瓦特的表示压强-容积图，并应用这种图表示了卡诺循环的过程，这为热力学循环的研究提供了很大的方便条件。这种图较为直观地反映了蒸汽机一次循环过程中压力随气缸容积变化的情况。从图中不但可以估计出一个循环变化过程所做的功，而且能提出可以由所做功和这一循环所供应的热量之比来给一台热机的效率进行测量。该图被广泛采用，至今仍出现在热学教科书中。由于克拉贝隆的发展，卡诺的贡献所具有的意义才逐渐为人们所理解。

克拉贝隆还提出了以他的名字为名的理想气体的状态方程：$pV=\dfrac{M}{\mu}RT$，它比一定质量的理想气体的状态方程：$p_1V_1/T_1=p_2V_2/T_2$ 应用范围更为广泛。前者可由后者推出。但在历史上，克拉贝隆的方程是由气体的实验定律归纳出来的。

选读之八 比热容、潜热与布莱克

爱因斯坦和英费尔德在《物理学的进化》中说：“用来描述热现象的最基本的概念是温度和热量，在科学史上经过了非常长的时间才把这两种概念区别开来，但是一经辨别清楚，就使科学得到飞速的发展。”

在热学的早期发展中，与温度的测量同等重要的成就是热量的测量。但是，人们一开始并没有认识到温度与热量之间的区别。最早指出它们之间区别的是苏格兰化学家约瑟夫·布莱克（1728—1799，图 4-10）。如果把计温学的发展作为热学的第一个进步的话，那么，把温度和热量从概念上区别开来，则是热学的第二个进步。

图 4-10 约瑟夫·布莱克

布莱克出生在一个酒商家庭，他先是入格拉斯哥大学学习医学。1751 年迁居爱丁堡继续学习，1756 年完成了医学博士论文，当年任格拉斯哥大学医学教授和化学讲师，年仅 28 岁。1766 年任爱丁堡大学化学教授。热学的发展总是遇到不少疑难。18 世纪前半期，由于温度的测量和热量的测量还没有明确地区别开来，于是出现了“波尔哈夫疑难”。波尔哈夫是荷兰莱登大学的教授，是当时颇具声望的化学家。他认为，一定量的物体温度每升高一度都应当吸收相同数量的热量，这个数

$$\frac{l_2}{l_1}=\frac{\lambda^3-4\pi\sigma^3/3}{\lambda^3}$$

由于$\sigma/2$是分子球的半径，$n\lambda^3$等于一个单位体积V，$4\pi\sigma^3 n/3$是这些分子体积的8倍，所以

$$\frac{l_2}{l_1}=\frac{V-8b_1}{V}$$

式中，b_1为这些分子的体积。

范德瓦耳斯进一步指出，实际上碰撞通常并不是对心的，所以应重新考虑自由路程的修正值。他写道："在碰撞的瞬间，运动分子的中心处在围绕第二个分子的中心、半径为σ的球面上，设想这个球面被垂直于运动方向的平面平分，如果是对心碰撞，运动分子的中心到这一平面的距离最大；在中间的那些情况，运动分子的中心处于半球面上的其他各点"。路程所减去的值应是运动分子的中心到这一平面的距离，所以平均路程所减去的平均值应是半球面的平均坐标。设半球面上小面元$\mathrm{d}w$的坐标（距平面的距离）为z，则半球面各点的平均坐标为

$$\int z\mathrm{d}w\Big/\int\mathrm{d}w$$

这是半球面重心的坐标，其值为分子球半径的一半，所以自由路程应该缩短了$\sigma/2$，而不是σ。因此

$$l_2=l_1-\frac{\sigma}{2}$$

$$\frac{l_2}{l_1}=\frac{V-4b_1}{V}$$

所以，分子自由活动的空间应该比容器的容积减少了$b=4b_1$。

这样，范德瓦耳斯就得到了非理想气体的状态方程

$$\left(p+\frac{a}{V^2}\right)(V-b)=RT$$

从理论的角度看来，这个方程的推导过程并不是无懈可击的。后来不少人对这一方程进行了修正，得到了一些半经验公式。但这个方程的物理思想十分明确，对于安德鲁斯等人的实验结果，也作出了令人满意的定量解释；从这个方程还能求出参数

$$T_c=\frac{8a}{27bR}$$

$$V_c=3b$$

$$P_c=\frac{a}{27b^2}$$

所以，范德瓦耳斯的这一工作很快就得到了科学界的注视，他也因此获得1910年度诺贝尔物理学奖。

范德瓦耳斯之所以能取得如此突出的成就，并在这一领域产生巨大影响，主要是由于他对分子运动论比前人有更明确的概念，他继承并发展了玻意耳、伯努利、克劳修斯等人的研究成果，并注意到安德鲁斯等人已经从实验发现了气液连续的物态变化，这些实验结果为他的工作提供了实验基础。

第 5 章　热力学微分关系式

【提要】 运用热力学定律进行热力过程和热力循环的计算都离不开工质的各种热力参数数值。压力、体积和温度等一些参数可以直接测量，而热力学能、焓、熵等参数无法直接测量，根据热力学基本定律及基本定义可以导出热力学微分关系式，通过热力学参数的微分关系式，可以将那些不能直接测量的参数用一些易测的参数表达出来。热力学微分关系式是研究物质热力性质的理论基础，对于工质热物性的实验研究及热力计算具有普遍的指导意义和实用价值。本章首先介绍特征函数及 4 个常用的特征函数，进而借助热力学知识和二元函数的数学特征得出热力参数之间联系的麦克斯韦关系式，最后导出纯物质的熵、焓、热力学能及比热容的普遍关系式。

5.1　特征函数

1. 比亥姆霍兹自由能和比吉布斯自由能

比焓是一个组合的状态参数（$h=u+pv$），比亥姆霍兹自由能（亦称比亥姆霍兹函数）和比吉布斯自由能（亦称比吉布斯函数）则是另外两个组合的状态参数（状态函数）

比亥姆霍兹自由能　$$f=u-Ts \tag{5-1}$$

比吉布斯自由能　$$g=h-Ts=u+pv-Ts \tag{5-2}$$

由微分比焓、比亥姆霍兹自由能和比吉布斯自由能的定义式，可得

$$\mathrm{d}h=\mathrm{d}u+p\mathrm{d}v+v\mathrm{d}p \tag{a}$$

$$\mathrm{d}f=\mathrm{d}u-T\mathrm{d}s-s\mathrm{d}T \tag{b}$$

$$\mathrm{d}g=\mathrm{d}u+p\mathrm{d}v+v\mathrm{d}p-T\mathrm{d}s-s\mathrm{d}T \tag{c}$$

另外，根据比熵的定义式可得到如下的恒等式

$$\mathrm{d}h=\mathrm{d}u+p\mathrm{d}v+v\mathrm{d}p$$

$$T\mathrm{d}s=\mathrm{d}u+p\mathrm{d}v$$

或

$$\mathrm{d}u=T\mathrm{d}s-p\mathrm{d}v \tag{5-3}$$

将式（5-3）代入式（a）、式（b）、式（c）可得

$$\mathrm{d}h=T\mathrm{d}s+v\mathrm{d}p \tag{5-4}$$

$$\mathrm{d}f=-s\mathrm{d}T-p\mathrm{d}v \tag{5-5}$$

$$\mathrm{d}g=-s\mathrm{d}T+v\mathrm{d}p \tag{5-6}$$

式（5-3）~式（5-6）统称为吉布斯方程组。

吉布斯方程组是直接根据热力学的基本定律及基本定义导得的，因此，具有高度的正确性和普遍性。吉布斯方程组建立了热力学中最常用的 8 个状态参数之间的基本关系式，在此基础上，可以导出许多其他的普遍适用的热力学函数关系。

2. **特征函数**

在适当选择独立变量（状态参数）的情况下，只要给出一个具体的函数式，就可以确定（计算）简单可压缩物质的全部平衡性质，这样的函数称为特征函数。例如 u 是以 s、v 为独立变量时的特征函数 $u=u(s, v)$，只要给出 $u=u(s, v)$ 的具体函数形式，其他热力学性质（状态参数）均可求得

$$s, v \text{（指定的独立变量）}$$

$$u=u(s, v) \text{（给出的特征函数）}$$

$$T=\left(\frac{\partial u}{\partial s}\right)_v \text{（温度的计算式）}$$

$$p=-\left(\frac{\partial u}{\partial v}\right)_s \text{（压力的计算式）}$$

$$h=u+pv=u(s, v)-\left(\frac{\partial u}{\partial v}\right)_s v \text{（比焓的计算式）}$$

$$f=u-Ts=u(s, v)-\left(\frac{\partial u}{\partial s}\right)_v s \text{（比亥姆霍兹自由能的计算式）}$$

$$g=u+pv-Ts=u(s, v)-\left(\frac{\partial u}{\partial v}\right)_s v-\left(\frac{\partial u}{\partial s}\right)_v s \text{（比吉布斯自由能的计算式）}$$

$u=u(s, v)$、$h=h(s, p)$、$f=f(T, v)$、$g=g(T, p)$ 都是相应于特定独立参数的特征函数。

5.2　二元连续函数的数学特性

本章仅限于讨论简单可压缩流体的热力学微分关系式，对于简单可压缩流体，只要给出两个相互独立的状态参数，整个状态也就确定了，其他状态参数原则上都可以由这给出的两个状态参数计算出来，任何第三个状态参数与这两个状态参数之间必然存在着确定的函数关系

$$z=z(x, y) \tag{a}$$

本节将给出二元连续函数的数学特性，以便于在推导中应用。

1. **全微分条件**

对简单可压缩物质，既然任何第三个状态参数都是两个独立变量的函数，而状态参数都是点函数，它的微分必定满足如下的全微分条件

$$\mathrm{d}z=\left(\frac{\partial z}{\partial x}\right)_y \mathrm{d}x+\left(\frac{\partial z}{\partial y}\right)_x \mathrm{d}y \tag{b}$$

$$\mathrm{d}z=M\mathrm{d}x+N\mathrm{d}y \tag{c}$$

$$\left(\frac{\partial M}{\partial y}\right)_x=\left(\frac{\partial N}{\partial x}\right)_y \tag{5-7}$$

2. **循环关系式**

当 z 不变时式（b）变为

$$0=\left(\frac{\partial z}{\partial x}\right)_y \mathrm{d}x_z+\left(\frac{\partial z}{\partial y}\right)_x \mathrm{d}y_z$$

全式除以 dy $$\left(\frac{\partial z}{\partial x}\right)_y\left(\frac{\partial x}{\partial y}\right)_z+\left(\frac{\partial z}{\partial y}\right)_x=0$$

移项后相除 $$\frac{\left(\frac{\partial z}{\partial x}\right)_y\left(\frac{\partial x}{\partial y}\right)_z}{\left(\frac{\partial z}{\partial y}\right)_x}=-1$$

亦可写为 $$\left(\frac{\partial x}{\partial y}\right)_z\left(\frac{\partial y}{\partial z}\right)_x\left(\frac{\partial z}{\partial x}\right)_y=-1 \tag{5-8}$$

式（5-8）即所谓循环关系式。任何三个两两相互独立的状态参数（特征量）之间都存在这种关系。

3. 链式关系式

设有四个特征量，其中任意两个相互独立。对函数 $x=x(y,\alpha)$ 和 $y=y(z,\alpha)$ 依次可得

$$\mathrm{d}x=\left(\frac{\partial x}{\partial y}\right)_\alpha \mathrm{d}y+\left(\frac{\partial x}{\partial \alpha}\right)_y \mathrm{d}\alpha \tag{d}$$

$$\mathrm{d}y=\left(\frac{\partial y}{\partial z}\right)_\alpha \mathrm{d}z+\left(\frac{\partial y}{\partial \alpha}\right)_z \mathrm{d}\alpha \tag{e}$$

将式（e）替代式（d）中的 dy，

$$\mathrm{d}x=\left(\frac{\partial x}{\partial y}\right)_\alpha\left(\frac{\partial y}{\partial z}\right)_\alpha \mathrm{d}z+\left[\left(\frac{\partial x}{\partial \alpha}\right)_y+\left(\frac{\partial x}{\partial y}\right)_\alpha\left(\frac{\partial y}{\partial \alpha}\right)_z\right]\mathrm{d}\alpha \tag{f}$$

对函数 $x=x(z,\alpha)$ 有

$$\mathrm{d}x=\left(\frac{\partial x}{\partial z}\right)_\alpha \mathrm{d}z+\left(\frac{\partial x}{\partial \alpha}\right)_z \mathrm{d}\alpha \tag{g}$$

将式（g）与式（f）进行比较，因为 z 和 x 是相互独立的变量，两式中 dz 和 d 的系数应相等

$$\left(\frac{\partial x}{\partial z}\right)_\alpha=\left(\frac{\partial x}{\partial y}\right)_\alpha\left(\frac{\partial y}{\partial z}\right)_\alpha \tag{5-9}$$

$$\left(\frac{\partial x}{\partial \alpha}\right)_z=\left(\frac{\partial x}{\partial \alpha}\right)_y+\left(\frac{\partial x}{\partial y}\right)_\alpha\left(\frac{\partial y}{\partial \alpha}\right)_z \tag{5-10}$$

式（5-9）可以改写为如下的所谓链式关系式

$$\left(\frac{\partial x}{\partial y}\right)_\alpha\left(\frac{\partial y}{\partial z}\right)_\alpha\left(\frac{\partial z}{\partial x}\right)_\alpha=1 \tag{5-11}$$

5.3 热系数

由热力学状态参数组成的偏导数可以有很多，其中由一些可测参数（主要是 p、v、T）组成的偏导数不仅可以测量，而且物理意义明确。由这些有明确物理意义的可测参数组成的物理量统称为热系数。

1. 体膨胀系数

物质在定压条件下比体积随温度的变化率称为体膨胀系数，其数学表达式为

$$\alpha_V=\frac{1}{v}\left(\frac{\partial v}{\partial T}\right)_p \tag{5-12}$$

体膨胀系数一般情况下为正值，但少数物质在某些情况下，体膨胀系数为负值。例如水在 0～4℃之间以及某些合金，在定压条件下比体积随温度的升高而减小。

理想气体的体膨胀系数可根据其状态方程（$pv = R_g T$）得出

$$\alpha_{V0} = \frac{1}{v}\left(\frac{\partial v}{\partial T}\right)_p = \frac{1}{v}\frac{R_g}{p} = \frac{1}{v}\frac{v}{T} = \frac{1}{T} > 0$$

2. **等温压缩率**

物质在等温条件下比体积随压力的变化率称为等温压缩率，其数学表达式为

$$\kappa_T = -\frac{1}{v}\left(\frac{\partial v}{\partial p}\right)_T > 0 \tag{5-13}$$

物质的等温压缩率恒为正值，意即在等温条件下，随着压力的升高，比体积必定减小。这是物质稳定存在的必要条件。否则，压力愈高，比体积愈大，比体积愈大，压力愈高，这样将无法获得平衡。

理想气体的等温压缩率为

$$\kappa_{T0} = -\frac{1}{v}\left(\frac{\partial v}{\partial p}\right)_T = -\frac{1}{v}\left(-\frac{R_g T}{p^2}\right) = -\frac{1}{v}\left(-\frac{v}{p}\right) = \frac{1}{p} > 0$$

3. **等熵压缩率**

物质在等熵（可逆绝热）条件下比体积随压力的变化率称为等熵压缩率或绝热压缩率，其数学表达式为

$$\kappa_S = -\frac{1}{v}\left(\frac{\partial v}{\partial p}\right)_s > 0 \tag{5-14}$$

物质的等熵压缩率也必为正值，意即在等熵（可逆绝热）条件下，随着压力的升高，比体积必定减小。与上述等温压缩率必为正值一样，这也是物质稳定存在的必要条件。

理想气体的等熵压缩率可得出

$$\kappa_{S0} = -\frac{1}{v}\left(\frac{\partial v}{\partial p}\right)_s = -\frac{1}{v}\left(\frac{-v}{\gamma_0 p}\right) = \frac{1}{\gamma_0 p} > 0$$

4. **相对压力系数**

物质在等容条件下压力随温度的变化率称为相对压力性系数，其数学表达式为

$$\alpha_p = \frac{1}{p}\left(\frac{\partial p}{\partial T}\right)_v \tag{5-15}$$

相对压力系数可以根据体膨胀系数和等温压缩率计算出来

根据循环关系式（5-8）有
$$\left(\frac{\partial p}{\partial v}\right)_T\left(\frac{\partial v}{\partial T}\right)_p\left(\frac{\partial T}{\partial p}\right)_v = -1$$

即
$$-\left(\frac{1}{\kappa_T v}\right)(\alpha_V v)\left(\frac{1}{\alpha_p p}\right) = -1$$

亦即
$$\frac{\alpha_V}{\kappa_T} = \alpha_p p \tag{5-16}$$

由于式（5-16）中 κ_T 和 p 必为正值，所以 α_p 和 α_V 具有相同的符号。通常相对压力系数为正值，但当体膨胀系数为负值时，相对压力系数也为负值。

理想气体的相对压力系数为

$$\alpha_{p0}=\frac{1}{p}\left(\frac{\partial p}{\partial T}\right)_v=\frac{1}{p}\frac{R_g}{v}=\frac{1}{p}\frac{p}{T}=\frac{1}{T}>0$$

对理想气体

$$\frac{\alpha_{V0}}{\kappa_{T0}}=\frac{1/T}{1/p}=\alpha_{p0}p \quad \text{[验证了式(5-16)]}$$

例 5-1 范德瓦耳斯状态方程为$\left(p+\frac{a}{v^2}\right)(v-b)=R_gT$（式中 a、b 为常数），试导出范德瓦耳斯气体的体膨胀系数、等温压缩率和相对压力系数的计算式。

解 为便于求导数，将范德瓦耳斯方程改变为 p 的显函数

$$p=\frac{R_gT}{v-b}-\frac{a}{v^2},\quad \left(\frac{\partial p}{\partial T}\right)_v=\frac{R_g}{v-b}$$

所以其相对压力系数 $$\alpha_p=\frac{1}{p}\left(\frac{\partial p}{\partial T}\right)_v=\frac{R_g}{p(v-b)}$$

其等温压缩率

$$\kappa_T=-\frac{1}{v}\left(\frac{\partial v}{\partial p}\right)_T=-\frac{1}{v}\cdot\frac{1}{\left(\frac{\partial p}{\partial v}\right)_T}=-\frac{1}{v}\cdot\frac{1}{-\frac{R_gT}{(v-b)^2}+\frac{2a}{v^3}}=\frac{v^2(v-b)^2}{R_gTv^3-2a(v-b)^2}$$

其体膨胀系数 $$\alpha_p=\frac{1}{v}\left(\frac{\partial v}{\partial T}\right)_p$$

式中偏导数$\left(\frac{\partial v}{\partial T}\right)_p$不易直接求得，可利用循环关系式（5-8）来计算

$$\left(\frac{\partial v}{\partial T}\right)_p=\frac{-1}{\left(\frac{\partial T}{\partial p}\right)_v\left(\frac{\partial p}{\partial v}\right)_T}=-\left(\frac{\partial p}{\partial T}\right)_v\left(\frac{\partial v}{\partial p}\right)_T$$

$$=-\frac{R_g}{v-b}\left[-\frac{v^3(v-b)^2}{R_gTv^3-2a(v-b)^2}\right]$$

$$=\frac{R_gv^3(v-b)}{R_gTv^3-2a(v-b)^2}$$

所以 $$\alpha_V=\frac{1}{v}\left(\frac{\partial v}{\partial T}\right)_p=\frac{R_gv^2(v-b)}{R_gTv^3-2a(v-b)^2}$$

例 5-2 已知水银在常温（20℃）、常压（0.1MPa）下的体膨胀系数 $\alpha_V=0.000\,181\,9\text{K}^{-1}$，等温压缩率 $\kappa_T=0.000\,038\,7/\text{MPa}$，试求其相对压力系数。如果在 20℃室温下将水银灌满一刚性容器并加以密封，当室温升至 25℃时，容器内压力为多少？

解 在常温、常压下水银的相对压力系数可根据式（5-16）计算

$$\alpha_p=\frac{\alpha_V}{p\kappa_T}=\frac{0.000\,181\,9}{0.1\times0.000\,038\,7}\text{K}^{-1}=47.003\text{K}^{-1}$$

意即在等容情况下，温度每升高 1K，压力将增加 47 倍。

近似地认为在一定参数范围内 α_V 和 κ_T 为定值，则得

$$\alpha_pp=\left(\frac{\partial p}{\partial T}\right)_v=\frac{\alpha_V}{\kappa_T}=\text{定值}$$

$$\int_{p_1}^{p_2} \mathrm{d}p_v = \frac{\alpha_V}{\kappa_T} \int_{T_1}^{T_2} \mathrm{d}T_v$$

当温度由 20℃升高至 25℃时，容器内的压力将为

$$\begin{aligned} p_2 &= \frac{\alpha_V}{\kappa_T}(T_2 - T_1) + p_1 \\ &= \left[\frac{0.0001819}{0.0000387}(298.15 - 293.15) + 0.1\right]\text{MPa} \\ &= 23.601\text{MPa} \text{（压力升为原来的 236 倍）} \end{aligned}$$

所以，用刚性容器装液体时，不能装满并密封，以免引起容器受热后超压，甚至爆裂。

5.4 麦克斯韦关系式

以 s、v 为独立变量时，微分热力学能的函数式 $u = u(s, v)$，可得

$$\mathrm{d}u = \left(\frac{\partial u}{\partial s}\right)_v \mathrm{d}s + \left(\frac{\partial u}{\partial v}\right)_s \mathrm{d}v \tag{a}$$

将上式和式（5-3）相比较后，可得

$$\left(\frac{\partial u}{\partial s}\right)_v = T, \quad \left(\frac{\partial u}{\partial v}\right)_s = -p \tag{5-17}$$

另外，根据全微分条件$\left(\frac{\partial^2 u}{\partial v \partial s} = \frac{\partial^2 u}{\partial s \partial v}\right)$得

$$\left(\frac{\partial T}{\partial v}\right)_s = -\left(\frac{\partial p}{\partial s}\right)_v \tag{5-18}$$

同样，根据 $h = h(T, p)$，$f = f(T, v)$，$g = g(T, p)$ 按照与上面同样的方法，可以相应地得出

$$\left(\frac{\partial h}{\partial s}\right)_p = T, \quad \left(\frac{\partial h}{\partial p}\right)_s = v \tag{5-19}$$

$$\left(\frac{\partial T}{\partial p}\right)_s = \left(\frac{\partial v}{\partial s}\right)_p \tag{5-20}$$

$$\left(\frac{\partial f}{\partial T}\right)_v = -s, \quad \left(\frac{\partial f}{\partial v}\right)_T = -p \tag{5-21}$$

$$\left(\frac{\partial s}{\partial v}\right)_T = \left(\frac{\partial p}{\partial T}\right)_v \tag{5-22}$$

$$\left(\frac{\partial g}{\partial T}\right)_p = -s, \quad \left(\frac{\partial g}{\partial p}\right)_T = v \tag{5-23}$$

$$\left(\frac{\partial s}{\partial p}\right)_T = -\left(\frac{\partial v}{\partial T}\right)_p \tag{5-24}$$

式（5-18）、式（5-20）、式（5-22）、式（5-24）称为麦克斯韦关系式，其重要性在于它们将简单可压缩物质的不能直接测量的状态参数比熵（s）与可以直接测量的基本状态参数（p、v、T）联系了起来。

5.5 比熵、比热力学能和比焓的一般关系式

1. 比熵的一般关系式

由 $s=s(T,v)$ 可得 $$\mathrm{d}s=\left(\frac{\partial s}{\partial T}\right)_v\mathrm{d}T+\left(\frac{\partial s}{\partial v}\right)_T\mathrm{d}v \tag{a}$$

式(a)中 $$\left(\frac{\partial s}{\partial T}\right)_v=\frac{\left(\frac{\partial u}{\partial T}\right)_v}{\left(\frac{\partial u}{\partial s}\right)_v}=\frac{c_V}{T}\text{[㊀]} \tag{b}$$

$$\left(\frac{\partial s}{\partial v}\right)_T=\left(\frac{\partial p}{\partial T}\right)_v \quad \text{(麦克斯韦第三关系式)} \tag{c}$$

将式(c)和式(b)代入式(a)

$$\mathrm{d}s=\frac{c_V}{T}\mathrm{d}T+\left(\frac{\partial p}{\partial T}\right)_v\mathrm{d}v \tag{5-25}$$

这就是以 T、v 为独立变量时比熵的一般关系式（第一 ds 方程），它适用于任何简单可压缩物质。

对理想气体，则可通过对式（5-25）积分而得到

$$s=\int\frac{c_{V0}}{T}\mathrm{d}T+\int\frac{R_g}{v}\mathrm{d}v+C_1=\int\frac{c_{V0}}{T}\mathrm{d}T+R_g\ln v+C_1$$

同样，由 $s=s(T,p)$ 有 $$\mathrm{d}s=\left(\frac{\partial s}{\partial T}\right)_p\mathrm{d}T+\left(\frac{\partial s}{\partial p}\right)_T\mathrm{d}p \tag{d}$$

式(d)中 $$\left(\frac{\partial s}{\partial T}\right)_p=\frac{\left(\frac{\partial h}{\partial T}\right)_p}{\left(\frac{\partial h}{\partial s}\right)_p}=\frac{c_p}{T}\text{[㊁]} \tag{e}$$

$$\left(\frac{\partial s}{\partial p}\right)_T=-\left(\frac{\partial v}{\partial T}\right)_p \quad \text{(麦克斯韦第四关系式)} \tag{f}$$

将式(e)和式(f)代入式(d)

$$\mathrm{d}s=\frac{c_p}{T}\mathrm{d}T-\left(\frac{\partial v}{\partial T}\right)_p\mathrm{d}p \tag{5-26}$$

该式是以 T、p 为独立变量时比熵的一般关系式（第二 ds 方程）。

以 p，v 为独立变量时，$s=s(p,v)$

㊀ $c_V\equiv\left(\frac{\partial u}{\partial T}\right)_v$ 可以认为是比定容热容的严格定义，它由物质的平衡性质确定，不涉及是否存在摩擦，而 $c_V=\left(\frac{\delta q}{\partial T}\right)_v$ 则在没有摩擦的情况下才成立，这时 $\delta q=\mathrm{d}u+p\mathrm{d}v$，$\left(\frac{\delta q}{\partial T}\right)_v=\left(\frac{\partial u}{\partial T}\right)_v$。在有摩擦的情况下，$\delta q+\delta q_g=\mathrm{d}u+p\mathrm{d}v$，$\left(\frac{\delta q}{\partial T}\right)_v<\left(\frac{\partial u}{\partial T}\right)_v\equiv c_V$。$c_V=T\left(\frac{\partial s}{\partial T}\right)_v$ 也是比定容热容的严格定义式，因为根据热力学恒等式，$\left(\frac{\partial u}{\partial T}\right)_v\equiv T\left(\frac{\partial s}{\partial T}\right)_v$。

㊁ 与上页脚注的理由相同，$c_p\equiv\left(\frac{\partial h}{\partial T}\right)_p\equiv T\left(\frac{\partial s}{\partial T}\right)_p$ 可以认为是比定压热容的严格定义式，而 $c_p=\left(\frac{\delta q}{\partial T}\right)_p$ 则在没有摩擦的条件下才成立。

比焓的变化 $$h_2 - h_1 = (u_2 - u_1) + (p_2 v_2 - p_1 v_1)$$

其中，p_1 和 p_2 可根据范德瓦耳斯方程计算

$$p_1 = \frac{R_g T}{v_1 - b} - \frac{a}{v_1^2}$$

$$= \left(\frac{296.8 \times 293.15}{0.3 - 0.0013792} - \frac{147.275}{0.3}\right)\text{Pa}$$

$$= 289726\,\text{Pa} = 0.289726\,\text{MPa}$$

$$p_2 = \frac{R_g T}{v_2 - b} - \frac{a}{v_2^2}$$

$$= \left(\frac{296.8 \times 293.15}{1.2 - 0.0013792} - \frac{147.275}{1.2}\right)\text{Pa}$$

$$= 72487\,\text{Pa} = 0.072487\,\text{MPa}$$

所以比焓的变化

$$h_2 - h_1 = (368.2 + 72487 \times 1.2 - 289726 \times 0.3)\ \text{J/kg}$$

$$= 434.8\,\text{J/kg} = 0.4348\,\text{kJ/kg}$$

利用上例得出的范德瓦耳斯气体比熵的计算式 $[s = c_V \ln T + R_g \ln(v - b) + s_0]$ 可得等温条件下比熵的变化为

$$s_2 - s_1 = R_g \ln \frac{v_2 - b}{v_1 - b} = 296.8 \ln \frac{1.2 - 0.0013792}{0.3 - 0.0013792}\text{J/(kg·K)}$$

$$= 412.5\,\text{J/(kg·K)} = 0.4125\,\text{kJ/(kg·K)}$$

讨论：若按照理想气体计算，则在等温条件下可得

$$u_2 - u_1 = 0, \quad h_2 - h_1 = 0$$

$$s_2 - s_1 = R_g \ln \frac{v_2}{v_1}$$

$$= 296.8 \ln \frac{1.2}{0.3}\text{J/(kg·K)} = 441.5\,\text{J/(kg·K)}$$

$$= 0.4415\,\text{kJ/(kg·K)}$$

5.6 比热容的一般关系式

1. 比热容差

按比定容热容和比定压热容定义

$$c_V = \left(\frac{\partial u}{\partial T}\right)_v = \left(\frac{\partial u}{\partial s}\right)_v \left(\frac{\partial s}{\partial T}\right)_v = T\left(\frac{\partial s}{\partial T}\right)_v \tag{5-34}$$

$$c_p = \left(\frac{\partial h}{\partial T}\right)_p = \left(\frac{\partial h}{\partial s}\right)_p \left(\frac{\partial s}{\partial T}\right)_p = T\left(\frac{\partial s}{\partial T}\right)_p \tag{5-35}$$

比热容差 $$c_p - c_V = T\left[\left(\frac{\partial s}{\partial T}\right)_p - \left(\frac{\partial s}{\partial T}\right)_v\right]$$

由式（5-10）可知 $$\left(\frac{\partial s}{\partial T}\right)_p = \left(\frac{\partial s}{\partial T}\right)_v + \left(\frac{\partial s}{\partial v}\right)_T \left(\frac{\partial v}{\partial T}\right)_p$$

代入上式后得
$$c_p - c_V = T\left(\frac{\partial s}{\partial v}\right)_T\left(\frac{\partial v}{\partial T}\right)_p$$

根据麦克斯韦第三关系式［式（5-22）］ $\left(\frac{\partial s}{\partial v}\right)_T = \left(\frac{\partial p}{\partial T}\right)_v$

所以
$$c_p - c_V = T\left(\frac{\partial p}{\partial T}\right)_v\left(\frac{\partial v}{\partial T}\right)_p \tag{5-36}$$

式中，$\left(\frac{\partial p}{\partial T}\right)_v = p\alpha_p$，而 c_V 较不常用，可利用循环关系式（5-8）将它变换一下

$$\left(\frac{\partial p}{\partial T}\right)_v = -\frac{\left(\frac{\partial v}{\partial T}\right)_p}{\left(\frac{\partial v}{\partial p}\right)_T}$$

代入式（5-36）可得

$$c_p - c_V = -\frac{T\left(\frac{\partial v}{\partial T}\right)_p^2}{\left(\frac{\partial v}{\partial p}\right)_T} = \frac{Tv\alpha_V^2}{\kappa_T} > 0 \tag{5-37}$$

式（5-37）中 T、v、κ_T 恒为正值，α_V 有时可能为负值，但 α_V^2 必为正值，所以 $c_p - c_V > 0$，意即任何物质的比定压热容必定大于比定容热容。由于比定容热容的测定较为困难，因此，一般总是先测出比定压热容，然后再利用状态方程式按式（5-36）或式（5-37）计算出比定容热容。

2. 比热比

比热比
$$\gamma = \frac{c_p}{c_V} = \frac{T\left(\frac{\partial s}{\partial T}\right)_p}{T\left(\frac{\partial s}{\partial T}\right)_v} = \frac{\left(\frac{\partial s}{\partial T}\right)_p}{\left(\frac{\partial s}{\partial T}\right)_v}$$

根据循环关系式
$$\left(\frac{\partial s}{\partial T}\right)_p = -\left(\frac{\partial p}{\partial T}\right)_s\left(\frac{\partial s}{\partial p}\right)_T$$
$$\left(\frac{\partial s}{\partial T}\right)_v = -\left(\frac{\partial v}{\partial T}\right)_s\left(\frac{\partial s}{\partial v}\right)_T$$

代入上式后得

$$\gamma = \frac{c_p}{c_V} = \frac{-T\left(\frac{\partial p}{\partial T}\right)_s\left(\frac{\partial s}{\partial p}\right)_T}{-T\left(\frac{\partial v}{\partial T}\right)_s\left(\frac{\partial s}{\partial v}\right)_T} = \frac{\left(\frac{\partial p}{\partial v}\right)_s}{\left(\frac{\partial p}{\partial v}\right)_T} = \frac{-\frac{1}{v}\left(\frac{\partial v}{\partial p}\right)_T}{-\frac{1}{v}\left(\frac{\partial v}{\partial p}\right)_s} = \frac{\kappa_T}{\kappa_S} > 1 \tag{5-38}$$

因为 $c_p - c_V > 0$，$\frac{c_p}{c_V} > 1$，所以 $\kappa_T > \kappa_S$，意即任何物质的等温压缩率一定大于等熵压缩率。

另外，由物理学可知，声速

$$c_s = \sqrt{\left(\frac{\partial p}{\partial \rho}\right)_s} = \sqrt{-v^2\left(\frac{\partial p}{\partial v}\right)_s} \qquad \left(\rho = \frac{1}{v}\right)$$

即
$$\left(\frac{\partial p}{\partial v}\right)_s = -\frac{c_s^2}{v^2}$$

将此式代入式（5-38）可得比热比：

$$\gamma = \frac{c_p}{c_V} = -\frac{c_s^2}{v^2}\left(\frac{\partial v}{\partial p}\right)_T = \frac{c_s^2}{v}\kappa_T \tag{5-39}$$

所以，也可以通过测量声速结合状态方程而得到比热比。

3. 压力对比热容的影响

以 T、p 为独立变量的第二 ds 方程式为

$$\mathrm{d}s = \frac{c_p}{T}\mathrm{d}T - \left(\frac{\partial v}{\partial T}\right)_p \mathrm{d}p$$

根据全微分条件

$$\left[\frac{\partial(c_p/T)}{\partial p}\right]_T = -\left(\frac{\partial^2 v}{\partial T^2}\right)_p$$

即

$$\left(\frac{\partial c_p}{\partial p}\right)_T = -T\left(\frac{\partial^2 v}{\partial T^2}\right)_p = -Tv\left[\alpha_p^2 + \left(\frac{\partial \alpha_p}{\partial T}\right)_p\right] \tag{5-40}$$

对该式积分（压力从零积到 p）

$$(c_p - c_{p0})_T = -T\int_0^p \left(\frac{\partial^2 v}{\partial T^2}\right)_p \mathrm{d}p_T$$

或写为

$$c_p\ (T,\ p) = c_{p0}\ (T) - T\int_0^p \left(\frac{\partial^2 v}{\partial T^2}\right)_p \mathrm{d}p_T \tag{5-41}$$

式中，c_{p0}为零压下气体的比定压热容，亦即理想气体状态下的比定压热容。

式（5-40）和式（5-41）表明：利用状态方程 $v=v\ (T,\ p)$ 的二阶偏导数可以计算出在等温下比定压热容随压力的变化。

4. 焦耳-汤姆逊系数的一般关系式

焦耳-汤姆逊系数（简称焦-汤系数）是指绝热节流的微分温度效应，即

$$\mu_J = \left(\frac{\partial T}{\partial p}\right)_h \tag{5-42}$$

绝热节流后比焓不变，压力降低，如果温度也降低，则 $\mu_J>0$，为正效应；如果温度升高，则 $\mu_J<0$，为负效应；如果温度不变，则 $\mu_J=0$，为零效应。

焦-汤系数和其他参数之间的关系可以利用比焓的一般关系式来确定，即

$$\mathrm{d}h = c_p\mathrm{d}T - \left[T\left(\frac{\partial v}{\partial T}\right)_p - v\right]\mathrm{d}p$$

绝热节流后比焓不变

$$\mathrm{d}h = 0$$

即

$$c_p\mathrm{d}T_h - \left[T\left(\frac{\partial v}{\partial T}\right)_p - v\right]\mathrm{d}p_h = 0$$

所以

$$\mu_J = \left(\frac{\partial T}{\partial p}\right)_h = \frac{1}{c_p}\left[T\left(\frac{\partial v}{\partial T}\right)_p - v\right] = \frac{v}{c_p}\ (T\alpha_p - 1) \tag{5-43}$$

该式建立了焦-汤系数、比定压热容及状态方程三者之间的关系。

显然，焦-汤系数为零的条件应是

$$T\left(\frac{\partial v}{\partial T}\right)_p = v \quad 或 \quad T\alpha_p = 1 \tag{5-44}$$

理想气体在任何状态下都满足式（5-44），所以理想气体在任何情况下，绝热节流后温度都不会改变。

本章导出的各种热力学微分方程建立了各特征量之间的一般关系。它们适用于任何具有两个自由度的简单可压缩物质。虽然它们并没有给出物质的具体知识，但有了热力学微分方程，只需知道较少的必要的热物性数据（例如比定压热容和状态方程）就可以获得比较全面的热物性知识，因而在热物性研究中很有用。

本章要求重点与讨论

1）了解纯物质的比熵、比焓、比热力学能及比热容的普遍关系式的推导思路。

2）了解热力学微分关系式的实际用途。

3）能够根据纯物质的热力学一般关系式推导出理想气体的热力性质计算式。

本章的知识结构框图如图 5-1 所示。

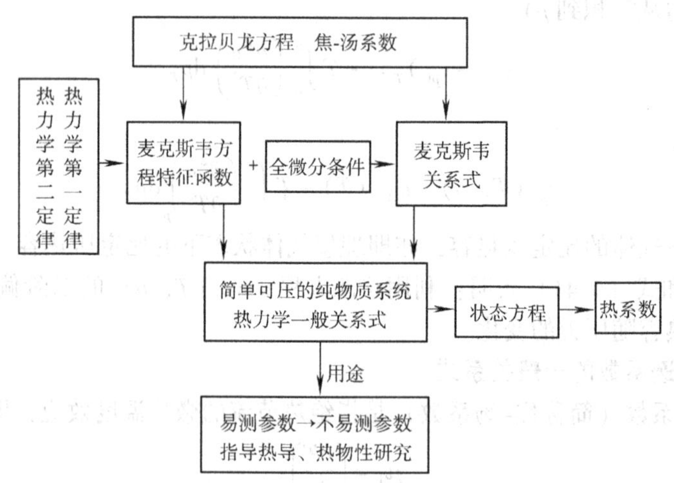

图 5-1　知识结构框图

思　考　题

1. 麦克斯韦关系式有何重要性？
2. 式（5-3）~式（5-6）适用于什么工质、什么过程？
3. $f=f(T, p)$，$g=g(T, v)$ 是不是特征函数？为什么？
4. 既然热力学一般关系式并不能给出物质的具体知识，其重要性又何在呢？
5. 对不可压缩的流体，试证明：$c_p=c_V$，$u=u(T)$，$h=h(T, p)$，$s=s(T)$。

习　　题

5-1　将常压（0.1MPa）和室温（20℃）下的液体苯装满一刚性容器并将其密封。已知液体苯在常温常压下的体膨胀系数 $\alpha_V = 0.001\,23\text{K}^{-1}$，等温压缩率 $\kappa_T = 0.000\,95\text{MPa}^{-1}$。当夏天室温升至28℃时，容器中的压力将达到多高？

5-2　已知水银在0℃时 $c_p = 0.139\,71\text{kJ/(kg·K)}$，$\rho = 13\,595\text{kg/m}^3$，$\alpha_p = 0.181\,6 \times 10^3\text{K}^{-1}$，$\kappa_T = 0.038\,677 \times 10^9\text{Pa}^{-1}$。试计算其在该温度下比定容热容和比热比之值。

5-3　试从四个麦克斯韦关系式中的一个推导出其他三个。

5-4　试利用比热容的一般关系证明迈耶公式 $c_{p0} - c_{V0} = R_g$

5-5　对遵守状态方程 $p(v-b) = R_g T$（其中 b 为一常数，正值）的气体，试证明：

1）其热力学能只是温度的函数；

2）$c_p - c_V = R_g$；

3）绝热节流后温度升高。

5-6　试证明：

1）$\left(\dfrac{\partial^2 g}{\partial T^2}\right)_p = -\dfrac{c_p}{T}$；

2）$\left(\dfrac{\partial^2 g}{\partial p^2}\right)_T = -v\beta_T$；

3）$\dfrac{\partial^2 u}{\partial T \partial v} = T\dfrac{\partial^2 s}{\partial T \partial v}$

5-7　试对遵守范德瓦耳斯方程$\left(p = \dfrac{R_g T}{v-b} - \dfrac{a}{v^2}\right)$的气体推导出其比热容差和焦-汤系数的计算式。

5-8　已知对氮气，范德瓦耳斯方程中的 $a = 147.275\text{Pa·m}^6/\text{kg}^2$，$b = 0.001\,379\,2\text{m}^3/\text{kg}$。试计算其处于5MPa和200K状态下的相对压力系数和等温压缩率的值。

5-9　某气体在一定参数范围内遵守状态方程 $v = \dfrac{R_g T}{p} - \dfrac{C}{T^3}$（$C$ 为常数）。已知在极低压力（理想气体条件）下该气体的比定压热容与温度的关系为 $c_{p0} = a + bT$（a、b 为常数），试导出该气体的比定压热容与温度和压力的关系式 c_p（T，p）。

5-10　试证明：

1）$\left(\dfrac{\partial h}{\partial p}\right)_T = -\mu_J c_p$；

2）$\left(\dfrac{\partial T}{\partial v}\right)_s = -\dfrac{T\alpha_p}{c_V \beta_T}$；

3）当 c_p 为常数时，$\left(\dfrac{\partial c_p}{\partial p}\right)_T = -Tv\alpha_p^2$。

5-11　对遵守方程$\dfrac{pv}{R_g T} = 1 + B'p + C'p^2$的气体（$B'$、$C'$为温度的函数），试证明其焦耳-汤姆逊系数 $\mu_J = 0$ 时符合如下条件：

$$p = -\frac{\mathrm{d}B'/\mathrm{d}T}{\mathrm{d}C'/\mathrm{d}T}$$

选读之十一　电磁理论集大成者——麦克斯韦

詹姆斯·克拉克·麦克斯韦（James Clerk Maxwell，1831—1879，图5-2）。在科学史上，一些重大理论的创立，往往是一场接力跑。它要靠许多英才前仆后继、不辞劳苦的努力，才能达到成熟的境界。19世纪导致物理学爆发了一场革命的电磁理论，也是如此。从奥斯特、安培发现电流的磁效应开始，经过法拉第的奠基，直到最后理论的完成，前后共经历了半个多世纪。这一理论的集大成者，是英国杰出的数学物理学家麦克斯韦。他是可以与牛顿相媲美的伟大科学家。麦克斯韦比法拉第小40岁，1831年11月13日生于英国苏格兰古都爱丁堡。他的父亲是一位思想开通，讲究实际，非常能干的律师。他很注重对麦克斯韦的早期教育，善于因势利导，启发孩子的想象力。麦克斯韦从小就对数学和物理学有浓厚的兴趣，他尤其喜欢数学。有一天，父亲让他画插满金菊花的花瓶。当麦克斯韦把画好的图样送给父亲时，老麦克斯韦惊讶了。原来，满纸画的都是几何图形：花瓶是梯形，菊花成了大大小小的一簇圆圈，还有一些奇怪的三角形，大概是表示叶子的。由此，父亲发现了儿子的数学才华，便开始教麦克斯韦几何和代数。这时麦克斯韦才五岁。父亲还常常带着麦克斯韦去听爱丁堡皇家学会的科学讲座，当时，麦克斯韦的个头还没有讲台高，但他听讲却十分认真，并且还动手做笔记。由于麦克斯韦从小就出入科学界，使他受到了很多有益的教育。

图5-2　詹姆斯·克拉克·麦克斯韦

10岁那年，麦克斯韦进入了爱丁堡中学。头两年，他的乡土口音和父亲给他做的与众不同的服装给他带来了很大的麻烦。他不仅常常受到同学们的排挤和讥笑，而且连老师也看不上他，他成了班级里的一名“丑小鸭”。然而，麦克斯韦却不理会这些，常常一个人躲在教室的角落里，专心致志地演算父亲给他出的数学题，并画一些只有他自己才看得懂的“几何”图形。此外，他还常常写一些小诗来自我欣赏。后来，麦克斯韦以自己的才能改变了师生们的看法。在一次学校举办的数学和诗歌比赛上，他一个人独获两个项目的一等奖。老师和同学们这才发现，这只灰色的“丑小鸭”原来是一只聪明的“白天鹅”。同学们开始尊重他，向他请教疑难问题，麦克斯韦成了全校有名的好学生。

麦克斯韦还不满15岁的时候，就写了一篇有关二次曲线几何作图的极为出色的学术论文。据说这个问题，当时只有大数学家笛卡儿曾经研究过。麦克斯韦所用的方法不仅与笛卡儿的方法不同，而且更简便，审定论文的教授对此非常吃惊。1846年4月，他在皇家学会上宣读了这篇论文，而后又发表在《爱丁堡皇家学会学报》上。麦克斯韦初露锋芒，引起了当时数学界的注意。

1847年秋天，年仅16岁的麦克斯韦以优异的成绩考入爱丁堡大学，专攻数学和物理学。大学学习期间，他特别喜欢独立思考，并且经常提出一些有见解的问题。有一次，一位数学老师在上课时，由于推导不注意，结果导出了一个错误的公式。课后，麦克斯韦诚恳地向这位老师指出了错误。起初，老师并不相信，并说：“如果是你对了，我就把它称作麦氏公式”。但是，晚上这位老师回家一演算，果然是自己讲错了。

1850年，麦克斯韦转到著名的剑桥大学继续深造，专攻数学。并得到了著名数学家霍普金斯的指导。麦克斯韦有幸遇到这位名师实属偶然。一天，霍普金斯到图书馆借书，他要的一本数学专著恰好被一位青年先借走了。那书一般学生是不能读懂的，教授有些诧异。他询问借书人的名字，管理员答道“麦克斯韦”。数学家找到麦克斯韦，看见年轻人正埋头作摘抄，笔记上涂得五花八门，毫无头绪。霍普金斯不由对青年发生了兴趣，诙谐地说：“小伙子，如果没有秩序，你永远成不了优秀的数学物理学家!”。就这样，麦克斯韦成了霍普金斯的研究生。霍普金斯学问深厚，培养过不少人才。麦克斯韦在导师的指导下，首先克服了杂乱无章的学习方法。霍普金斯对他的每一个选题、每一步运算都要求很严。经两位（另一位是比他大12岁的斯托克斯）优秀数学家的指教，麦克斯韦进步很快，不到三年就掌握了当时所有先进的数学方法，成为有为的青年数学家。霍普金斯曾评价麦克斯韦是他所遇到的最杰出的一个学生。

1854年，麦克斯韦以优异成绩毕业并取得学位。毕业后在剑桥大学的三一学院工作。此后，曾在阿伯丁的马里斯查尔学院、伦敦皇家学院任教。1871 年回到剑桥大学任物理学教授，并于 1874 年创建了著名的卡文迪许实验室。在这里，麦克斯韦一直工作到 1879 年病逝。

麦克斯韦虽不是讲课的教授，却是一位与牛顿齐名的科学巨匠。他在建立电磁理论、分子物理学、气体动力论上都作出了卓越的贡献。他撰写的电磁学专著《电磁学通论》，足以与牛顿的《数学原理》（力学）、达尔文的《物种起源》（生物学）相比。虽然这本专著一问世就被一抢而空，真正读懂它的人却寥寥无几。正如劳厄在《物理学史》中评价的那样“尽管麦克斯韦理论具有内在的完美性并和一切经验相符合，但它只能逐渐地被物理学家们接受。它的思想是太不平常了，甚至像赫尔姆霍茨和玻耳兹曼这样有异常才能的人，为了理解它也花了几年的时间。”

麦克斯韦发现了气体分子速度分布律，开创了对热现象的统计研究方法。然而，在这以前，从伯努利到克劳修斯，人们在处理分子运动时，常常简单地假定一切分子都以同样的速度运动。在 1860 年发表的《气体动力论的说明》论文中，麦克斯韦提出并解决了著名的速度（速率）分布问题。他指出，气体中大量分子的频繁碰撞，并非使它们的速度趋于一致；气体中各个分子的速度的大小和方向是千差万别并时时变化的，分子的速度分布在一切可能值上；在一定的宏观平衡条件下，处于各种不同速度范围内的分子数在总分子数中所占的比率却是一定的，即呈现出某种规律性的分布。如果知道了任意时刻分子速度的分布规律，则气体的大部分可观测的宏观性质，都可以严格地运用统计方法精确地计算出来。麦克斯韦突出了分子运动的无规律性，在几率概念的基础上运用严格的统计方法，对气体分子运动的问题进行了处理。

1872 年以后，麦克斯韦把他的心血都献给了卡文迪许实验室。这座实验室 1872 年破土，1874 年竣工。修建经费是一位鼓励科学的公爵捐赠的。麦克斯韦也拿出了自己不多的积蓄。在整个筹建过程中，从建筑设计、工程施工、仪器购置，直到大门上的题词，麦克斯韦都亲自过问。他是实验室的创建人，也是第一任主任。接替他的是约瑟夫・汤姆逊，汤姆逊之后则是卢瑟福，都是世界一流的物理学家。这座实验室开花结果的时期在 20 世纪，大批优秀的科学人才，特别是原子物理方面的杰出人才从这里培养出来。

麦克斯韦生活的后期充满了烦恼。他的学说没有人理解，妻子又久病不愈。这双重的不幸压得他精疲力竭。麦克斯韦对妻子一向体贴入微，为了看护她，他有时整整三个星期没有在床上睡过觉。尽管如此，他的讲演，他的实验室工作，却从没有中断过。过分的焦虑和劳累，终于夺去了他的健康。同事们注意到这位无私的科学家渐渐消瘦下去，面色也愈来愈苍白。只有他那颗坚强的心灵，永远不会衰退。麦克斯韦生命的最后一年，他的健康已明显恶化，但他仍然坚持工作，不懈地宣传电磁理论。他的讲座这时仅有两名听众，一位是美国来的研究生，另一名就是后来发明了电子管的弗莱明。这是一幕多么令人感叹的情景啊！空旷的阶梯教室里，只有头排坐着两个学生。麦克斯韦夹着讲义，照样步履坚定地走上讲台，他面容消瘦，目光闪烁，表情严肃而庄重。仿佛他不是在向两名听众，而是向全世界解释自己的理论……

1879 年 11 月 5 日，麦克斯韦因病不治去世，终年 49 岁。物理学史上一颗可以同牛顿交辉的明星陨落了。他正当壮年，即不幸夭折，这是非常可惜的。他的理论为近代科技开辟了一条崭新的道路，他的功绩生前却未得到重视。麦克斯韦的一生，是叱咤风云的一生，也是自我牺牲的一生。这位科学巨匠生前的荣誉远不及法拉第，只有在他死后许多年，在赫兹证明了电磁波存在后，人们才意识到，并公认他是“自牛顿以后世界上最伟大的数学物理学家”。

第6章　水蒸气的热力性质

【提要】 水蒸气因其数据齐全、参数适宜、容易获得、价格低廉和不污染环境等优点而备受工程界青睐。在热能动力工程中，水蒸气应用非常广泛。汽轮机以及很多换热器都采用水蒸气为工作介质。另外，许多工业部门的生产工艺过程也常用到水蒸气。工业和生活用的水蒸气都由水在蒸汽锅炉中汽化而产生。这种水蒸气通常离凝结温度不远，有时还和水同时并存。所以，水蒸气在其通常的应用场合一般不能当做理想气体处理，而必须按实际气体对待。通常采用根据水蒸气的实验数据及相应的方程而编制的水蒸气热力性质图表来进行水蒸气的计算。本章主要介绍水蒸气热力性质、水蒸气的产生过程、水蒸气图表和水蒸气热力过程。

6.1　水蒸气的饱和状态

为了很好地理解水蒸气饱和状态的概念，首先回顾与之相关的一些概念。液体转变为气体的过程称为汽化，蒸汽或气体转变为液体的过程称为液化或凝结，液体表面在任何温度下进行的缓慢的汽化过程称为蒸发。

简单地讲，水蒸气的饱和状态是这种汽化和液化达到动态平衡共存的状态。饱和状态有它的特殊性，在这里对水蒸气的饱和状态进行进一步讨论。

假定有一容器（图6-1），灌进一定量的水（不装满），然后设法将留在容器中水面上方的空气抽出，并将容器封闭。空气抽出后，水面上方不可能是真空状态，而是充满了水蒸气（由水汽化而来）。水蒸气的分子处于紊乱的热运动中，它们相互碰撞，既和容器壁碰撞，也和水面碰撞。在分子和水面碰撞时，有的仍然返回蒸汽空间来，有的就进入水面变成水分子。一方面，从液化的微观机制讲，水蒸气的压力愈高，密度愈大，水蒸气分子与水面碰撞愈频繁，在单位时间内进入水面变成水分子的水蒸气分子数也愈多；另一方面，从汽化的微观机制讲，容器中水的分子也在作不停息的热运动。水面附近动能较大的分子有可能挣脱其他分子的引力离开水面变成水蒸气的分子。水的温度愈高，分子运动愈剧烈，在单位时间内脱离水面变成水蒸气的水分子数也就愈多。

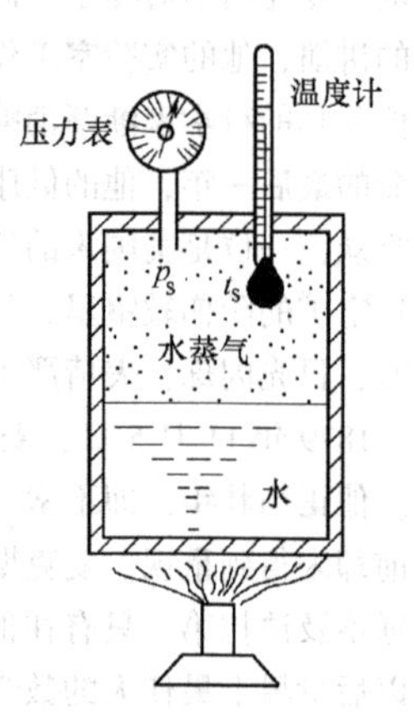

图6-1　水蒸气饱和状态

在一定的温度下，水蒸气的压力总会自动稳定在一定的数值上。这时进入水面和脱离水面的分子数相等，水蒸气和水处于平衡状态，也就是饱和状态。饱和的含义是：处于饱和状态时，在蒸汽空间的水蒸气分子数已经到达最大值，再也不能增加，如果再加入水蒸气，则这些加入的水蒸气便会自动凝结出水分子来。饱和状态下的水称为饱和水；饱和状态下的水蒸气称为饱和水蒸气；饱和水蒸气和饱和水的混合物称为湿饱和蒸汽，简称湿蒸汽；不含饱

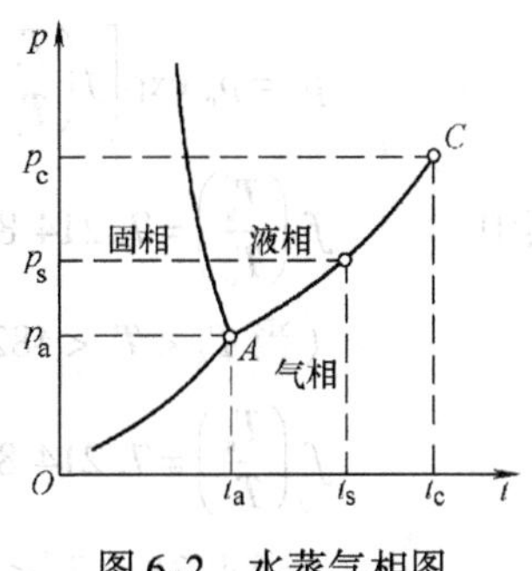

图6-2　水蒸气相图

和水的蒸汽称为干饱和蒸汽。饱和水蒸气的压力称为饱和压力p_s；与此相应的饱和水蒸气（或饱和液体）的温度称为饱和温度t_s（或T_s）。温度高于所处压力对应的饱和温度的蒸汽称为过热水蒸气；温度低于所处压力对应的饱和温度的水称为过冷水或未饱和水。

改变饱和温度，饱和压力也会起相应的变化。一定的饱和温度总是对应着一定的饱和压力，一定的饱和压力也总是对应着一定的饱和温度。饱和温度愈高，饱和压力也愈高。由实验可以测出饱和温度与饱和压力的关系，如图6-2中曲线AC所示。

饱和温度与饱和压力的这种对应关系是有其适用范围的。当温度超过t_c时，液相不可能存在，而只可能是气相[㊀]。t_c称为临界温度，与临界温度相对应的饱和压力p_c称为临界压力。所以，临界温度是最高的饱和温度，临界压力是最高的饱和压力。由临界温度和临界压力确定的状态就是临界状态，临界状态是汽液两相模糊不清不易区分的状态，也是最高的饱和状态。

水（或水蒸气）的临界参数值为[㊁]

$$T_c = 647.14\text{K}\ (373.99℃)$$

$$p_c = 22.064\text{MPa}$$

$$v_c = 0.003\,106\text{m}^3/\text{kg}$$

当压力低于一定数值p_a时，液相也不可能存在，而只可能是气相或固相。p_a称为三相点压力。与三相点压力相对应的饱和温度t_a称为三相点温度。所以，三相点压力是最低的气液两相平衡的饱和压力；三相点温度是最低的气液两相平衡的饱和温度。三相点是气液固共存的状态，也是最低的饱和状态。

水的三相点温度和三相点压力为[㊂]

$$T_a = 273.16\text{K}\ (0.01℃)$$

$$p_a = 0.000\,611\,659\text{MPa}$$

水蒸气的饱和温度与饱和压力的对应关系可以查饱和水蒸气的热力性质表（参看附录A表A-6和表A-7），也可以根据经验公式计算。粗略的经验公式为

$$p_s = \left(\frac{t_s}{100}\right)^4 \tag{6-1}$$

式中，p_s的单位为atm；t_s的单位为℃。

式（6-1）只能用于100℃附近。

严家騄教授提供一个精确的水蒸气饱和压力计算式，用该式计算，从三相点到临界点，其结果全部符合1985年国际水蒸气性质骨架表中规定的允差要求，即

㊀ 这是一般的看法。实际上在超临界压力下存在着高于临界温度的液相。

㊁ 这些数值为1985年第十届国际水蒸气性质大会所推荐采用。

㊂ 这些数值为1985年第十届国际水蒸气性质大会所推荐采用。

$$
\left.\begin{aligned}
&p_s = p_c \exp\left[f\left(\frac{T_s}{T_c}\right)\left(1-\frac{T_c}{T_s}\right)\right]\\
\text{其中}\quad &f\left(\frac{T_s}{T_c}\right) = 7.2148 + 3.9564\left(0.745-\frac{T_s}{T_c}\right)^2 + 1.3487\left(0.745-\frac{T_s}{T_c}\right)^{3.1778}\\
&(\text{当 } T_A < T_s < 482\text{K})\\
&f\left(\frac{T_s}{T_c}\right) = 7.2148 + 4.5461\left(\frac{T_s}{T_c}-0.745\right)^2 + 307.53\left(\frac{T_s}{T_c}-0.745\right)^{5.3475}\\
&(\text{当 } 482\text{K} < T_s < T_c)
\end{aligned}\right\} \tag{6-2}
$$

液体汽化的另外一种方式就是沸腾。沸腾是液体表面和内部在温度达到和超过饱和温度时通过产生气泡所进行的激烈的汽化过程。需要注意的是沸腾和蒸发这两种汽化的区别：蒸发是在任何温度下液体表面通过分子飞升的方式进行的缓慢的汽化过程，沸腾是在温度达到和超过饱和温度时通过液体内部产生气泡和液体表面分子飞升的方式所进行的激烈的汽化过程。

6.2 水蒸气的产生过程

蒸汽锅炉产生水蒸气时，压力变化一般都不大，所以水蒸气的产生过程接近于一个等压加热过程。

考察水在等压加热时的变化情况。将 1kg、0℃的水装在带有活塞的容器中（图 6-3a）。从外界向容器中加热，同时保持容器内的压力为 p 不变。起初，水的温度逐渐升高，比体积也稍有增加（图 6-4、图 6-5 中过程 $a \to b$）。但当温度升高到相应于 p 的饱和温度 t_s 而变成饱和水以后（图 6-3b），继续加热，饱和水便逐渐变成饱和水蒸气（即所谓汽化），直到汽化完毕。在整个汽化过程中，温度始终保持为饱和温度 t_s 不变。如图 6-4，图 6-5 所示，在汽化过程中，由于饱和水蒸气的量不断增加，比体积一般增大很多（过程 $b \to d$）。再继续加热，温度又开始上升，比体积继续增大（过程 $d \to e$），饱和水蒸气变成了过热水蒸气。过程 $d \to e$ 和一般气体的等压加热过程没有什么区别。

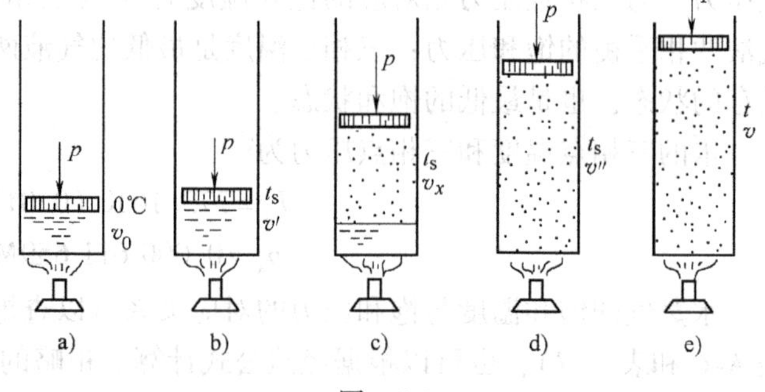

图 6-3

a）未饱和水 b）饱和水 c）饱和湿蒸汽 d）干饱和水蒸气 e）过热水蒸气

水蒸气的产生过程一般分为如下三个阶段。

1. 未饱和水变成饱和水的等压预热过程

将 1kg、0℃的水等压加热到该压力 p 下的饱和温度 t_s 所需加入的热量 q' 称为水的液体热（参看图 6-5 中过程 $a \to b$）。液体热可以通过比热容和温度变化的乘积计算出来

$$q' = \int_0^{t_s} c'_p \mathrm{d}t \tag{6-3}$$

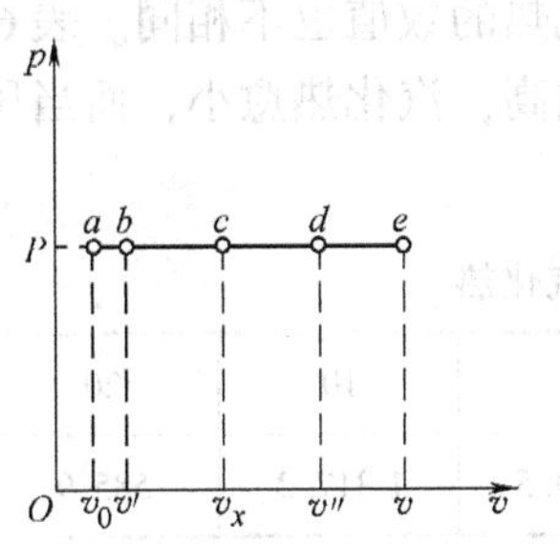

图6-4 水蒸气产生过程的压容图

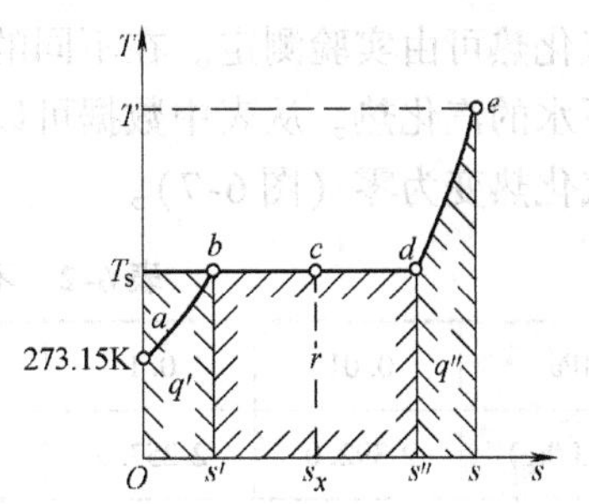

图6-5 水蒸气产生过程的温熵图

式中，c_p'为压力为p时水的比定压热容，它随温度而变。

水在等压预热过程中（或在不做技术功的流动过程中）所吸收的液体热q'也等于比焓的增量

$$q' = h' - h_0 \tag{6-4}$$

式中，h'为压力为p时饱和水的比焓；h_0为压力为p温度为0℃时水的比焓。

从式（6-4）可得饱和水的比焓为

$$h' = h_0 + q' \tag{6-5}$$

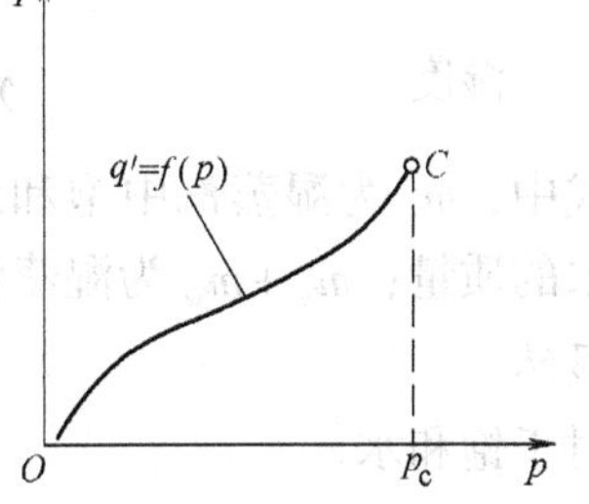

图6-6 液体热与压力的关系

水的液体热随压力提高而增加（表6-1、图6-6）。这是因为压力高，则所对应的饱和温度也高，在较高的压力下，必须加入较多的热量才能使水升到较高的饱和温度而成为饱和水。

表6-1 不同压力下水的液体热

压力 p/MPa	0.01	0.1	1	5	10	20	22.064（p_c）
液体热 q'/(kJ/kg)	191.80	417.47	761.87	1 149.2	1 397.1	1 807.1	2 063.8

2. 饱和水变为饱和水蒸气的等压汽化过程

当水等压预热到饱和温度以后，继续加热，饱和水便开始汽化。这个等压汽化过程，同时又是在等温下进行的。使1kg饱和水在一等压力下完全变为相同温度的饱和水蒸气所需加入的热量称为水的汽化热，用符号r表示。在温熵图中，等压汽化过程（同时也是等温过程）为一水平线段（图6-5中过程$b \to d$），而汽化热则相应于水平线段下的矩形面积

$$r = T_s\ (s'' - s') \tag{6-6}$$

式中，s''为压力为p时饱和水蒸气的比熵；s'为压力为p时饱和水的比熵。

汽化热也等于等压汽化过程中比焓的增加

$$r = h'' - h' \tag{6-7}$$

式中，h''为压力为p时饱和水蒸气的比焓。

从式（6-7）和式（6-5）可得饱和水蒸气的比焓为

$$h'' = h' + r = h_0 + q' + r \tag{6-8}$$

水的汽化热可由实验测定。在不同的压力下，汽化热的数值也不相同。表 6-2 中列出了不同压力下水的汽化热。从表中数据可以看出：压力愈高，汽化热愈小，而当压力达到临界压力时，汽化热变为零（图 6-7）。

表 6-2　不同压力下水的汽化热

压力 p/MPa	0.01	0.1	1	5	10	20	22.064 (p_c)
汽化热 r/(kJ/kg)	2 392.0	2 257.6	2 014.8	1 639.5	1 317.2	585.9	0

汽化过程中饱和水与饱和水蒸气同时并存（图 6-3c 及图 6-4、图 6-5 中状态 c）的湿蒸汽状态可以通过其中饱和水蒸气和饱和水的质量分数（分别称为干度和湿度）来计算，即

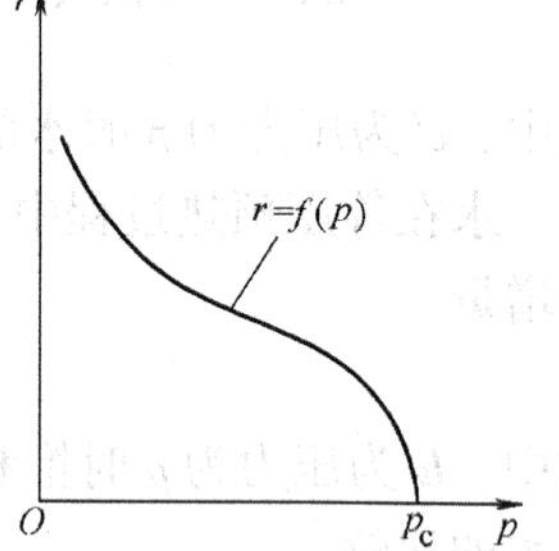

图 6-7　汽化热与压力的关系

干度
$$x=\frac{m_v}{m_v+m_w} \tag{6-9}$$

湿度
$$y=\frac{m_w}{m_v+m_w} \tag{6-10}$$

式中，m_v 为湿蒸汽中饱和水蒸气的质量；m_w 为湿蒸汽中饱和水的质量；m_v+m_w 为湿蒸汽的质量。

显然
$$x+y=1,\ x=1-y,\ y=1-x \tag{6-11}$$

对于饱和水
$$x=0,\ y=1$$

对于饱和水蒸气
$$x=1,\ y=0$$

对于湿蒸汽
$$0<x<1,\ 1>y>0$$

湿蒸汽的比状态参数可以由干度（或湿度）以及该压力下饱和水与饱和水蒸气的比状态参数（查附录 A 表 A-6 和表 A-7）按下列各式计算出来

$$\left.\begin{aligned}
v_x&=(1-x)\,v'+xv''=v'+x\,(v''-v')\\
h_x&=(1-x)\,h'+xh''=h'+x\,(h''-h')=h'+xr\\
u_x&=h_x-p_s v_x\\
s_x&=(1-x)\,s'+xs''=s'+x\,(s''-s')=s'+x\frac{r}{T_s}
\end{aligned}\right\} \tag{6-12}$$

式中，v'、h'、s'分别为饱和水的比体积、比焓、比熵；v''、h''、s''分别为饱和水蒸气的比体积、比焓、比熵；v_x、h_x、s_x 分别为湿蒸汽的比体积、比焓、比熵，u_x 为湿蒸汽的比热力学能。

至于湿蒸汽的压力和温度，也就是饱和压力和饱和温度。

3. 饱和水蒸气变为过热水蒸气的等压过热过程

将饱和水蒸气继续等压加热，便得到过热水蒸气。假定过热过程终了时过热水蒸气的温度为 t，那么在这个等压过热过程中，每千克水蒸气吸收的热量，即过热量 q''（参看图 6-5 中过程 $d\rightarrow e$）为

$$q''=\int_{t_s}^{t}c_p\mathrm{d}t=\bar{c}_p\big|_{t_s}^{t}(t-t_s)=\bar{c}_p\big|_{t_s}^{t}D \tag{6-13}$$

式中，c_p 为压力为 p 时过热水蒸气的比定压热容，它随温度而变。$\bar{c}_p\big|_{t_s}^{t}$ 为压力为 p 时过热水

蒸气的平均比定压热容，以压力 p 所对应的饱和温度 t_s 为平均比定压热容的起点温度；D 为过热水蒸气的过热度，表示过热水蒸气的温度超出该压力下饱和温度的度数，它说明过热水蒸气离开饱和状态的远近程度。

水蒸气在等压过热过程中吸收的过热量也等于比焓的增加

$$q''=h-h'' \tag{6-14}$$

式中，h 为压力为 p、温度为 t 时过热水蒸气的比焓。

由式（6-14）和式（6-8）可得过热水蒸气的比焓为

$$h=h''+q''=h_0+q'+r+q'' \tag{6-15}$$

将水蒸气产生过程的三个阶段串联起来，从压力为 p、温度为0℃的未饱和水，变为压力为 p、温度为 t 的过热水蒸气，在这整个等压加热过程中所吸收的热量为

$$q=q'+r+q''=(h'-h_0)+(h''-h')+(h-h'')=h-h_0 \tag{6-16}$$

图6-8表示水从0℃等压加热变为温度为 t 的过热水蒸气所需的热量 q，以及三个加热阶段所需热量 q'、r、q'' 因压力不同而变化的情况。

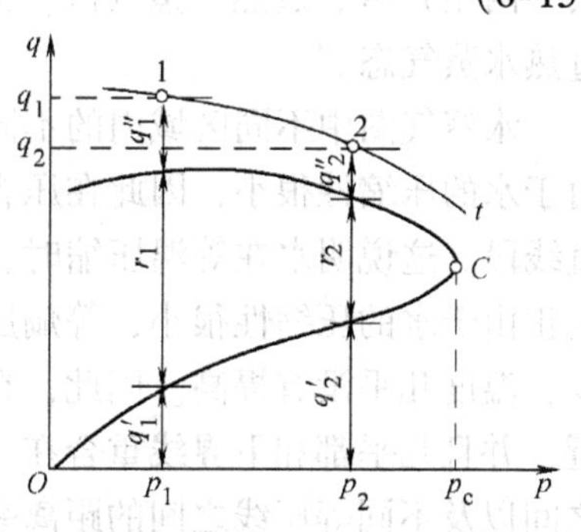

图6-8　热量与压力的关系

6.3　水蒸气的热力性质图表

1. 水蒸气的压容图、温熵图和焓熵图

水在不同压力下等压预热、汽化、过热，变成过热水蒸气。将各等压线上所有开始汽化的各点连接起来，形成一条曲线 A_1C（图6-9～图6-11），称为下界线。下界线上各点相应于不同压力下的饱和水，因此下界线又称为饱和液体线。显然，它同时又是 $x=0$ 的等干度线。

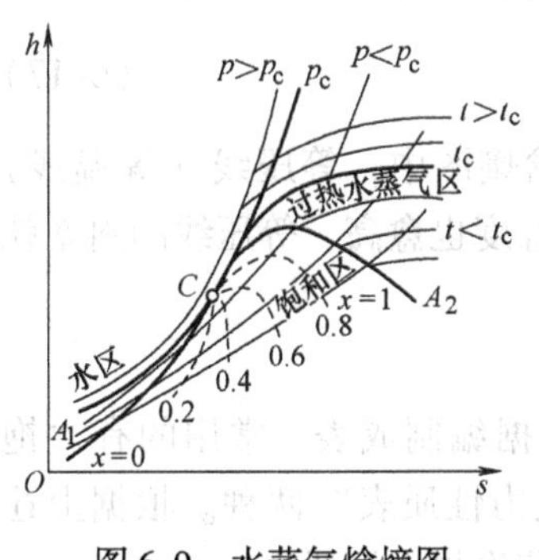

图6-9　水蒸气焓熵图

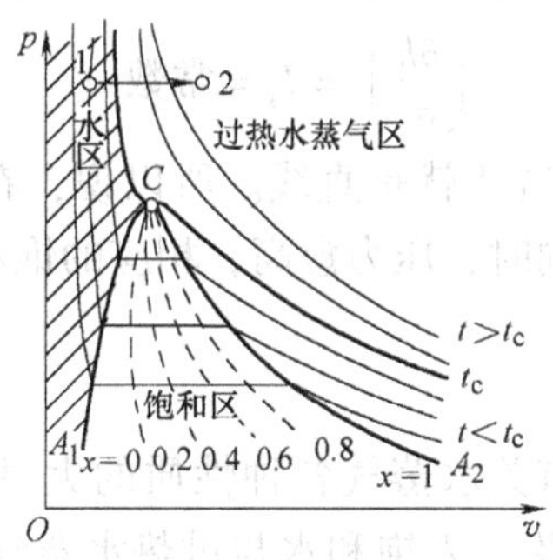

图6-10　水蒸气压容图

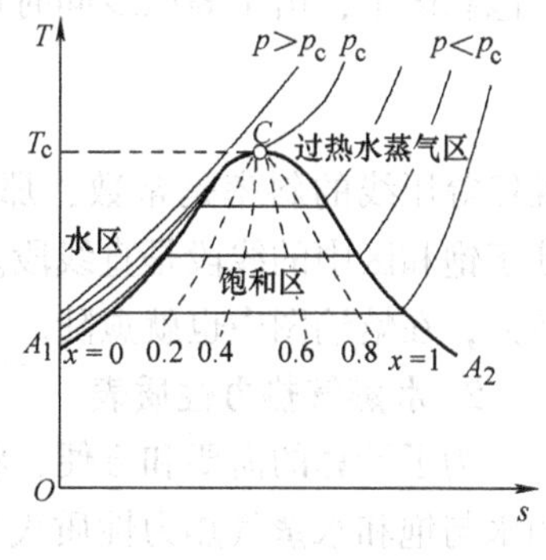

图6-11　水蒸气温熵图

将等压线上所有汽化完毕的各点连接起来，形成另一条曲线 A_2C，称为上界线。上界线上各点相应于不同压力下的饱和水蒸气，因此上界线又称为饱和水蒸气线。显然，它同时又是 $x=1$ 的等干度线。

下界线和上界线相交于临界点 C，这样就形成了饱和曲线 A_1CA_2 所包围的饱和区（或称

湿蒸汽区)。超出饱和区的范围($p>p_c$)便不再有水的等压汽化过程(如图 6-10 中过程 1→2)。

为了分析和计算方便，通常取 p、v，T、s，h、s 等状态参数构成平面坐标系(即压容图、温熵图、焓熵图)。特别是焓熵图，在分析计算水蒸气过程时应用起来非常方便有用，因此在焓熵图中详细画出各种等值线以便查用(参见附录 B 图 B-4)。

水蒸气热力性质图的结构特征可以用“一点连双线三区五态含”这样的口诀来记忆：“一点：临界点；双线：饱和水线、饱和水蒸气线；三区：未饱和水区、饱和水蒸气(湿蒸汽、两相)区、过热水蒸气区；五态：未饱和水态、饱和水态、湿蒸汽态、饱和水蒸气态、过热水蒸气态。”

水蒸气图中不同区域内的不同等值线呈现出不同的形状是由于内在的物理特性决定的。由于水的压缩性很小，因此在压容图中，等温线处于下界线左边的线段是很陡的，几乎是垂直线段。这说明水在等温压缩时，即使压力提高很多，比体积的减小也是不显著的。同时，也正由于水的压缩性很小，等熵压缩消耗的功很少，即使压力提高很多，热力学能也增加极少，温度几乎没有提高。因此，在温熵图中不同压力的等压线处于下界线左边的线段靠得很近，并且几乎都和下界线重合在一起(在图 6-10 中，为了看得清楚，已将等压线和下界线之间以及不同等压线之间的距离夸大了)。在焓熵图中，由于水在等熵压缩后焓的增加也有限，所以这些等压预热线段和下界线还是靠得比较近的。

另外，由于一等的饱和温度总是对应着一定的饱和压力，因此在饱和区中，等温线同时也是等压线。所以，在压容图中，等温线处于饱和区中的线段是水平线段(等压线)；在温熵图中，等压线处于饱和区中的线段也是水平线段(等温线)；在焓熵图中，等压线(等温线)处于饱和区中的线段是不同斜率的直线段。因为在焓熵图中，等压线上各点的斜率正好等于各点的温度

$$\left(\frac{\partial h}{\partial s}\right)_p=T$$

在饱和区中，由于等压线同时也是等温线，压力不变，相应的饱和温度也不变，因此

$$\left(\frac{\partial h}{\partial s}\right)_p=T_s=\text{常数} \tag{6-17}$$

既然等压线的斜率是常数，那么当然就是直线。所以说，在焓熵图中，等压线(等温线)处于饱和区中的线段是直线段。同时，压力愈高，相应的饱和温度也愈高，等压线的斜率就愈大，在焓熵图中也就愈陡。

2. 水蒸气热力性质表

为了计算的需要和方便，将有关水蒸气各种性质的大量数据编制成表。常用的有“饱和水与饱和水蒸气热力性质表”及“未饱和水与过热水蒸气热力性质表”两种。根据上述两个表和干度及湿度便可以计算湿蒸汽，因此没有必要给出湿蒸汽热力性质表。

饱和水与饱和水蒸气热力性质表通常列成两个。一个按温度排列(附录 A 表 A-6)，对温度取比较整齐的数值，按次序排列，相应地列出饱和压力以及饱和水蒸气的比体积、比焓、比熵和汽化热。另一个按压力排列(附录 A 表 A-7)，对压力取比较整齐的数值，按次序排列，相应地列出饱和温度以及饱和水与饱和水蒸气的比体积、比焓、比熵和汽化热。

未饱和水与过热水蒸气热力性质表(附录 A 表 A-8)中，根据不同温度和不同压力，

按次序排列（因为温度与压力没有对应关系），相应地列出未饱和水（粗黑线以上）和过热水蒸气（粗黑线以下）的比体积、比焓和比熵。

比热力学能的数值在上述各表及焓熵图中一般都不列出，因为比热力学能在工程计算中应用较少。如果需要知道比热力学能的值，可以根据比焓及压力和比体积的数值计算（$u=h-pv$）。

在上述各表（附录A表A-6、表A-7、表A-8）和焓熵图（附录B图B-4）中都按1985年第十届国际水蒸气性质大会通过的骨架表规定，以三相点温度（0.01℃）和三相点压力（611.66Pa）下饱和水的热力学能和熵为零。这些图表中的数据均由严家騄提供的水蒸气统一热物性方程计算而得，全部计算结果符合国际新骨架表规定的允差要求，并具有完全的热力学一致性。

6.4 水蒸气的热力过程

由于精确的水蒸气的状态方程都比较复杂，而且有时还牵涉到相变，因此一般都不利用状态方程而利用图表对水蒸气的热力过程进行分析和计算。这种方法既简便又精确。当然，必备的条件是有一套精确而详尽的水蒸气热力性质图表。近年来由于水蒸气性质软件的开发和应用，利用计算机计算水蒸气的各种热力过程和循环已日益广泛。

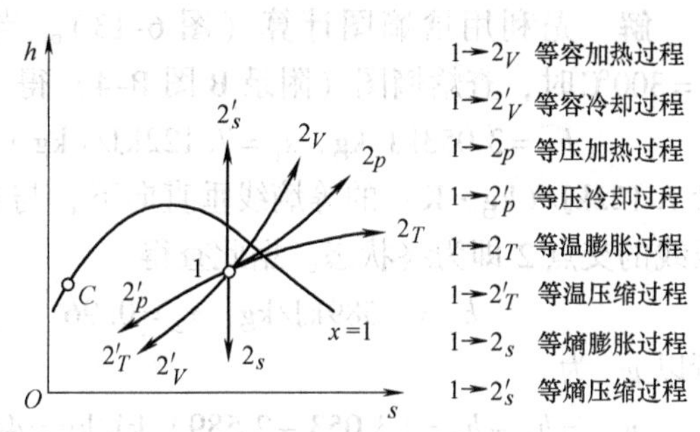

图6-12 水蒸气热力过程

利用图表进行水蒸气热力过程的计算时，一般步骤大致如下

1）将过程画在焓熵图中（图6-12），以便分析。

2）根据焓熵图或热力性质表查出过程始末各状态参数值，即

$$T_1,\ p_1,\ v_1,\ h_1,\ s_1$$
$$T_2,\ p_2,\ v_2,\ h_2,\ s_2$$

如果计算中需要用到比热力学能，则可将比热力学能计算出来

$$u_1=h_1-p_1v_1$$
$$u_2=h_2-p_2v_2$$

3）计算热量（1kg水蒸气，不考虑摩擦）

对等容过程（无膨胀功的过程）

$$q_v=u_2-u_1=(h_2-h_1)-(p_2-p_1)v \tag{6-18}$$

对等压过程（无技术功的过程）

$$q_p=h_2-h_1 \tag{6-19}$$

对等温过程

$$q_T=T(s_2-s_1) \tag{6-20}$$

对等熵过程（绝热过程）

$$q_s=0 \tag{6-21}$$

4）计算功（1kg 水蒸气，不考虑摩擦）

对等容过程（无膨胀功的过程）

$$w_v = 0 \tag{6-22}$$

$$w_{t,v} = v\ (p_1 - p_2) \tag{6-23}$$

对等压过程（无技术功的过程）

$$w_p = p\ (v_2 - v_1) \tag{6-24}$$

$$w_{t,p} = 0 \tag{6-25}$$

对等温过程

$$w_T = q_T - (u_2 - u_1) = T\ (s_2 - s_1) - (h_2 - h_1) + (p_2 v_2 - p_1 v_1) \tag{6-26}$$

$$w_T = q_T - (h_2 - h_1) = T\ (s_2 - s_1) - (h_2 - h_1) \tag{6-27}$$

对等熵过程（绝热过程）

$$w_s = u_1 - u_2 = (h_1 - h_2) - (p_1 v_1 - p_2 v_2) \tag{6-28}$$

$$w_{t,s} = h_1 - h_2 \tag{6-29}$$

例 6-1 水蒸气从初状态 $p_1 = 1\text{MPa}$、$t_1 = 300℃$ 可逆绝热（等熵）地膨胀到 $p_2 = 0.1\text{MPa}$。求每千克水蒸气所做的技术功 $w_{t,s}$ 及膨胀终了时的湿度。

解 先利用焓熵图计算（图 6-13）。当 $p_1 = 1\text{MPa}$、$t_1 = 300℃$ 时，查焓熵图（附录 B 图 B-4）得

$$h_1 = 3\,053\text{kJ/kg},\ s_1 = 7.122\text{kJ/(kg·K)}$$

沿 7.122kJ/(kg·K) 的等熵线垂直向下，与 0.1MPa 的等压线的交点 2 即为终状态。据此查得

$$h_2 = 2\,589\text{kJ/kg},\ x_2 = 0.961$$

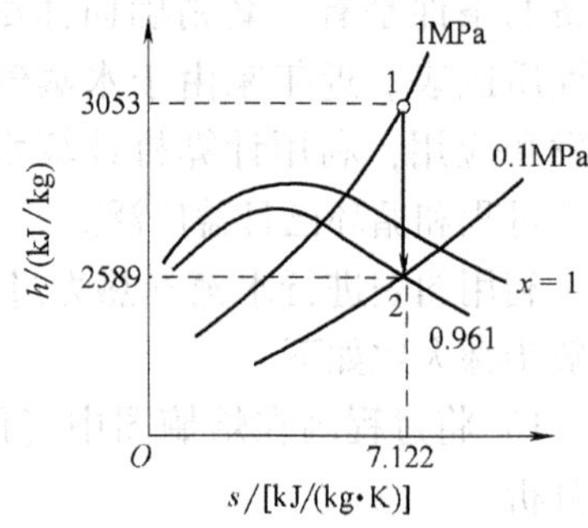

图 6-13 例 6-1 图

所以 $w_{t,s}$ 为

$$w_{t,s} = h_1 - h_2 = (3\,053 - 2\,589)\ \text{kJ/kg} = 464\text{kJ/kg}$$

终状态湿度为

$$y_2 = 1 - x_2 = 1 - 0.961 = 0.039$$

再利用水蒸气热力性质表进行计算。当 $p_1 = 1\text{MPa}$、$t_1 = 300℃$ 时，查过热水蒸气热力性质表（附录 A 表 A-8）得

$$h_1 = 3\,050.4\text{kJ/kg},\ s_1 = 7.121\,6\text{kJ/(kg·K)}$$

查饱和水与饱和水蒸气的热力性质表（附录 A 表 A-7），当 $p = 0.1\text{MPa}$ 时，有

$$s' = 1.302\,8\text{kJ/(kg·K)},\ s'' = 7.358\,9\text{kJ/(kg·K)}$$

$$h' = 417.52\text{kJ/kg},\ h'' = 2\,675.14\text{kJ/kg}$$

根据式（6-12）

$$s_2 = s' + x_2\ (s'' - s') = s_1 = 7.121\,6\text{kJ/(kg·K)}$$

即

$$x_2 = \frac{s_2 - s'}{s'' - s'} = \frac{7.121\,6 - 1.302\,8}{7.358\,9 - 1.302\,8} = 0.960\,8$$

由此可得

$$h_2 = h' + x_2\ (h'' - h') = [417.52 + 0.960\,8 \times (2\,675.14 - 417.52)]\ \text{kJ/kg} = 2\,586.6\text{kJ/kg}$$

所以 $w_{t,s}$ 为

$$w_{t,s} = h_1 - h_2 = (3\,050.4 - 2\,586.6)\ \text{kJ/kg} = 463.8\text{kJ/kg}$$

本章要求重点与讨论

1）理解和掌握水蒸气的饱和状态和流体的临界状态及其相关概念，这是本章的重点和难点。饱和状态是物质汽液两相相互转化并达到动态平衡而共存的状态。在汽液相变过程中，其温度、压力保持不变，称之为饱和温度和饱和压力，二者之间有单调相互对应关系。相变期间有汽化热（或凝结热）的传递，其作用是改变湿蒸汽中饱和水和饱和水蒸气的比例（干、湿度）。

2）流体的临界状态是最高的饱和状态，处于临界状态的流体具有相同的温度、压力和比体积，称为临界温度、临界压力和临界比体积。临界点是饱和液体状态点与饱和水蒸气状态点合二为一的点，因此，处于临界状态的流体既是液体也是气体，或者可以说，处于临界状态的流体是液非液、是气非气，此时的流体区分不清是液体还是气体，临界状态点的汽化热为零。

3）理解和掌握水蒸气产生的过程及每个过程吸收的热量与状态参数变化以及在压容图、温熵图和焓熵图中过程的表示方法。

4）理解和掌握水蒸气热力性质图表的绘制原理、结构特点和查用方法。

5）了解水蒸气热力过程中热量和功的计算方法及其在焓熵图中的表示方法。

本章知识结构框图如图6-14所示。

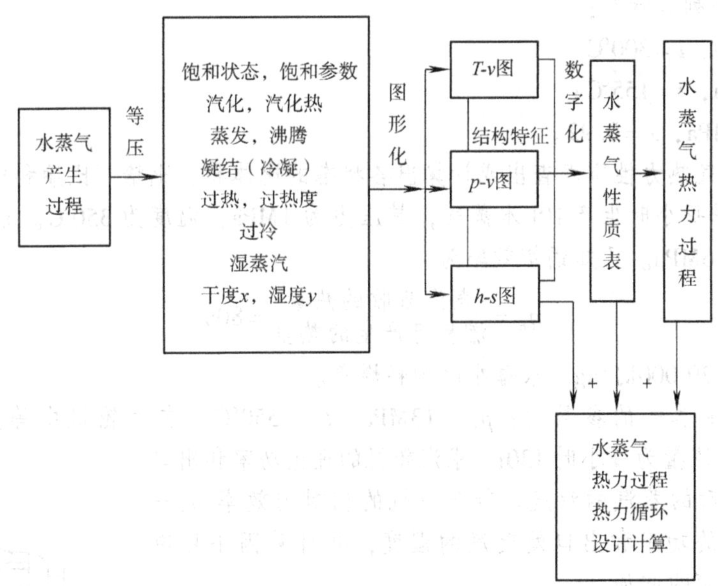

图6-14　知识结构框图

思　考　题

1. 理想气体的热力学能只是温度的函数，而实际气体的热力学能则和温度及压力都有关。试根据水蒸气图表中的数据，举例计算过热水蒸气的热力学能以验证上述结论。

2. 根据式$\left[c_p=\left(\frac{\partial h}{\partial T}\right)_p\right]$可知：在等压过程中 $\mathrm{d}h=c_p\mathrm{d}T$。这对任何物质都适用，只要过程是等压的。如果将此式应用于水的等压汽化过程，则得 $\mathrm{d}h=c_p\mathrm{d}T=0$（因为水等压汽化时温度不变，$\mathrm{d}T=0$）。然而众所周知，水在汽化时比焓是增加的（$\mathrm{d}h>0$）。问题到底出在哪里？

3. 物质的临界状态究竟是怎样一种状态？

习　题

6-1　利用水蒸气的焓熵图填充下列空白：

状　态	p/MPa	t/℃	h/(kJ/kg)	s/[kJ/(kg·K)]	干度 x（%）	过热度 D/℃
1	5	500				
2	0.3		2550			
3		180		6.0		
4	0.01				90	
5		400				150

6-2　已知下列各状态：

1）$p=3\mathrm{MPa}$，$t=300℃$；

2）$p=5\mathrm{MPa}$，$t=155℃$；

3）$p=0.3\mathrm{MPa}$，$x=0.92$。

试利用水和水蒸气热力性质表查出或计算出各状态的比体积、比焓、比熵和比热力学能。

6-3　某锅炉每小时生产10t水蒸气，其压力为1MPa，温度为350℃。锅炉给水温度为40℃，压力为1.6MPa。已知锅炉效率为

$$\eta_B=\frac{\text{蒸汽吸收的热量}}{\text{燃料可产生的热量}}=80\%$$

煤的发热量 $H_v=29\,000\mathrm{kJ/kg}$。求每小时的耗煤量。

6-4　过热水蒸气的参数为：$p_1=13\mathrm{MPa}$、$t_1=550℃$。在汽轮机中等熵膨胀到 $p_2=0.005\mathrm{MPa}$。蒸汽流量为每小时130t。求汽轮机的理论功率和出口处乏汽膨胀做功后的蒸汽的湿度。若汽轮机的相对内效率 $\eta_{ri}=85\%$，求汽轮机的功率和出口处乏汽的湿度，并计算因不可逆膨胀造成蒸汽比熵的增加。

6-5　一台功率为200MW的汽轮机，其耗汽率 $d=3.1\mathrm{kg/(kW\cdot h)}$。乏汽压力为0.004MPa，干度为0.9，在凝汽器中全部凝结为饱和水（图6-15）。已知冷却水进入凝汽器时的温度为10℃，离开时的温度为18℃；水的比定压热容为4.187kJ/(kg·K)，求冷却水流量。

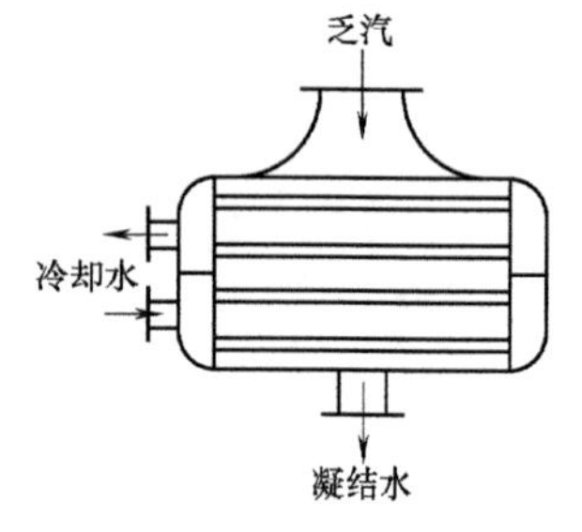

图6-15　习题6-5图

选读之十二　黄子卿和水三相点的测定

黄子卿教授（1900—1982，图 6-16）我国化学界开山元老之一，北京师范大学教授。早在 20 世纪 30 年代便致力于热力学研究，对水的三相点作出当时最精确的测定，即为 0.00981℃（现在采用的即为 1985 年第十届国际水蒸气性质大会所推荐采用的数据为 0.01℃），为热力学研究提供了主要标准数据。其后美国国家标准局组织人力重新验证黄教授的数据，完全一致。从此黄子卿的数据被公认为国际上通用的标准数据，黄教授被选入美国的世界名人录。直到 1954 年，在巴黎召开的国际温标会议上再次肯定黄教授的测定数据，并以此为标准确定摄氏零度为 273.15K。黄教授是一位爱国科学家，1949 年北京解放，有人劝他不要从美国回来，他说“我是中国人，我要为中国的科学事业努力”。回国后，黄教授在 50 多年教学中为国家培养了大量的化学人才。

图 6-16　黄子卿

第7章　理想混合气体与湿空气

【提要】 本章阐明了理想混合气体的成分表示方法及其热力性质计算，着重介绍了湿空气的绝对湿度、相对湿度、含湿量、露点温度、湿球温度等概念和焓湿图及其应用。

7.1　混合气体的成分

在热力工程中经常采用混合气体作为工质，如空气、燃气、烟气、湿空气等，因此研究混合气体的性质更为实用。混合气体通常可以当作理想混合气体处理。要确定混合气体的性质，首先要知道混合气体的成分。混合气体的成分可以用绝对成分和相对成分来表示。绝对成分指的是每种组分的绝对量，相对成分指的是每种组分占总量的相对百分比。

1. 混合气体的成分

混合气体的绝对成分可以用质量（m）标出，也可以用物质的量（n）或体积（V）标出。如果用体积标出，应该指明是什么状况下的体积。通常都用标准（101.325kPa，0℃）状况下的体积标出。例如，某混合气体的成分为

$$m_{O_2}=8\text{kg},\ m_{N_2}=14\text{kg},\ m_{H_2}=2\text{kg},\ \cdots$$

$$n_{O_2}=0.25\text{kmol},\ n_{N_2}=0.5\text{kmol},\ n_{H_2}=1\text{kmol},\ \cdots$$

$$V_{O_2,\text{std}}=5.6\text{m}^3,\ V_{N_2,\text{std}}=11.2\text{m}^3,\ V_{H_2,\text{std}}=22.4\text{m}^3,\ \cdots$$

混合气体的相对成分更常用，例如，已知某混合气体由 n 种气体组成，其中第 i 种气体的质量为 m_i、物质的量为 n_i、标准状况下的体积为 $V_{i,\text{std}}$，那么第 i 种气体的相对质量成分，即质量分数为

$$w_i=\frac{m_i}{\sum_{i=1}^{n}m_i}=\frac{m_i}{m_{\text{mix}}} \tag{7-1}$$

式中，下标 mix 表示混合气体。

显然

$$\sum_{i=1}^{n}w_i=100\%=1 \tag{7-2}$$

第 i 种气体的相对摩尔成分，即摩尔分数为

$$x_i=\frac{n_i}{\sum_{i=1}^{n}n_i}=\frac{n_i}{n_{\text{mix}}} \tag{7-3}$$

第 i 种气体的相对体积成分，即体积分数为

$$\varphi_i=\frac{V_i}{\sum_{i=1}^{n}V_i}=\frac{V_{i,\text{std}}}{V_{\text{mix,std}}} \tag{7-4}$$

2. 成分表示方法的换算

对理想混合气体来说，摩尔分数在数值上等于其体积分数

$$x_i=\frac{n_i}{n_{\text{mix}}}=\frac{V_{i,\text{std}}/22.414}{V_{\text{mix},\text{std}}/22.414}=\frac{V_{i,\text{std}}}{V_{\text{mix},\text{std}}}=\varphi_i \tag{7-5}$$

显然

$$\sum_{i=1}^{n}x_i=\sum_{i=1}^{n}\varphi_i=100\%=1 \tag{7-6}$$

质量分数和摩尔分数（或体积分数）之间的换算关系为

$$w_i=\frac{m_i}{\sum_{i=1}^{n}m_i}=\frac{M_in_i}{\sum_{i=1}^{n}M_in_i}=\frac{M_in_i/n_{\text{mix}}}{\sum_{i=1}^{n}M_in_i/n_{\text{mix}}}$$

所以

$$w_i=\frac{M_ix_i}{\sum_{i=1}^{n}M_ix_i} \tag{7-7}$$

另外

$$x_i=\frac{n_i}{\sum_{i=1}^{n}n_i}=\frac{m_i/M_i}{\sum_{i=1}^{n}m_i/M_i}=\frac{m_i/(M_im_{\text{mix}})}{\sum_{i=1}^{n}m_i/(M_im_{\text{mix}})}$$

所以

$$x_i=\frac{w_i/M_i}{\sum_{i=1}^{n}w_i/M_i} \tag{7-8}$$

3. 混合气体的平均摩尔质量和气体常数

混合气体的平均摩尔质量可以根据各组成气体的摩尔质量和各相对成分来计算。

物质的摩尔质量都等于质量（kg）除以物质的量（mol）。据此可求得混合气体的平均摩尔质量

$$M_{\text{mix}}=\frac{m_{\text{mix}}}{n_{\text{mix}}}=\frac{\sum_{i=1}^{n}m_i}{n_{\text{mix}}}=\frac{\sum_{i=1}^{n}M_in_i}{n_{\text{mix}}}$$

即

$$M_{\text{mix}}=\sum_{i=1}^{n}M_ix_i \tag{7-9}$$

所以，混合气体的平均摩尔质量等于各组成气体的摩尔质量与摩尔分数乘积的总和。与此相仿

$$M_{\text{mix}}=\frac{m_{\text{mix}}}{n_{\text{mix}}}=\frac{\sum_{i=1}^{n}m_i}{\sum_{i=1}^{n}n_i}=\frac{\sum_{i=1}^{n}m_i}{\sum_{i=1}^{n}\frac{m_i}{M_i}}=\frac{\sum_{i=1}^{n}\frac{m_i}{m_{\text{mix}}}}{\sum_{i=1}^{n}\frac{m_i}{M_im_{\text{mix}}}}=\frac{\sum_{i=1}^{n}w_i}{\sum_{i=1}^{n}\frac{w_i}{M_i}}$$

即

$$M_{\text{mix}}=\frac{1}{\sum_{i=1}^{n}\frac{w_i}{M_i}} \tag{7-10}$$

所以，混合气体的平均摩尔质量也等于各组成气体的质量分数与其摩尔质量比值的总和的倒数。

知道了混合气体的平均摩尔质量后，就可以用摩尔气体常数除以平均摩尔质量而得出混合气体的气体常数

$$R_{\text{g,mix}}=\frac{R}{M_{\text{mix}}} \tag{7-11}$$

7.2 混合气体的参数计算

1. 道尔顿定律

道尔顿定律指出，理想混合气体的总压力（p_{mix}）等于理想混合气体中各组成气体分压力（p_i）的总和

$$p_{mix} = \sum_{i=1}^{n} p_i \tag{7-12}$$

所谓分压力，就是假定混合气体中各组成气体单独存在，与混合气体具有相同的温度和体积时给予容器壁的压力。

道尔顿定律的正确性是显而易见的。既然是理想气体，各组成气体混合在一起并不互相影响，因此混合气体全部分子碰撞容器壁的效果，必定等效于各组成气体各自碰撞容器壁效果的总和，也就是总压力等于分压力的总和。

理想混合气体中各组成气体的分压力与总压力之比等于各组成气体的摩尔分数（或体积分数）。这可证明，即

$$\frac{p_i}{p_{mix}} = \frac{m_i R_{gi} T_i / V_i}{m_{mix} R_{g,mix} T_{mix} / V_{mix}} = \frac{m_i R T_i / (M_i V_i)}{m_{mix} R T_{mix} / (M_{mix} V_{mix})} = \frac{n_i T_i / V_i}{n_{mix} T_{mix} / V_{mix}}$$

因为

$$T_i = T_{mix},\ V_i = V_{mix}$$

所以

$$\frac{p_i}{p_{mix}} = \frac{n_i}{n_{mix}} = x_i \tag{7-13}$$

因此，只要知道混合气体的总压力以及各组成气体的摩尔分数（或体积分数），即可方便地求得各组成气体的分压力

$$p_i = p_{mix} x_i \tag{7-14}$$

2. 分体积定律

各组成气体都处于与混合物具有相同的温度（T_{mix}）、压力（p_{mix}）下，各自单独占据的体积 V_i 称为分体积。则

$$p_{mix} V_i = n_i R T_{mix}$$

对各组成气体相加，可得

$$p_{mix} \sum V_i = R T_{mix} \sum n_i$$

比较上面两式，可得到

$$V = \sum V_i$$

该式表明：理想气体的分体积之和等于混合气体的总体积。这就是分体积定律。

在计算混合气体的广延参数时，需将各组元的参数累加起来

$$U_{mix} = \sum_{i=1}^{n} U_i$$

$$H_{mix} = \sum_{i=1}^{n} H_i$$

$$S_{mix} = \sum_{i=1}^{n} S_i$$

同样，理想气体混合物经过一个过程，广延参数热力学能、焓和熵的变化，可以表示为

$$\Delta U_{\text{mix}} = \sum_{i=1}^{n} \Delta U_i$$

$$\Delta H_{\text{mix}} = \sum_{i=1}^{n} \Delta H_i$$

$$\Delta S_{\text{mix}} = \sum_{i=1}^{n} \Delta S_i$$

在计算混合气体的强度参数时，可以通过上面的式子除以混合气体的质量，有

$$u_{\text{mix}} = \frac{U_{\text{mix}}}{m_{\text{mix}}} = \frac{\sum_{i=1}^{n} m_i u_i}{m_{\text{mix}}} = \sum_{i=1}^{n} w_i u_i$$

$$h_{\text{mix}} = \frac{H_{\text{mix}}}{m_{\text{mix}}} = \frac{\sum_{i=1}^{n} m_i h_i}{m_{\text{mix}}} = \sum_{i=1}^{n} w_i h_i$$

$$s_{\text{mix}} = \frac{S_{\text{mix}}}{m_{\text{mix}}} = \frac{\sum_{i=1}^{n} m_i s_i}{m_{\text{mix}}} = \sum_{i=1}^{n} w_i s_i$$

理想气体混合物经过一个热力过程，比热力学能、比焓和比熵的变化可以表示为

$$\Delta u_{\text{mix}} = \sum_{i=1}^{n} w_i \Delta u_i$$

$$\Delta h_{\text{mix}} = \sum_{i=1}^{n} w_i \Delta h_i$$

$$\Delta s_{\text{mix}} = \sum_{i=1}^{n} w_i \Delta s_i$$

例7-1 已知空气的体积分数为 $\varphi_{N_2}=78.026\%$、$\varphi_{O_2}=21.000\%$、$\varphi_{CO_2}=0.030\%$、$\varphi_{H_2}=0.014\%$、$\varphi_{CO_2}=0.030\%$、$\varphi_{H_2}=0.014\%$、$\varphi_{Ar}=0.930\%$。试计算其平均摩尔质量、气体常数和各组成气体的分压力（设总压力为101.325kPa）。

解

$$\begin{aligned} M_{\text{a}} &= \sum_{i=1}^{n} M_i \varphi_i \\ &= (0.028\,016 \times 0.780\,26 + 0.032 \times 0.210\,00 + 0.044\,011 \times 0.000\,3 + 0.002\,016 \times 0.000\,14 + 0.039\,948 \times 0.009\,30)\ \text{kg/mol} \\ &= 0.028\,965\text{kg/mol} \end{aligned}$$

$$R_{\text{g,a}} = \frac{R}{M_{\text{a}}} = \frac{8.314\,51}{0.028\,965}\text{J/(kg·K)} = 287.05\ \text{J/(kg·K)}$$

在这里 $p_{\text{mix}}=101.325\text{kPa}$，根据式（3-24）可知各组成气体的分压力为 $p_{N_2}=79\,059.8\text{Pa}$，$p_{O_2}=21\,278.3\text{Pa}$，$p_{CO_2}=30.40\text{Pa}$，$p_{H_2}=14.19\text{Pa}$，$p_{Ar}=942.3\text{Pa}$。

7.3 湿空气及其湿度

1. 湿空气和干空气

江河湖海里的蒸发出来的水蒸气进入到空气中就形成了湿空气。湿空气是指含有水蒸气

的空气。完全不含水蒸气的空气称为干空气。大气中的空气或多或少都含有水蒸气，所以人们通常遇到的空气都是湿空气，只是由于其中水蒸气的含量不大，有时就按干空气计算。但对那些与湿空气中水蒸气含量有显著关系的过程，如干燥过程、空气调节、蒸发冷却等，就有必要按湿空气来考虑。

湿空气是水蒸气和干空气的混合物。干空气本身又是氮气、氧气及少量其他气体的混合物。干空气的成分比较稳定，而湿空气中水蒸气的含量在自然界的大气中已有不同，而在如上所述的那些工程应用中则变化更大。但总的来说，湿空气中水蒸气的分压力通常都很低，因此可按理想气体进行计算。所以，整个湿空气也可以按理想气体进行计算。

按照道尔顿定律，湿空气的压力等于水蒸气和干空气分压力的总和

$$p = p_{v} + p_{DA} \tag{7-15}$$

式中，p_{v} 为水蒸气的分压力；p_{DA}为干空气的分压力。

如果没有特意进行压缩或抽空，那么湿空气的压力一般也就是当时当地的大气压力。

从温度的关系看，湿空气中的水蒸气通常处于过热状态，即水蒸气的温度高于当时水蒸气分压力所对应的饱和温度（图 7-1 和图 7-2 中状态 a）；从压力的关系看，这种湿空气亦可称为未饱和湿空气。即水蒸气的分压力低于当时温度所对应的饱和压力。未饱和湿空气还具有吸湿能力，即它能容纳更多的水蒸气。

如果水蒸气的分压力达到了当时温度所对应的饱和压力（图 7-1 和图 7-2 中状态 b），那么这时的湿空气便称为饱和湿空气。饱和空气不再具有吸湿能力，如再加入水蒸气，就会凝结出水珠来。

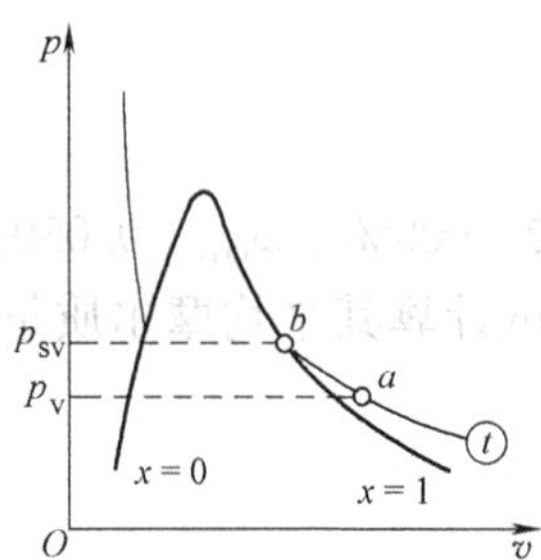

图 7-1　湿空气中水蒸气的未饱和状态

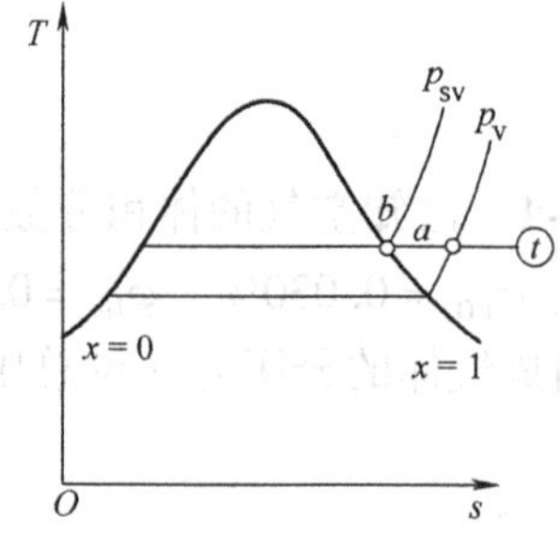

图 7-2　湿空气中水蒸气的过热状态

2. 湿空气的湿度

湿度是用来表示湿空气中水蒸气的含量的参数，湿度有三种表示方法：绝对湿度、相对湿度和含湿量。

绝对湿度是指单位体积（通常指 $1m^3$）的湿空气中所含水蒸气的质量。所以绝对湿度也就是湿空气中水蒸气的密度

$$\rho_{v} = \frac{m_{v}}{V} = \frac{1}{v_{v}} \tag{7-16}$$

对于饱和湿空气

$$\rho_{sv} = \frac{1}{v_{sv}} = \frac{1}{v''} \tag{7-17}$$

绝对湿度通常用来表示氢冷发电机组中氢气的湿度。如果机组中氢气的绝对湿度超标，

将会给机组带来安全隐患，因此，机组中氢气的绝对湿度有严格要求。但是，绝对湿度并不能完全说明湿空气的潮湿程度（或干燥程度）和吸湿能力。因为，同样的绝对湿度（如$\rho_v=0.009\text{kg/m}^3$），如果温度较高（如20℃），则该温度所对应的饱和压力及饱和水蒸气的密度都较高（$\rho_{sv}=0.0173\text{kg/m}^3$），湿空气中的水蒸气还没有达到饱和压力和饱和密度，因而这时的空气还是比较干燥的，还具有吸湿能力（例如，冬季室内开放暖气就会感到干燥）；如果温度较低（如10℃），则该温度所对应的饱和压力和饱和水蒸气的密度都比较低（$\rho_{sv}=0.0094\text{kg/m}^3$）这时就会感到阴冷潮湿；如果温度再低，就会有水珠凝结出来。

所以，绝对湿度的大小不能完全说明空气的干燥程度和吸湿能力，它与湿空气所处的温度有关，故而引入相对湿度的概念。

相对湿度是指绝对湿度和相同温度下可能达到的最大绝对湿度（即饱和空气的绝对湿度）的比值

$$\varphi=\frac{\rho_v}{\rho_{v,max}}=\frac{\rho_v}{\rho_{sv}} \tag{7-18}$$

相对湿度表示湿空气离开饱和空气的远近程度。所以相对湿度也叫饱和度。

根据理想气体状态方程，相对湿度也可以表示成未饱和空气中水蒸气的分压力和饱和空气中水蒸气的分压力的比值。因为

$$\rho_v=\frac{p_v}{R_{g,v}T},\ \rho_{sv}=\frac{p_{sv}}{R_{g,v}T}$$

所以

$$\varphi=\frac{\rho_v}{\rho_{sv}}=\frac{p_v/(R_{g,v}T)}{p_{sv}/(R_{g,v}T)}=\frac{p_v}{p_{sv}} \tag{7-19}$$

当湿空气温度t所对应的水蒸气饱和压力p_{sv}超过湿空气的压力p（或者说，当湿空气温度超过湿空气压力所对应的饱和温度）时，湿空气中水蒸气所能达到的最大分压力不再是p_{sv}，而是湿空气的总压力（这时干空气的分压力已等于零）。因此，在这种情况下，相对湿度应定义为

$$\varphi=\frac{p_v}{p_{v,max}}=\frac{p_v}{p} \tag{7-20}$$

在空气调节及干燥过程中，湿空气被加湿或去湿，其中水蒸气的质量是变化的（增加或减少），但其中干空气的质量是不变的。因此，以1kg干空气的质量为计算单位显然比较方便。用这种方法表示的湿度称为含湿量。

含湿量是指单位质量（每千克）干空气夹带的水蒸气的质量（克数）

$$d=1\,000\frac{m_v}{m_{DA}}=1\,000\frac{m_v/V}{m_{DA}/V}=1\,000\frac{\rho_v}{\rho_{DA}}\text{g/kg（DA）} \tag{7-21}$$

式中，d为含湿量；DA表示干空气。

式（7-21）建立了含湿量和绝对湿度之间的关系。含湿量实质上是湿空气中水蒸气密度ρ_v与干空气密度ρ_{DA}之比。

含湿量和相对湿度之间的关系推导如下：

根据理想气体状态方程

$$p_v=\rho_vR_{g,v}T,\ p_{DA}=\rho_{DA}R_{g,DA}T$$

所以 $$\frac{\rho_{\rm v}}{\rho_{\rm DA}}=\frac{p_{\rm v}R_{\rm g,DA}}{p_{\rm DA}R_{\rm g,v}}=\frac{p_{\rm v}M_{\rm v}}{p_{\rm DA}M_{\rm DA}}=\frac{18.016p_{\rm v}}{28.965p_{\rm DA}}=0.621\ 99\frac{p_{\rm v}}{p_{\rm DA}}$$

代入式（7-21）得

$$d=1\ 000\frac{\rho_{\rm v}}{\rho_{\rm DA}}=621.99\frac{\rho_{\rm v}}{p_{\rm DA}}=621.99\frac{p_{\rm v}}{p-p_{\rm v}}$$

即 $$d=621.99\frac{\varphi p_{\rm sv}}{p-\varphi p_{\rm sv}} \tag{7-22}$$

式（7-22）建立了含湿量和相对湿度之间的关系。

从式（7-22）又可得

$$p_{\rm v}=\frac{pd}{621.99+d} \tag{7-23}$$

式（7-23）表明：当湿空气压力一定时，水蒸气的分压力和水蒸气的含湿量之间有单值的对应关系。

7.4 露点温度和湿球温度

根据式（7-18）和式（7-19）可以计算相对湿度。式中的 $\rho_{\rm sv}$（$\rho_{\rm sv}=1/v''$）和 $p_{\rm sv}$，可以由湿空气的温度从饱和水蒸气热力性质表中查出。但绝对湿度 $\rho_{\rm v}$ 和水蒸气的分压力 $p_{\rm v}$ 不知道，则需要测量出了 $\rho_{\rm v}$ 或 $p_{\rm v}$，就可以计算出相对湿度。但是，$\rho_{\rm v}$ 和 $p_{\rm v}$ 都不易直接测量，通常要用露点计或干湿球温度计间接测定。

一种简单的露点计如图 7-3 所示，它作成一个表面镀铬的金属容器，内装易挥发的液体乙醚。测量时，手捏橡皮球向容器送进空气，使乙醚挥发。由于乙醚挥发时吸收热量，从而使乙醚及整个容器的温度不断降低。当温度降到一定程度时，镀铬的金属表面开始失去光泽（出现微小露珠），这时温度计所示温度即为露点温度 $t_{\rm d}$。露点温度就是在湿空气的压力及其水蒸气的分压力均保持不变的条件下，将其冷却到与水蒸气分压力相对应的那个饱和温度。由露点温度可以从饱和水蒸气热力性质表中查出相应的饱和压力 $p_{\rm sv}$（$t_{\rm d}$）。由于乙醚容器周围的空气是在总压力（p）与分压力（$p_{\rm v}$ 和 $p_{\rm DA}$）都不变的情况下被冷却的（图 7-4 和图 7-5 中过程 $a\rightarrow c$），所以

$$p_{\rm v}=p_{{\rm sv}(t_{\rm d})} \tag{7-24}$$

因此 $$\varphi=\frac{p_{\rm v}}{p_{\rm sv}}=\frac{p_{{\rm sv}(t_{\rm d})}}{p_{{\rm sv}(t)}} \tag{7-25}$$

对于饱和空气 $$t_{\rm d}=t,\ \varphi=1 \tag{7-26}$$

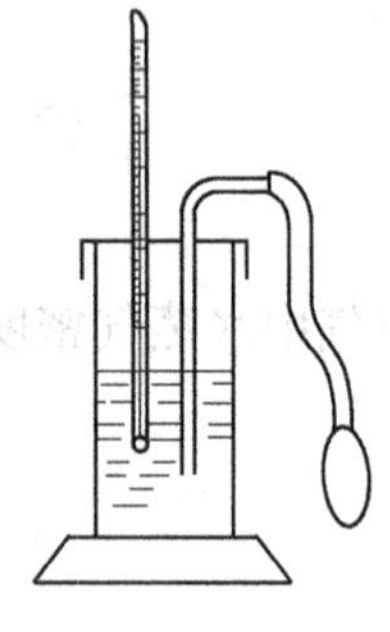
图 7-3　露点计

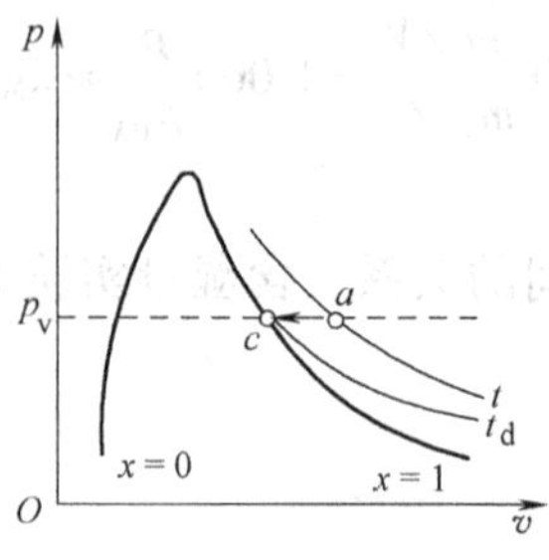

图 7-4　压容图中的结露过程

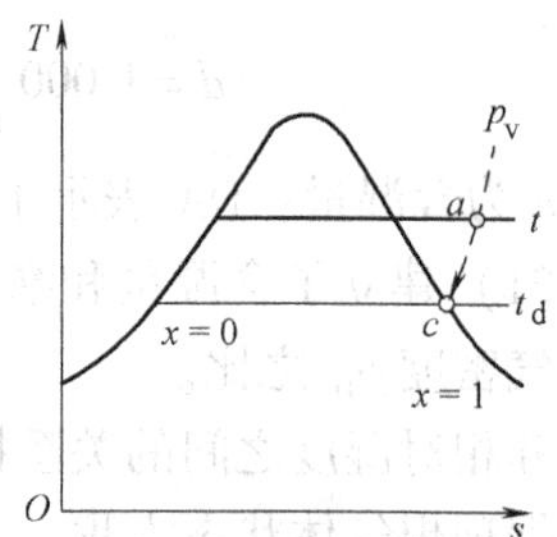

图 7-5　湿熵图中的结露过程

用上述这种露点计测露点只是原理性的，当然不够准确。精确的露点计可以作为标定测湿仪表的二级标准。

干湿球温度计就是两支普通温度计（图7-6），其中一支的温包直接和湿空气接触，称为干球温度计；另一支的温包则用湿纱布包着，称为湿球温度计。干球温度计测出的温度t就是湿空气的温度。湿球温度计由于有湿布包着，如果周围的空气是未饱和的，那么湿纱布表面的水分就会不断蒸发。由于水蒸发时吸收热量，从而使贴近湿纱布周围的一层空气的温度降低。当温度降低到一定程度时，外界传入纱布的热量正好等于水蒸发需要的热量，这时温度维持不变，这就是湿球温度t_w。显然，空气的相对湿度愈小，水蒸发得愈快，湿球温度比干球温度就低得愈多。因此，可以根据不同相对湿度下干、湿球间的温差Δt及干球温度t制成相应的表格来查取相对湿度值。

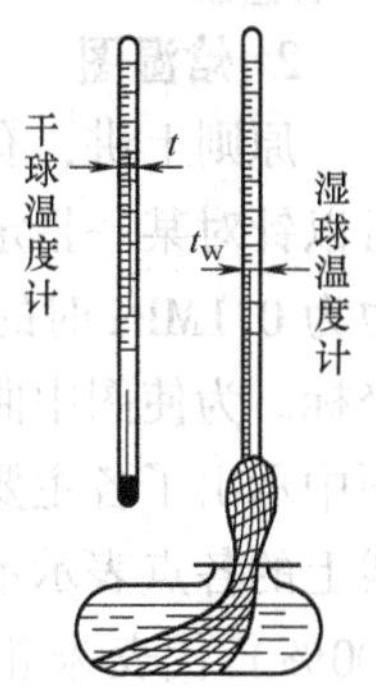

图7-6 干湿球温度计

湿球温度总是介于露点温度和干球温度之间

$$t_d < t_w < t \quad（当\ \varphi < 1） \tag{7-27}$$

对于饱和空气，这三种温度相等

$$t_d = t_w = t \quad（当\ \varphi = 1） \tag{7-28}$$

应该指出，湿球温度计的读数和掠过湿球的风速有一定关系。实验表明：同样的湿空气，具有一定风速时湿球温度计的读数比风速为零时低些；但在风速超过2m/s的宽广范围内，湿球温度计的读数变化很小。在查图表或进行计算时应以这种通风式干湿球温度计的读数为准。

7.5 焓和焓湿图

1. 焓

在加热和冷却的空气调节中，湿空气的焓值是变化的，而湿空气中干空气的质量是不变的，为计算方便起见，湿空气的焓也是对1kg干空气而言的［或者说是对（1+0.001d）kg湿空气而言的］，即

$$h = h_{DA} + 0.001 d h_v$$

式中，h为湿空气的比焓［kJ/kg（DA）］；h_{DA}为干空气的比焓；h_v为水蒸气的比焓。

由于湿空气的应用压力一般都不高，因而其中干空气和水蒸气的分压力也都较低，温度变化也不很大，可以认为它们的比定压热容只与温度有关，并与温度呈线性关系

$$\{c_{p,DA}\}_{kJ/(kg\cdot K)} = 1.002 + 0.000\,10\ \{t\}_{℃}$$

$$\{c_{p,v}\}_{kJ/(kg\cdot K)} = 1.850 + 0.000\,42\ \{t\}_{℃}$$

所以

$$\{h_{DA}\}_{kJ/kg} = \int_0^t \{c_{p,DA}\}_{kJ/(kg\cdot K)} d\{t\}_{℃} = 1.002\ \{t\}_{℃} + 0.000\,05\ \{t\}_{℃}^2 \text{（以0℃空气的比焓为零）}$$

$$\{h_v\}_{kJ/kg} = r_{(t=0℃)} + \int_0^t \{c_{p,v}\}_{kJ/(kg\cdot K)} d\{t\}_{℃} = 2\,501 + 1.850\ \{t\}_{℃} + 0.000\,21\ \{t\}_{℃}^2$$

（以0℃水的比焓为零）

所以湿空气的比焓为

$$\{h\}_{kJ/kg(DA)}=1.002\ \{t\}_{℃}+0.000\ 05\ \{t\}_{℃}^2+0.001d\ (2\ 501+1.850\ \{t\}_{℃}+0.000\ 21\ \{t\}_{℃}^2)\quad(7\text{-}29)$$

2 焓湿图

原则上讲，有了上述公式就可以进行湿空气计算。实用上，为方便湿空气过程的计算，可以针对某一指定压力将湿空气的热力性质绘制成线条图。例如，附 B 图 B-3 是湿空气压力为 0.1MPa 时的焓湿图，它以湿空气的温度（t）和焓（H）为纵坐标，含湿量（d）为横坐标。为使图中曲线看起来清楚，两坐标轴的夹角适当放大（比如说取 135°而不是 90°）。图中示出了各主要参数 H、d、t、φ 的定值线（参看图 7-7），其中 $\varphi=100\%$ 的等相对湿度线上的各点表示不同温度的饱和空气，该线称为饱和空气线。在饱和空气线的上方（$\varphi<100\%$）代表未饱和空气。图的上方还标出了水蒸气的分压力和含湿量的对应关系 $p_v=f(d)$。

在指定的压力下，只要另外给出湿空气的两个参量，即可在图 7-8 中查到相应的其他参数。例如，指定湿空气压力 $p=0.1\text{MPa}$，已知 $t=30℃$，$\varphi=80\%$（图 7-8 中状态 a），则可查得 $d=22\text{g/kg (DA)}$、$h=86\text{kJ/kg (DA)}$。由于等湿球温度线基本上和等比焓线平行，因此湿球温度 t_w 可以这样来确定：由该状态 a 沿等比焓线往右下方与饱和空气线（$\varphi=1$）相交于 b 点，b 点的温度（27℃）即为湿球温度。所以，$t_w=27℃$。

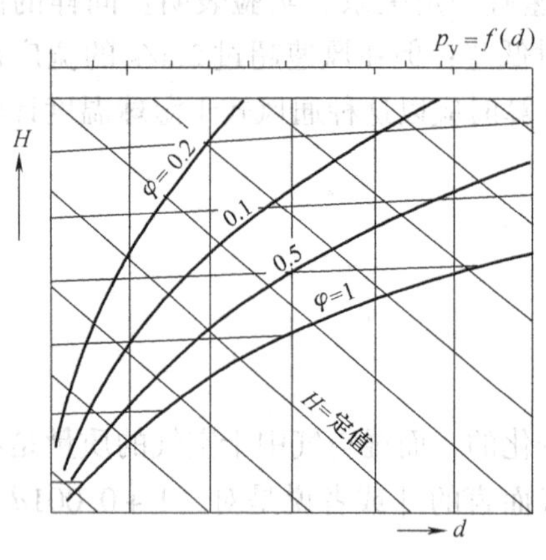

图 7-7 湿空气焓湿图

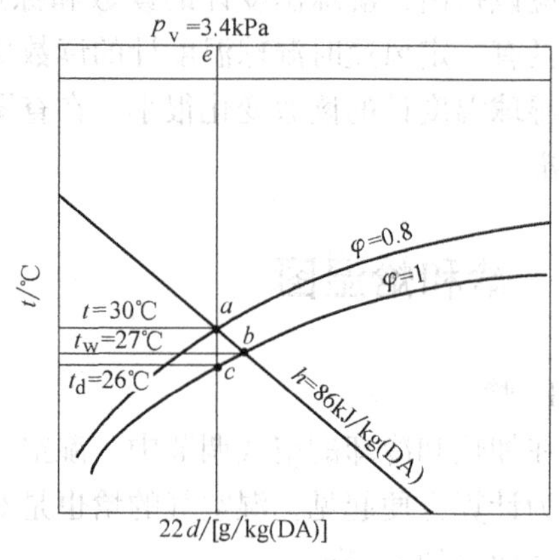

图 7-8 焓湿图

露点温度 t_d 和水蒸气的分压力 p_v，可由 a 点沿等含湿量线垂直往下与饱和空气线相交于 c 点，垂直往上与 $p_v=f(d)$ 线相交于 e 点。c 点的温度（26℃）即为露点温度，e 点的压力（3.4kPa）即为水蒸气的分压力。

所以

$$t_d=26℃$$

$$p_v=3.4\text{kPa}=0.003\ 4\text{MPa}$$

由于通常的焓湿图都是针对指定的湿空气压力而绘制的，它只适用于该指定压力，因此对不同的湿空气压力需要绘制不同的焓湿图。如高原地区的大气压力以及一些特殊条件下的环境压力可能与平原地区的大气压力很不相同，因而就需要绘制很多针对不同压力的焓湿图，上海同济大学暖通教研室绘制过这种焓湿图。严家騄教授提出了比相对湿度的概念和可用于不同压力的通用焓湿图。

7.6 湿空气过程——焓湿图的应用

本节所讨论的过程都是无技术功的过程。

1. 加热（或冷却）过程

在空气调节技术中，使空气在压力基本不变的情况下加热或冷却的过程是经常会遇到的。利用热空气烘干物品时，在烘干过程之前也需要将空气加热（图7-9）。这种加热（或冷却）过程在进行时，空气的含湿量保持不变（图7-10中过程1→2）

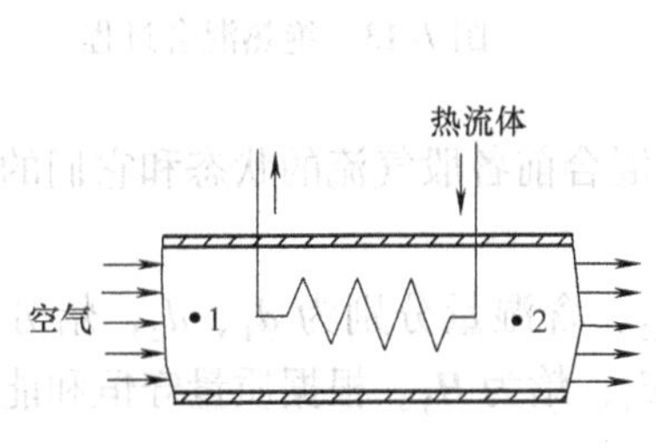

图7-9 加热或冷却过程

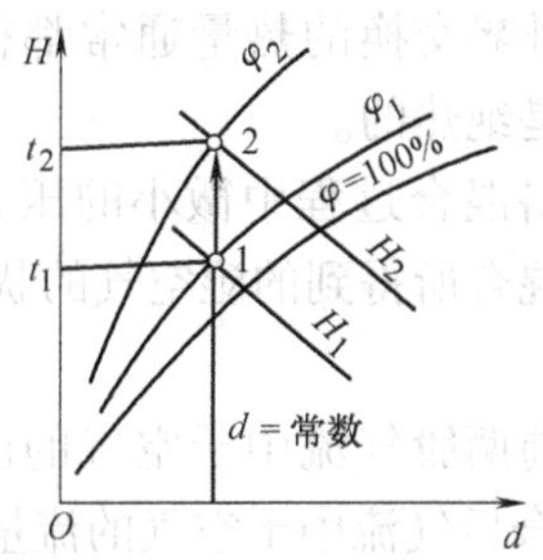

图7-10 加热或冷却过程焓湿图

$$d = 常数，\Delta d = d_2 - d_1 = 0 \tag{7-30}$$

在加热过程中湿空气的温度升高、焓增加、相对湿度减小，即

$$\left.\begin{aligned}\Delta t &= t_2 - t_1 > 0\\ \Delta H &= H_2 - H_1 > 0\\ \Delta\varphi &= \varphi_2 - \varphi_1 < 0\end{aligned}\right\} \tag{7-31}$$

加热过程中吸收的热量等于焓的增量

$$Q = \Delta H = H_2 - H_1 \tag{7-32}$$

2. 加湿过程

加湿过程在空调技术中也是经常遇到的。在烘干过程中，物品的干燥过程也就是空气的加湿过程（图7-11）。这种加湿过程往往是在压力基本不变，同时又和外界基本绝热的情况下进行的。空气将热量传给水，使水蒸发，变为水蒸气，水蒸气又加入到空气中，而过程进行时与外界又没有热量交换，因此湿空气的焓不变（图7-12中过程2→3）

$$H = 常数，\Delta H = H_3 - H_2 = 0 \tag{7-33}$$

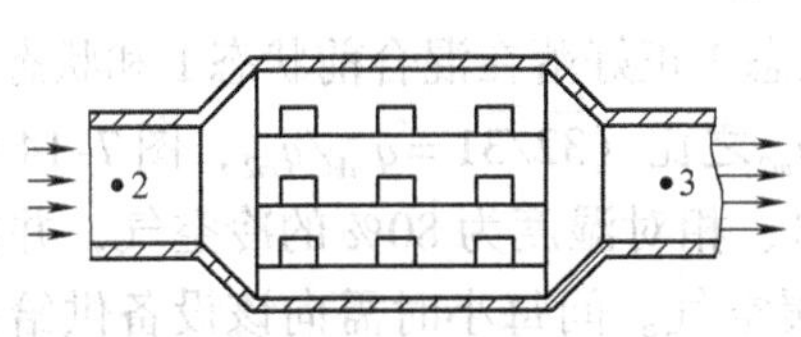

图7-11 加湿过程

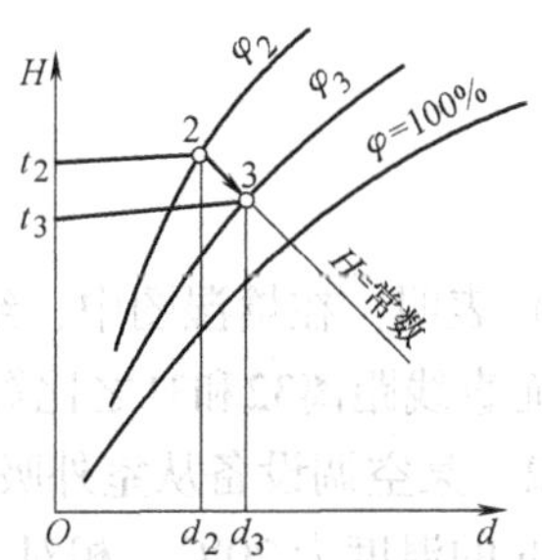

图7-12 加湿过程焓湿图

在加湿过程中，湿空气的温度降低、相对湿度和含湿量则增加

$$\left.\begin{aligned}\Delta t = t_3 - t_2 < 0\\ \Delta\varphi = \varphi_3 - \varphi_2 > 0\\ \Delta d = d_3 - d_2 > 0\end{aligned}\right\} \tag{7-34}$$

3. 绝热混合过程

在空调和干燥技术中，还经常采用两股（或多股）状态不同但压力基本相同的气流混合的办法，以获得符合温度和湿度要求的空气（图 7-13）。在混合过程中，气流与外界交换的热量通常都很少，因此混合过程可以认为是绝热的。

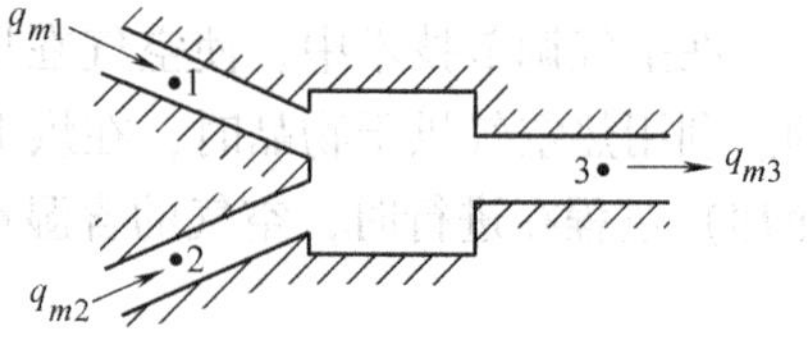

图 7-13 绝热混合过程

如果忽略混合过程中微小的压力降低，那么这种等压的绝热混合所得到的湿空气的状态，将完全取决于混合前各股气流的状态和它们的相对流量。

设混合前两股气流中干空气的流量分别为 q_{m1}、q_{m2}，含湿量分别为 d_1、d_2，焓分别为 H_1、H_2；混合后气流中干空气的流量为 q_{m3}，含湿量为 d_3，焓为 H_3。根据质量守恒和能量守恒原理可得下列各方程

$$q_{m1} + q_{m2} = q_{m3} \quad \text{（干空气质量守恒）} \tag{7-35}$$

$$q_{m1}d_1 + q_{m2}d_2 = q_{m3}d_3 \quad \text{（湿空气中水蒸气质量守恒）} \tag{7-36}$$

$$q_{m1}H_1 + q_{m2}H_2 = q_{m3}H_3 \quad \text{（湿空气能量守恒）} \tag{7-37}$$

知道了混合前各股气流的流量和状态，就根据上述三式计算出混合后气流的流量和状态。

也可以在焓湿图中利用图解的方法来确定混合后气流的状态。其原理如下：从式（7-36）和式（7-37）分别得

$$q_{m1}\frac{d_1}{d_3} + q_{m2}\frac{d_2}{d_3} = q_{m3}, \quad q_{m1}\frac{H_1}{H_3} + q_{m2}\frac{H_2}{H_3} = q_{m3}$$

所以

$$q_{m1}\frac{d_1}{d_3} + q_{m2}\frac{d_2}{d_3} = q_{m1}\frac{H_1}{H_3} + q_{m2}\frac{H_2}{H_3} = q_{m1} + q_{m2}$$

即

$$\left.\begin{aligned}q_{m1}\frac{d_1 - d_3}{d_3} = q_{m2}\frac{d_3 - d_2}{d_3}\\ q_{m1}\frac{H_1 - H_3}{H_3} = q_{m2}\frac{H_3 - H_2}{H_3}\end{aligned}\right\}$$

亦即

$$\frac{q_{m1}}{q_{m2}} = \frac{d_3 - d_2}{d_1 - d_3} = \frac{H_3 - H_2}{H_1 - H_3} \tag{7-38}$$

式（7-38）表明：在焓湿图中，绝热混合后的状态 3 正好落在混合前状态 1 和状态 2 的连接直线上，而直线距离 $\overline{32}$ 和 $\overline{31}$ 之比等于流量 q_{m1} 和 q_{m2} 之比（$\overline{32}/\overline{31} = q_{m1}/q_{m2}$，图 7-14）。

例 7-2 某空调设备从室外吸进温度为 -5℃、相对湿度为 80% 的冷空气，并向室内送进 $120\text{m}^3/\text{h}$ 的温度为 20℃、相对湿度为 60% 的暖空气。问每小时需向该设备供给多少热量和水？如果先加热，后加湿，那么应加热到多高温度（大气压力 $p_0 = 0.1\text{MPa}$，不考虑压力

变化）。

解 先将过程画在焓湿图中以便分析（图7-15中过程1→3）。

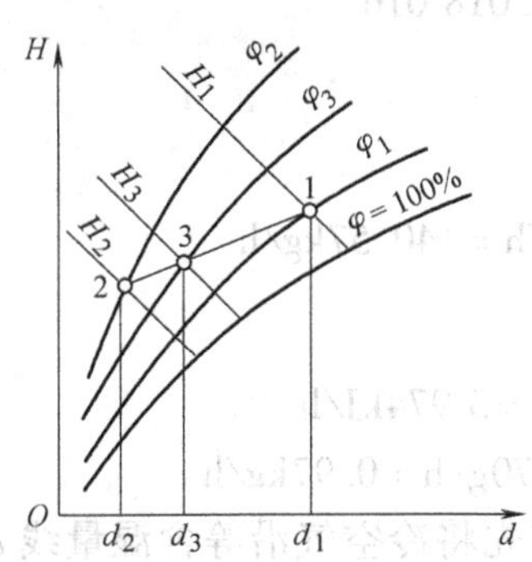

图7-14 绝热混合过程焓湿图

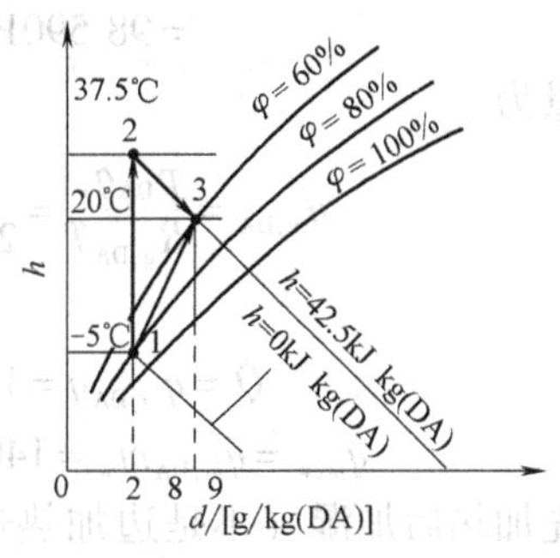

图7-15 例7-2图

对每千克干空气而言，需加入的热量和水分别为（查附录B图B-3）

$$q=\Delta h=h_3-h_1=(42.5-0)\ \text{kJ/kg (DA)}$$

$$=42.5\text{kJ/kg (DA)}$$

$$m_w=\Delta d=d_3-d_1=(8.9-2)\ \text{g/kg (DA)}$$

$$=6.9\text{g/kg (DA)}$$

对每千克湿空气而言，所需加入的热量和水则为

$$q'=\Delta h=\frac{\Delta H}{1+0.001d_3}=\frac{42.5}{(1+0.001\times8.9)}\text{kJ/kg}=42.13\text{kJ/kg}$$

$$m'_w=\frac{\Delta d}{1+0.001d_3}=\frac{6.9}{1+0.001\times8.9}\text{g/kg}=6.84\text{g/kg}$$

暖空气的平均摩尔质量为

$$M=\frac{1+0.008\ 9}{\dfrac{1}{0.028\ 965}+\dfrac{0.008\ 9}{0.018\ 016}}\text{kg/mol}=0.028\ 811\text{kg/mol}$$

其气体常数为

$$R_g=\frac{8.314\ 51}{0.028\ 811}\text{J/(kg·k)}=288.59\text{J/(kg·K)}$$

每小时送进室内的空气质量为

$$q_{m3}=\frac{pq_V}{R_gT_3}=\frac{0.1\times10^6\times120}{288.59\times293.15}\text{kg/h}=141.8\text{kg/h}$$

所以空调设备中热量和水的消耗量为

$$\dot{Q}=q_{m3}q=141.8\times42.13\text{kJ/h}=5\ 974\text{kJ/h}$$

$$q_{m,w}=q_{m3}m'_w=141.8\times6.84\text{g/h}=970\text{g/h}=0.97\text{kg/h}$$

也可以按干空气标准来计算。暖空气中干空气的分压力为

$$p_{DA}=px_{DA}=p\frac{w_{DA}/M_{DA}}{\dfrac{w_{DA}}{M_{DA}}+\dfrac{w_w}{M_w}}$$

$$=0.1\times10^{6}\times\frac{1/0.028\,965}{\dfrac{1}{0.028\,965}+\dfrac{0.008\,9}{0.018\,016}}\text{Pa}$$

$$=98\,590\text{Pa}$$

干空气流量为

$$q_{m,\text{DA}}=\frac{p_{\text{DA}}q_V}{R_{\text{g,DA}}T}=\frac{98\,590\times120}{287.1\times293.15}\text{kg/h}=140.57\text{kg/h}$$

从而得

$$\dot{Q}=q_{m,\text{DA}}q=140.57\times42.5\text{kJ/h}=5\,974\text{kJ/h}$$

$$q_{m,\text{w}}=q_{m,\text{DA}}m_{\text{w}}=140.57\times6.9\text{g/h}=970\text{g/h}=0.97\text{kg/h}$$

如果先加热后加湿（不是边加热边加湿），那么应先将冷空气沿等含湿量线 d_1 加热到与等焓线 H_3 相交的点 2，然后再从状态 2 沿等焓线加湿到状态 3。所需热量和水量和原来一样。

查焓湿图得状态 2 的温度

$$t_2=37.5℃$$

例 7-3 利用空调设备使温度为 30℃、相对湿度为 80% 的空气降温、去湿。先使温度降到 10℃（以达到去湿的目的），然后再加热到 20℃。试求冷却过程中析出的水分和加热后所得空气的相对湿度（大气压力 $p_0=0.1\text{MPa}$）。

解 在冷却过程中，空气先在含湿量不变的情况下降温（图 7-16 中过程 1→2）。当温度降到露点温度（$t_\text{d}=t_2=26.4℃$）时变为饱和空气（$\varphi_2=1$）。继续降温，则沿饱和空气线析出水分（过程 2→3）。然后在含湿量不变的情况下加热到 20℃（过程 3→4）。

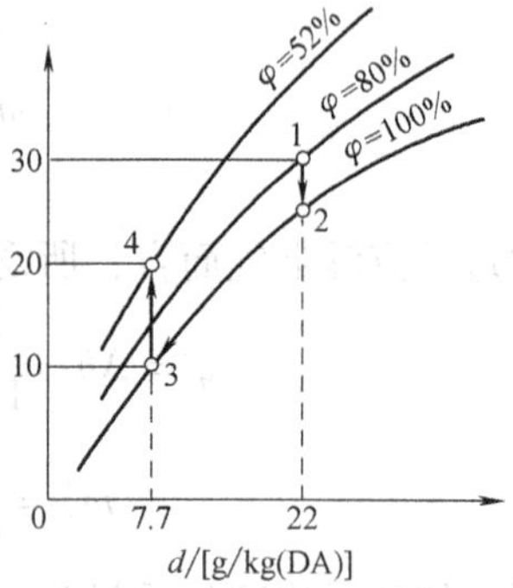

图 7-16　例 7-3 图

由附录 B 图 B-3 可查得最后空气的相对湿度为

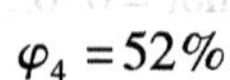

$$\varphi_4=52\%$$

冷却过程中析出的水分为

$$m_\text{w}=d_2-d_3=(22-7.7)\ \text{g/kg（DA）}=14.3\text{g/kg（DA）}$$

例 7-4 有两股空气，压力均为 0.1MPa，温度分别为 40℃和 0℃，相对湿度均为 40%，干空气的流量百分比依次为 60% 和 40%。求混合后的温度和相对湿度（混合后压力仍为 0.1MPa）。

解 已知：$t_1=40℃$，$\varphi_1=40\%$，$t_2=0℃$，$\varphi_2=40\%$。

查焓湿图（附录 B 图 B-3）得

$$d_1=19\text{g/kg（DA）},\ h_1=89\text{kJ/kg（DA）}$$

$$d_2=1.5\text{g/kg（DA）},\ h_2=3.5\text{kJ/kg（DA）}$$

根据式（7-36）和式（7-37）可得

$$d_3=(0.6\times19+0.4\times1.5)\ \text{g/kg（DA）}=12\text{g/kg（DA）}$$

$$h_3=(0.6\times89+0.4\times3.5)\ \text{kJ/kg（DA）}=54.8\text{kJ/kg（DA）}$$

再根据 d_3、h_3 查焓湿图得

$$t_3 = 24.5℃, \varphi = 62\%$$

本章要求重点与讨论

1）理解未饱和湿空气与饱和湿空气的概念，理解湿空气中的水蒸气常处于过热状态或未饱和状态的真实含义。

2）理解和掌握绝对湿度与相对湿度的区别以及露点温度和湿球温度的确定方法。

3）能够使用露点计和干湿球温度计测定湿空气的湿度。

4）能够使用焓湿图分析和计算湿空气的热力过程。

本章知识结构框图如图7-17所示。

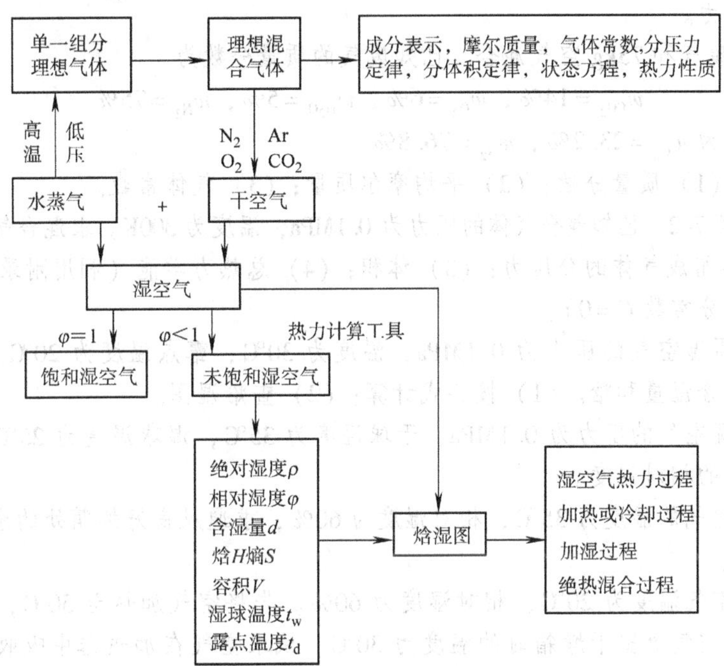

图7-17 知识结构框图

思 考 题

1. 判断下列说法是否有错误：

1）湿空气相对湿度φ愈高，其含湿d量就愈大。

2）当$\varphi=0$时，湿空气不含水蒸气，全为干空气，$\varphi=100\%$时，湿空气就不含干空气，全为水蒸气。

3）当φ固定不变时，湿空气温度T越高，则含湿量d越大。

4）当含湿量d固定不变时，湿空气温度T越高，则相对湿度φ愈小。

5）干球温度、露点温度和湿球温度的排列次序如下：35℃、19℃、8℃。

2. 湿空气和湿蒸汽、饱和湿空气和饱和湿蒸汽，它们有什么区别？

3. 当湿空气的温度低于和超过其压力所对应的饱和温度时，相对湿度的定义式有何相同和不同之处？

4. 为什么浴室在夏天不像冬天那样雾气腾腾？

5. 使湿空气冷却到露点温度以下可以达到去湿目的。将湿空气压缩（温度不变）能否达到去湿目的？

习　题

7-1　汽油发动机吸入空气和汽油蒸气的混合物，其压力为0.095MPa。混合物中汽油的质量分数为6%，汽油的摩尔质量为114g/mol。试求混合气体的平均摩尔质量、气体常数及汽油蒸气的分压力。

7-2　50kg废气和75kg空气混合。已知废气的质量分数为

$$w_{CO_2}=14\%，w_{O_2}=6\%，w_{H_2O}=5\%，w_{N_2}=75\%$$

空气的质量分数为 $w_{O_2}=23.2\%$，$w_{N_2}=76.8\%$

求混合气体的：(1) 质量分数；(2) 平均摩尔质量；(3) 气体常数。

7-3　同习题7-2。已知混合气体的压力为0.1MPa，温度为300K。求混合气体的：(1) 体积分数；(2) 各组成气体的分压力；(3) 体积；(4) 总热力学能（利用附录A表A-2中的经验公式并令积分常数 $C=0$）。

7-4　已测得湿空气的压力为0.1MPa，温度为30℃，露点温度为20℃。求相对湿度、水蒸气分压力、含湿量和焓。(1) 按公式计算；(2) 查焓湿图。

7-5　已知湿空气的压力为0.1MPa，干球温度为35℃，湿球温度为25℃。试用查焓湿图方法求湿空气的相对湿度。

7-6　夏天空气的温度为35℃，相对湿度为60%，求通风良好的荫处的水温。已知大气压力为0.1MPa。

7-7　已知空气温度为20℃，相对湿度为60%。先将空气加热至50℃，然后送进干燥箱去干燥物品。空气流出干燥箱时的温度为30℃。试求空气在加热器中吸收的热量和从干燥箱中带走的水分。认为空气压力 $p=0.1$MPa。

7-8　10℃的干空气和20℃的饱和空气按干空气质量对半混合，所得湿空气的含湿量和相对湿度各为多少？已知空气的压力在混合前后均为0.1MPa。

选读之十三　道尔顿及分压定律

原子论的创立者、现代化学奠基人道尔顿（1766—1844，图7-18）出生于英国坎伯兰，是一个纺织工人的儿子。由于家境贫穷，他只上了两年学就退学了。为了养家糊口，12岁的道尔顿就开始在教会学校教书。教会学校停办后又在一所中学教书。道尔顿在讲授数学、物理学、天文学、法语、会计、测量等课程之余，还自学了大学数学和物理学。少年时代的教书生涯，使他对科学研究产生了兴趣。他早期主要关注气象学，而且把对气象学的爱好保持了终生。即使他成了一个著名的化学家之后，他仍然保持记气象日记的习惯。据说他一生记了约20万次气象记录。道尔顿不是那种天资卓著的人，但他勤奋、刻苦，百折不挠，终于以原子论学说成为现代化学的奠基人。

图7-18　道尔顿

1803年，道尔顿将希腊思辨的原子论改造成了定量的化学原子论。他提出了下述

命题：第一，化学元素是由非常微小的、不可再分的物质微粒即原子组成；第二，原子是不可改变的；第三，化合物由分子组成，而分子是由几种原子化合而成，是化合物的最小粒子；第四，同一元素的所有原子均相同，不同元素的原子不同，主要表现为重量的不同；第五，只有以整数比例的元素的原子相结合时，才会发生化合；第六，在化学反应中，原子仅仅是重新排列，而不会创生或消失。1808 年，道尔顿出版了《化学哲学的新体系》一书，书中系统地阐述了他的化学原子论。

早在 1801 年，道尔顿就在气体研究中发现了所谓分压定律：在同样的温度下，（理想）混合气体所产生的压强等于各气体在单独占有整个混合气体体积时所产生的压强之和。有的科学史家认为，道尔顿提出原子论是为了解释他自己发现的这个分压定律。

道尔顿的原子论提出之后，由于其高度的形象化和解释力，很快被化学家们接受。尽管因此获得了很高的荣誉，但这位自学出身的科学家同法拉第一样极为谦虚，乐意接受来自各方面的批评。当道尔顿作为近代原子学说的创始人，已闻名于世的时候，皇家学会仍未选他为会员。倒是法国科学院在 1816 年选他为外国通讯员，给予他学术上的荣誉。过了 6 年他才成为英国皇家学会的会员，这时道尔顿已经 56 岁了。1829 年，由于戴维去世，法国科学院外国学会出现了缺额，由道尔顿补缺。这个外国学会会员共有 8 个名额，具有世界水平的科学家才能被选入。道尔顿晚年常说："如果说我比其他人获得了较大成功的话，那主要是——不！完全是靠不断勤奋地学习钻研而来的。有的人能够远远地超过其他人，与其说他是天才，不如说是由于他能专心致志地坚持学习，不达目的不罢休的那种不屈不挠的精神所致。"

据说道尔顿是个色盲，他本人还因此写了一篇有关色盲的论文。由于他是第一个描述这一生理现象的人，现在人们有时还将色盲叫做道尔顿现象。1832 年，牛津大学授予他博士学位时，国王打算隆重地召见他。可是，穿衣服时出了些问题，当时的博士礼服是红色的，而他虔诚信仰的教派禁止穿红色衣服。所幸的是他是个色盲，根本认不出红色，结果他穿着他自己看来是灰色的礼服去觐见了国王。

第3部分　热力过程及热力循环

第8章　理想气体的热力过程

【提要】 本章在扼要说明了研究热力过程的任务和目的及热力过程两种分类方法之后，着重阐述了理想气体典型定值过程中的状态参数变化规律、过程图示、功和热量的计算。而后又将四种定值过程统一于一般的多变过程之中。根据绝大多数热工设备中传热过程与做功过程往往是分开的特点，本章分析了在不做功过程和绝热过程中，摩擦存在与否对状态参数变化及能量交换的影响。本章最后还介绍了工程中常见的混合过程和充、放气过程等不稳定过程。

8.1 概述

热能与机械能的相互转换是通过工质的状态变化即热力过程来实现的。热力过程既是变化的状态又是构成热力循环的基础，是工程热力学重要内容之一，必须很好地学习掌握和熟练地运用。

1. 研究热力过程的任务和目的

总的来说，研究热力过程主要有两个任务：其一是根据过程特点和状态方程来确定过程中状态参数的变化规律；其二是利用能量方程来分析计算在过程中热力系与外界交换的能量和质量，研究热力过程的目的是分析热力过程中影响参数变化和能质交换的因素，从而确定改善过程的措施。

2. 热力过程的分类

按热力过程中热力系内部的特征可分为等容过程、等压过程、等温过程、等熵过程和多变过程，按热力系与外界的相互作用可分为不做功过程、绝热过程、混合过程、充气过程和放气过程等。在以下的讨论中多以理想气体为工质，但是许多结论并不局限于理想气体。

8.2 典型定值热力过程分析

8.2.1 等容过程

1. 定义

等容过程是热力系在保持比体积不变的情况下进行的吸热或放热过程。例如在斯特林发动机中进行的过程和爆苞米花机里的加热过程。

2. 过程方程和状态参数变化规律

根据定义，可得

$$v = 常数，v_2 = v_1，dv = 0$$

对于理想气体，根据其状态方程，在等容过程中其压力与温度成正比，即

$$\frac{p}{T} = \frac{R_g}{v} = 常数，\frac{p_2}{T_2} = \frac{p_1}{T_1} \tag{8-1}$$

3. 过程图示

在 p-v 图中，等容过程为一条垂直线，如图 8-1a 所示；在 T-s 图中，定比热容理想气体进行的等容过程是一条指数曲线，如图 8-1b 所示。

定比热容理想气体进行等容过程时，根据理想气体熵的计算公式可知：温度和比熵的变化将保持如下关系

$$s = c_{V0}\ln T + C_1' \tag{8-2}$$

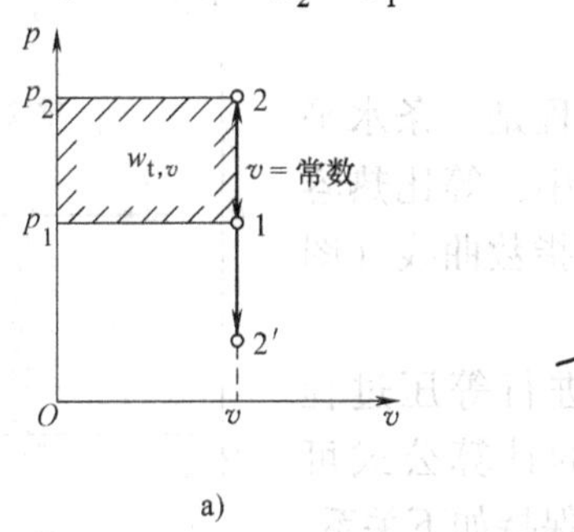

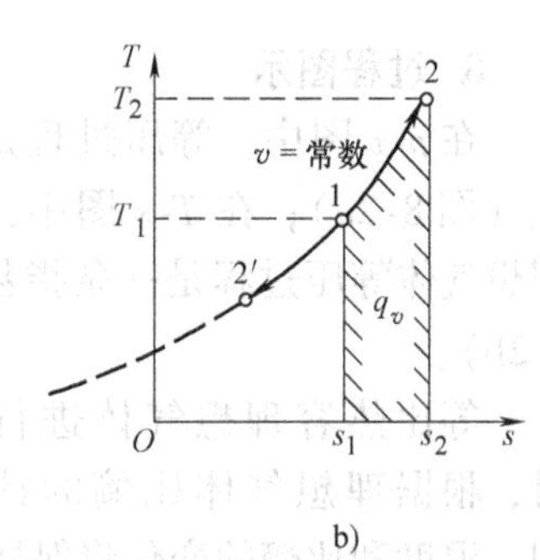

图 8-1 等容过程

a) 1→2 为等容吸热过程 b) 1→2′为等容放热过程

或

$$T = \exp\frac{s - C_1'}{c_{V0}} \tag{8-3}$$

它的斜率是

$$\left(\frac{\partial T}{\partial s}\right)_v = \frac{\exp\dfrac{s - C_1'}{c_{V0}}}{c_{V0}} = \frac{T}{c_{V0}} \tag{8-4}$$

上式表明，温度 T 愈高，等容线的斜率$\left(\dfrac{\partial T}{\partial s}\right)_v$愈大。

4. 功和热量的计算

在无摩擦的情况下，对每千克工质等容过程的膨胀功、技术功和热量可分别按下式计算

$$w_v = \int_1^2 p\mathrm{d}v = 0 \tag{8-5}$$

$$w_{t,v} = -\int_1^2 v\mathrm{d}p = v\ (p_1 - p_2) \tag{8-6}$$

$$q_v = \int_1^2 T\mathrm{d}s = \int_1^2 c_V\mathrm{d}T = \bar{c}_V\big|_0^{t_2}t_2 - \bar{c}_V\big|_0^{t_1}t_1 \tag{8-7}$$

或

$$q_v = u_2 - u_1 + w_v = u_2 - u_1 \tag{8-8}$$

热力学能的值可在气体热力性质表（附录 A 表 A-5）中查到。

8.2.2 等压过程

1. 定义

等压过程是指热力系在保持压力不变的情况下进行的吸热或放热过程。例如在燃烧室和锅炉进行的过程就是常见的近似的等压过程。

2. 过程方程和状态参数变化规律

根据定义，可得

$$p = 常数，p_2 = p_1，\mathrm{d}p = 0$$

对于理想气体，根据其状态方程，在等压过程中其比体积和温度成正比，即

$$\frac{v}{T} = \frac{R_g}{p} = 常数 \tag{8-9}$$

3. **过程图示**

在 p-v 图中，等压过程是一条水平线（图 8-2a）；在 T-s 图中，等比热容理想气体等压过程是一条指数曲线（图 8-2b）。

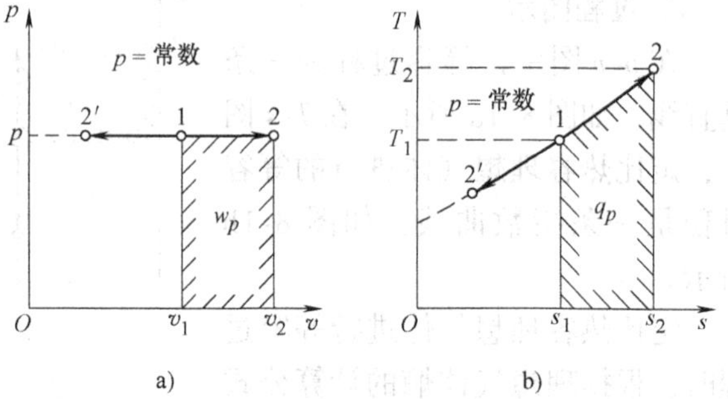

等比热容理想气体进行等压过程时，根据理想气体比熵的计算公式可知：温度和比熵的变化将保持如下关系

$$s = c_{p0}\ln T + C_2' \tag{8-10}$$

或

$$T = \exp\frac{s - C_2'}{c_{p0}} \tag{8-11}$$

图 8-2 等压过程

a）1→2 为等压吸热过程 b）1→2′为等压放热过程

它的斜率为

$$\left(\frac{\partial T}{\partial s}\right)_p = \frac{\exp\dfrac{s - C_2'}{c_{p0}}}{c_{p0}} = \frac{T}{c_{p0}} \tag{8-12}$$

上式表明，温度愈高，等压线的斜率也愈大。由于 $c_{p0} > c_{V0}$，在相同的温度下，等压线的斜率小于等容线的斜率，因而整个等压线比等容线要平坦些。

4. **功和热量的计算**

在无摩擦的情况下，对每千克工质等压过程的膨胀功、技术功和热量可分别按下式计算

$$w_p = \int_1^2 p\mathrm{d}v = p\,(v_2 - v_1) \tag{8-13}$$

$$w_{t,p} = -\int_1^2 v\mathrm{d}p = 0 \tag{8-14}$$

$$q_p = \int_1^2 T\mathrm{d}s = \int_1^2 c_p\mathrm{d}T = \bar{c}_p\big|_0^{t_2} t_2 - \bar{c}_p\big|_0^{t_1} t_1 \tag{8-15}$$

或

$$q_p = h_2 - h_1 + w_{t,p} = h_2 - h_1 \tag{8-16}$$

比焓的值可在气体热力性质表（附录 A 表 A-5）中查到。

8.2.3 等温过程

1. **定义**

等温过程是热力系在温度保持不变的情况下，热力系进行的膨胀（吸热）或压缩（放热）过程。例如，在冷凝器和蒸发器中进行的过程就是等温过程。

2. **过程方程和状态参数变化规律**

根据定义，可得

$$T = 常数，T_2 = T_1，\mathrm{d}T = 0$$

理想气体在等温过程中，压力和比体积保持反比关系，即

$$pv = R_gT = 常数 \tag{8-17}$$

3. **过程图示**

在压容图中，理想气体的等温过程是一条等边双曲线（图8-3a）；在温熵图中，等温过程是一条水平线（图8-3b）。

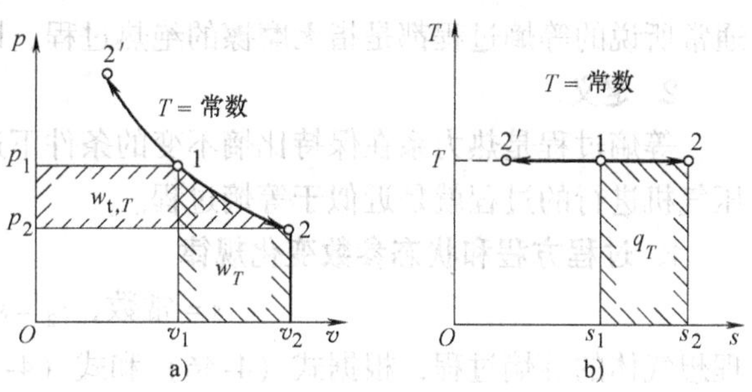

图8-3 等温过程

a）1→2 为等温膨胀（吸热）过程

b）1→2′为等温压缩（放热）过程

4. **功和热量的计算**

在无摩擦的情况下，每千克理想气体等温过程的膨胀功和技术功可分别按下式计算

$$w_T = \int_1^2 p\mathrm{d}v = \int_1^2 \frac{R_g T}{v}\mathrm{d}v = R_g T\ln\frac{v_2}{v_1} \quad (8\text{-}18)$$

$$w_{t,T} = -\int_1^2 v\mathrm{d}p = -\int_1^2 \frac{R_g T}{p}\mathrm{d}p = R_g T\ln\frac{p_1}{p_2} \quad (8\text{-}19)$$

由于

$$\frac{v_2}{v_1} = \frac{p_1}{p_2}$$

因此

$$w_T = R_g T\ln\frac{v_2}{v_1} = R_g T\ln\frac{p_1}{p_2} = w_{t,T} \quad (8\text{-}20)$$

在无摩擦的情况下，等温过程的热量为

$$q_T = \int_1^2 T\mathrm{d}s = T(s_2 - s_1) \quad (8\text{-}21)$$

根据式（4-43）和式（4-46）可知，对理想气体所进行的等温过程，有

$$s_2 - s_1 = R_g\ln\frac{v_2}{v_1} = R_g\ln\frac{p_1}{p_2} \quad (8\text{-}22)$$

另外，根据热力学第一定律表达式，对等温过程可得如下关系

$$q_T = u_2 - u_1 + w_T = h_2 - h_1 + w_{t,T}$$

理想气体等温过程中，由于 $u_2 = u_1$、$h_2 = h_1$，所以无论有无摩擦，下列关系始终成立

$$q_T = w_T = w_{t,T} \quad (8\text{-}23)$$

8.2.4 等熵过程

1. **等熵过程的一般条件**

根据式（1-16）可得等熵过程的条件是

$$\mathrm{d}s = \frac{\mathrm{d}u + p\mathrm{d}v}{T} = 0$$

即

$$\mathrm{d}u + p\mathrm{d}v = 0 \quad (8\text{-}24)$$

从式（2-7）得

$$\mathrm{d}u = \delta q_s - \delta w_s$$

代入式（8-24）并参考式（2-17）、式（2-18），可得

$$\delta q_s + (p\mathrm{d}v - \delta w_s) = \delta q_s + \delta w_{L,s} = \delta q_s + \delta q_{g,s} = 0$$

即

$$\delta q_s = -\delta q_{g,s} \quad (8\text{-}25)$$

也就是说，只要过程进行时热力系向外界放出的热量始终等于热产，那么过程就是等熵的。

通常所说的等熵过程都是指无摩擦的绝热过程，即 $\delta q_s=-\delta q_{g,s}=0$ 的情况。

2. **定义**

等熵过程是热力系在保持比熵不变的条件下进行的膨胀或压缩过程。例如，在汽轮机和压气机进行的过程就是近似于等熵过程。

3. **过程方程和状态参数变化规律**

$$s=\text{常数},\ s_2=s_1,\ \mathrm{d}s=0$$

理想气体的等熵过程，根据式（4-46）和式（4-43）可得

$$\mathrm{d}s=\frac{c_{p0}}{T}\mathrm{d}T-\frac{R_g}{p}\mathrm{d}p=0$$

$$\mathrm{d}s=\frac{c_{V0}}{T}\mathrm{d}T+\frac{R_g}{v}\mathrm{d}v=0$$

即

$$\frac{c_{p0}}{T}\mathrm{d}T=\frac{R_g}{p}\mathrm{d}p$$

$$\frac{c_{V0}}{T}\mathrm{d}T=-\frac{R_g}{v}\mathrm{d}v$$

两式相除得

$$\frac{c_{p0}}{c_{V0}}=\gamma_0=-\frac{v}{p}\left(\frac{\partial p}{\partial v}\right)_s \tag{8-26}$$

将上式积分

$$\int\gamma_0\frac{\mathrm{d}v}{v}+\int\frac{\mathrm{d}p}{p}=\text{常数}$$

如比热容（c_{p0}和c_{V0}）是定值，则比热比（γ_0）也是定值。所以，对等比热容理想气体得

$$pv^{\gamma_0}=\text{常数} \tag{8-27}$$

$$Tv^{\gamma_0-1}=\text{常数} \tag{8-28}$$

$$\frac{T}{p^{(\gamma_0-1)/\gamma_0}}=\text{常数} \tag{8-29}$$

式（8-27）~式（8-29）都是等比热容理想气体等熵过程的关系式。

4. **过程图示**

在压容图中，等比热容理想气体的等熵过程是一条高次双曲线（$\gamma_0>1$，图8-4a）。在温熵图中，等熵过程是一条垂直线（图8-4b）。

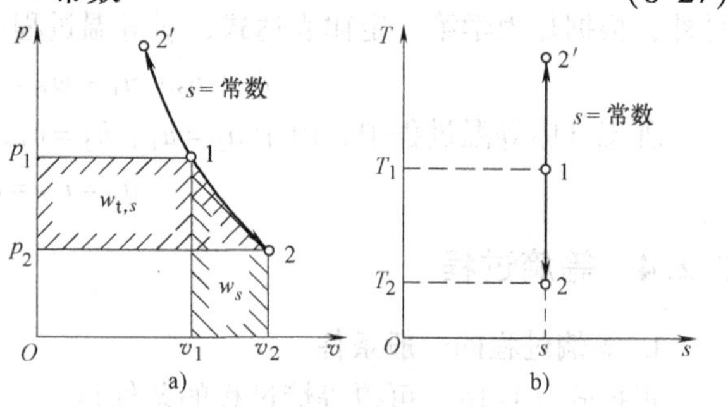

图 8-4 等熵过程

a）1→2 为等熵膨胀过程 b）1→2′为等熵压缩过程

5. **功的计算**（无摩擦，每千克等比热容理想气体）

膨胀功

$$w_s=\int_1^2 p\mathrm{d}v=\int_1^2\frac{p_1v_1^{\gamma_0}}{v^{\gamma_0}}\mathrm{d}v=p_1v_1^{\gamma_0}\int_1^2\frac{\mathrm{d}v}{v^{\gamma_0}}=\frac{p_1v_1^{\gamma_0}}{\gamma_0-1}\left(\frac{1}{v_1^{\gamma_0-1}}-\frac{1}{v_2^{\gamma_0-1}}\right)$$

$$=\frac{1}{\gamma_0-1}R_gT_1\left[1-\left(\frac{v_1}{v_2}\right)^{\gamma_0-1}\right]=\frac{1}{\gamma_0-1}R_gT_1\left[1-\left(\frac{p_2}{p_1}\right)^{(\gamma_0-1)/\gamma_0}\right] \tag{8-30}$$

从推导式（8-26）中的 $-v\mathrm{d}p=\gamma_0 p\mathrm{d}v$ 关系，可得技术功为

$$w_{t,s}=-\int_1^2 v\mathrm{d}p=\gamma_0\int_1^2 p\mathrm{d}v=\gamma_0 w_s$$

$$=\frac{\gamma_0}{\gamma_0-1}R_g T_1\left[1-\left(\frac{v_1}{v_2}\right)^{\gamma_0-1}\right]=\frac{\gamma_0}{\gamma_0-1}R_g T_1\left[1-\left(\frac{p_2}{p_1}\right)^{(\gamma_0-1)/\gamma_0}\right] \tag{8-31}$$

6. 变比热容理想气体等熵过程计算——热力性质表法

1）相对压力之比等于绝对压力之比　根据式（4-46）

$$s=\int\frac{c_{p0}}{T}\mathrm{d}T-R_g\ln p+C_2$$

对等熵过程 1→2，有

$$s_2-s_1=\int_{T_1}^{T_2}\frac{c_{p0}}{T}\mathrm{d}T-R_g\ln\frac{p_2}{p_1}=0$$

取一参考温度 T_0，将上式变换为

$$\int_{T_0}^{T_2}\frac{c_{p0}}{T}\mathrm{d}T-\int_{T_0}^{T_1}\frac{c_{p0}}{T}\mathrm{d}T=R_g\ln\frac{p_2}{p_1}$$

令

$$\int_{T_0}^{T}\frac{c_{p0}}{T}\mathrm{d}T=s_T^0 \tag{8-32}$$

则

$$s_{T_2}^0-s_{T_1}^0=R_g\ln\frac{p_2}{p_1} \tag{8-33}$$

再令

$$s_T^0=R_g\ln p_r+C$$

或

$$p_r=\exp\frac{s_T^0-C}{R_g}\quad (C\text{ 为常数}) \tag{8-34}$$

则得

$$(R_g\ln p_{r2}+C)-(R_g\ln p_{r1}+C)=R_g\ln\frac{p_2}{p_1}$$

即

$$R_g\ln\frac{p_{r2}}{p_{r1}}=R_g\ln\frac{p_2}{p_1}$$

所以

$$\frac{p_{r2}}{p_{r1}}=\frac{p_2}{p_1} \tag{8-35}$$

2）相对比体积之比等于绝对比体积之比　与上面的推导相仿，根据

$$s=\int\frac{c_{V0}}{T}\mathrm{d}T+R_g\ln v+C_1$$

对等熵过程 1→2，有

$$s_2-s_1=\int_{T_1}^{T_2}\frac{c_{V0}}{T}\mathrm{d}T+R_g\ln\frac{v_2}{v_1}=0$$

将迈耶公式代入

$$\int_{T_1}^{T_2}\frac{c_{p0}-R_g}{T}\mathrm{d}T+R_g\ln\frac{v_2}{v_1}=0$$

即

$$\int_{T_1}^{T_2}\frac{c_{p0}}{T}-R_g\ln\frac{T_2}{T_1}+R_g\ln\frac{v_2}{v_1}=0$$

将式（8-32）代入

$$s_{T_2}^0 - s_{T_1}^0 = R_g \ln \frac{T_2}{T_1} - R_g \ln \frac{v_2}{v_1}$$

令

$$\left.\begin{aligned} s_T^0 &= R_g \ln \frac{T}{v_r} + C' \\ v_r &= \frac{T}{\exp \dfrac{s_T^0 - C'}{R_g}} \end{aligned}\right\} \quad (C'\text{为常数}) \tag{8-36}$$

或

则得

$$\left(R_g \ln \frac{T_2}{v_{r2}} + C'\right) - \left(R_g \ln \frac{T_1}{v_{r1}} + C'\right) = R_g \ln \frac{T_2}{T_1} - R_g \ln \frac{v_2}{v_1}$$

即

$$R_g \ln \frac{T_2}{T_1} - R_g \ln \frac{v_{r_2}}{v_{r1}} = R_g \ln \frac{T_2}{T_1} - R_g \ln \frac{v_2}{v_1}$$

所以

$$\frac{v_{r2}}{v_{r1}} = \frac{v_2}{v_1} \tag{8-37}$$

由于理想气体的 c_{p0}只是温度的函数，可知，s_T^0 以及 p_r 和 v_r 也都只是温度的函数。在附录 A 表 A-5 中列出了空气在不同温度下的 s_T^0、p_r和 v_r值，以便对变比热容理想气体等熵过程进行计算时查用。表中还列出了不同温度下的比热力学能（u）和比焓（h）。这给等熵过程功的计算带来很大方便。

3）对每千克工质，变比热容等熵过程的膨胀功和技术功分别等于过程中比热力学能的减少和比焓的减少，即

$$w_s = u_1 - u_2 \tag{8-38}$$

$$w_{t,s} = h_1 - h_2 \tag{8-39}$$

例 8-1 空气初态为 $p_1 = 0.1\text{MPa}$、$T_1 = 300\text{K}$，经压缩后变为 $p_2 = 1\text{MPa}$、$T_2 = 600\text{K}$。试利用空气热力性质表求该压缩过程中比热力学能、比焓和比熵的变化。

解 查附录 A 表 A-5 中 300K 和 600K 两栏得

$$u_1 = 214.07\text{kJ/kg},\ h_1 = 300.19\text{kJ/kg},\ s_{T_1}^0 = 1.702\ 03\text{kJ/(kg·K)}$$

$$u_2 = 434.78\text{kJ/kg},\ h_2 = 607.02\text{kJ/kg},\ s_{T_2}^0 = 2.409\ 02\text{kJ/(kg·K)}$$

所以

$$u_2 - u_1 = (434.78 - 214.07)\ \text{kJ/kg} = 220.71\text{kJ/kg}$$

$$h_2 - h_1 = (607.02 - 300.19)\ \text{kJ/kg} = 306.83\text{kJ/kg}$$

根据式（4-46）可得

$$\begin{aligned} s_2 - s_1 &= \int_{T_1}^{T_2} \frac{c_{p0}}{T}\mathrm{d}T - R_g \ln \frac{p_2}{p_1} = \int_{T_0}^{T_2} \frac{c_{p0}}{T}\mathrm{d}T - \int_{T_0}^{T_1} \frac{c_{p0}}{T}\mathrm{d}T - R_g \ln \frac{p_2}{p_1} = s_{T_2}^0 - s_{T_1}^0 - R_g \ln \frac{p_2}{p_1} \\ &= \left[2.409\ 02 - 1.702\ 03 - 0.287\ 1 \times \ln \frac{1}{0.1}\text{kJ/(kg·K)}\right] \\ &= 0.045\ 92\text{kJ/(kg·K)} \end{aligned}$$

例 8-2 已知空气的初参数为 $T_1 = 600\text{K}$、$p_1 = 0.62\text{MPa}$，等熵膨胀到 $p_2 = 0.1\text{MPa}$。求终参数 T_2、v_2及膨胀功和技术功。

解 从空气的热力性质表（附录 A 表 A-5）查得

当 $T_1=600\text{K}$ 时

$$p_{r1}=16.28,\ v_{r1}=105.8,\ u_1=434.78\text{kJ/kg},\ h_1=607.02\text{kJ/kg}$$

根据式（8-35）

$$p_{r2}=p_{r1}\frac{p_2}{p_1}=16.28\times\frac{0.1}{0.62}=2.626$$

当 $p_{r2}=2.626$ 时，查表得

$$T_2=360\text{K},\ v_{r2}=393.4,\ u_2=257.24\text{kJ/kg},\ h_2=360.67\text{kJ/kg}$$

根据式（8-37）

$$v_2=v_1\frac{v_{r2}}{v_{r1}}=\frac{R_gT_1}{p_1}\frac{v_{r2}}{v_{r1}}=\frac{287.1\times600}{0.62\times10^6}\times\frac{393.4}{105.8}\text{m}^3/\text{kg}$$

$$=1.033\text{m}^3/\text{kg}\quad（亦可根据 v_2=R_gT_2/p_2 计算）$$

根据式（8-38）

$$w_s=u_1-u_2=(434.78-257.24)\ \text{kJ/kg}=177.54\text{kJ/kg}$$

根据式（8-39）

$$w_{t,s}=h_1-h_2=(607.02-360.67)\ \text{kJ/kg}=246.35\text{kJ/kg}$$

如果按等比热容计算（根据附录 A 表 A-1，取 $\gamma_0=1.4$），则根据式（8-29）可得

$$T_2=T_1\left(\frac{p_2}{p_1}\right)^{\frac{\gamma_0-1}{\gamma_0}}=600\times\left(\frac{0.1}{0.62}\right)^{\frac{1.4-1}{1.4}}\text{K}=356.2\text{K}$$

根据式（8-27）

$$v_2=v_1\left(\frac{p_1}{p_2}\right)^{\frac{1}{\gamma_0}}=\frac{R_gT_1}{p_1}\left(\frac{p_1}{p_2}\right)^{\frac{1}{\gamma_0}}=\frac{287.1\times600}{0.62\times10^6}\times\left(\frac{0.62}{0.1}\right)^{\frac{1}{1.4}}\text{m}^3/\text{kg}$$

$$=1.023\text{m}^3/\text{kg}\quad（或根据 v_2=R_gT_2/p_2 计算）$$

根据式（8-30）

$$w_s=\frac{1}{\gamma_0-1}R_gT_1\left[1-\left(\frac{p_2}{p_1}\right)^{\frac{\gamma_0-1}{\gamma_0}}\right]$$

$$=\frac{1}{1.4-1}\times287.1\times600\times\left[1-\left(\frac{0.1}{0.62}\right)^{\frac{1.4-1}{1.4}}\right]\text{J/kg}$$

$$=174.95\times10^3\text{J/kg}=174.95\text{kJ/kg}$$

根据式（8-31） $w_{t,s}=\gamma_0w_s=1.4\times174.95\ \text{kJ/kg}=244.93\text{kJ/kg}$

应该认为，根据空气热力性质表（考虑到比热容随温度的变化）计算的结果比按等比热容计算的结果精确。

例 8-3 空气从 $T_1=720\text{K}$、$p_1=0.2\text{MPa}$ 先等容冷却，压力降到 $p_2=0.1\text{MPa}$；然后等压加热，使比体积增加 3 倍（即 $v_3=4v_2$）。对每千克空气，求过程 1→2 和过程 2→3 中的热量以及过程 2→3 中的膨胀功（不考虑摩擦），并计算最后的温度（T_3）、比体积（v_3）以及整个过程比熵的变化（s_3-s_1）。

解 在压容图和温熵图中，过程 1→2 和 2→3 如图 8-5 所示。

根据式（8-1）

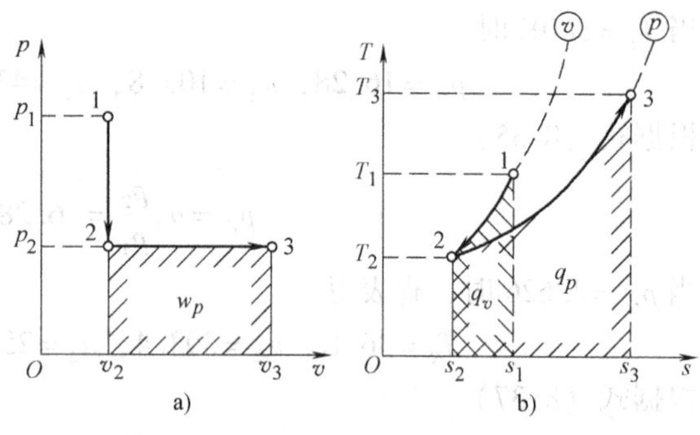

图 8-5　例 8-3 图

a）压容图　b）温熵图

$$T_2 = T_1 \frac{p_2}{p_1} = 720 \times \frac{0.1}{0.2}\text{K} = 360\text{K}$$

从附录 A 表 A-5 查得

当 $T_1 = 720\text{K}$ 时，$u_1 = 528.14\text{kJ/kg}$

当 $T_2 = 360\text{K}$ 时，$u_2 = 257.24\text{kJ/kg}$

根据式（8-8）可得过程 1→2 的热量为

$$q_v = u_2 - u_1 = 257.24\text{kJ/kg} - 528.14\text{kJ/kg} = -270.90\text{kJ/kg}$$

（负值表示放出热量）

从附录 A 表 A-1 查得空气的气体常数为

$$R_g = 0.287\,1\text{kJ/(kg·K)} = 287.1\text{J/(kg·K)}$$

$$v_2 = v_1 = \frac{R_g T_1}{p_1} = \frac{287.1 \times 720}{0.2 \times 10^6}\text{m}^3/\text{kg} = 1.033\,6\text{m}^3/\text{kg}$$

$$v_3 = 4v_2 = 4 \times 1.033\,6\text{m}^3/\text{kg} = 4.134\,4\text{m}^3/\text{kg}$$

根据式（8-9）

$$T_3 = T_2 \frac{v_3}{v_2} = 360 \times 4\text{K} = 1\,440\text{K}$$

查表得

$$h_3 = 1\,563.51\text{kJ/kg}, \quad h_2 = 360.67\text{kJ/kg}$$

根据式（8-16）可得过程 2→3 的热量为

$$q_p = h_3 - h_2 = 1\,563.51\text{kJ/kg} - 360.67\text{kJ/kg} = 1\,202.84\text{kJ/kg}$$

根据式（8-13）可得过程 2→3 的膨胀功为

$$w_p = p_2(v_3 - v_2) = 0.1 \times 10^6 \times (4.134\,4 - 1.033\,6)\ \text{J/kg} = 310\,080\text{J/kg} = 310.08\text{kJ/kg}$$

根据式（4-43）

$$s_3 - s_1 = \int_{T_1}^{T_3} \frac{c_{p0}}{T}\text{d}T - R_g \ln\frac{p_3}{p_1} = s^0_{T_3} - s^0_{T_1} - R_g \ln\frac{p_3}{p_1}$$

查表得　$s^0_{T_3} = 3.395\,86\text{kJ/(kg·k)}$，$s^0_{T_1} = 2.603\,19\text{kJ/(kg·K)}$

所以

$$s_3 - s_1 = (3.395\,86 - 2.603\,19 - 0.287\,1) \times \ln\frac{0.1}{0.2}\text{kJ/(kg·K)} = 0.991\,67\text{kJ/(kg·K)}$$

若按等比热容计算热量和比熵的变化，则可查附录 A 表 A-1，得

$$c_{V0} = 0.718\text{kJ/(kg·K)}$$

$$c_{p0} = 1.005\text{kJ/(kg·K)}$$

$$q_v = u_2 - u_1 = c_{V0}(T_2 - T_1) = 0.718 \times (360 - 720)\ \text{kJ/kg} = -258.5\text{kJ/kg}$$

相对误差

$$\frac{\Delta q_v}{q_v} = \frac{|-258.5| - |-270.90|}{|-270.90|} = -4.6\%$$

$$q_p = h_3 - h_2 = c_{p0}\ (T_3 - T_2) = 1.005 \times (1\,440 - 360)\ \text{kJ/kg} = 1\,085.4\text{kJ/kg}$$

相对误差

$$\frac{\Delta q_p}{q_p} = \frac{1\,085.4 - 1\,202.84}{1\,202.84} = -9.8\%$$

（温度愈高，误差愈大）

空气可视为等比定压热容理想气体，根据其熵变公式，则有

$$\begin{aligned} s_3 - s_1 &= c_{p0} \ln \frac{T_3}{T_1} - R_g \ln \frac{p_3}{p_1} \\ &= (1.005 \times \ln \frac{1\,440}{720} - 0.287\,1 \times \ln \frac{0.1}{0.2})\ \text{kJ/(kg·K)} \\ &= 0.895\,6\text{kJ/(kg·K)} \end{aligned}$$

相对误差

$$\frac{\Delta\ (s_3 - s_1)}{(s_3 - s_1)} = \frac{0.895\,6 - 0.991\,67}{0.991\,67} = -9.7\%$$

例 8-4　空气在压气机中从 $p_1 = 0.1\text{MPa}$、$T_1 = 300\text{K}$ 等熵压缩到 0.5MPa。对每千克空气，试求压缩终了的温度及压气机消耗的功（技术功）。

解　先按等比热容理想气体计算。查附录 A 表 A-1 得空气的比热比 $\gamma_0 = 1.400$，气体常数 $R_g = 0.287\,1\text{kJ/(kg·K)}$。

根据式（8-29）

$$T_2 = T_1 \left(\frac{p}{p_1}\right)^{\frac{\gamma_0 - 1}{\gamma_0}} = 300 \times \left(\frac{0.5}{0.1}\right)^{\frac{1.4-1}{1.4}} \text{K} = 475.15\text{K}$$

根据式（8-31）可得压气机的功为

$$\begin{aligned} w_{t,s} &= \frac{\gamma_0}{\gamma_0 - 1} R_g T_1 \left[1 - \left(\frac{p_2}{p_1}\right)^{\frac{\gamma_0 - 1}{\gamma_0}}\right] \\ &= \frac{1.4}{1.4 - 1} \times 0.287\,1 \times 300 \times \left[1 - \left(\frac{0.5}{0.1}\right)^{\frac{1.4-1}{1.4}}\right] \text{kJ/kg} \\ &= -176.0\text{kJ/kg} \end{aligned}$$

如果考虑比热容随温度的变化，则可利用空气的热力性质表（附录 A 表 A-5）进行计算。

当 $T_1 = 300\text{K}$ 时，查表得

$$h_1 = 300.19\text{kJ/kg},\quad s_{T_1}^0 = 1.702\,03\text{kJ/(kg·K)}$$

根据式（8-33），有

$$s_{T_2}^0 = s_{T_1}^0 + R_g \ln \frac{p_2}{p_1} = \left(1.702\,03 + 0.287\,1 \times \ln \frac{0.5}{0.1}\right) \text{kJ/(kg·K)} = 2.164\,1\text{kJ/(kg·K)}$$

从表中查得

$$470\text{K 时},\ s_T^0 = 2.156\,04\text{kJ/(kg·K)},\ h = 472.24\text{kJ/kg}$$

$$480\text{K 时},\ s_T^0 = 2.177\,60\text{kJ/(kg·K)},\ h = 482.49\text{kJ/kg}$$

根据直线插入原理，可得

$$T_2 = \left[470 + (480 - 470) \times \frac{2.164\,1 - 2.156\,04}{2.177\,60 - 2.156\,04}\right] \text{K} = 473.7\text{K}$$

$$h_2=\left[472.24\text{kJ/kg}+(482.49-472.24)\times\frac{2.1641-2.15604}{2.17760-2.15604}\right]\text{kJ/kg}$$
$$=476.07\text{kJ/kg}$$

根据式（8-39）

$$w_{t,s}=h_1-h_2=(300.19-476.07)\ \text{kJ/kg}=-175.88\text{kJ/kg}$$

8.2.5 多变过程

1. 定义

前面讨论了四种典型等值的热力学过程，其特点是在过程中工质的某一状态参数保持不变。然而，一般在实际热力过程中，工质的状态参数都会发生变化，研究发现许多准平衡过程可以近似地归纳成下面的关系式

$$pv^n=常数 \tag{8-40}$$

式中 n 称为多变指数，理论上 n 可以取 $-\infty\sim+\infty$ 任何实数。式（8-40）就是多变过程定义式。

2. 过程方程和状态参数变化规律

将多变过程式与等熵过程进行比较，可以发现，只要将等熵指数 κ 换成多变指数 n，即可得到多变过程状态参数变化规律

$$\frac{p_2}{p_1}=\left(\frac{v_1}{v_2}\right)^n \tag{8-41}$$

$$\frac{T_2}{T_1}=\left(\frac{v_1}{v_2}\right)^{n-1} \tag{8-42}$$

$$\frac{T_2}{T_1}=\left(\frac{p_2}{p_1}\right)^{\frac{n-1}{n}} \tag{8-43}$$

3. 过程图示

在 p-v 图上多变过程是随着 n 变化的曲线簇。当 $n=0$、$\pm\infty$、-1 时为直线；当 $0<n<+\infty$ 时为不同方次的双曲线；当 $\infty<n<-1$ 和 $-1<n<0$ 时为不同方次的抛物线，如图 8-6 所示。在 p-v 图上，多变过程线的分布规律为：从等容线出发，n 由 $-\infty\rightarrow0\rightarrow+\infty$，按顺时针方向递增。

对式（8-40）取对数，则得

$$\lg p+n\lg v=常数$$

移项后得

$$\lg p=-n\lg v+常数 \tag{8-44}$$

式（8-44）表明：如果将多变过程画在以 $\lg p$ 为纵轴、$\lg v$ 为横轴的对数平面坐标系中，那么所有的多变过程都是直线（图 8-7），而每条直线的斜率正好等于多变指数的负值

$$\frac{\mathrm{d}\lg p}{\mathrm{d}\lg v}=-n \tag{8-45}$$

这就提供了一种分析任意过程的方法：将任意过程画到 $\lg p$-$\lg v$ 对数坐标系中（图 8-8），不管它是一条如何不规则的曲线，它总可以近似地用几条相互衔接的直线段来替代。这就是说，不管某一过程在进行时压力和比体积的变化如何复杂，总可以用几个相互衔接的多变过程近似地描述这一过程。

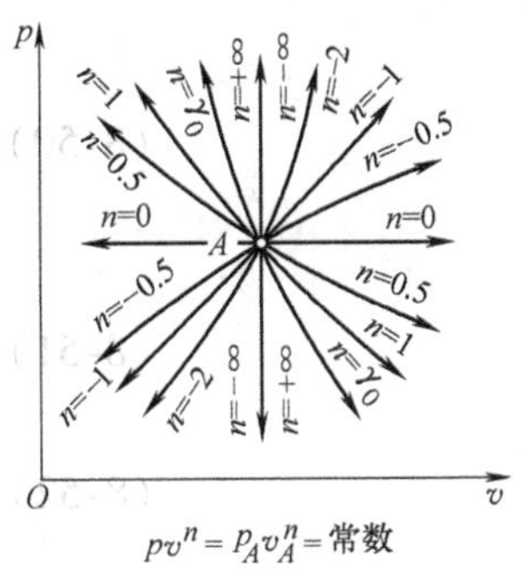

图 8-6　p-v 图

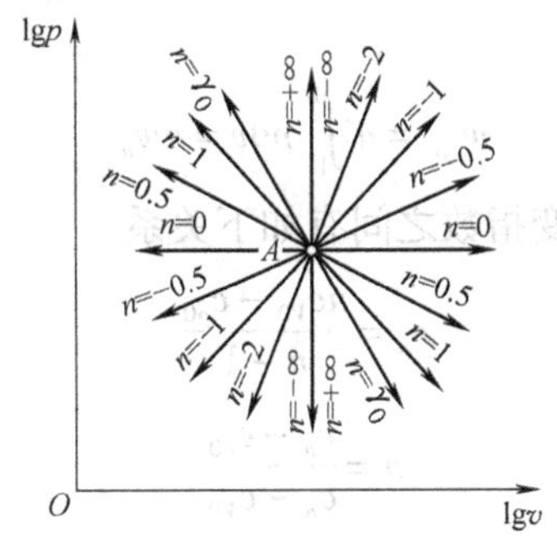

图 8-7　lg$p$-lg$v$ 图（多变过程）

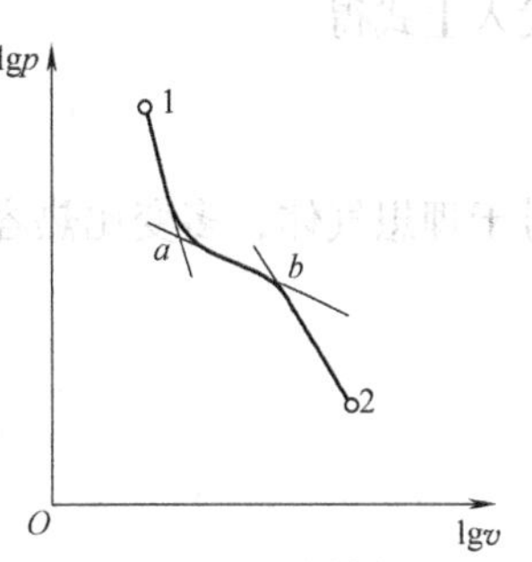

图 8-8　lg$p$-lg$v$ 图（任意过程）

在 T-s 图上多变过程也是随着 n 变化的指数曲线簇。多变过程的温度和熵的变化规律如下

$$s = \int \frac{\delta q_n}{T} + \text{常数} = \int \frac{c_n \mathrm{d}T}{T} + \text{常数} \tag{8-46}$$

式中，c_n 为多变比热容

$$c_n = \frac{\delta q_n}{\mathrm{d}T} = T\left(\frac{\partial s}{\partial T}\right)_n$$

如果多变比热容是不变的定值，则得

$$\left.\begin{aligned} s &= c_n \ln T + \text{常数} \\ \text{或} \quad T &= \exp \frac{s - \text{常数}}{c_n} \end{aligned}\right\} \tag{8-47}$$

式（8-47）表明，如果多变比热容是定值，那么多变过程在温熵图中是一簇指数曲线。只有当 $c_n = c_T = \pm\infty$ 以及 $c_n = c_s = 0$ 时，指数曲线才退化为直线，因而等温过程和等熵过程在温熵图中是直线（图 8-9）。在 T-s 图上，多变过程线的分布规律也是从等容线开始，多变指数 n 按顺时针方向递增。

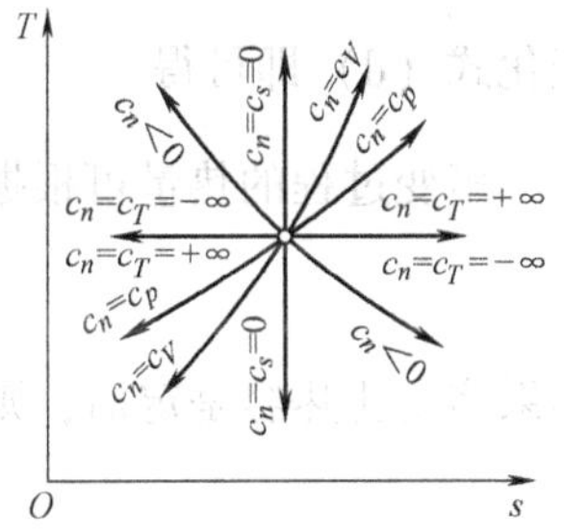

图 8-9　多变过程

4. **功和热量计算**（无摩擦的准平衡过程，每千克工质）

膨胀功

$$w_n = \int_1^2 p\mathrm{d}v$$

将过程方程式 $p = p_1 v_1^n / v^n$ 代入上式，积分后可得

$$w_n = \frac{1}{n-1}(p_1 v_1 - p_2 v_2) = \frac{1}{n-1} R_g (T_1 - T_2) \tag{8-48}$$

进一步表示为

$$w_n = \frac{1}{n-1} R_g T_1 \left[1 - \left(\frac{p_2}{p_1}\right)^{\frac{n-1}{n}}\right] \tag{8-49}$$

技术功

$$w_{t,n} = -\int_1^2 v\mathrm{d}p$$

将式（8-41）微分得 $v\mathrm{d}p = -np\mathrm{d}v$

代入上式得

$$w_{t,n} = n\int_1^2 p\mathrm{d}v = nw_n \tag{8-50}$$

对于理想气体，多变比热容和多变指数之间有如下关系

$$c_n = \frac{nc_{V0} - c_{p0}}{n-1} \tag{8-51}$$

$$n = \frac{c_n - c_{p0}}{c_n - c_{V0}} \tag{8-52}$$

上两式证明如下：

根据热力学第一定律

$$\delta q_n = c_n \mathrm{d}T = \mathrm{d}u + \delta w_n \tag{a}$$

对理想气体

$$\mathrm{d}u = c_{V0}\mathrm{d}T \tag{b}$$

从式（8-48）得

$$\delta w_n = \frac{1}{n-1}R_g(-\mathrm{d}T) \tag{c}$$

将式（b）、式（c）代入式（a）得

$$c_n\mathrm{d}T = c_{V0}\mathrm{d}T - \frac{R_g}{n-1}\mathrm{d}T$$

所以

$$c_n = c_{V0} - \frac{R_g}{n-1} = c_{V0} - \frac{c_{p0} - c_{V0}}{n-1}$$

即

$$c_n = \frac{nc_{V0} - c_{p0}}{n-1} \tag{d}$$

变化式（d）即可得

$$n = \frac{c_n - c_{p0}}{c_n - c_{V0}} \tag{e}$$

多变过程的热量可根据多变比热容计算

$$q_n = \int_1^2 c_n \mathrm{d}T \tag{8-53}$$

如果多变比热容是定值，则

$$q_n = c_n\ (T_2 - T_1) \tag{8-54}$$

如果工质是理想气体，则

$$q_n = \int_1^2 \frac{nc_{V0} - c_{p0}}{n-1}\mathrm{d}T \tag{8-55}$$

如果工质是定比热容理想气体，则

$$q_n = \frac{nc_{V0} - c_{p0}}{n-1}\ (T_2 - T_1) \tag{8-56}$$

5. 多变过程与典型定值过程的关系及过程中能量变化特征

当 n 取不同的特定值时，经过简单变换，多变过程就变为前面讨论过的四种典型热力过程，多变比热容也就分别取相应数值。当 $n=0$ 时，$c_n = c_p$，即为等压过程；当 $n=1$ 时，$c_n \to \infty$，即为等温过程；当 $n=\kappa$ 时，$c_n \to 0$，即为等熵过程；当 $n=\pm\infty$ 时，$c_n = c_V$，即为等容过程。

对每千克工质，多变过程中功和热量值的正负可按下面的方法判断（图 8-10）。

膨胀功 w 的正负应以过起点的等容线为分界线。在 p-v 图上，由同一起点出发的多变过

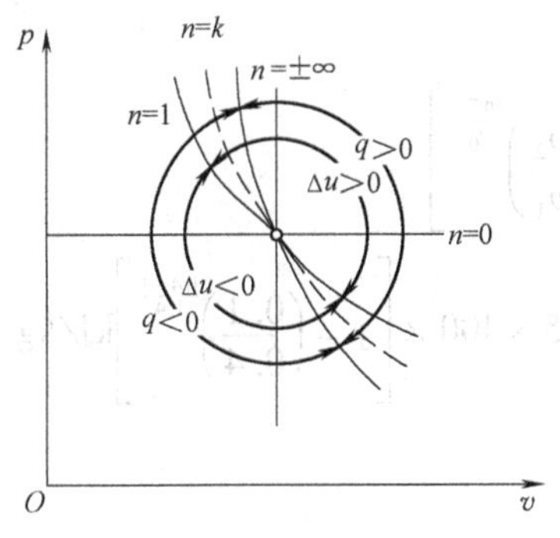

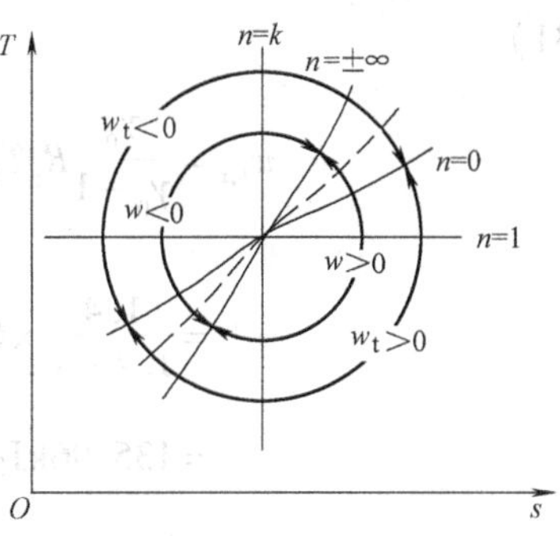

图8-10　多变过程中功和热量

程线若位于等容线的右方，比体积增大，$w>0$；反之$w<0$。在T-s图上，$w>0$的过程线位于等容线的右下方，$w<0$的过程线位于等容线的左上方。

技术功w_t的正负应以过起点的等压线为分界线。在p-v图上，由同一起点出发的多变过程线若位于等压线的下方，$w_t>0$；反之$w_t<0$。在T-s图上，$w_t>0$的过程线位于等压线的右下方，$w_t<0$的过程线位于等压线的左上方。

热量q的正负应以过起点的等熵线为分界线。在p-v图上，吸热过程线位于绝热线的右上方，放热过程线位于绝热线的左下方。在T-s图上，$q>0$的过程线位于绝热线的右方，$q<0$的过程线位于绝热线的左方。

例8-5　某气体可作等比热容理想气体处理。其摩尔质量$M=0.028\text{kg/mol}$，摩尔定压热容$C_{p0,\text{m}}=29.10\text{J/(mol·K)}=$定值。气体从初态$p_1=0.4\text{MPa}$、$T_1=400\text{K}$，在无摩擦的情况下，经过（1）定温过程、（2）定熵过程、（3）$n=1.25$的多变过程，膨胀到$p_2=0.1\text{MPa}$。试求终态温度、每千克气体所做的技术功和所吸收的热量及熵的变化。

解　（1）等温过程

$$T_2=T_1=400\text{K}$$

$$R_g=\frac{R}{M}=\frac{8.314\ 51}{0.028}\text{J/(kg·K)}=296.95\text{J/(kg·K)}$$

根据式（8-19）

$$w_{t,T}=R_gT\ln\frac{p_1}{p_2}=0.296\ 95\times400\times\ln\frac{0.4}{0.1}\text{kJ/kg}=164.66\text{kJ/kg}$$

根据式（8-23）
$$q_T=w_{t,T}=164.66\text{kJ/kg}$$

根据式（8-21）可得

$$\Delta s=s_2-s_1=\frac{q_T}{T}=\frac{164.66}{400}\text{kJ/(kg·K)}=0.411\ 65\text{kJ/(kg·K)}$$

（2）等熵过程

$$\gamma_0=\frac{c_{p0}}{c_{V0}}=\frac{C_{p0,m}}{C_{p0,m}-R}=\frac{29.10}{29.10-8.314\ 51}=1.400$$

根据式（8-29）可知

$$T_2=T_1\left(\frac{p_2}{p_1}\right)^{\frac{\gamma_0-1}{\gamma_0}}=400\times\left(\frac{0.1}{0.4}\right)^{\frac{1.4-1}{1.4}}\text{K}=269.18\text{K}$$

根据式（8-31）

$$w_{t,s}=\frac{\gamma_0}{\gamma_0-1}R_gT_1\left[1-\left(\frac{p_2}{p_1}\right)^{\frac{\gamma_0-1}{\gamma_0}}\right]$$

$$=\frac{1.4}{1.4-1}\times0.296\ 95\times400\times\left[1-\left(\frac{0.1}{0.4}\right)^{\frac{1.4-1}{1.4}}\right]\text{kJ/kg}$$

$$=135.96\text{kJ/kg}$$

$$q_s=0$$

$$\Delta s=s_2-s_1=0$$

（3）多变过程（$n=1.25$）

根据式（8-43）可知

$$T_2=T_1\left(\frac{p_2}{p_1}\right)^{\frac{n-1}{n}}=400\times\left(\frac{0.1}{0.4}\right)^{\frac{1.25-1}{1.25}}\text{K}=303.14\text{K}$$

根据式（8-50）

$$w_{t,n}=\frac{n}{n-1}R_gT_1\left[1-\left(\frac{p_2}{p_1}\right)^{\frac{n-1}{n}}\right]$$

$$=\frac{1.25}{1.25-1}\times0.296\ 95\times400\times\left[1-\left(\frac{0.1}{0.4}\right)^{\frac{1.25-1}{1.25}}\right]\text{kJ/kg}=143.81\text{kJ/kg}$$

根据式（8-51）

$$c_n=\frac{nc_{V0}-c_{p0}}{n-1}=\frac{n\ (C_{p0,m}-R)-C_{p0,m}}{M\ (n-1)}$$

$$=\frac{1.25\times(29.10-8.314\ 51)-29.10}{0.028\times(1.25-1)}\text{J/(kg}\cdot\text{K)}$$

$$=-445.45\text{J/(kg}\cdot\text{K)}=-0.445\ 45\text{kJ/(kg}\cdot\text{K)}$$

根据式（8-54）

$$q_n=c_n\ (T_2-T_1)=-0.445\ 45\times(303.14-400)\ \text{kJ/kg}=43.15\text{kJ/kg}$$

根据等比定压热容理想气体的熵变公式可得

$$\Delta s=s_2-s_1=c_{p0}\ln\frac{T_2}{T_1}-R_g\ln\frac{p_2}{p_1}$$

$$=\left(\frac{29.10}{0.028}\times\ln\frac{303.14}{400}-296.95\times\ln\frac{0.1}{0.4}\right)\text{J/(kg}\cdot\text{K)}$$

$$=123.50\text{J/(kg}\cdot\text{K)}=0.123\ 50\text{kJ/(kg}\cdot\text{K)}$$

8.3 不做功过程和绝热过程

1. 不做功过程

绝大多数热工设备的传热过程和做功过程都是分开完成的。各种换热设备（如锅炉、冷凝器、加热器以及其他各种换热器）只完成传热过程而不同时做功（技术功）。如流体在这些设备中进行的是不做技术功的（传热）过程。另一方面，各种动力机械（如涡轮机、压气机、液体泵以及各种活塞式动力机械）在完成做功过程时，和外界基本上没有热量交换，工质进行的是绝热的（做功）过程。所以，分析讨论这些无功过程和绝热过程是十分必要的，而这种“传热过程不做功（$w_t=0$）”和“做功过程传热难（$q\approx 0$）”的特点也给热力学分析和能量计算带来很大方便。

不做功过程分为两种：一种是不做膨胀功的过程，一种是不做技术功的过程。下面分别加以讨论。

（1）不做膨胀功的过程　不做膨胀功的过程是指闭口热力系在经历状态变化时，不对外界做出膨胀功，也不消耗外功，即

$$\delta w=0 \tag{8-57}$$

如果不存在摩擦，那么不做膨胀功的过程也是等容过程

$$\delta w=p\mathrm{d}v=0$$

因为 $p>0$

所以 $\mathrm{d}v=0$（等容过程）　(8-58)

如果存在摩擦（包括流体的粘性摩擦），那么不做膨胀功的过程必定是一个比体积增大的过程

$$p\mathrm{d}v=\delta w+\delta w_L>\delta w=0$$

即 $p\mathrm{d}v>0$

因为 $p>0$

所以 $\mathrm{d}v>0$（比体积增大）　(8-59)

例如，气体向真空自由膨胀就是这种比体积增大而又不做膨胀功的过程（图8-11）。

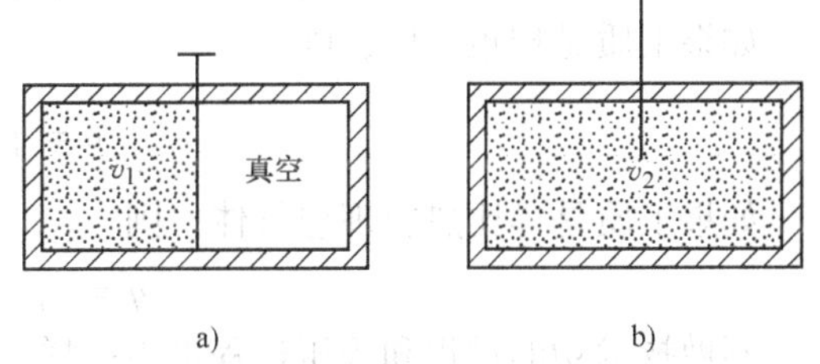

图8-11　气体自由膨胀

a）自由膨胀前状态　b）自由膨胀后状态

根据热力学第一定律可知：热力系进行不做膨胀功的过程时，它和外界交换的热量必定等于热力学能的变化

$$\delta q=\mathrm{d}u+\delta w=\mathrm{d}u \tag{8-60}$$

积分后得 $q=u_2-u_1$　(8-61)

该式适用于任何工质。无论是否存在摩擦，也无论内部是否平衡（但过程初终状态必须平衡），只要不做膨胀功，该式均成立。

如果是理想气体，则得

$$q=\int_1^2 c_{V0}\mathrm{d}T \tag{8-62}$$

如果是等比热容理想气体，则得

$$q=c_{V0}(T_2-T_1) \tag{8-63}$$

应该指出：不做膨胀功的过程和等容过程并不一样。它们只是在无摩擦的情况下才是一致的——不做膨胀功的过程只是在无摩擦的情况下比体积才不变（在有摩擦的情况下比体积一定增大），而等容过程也只是在无摩擦的情况下才不消耗外功（在有摩擦的情况下一定消耗外功）。另外，不做膨胀功的过程，无论有无摩擦，其热量必定等于热力学能的变化，

因此，从式（8-77）、式（8-78）可以推导出

$$w=\frac{1}{\gamma_0-1}R_gT_1\left[1-\left(\frac{p_2}{p_1}\right)^{\frac{n-1}{n}}\right] \tag{8-79}$$

$$w_t=\frac{\gamma_0}{\gamma_0-1}R_gT_1\left[1-\left(\frac{p_2}{p_1}\right)^{\frac{n-1}{n}}\right] \tag{8-80}$$

注意式（8-79）、式（8-80）系数中出现 γ_0，而在指数中出现 n，不同于无摩擦的绝热过程［式（8-30）、式（8-31）］，也不同于无摩擦的多变过程［式（8-49）、式（8-50）］。式（8-79）、式（8-80）的适用条件是：等比热容理想气体按多变过程状态变化规律进行有摩擦的绝热过程。

例 8-6 空气（按等比热容理想气体考虑）从 20℃、0.1MPa 在压气机中绝热压缩至 1MPa。由于存在摩擦，压缩过程偏离 pv^{γ_0} = 常数的变化规律而近似地符合 $pv^{1.5}$ = 常数的规律。试计算压缩终了时空气的温度、生产 1kg 压缩空气消耗的功及压气机的绝热效率。

解 根据式（8-43）可知，压缩终了时空气的温度为

$$T_2=T_1\left(\frac{p_2}{p_1}\right)^{\frac{n-1}{n}}=(273.15+20)\times\left(\frac{1}{0.1}\right)^{\frac{1.5-1}{1.5}}\text{K}=631.57\text{K}$$

压气机绝热压缩实际消耗的功可根据式（8-78）计算

$$w_{\text{C,act}}=-w_t=c_{p0}\ (T_2-T_1)=1.005\times(631.57-293.15)\ \text{kJ/kg}$$
$$=340.11\text{kJ/kg}$$

也可以通过式（8-80）直接计算出压气机实际消耗的功

$$w_{\text{C,act}}=-w_t=\frac{\gamma_0}{\gamma_0-1}R_gT_1\left[\left(\frac{p_2}{p_1}\right)^{\frac{n-1}{n}}-1\right]$$
$$=\frac{1.4}{1.4-1}\times0.2871\times293.15\times\left[\left(\frac{1}{0.1}\right)^{\frac{1.5-1}{1.5}}-1\right]\text{kJ/kg}$$
$$=340.06\text{kJ/kg}$$

压气机绝热（等熵）压缩消耗的理论功可根据下式计算

$$w_{\text{C,the}}=-w_{t,s}=\frac{\gamma_0}{\gamma_0-1}R_gT_1\left[\left(\frac{p_2}{p_1}\right)^{\frac{\gamma_0-1}{\gamma_0}}-1\right]$$
$$=\frac{1.4}{1.4-1}\times0.2871\times293.15\times\left[\left(\frac{1}{0.1}\right)^{\frac{1.4-1}{1.4}}-1\right]\text{kJ/kg}=274.16\text{kJ/kg}$$

压气机的绝热效率

$$\eta_{\text{C},s}=\frac{w_{\text{C,the}}}{w_{\text{C,act}}}=\frac{274.16}{340.11}=0.8061=80.61\%$$

例 8-7 天然气（CH_4，按等比热容理想气体处理）从输气管道进入气体透平（膨胀机）膨胀做功，再进入制冷换热器升温，然后送往炉中燃烧。已知透平入口处的压力和温度分别为 $p_1=2\text{MPa}$、$t_1=20℃$；透平排气（即换热器入口）压力为 $p_2=0.15\text{MPa}$；换热器出

这些设备中进行的是不做技术功的（传热）过程。另一方面，各种动力机械（如涡轮机、压气机、液体泵以及各种活塞式动力机械）在完成做功过程时，和外界基本上没有热量交换，工质进行的是绝热的（做功）过程。所以，分析讨论这些无功过程和绝热过程是十分必要的，而这种“传热过程不做功（$w_t=0$）”和“做功过程传热难（$q\approx 0$）”的特点也给热力学分析和能量计算带来很大方便。

不做功过程分为两种：一种是不做膨胀功的过程，一种是不做技术功的过程。下面分别加以讨论。

（1）不做膨胀功的过程　不做膨胀功的过程是指闭口热力系在经历状态变化时，不对外界做出膨胀功，也不消耗外功，即

$$\delta w=0 \tag{8-57}$$

如果不存在摩擦，那么不做膨胀功的过程也是等容过程

$$\delta w=p\mathrm{d}v=0$$

因为
$$p>0$$
所以
$$\mathrm{d}v=0\ （等容过程） \tag{8-58}$$

如果存在摩擦（包括流体的粘性摩擦），那么不做膨胀功的过程必定是一个比体积增大的过程

$$p\mathrm{d}v=\delta w+\delta w_L>\delta w=0$$

即
$$p\mathrm{d}v>0$$
因为
$$p>0$$
所以
$$\mathrm{d}v>0\ （比体积增大） \tag{8-59}$$

例如，气体向真空自由膨胀就是这种比体积增大而又不做膨胀功的过程（图8-11）。

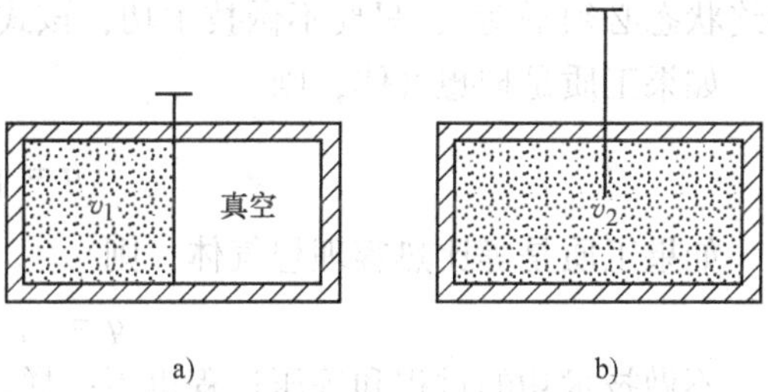

图8-11　气体自由膨胀
a）自由膨胀前状态　b）自由膨胀后状态

根据热力学第一定律可知：热力系进行不做膨胀功的过程时，它和外界交换的热量必定等于热力学能的变化

$$\delta q=\mathrm{d}u+\delta w=\mathrm{d}u \tag{8-60}$$

积分后得
$$q=u_2-u_1 \tag{8-61}$$

该式适用于任何工质。无论是否存在摩擦，也无论内部是否平衡（但过程初终状态必须平衡），只要不做膨胀功，该式均成立。

如果是理想气体，则得

$$q=\int_1^2 c_{V0}\mathrm{d}T \tag{8-62}$$

如果是等比热容理想气体，则得

$$q=c_{V0}\ (T_2-T_1) \tag{8-63}$$

应该指出：不做膨胀功的过程和等容过程并不一样。它们只是在无摩擦的情况下才是一致的——不做膨胀功的过程只是在无摩擦的情况下比体积才不变（在有摩擦的情况下比体积一定增大），而等容过程也只是在无摩擦的情况下才不消耗外功（在有摩擦的情况下一定消耗外功）。另外，不做膨胀功的过程，无论有无摩擦，其热量必定等于热力学能的变化，

而等容过程只有在无摩擦的情况下，其热量才等于热力学能的变化。

(2) 不做技术功的过程　不做技术功的过程是指热力系（工质）在稳定流动过程中或者一个工作周期中（指活塞式动力机械），不对外界做出技术功，也不消耗外功，即

$$\delta w_t = 0 \tag{8-64}$$

如果不存在摩擦，那么不做技术功的过程也是等压过程，即

$$\delta w_t = -v\mathrm{d}p = 0$$

因为 $$v > 0$$

所以 $$\mathrm{d}p = 0 \quad (\text{等压过程}) \tag{8-65}$$

如果存在摩擦，那么不做技术功的过程必定引起压力下降，即

$$-v\mathrm{d}p = \delta w_t + \delta w_L > \delta w_t = 0$$

$$-v\mathrm{d}p > 0$$

因为 $$v > 0$$

所以 $$\mathrm{d}p < 0 \quad (\text{压力下降}) \tag{8-66}$$

例如，流体在各种换热设备及输送管道中的流动就是这种压力不断降低而又不做技术功的过程。

根据热力学第一定律可知，热力系进行不做技术功的过程，它和外界交换的热量必定等于焓的变化

$$\delta q = \mathrm{d}h + \delta w_t = \mathrm{d}h \tag{8-67}$$

积分后得 $$q = h_2 - h_1 \tag{8-68}$$

该式适用于任何工质。无论是否存在摩擦，压力是否降落，也无论内部是否平衡（但过程初终状态必须平衡），只要不做技术功，该式均成立。

如果工质是理想气体，则

$$q = \int_1^2 c_{p0}\mathrm{d}T \tag{8-69}$$

如果工质是等比热容理想气体，则

$$q = c_{p0}\,(T_2 - T_1) \tag{8-70}$$

不做技术功的过程和等压过程也不一样。只是在无摩擦的情况下它们才是一致的——不做技术功的过程只是在无摩擦的情况下压力才不变（如果存在摩擦，那么压力一定下降），而等压过程也只是在无摩擦的情况下才不消耗技术功（如果存在摩擦，那么一定消耗技术功）。另外，不做技术功的过程，无论有无摩擦，其热量一定等于焓的变化，而等压过程只是在无摩擦的情况下，其热量才等于焓的变化。

需要强调的是，在各种换热设备中，尽管存在着或大或小的摩擦阻力，因而有不同程度的压力下降，但与外界交换的热量均可用流体的焓的变化进行计算。这是由于流体进行的是不做技术功的过程，本该这样计算，而并非是近似认为等压过程后的简化计算方法。

2. 绝热过程

绝热过程是指热力系在和外界无热量交换的情况下进行的过程，即

$$\delta q = 0 \tag{8-71}$$

如果不存在摩擦，而过程是内平衡的，那么绝热过程也是等熵过程

$$\delta q = \mathrm{d}u + p\mathrm{d}v = T\mathrm{d}s = 0$$

因为 $$T > 0$$

所以 $$\mathrm{d}s = 0 \quad (\text{等熵过程}) \tag{8-72}$$

如果存在摩擦，那么绝热过程必定引起熵的增加

$$T\mathrm{d}s = \mathrm{d}u + p\mathrm{d}v = \mathrm{d}u + \delta w + \delta w_\mathrm{L} = \delta q + \delta q_\mathrm{g} > \delta q = 0$$

即 $$T\mathrm{d}s > 0$$

因为 $$T > 0$$

所以 $$\mathrm{d}s > 0 \quad (\text{熵增加}) \tag{8-73}$$

例如，气体在各种叶轮式动力机械中以及在高速活塞式机械中进行的膨胀或压缩过程都是这种绝热而又增熵的过程。

根据热力学第一定律可知，热力系进行绝热过程时，无论有无摩擦，它对外界做出的膨胀功和技术功分别等于过程前后热力学能的减少和焓的减少（焓降），有

$$\delta q = \mathrm{d}u + \delta w = \mathrm{d}h + \delta w_\mathrm{t} = 0$$

所以 $$\delta w = -\mathrm{d}u, \quad \delta w_\mathrm{t} = -\mathrm{d}h \tag{8-74}$$

积分后得 $$w = u_1 - u_2 \tag{8-75}$$

$$w_\mathrm{t} = h_1 - h_2 \tag{8-76}$$

式（8-75）和式（8-76）适用于任何工质。无论是否存在摩擦，熵是否增加，也无论内部是否平衡（但过程初终状态必须平衡），只要是绝热过程，它们都是成立的。

如果工质是理想气体，则

$$w = -\int_1^2 c_{V0}\mathrm{d}T, \quad w_\mathrm{t} = -\int_1^2 c_{p0}\mathrm{d}T$$

如果工质是等比热容理想气体，则

$$w = c_{V0}\,(T_1 - T_2) \tag{8-77}$$

$$w_\mathrm{t} = c_{p0}\,(T_1 - T_2) \tag{8-78}$$

对有摩擦的绝热过程，可以从式（8-77）、式（8-78）推导出另外的计算式。虽然有摩擦的绝热过程的状态变化不遵守 pv^{γ_0} = 常数的规律，但也并非无规律可循。事实上，动力机械中所进行的有摩擦的绝热膨胀或压缩过程的状态变化都近似遵守多变过程 pv^n = 常数的规律。这里的多变指数 n 当然已经偏离 γ_0。在绝热膨胀时，$n < \gamma_0$；在绝热压缩时，$n > \gamma_0$（图 8-12 和图 8-13）。n 偏离 γ_0的程度恰恰反映了膨胀或压缩过程中摩擦的大小。这时

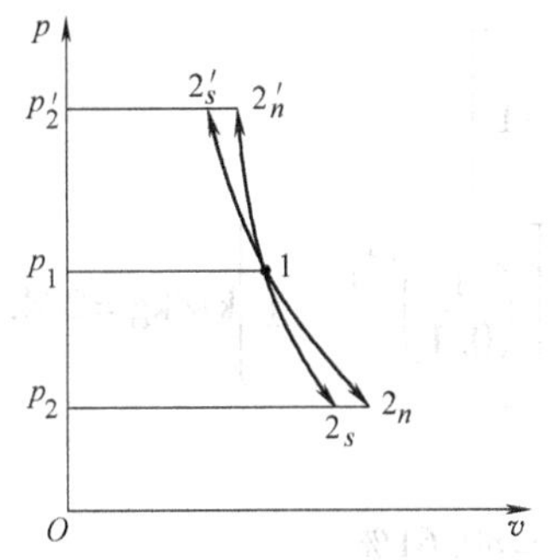

图 8-12　压容图中有摩擦的绝热过程

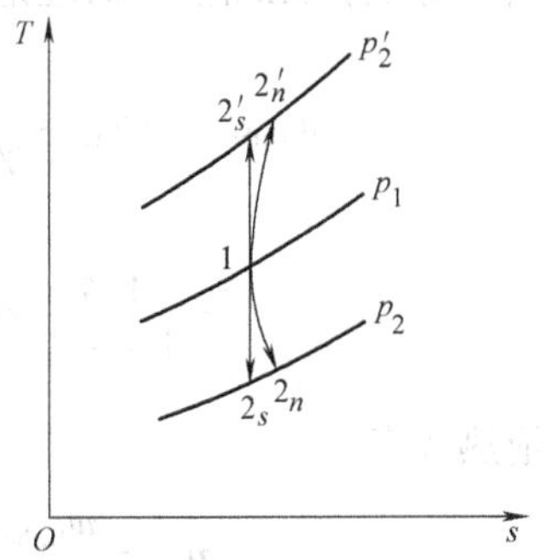

图 8-13　温熵图中有摩擦的绝热过程

$$\frac{T_2}{T_1} = \left(\frac{p_2}{p_1}\right)^{\frac{n-1}{n}} \quad [\text{参看式 (8-43)}]$$

因此，从式（8-77）、式（8-78）可以推导出

$$w=\frac{1}{\gamma_0-1}R_gT_1\left[1-\left(\frac{p_2}{p_1}\right)^{\frac{n-1}{n}}\right] \tag{8-79}$$

$$w_t=\frac{\gamma_0}{\gamma_0-1}R_gT_1\left[1-\left(\frac{p_2}{p_1}\right)^{\frac{n-1}{n}}\right] \tag{8-80}$$

注意式（8-79）、式（8-80）系数中出现 γ_0，而在指数中出现 n，不同于无摩擦的绝热过程［式（8-30）、式（8-31）］，也不同于无摩擦的多变过程［式（8-49）、式（8-50）］。式（8-79）、式（8-80）的适用条件是：等比热容理想气体按多变过程状态变化规律进行有摩擦的绝热过程。

例 8-6 空气（按等比热容理想气体考虑）从 20℃、0.1MPa 在压气机中绝热压缩至 1MPa。由于存在摩擦，压缩过程偏离 pv^{γ_0} = 常数的变化规律而近似地符合 $pv^{1.5}$ = 常数的规律。试计算压缩终了时空气的温度、生产 1kg 压缩空气消耗的功及压气机的绝热效率。

解 根据式（8-43）可知，压缩终了时空气的温度为

$$T_2=T_1\left(\frac{p_2}{p_1}\right)^{\frac{n-1}{n}}=(273.15+20)\times\left(\frac{1}{0.1}\right)^{\frac{1.5-1}{1.5}}\mathrm{K}=631.57\mathrm{K}$$

压气机绝热压缩实际消耗的功可根据式（8-78）计算

$$\begin{aligned}w_{C,act}&=-w_t=c_{p0}(T_2-T_1)=1.005\times(631.57-293.15)\ \mathrm{kJ/kg}\\&=340.11\mathrm{kJ/kg}\end{aligned}$$

也可以通过式（8-80）直接计算出压气机实际消耗的功

$$\begin{aligned}w_{C,act}&=-w_t=\frac{\gamma_0}{\gamma_0-1}R_gT_1\left[\left(\frac{p_2}{p_1}\right)^{\frac{n-1}{n}}-1\right]\\&=\frac{1.4}{1.4-1}\times0.2871\times293.15\times\left[\left(\frac{1}{0.1}\right)^{\frac{1.5-1}{1.5}}-1\right]\mathrm{kJ/kg}\\&=340.06\mathrm{kJ/kg}\end{aligned}$$

压气机绝热（等熵）压缩消耗的理论功可根据下式计算

$$\begin{aligned}w_{C,the}&=-w_{t,s}=\frac{\gamma_0}{\gamma_0-1}R_gT_1\left[\left(\frac{p_2}{p_1}\right)^{\frac{\gamma_0-1}{\gamma_0}}-1\right]\\&=\frac{1.4}{1.4-1}\times0.2871\times293.15\times\left[\left(\frac{1}{0.1}\right)^{\frac{1.4-1}{1.4}}-1\right]\mathrm{kJ/kg}=274.16\mathrm{kJ/kg}\end{aligned}$$

压气机的绝热效率

$$\eta_{C,s}=\frac{w_{C,the}}{w_{C,act}}=\frac{274.16}{340.11}=0.8061=80.61\%$$

例 8-7 天然气（CH_4，按等比热容理想气体处理）从输气管道进入气体透平（膨胀机）膨胀做功，再进入制冷换热器升温，然后送往炉中燃烧。已知透平入口处的压力和温度分别为 $p_1=2\mathrm{MPa}$、$t_1=20℃$；透平排气（即换热器入口）压力为 $p_2=0.15\mathrm{MPa}$；换热器出

口压力和温度分别为 $p_3=0.12\mathrm{MPa}$、$t_3=0℃$；透平的相对内效率为 $\eta_{\mathrm{ri}}=\dfrac{w_{\mathrm{T,act}}}{w_{\mathrm{T,the}}}=0.85$，质量流量为 $q_m=3\mathrm{kg/s}$。试求：

（1）透平发出的功率；

（2）认为透平中的绝热膨胀近似遵守多变过程的规律，试求该过程的多变指数；

（3）换热器中单位时间的换热量（制冷率）。

解　查附录 A 表 A-1 可得 CH_4 的气体常数、比定压热容、比热比依次为：$R_g=0.518\ 3\mathrm{kJ/(kg\cdot K)}$；$c_{p0}=2.227\mathrm{kJ/(kg\cdot K)}$；$\gamma_0=1.303$。

（1）对每千克工质，透平在无摩擦的情况下的理论功为［参看式（8-31）］

$$w_{\mathrm{T,the}}=w_{\mathrm{t},s}=\frac{\gamma_0}{\gamma_0-1}R_gT_1\left[1-\left(\frac{p_2}{p_1}\right)^{\frac{\gamma_0-1}{\gamma_0}}\right]$$

$$=\frac{1.303}{1.303-1}\times0.518\ 3\times293.15\times\left[1-\left(\frac{0.15}{2}\right)^{\frac{1.303-1}{1.303}}\right]\mathrm{kJ/kg}$$

$$=295.64\mathrm{kJ/kg}$$

透平的实际功为

$$w_{\mathrm{T,act}}=w_{\mathrm{T,the}}\eta_{\mathrm{ri}}=295.64\times0.85\mathrm{kJ/kg}=251.29\mathrm{kJ/kg}$$

透平实际发出的功率为

$$P_{\mathrm{T}}=q_mw_{\mathrm{T,act}}=3\times251.29\mathrm{kJ/s}=753.87\mathrm{kJ/s}=753.87\mathrm{kW}$$

（2）先由式（8-78）求出透平的排气温度

$$T_2=T_1-\frac{w_{\mathrm{t}}}{c_{p0}}=T_1-\frac{w_{\mathrm{T,act}}}{c_{p0}}=\left(293.15-\frac{251.29}{2.227}\right)\mathrm{K}=180.31\mathrm{K}\ (-92.84℃)$$

再根据式（8-43）计算多变指数

$$\frac{T_2}{T_1}=\left(\frac{p_2}{p_1}\right)^{\frac{n-1}{n}},\quad\frac{n-1}{n}=\frac{\ln(T_2/T_1)}{\ln(p_2/p_1)},\quad n=\left[1-\frac{\ln(T_2/T_1)}{\ln(p_2/p_1)}\right]^{-1}$$

所以，气体在透平中膨胀时的多变指数为

$$n=\left[1-\frac{\ln(180.31/293.15)}{\ln(0.15/2)}\right]^{-1}=1.231\quad（小于等熵指数 1.303）$$

可以反过来利用多变指数由式（8-80）核算透平实际功

$$w_{\mathrm{T,act}}=w_{\mathrm{t}}=\frac{\gamma_0}{\gamma_0-1}R_gT_1\left[1-\left(\frac{p_2}{p_1}\right)^{\frac{n-1}{n}}\right]$$

$$=\frac{1.303}{1.303-1}\times0.518\ 3\times293.15\times\left[1-\left(\frac{0.15}{2}\right)^{\frac{1.231-1}{1.231}}\right]\mathrm{kJ/kg}$$

$$=251.53\mathrm{kJ/kg}\ （与上面的计算结果基本相同）$$

（3）透平排气在换热器中吸热，这是一个不做技术功的过程，虽因存在流动阻力而压力有所下降，但同样可应用式（8-70）进行热量计算

$$q=c_{p0}(T_3-T_2)=2.227\times(273.15-180.31)\mathrm{kJ/kg}=206.75\mathrm{kJ/kg}$$

所以，换热器的制冷率为

$$\dot{Q}=q_m q=3\times206.75\text{kJ/s}=620.25\text{kJ/s}=2.2329\text{MJ/h}$$

8.4 混合过程

1. 等容混合过程

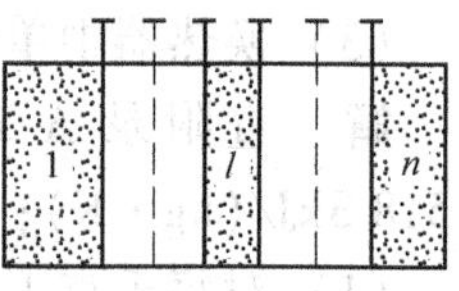

图 8-14 等容混合过程

设有一刚性容器，内置隔板将它分隔成 n 个空间，n 种气体分别装于其间，如图 8-14 所示。现将隔板全部抽掉，使它们充分混合，下面来分析混合后的情况。

显然，混合后的质量等于各气体质量的总和

$$m=\sum_{i=1}^{n} m_i \tag{8-81}$$

混合后的体积等于原来各体积的总和

$$V=\sum_{i=1}^{n} V_i \tag{8-82}$$

这一混合过程是不做膨胀功的过程（$W=0$）。根据热力学第一定律可知

$$Q=\Delta U$$

如果认为和外界没有热量交换（对短暂的混合过程常常可以认为是绝热的，$Q=0$），那么混合后的热力学能将不发生变化

$$\left.\begin{aligned}\Delta U &= U-\sum_{i=1}^{n} U_i=0\\ &\text{或}\\ U&=\sum_{i=1}^{n} U_i\end{aligned}\right\} \tag{8-83}$$

为便于分析，假定 n 种气体都是定比热容理想气体。这时，式（8-83）可写为

$$mc_{V0}T=\sum_{i=1}^{n} m_i c_{V0,i}T_i \tag{8-84a}$$

另外，理想混合气体的热力学能应该等于各组成气体在混合状态下的热力学能的总和

$$mc_{V0}T=\sum_{i=1}^{n} m_i c_{V0,i}T$$

消去 T，得

$$mc_{V0}=\sum_{i=1}^{n} m_i c_{V0,i} \tag{8-84b}$$

式（8-84b）表明，混合气体的热容等于各组成气体的热容的总和。代入式（8-84a）后即可得混合气体温度的计算式

$$T=\frac{\sum_{i=1}^{n} m_i c_{V0,i}T_i}{\sum_{i=1}^{n} m_i c_{V0,i}} \tag{8-85}$$

混合后的压力则可根据理想气体的状态方程计算

$$p=\frac{mR_g T}{V}=\frac{mRT}{VM}$$

式中混合气体的平均摩尔质量 M 可根据下式计算

$$M = 1 \Big/ \sum_{i=1}^{n} \frac{w_i}{M_i}$$

所以

$$p = \frac{mRT}{V} \sum_{i=1}^{n} \frac{w_i}{M_i} \tag{8-86}$$

混合过程的熵增等于每一种气体由混合前的状态变到混合后的状态（具有混合气体的温度并占有整个体积）的熵增的总和

$$\Delta S = \sum_{i=1}^{n} \Delta S_i = \sum_{i=1}^{n} m_i \left(c_{V0,i} \ln \frac{T}{T_i} + R_{g,i} \ln \frac{V}{V_i} \right) \tag{8-87}$$

如果进行混合的是同一种理想气体，则式（8-85）和式（8-86）变为

$$T = \frac{\sum_{i=1}^{n} m_i T_i}{m} \tag{8-88}$$

$$p = \frac{mRT}{VM} \tag{8-89}$$

但是，由于同一种气体的分子混合后无法区分，熵增的计算式不能根据式（8-87）进行，而应根据混合后全部气体的熵与混合前各部分气体的熵的差值来计算

$$\begin{aligned} \Delta S &= S - \sum_{i=1}^{n} S_i \\ &= m\left(c_{V0} \ln T + R_g \ln \frac{V}{m} + C_1 \right) - \sum_{i=1}^{n} m_i \left(c_{V0} \ln T_i + R_g \ln \frac{V_i}{m_i} + C_1 \right) \end{aligned}$$

常数 C_1 可消去，从而得

$$\Delta S = m\left(c_{V0} \ln T + R_g \ln \frac{V}{m} \right) - \sum_{i=1}^{n} m_i \left(c_{V0} \ln T_i + R_g \ln \frac{V_i}{m_i} \right) \tag{8-90}$$

如按式（8-87）计算同种气体混合后的熵增将会引起谬误（即所谓吉布斯佯谬）。为了说明佯谬的产生，举一个最简单的例子。设容器中装有某种等比热容理想气体。它处于平衡状态，温度为 T，体积为 V，质量为 m（图 8-15a）。根据式（4-45）可知，它的熵为

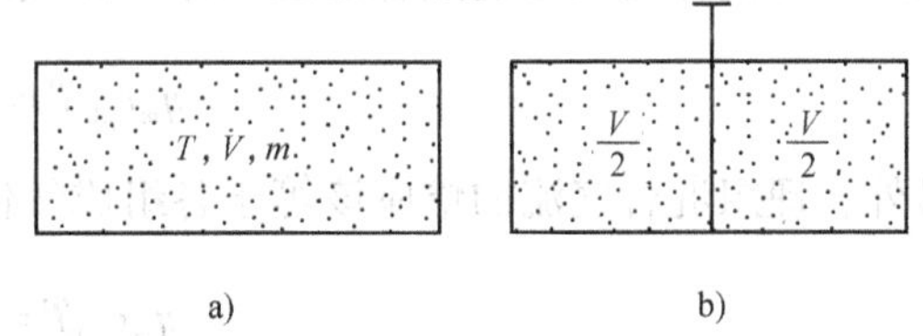

图 8-15　吉布斯佯谬示意图

a）隔板插入前　b）隔板插入后

$$S = m\left(c_{V0} \ln T + R_g \ln \frac{V}{m} + C_1 \right)$$

现用一块很薄的隔板将它一分为二。两部分温度仍为 T，每部分容积为 $V/2$，质量为 $m/2$（图 8-15b）。这两部分的熵的总和仍为 S

$$\begin{aligned} S_1 + S_2 &= \frac{m}{2}\left(c_{V0} \ln T + R_g \ln \frac{V/2}{m/2} + C_1 \right) + \frac{m}{2}\left(c_{V0} \ln T + R_g \ln \frac{V/2}{m/2} + C_1 \right) \\ &= m\left(c_{V0} \ln T + R_g \ln \frac{V}{m} + C_1 \right) = S \end{aligned}$$

$S_1 + S_2 = S$，这是很容易理解的。现在再将隔板抽开，两部分进行“混合”，“混合”后的温

度仍为 T，容积仍为 V，质量仍为 m。如果按式（8-87）来计算“混合”过程的熵增，则得

$$\begin{aligned}\Delta S &= \Delta S_1 + \Delta S_2 \\ &= \frac{m}{2}\left(c_{V0}\ln\frac{T}{T} + R_g\ln\frac{V}{V/2}\right) + \frac{m}{2}\left(c_{V0}\ln\frac{T}{T} + R_g\ln\frac{V}{V/2}\right) \\ &= mR_g\ln 2 > 0\end{aligned}$$

如果按式（8-90）计算，则得

$$\begin{aligned}\Delta S &= S - (S_1 + S_2) \\ &= m\left(c_{V0}\ln T + R_g\ln\frac{V}{m} + C_1\right) - 2\times\frac{m}{2}\left(c_{V0}\ln T + R_g\ln\frac{V/2}{m/2} + C_1\right) \\ &= 0\end{aligned}$$

显然后者是正确的，而前者产生了佯谬。

2. **流动混合过程**

设有 n 股不同气体流入混合室，充分混合后再流出，如图 8-16 所示。如果流动是稳定的，那么混合后的流量应等于混合前各股流量的总和

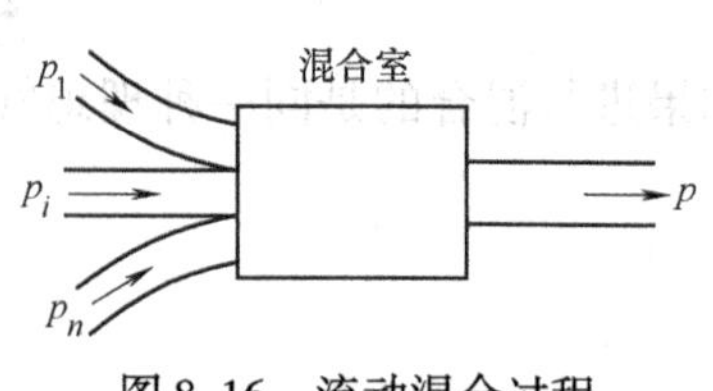

图 8-16　流动混合过程

$$q_m = \sum_{i=1}^{n} q_{mi} \tag{8-91}$$

流动混合过程是一个不做技术功的过程，混合前后流体动能及重力位能的变化可以略去不计，同时，通常都可以忽略混合室及其附近管段与外界的热交换，因此它是一个不做技术功的绝热过程（$W_t = 0$，$Q = 0$）。根据热力学第一定律可知，混合后流体的总焓不变

$$\left.\begin{aligned}\Delta \dot{H} = q_m h - \sum_{i=1}^{n} q_{mi}h_i = 0 \\ \text{或} \quad q_m h = \sum_{i=1}^{n} q_{mi}h_i\end{aligned}\right\} \tag{8-92a}$$

如果 n 种流体均为等比热容理想气体，则式（8-92a）可写为

$$q_m c_{p0} T = \sum_{i=1}^{n} q_{mi} c_{p0,i} T_i \tag{8-92b}$$

另外，理想混合气流的焓应该等于各组成气体在混合流状态下焓的总和，有

$$q_m c_{p0} T = \sum_{i=1}^{n} q_{mi} c_{p0,i} T$$

即

$$q_m c_{p0} = \sum_{i=1}^{n} q_{mi} c_{p0,i} \tag{8-93}$$

代入式（8-92b）后即可得混合气流的温度计算式

$$T = \frac{\sum_{i=1}^{n} q_{mi} c_{p0,i} T_i}{\sum_{i=1}^{n} q_{mi} c_{p0,i}} \tag{8-94}$$

混合后各种气体成分的分压力（p'_i）等于混合气流总压力（p）与各摩尔分数（x_i）的乘积。再根据摩尔分数与质量分数的换算关系，可得各分压力为

$$p_i' = px_i = p\frac{w_i/M_i}{\sum_{i=1}^{n} w_i/M_i} = p\frac{q_{mi}/M_i}{\sum_{i=1}^{n} q_{mi}/M_i} \tag{8-95}$$

单位时间内混合过程的熵增，等于每一种气流由混合前的状态变化到混合后的状态（具有混合气流的温度及相应的分压力）的熵增的总和

$$\Delta\dot{S} = \sum_{i=1}^{n} q_{mi}\Delta s_i = \sum_{i=1}^{n} q_{mi}\left(c_{p0,i}\ln\frac{T}{T_i} - R_{g,i}\ln\frac{p_i'}{p_i}\right) \tag{8-96}$$

如果进行混合的是同一种理想气体（$c_{p0,i} = c_{p0}$），则式（8-94）变为

$$T = \frac{\sum_{i=1}^{n} q_{mi}T_i}{q_m} \tag{8-97}$$

考虑到同种分子混合后无法区分，单位时间内混合过程的熵增应根据混合后全部气流的熵与混合前各股气流的熵之和的差值来计算

$$\begin{aligned}\Delta\dot{S} &= q_m s - \sum_{i=1}^{n} q_{mi}s_i \\ &= q_m\ (c_{p0}\ln T - R_g\ln p + C_2) - \sum_{i=1}^{n} q_{mi}\ (c_{p0}\ln T_i - R_g\ln p_i + C_2)\end{aligned}$$

消去常数 C_2，从而得

$$\Delta\dot{S} = q_m\ (c_{p0}\ln T - R_g\ln p) - \sum_{i=1}^{n} q_{mi}\ (c_{p0}\ln T_i - R_g\ln p_i) \tag{8-98}$$

例 8-8　两瓶氧气，一瓶压力为 10MPa，一瓶为 2.5MPa，其容积均为 100L，温度与大气温度相同，均为 290K。将它们连通后，达到平衡，最后温度仍为 290K。问这时压力为多少？整个过程的熵增为多少？与大气有无热交换？

解　将氧气作等比热容理想气体处理。从附录 A 表 A-1 查得

$$R_{g,O_2} = 0.2598\text{kJ/(kg}\cdot\text{K)},\ c_{V0} = 0.657\text{kJ/(kg}\cdot\text{K)}$$

未连通前，两瓶氧气的质量分别为

$$m_1 = \frac{p_1V_1}{R_{g,O_2}T_1} = \frac{10\times10^6\times100\times10^{-3}}{0.2598\times10^3\times290}\text{kg} = 13.273\text{kg}$$

$$m_2 = \frac{p_2V_2}{R_{g,O_2}T_2} = \frac{2.5\times10^6\times100\times10^{-3}}{0.2598\times10^3\times290}\text{kg} = 3.318\text{kg}$$

连通并达到平衡后，总质量为（$m_1 + m_2$），总容积为（$V_1 + V_2$），温度仍为 290K，所以压力为

$$\begin{aligned}p &= \frac{(m_1 + m_2)\ R_{g,O_2}T}{V_1 + V_2} \\ &= \frac{(13.273 + 3.318)\times0.2598\times10^3\times290}{(100 + 100)\times10^{-3}}\text{Pa} \\ &= 6.250\times10^6\text{Pa} = 6.25\text{MPa}\end{aligned}$$

因为是同种气体的混合，熵增应根据式（8-90）计算

$$\Delta S = (m_1 + m_2)\ \left(c_{V0}\ln T + R_{g,O_2}\ln\frac{V_1 + V_2}{m_1 + m_2}\right) - \left[m_1\left(c_{V0}\ln T_1 + R_{g,O_2}\ln\frac{V_1}{m_1}\right) + m_2\left(c_{V0}\ln T_2 + R_{g,O_2}\ln\frac{V_2}{m_2}\right)\right]$$

$$=R_{g,O_2}\left[(m_1+m_2)\ \ln\frac{V_1+V_2}{m_1+m_2}-m_1\ln\frac{V_1}{m_1}-m_2\ln\frac{V_2}{m_2}\right]$$

$$=0.259\,8\times\left[(13.273+3.318)\times\ln\frac{200\times10^{-3}}{13.273+3.318}-13.273\times\ln\frac{100\times10^{-3}}{13.273}-3.318\right.$$

$$\left.\times\ln\frac{100\times10^{-3}}{3.318}\right]\text{kJ/K}=0.830\,9\text{kJ/K}$$

这一混合过程未做膨胀功（$W=0$），所以

$$Q=\Delta U+W=\Delta U=U-(U_1+U_2)=(m_1+m_2)\ c_{V0}T-(m_1c_{V0}T_1+m_2c_{V0}T_2)$$

由于
$$T_1=T_2=T$$
因而得
$$Q=0$$

从两个容器的整体来看，未从大气吸热，也未向大气放热。实际上，较高压力的氧气瓶从大气吸收了热量，较低压力的氧气瓶向大气放出了热量，只是吸收的热量等于放出的热量，二者正好抵消。

例 8-9 压力为 0.12MPa、温度为 300K、流量为 0.1kg/s 的天然气（CH_4），与压力为 0.2MPa、温度为 350K、流量为 3.5kg/s 的压缩空气混合。混合后的压力为 0.1MPa。求混合气流的温度及单位时间的熵增。

解 将天然气和空气均按等比热容理想气体处理。查附录 A 表 A-1 得

天然气 $M_1=16.043\text{g/mol}$，$R_{g,1}=0.518\,3\text{kJ/(kg}\cdot\text{k)}$，$c_{p0,1}=2.227\text{kJ/(kg}\cdot\text{K)}$

空气 $M_2=28.965\text{g/mol}$，$R_{g,2}=0.287\,1\text{kJ/(kg}\cdot\text{k)}$，$c_{p0,2}=1.005\text{kJ/(kg}\cdot\text{K)}$

根据式（8-94）可计算出混合气流的温度为

$$T=\frac{q_{m1}c_{p0.1}T_1+q_{m2}c_{p0.2}T_2}{q_{m1}c_{p0.1}+q_{m2}c_{p0.2}}=\frac{0.1\times2.227\times300+3.5\times1.005\times350}{0.1\times2.227+3.5\times1.005}\text{K}=347\text{K}$$

混合后，天然气和空气的分压力可根据式（8-95）计算

$$p_1'=p\times\frac{q_{m1}/M_1}{\dfrac{q_{m1}}{M_1}+\dfrac{q_{m2}}{M_2}}=0.1\times\frac{0.1/16.043}{\dfrac{0.1}{16.043}+\dfrac{3.5}{28.965}}\text{MPa}=0.004\,9\text{MPa}$$

$$p_2'=p-p_1'=(0.1-0.0049)\ \text{MPa}=0.095\,1\text{MPa}$$

因为是不同气体的流动混合，单位时间的熵增应根据式（8-96）计算。

$$\Delta\dot S=q_{m1}\left(c_{p0,1}\ln\frac{T}{T_1}-R_{g,1}\ln\frac{p_1'}{p_1}\right)+q_{m2}\left(c_{p0,2}\ln\frac{T}{T_2}-R_{g,2}\ln\frac{p_2'}{p_2}\right)$$

$$=0.1\times\left(2.227\times\ln\frac{347}{300}-0.5183\times\ln\frac{0.004\,9}{0.12}\right)$$

$$+3.5\times\left(1.005\times\ln\frac{347}{350}-0.2871\times\ln\frac{0.095\,1}{0.2}\right)\text{kJ/(K}\cdot\text{s)}$$

$$=0.914\,9\text{kJ/(K}\cdot\text{s)}$$

8.5　充气、放气过程

工程中除了大量的稳定流动过程外，还会遇到一些非稳定流动过程。充气过程和放气过程就是非稳定流动过程的典型例子。在充气或放气时，除了流量随时间变化外，容器中气体的状态也随时间发生变化。但是，通常可以认为在任何瞬时，气体在整个容器空间的状态是近似均匀的（各处温度、压力一致），这样就给分析计算带来一定的方便。下面分别讨论这两种过程。

1. 充气过程

由气源向容器充气时（图8-17），气源通常具有稳定的参数（p_0、T_0、h_0不随时间变化）。

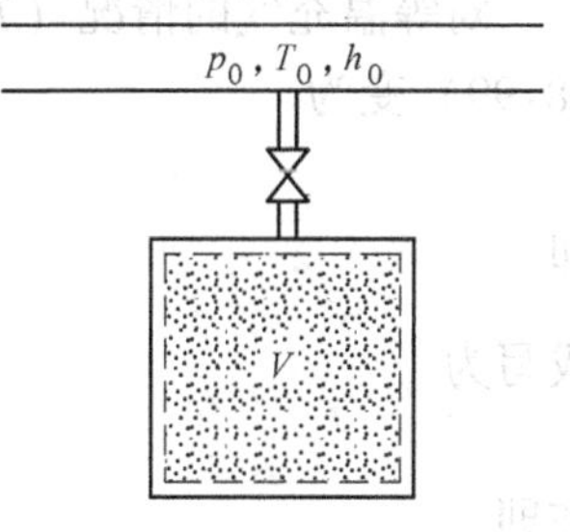

图8-17　充气过程

取容器中的气体为热力系，其容积 V 不变。设充气前容器中气体的温度为 T_1、压力为 p_1、质量为 m_1，充气后压力升高至 p_2（p_2 不可能超过 p_0）、温度为 T_2、质量为 m_2。根据热力学第一定律的基本表达式可得

$$Q = Q$$

$$\Delta E = \Delta U = U_2 - U_1 = m_2 u_2 - m_1 u_1$$

$$\int_{(\tau)} (e_{\text{out}} \delta m_{\text{out}} - e_{\text{in}} \delta m_{\text{in}}) = -\int_{(\tau)} u_0 \delta m_0 = -u_0 m_{\text{in}} = -u_0 (m_2 - m_1)$$

$$W_{\text{tot}} = -m_{\text{in}} p_0 v_0 = -(m_2 - m_1)\ p_0 v_0$$

所以

$$Q = (m_2 u_2 - m_1 u_1) - (m_2 - m_1)\ u_0 - (m_2 - m_1)\ p_0 v_0$$

即

$$Q = m_2 u_2 - m_1 u_1 - (m_2 - m_1)\ h_0 \tag{8-99}$$

充气时有两种典型情况。一种是快速充气，充气过程在很短的时间内完成，或者容器有很好的热绝缘，这样便可以认为充气过程是在与外界基本上绝热的条件下进行的。另一种是缓慢充气，充气过程在较长的时间内完成，或者容器与外界有很好的传热条件，这样便可以认为充气过程基本上是在定温（具有与外界相同的不变温度）下进行的。

对绝热充气的情况（$Q=0$），式（8-99）变为

$$m_2 u_2 = m_1 u_1 + (m_2 - m_1)\ h_0 \tag{8-100}$$

式（8-100）表明：绝热充气后容器中气体的热力学能，等于容器中原有气体的热力学能与充入气体的焓的总和。

如果容器中的气体和充入的气体是同一种等比热容理想气体，则式（8-100）可写为

$$m_2 c_{V0} T_2 = m_1 c_{V0} T_1 + (m_2 - m_1)\ c_{p0} T_0$$

即

$$\frac{p_2 V}{R_g T_2} T_2 = \frac{p_1 V}{R_g T_1} T_1 + \left(\frac{p_2 V}{R_g T_2} - \frac{p_1 V}{R_g T_1}\right) \frac{c_{p0}}{c_{V0}} T_0$$

从而得充气完毕时的温度

$$T_2 = \frac{p_2 \gamma_0 T_0 T_1}{(p_2 - p_1)\ T_1 + p_1 \gamma_0 T_0} \tag{8-101}$$

充入容器的质量

$$m_2 - m_1 = \frac{V}{R_g}\left(\frac{p_2}{T_2} - \frac{p_1}{T_1}\right) \tag{8-102}$$

如果容器在充气前是抽成真空的（$p_1=0$ 或 $m_1=0$），则从式（8-101）可得

$$T_2=\gamma_0 T_0 \tag{8-103}$$

这就是说，如果向真空容器绝热充气，那么气体进入容器后温度将提高为原来的 γ_0 倍。比如说，在绝热条件下向真空容器充入压缩空气（$\gamma_0=1.4$）。如果原来压缩空气的温度为300K（27℃），那么空气进入容器后，温度将达420K（147℃）。温度之所以升高，是由于充气时的推动功（p_0v_0）转变成了气体的热力学能。

对等温充气的情况（$T_2=T_1$），如果将气体作等比热容理想气体处理，则 $u_2=u_1$，式（8-99）变为

$$Q=(m_2-m_1)\ c_{V0}T_1-(m_2-m_1)\ c_{p0}T_0$$

即

$$Q=(m_2-m_1)\ c_{V0}\ (T_1-\gamma_0 T_0)$$

或写为

$$Q=\frac{V}{R_gT_1}\ (p_2-p_1)\ c_{V0}\ (T_1-\gamma_0 T_0)$$

亦即

$$Q=(p_2-p_1)\ V\frac{T_1-\gamma_0 T_0}{T_1\ (\gamma_0-1)} \tag{8-104}$$

等温充气过程中，容器通常向外界放热（Q 为负值），因为通常 $T_1<\gamma_0 T_0$。

充入容器的质量为

$$m_2-m_1=\frac{(p_2-p_1)\ V}{R_gT_1} \tag{8-105}$$

2. 放气过程

放气过程是指容器中较高压力的气体向外界排出（图8-18）。取容器中的气体为热力系，其体积 V 不变。设放气前容器中气体的温度为 T_1、压力为 p_1、质量为 m_1，放气后压力降至 p_2（p_2 不可能低于外界压力 p_0）、温度变为 T_2、质量减至 m_2。根据热力学第一定律的基本表达式可得

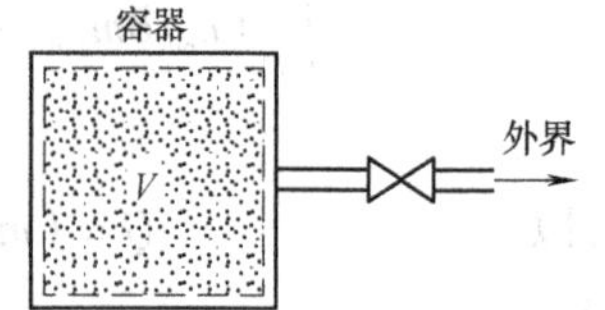

图8-18　放气过程

$$\Delta E=\Delta U=U_2-U_1=m_2u_2-m_1u_1$$

$$\int_{(\tau)}(e_{out}\delta m_{out}-e_{in}\delta m_{in})=\int_{(\tau)}u\delta m_{out}=\int_{(\tau)}u(-\mathrm{d}m)=-\int_{m_1}^{m_2}u\mathrm{d}m$$

$$W_{tot}=\int_{(\tau)}pv\delta m_{out}=\int_{(\tau)}pv(-\mathrm{d}m)=-\int_{m_1}^{m_2}pv\mathrm{d}m$$

所以

$$Q=(m_2u_2-m_1u_1)-\int_{m_1}^{m_2}u\mathrm{d}m-\int_{m_1}^{m_2}pv\mathrm{d}m$$

即

$$Q=m_2u_2-m_1u_1-\int_{m_1}^{m_2}h\mathrm{d}m \tag{8-106}$$

与充气类似，放气也有绝热和等温两种典型情况。

对绝热放气的情况（$Q=0$），式（8-106）变为

$$m_2u_2=m_1u_1+\int_{m_1}^{m_2}h\mathrm{d}m \tag{8-107}$$

如果认为容器中的气体是等比热容理想气体，则式（8-106）可写为

$$m_2c_{V0}T_2=m_1c_{V0}T_1+c_{p0}\int_{m_1}^{m_2}T\mathrm{d}m$$

即
$$m_2T_2 = m_1T_1 + \gamma_0\int_{m_1}^{m_2} T\mathrm{d}m \tag{8-108}$$
式中，T 为容器中气体的温度，在绝热放气过程中它是不断降低的。在绝热条件下进行的放气过程，通常都可以认为是一个等熵膨胀过程（气体膨胀后超出 V 的部分从容器中排出），因而容器中气体温度和压力的变化关系应为
$$T = T_1\left(\frac{p}{p_1}\right)^{\frac{\gamma_0-1}{\gamma_0}}$$
当压力降至 p_2 时，温度为
$$T_2 = T_1\left(\frac{p_2}{p_1}\right)^{\frac{\gamma_0-1}{\gamma_0}} \tag{8-109}$$
这时容器中剩余的气体质量为
$$m_2 = \frac{p_2V}{R_gT_2} = \frac{p_2V}{R_gT_1}\left(\frac{p_1}{p_2}\right)^{\frac{\gamma_0-1}{\gamma_0}} = \frac{p_1V}{R_gT_1}\left(\frac{p_2}{p_1}\right)^{\frac{1}{\gamma_0}}$$
即
$$m_2 = m_1\left(\frac{p_2}{p_1}\right)^{\frac{1}{\gamma_0}} \tag{8-110}$$
放出气体的质量为
$$-\Delta m = m_1 - m_2 = m_1\left[1-\left(\frac{p_2}{p_1}\right)^{\frac{1}{\gamma_0}}\right] = \frac{p_1V}{R_gT_1}\left[1-\left(\frac{p_2}{p_1}\right)^{\frac{1}{\gamma_0}}\right] \tag{8-111}$$

对等温放气的情况（$T_2 = T_1$），如果将容器中的气体作等比热容理想气体处理，则式（8-106）变为
$$\begin{aligned}Q &= (m_2-m_1)\ c_{V0}T_1 - c_{P0}T_1\ (m_2-m_1) = (m_2-m_1)\ (c_{V0}-c_{p0})\ T_1\\ &= R_gT_1\ (m_1-m_2) = R_gT_1\left(\frac{p_1V}{R_gT_1}-\frac{p_2V}{R_gT_1}\right)\end{aligned}$$
即
$$Q = (p_1-p_2)\ V \tag{8-112}$$
该式表明：等比热容理想气体在定温放气过程中吸收的热量，与气体的温度、比热容及气体常数等均无关，而只取决于容器的体积和压力下降的大小。

例 8-10　将例 8-8 看做高压氧气瓶向低压氧气瓶放气（图 8-19）。假定放气速度很慢，两个瓶内的气体温度都一直基本上保持为大气温度（290K），试求高压氧气瓶在整个放气过程中从大气吸收的热量。

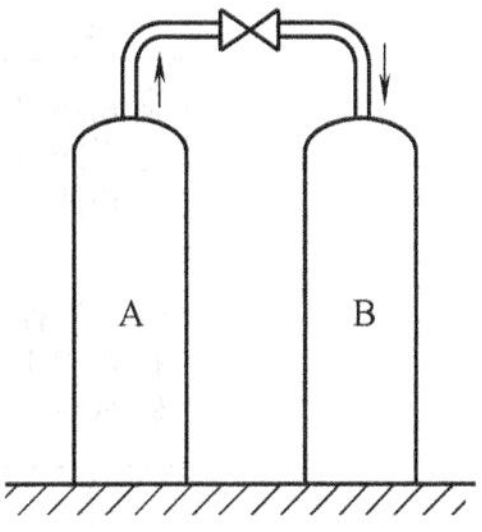

A　B

图 8-19　例 8-10 图

解　根据例 8-8 给定的条件及已求得的最终压力值
$$p_{A1} = 10\text{MPa},\ p_{B1} = 2.5\text{MPa},\ T_{A1} = T_{B1} = T_{A2} = T_{B_2} = 290\text{K}$$
$$V_A = V_B = 0.1\text{m}^3,\ p_{A2} = p_{B2} = 6.25\text{MPa}$$
对等温放气过程可由式（8-112）计算其热量
$$Q_A = (p_{A1}-p_{A2})\ V_A = (10-6.25)\times10^6\times0.1\text{J} = 375\ 000\text{J} = 375\text{kJ}$$
也可以将 A 向 B 放气的过程看做是 B 从 A 充气的过程。在这里，虽然 A 中压力是变化的，但温度一直未变，因而比焓亦未变，所以式（8-99）仍然成立，式（8-104）亦仍然成立，

因此可得

$$Q_B=(p_{B2}-p_{B1})\ V_B\frac{T_{B1}-\gamma_0 T_{A1}}{T_{B1}\ (\gamma_0-1)}=(6.25-2.5)\times10^6\times0.1\times\frac{290-1.396\times290}{290\times(1.396-1)}\text{J}$$

$$=-375\ 000\text{J}=-375\text{kJ}\quad(\text{负号表示 B 放出热量})$$

两个瓶与外界交换的总热量为

$$Q=Q_A+Q_B=375\text{kJ}+(-375)\ \text{kJ}=0$$

$Q=0$，这也正是例 8-8 中将 A、B 两容器作为一个整体直接从能量方程得出的结论。

本章要求重点与讨论

1）热力过程是工程热力学重点和难点之一。热力过程既是热力状态的变化轨迹，又是构成热力循环的基础，更是改变状态参数、实现能质交换的必然途径，必须很好地学习、消化和掌握。

2）掌握理想气体典型定值（等容、等压、等温、等熵、多变）过程的分析与计算。

3）了解不做功过程和绝热过程中状态参数变化规律和能量交换的特征以及摩擦对这些过程的影响。

4）了解不做功过程与等容或等压过程和绝热过程与等熵过程的主要异同。

5）了解混合过程和充、放气过程的分析与计算方法。

本章的知识结构框图如图 8-20 所示。

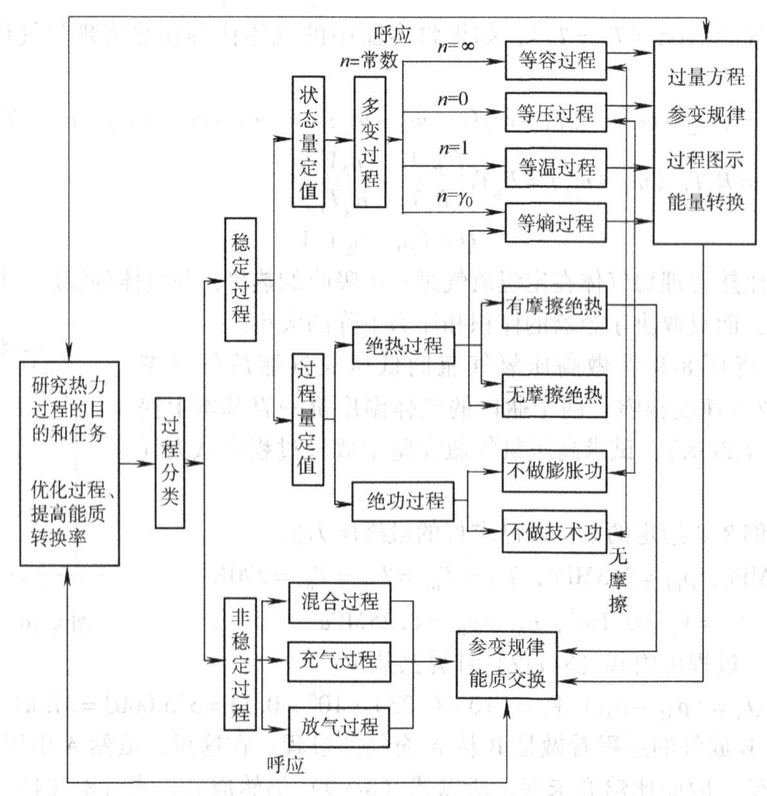

图 8-20 知识结构框图

思 考 题

1. 等压过程和不做技术功的过程有何区别和联系？

2. 等熵过程和绝热过程有何区别和联系？

3. $q=\Delta h$、$w_{\rm t}=-\Delta h$、$w_{\rm t}=\dfrac{\gamma_0}{\gamma_0-1}R_{\rm g}T_1\left[1-\left(\dfrac{p_2}{p_1}\right)^{\frac{\gamma_0-1}{\gamma_0}}\right]$各适用于什么工质、什么过程？

4. 举例说明比体积和压力同时增大或同时减小的过程是否可能。如果可能，它们做功（包括膨胀功和技术功，不考虑摩擦）和吸热的情况如何？如果它们是多变过程，那么多变指数在什么范围内？在压容图和温熵图中位于什么区域？

5. 用气管向自行车轮胎打气时，气管发热，轮胎也发热，它们发热的原因各是什么？

6. 状态变化遵守多变过程规律的有摩擦的绝热过程与可逆多变过程有何异同？

习 题

8-1　等比热容理想气体，进行了 1→2、4→3 两个等容过程以及 1→4、2→3 两个等压过程（图 8-21）。试证明：$q_{123}>q_{143}$

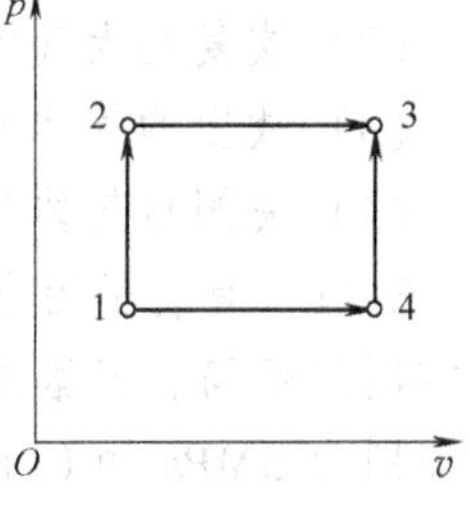

图 8-21　习题 8-1 图

8-2　空气在气缸中由初状态 $T_1=300\text{K}$、$p_1=0.15\text{MPa}$ 进行如下过程：

（1）等压吸热膨胀，温度升高到 480K；

（2）先等温膨胀，然后再在等容下使压力增加到 0.15MPa，温度升高到 480K。

试将上述两种过程画在压容图和温熵图中；利用空气的热力性质表计算这两种过程中的膨胀功、热量，以及热力学能和熵的变化，并对计算结果略加讨论。

8-3　空气从 $T_1=300\text{K}$、$p_1=0.1\text{MPa}$ 压缩到 $p_2=0.6\text{MPa}$。试计算过程的膨胀功（压缩功）、技术功和热量，设过程是（1）等温的；（2）等熵的；（3）多变的（$n=1.25$）。按等比热容理想气体计算，不考虑摩擦。

8-4　空气在膨胀机中由 $T_1=300\text{K}$、$p_1=0.25\text{MPa}$ 绝热膨胀到 $p_2=0.1\text{MPa}$。流量 $q_m=5\text{kg/s}$。试利用空气热力性质表计算膨胀终了时空气的温度和膨胀机的功率：

（1）不考虑摩擦损失；

（2）考虑内部摩擦损失。已知膨胀机的相对内效率

$$\eta_{\rm ri}=\frac{w_{\rm T实际}}{w_{\rm T理论}}=\frac{w_{\rm t}}{w_{{\rm t},s}}=85\%$$

8-5　计算习题 8-4 中由于膨胀机内部摩擦引起的气体比熵的增加（利用空气热力性质表）。

8-6　天然气（其主要成分是甲烷 CH_4）由高压输气管道经膨胀机绝热膨胀做功后再使用。已测出天然气进入膨胀机时的压力为 4.9MPa，温度为 25℃。流出膨胀机时压力为

0.15MPa，温度为 –115℃。如果认为天然气在膨胀机中的状态变化规律接近一多变过程，试求多变指数及温度降为0℃时的压力，并确定膨胀机的相对内效率（按等比热容理想气体计算，参看例8-7）。

8-7　压缩空气的压力为1.2MPa，温度为380K。由于输送管道的阻力和散热，流至节流阀门前压力降为1MPa、温度降为300K。经节流后压力进一步降到0.7MPa。试求每千克压缩空气由输送管道散到大气中的热量，以及空气流出节流阀时的温度和节流过程的熵增(按等比热容理想气体进行计算)。

8-8　某氧气瓶的容积为50L。原来瓶中氧气压力为0.8MPa、温度为环境温度293K。将它与温度为300K的高压氧气管道接通，并使瓶内压力迅速充至3MPa（与外界的热交换可以忽略)。试求充进瓶内的氧气质量。

8-9　同习题8-8。如果充气过程缓慢，瓶内气体温度基本上一直保持为环境温度293K。试求压力同样充到3MPa时充进瓶内的氧气质量以及充气过程中向外界放出的热量。

8-10　10L的容器中装有压力为0.15MPa、温度为室温（293K）的氩气。现将容器阀门突然打开，氩气迅速排向大气，容器中的压力很快降至大气压力（0.1MPa)。这时立即关闭阀门。经一段时间后容器内恢复到大气温度。试求：

（1）放气过程达到的最低温度；

（2）恢复到大气温度后容器内的压力；

（3）放出的气体质量；

（4）关阀后气体从外界吸收的热量。

8-11　有装压缩空气用的A、B两个热绝缘很好的刚性容器，一根管道将它们相连，中间有阀门阻隔。容器A的容积为$1m^3$，容器B的容积为$3m^3$。开始时容器A和B中空气的压力分别为5MPa和0.1MPa，温度均为20℃。打开阀门后，空气迅速由容器A流向容器B，两容器很快达到了压力平衡。试求：

（1）这均衡压力的值；

（2）两容器中空气的温度；

（3）由容器A流进容器B的空气质量。

8-12　空气的初状态为0℃、0.101 325MPa，此时的比熵值定为零。经过（1）等压过程、(2）等温过程、（3）等熵过程、（4）$n=1.2$的多变过程，体积变为原来的（a）3倍；(b）1/3。试按等比热容理想气体并利用计算机，将上述四个膨胀过程和四个压缩过程的过程曲线准确地绘制在p-v和T-s图中。

第9章　气体与蒸汽的流动

【提要】 工程中经常要处理气体和蒸汽在管路设备中的流动问题。例如，蒸汽轮机和燃气轮机等动力设备中，高温高压的气体通过喷管产生高速流动，然后利用高速气流冲击叶轮旋转而输出机械功。火箭腾空升起的力量就是来自其尾喷管高速喷出的气体动能的反作用力。叶轮式压缩机和喷射式抽气器也都是利用将动能转化为压力能的扩压管的原理制成的。此外，热力工程中还常遇到气体和蒸汽流经阀门、孔板等狭窄通道时产生的节流现象。本章主要讨论气体稳定流动基本方程并应用这些方程分析气体流经喷管时气流参数与流道截面积之间的变化关系以及流动过程中气体能量转化等问题。

9.1　一元稳定流动的基本方程

所谓一元流动，是指流动的一切参数仅沿一个方向（这个方向可以是弯曲流道的轴线）有显著变化，而在其他两个方向上的变化是极小而可以忽略的。所谓稳定流动，是指流道中任意指定空间的一切参数都不随时间而变化。

1. 连续方程

设有一任意流道如图9-1所示，图中 q_m 为质量流量（kg/s），v 为比体积（m^3/kg），c 为流速（m/s），A 为流道截面积（m^2）。

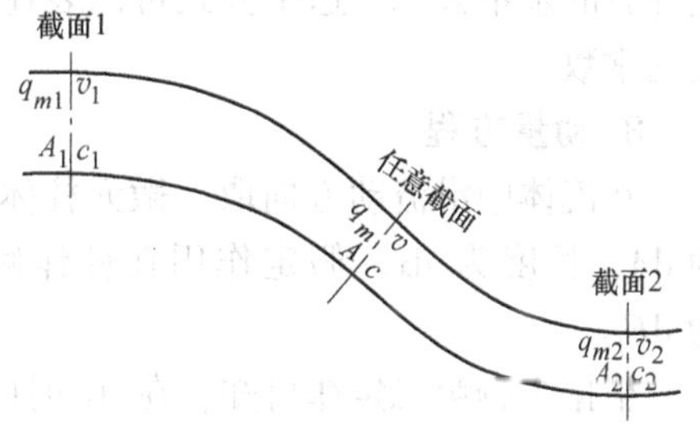

图9-1　任意流道

单位时间流过流道中任意一截面的体积（即所谓体积流量 q_V）等于流量（质量流量）和比体积的乘积，也等于流速和截面积的乘积

$$q_V = q_m v = Ac$$

所以

$$q_m = \frac{Ac}{v}$$

对稳定流动而言，质量流量不随时间变化，所以

$$q_m = \frac{Ac}{v} = 常数$$

对截面1可得

$$q_{m1} = \frac{A_1 c_1}{v_1} = 常数$$

对截面2可得

$$q_{m2} = \frac{A_2 c_2}{v_2} = 常数$$

对任意截面 i 可得

$$q_{mi} = \frac{A_i c_i}{v_i} = 常数$$

对于稳定流动，根据质量守恒原理可知，流过流道任何一个截面的质量流量必定相等

$$q_{m1}=q_{m2}=\cdots=q_m=常数$$

即
$$\frac{A_1c_1}{v_1}=\frac{A_2c_2}{v_2}=\cdots=\frac{Ac}{v}=q_m=常数 \tag{9-1}$$

式（9-1）就是一元稳定流动的连续方程。它说明：稳定流动中，任何时刻流过流道任何截面的质量流量都是不变的常数。它是流量计算的基本公式，适用于任何一元稳定流动，不管是什么流体，也不管是可逆过程还是不可逆过程。需要注意的是，稳定流动中质量流量是不变的常数，但是，其容积流量不是不变的常数。

2. 能量方程

根据稳定流动的能量方程，有

$$q=h_2-h_1+\frac{1}{2}\left(c_2^2-c_1^2\right)+g\left(z_2-z_1\right)+w_{sh}$$

由于喷管和扩压管的流动有如下特点

无轴功 $w_{sh}=0$

气体和外界基本上绝热 $q\approx0$

重力位能基本上无变化 $g\left(z_2-z_1\right)\approx0$

所以能量方程变为如下的简单形式

$$\frac{1}{2}\left(c_2^2-c_1^2\right)=h_1-h_2 \tag{9-2}$$

式（9-2）适用于任何工质的绝热稳定流动过程，不管过程是可逆的或是不可逆的，它是流速计算的基本公式。这个公式可以表述为：绝能（绝热、绝功）中，工质的焓加动能是不变的常数。

3. 动量方程

在流体中沿流动方向取一微元柱体（图9-2）。柱体的截面积为 dA，长度为 dx。假定作用在柱体侧面的摩擦力（粘性阻力）为 dF_f。

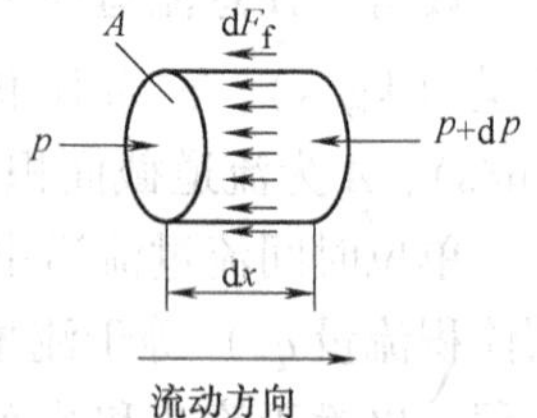

图9-2 微元柱体

根据牛顿第二定律可知，在 $d\tau$ 时间内，作用在微元柱体上的冲量必定等于该柱体的动量变化

$$\left[p\mathrm{d}A-(p+\mathrm{d}p)\ \mathrm{d}A-\mathrm{d}F_f\right]\mathrm{d}\tau=\mathrm{d}m\mathrm{d}c=\frac{\mathrm{d}A\mathrm{d}x}{v}\mathrm{d}c$$

即
$$-v\mathrm{d}p-v\frac{\mathrm{d}F_f}{\mathrm{d}A}=\frac{\mathrm{d}x}{\mathrm{d}\tau}\mathrm{d}c=c\mathrm{d}c$$

亦即
$$\frac{1}{2}\mathrm{d}c^2=-v\mathrm{d}p-v\frac{\mathrm{d}F_f}{\mathrm{d}A}=-v\mathrm{d}p-\delta w_L \tag{9-3}$$

这就是动量方程。

如果不考虑粘性力（无摩擦），则可得

$$\frac{1}{2}\mathrm{d}c^2=-v\mathrm{d}p \tag{9-4a}$$

上式可以改写为
$$c\mathrm{d}c=-v\mathrm{d}p \tag{9-4b}$$

式（9-4b）表明：在无摩擦流动中工质的流速和压力呈反向变化，换句话说，在没有摩擦的流动中，气体的流速越快，其压力越低，流速越慢，其压力越高。重数十吨庞大的飞机所

以能够飞起来就是利用了这个原理。

式（9-4a）积分后得

$$\frac{1}{2}\left(c_2^2-c_1^2\right)=-\int_1^2 v\mathrm{d}p \tag{9-5}$$

这个式子建立了流速与技术功之间的关系：对于无摩擦流动，气体膨胀所获得的速度能正好等于气体膨胀做出的技术功，在后面推导无摩擦流速公式时就利用了这个式子。

4. 流动中常用的其他一些和流体性质有关的方程

（1）状态方程　流体状态方程的一般形式是

$$F(p,v,T)=0$$

实际气体 p、v、T 之间的函数关系比较复杂。为简化计算，一些实际气体的 p、v、T 性质可利用现成的图表查出。

理想气体的状态方程具有最简单的形式

$$pv=R_gT \tag{9-6}$$

（2）过程方程　本章只讨论绝热流动，如果不考虑摩擦，也就是等熵流动，所以过程方程也就是等熵过程方程。

假定气体（包括理想气体和实际气体）的等熵过程遵守如下方程

$$pv^{\kappa}=\text{常数}\quad(\kappa\text{ 为定值}) \tag{9-7}$$

κ 称为等熵指数。对等比热容理想气体而言，等熵指数等于热容比

$$\kappa=\gamma_0$$

（3）声速方程　根据物理学可知，声速是微小扰动在连续介质中产生的压力波的传播速度。由于一般扰动很小，内摩擦很小，可以认为是可逆的，而且扰动传播很快，来不及向外散热，可以认为是绝热的，所以声音这种扰动传播是一种等熵过程。声音在气体中的传播速度（声速 c_s）与气体的状态有关，有

$$c_s=\sqrt{\left(\frac{\partial p}{\partial \rho}\right)_s}=\sqrt{-v^2\left(\frac{\partial p}{\partial v}\right)_s}$$

从式（9-7）可得

$$\left(\frac{\partial p}{\partial v}\right)_s=-\kappa\frac{p}{v}$$

代入上式即得

$$c_s=\sqrt{\kappa pv} \tag{9-8}$$

式（9-8）对任何气体都适用，而对理想气体则可得

$$c_s=\sqrt{\gamma_0R_gT} \tag{9-9}$$

式（9-9）说明，声音在理想气体中的传播速度与热力学温度的平方根成正比，温度愈高，声速愈大。

9.2　喷管中气流参数变化和喷管截面变化的关系

喷管是利用压力降落而使流体加速的管道。由于气体通过喷管时流速一般都较高（比如说每秒几百米），而喷管的长度有限（一般为几厘米或几十厘米），气流从进入喷管到流出喷管所经历的时间极短，因而和外界交换的热量极少，完全可以忽略不计。因此，喷管中

进行的过程可以认为是绝热的。

气流在管道中流动时的状态变化情况和管道截面积的变化情况有密切关系。因此，要掌握气流在喷管中的变化规律，就必须搞清楚管道截面的变化情况。或者说，要控制气流按一定的规律变化（加速），就必须相应地设计出一定形状的喷管。

连续方程式（9-1）建立了喷管截面积和流速、流量及比体积之间的关系

$$\frac{Ac}{v}=q_m=\text{常数}$$

对上式取对数得
$$\ln A+\ln c-\ln v=\ln q_m=\text{常数}$$

微分后得
$$\frac{\mathrm{d}A}{A}+\frac{\mathrm{d}c}{c}-\frac{\mathrm{d}v}{v}=0$$

所以
$$\frac{\mathrm{d}A}{A}=\frac{\mathrm{d}v}{v}-\frac{\mathrm{d}c}{c} \tag{9-10}$$

式（9-10）说明：喷管截面的增加率等于气体比体积的增加率和流速增加率之差。

在喷管中，流速和比体积都是不断增加的。对可压缩的流体（气体），如果比体积的增加率小于流速的增加率$\left(\frac{\mathrm{d}v}{v}<\frac{\mathrm{d}c}{c}\right)$，那么$\frac{\mathrm{d}A}{A}<0$，喷管应该是渐缩形的（图 9-3a）；如果比体积的增加率大于流速的增加率$\left(\frac{\mathrm{d}v}{v}>\frac{\mathrm{d}c}{c}\right)$，那么$\frac{\mathrm{d}A}{A}>0$，喷管应该是渐放形的（图 9-3b）。然而，对不可压缩的流体（例如液体，$\frac{\mathrm{d}v}{v}\approx 0$），喷管才一定是渐缩形的$\left(\frac{\mathrm{d}A}{A}\approx-\frac{\mathrm{d}c}{c}<0\right)$。例如，注射器和消防水枪都是利用这个原理制成的。究竟什么时候比体积的增加率小于流速的增加率，什么时候比体积的增加率大于流速的增加率，这涉及一个重要参数——马赫数，是需要进一步讨论的问题。

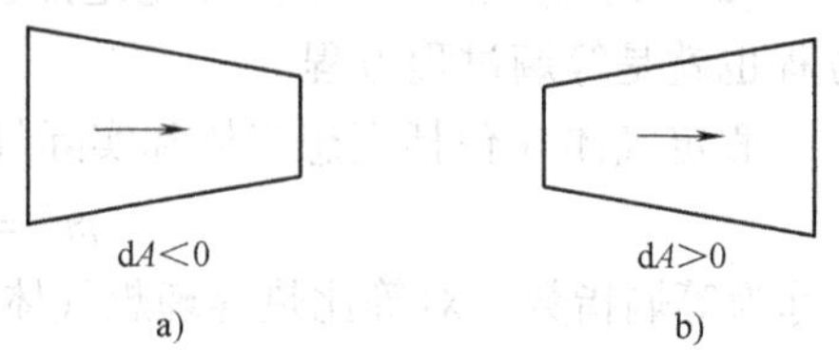

图 9-3 喷管
a) 渐缩喷管 b) 渐放喷管

对于无摩擦的流动，其动量方程为式（9-4），即

$$c\mathrm{d}c=-v\mathrm{d}p \tag{a}$$

而等熵过程方程为
$$pv^{\kappa}=\text{常数}$$

微分后得
$$v^{\kappa}\mathrm{d}p+pkv^{\kappa-1}\mathrm{d}v=0$$

即
$$\mathrm{d}p=-\kappa p\frac{\mathrm{d}v}{v} \tag{b}$$

将式（b）代入式（a）得

$$c\mathrm{d}c=\kappa p\mathrm{d}v \tag{c}$$

式（c）亦可写为
$$\frac{\mathrm{d}v}{v}=\frac{c^2}{\kappa pv}\frac{\mathrm{d}c}{c} \tag{d}$$

将声速方程［式（9-8）］代入式（d）后得

$$\frac{\mathrm{d}v}{v}=\frac{c^2}{c_s^2}\frac{\mathrm{d}c}{c} \tag{e}$$

令
$$\frac{c}{c_s}=Ma \tag{9-11}$$

Ma 称为马赫数，它等于流速与当地声速[⊖]之比。这样式（e）就可写为

$$\frac{\mathrm{d}v}{v}=Ma^2\frac{\mathrm{d}c}{c} \tag{9-12}$$

将式（9-12）代入式（9-10）即得

$$\frac{\mathrm{d}A}{A}=(Ma^2-1)\frac{\mathrm{d}c}{c} \tag{9-13}$$

根据式（9-12）和式（9-13）可以得出如下结论：在喷管中，流速是不断增加的 $\left(\frac{\mathrm{d}c}{c}>0\right)$，因此，当 $Ma<1$（即当流速小于当地声速的亚声速时），比体积的增加率小于流速的增加率，喷管应该是渐缩的 $\left(\frac{\mathrm{d}A}{A}<0\right)$；当 $Ma>1$（即当流速大于当地音速的超声速时），比体积的增加率大于流速的增加率，喷管应该是渐放的 $\left(\frac{\mathrm{d}A}{A}>0\right)$。这一结论适用于等熵流动，不管工质是理想气体还是实际气体。

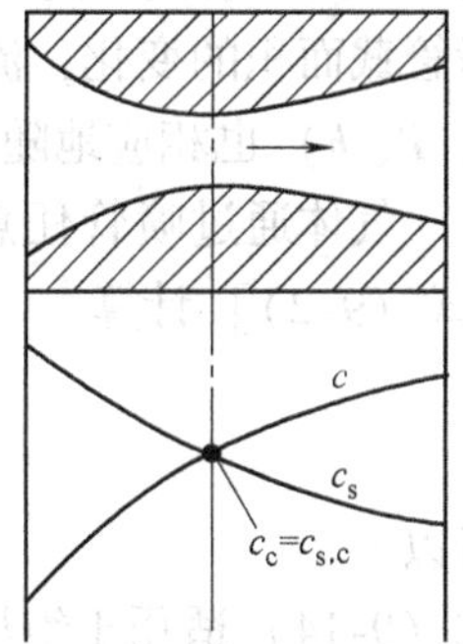

图9-4　缩放喷管

如果气体在喷管中的流速由低于当地声速增加到超过当地声速，那么喷管应该由渐缩过渡到渐放（图9-4），这样就形成了缩放喷管（或称拉伐尔喷管）。

在喷管中，当流速不断增加时，声速是不断下降的。这可证明如下：

对式（9-8）取对数

$$\ln c_s=\frac{1}{2}(\ln\kappa+\ln p+\ln v)$$

将上式微分

$$\frac{\mathrm{d}c_s}{c_s}=\frac{1}{2}\left(\frac{\mathrm{d}p}{p}+\frac{\mathrm{d}v}{v}\right) \tag{f}$$

另外，从式（b）得

$$\frac{\mathrm{d}v}{v}=-\frac{1}{\kappa}\frac{\mathrm{d}p}{p} \tag{g}$$

将式（g）代入式（f）得

$$\frac{\mathrm{d}c_s}{c_s}=\frac{1}{2}\left(1-\frac{1}{\kappa}\right)\frac{\mathrm{d}p}{p} \tag{h}$$

从式（h）可以看出：由于等熵指数 $\kappa>1$，而气流在喷管中的压力是不断降低的（$\mathrm{d}p<0$），所以声速在喷管中也是不断降低的（$\mathrm{d}c_s<0$）。

在喷管中流速不断增加，而声速不断下降（图9-4），当流速达到当地声速时，喷管开始由渐缩变为渐放，这样就形成了一个最小截面积，称为喉部。达到当地声速的流速称为临界流速（$c_c=c_{s,c}$）。对于定熵流动，临界流速一定发生在喷管最小截面处（喉部）。

⊖ “当地声速”是指声音在气体实际所处状况下传播的速度。

9.3 气体流经喷管的流速和流量

1. 流速

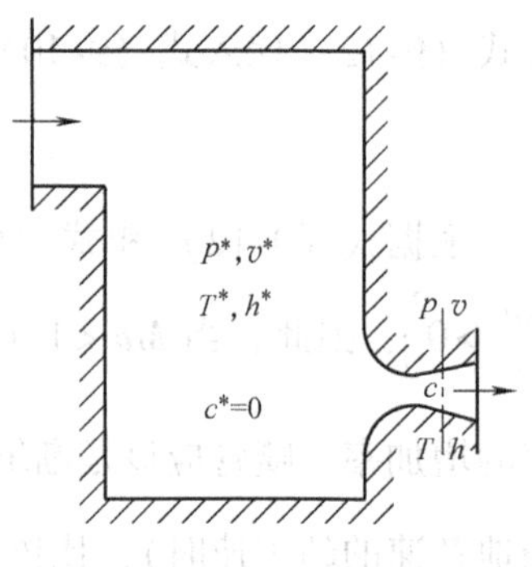

图 9-5 滞止参数

在研究流动过程时，为了表达和计算方便，人们把气体流速为零时或流速虽大于零但按等熵压缩过程折算到流速为零时（参看本节末）的各种参数称为滞止参数。用星号“＊”标记滞止参数，如滞止压力 p^*、滞止温度 T^*、滞止比焓 h^* 等。气体从滞止状态（$c^*=0$）开始，在喷管中，随着喷管截面积的变化，流速（c）不断增加，其他状态参数(p、v、T、h）也相应地随着变化（图 9-5）。

气体通过喷管任意截面时的流速 c，可以根据能量方程［式（9-2）］计算

$$\frac{1}{2}(c^2-c^{*2})=h^*-h$$

所以

$$c=\sqrt{2(h^*-h)} \tag{9-14}$$

式（9-14）适用于绝热流动，不管是什么工质，也不管过程是否可逆，只要知道滞止比焓降（h^*-h），即可计算出该截面的流速。

对等比定压热容理想气体则可得

$$c=\sqrt{2c_{p0}(T^*-T)} \tag{9-15}$$

对于无摩擦的绝热流动过程，可以根据式（9-5）和式（9-7）得出另一种形式的流速计算公式。由式（9-5）可知

$$c=\sqrt{2\left(-\int_{p^*}^{p} v\mathrm{d}p\right)} \tag{a}$$

从式（9-7）得

$$v=p^{*\frac{1}{\kappa}}v^*p^{-\frac{1}{\kappa}} \tag{b}$$

将式（b）代入式（a）中的积分式

$$-\int_{p^*}^{p} v\mathrm{d}p=-\int_{p^*}^{p} p^{*\frac{1}{\kappa}}v^*p^{-\frac{1}{\kappa}}\mathrm{d}p=-p^{*\frac{1}{\kappa}}v^*\int_{p^*}^{p} p^{-\frac{1}{\kappa}}\mathrm{d}p$$

$$=-p^{*\frac{1}{\kappa}}v^*\frac{1}{1-\frac{1}{\kappa}}\left(p^{\frac{\kappa-1}{\kappa}}-p^{*\frac{\kappa-1}{\kappa}}\right)=\frac{\kappa}{\kappa-1}p^*v^*\left[1-\left(\frac{p}{p^*}\right)^{\frac{\kappa-1}{\kappa}}\right] \tag{c}$$

将式（c）代入式（a）即得

$$c=\sqrt{\frac{2\kappa}{\kappa-1}p^*v^*\left[1-\left(\frac{p}{p^*}\right)^{\frac{\kappa-1}{\kappa}}\right]}=c_s^*\sqrt{\frac{2}{\kappa-1}\left[1-\left(\frac{p}{p^*}\right)^{\frac{\kappa-1}{\kappa}}\right]} \tag{9-16}$$

式（9-16）适用于任何气体的等熵流动。

对等比热容理想气体，式（9-16）可写为

$$c=\sqrt{\frac{2\gamma_0}{\gamma_0-1}R_gT^*\left[1-\left(\frac{p}{p^*}\right)^{\frac{\gamma_0-1}{\gamma_0}}\right]}=c_s^*\sqrt{\frac{2}{\gamma_0-1}\left[1-\left(\frac{p}{p^*}\right)^{\frac{\gamma_0-1}{\gamma_0}}\right]} \tag{9-17}$$

2. 临界流速和临界压力比

临界流速可以根据式（9-16）求出，即

$$c_c = \sqrt{\frac{2\kappa}{\kappa-1}p^* v^* \left[1 - \left(\frac{p_c}{p^*}\right)^{\frac{\kappa-1}{\kappa}}\right]} \tag{a}$$

但是临界压力 p_c（即流速等于当地声速，亦即 $Ma=1$ 时，气体的压力）还不知道，必须找出临界压力和一些已知参数之间的关系。

根据临界流速的定义，它等于当地声速

$$c_c = c_{s,c} = \sqrt{\kappa p_c v_c} \tag{b}$$

从式（a）和式（b）可得

$$\frac{p_c v_c}{p^* v^*} = \frac{2}{\kappa-1}\left[1 - \left(\frac{p_c}{p^*}\right)^{\frac{\kappa-1}{\kappa}}\right] \tag{c}$$

其中

$$\frac{v_c}{v^*} = \left(\frac{p_c}{p^*}\right)^{-\frac{1}{\kappa}} \tag{d}$$

将式（d）代入式（c）后得

$$\left(\frac{p_c}{p^*}\right)^{\frac{\kappa-1}{\kappa}} = \frac{2}{\kappa-1}\left[1 - \left(\frac{p_c}{p^*}\right)^{\frac{\kappa-1}{\kappa}}\right]$$

即

$$\left(\frac{p_c}{p^*}\right)^{\frac{\kappa-1}{\kappa}}\left(1 + \frac{2}{\kappa-1}\right) = \frac{2}{\kappa-1}$$

所以

$$\beta_c = \frac{p_c}{p^*} = \left(\frac{2}{\kappa+1}\right)^{\frac{\kappa}{\kappa-1}} \tag{9-18}$$

式中，β_c 称为临界压力比，它是临界压力和滞止压力的比值。

从式（9-18）可知，对无摩擦的绝热流动，临界压力比取决于等熵指数。根据该式计算出的各种气体的临界压力比为

$$\left.\begin{array}{ll}\text{单原子气体} & \kappa \approx 1.67,\ \beta_c \approx 0.487 \\ \text{双原子气体} & \kappa \approx 1.40,\ \beta_c \approx 0.528 \\ \text{多原子气体} & \kappa \approx 1.30,\ \beta_c \approx 0.546 \\ \text{过热水蒸气} & \kappa \approx 1.30,\ \beta_c \approx 0.546 \\ \text{饱和水蒸气} & \kappa \approx 1.135,\ \beta_c \approx 0.577\end{array}\right\} \tag{9-19}$$

从式（9-19）可以得到这样一个大致的概念：各种气体在喷管中的流速从零增加到临界流速，压力大约降低一半。

知道了临界压力比再回过来根据式（a）计算临界流速。将式（9-18）代入式（a）后得

$$c_c = \sqrt{\frac{2\kappa}{\kappa-1}p^* v^* \left[1 - \frac{2}{\kappa+1}\right]}$$

即

$$c_c = c_s^* \sqrt{\frac{2}{\kappa+1}} \tag{9-20}$$

3. 流量和最大流量

对于稳定流动，如果没有分流和合流，那么流体通过流道任何截面的流量都是相同的。所以，无论按哪一个截面的参数计算流量，所得结果都是一样的。通常都按喷管的最小截面（喉部）的参数计算流量。

根据式（9-1）和式（9-16）可得

$$q_m = \frac{A_{\min} c_{\rm th}}{v_{\rm th}} = \frac{A_{\min}}{v_{\rm th}} C_{\rm s}^* \sqrt{\frac{2}{\kappa-1}\left[1-\left(\frac{p_{\rm th}}{p^*}\right)^{\frac{\kappa-1}{\kappa}}\right]} \tag{9-21a}$$

式中，$A_{\min}$为喷管最小截面积（即喉部截面积）；$c_{\rm th}$、$v_{\rm th}$、$p_{\rm th}$为分别为喉部的流速、比体积、压力。

式（9-21a）中 $$\frac{1}{v_{\rm th}} = \frac{1}{v^*}\left(\frac{p_{\rm th}}{p^*}\right)^{\frac{1}{\kappa}}$$

代入式（9-21a）后即得

$$q_m = \frac{A_{\min}}{v^*} c_{\rm s}^* \sqrt{\frac{2}{\kappa-1}\left[\left(\frac{p_{\rm th}}{p^*}\right)^{\frac{2}{\kappa}} - \left(\frac{p_{\rm th}}{p^*}\right)^{\frac{\kappa+1}{\kappa}}\right]} \tag{9-21b}$$

式（9-21b）为喷管流量计算公式。如果喷管最小截面积和滞止参数不变，那么当最小截面上的流速达到临界流速（即当$p_{\rm th}=p_{\rm c}$，$c_{\rm th}=c_{\rm c}$）时，流量将达到最大值，可证明如下。

从式（9-21b）可以看出，在$A_{\min}$、v^*、$c_{\rm s}^*$、p^*（当然还有κ）不变的条件下，当$\left[\left(\frac{p_{\rm th}}{p^*}\right)^{\frac{2}{\kappa}} - \left(\frac{p_{\rm th}}{p^*}\right)^{\frac{\kappa+1}{\kappa}}\right]$具有极大值时，流量也具有极大值。令

$$\frac{p_{\rm th}}{p} = \beta_{\rm th}$$

并令 $$\frac{\rm d}{{\rm d}\beta_{\rm th}}\left[\beta_{\rm th}^{\frac{2}{\kappa}} - \beta_{th}^{\frac{\kappa+1}{\kappa}}\right] = 0$$

即 $$\frac{2}{\kappa}\beta_{\rm th}^{\frac{2-\kappa}{\kappa}} - \frac{\kappa+1}{\kappa}\beta_{\rm th}^{\frac{1}{\kappa}} = 0$$

亦即 $$\frac{1}{\kappa}\beta_{\rm th}^{\frac{1}{\kappa}}\left[2\beta_{\rm th}^{\frac{1-\kappa}{\kappa}} - (\kappa+1)\right] = 0$$

从而得 $$\beta_{\rm th}^{\frac{1}{\kappa}} = 0 \quad 或 \quad 2\beta_{\rm th}^{\frac{1-\kappa}{\kappa}} - (\kappa+1) = 0$$

亦即 $$\beta_{\rm th} = 0 \quad 或 \quad \beta_{\rm th} = \left(\frac{2}{\kappa+1}\right)^{\frac{\kappa}{\kappa-1}} = \beta_{\rm c}$$

但当$\beta_{\rm th}=0$时，从式（9-21）得$q_m=0$，显然这不是最大流量。因此，只有当$\beta_{\rm th}=\beta_{\rm c}$（即$p_{\rm th}=p_{\rm c}$，$c_{\rm th}=c_{\rm c}$，$Ma_{\rm th}=1$）时，流量才达到最大值。所以，最大流量为

$$q_{m,\max} = \frac{A_{\min}}{v^*} c_{\rm s}^* \sqrt{\frac{2}{\kappa-1}\left[\left(\frac{2}{\kappa+1}\right)^{\frac{2}{\kappa-1}} - \left(\frac{2}{\kappa+1}\right)^{\frac{\kappa+1}{\kappa-1}}\right]}$$

化简后得 $$q_{m,\max} = \frac{A_{\min}}{v^*} c_{\rm s}^* \left(\frac{2}{\kappa+1}\right)^{\frac{\kappa+1}{2\kappa-2}} \tag{9-22}$$

从式（9-16）到式（9-22）都只适用于等熵（无摩擦绝热）流动。

有一种流道和喷管的作用恰恰相反，它利用流速的降低使气体增压，这种流道称为扩压管。例如，叶轮式压气机中就利用扩压管来达到增压目的。

气流在扩压管中进行的是绝热压缩过程。在理论分析上，扩压管可看做喷管的倒逆。对喷管的分析和各计算式原则上也都适用于扩压管，但各种参数变化的符号恰恰相反（熵的变化除外[⊖]）。例如：在喷管中，$\mathrm{d}c>0$，$\mathrm{d}p<0$，$\mathrm{d}h<0$，$\mathrm{d}T<0$，$\mathrm{d}v>0$，等等；而在扩压管中，则 $\mathrm{d}c<0$，$\mathrm{d}p>0$，$\mathrm{d}h>0$，$\mathrm{d}T>0$，$\mathrm{d}v<0$，等等。可以想象气流在喷管中逆向流动时各种参数将会发生的反向变化，以此来分析气流在扩压管中的流动情况。

本节开头提到的滞止参数，对具有一定流速的气体来说，实际上就是设想它在扩压管中等熵压缩到流速为零时所得到的各种参数（h^*、T^*、p^*、v^*）。这些滞止参数可以根据已知的流速 c 及相应的状态（T、p）来计算。

滞止比焓［参看式（9-14）］

$$h^* = h + \frac{c^2}{2} \tag{9-23}$$

式（9-23）适用于任何气体的绝热压缩（滞止）过程。

滞止温度

$$T^* = T + \frac{c^2}{2c_{p0}} \tag{9-24}$$

式（9-24）适用于等比定压热容理想气体的绝热压缩（滞止）过程。

滞止压力

$$\left(\frac{p^*}{p}\right)^{\frac{\gamma_0-1}{\gamma_0}} = \frac{T^*}{T} = 1 + \frac{c^2}{2c_{p0}T}$$

所以

$$p^* = p\left(1 + \frac{c^2}{2c_{p0}T}\right)^{\frac{\gamma_0}{\gamma_0-1}} \tag{9-25}$$

式（9-25）只适用于等比定压热容理想气体的等熵压缩（滞止）过程。

滞止比体积可以根据理想气体状态方程和式（9-24）、式（9-25）导出。

$$v^* = \frac{R_g T^*}{p^*} = R_g \frac{T\left(1 + \dfrac{c^2}{2c_{p0}T}\right)}{p\left(1 + \dfrac{c^2}{2c_{p0}T}\right)^{\frac{\gamma_0}{\gamma_0-1}}}$$

所以

$$v^* = \frac{R_g T}{p}\left(1 + \frac{c^2}{2c_{p0}T}\right)^{\frac{1}{1-\gamma_0}} \tag{9-26}$$

式（9-26）也只适用于等比定压热容理想气体的等熵压缩（滞止）过程。

例 9-1 空气进入某缩放喷管时的流速为 300m/s，相应的压力为 0.5MPa，温度为 450K，试求各滞止参数以及临界压力和临界流速。若出口截面的压力为 0.1MPa，则出口流速和出口温度各为多少（按等比定压热容理想气体计算，不考虑摩擦）？

⊖ 如果是无摩擦的绝热流动，则无论在喷管或扩压管中，气体的比熵均不变（$\mathrm{d}s=0$）；如果是有摩擦的绝热流动，则无论在喷管或扩压管中，气流的比熵均增加（$\mathrm{d}s>0$），而并非符号相反。

解 对于空气

$$\gamma_0=1.4,\ c_{p0}=1.005\text{kJ/(kg·K)},\ R_g=0.2871\text{kJ/(kg·K)}$$

根据式（9-23）可计算出滞止比焓

$$h^*=h_1+\frac{c_1^2}{2}=c_{p0}T_1+\frac{c_1^2}{2}=\left(1.005\times450+\frac{300^2}{2}\times10^{-3}\right)\text{kJ/kg}=497.3\text{kJ/kg}$$

滞止温度、滞止压力和滞止比体积则分别为

$$T^*=\frac{h^*}{c_{p0}}=\frac{497.3}{1.005}\text{K}=494.8\text{K}$$

$$p^*=p_1\left(\frac{T^*}{T_1}\right)^{\frac{\gamma_0}{\gamma_0-1}}=0.5\times\left(\frac{494.8\text{K}}{450\text{K}}\right)^{\frac{1.4}{1.4-1}}\text{MPa}=0.6970\text{MPa}$$

$$v^*=\frac{R_gT^*}{p^*}=\frac{0.2871\times10^3\times494.8}{0.6970\times10^6}\text{m}^3/\text{kg}=0.2038\text{m}^3/\text{kg}$$

根据式（9-18）可知临界压力为

$$p_c=p^*\beta_c=p^*\left(\frac{2}{\gamma_0+1}\right)^{\frac{\gamma_0}{\gamma_0-1}}=0.6970\times\left(\frac{2}{1.4+1}\right)^{\frac{1.4}{1.4-1}}\text{MPa}=0.3682\text{MPa}$$

临界流速则根据式（9-20）求出

$$\begin{aligned}c_c&=c_s^*\sqrt{\frac{2}{\gamma_0+1}}=\sqrt{\gamma_0R_gT^*}\sqrt{\frac{2}{\gamma_0+1}}\\&=\sqrt{1.4\times0.2871\times10^3\times494.8\times\frac{2}{1.4+1}}\ \text{m/s}\\&=407.1\text{m/s}\end{aligned}$$

根据式（9-17）计算喷管出口流速

$$\begin{aligned}c_2&=\sqrt{\frac{2\gamma_0}{\gamma_0-1}R_gT^*\left[1-\left(\frac{p_2}{p^*}\right)^{\frac{\gamma_0-1}{\gamma_0}}\right]}\\&=\sqrt{\frac{2\times1.4}{1.4-1}\times0.2871\times10^3\times494.8\times\left[1-\left(\frac{0.1}{0.6970}\right)^{\frac{1.4-1}{1.4}}\right]}\text{m/s}\\&=650.7\text{m/s}\end{aligned}$$

喷管出口气流的温度则为

$$T_2=T_1\left(\frac{p_2}{p_1}\right)^{\frac{\gamma_0-1}{\gamma_0}}=450\times\left(\frac{0.1}{0.5}\right)^{\frac{1.4-1}{1.4}}\text{K}=284.1\text{K}$$

例 9-2 试设计一喷管，流体为空气。已知 $p^*=0.8\text{MPa}$，$T^*=290\text{K}$，喷管出口压力 $p_2=0.1\text{MPa}$，流量 $q_m=1\text{kg/s}$（按等比热容理想气体计算，不考虑摩擦）。

解 对于空气

$$\gamma_0=1.4,\ \beta_c=0.528$$

$$\beta_2=\frac{p_2}{p^*}=\frac{0.1}{0.8}=0.125<\beta_c$$

所以喷管应该是缩放形的。

临界流速

$$c_c = c_s^* \sqrt{\frac{2}{\gamma_0 + 1}} = \sqrt{\gamma_0 R_g T^*} \sqrt{\frac{2}{\gamma_0 + 1}}$$

$$= \sqrt{1.4 \times 287.1 \times 290 \times \frac{2}{1.4 + 1}} \text{m/s} = 311.7 \text{m/s}$$

出口流速

$$c_2 = \sqrt{\frac{2\gamma_0}{\gamma_0 - 1} R_g T^* \left[1 - \left(\frac{p_2}{p^*}\right)^{\frac{\gamma_0 - 1}{\gamma_0}}\right]}$$

$$= \sqrt{\frac{2 \times 1.4}{1.4 - 1} \times 287.1 \times 290 \times \left[1 - \left(\frac{0.1}{0.8}\right)^{\frac{1.4-1}{1.4}}\right]} \text{m/s}$$

$$= 511.0 \text{m/s}$$

喉部即最小截面积

$$A_{\min} = \frac{q_m v_c}{c_c} = \frac{q_m}{c_c} v^* \left(\frac{p^*}{p_c}\right)^{\frac{1}{\gamma_0}} = \frac{q_m}{c_c} \frac{R_g T^*}{p^*} \left(\frac{1}{\beta_c}\right)^{\frac{1}{\gamma_0}}$$

$$= \frac{1}{311.7} \times \frac{287.1 \times 290}{0.8 \times 10^6} \times \left(\frac{1}{0.528}\right)^{\frac{1}{1.4}} \text{m}^2$$

$$= 0.000\,527 \text{m}^2 = 527 \text{mm}^2$$

出口截面积

$$A_2 = \frac{q_m v_2}{c_2} = \frac{q_m}{c_2} \frac{R_g T^*}{p^*} \left(\frac{p^*}{p_2}\right)^{\frac{1}{\gamma_0}}$$

$$= \frac{1}{511.0} \times \frac{287.1 \times 290}{0.8 \times 10^6} \times \left(\frac{0.8}{0.1}\right)^{\frac{1}{1.4}} \text{m}^2$$

$$= 0.000\,899 \text{m}^2$$

$$= 899 \text{mm}^2$$

喷管截面设计成圆形。喉部即最小直径为

$$D_{\min} = \sqrt{\frac{4A_{\min}}{\pi}} = \sqrt{\frac{4 \times 527}{\pi}} \text{mm} = 25.9 \text{mm}$$

出口直径

$$D_2 = \sqrt{\frac{4A_2}{\pi}} = \sqrt{\frac{4 \times 899}{\pi}} \text{mm} = 33.8 \text{mm}$$

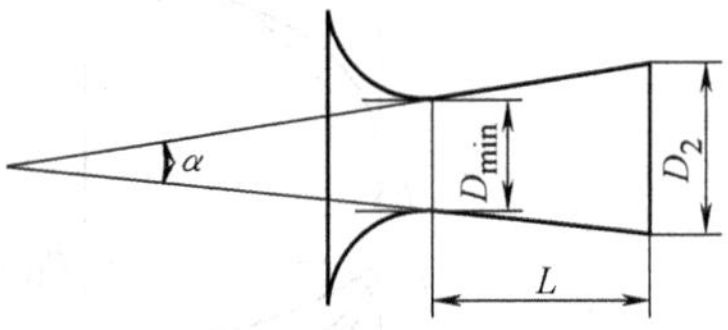

取渐放段锥角 $\alpha = 10°$（参看图 9-6），则渐放段长度为

$$L = \frac{D_2 - D_{\min}}{2\tan\dfrac{\alpha}{2}} = \frac{33.8 - 25.9}{2\tan 5°} \text{mm} = 45.1 \text{mm}$$

图 9-6　例 9-2 图

渐缩段较短，从较大的进口直径光滑过渡到喉部直径即可。

9.4　喷管背压变化时的流动状况

按工作参数设计的喷管，如果在设计参数下运行，当然一切正常，这已在前面讨论过了。但有时喷管也可能工作在非设计参数下，喷管前的滞止参数和喷管后的背压都有可能发生变化。为使问题简化，假定滞止参数（p^*、T^*）不变，单独变化背压（p_B），观察喷管内的流动将发生怎样的变化。如果弄清楚了背压变化的影响因素，那么滞止参数发生变化时喷管内的流动状况变化情况也就很容易想象了。

1. 渐缩喷管

图 9-7 所示为当滞止参数 p^*、T^* 保持不变，背压 p_B 由等于滞止压力 p^* 逐渐下降到低于临界压力 p_c 时，渐缩喷管内压力的变化情况。当 $p_B=p^*$ 时，没有流动，流速、流量均为零，喷管内压力保持 p^* 不变。当 p_B 不断下降，在达到临界压力以前，喷管出口压力始终等于 p_B，这时喷管出口流速和流量也不断增加。

当 p_B 下降到临界压力时［临界压力约为滞止压力的一半，参看式（9-19）］，喷管出口流速达到当地声速（即临界流速），这是渐缩喷管能达到的最高出口流速，这时的流量也是最大的。

继续降低 p_B（直至真空），也不会影响到喷管内部的流动状况，喷管出口始终保持临界压力和临界流速，喷管的流量也始终保持为最大值不变。这时，气流在喷管出口处显然膨胀不足，将在喷管外继续降低压力，直至与 p_B 相等。

2. 缩放喷管

图 9-8 所示为当滞止参数 p^*、T^* 不变，背压 p_B 由等于滞止压力逐渐下降到低于设计出口压力时，缩放喷管内压力的变化情况。当 $p_B=p^*$ 时，没有流动，流速、流量均为零。当 p_B 开始下降时，在相当一段压力范围内（亚声速区），缩放喷管将像文丘里管一样工作，即在喷管的渐缩部分气流降压、加速，而在渐放部分则按扩压管工作，气流减速、增压，在出口处压力达到与 p_B 相等，这种情况将一直持续到喉部达到临界状况时为止。在这一阶段，随着 p_B 的降低，流速和流量都不断增加。

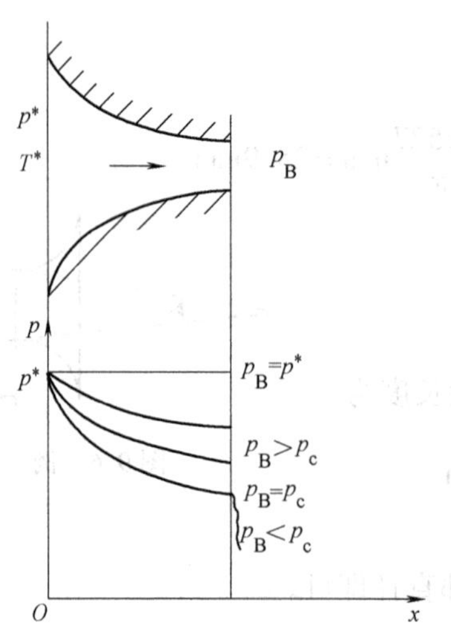

图 9-7 渐缩喷管中的压力变化

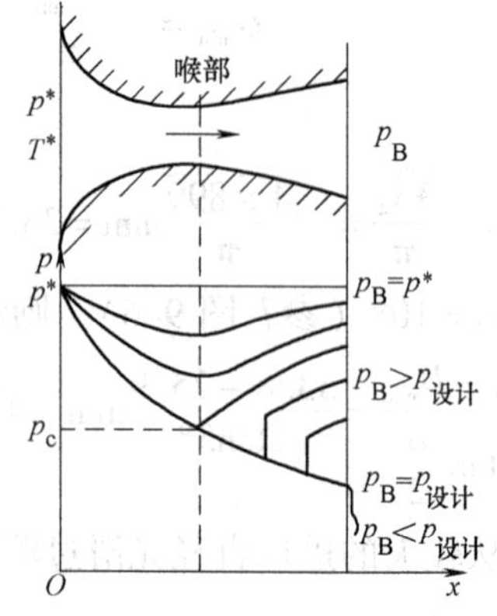

图 9-8 缩放喷管中的压力变化

继续降低 p_B，喷管喉部将一直保持临界状况，因而流量也一直保持最大值，这时气流在渐放部分的前段达到超声速，然后在某个相应的截面上产生激波，流速由超声速急剧下降到亚声速，压力也突然升高（但绝非等熵压缩，而是一个不可逆性很强的剧变过程），在激波截面后的渐放部分按扩压管工作，亚声速气流减速、增压，直至出口处达到与 p_B 相等。在 p_B 稍大于设计压力的情况下，气流在喷管出口处可达设计工况，流出喷管后减速、升压至与 p_B 相等。当 p_B 设计压力时，一切顺利，喷管出口压力正好等于 p_B，流速达到设计的超声速，流量仍为最大流量。

p_B 继续降低（直至真空），喷管内部流动状况将不再变化，喷管出口处仍为设计工况，这时气流在喷管出口处显然膨胀不足，将在喷管外继续降低压力，直至与 p_B 相等。

激波的产生，不仅因不可逆损失而显著降低喷管的效率，也使喷管的工作不稳定，应该避免。有关激波的详细讨论可参考气体动力学书籍。

9.5　喷管中有摩擦的绝热流动过程

为简单明了地分析摩擦引起的喷管中流动状况的变化，假定喷管中的流体是等比热容理想气体（$\kappa=\gamma_0$），而所进行的有摩擦的绝热流动遵守多变过程的规律（$n<\gamma_0$，参看8.3节有摩擦的绝热过程）。这时能量方程［式（9-2）］可写为

$$\frac{1}{2}\mathrm{d}c^2=c\mathrm{d}c=-\mathrm{d}h=-c_{p0}\mathrm{d}T \tag{9-27}$$

动量方程［式（9-3）］为

$$c\mathrm{d}c=-v\mathrm{d}p-\delta w_L \tag{9-28}$$

状态方程［式（9-6）］为

$$pv=R_gT \tag{9-29}$$

过程方程为

$$pv^n=常数 \tag{9-30}$$

声速方程［式（9-9）］为

$$c_s=\sqrt{\gamma_0R_gT} \tag{9-31}$$

连续方程［式（9-10）］为

$$\frac{\mathrm{d}A}{A}=\frac{\mathrm{d}v}{v}-\frac{\mathrm{d}c}{c} \tag{9-32}$$

对多变过程　$Tv^{n-1}=常数$

对该式取对数　$\ln T+(n-1)\ln v=常数$

微分后得

$$\frac{\mathrm{d}T}{T}+(n-1)\frac{\mathrm{d}v}{v}=0$$

亦即

$$\frac{\mathrm{d}v}{v}=-\frac{1}{n-1}\frac{\mathrm{d}T}{T} \tag{a}$$

由式（9-27）可知

$$\frac{\mathrm{d}T}{T}=-\frac{c^2}{c_{p0}T}\frac{\mathrm{d}c}{c}=-\frac{c^2}{c_{p0}T}\frac{c_{p0}-c_{V0}}{R_g}\frac{\mathrm{d}c}{c}=-\frac{c^2(\gamma_0-1)}{\gamma_0R_gT}\frac{\mathrm{d}c}{c} \tag{b}$$

$$=-(\gamma_0-1)\frac{c_2}{c_s^2}\frac{\mathrm{d}c}{c}=-(\gamma_0-1)Ma^2\frac{\mathrm{d}c}{c}$$

式（b）代入式（a）

$$\frac{\mathrm{d}v}{v}=\frac{\gamma_0-1}{n-1}Ma^2\frac{\mathrm{d}c}{c} \tag{c}$$

将式（c）代入式（9-32）后得

$$\frac{\mathrm{d}A}{A}=\left(\frac{\gamma_0-1}{n-1}Ma^2-1\right)\frac{\mathrm{d}c}{c} \tag{9-33}$$

从式（9-33）可以看出，当 $\mathrm{d}A=0$ 时（即在喷管喉部）由于 $\mathrm{d}c>0$，所以$\frac{\gamma_0-1}{n-1}Ma^2-1=0$，又由于 $n<\gamma_0$，所以 $Ma<1$。这表明：当喷管中气流存在摩擦时，喉部的流速是亚声速的。

从式（9-33）还可以看出，当 $Ma=1$ 时，由于 $n<\gamma_0$、$\mathrm{d}c>0$，因而 $\mathrm{d}A>0$，即马赫数等于1的临界截面发生在喷管喉部后面的渐放部分。

下面继续分析有摩擦时喷管中的流动状况。

1. 流速

式（9-15）适用于等比热容理想气体，无论是否存在摩擦。所以

$$c=\sqrt{2c_{p0}\ (T^*-T)}=\sqrt{2c_{p0}T^*\left(1-\frac{T}{T^*}\right)}=\sqrt{\frac{2\gamma_0R_gT^*}{\gamma_0-1}\left(1-\frac{T}{T^*}\right)}$$

$$=c_s^*\sqrt{\frac{2}{\gamma_0-1}\left(1-\frac{T}{T^*}\right)} \tag{d}$$

对多变过程

$$\frac{T}{T^*}=\left(\frac{p}{p^*}\right)^{\frac{n-1}{n}} \tag{e}$$

将式（e）代入式（d）即得

$$c=c_s^*\sqrt{\frac{2}{\gamma_0-1}\left[1-\left(\frac{p}{p^*}\right)^{\frac{n-1}{n}}\right]} \tag{9-34}$$

式（9-34）即为有摩擦时喷管流速的计算式［试与无摩擦时的式（9-17）对照］。

工程中常用速度系数来修正喷管出口流速。所谓速度系数是指相同参数条件下，喷管出口的实际流速与等熵膨胀可达到的理论流速之比，即

$$\varphi=\frac{c}{c_s}=\frac{c_s^*\sqrt{\frac{2}{\gamma_0-1}\left[1-\left(\frac{p}{p^*}\right)^{\frac{n-1}{n}}\right]}}{c_s^*\sqrt{\frac{2}{\gamma_0-1}\left[1-\left(\frac{p}{p^*}\right)^{\frac{\gamma_0-1}{\gamma_0}}\right]}}$$

所以速度系数

$$\varphi=\sqrt{\frac{1-(p/p^*)^{\frac{n-1}{n}}}{1-(p/p^*)^{\frac{\gamma_0-1}{\gamma_0}}}} \tag{9-35}$$

式（9-35）建立了速度系数与多变指数之间的关系。

喷管效率

$$\eta_N=\frac{c^2/2}{c_s^2/2}=\varphi^2=\frac{1-(p/p^*)^{\frac{n-1}{n}}}{1-(p/p^*)^{\frac{\gamma_0-1}{\gamma_0}}} \tag{9-36}$$

2. 临界流速和临界压力比

在临界截面上式（9-34）可写为

$$c_c = c_s^* \sqrt{\frac{2}{\gamma_0 - 1}\left[1 - \left(\frac{p_c}{p^*}\right)^{\frac{n-1}{n}}\right]} \tag{a}$$

因为在临界截面上流速（临界流速）等于当地声速（临界声速）：

$$c_c = c_{s,c} = \sqrt{\gamma_0 R_g T_c} \tag{b}$$

将式（b）代入式（a）

$$\sqrt{\gamma_0 R_g T_c} = \sqrt{\gamma_0 R_g T^*} \sqrt{\frac{2}{\gamma_0 - 1}\left[1 - \left(\frac{p_c}{p^*}\right)^{\frac{n-1}{n}}\right]}$$

即
$$\frac{T_c}{T^*} = \frac{2}{\gamma_0 - 1}\left[1 - \left(\frac{p_c}{p^*}\right)^{\frac{n-1}{n}}\right] \tag{c}$$

对多变过程
$$\frac{T_c}{T^*} = \left(\frac{p_c}{p^*}\right)^{\frac{n-1}{n}} \tag{d}$$

将式（d）代入式（c）

$$\left(\frac{p_c}{p^*}\right)^{\frac{n-1}{n}} = \frac{2}{\gamma_0 - 1}\left[1 - \left(\frac{p_c}{p^*}\right)^{\frac{n-1}{n}}\right]$$

即
$$\left(\frac{p_c}{p^*}\right)^{\frac{n-1}{n}}\left(1 + \frac{2}{\gamma_0 - 1}\right) = \frac{2}{\gamma_0 - 1}$$

所以临界压力比

$$\beta_c = \frac{p_c}{p^*} = \left(\frac{2}{\gamma_0 + 1}\right)^{\frac{n}{n-1}} \tag{9-37}$$

将式（9-37）与无摩擦时的临界压力比［式（9-18）］相比可知：有摩擦时临界压力比将减小（因为$\frac{2}{\gamma_0 + 1} < 1$，$n < \gamma_0$，$\frac{n}{n-1} > \frac{\gamma_0}{\gamma_0 - 1}$）。

将式（9-37）代入式（a）即可得临界流速

$$c_c = c_s^* \sqrt{\frac{2}{\gamma_0 - 1}\left(1 - \frac{2}{\gamma_0 + 1}\right)} = c_s^* \sqrt{\frac{2}{\gamma_0 + 1}} \tag{9-38}$$

将式（9-38）与无摩擦式的临界流速［式（9-20）］相比可知：对理想气体有摩擦时的临界流速与无摩擦时的临界流速相同。

3. 流量

喷管的流量一般都根据最小截面（喉部）的参数计算。根据式（9-1）和式（9-34）可得

$$q_m = \frac{A_{min} c_{th}}{v_{th}} = \frac{A_{min}}{v_{th}} c_s^* \sqrt{\frac{2}{\gamma_0 - 1}\left[1 - \left(\frac{p_{th}}{p^*}\right)^{\frac{n-1}{n}}\right]} \tag{a}$$

式中
$$\frac{1}{v_{th}} = \frac{1}{v^*}\left(\frac{p_{th}}{p^*}\right)^{\frac{1}{n}}$$

代入式（a）后即得

$$q_m = \frac{A_{\min}}{v_{th}} c_s^* \sqrt{\frac{2}{\gamma_0 - 1}\left[\left(\frac{p_{th}}{p^*}\right)^{\frac{2}{n}} - \left(\frac{p_{th}}{p^*}\right)^{\frac{n+1}{n}}\right]} \tag{9-39}$$

在最小截面积和滞止参数不变的情况下，当式（9-39）中$\left[\left(\frac{p_{th}}{p^*}\right)^{\frac{2}{n}} - \left(\frac{p_{th}}{p^*}\right)^{\frac{n+1}{n}}\right]$具有极大值时，喷管将达到最大流量。

令
$$\frac{p_{th}}{p^*} = \beta_{th}$$

并令
$$\frac{d}{d\beta_{th}}\left(\beta_{th}^{\frac{2}{n}} - \beta_{th}^{\frac{n+1}{n}}\right) = 0$$

结果得［参考式（9-21）后面的推导过程］

$$\beta_{th} = \left(\frac{2}{n+1}\right)^{\frac{n}{n-1}} \tag{9-40}$$

将式（9-40）代入式（9-39）即得最大流量

$$q_{m,\max} = \frac{A_{\min}}{v^*} c_s^* \sqrt{\frac{2}{\gamma_0 - 1}\left[\left(\frac{2}{n+1}\right)^{\frac{2}{n-1}} - \left(\frac{2}{n+1}\right)^{\frac{n+1}{n-1}}\right]} = A_{\min}\frac{c_s^*}{v^*}\sqrt{\frac{n-1}{\gamma_0 - 1}\left(\frac{2}{n+1}\right)^{\frac{n+1}{n-1}}} \tag{9-41}$$

式（9-41）中
$$\frac{c_s^*}{v^*} = \frac{\sqrt{\gamma_0 R_g T^*}}{R_g T^*/p^*} = p^*\sqrt{\frac{\gamma_0}{R_g T^*}} \tag{b}$$

将式（b）代入式（9-41），得

$$q_{m,\max} = A_{\min} p^* \sqrt{\frac{\gamma_0}{R_g T^*}}\sqrt{\frac{n-1}{\gamma_0 - 1}\left(\frac{2}{n+1}\right)^{\frac{n+1}{n-1}}} \tag{9-42}$$

式（9-41）和式（9-42）都是有摩擦喷管最大流量的计算式。当给出的滞止参数为T^*、p^*时，用式（9-42）计算最大流量更为方便。

将式（9-41）与式（9-22）相比较后可知，当最小截面积和滞止参数相同时，由于$n<\gamma_0$，有摩擦时喷管的最大流量将小于无摩擦时的最大流量（可由设定γ_0和n的值，通过数字计算验证这一结论）。

4. 功损和㶲损

由式（9-28）可知，有摩擦时喷管流动过程的功损为

$$w_L = -\int_{p^*}^{p} v\mathrm{d}p - \frac{c^2}{2} \tag{a}$$

对多变过程，由式（8-50）可知

$$-\int_{p^*}^{p} v\mathrm{d}p = \frac{n}{n-1}R_g T^*\left[1 - \left(\frac{p}{p^*}\right)^{\frac{n-1}{n}}\right] \tag{b}$$

由式（9-34）可得

$$\frac{c^2}{2} = c_s^{*2}\frac{1}{\gamma_0 - 1}\left[1 - \left(\frac{p}{p^*}\right)^{\frac{n-1}{n}}\right] \tag{c}$$

将式（b）、式（c）代入式（a）

$$w_L = \frac{n}{n-1}R_g T^*\left[1 - \left(\frac{p}{p^*}\right)^{\frac{n-1}{n}}\right] - \frac{\gamma_0 R_g T^*}{\gamma_0 - 1}\left[1 - \left(\frac{p}{p^*}\right)^{\frac{n-1}{n}}\right]$$

所以功损

$$w_{\mathrm{L}}=\left(\frac{n}{n-1}-\frac{\gamma_0}{\gamma_0-1}\right)R_{\mathrm{g}}T^*\left[1-\left(\frac{p}{p^*}\right)^{\frac{n-1}{n}}\right] \tag{9-43}$$

这里的功损是指有摩擦时气流实际获得的动能与通过可逆多变过程应获得的动能的差值，而不是与通过可逆绝热（等熵）过程可获得的气流动能之差。

有摩擦时喷管流动过程的熵产等于气流的熵增

$$\begin{aligned}s_{\mathrm{g}}&=s-s^*=c_{p0}\ln\frac{T}{T^*}-R_{\mathrm{g}}\ln\frac{p}{p^*}=c_{p0}\ln\left(\frac{p}{p^*}\right)^{\frac{n-1}{n}}-R_{\mathrm{g}}\ln\frac{p}{p^*}\\&=\left(\frac{c_{p0}}{R_{\mathrm{g}}}\frac{n-1}{n}-1\right)R_{\mathrm{g}}\ln\frac{p}{p^*}=\left(\frac{\gamma_0}{\gamma_0-1}\frac{n-1}{n}-1\right)R_{\mathrm{g}}\ln\frac{p}{p^*}\end{aligned}$$

所以熵产

$$s_{\mathrm{g}}=-\frac{\gamma_0-n}{n(\gamma_0-1)}R_{\mathrm{g}}\ln\frac{p}{p^*}>0 \tag{9-44}$$

[$\ln(p/p^*)$ 为负值，$\gamma_0>1$，$n<\gamma_0$，所以 $s_{\mathrm{g}}>0$]

而㶲损则为

$$e_{\mathrm{L}}=T_0s_{\mathrm{g}}=-\frac{\gamma_0-n}{n(\gamma_0-1)}R_{\mathrm{g}}T_0\ln\frac{p}{p^*}>0 \tag{9-45}$$

本节所有关于有摩擦时喷管中气体流动状况的计算式［式（9-33）~式（9-45）］，当 $n=\gamma_0$ 时，均可立即简化为前两节中无摩擦时的相应计算式。

对有摩擦时的扩压管中气体的流动状况，不能像无摩擦时那样可以看做喷管的倒逆，因为有摩擦时的过程是不可逆的。对有摩擦的扩压管也可以用多变过程的分析方法，这时多变指数 $n>\gamma_0$，所得计算式与喷管的会有所不同。

例 9-3　空气（视做等比热容理想气体）在喷管中从 400K、0.5MPa 膨胀到 0.1MPa。已知喷管喉部面积为 300mm²，气流遵守 $pv^{1.35}=$ 常数的变化规律。求喷管的出口流速、流量、速度系数及熵产。

解　查附录 A 表 A-1，对空气，$R_{\mathrm{g}}=0.2871\ \mathrm{kJ/(kg\cdot K)}$，$c_{p0}=1.005\mathrm{kJ/(kg\cdot K)}$，$\gamma_0=1.400$。

由式（9-34）可知，喷管出口流速为

$$\begin{aligned}c_2&=\sqrt{\gamma_0R_{\mathrm{g}}T^*}\sqrt{\frac{2}{\gamma_0-1}\left[1-\left(\frac{p_2}{p^*}\right)^{\frac{n-1}{n}}\right]}=\sqrt{1.4\times287.1\times400}\cdot\sqrt{\frac{2}{1.4-1}\left[1-\left(\frac{0.1}{0.5}\right)^{\frac{1.35-1}{1.35}}\right]}\mathrm{m/s}\\&=523.68\mathrm{m/s}\end{aligned}$$

由于 $\frac{p_2}{p^*}=\frac{0.1}{0.5}=0.2$，远小于临界压力比，因而可以断定喷管是缩放形的，流量为最大流量。根据式（9-42），有

$$\begin{aligned}q_{m,\max}&=A_{\min}p^*\sqrt{\frac{\gamma_0}{R_{\mathrm{g}}T^*}}\sqrt{\frac{n-1}{\gamma_0-1}\left(\frac{2}{n+1}\right)^{\frac{n+1}{n-1}}}\\&=300\times10^{-6}\times0.5\times10^6\times\sqrt{\frac{1.4}{287.1\times400}}\sqrt{\frac{1.35-1}{1.4-1}\left(\frac{2}{1.35+1}\right)^{\frac{1.35+1}{1.35-1}}}\mathrm{kg/s}\\&=0.2851\mathrm{kg/s}\end{aligned}$$

若为等熵膨胀，则

$$c_{2,s}=\sqrt{\gamma_0 R_g T^*}\sqrt{\frac{2}{\gamma_0-1}\left[1-\left(\frac{p_2}{p^*}\right)^{\frac{\gamma_0-1}{\gamma}}\right]}$$

$$=\sqrt{1.4\times287.1\times400}\sqrt{\frac{2}{1.4-1}\left[1-\left(\frac{0.1}{0.5}\right)^{\frac{1.4-1}{1.4}}\right]}\text{m/s}$$

$$=544.35\text{m/s}$$

所以喷管的速度系数为

$$\varphi=\frac{c_2}{c_{2,s}}=\frac{523.68}{544.35}=0.962$$

气流在喷管中不可逆加速造成的熵产［式（9-44）］

$$s_g=-\frac{\gamma_0-n}{n(\gamma_0-1)}R_g\ln\frac{p}{p^*}$$

$$=-\frac{1.4-1.35}{1.35\ (1.4-1)}\times0.2871\times\ln\frac{0.1}{0.5}\text{kJ/(kg}\cdot\text{K)}$$

$$=0.04278\text{kJ/(kg}\cdot\text{K)}$$

本章要求重点与讨论

1）了解稳定流动基本规律——基本方程组，理解每一个方程的物理意义、适用条件和实际用途。

2）了解喷管中流动参数变化和喷管截面积变化的关系，理解马赫数概念，了解喷管背压变化时的流动特性。

3）了解有摩擦的绝热流动与理想的等熵流动的主要区别。了解流动的临界状态与流体的临界状态的区别。

流动问题是工程热力学难点之一，要理解好临界流动的概念必须对马赫数有深入的理解。从马赫数的表达式上看，马赫数是流体当地流速与当地声速的比值。其实，马赫数表达的是在连续介质中的扰动速度（分子-流速）与这个扰动在连续介质中的传播速度（分母-声速）的比值，这是马赫数本身的物理意义。马赫数的不同取值代表了流场的不同特性。当 $Ma<1$ 时，即在亚声速流动中，流场中任何一点的扰动能够在流场全域内传播；当 $Ma=1$ 时，即在临界流动中，流场中任何一点的扰动只能在流场扰动点下游的半域内传播。换句话说，在扰动速度与扰动的传播速度相等的流动中，流场中任何一点的扰动不能逆流上传。这一点类似于在逆流中划行的小船，当小船划行速度恰好等于水逆流速度时，小船只能停止在水中而不能前行。理解了这一点，才能明白为什么在渐缩喷管中不能获得超声速气流的道理了，关键是此时的压降扰动不能逆向传进喷管，喷管出口的流速只能是声速了；$Ma>1$ 时，即在超声速流动中，流场中任何一点的扰动只能在流场下游的称之为马赫锥的局域内传播。马赫数的这三种取值代表了流场的不同特性，可以说，马赫数实际是反映了连续介质流场中任何一点扰动传播范围的物理本质。

本章的知识结构框图如图9-9所示。

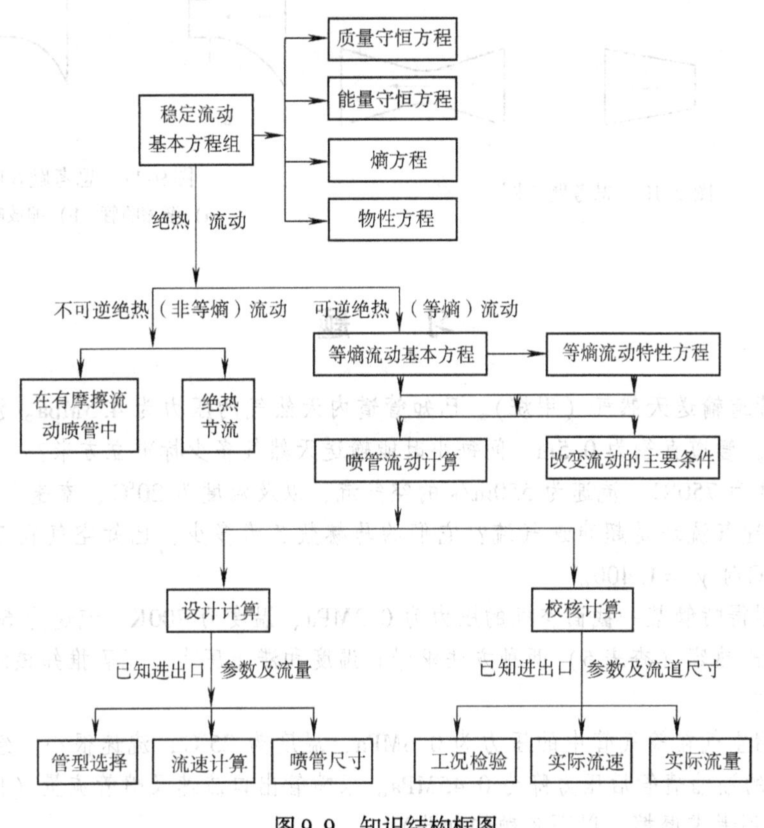

图9-9　知识结构框图

思　考　题

1. 既然 $c=\sqrt{2\ (h^{*}-h)}$ 对有摩擦和无摩擦的绝热流动都适用，那么摩擦损失表现在哪里呢？

2. 为什么渐放形管道也能使气流加速？渐放形管道也能使液流加速吗？

3. 声速是一个固定数值吗？什么叫当地声速？什么叫马赫数？

4. 在亚声速和超声速气流中，图9-10所示的三种形状的管道适宜作喷管还是适宜作扩压管？

5. 有一渐缩喷管，背压和滞止温度保持不变，滞止压力由等于背压逐渐提高为背压的3倍。问该喷管的出口压力、出口流速和喷管的流量将如何变化？

6. 有一渐缩喷管和一缩放喷管，最小截面积相同，一同工作在相同的滞止参数和极低的背压之间（图9-11）。试问它们的出口压力、出口流速、流量是否相同？如果将它们截去一段（图中虚线所示的右边一段），那么它们的出口压力、出口流速和流量将如何变化？

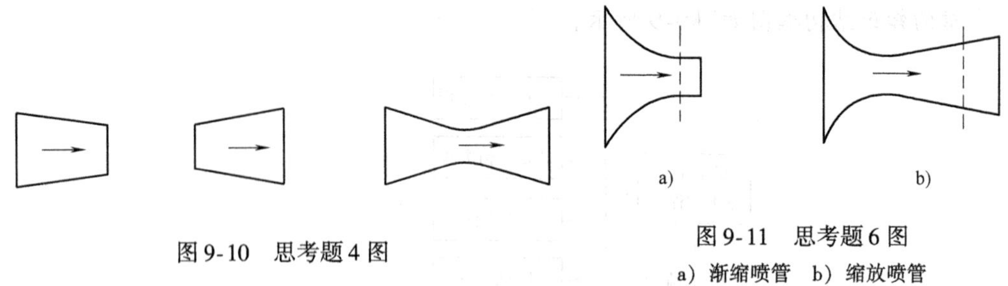

图9-10 思考题4图

图9-11 思考题6图
a）渐缩喷管 b）缩放喷管

习 题

9-1 用管道输送天然气（甲烷）。已知管道内天然气的压力为4.5Mpa。温度为295K、流速为30m/s，管道直径为0.5m。问每小时能输送天然气多少标准立方米？

9-2 温度为750℃、流速为550m/s的空气流，以及温度为20℃、流速为380m/s的空气流，是亚声速气流还是超声速气流？它们的马赫数各为多少？已知空气在750℃时 $\gamma_0 = 1.335$，在20℃时 $\gamma_0 = 1.400$。

9-3 已测得喷管某一截面空气的压力为0.3MPa、温度为700K、流速为600m/s。试按等比热容和变比热容（查表5）两种方法求滞止温度和滞止压力。能否推知该测量截面在喷管的什么部位？

9-4 压缩空气在输气管中的压力为0.6MPa、温度为25℃，流速很小。经一出口截面积为300mm^{2}的渐缩喷管后压力降为0.45MPa。求喷管出口流速及喷管流量（按等比热容理想气体计算，不考虑摩擦，以下各题均如此）。

9-5 同习题9-4。若渐缩喷管的背压为0.1MPa，则喷管流量及出口流速为多少？

9-6 空气进入渐缩喷管时的初速为200m/s，初压为1MPa，初温为400℃。求该喷管达到最大流量时出口截面的流速、压力和温度。

9-7 试设计一喷管，工质是空气。已知流量为3kg/s，进口截面上的压力为1MPa、温度为500K、流速为250m/s，出口压力为0.1MPa。

9-8 一渐缩喷管，出口流速为350m/s，工质为空气。已知滞止温度为300℃（滞止参数不变）。试问这时是否达到最大流量？如果没有达到，它目前的流量是最大流量的百分之几？

9-9 欲使压力为0.1MPa、温度为300K的空气流经扩压管后压力提高到0.2MPa，空气的初速至少应为多少？

第10章 气体的压缩

【提要】 本章阐述了活塞式和叶轮式压气机的压气过程，着重分析了单级活塞式压气机的理论功耗、余隙容积的影响和带有中间冷却器的多级活塞式压气机中间最佳增压比的选择方法以及所带来的压缩功耗的减少与压缩终了温度的降低。本章还介绍了压气机的绝热、等温、多变三种效率及引射器的工作过程。

10.1 活塞式压气机的压气过程

压气机是用来产生压缩气体的耗功机械，最常见的是用来压缩空气，称为空气压缩机，简称压气机。按结构和工作原理分类，压气机可分为活塞式的（作往复运动）和叶轮式的（作旋转运动）两种，每种又有单级与多级之分；按压力范围分类，提供的压力由低到高，压气机可分为通风机、鼓风机和压缩机。然而，无论哪种分类，从热力学的观点来看，压气机的作用是一样的，它们都消耗功，并使气体从较低的压力提升到较高的压力（引风机和真空泵也是一种产生负压的压气机）。

1. 单级活塞式压气机的压气过程

图10-1所示为一单级活塞式压气机。当活塞从气缸顶端向右移动时，进气阀门A开放，气体在较低的压力 p_1 下进入气缸，并推动活塞向外做功（进气功），功的大小如压容图中面积41 604所示（不考虑摩擦，下同）。然后活塞向左移动，这时两个阀门都关闭，气体在气缸中被压缩，压力不断升高，一直达到排气压力 p_2（过程1→2）。在压缩过程中，外界消耗的功（压缩功），在图中表示为面积12 561。活塞继续向左移动，排气阀门B开放，气体在较高的压力 p_2 下排出气缸，这时外界必须消耗功（排气功），在图中表示为面积23052。因此，压气机在包括进气、压缩、排气的整个压气过程中所消耗的功⊖为

$$W_C = \text{面积}\ 12\ 561 + \text{面积}\ 23\ 052 - \text{面积}\ 41\ 604$$

$$= -\int_1^2 p\mathrm{d}V + p_2V_2 - p_1V_1 = \int_1^2 V\mathrm{d}p$$

压缩1kg气体压气机消耗的功为

$$w_C = \int_1^2 v\mathrm{d}p \tag{10-1}$$

2. 单级活塞式压气机压气耗功分析

图10-2中 $1\to2_T$、$1\to2_n$、$1\to2_s$ 分别表示活塞式压气机中进行的等温压缩过程、多变压缩过程和绝热压缩过程。从图中可以看出：使气体从相同的初态（状态1）压缩到相同的终压（p_2），以等温压缩时压气机消耗的功（$w_{C,T}$）为最少，绝热压缩时压气机消耗的功最多，多变压缩时压气机消耗的功居于二者之间。为了减少压气机耗功，常采用水套冷却气缸，以

⊖ 由于压气机总是消耗功，因此习惯上将功的符号倒过来，认为压气机消耗功为正。

期压缩过程由绝热趋向等温。但是，由于气体在气缸中停留的时间很短，气体总是得不到充分冷却。因此，活塞式压气机的压缩过程通常介于等温压缩过程和绝热压缩过程之间而接近多变压缩过程（pv^n = 常数）。如果认为被压缩的气体是等比热容理想气体而且不考虑摩擦，那么多变指数 n 介于 1 和 γ_0 之间（$1<n<\gamma_0$）。冷却情况好时，多变指数较小；转速高、冷却情况差时，多变指数较大，接近等熵指数。

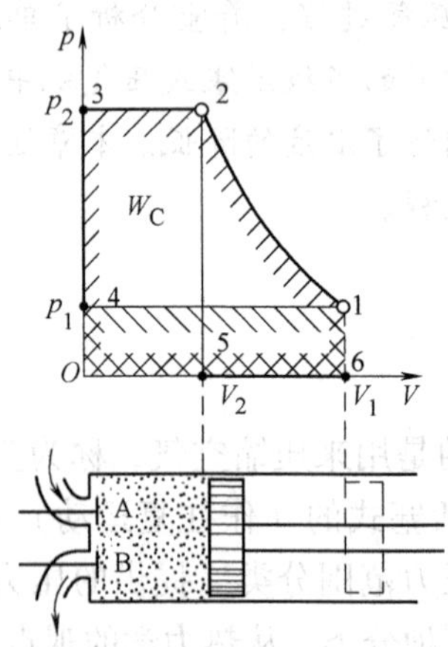

图 10-1 单级活塞式压气机压缩功

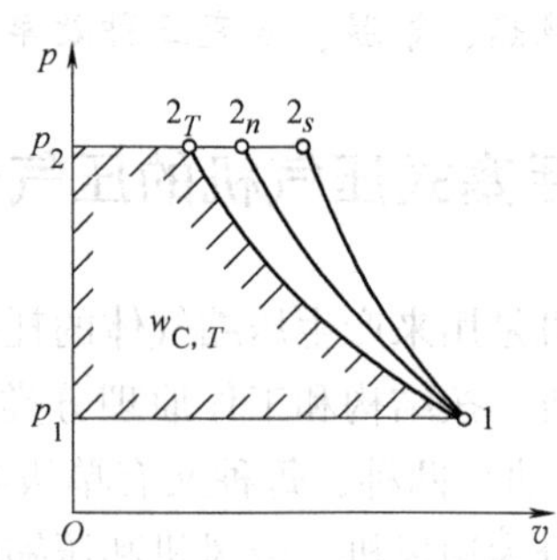

图 10-2 活塞式压气机 p-v 图

多变压气过程理论上压缩 1kg 气体消耗的功为

$$w_{C,n}=\frac{n}{n-1}p_1v_1\left[\left(\frac{p_2}{p_1}\right)^{\frac{n-1}{n}}-1\right]=\frac{n}{n-1}p_1v_1\left(\pi^{\frac{n-1}{n}}-1\right) \tag{10-2}$$

式中 $\pi=p_2/p_1$，称为增压比，它表示气体通过压气机后压力提高的倍率。

对理想气体进行的多变压缩过程、等温压缩过程以及对等比热容理想气体进行的等熵压缩过程，压气机每生产 1kg 压缩气体，理论上消耗的功依次为

$$w_{C,n}=\frac{n}{n-1}R_gT_1\left(\pi^{\frac{n-1}{n}}-1\right) \tag{10-3}$$

$$w_{C,T}=R_gT_1\ln\pi \tag{10-4}$$

$$w_{C,s}=\frac{\gamma_0}{\gamma_0-1}R_gT_1\left(\pi^{\frac{\gamma_0-1}{\gamma_0}}-1\right) \tag{10-5}$$

3. 活塞式压气机余隙容积的影响

上面所分析的单级活塞式压气机的工作过程，认为压缩后的气体在排气过程中全部排出气缸。实际上，为了安装进气阀门和排气阀门并避免活塞与气缸顶端碰撞，在活塞的上止点（图 10-3 中虚线所示的最左端位置）和气缸顶端之间必须留有一定的空隙，即所谓余隙容积（V_c）。这样，在排气过程中活塞将不能把全部体积（V_2）的压缩气体排出气缸，而只能排出其中一部分（V_2-V_3），其余的部分（V_3，亦即 V_c）将留在气缸中。当活塞离开上止点开始向右移动时，进气阀门不能打开，因为这时气缸中气体的压力高于进气压力，必须等这部分压缩气体在气缸中经过程 3→4 膨胀到进气压力 p_1 后，进气阀门才能打开，并开始进气。这样，气缸中实际吸进气体的容积，即所谓有效容积（V_e）将小于活塞排量（V_h）。有效容积与活塞排量之比称为容积效率

$$\eta_V=\frac{V_e}{V_h}=\frac{V_h+V_c-V_4}{V_h}=1-\frac{V_c}{V_h}\left(\frac{V_4}{V_c}-1\right)$$

式中，V_c/V_h 为余隙容积与活塞排量之比，称为余隙比。

假定留在余隙容积中的压缩气体在膨胀过程（3→4）中的多变指数和压缩过程（1→2）的多变指数相同，均为 n，那么

$$\frac{V_4}{V_c}=\frac{V_4}{V_3}=\left(\frac{p_3}{p_4}\right)^{\frac{1}{n}}=\left(\frac{p_2}{p_1}\right)^{\frac{1}{n}}=\pi^{\frac{1}{n}}$$

代入上式后得

$$\eta_V=1-\frac{V_c}{V_h}\left(\pi^{\frac{1}{n}}-1\right) \tag{10-6}$$

容积效率直接影响着压缩气体的产量。式（10-6）表明：容积效率和余隙比、增压比及多变指数有关。余隙比愈小，增压比愈低，多变指数愈大，则容积效率愈高，压缩气体的产量也愈大。

余隙比数值的大小取决于制造工艺（一般为 3% ~8%），多变指数取决于气缸的冷却情况（$1<n<\gamma_0$），增压比取决于对压缩气体的压力要求。当余隙比和多变指数一定时，要想通过一级压缩就达到较高的增压比，将会显著降低容积效率（从图 10-4 可以看出：当 $p_2'>p_2$ 时，$\eta_V'<\eta_V$；当排气压力高达 p_2''时，$\eta_V=0$，压气机将无法输出压缩气体）。而且增压比过高还会使压缩终了时温度过高而不利于活塞与气缸壁之间的润滑。所以，单级活塞式压气机的增压比一般不超过 10。为了获得更高的压力，应采用多级压气机。

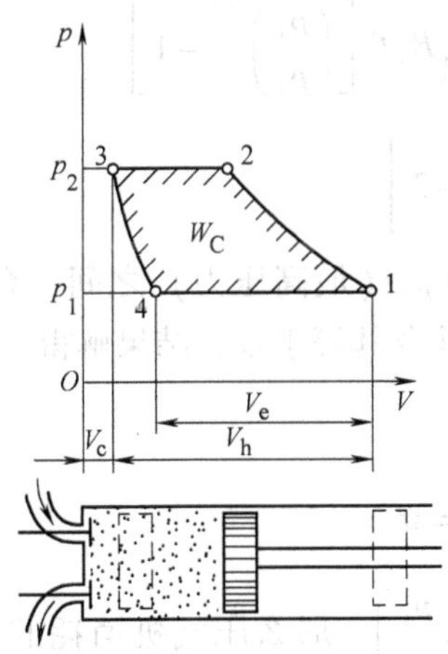

图 10-3　存在余隙容积时的压缩过程

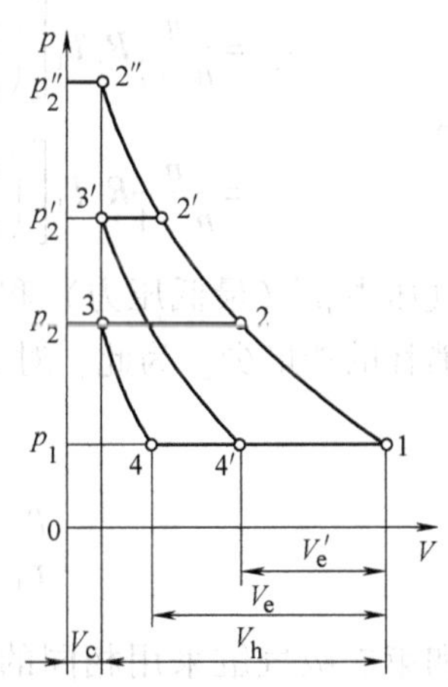

图 10-4　容积效率与增压比关系

应该指出，余隙容积的存在，在理论上并不影响压气机消耗的功。因为留在余隙容积中未排出气缸的压缩气体在膨胀过程（3→4）中所做出的功和这部分气体在压缩过程中消耗的功在理论上（即在膨胀和压缩过程均为可逆、多变指数相同的条件下）恰好抵消了。[⊖]所

⊖ 实际上，由于存在不可逆损失，余隙容积中的气体在压缩过程中消耗的功必定超过膨胀过程中得到的功，因而造成压气机多消耗功。所以，余隙容积的存在不仅影响压缩气体的产量，也会降低压气机的效率。正因为这样，余隙容积又被称为“有害容积”。

以，压气机的理论耗功量仍可按不考虑余隙容积的理想情况来计算。下面关于多级活塞式压气机的压气过程的讨论将不再考虑余隙容积。

4. 带有中间冷却器的多级活塞式压气机的压气过程

多级活塞式压气机将气体在几个气缸中连续压缩，使之达到较高压力。同时，为了少消耗功，并避免压缩终了时气体温度过高，将前一级气缸排出的压缩气体引入中间冷却器中加以冷却，然后再进入下一级气缸继续进行压缩（图 10-5）。

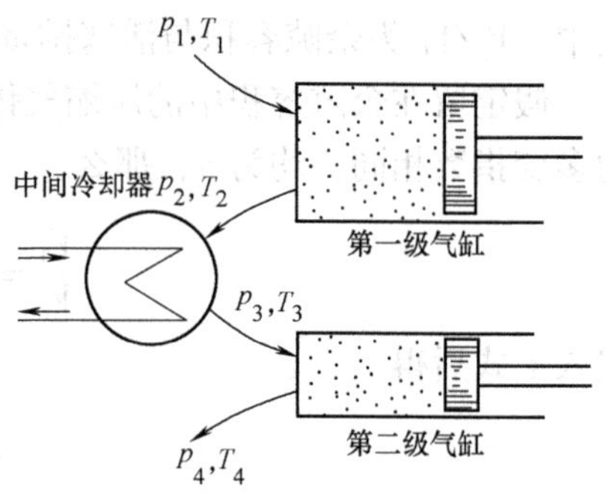

图 10-5 带有一级中间冷却器的两级压缩过程

在作理论分析时，可作如下一些近似假定：

1）假定被压缩气体是等比热容理想气体，两级气缸中的压缩过程具有相同的多变指数 n，并且不存在摩擦。

2）假定第二级气缸的进气压力等于第一级气缸的排气压力（即不考虑气体流经管道、阀门和中间冷却器时的压力损失），即

$$p_3 = p_2$$

3）假定两个气缸的进气温度相同（即认为进入第二级气缸的气体在中间冷却器中得到了充分的冷却），即

$$T_3 = T_1$$

根据式（10-3），结合上述假定条件，可得两级压气机压缩 1kg 气体消耗的功为

$$w_{C,n} = \frac{n}{n-1}R_gT_1\left[\left(\frac{p_2}{p_1}\right)^{\frac{n-1}{n}} - 1\right] + \frac{n}{n-1}R_gT_3\left[\left(\frac{p_4}{p_3}\right)^{\frac{n-1}{n}} - 1\right]$$

$$= \frac{n}{n-1}R_gT_1\left[\left(\frac{p_2}{p_1}\right)^{\frac{n-1}{n}} + \left(\frac{p_4}{p_2}\right)^{\frac{n-1}{n}} - 2\right]$$

在第一级进气压力 p_1（最低压力）和第二级排气压力 p_4（最高压力）之间，合理选择 p_2，可使压气机消耗的功最少。为此，对上式求一阶导数并令其等于零，结果解得

$$p_2 = \sqrt{p_1p_4}$$

即
$$\frac{p_2}{p_1} = \frac{p_4}{p_2} = \frac{p_4}{p_3} = \sqrt{\frac{p_4}{p_1}} = \pi \tag{10-7}$$

如果第一级和第二级气缸采用相同的增压比$\left(\pi = \frac{p_2}{p_1} = \frac{p_4}{p_3}\right)$，那么压气机消耗的功将是最少的。这时两个气缸消耗的功相等。压气机消耗的功是每个气缸消耗功的两倍（图 10-6），即

$$w_{C,n} = 2\frac{n}{n-1}R_gT_1\left(\pi^{\frac{n-1}{n}} - 1\right) \tag{10-8}$$

由于有中间冷却器，压气机少消耗的功如图 10-6 中面积 23452 所示。

照此类推，对 m 级的多级压气机，各级增压比应该这样选取

$$\pi = \left(\frac{p_{max}}{p_{min}}\right)^{\frac{1}{m}} \tag{10-9}$$

式中，p_{max} 为末级气缸排气压力；p_{min} 为第一级气缸进气压力。这时压气机消耗的功为每一级

气缸消耗功的 m 倍，有

$$w_{C,n}=m\frac{n}{n-1}R_gT_1\left(\pi^{\frac{n-1}{n}}-1\right) \tag{10-10}$$

在温熵图中，这种多级压缩、中间冷却的压气过程理论上消耗的功和放出的热量可以表示得更加清楚，如图 10-7 所示。图中面积 a 表示各级气缸在多变压缩过程中通过气缸壁向外界放出的热量；面积 b 表示气体被压缩后在各个中间冷却器中放出的热量；面积 $(a+b)$ 既表示这两部分热量之和，又可表示各级气缸消耗的功。因为根据式 (2-11) 可得

$$w_C=-w_t=\Delta h+(-q)$$

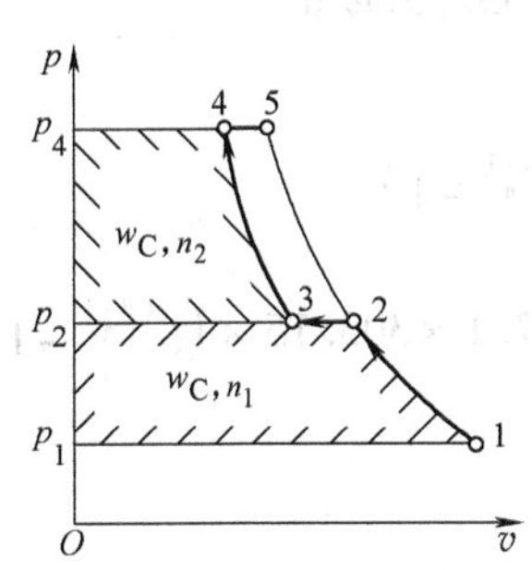

图 10-6　一级中间冷却两级压缩的 p-v 图

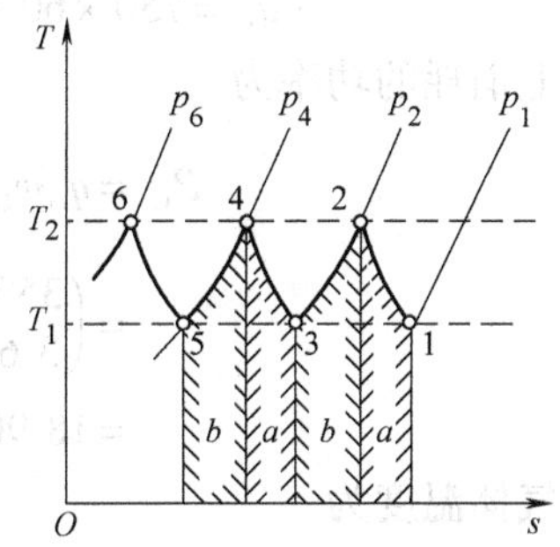

图 10-7　一级中间冷却两级压缩的 T-s 图

气体从进入各级气缸到流出各中间冷却器，温度未变 ($T_1=T_3=T_5=\cdots$)，因而比焓亦未变 ($\Delta h=0$，假定是理想气体)，所以 1kg 气体在各级气缸和各中间冷却器中放出的热量 $[-q=$ 面积 $(a+b)]$ 必定等于各级气缸消耗的功 (w_C)。

5. 活塞式压气机的效率

根据压气过程是接近于绝热过程、多变过程还是等温过程，活塞式压气机的效率也相应地有绝热效率、多变效率和等温效率之分。它们分别是在相同的进气状态及出口压力条件下，可逆绝热压缩、可逆多变压缩和可逆等温压缩时压气机消耗的功（技术功）与压气机实际消耗功之比。

绝热效率

$$\eta_{C,s}=\frac{w_{C,s}}{w_C} \tag{10-11}$$

多变效率

$$\eta_{C,n}=\frac{w_{C,n}}{w_C} \tag{10-12}$$

等温效率

$$\eta_{C,T}=\frac{w_{C,T}}{w_C} \tag{10-13}$$

压气机效率均以理论消耗功作为分子，实际消耗功作为分母，以避免得出容易引起误解的效率大于 1 的结果。

例 10-1　某单级活塞式压气机，其增压比为 6，活塞排量为 0.008m³，余隙比为 0.05，转速为 750r/min，压缩过程的多变指数为 1.3。试求其容积效率、生产量 (kg/h)、消耗的理论功率 (kW)、气体压缩终了时的温度和压缩过程中放出的热量。已知吸入空气的温度为 30℃、压力为 0.1MPa（按等比热容理想气体计算）。

解　根据式 (10-6) 计算容积效率，有

$$\eta_V = 1 - \frac{V_c}{V_h}\left(\pi^{\frac{1}{n}} - 1\right) = 1 - 0.05 \times \left(6^{\frac{1}{1.3}} - 1\right) = 0.8516$$

气缸的有效容积为

$$V_e = \eta_V V_h = 0.8516 \times 0.008\text{m}^3 = 0.006813\text{m}^3$$

每次吸入空气的质量为

$$m = \frac{p_1 V_e}{R_g T_1} = \frac{0.1 \times 10^6 \times 0.006813}{287.1 \times 30 + 273.15}\text{kg} = 0.007828\text{kg}$$

所以，压气机的生产量为

$$q_m = 750 \times 60 \times 0.007828\text{kg/h} = 352.3\text{kg/h}$$

压气机理论上消耗的功率为

$$\begin{aligned} P_C &= q_m w_C = q_m \frac{n}{n-1} R_g T_1 \left(\pi^{\frac{n-1}{n}} - 1\right) \\ &= \left(\frac{352.3}{3600}\right) \times \frac{1.3}{1.3-1} \times 287.1 \times 303.15 \times \left(6^{\frac{1.3-1}{1.3}} - 1\right)\text{W} \\ &= 18900\text{W} = 18.90\text{kW} \end{aligned}$$

压缩终了时气体温度为

$$T_2 = T_1 \pi^{\frac{n-1}{n}} = 303.15 \times 6^{\frac{1.3-1}{1.3}}\text{K} = 458.4\text{K}\ (185.2℃)$$

压缩过程中单位时间的热量为

$$\begin{aligned} \dot{Q} &= q_m q = q_m c_n\ (t_2 - t_1) = q_m \frac{n c_{V0} - c_{p0}}{n-1}\ (t_2 - t_1) \\ &= 352.3 \times \frac{1.3 \times 0.718 - 1.005}{1.3 - 1} \times (185.2 - 30)\text{kJ/h} \\ &= -13050\text{kJ/h} \quad \text{（负号表示放出热量）} \end{aligned}$$

例 10-2 空气初态为 $p_1 = 0.1\text{MPa}$、$t_1 = 20℃$。经过三级活塞式压气机后，压力提高到 12.5MPa。假定各级增压比相同，压缩过程的多变指数均为 $n = 1.3$。试求生产 1kg 压缩空气理论上应消耗的功，并求（各级）气缸出口温度。如果不用中间冷却器，那么压气机消耗的功和各级气缸出口温度又是多少（按等比热容理想气体计算）？

解 各级增压比

$$\pi = \left(\frac{p_{max}}{p_{min}}\right)^{\frac{1}{m}} = \left(\frac{12.5}{0.1}\right)^{\frac{1}{3}} = 5$$

消耗的理论功

$$\begin{aligned} w_{C,n} &= m \frac{n}{n-1} R_g T_1 \left(\pi^{\frac{n-1}{n}} - 1\right) \\ &= 3 \times \frac{1.3}{1.3-1} \times 287.1 \times (20 + 273.15) \times \left(5^{\frac{1.3-1}{1.3}} - 1\right)\text{J/kg} \\ &= 492000\text{J/kg} = 492\text{kJ/kg} \end{aligned}$$

各级气缸出口温度为

$$T_2 = T_1 \pi^{\frac{n-1}{n}} = (20 + 273.15) \times 5^{\frac{1.3-1}{1.3}}\text{K} = 425\text{K}\ (152℃)$$

如果没有中间冷却器，则各级气缸出口温度为

第一级　$T_2 = T_1 \pi^{\frac{n}{n-1}} = 425\text{K}$（152℃）

第二级　$T_2' = T_2 \pi^{\frac{n-1}{n}} = 425 \times 5^{\frac{1.3-1}{1.3}}\text{K} = 616\text{K}$（343℃）

第三级　$T_2'' = T_2' \pi^{\frac{n-1}{n}} = 616 \times 5^{\frac{1.3-1}{1.3}}\text{K} = 893\text{K}$（620℃）

压气机消耗的功则为

$$w'_{C,n} = \frac{n}{n-1} R_g \ (T_1 + T_2 + T_2')(\pi^{\frac{n-1}{n}} - 1)$$

$$= \frac{1.3}{1.3-1} \times 287.1 \times (293 + 425 + 616) \times (5^{\frac{1.3-1}{1.3}} - 1)\text{J/kg}$$

$$= 746\ 500\text{J/kg} = 746.5\text{kJ/kg}$$

从计算结果可以看出：如果不采用中间冷却，不仅浪费功，而且气体温度将逐级升高，以致达到润滑条件不能允许的高温。

10.2　叶轮式压气机的压气过程

叶轮式压气机主要有离心式压气机和轴流式压气机两种形式，它们共同的特点是工作连续（气体不断流进压气机，在压气机中不断压缩，压缩完毕的气体又不断流出压气机），而且压缩过程都很接近于绝热压缩过程（大量气体很快流过压气机，平均每千克气体在短暂的压缩过程中散发的热量极少，可以忽略不计）。所以，叶轮式压气机中的压气过程都是绝热压缩流动过程，在作热力学分析时并没有什么不同。

离心式压气机（图 10-8）工作时，气流沿轴向进入压气机，高速旋转的叶轮使气体靠离心力的作用加速，然后在扩压管中降低速度提高压力。还可以将第一级排出的压缩气体引到第二级、第三级中继续压缩。

轴流式压气机（图 10-9）主要由装有工作叶片的转子和固定在机壳上的导向叶片组成。气体进入压气机后沿轴向在一环隔一环的工作叶片和导向叶片中提速、升压，直至达到所需的压力。工作叶片及叶片之间的通道起着使气流加速并升压的作用，导向叶片之间的通道则起着引导气流方向及扩压的作用。

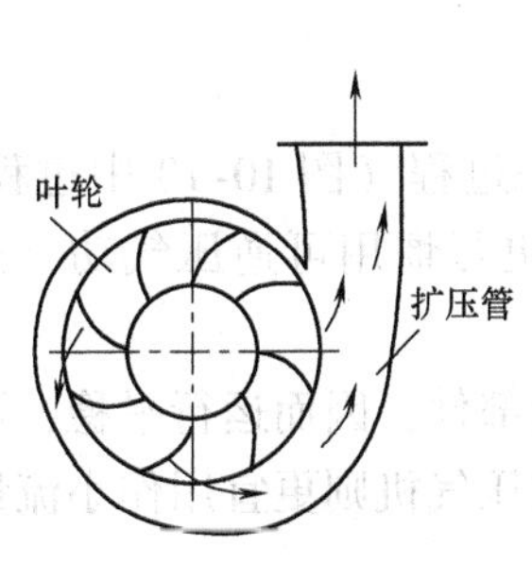

图 10-8　离心式压气机

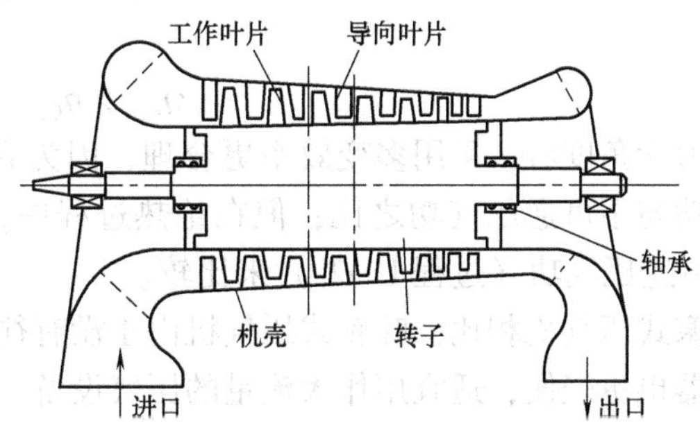

图 10-9　轴流式压气机

无论是离心式的还是轴流式的压气机，气流通过它们的时间都很短，虽然气体在压缩过程中会升温，机壳发热后也会散热，但平均到每千克气体散失的热量极少，完全可以认为是绝热压缩过程。根据能量方程式，压缩每千克气体所消耗的功为（不计进、出口气流动能

的变化和重力位能的变化）

$$w_{\mathrm{C}}=h_2-h_1 \tag{10-14}$$

如果被压缩的是等比热容理想气体，则

$$w_{\mathrm{C}}=c_{p0}\ (T_2-T_1) \tag{10-15}$$

如果压缩过程是可逆的（即等熵压缩），则压气机消耗的功又可按下式计算

$$w_{\mathrm{C},s}=\frac{\kappa}{\kappa-1}p_1v_1\left(\pi^{\frac{\kappa-1}{\kappa}}-1\right) \tag{10-16}$$

对等比热容理想气体的等熵压缩过程，则得

$$w_{\mathrm{C},s}=\frac{\gamma_0}{\gamma_0-1}R_{\mathrm{g}}T_1\left(\pi^{\frac{\gamma_0-1}{\gamma_0}}-1\right) \tag{10-17}$$

叶轮式压气机的效率一般采用绝热效率［参见式（10-11）］如果认为叶轮式压气机中实际进行的不可逆绝热压缩过程接近一多变过程（图10-10，多变指数 $n>\gamma_0$），则实际压缩功为

$$w_{\mathrm{C}}=\frac{\gamma_0}{\gamma_0-1}R_{\mathrm{g}}T_1\left(\pi^{\frac{n-1}{n}}-1\right) \tag{10-18}$$

这时压气机的绝热效率为

$$\eta_{\mathrm{C},s}=\frac{\dfrac{\gamma_0}{\gamma_0-1}R_{\mathrm{g}}T_1\left(\pi^{\frac{\gamma_0-1}{\gamma_0}}-1\right)}{\dfrac{\gamma_0}{\gamma_0-1}R_{\mathrm{g}}T_1\left(\pi^{\frac{n-1}{n}}-1\right)}=\frac{\pi^{\frac{\gamma_0-1}{\gamma_0}}-1}{\pi^{\frac{n-1}{n}}-1} \tag{10-19}$$

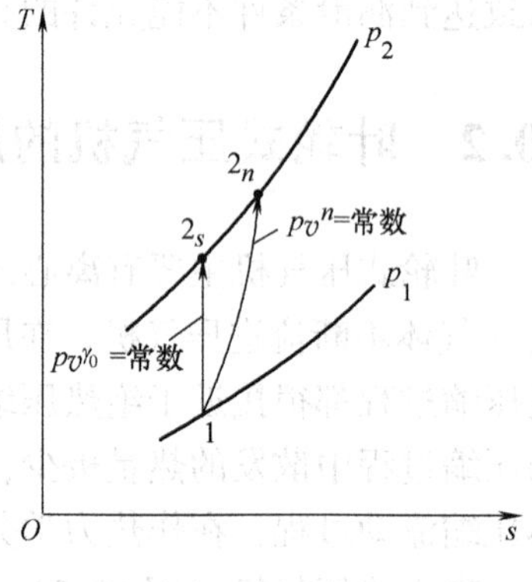

图10-10 温熵图中不可逆绝热压缩过程

有时也采取多变效率，即可逆多变压气功与不可逆绝热（按多变规律变化）压气功之比

$$\eta_{\mathrm{C},n}=\frac{w_{\mathrm{C},n}}{w_{\mathrm{C}}}=\frac{\dfrac{n}{n-1}R_{\mathrm{g}}T_1\left(\pi^{\frac{n-1}{n}}-1\right)}{\dfrac{\gamma_0}{\gamma_0-1}R_{\mathrm{g}}T_1\left(\pi^{\frac{n-1}{n}}-1\right)}=\frac{n(\gamma_0-1)}{\gamma_0(n-1)} \tag{10-20}$$

同样一台压气机，同样的实际压气功，由于与之对比的理论过程不一样，所得效率值也不一样

$$\eta_{\mathrm{C},n}>\eta_{\mathrm{C},s} \tag{10-21}$$

从热力学角度看，采用多变效率更合理，因为它是同一过程（图10-10中过程 $1\rightarrow2_n$）可逆压气功与不可逆压气功之比；但在绝热过程中，人们更习惯用可逆压气功（过程 $1\rightarrow2_s$）与不可逆压气功（过程 $1\rightarrow2_n$）来比较。

与活塞式压气机相比，叶轮式压气机由于没有往复运动部件，因而运行平稳，可采用高转速，机器也更轻便，适宜用作大流量的压气设备。活塞式压气机则更宜用作小流量、高压比的压气设备。

例 10-3 一轴流式压气机，增压比为10，流量为5kg/s，进气参数为0.1MPa、25℃。已测得排气温度为356℃。试求该压气机的绝热效率、多变效率和消耗的功率。

解 认为空气在该参数范围内可视为等比热容理想气体，不可逆绝热压缩过程近似遵守 pv^n = 常数的规律。已知对于空气：$\gamma_0=1.400$，$R_{\mathrm{g}}=0.287\ 1\mathrm{kJ/(kg\cdot k)}$

根据多变过程

$$\frac{T_2}{T_1}=\left(\frac{p_2}{p_1}\right)^{\frac{n-1}{n}}=\pi^{\frac{n-1}{n}}$$

取对数

$$\ln\frac{T_2}{T_1}=\frac{n-1}{n}\ln\pi$$

所以多变指数

$$n=\frac{\ln\pi}{\ln\pi-\ln(T_2/T_1)}=\frac{\ln 10}{\ln 10-\ln[(356+273.15)/(25+273.15)]}=1.480$$

该压气机的绝热效率［式（5-64）］为

$$\eta_{C,s}=\frac{\pi^{\frac{\gamma_0-1}{\gamma_0}}-1}{\pi^{\frac{n-1}{n}}-1}=\frac{10^{\frac{1.4-1}{1.4}}-1}{10^{\frac{1.48-1}{1.48}}-1}=0.8383$$

多变效率［式（10-11）］为

$$\eta_{C,n}=\frac{n(\gamma_0-1)}{\gamma_0(n-1)}=\frac{1.48\times(1.4-1)}{1.4\times(1.48-1)}=0.8810$$

压气机消耗的功率为［参见式（10-18）］

$$\begin{aligned}P_C&=w_C q_m=\frac{\gamma_0}{\gamma_0-1}R_g T_1\left(\pi^{\frac{n}{n-1}}-1\right)q_m\\&=\frac{1.4}{1.4-1}\times 0.2871\times 298.15\times\left(10^{\frac{1.48}{1.48-1}}-1\right)\times 5\text{kW}\\&=1663.1\text{kW}\end{aligned}$$

10.3　引射器的工作过程

为达到提升气体压力的目的，除了利用压气机外，还可以利用如图 10-11 所示的引射器。引射器的工作原理是：具有较高压力（p_1）的流体进入喷管降压加速，带动具有较低压力（p_2）的流体在混合室中混合，达到一中等流速（前者减速、后者加速），然后混合流体进入扩压管提高压力（p_3）后流出引射器。引射器的作用是使低压流体升压（从 p_2 升到 p_3），当然，这是以高压流体降压（从 p_1 降到 p_3）为代价的。在一些特定场合，引射器有其应用价值。例如，为要保持某容器一定的真空度需要不断抽气时，可用高压流体（比如说发电厂中有现成的高压蒸汽可以利用）通过引射器不断抽气，并与抽出的气体一并排出。又如，有高压蒸汽和低压蒸汽，但需用中压蒸汽，这时可通过引射器，利用高压蒸汽提高低压蒸汽的压力，共同达到中压后使用，这样比通过节流使高压蒸汽降至中压使用要经济。

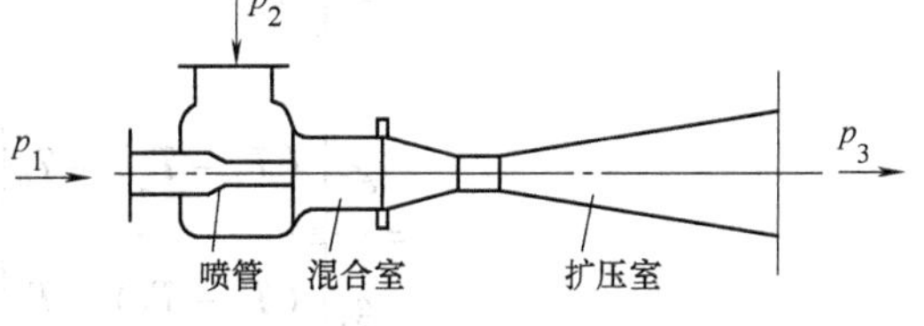

图 10-11　引射器

引射器进行的热力过程，从内部看，有膨胀、有压缩、有混合，压力和流速的变化比较显著，但从混合前的状态（状态 1、状态 2）和混合后的状态（状态 3）来看，对外界它仍是无技术功的绝热过程，和讨论的流动混合过程是同样的。因此

$$q_{m3}h_3 = q_{m1}h_1 + q_{m2}h_2$$

或写为

$$h_3 = \frac{q_{m1}}{q_{m3}}h_1 + \frac{q_{m2}}{q_{m3}}h_2 = g_1h_1 + g_2h_2 \tag{10-22}$$

式中，g_1、g_2 为质量流量的百分率。

如果高压和低压两股流体为同一种等比热容理想气体（比如说空气），则式（10-22）可写为

$$c_{p0}T_3 = g_1C_{p0}T_1 + g_2c_{p0}T_2$$

即

$$T_3 = g_1T_1 + g_2T_2 \tag{10-23}$$

这时，从引射器每流出 1kg 气体，不可逆因素造成的熵产（等于混合前后的熵增）

$$\begin{aligned} s_g &= s_3 - (g_1s_1 + g_2s_2) = (c_{p0}\ln T_3 - R_g\ln p_3 + C_2) \\ &\quad - g_1(c_{p0}\ln T_1 - R_g\ln p_1 + C_2) - g_2(c_{p0}\ln T_2 - R_g\ln p_2 + C_2) \\ &= c_{p0}\ln\frac{T_3}{T_1^{g_1}T_2^{g_2}} - R_g\ln\frac{p_3}{p_1^{g_1}\cdot p_2^{g_2}} \end{aligned} \tag{10-24}$$

引射器的效率可以有多种定义。作者认为，从热力学角度来看，对引射器采用如下的效率表示其工作性能比较合理，即

$$\begin{aligned} \eta_{ex} &= \frac{\text{收获}}{\text{消耗}} = \frac{\text{低压流体流经引射器后}\text{㶲}\text{的增加}}{\text{高压流体流经引射器后}\text{㶲}\text{的减少}} \\ &= \frac{g_2[(h''_3 - h_2) - T_0(s''_3 - s_2)]}{g_1[(h_1 - h'_3) - T_0(s_1 - s'_3)]} \end{aligned} \tag{10-25}$$

式中，h'_3、h''_3和 s'_3、s''_3分别为流体 1 和流体 2 在 T_3、p_3 下的比焓和比熵（不考虑异种流体掺混的影响）。

如果高压和低压两股流体为同一种等比热容理想气体，则式（10-25）可简化为

$$\begin{aligned} \eta_{ex} &= \frac{g_2\left[c_{p0}(T_3 - T_2) - T_0\left(c_{p0}\ln\dfrac{T_3}{T_2} - R_g\ln\dfrac{p_3}{p_2}\right)\right]}{g_1\left[c_{p0}(T_1 - T_3) - T_0\left(c_{p0}\ln\dfrac{T_1}{T_3} - R_g\ln\dfrac{p_1}{p_3}\right)\right]} \\ &= \frac{g_2\left[(T_3 - T_2) - T_0\left(\ln\dfrac{T_3}{T_2} - \dfrac{\gamma_0 - 1}{\gamma_0}\ln\dfrac{p_3}{p_2}\right)\right]}{g_1\left[(T_1 - T_3) - T_0\left(\ln\dfrac{T_1}{T_3} - \dfrac{\gamma_0 - 1}{\gamma_0}\ln\dfrac{p_1}{p_3}\right)\right]} \\ &= \frac{g_2}{g_1}\cdot\frac{(T_3 - T_2) - T_0\ln\left[\dfrac{T_3}{T_2}\Big/\left(\dfrac{p_3}{p_2}\right)^{\frac{\gamma_0 - 1}{\gamma_0}}\right]}{(T_1 - T_3) - T_0\ln\left[\dfrac{T_1}{T_3}\Big/\left(\dfrac{p_1}{p_3}\right)^{\frac{\gamma_0 - 1}{\gamma_0}}\right]} \end{aligned} \tag{10-26}$$

由于引射器掺混过程中的不可逆损失很大，引射器的效率一般都很低，但引射器结构简单，而且没有运动部件，工作可靠，故仍具有一定的实用价值。

例 10-4 用压缩空气通过引射器来抽空气，以维持某容器的真空度，抽出的气体排向大气。已测得压缩空气的参数为 $p_1=0.5\text{MPa}$、$t_1=20℃$，$q_{m1}=0.15\text{kg/s}$；真空容器的参数为 $p_2=0.025\text{MPa}$、$t_2=20℃$，被抽走气体的流量 $q_{m2}=0.022\text{kg/s}$；大气参数为 $p_0=0.1\text{MPa}$、$t_0=20℃$。试求引射器排出气体的温度、引射过程的㶲损及引射器㶲效率。

解 空气按等比热容理想气体处理

$$c_{p0}=1.005\text{kJ/(kg·K)},\ R_g=0.287\ 1\text{kJ/(kg·K)},\ \gamma_0=1.400$$

压缩空气的质量流量百分率为

$$g_1=\frac{q_{m1}}{q_{m1}+q_{m2}}=\frac{0.15}{0.15+0.022}=0.8721=87.21\%$$

被抽走空气的质量流量百分率为

$$g_2=1-g_1=1-0.872\ 1=0.127\ 9=12.79\%$$

引射器出口温度［式（10-23）］

$$T_3=g_1T_1+g_2T_2=(0.872\ 1\times293.15+0.127\ 9\times293.15)\ \text{K}=293.15\text{K}\ (20℃)$$

从引射器每流出 1kg 空气㶲损为 $e_L=T_0s_g$。考虑到 $T_3=T_2=T_1$，由式（10-24）可得

$$e_L=T_0s_g=T_0\left(-R_g\ln\frac{p_3}{p_1^{g_1}p_2^{g_2}}\right)$$

$$=293.15\left[-0.287\ 1\ln\frac{0.1}{0.5^{0.872\ 1}\times0.025^{0.127\ 9}}\right]\text{kJ/kg}$$

$$=103.21\text{kJ/kg}$$

由于 $T_3=T_2=T_1$，式（10-26）可简化为

$$\eta_{ex}=\frac{g_2}{g_1}\frac{\ln\dfrac{p_3}{p_2}}{\ln\dfrac{p_1}{p_3}}=\frac{0.127\ 9}{0.872\ 1}\frac{\ln\dfrac{0.1}{0.025}}{\ln\dfrac{0.5}{0.1}}=0.126\ 3=12.63\%$$

由计算结果可见，引射器的不可逆损失的确很大，效率的确很低。

本章要求重点与讨论

1）了解活塞式和叶轮式压气机的压气过程以及压缩耗功计算，明确等温、等熵、多变三种压缩过程的优劣。

2）了解带有中冷器的多级活塞式压气机的压气过程及中间最佳压比的计算方法。

3）了解压气机等温、等熵、多变三种效率的不同含义与计算。

本章的知识结构框图如图 10-12 所示。

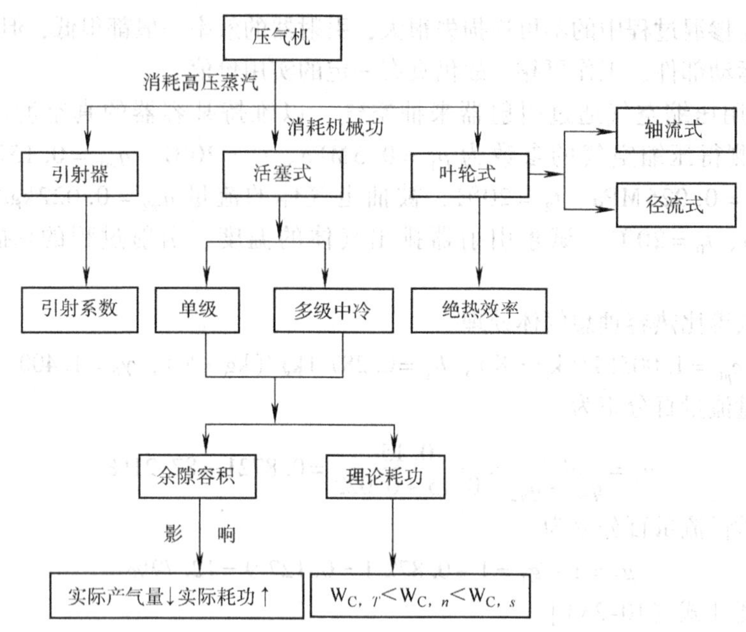

图 10-12 知识结构框图

思 考 题

1. 如果工质是理想气体，试将图 10-10 所示的等熵压缩过程（$1\to2_s$）和不可逆绝热压缩过程（$1\to2_n$）的压气机耗功用该图中的相应面积表示出来。

2. 活塞式压气机与叶轮式压气机有何区别？

习 题

10-1 有两台单级活塞式压气机，每台每小时均能生产压力为 0.6MPa 的压缩空气 2 500kg。进气参数都是 0.1MPa、20℃。其中一台用水套冷却气缸，压缩过程的多变指数 $n=1.3$；另一台没有水套冷却，压缩过程的指数 $n=\gamma_0=1.4$。试求两台压气机理论上消耗的功率各为多少？如果能做到等温压缩，则理论上消耗的功率将是多少？

10-2 单级活塞式压气机，余隙比为 0.06，空气进入气缸时的温度为 32℃，压力为 0.1MPa，压缩过程的多变指数为 1.25。试求压缩气体能达到的极限压力（图 10-4 中 $p_{2''}$）及达到该压力时的温度。当压气机的出口压力分别为 0.5MPa 和 1MPa 时，其容积效率及压缩终了时气体的温度各为多少？如果将余隙比降为 0.03，则上面所要求计算的各项将是多少？将计算结果列成表格，以便对照比较。

10-3 离心式压气机，流量为 3.5kg/s，进口压力为 0.1MPa、温度为 20℃，出口压力为 0.3MPa。试求压气机消耗的理论功率和实际功率。已知压气机的绝热效率。

$$\eta_{C,s}=\frac{w_{C,s}}{w_C}=0.85$$

10-4　接上题。如果认为压缩过程遵守多变过程的规律，试确定多变指数和压气机多变效率。

10-5　某轴流式压气机运行时，已测得入口空气参数为 $p_1=0.1\text{MPa}$、$t_1=20℃$，排气参数为 $p_2=1.2\text{MPa}$、$t_1=375℃$，消耗功率 1 850kW。试计算该压气机的绝热效率、流量及㶲损（kW）。

*10-6　对有摩擦的绝热气流，斯多陀拉（Stodola）假定功损（或热产）与比焓降成正比，并称之为能量损失系数（$\xi=\frac{\delta q_g}{-dh}=$常数）。试证明它与多变指数之间的关系为：$\xi=\frac{\gamma_0-n}{\gamma_0(n-1)}$或 $n=\frac{\gamma_0(\xi+1)}{\gamma_0\xi+1}$。

第11章 气体动力循环

【提要】 本章简要说明了分析计算动力循环的任务和目的，着重阐述了活塞式内燃机循环和燃气轮机装置循环，分析了影响这些循环热效率的因素及提高循环热效率的途径，本章对喷气发动机循环和活塞式热气发动机循环也作了扼要介绍。

11.1 概述

1. 热机中的能量转换

常规的热力发动机或热能动力装置（简称热机），都以消耗燃料为代价以输出机械功为目的。这种能量转换是通过两步实现的：首先，化石燃料（煤、燃油、天然气等）中的化学能通过燃烧放出反应热而变成工质的热能；然后，再通过工质的状态变化（热力过程）使热能转变为机械能。在热机中膨胀做功的工质可以是燃烧产物本身（如内燃式热机），也可以由燃烧产物将热能传给另一种物质（水蒸气），而以后者作为工质（如外燃式热机）。工质在热机中不断完成热力循环，并使热能连续转变为机械能。

2. 分析计算动力循环的任务和目的

由于热机所采用的工质以及工质所经历的热力循环不同，各种热机不仅在结构上，而且在工作性能上都存在着差别。从热力学的角度来分析热机，主要任务和目的是针对热机中进行的热力循环，计算其热效率，分析影响循环热效率的各种因素，指出提高热效率的途径。

3. 实际动力循环和理论循环的意义

虽然实际的热力循环是多样的、不可逆的，而且有时还是相当复杂的，但通常总可以近似地用一系列简单的、典型的、可逆的过程来代替，这些过程相互衔接，形成一个封闭的理论循环。对这样的理论循环就可以比较方便地进行热力学分析和计算了。理论循环和实际循环当然有一定的差别，但是只要这种从实际到理论的抽象、概括和简化是合理的、接近实际的，则对理论循环的分析和计算结果不仅具有一般的理论指导意义，而且也会具有一定的精确性，必要时可作进一步修正，以提高其精确度。另外，对某种理论循环进行计算可以给出这类循环理论上能达到的最佳效果，这就为改进实际循环、减少不可逆损失树立了一个可以与之相比较的标准。所以，对理论循环的分析和计算无论在理论上或是在实用上都是有价值的。本章（气体动力循环）、第十二章（蒸汽动力循环）以及第十三章（制冷循环）将主要讨论各种理论循环。

11.2 活塞式内燃机的混合加热循环

活塞式内燃机（包括煤气机、汽油机、柴油机等）自问世以来，以其结构（工质的膨胀和压缩以及燃料的燃烧等过程均在同一个带活塞的气缸中进行）紧凑、体积小、重量轻、起动快和热效率较高等优点而得到广泛的应用，是目前各种交通工具最主要的动力装置。

11.2.1 实际循环及其简化

实际活塞式内燃机的动力循环相当复杂，为了便于分析计算则需要进行一些必要的简化和假设，以获得有关气体动力循环最本质的结论。

在活塞式内燃机的气缸中，气体工质的压力和体积的变化情况可以通过一种叫做“示功器”的仪器记录下来。现以典型的四冲程柴油机为例，介绍四冲程柴油机的实际循环与简化模型。

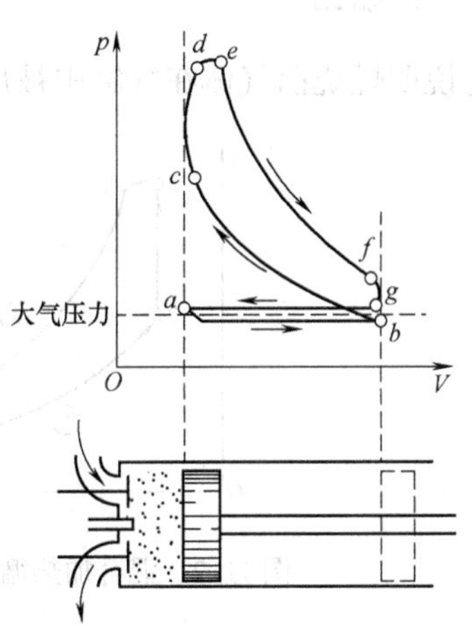

图 11-1　四冲程柴油机实际循环示功图

四冲程柴油机实际循环示功图如图 11-1 所示。当活塞从最左端（即所谓上止点）向右移动时，进气阀门开放，空气被吸进气缸。这时气缸中空气的压力由于进气管道和进气阀门的阻力而稍低于外界大气压力（$a\to b$）。然后活塞从最右端（即所谓下止点）向左移动，这时进气阀门和排气阀门都关闭着，空气被压缩，这一过程接近于绝热压缩过程，温度和压力同时升高（$b\to c$）。当活塞即将达到上止点时，由喷油器向气缸中喷柴油，柴油遇到高温的压缩空气立即迅速燃烧，温度和压力在极短的一瞬间急剧上升，以致活塞在上止点附近移动极微，因此这一过程接近于等容燃烧过程（$c\to d$）。接着活塞开始向右移动，燃烧继续进行，直到喷进气缸内的燃料烧完为止，这时气缸中的压力变化不大，接近于等压燃烧过程（$d\to e$）。此后，活塞继续向右移动，燃烧后的气体膨胀做功，这一过程接近于绝热膨胀过程（$e\to f$）。当活塞接近下止点时，排气阀门开放，气缸中的气体冲出气缸，压力突然下降，而活塞还几乎停留在下止点附近，接近于等容排气过程（$f\to g$）。最后，活塞由下止点向左移动，将剩余在气缸中的废气排出，这时气缸中气体的压力由于排气阀门和排气管道的阻力而略高于大气压力（$g\to a$）。当活塞第二次回到上止点时（活塞往返共四次），便完成了一个循环。此后，便是循环的不断重复。

如上所述，内燃机的工作循环是开式的（工质与大气连通），工质的成分也是有变化的——进入内燃机气缸的是新鲜空气，而从气缸中排出的是废气（燃烧产物）。但是，由于废气和空气的成分相差并不悬殊（其中 80% 左右均为不参加燃烧的氮），因此在作理论分析时可以近似地假定气缸中工质的成分不变，而将气缸内部的燃烧过程看做从气缸外部向工质加热的过程，并将等容排气过程看做等容冷却（降压）过程。另外，进气过程和等压排气过程都是在接近大气压力的情况下进行的，可以近似地假定图 11-1 中的 $a\to b$ 和 $g\to a$ 与大气压力线重合，进气过程得到的功和排气过程需要的功互相抵消。因此，可以认为工作循环既不进气也不排气，而是由封闭在活塞气缸中的一定量的气体工质不断地完成热力循环。这样，实际上一个工质成分改变的内燃的开式循环已经变换成了一个工质成分不变的外燃的闭式循环。

再将绝热压缩过程 $b\to c$ 理想化为等熵压缩过程 $1\to 2$（图 11-2），将等容燃烧过程 $c\to d$ 理想化为等容加热过程 $2\to 3$，将等压燃烧过程 $d\to e$ 理想化为等压加热过程 $3\to 4$，将绝热膨胀过程 $e\to f$ 理想化为等熵膨胀过程 $4\to 5$，将等容排气（降压）过程 $f\to g$ 理想化为等容冷却

(降压) 过程 5→1。这样就得到了图 11-2 所示的活塞式内燃机的理想循环 123451。

11.2.2 活塞式内燃机理论混合加热循环分析

1. 特性参数

图 11-2 和图 11-3 中，循环 123451 称为混合加热循环。其特性可以用下述三个特性参数来说明

压缩比
$$\varepsilon=\frac{v_1}{v_2} \tag{11-1}$$
它说明燃烧前气体在气缸中被压缩的程度，即气体比体积缩小的倍率。

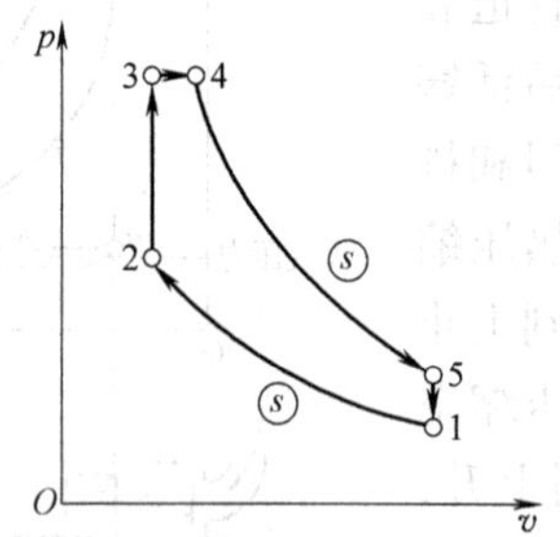

图 11-2 混合加热循环的压容图

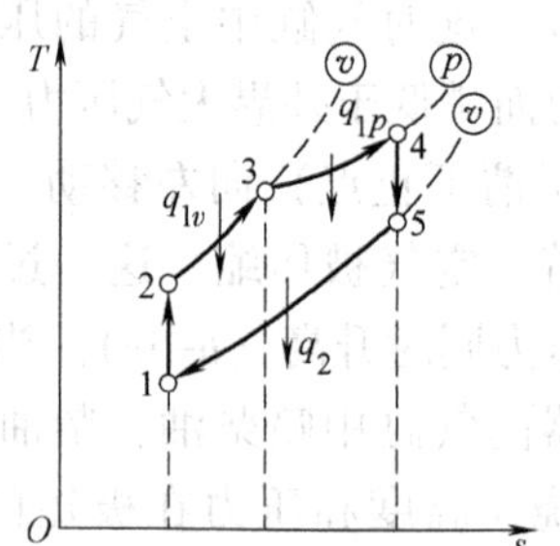

图 11-3 混合加热循环的温熵图

压升比
$$\lambda=\frac{p_3}{p_2} \tag{11-2}$$
它说明等容燃烧时气体压力升高的倍率。

预胀比
$$\rho=\frac{v_4}{v_3} \tag{11-3}$$
它说明等压燃烧时气体比体积增大的倍率。

2. 循环热效率

如果进气状态（状态 1）和压缩比 ε、压升比 λ 以及预胀比 ρ 均已知，那么整个混合加热循环也就确定了。

混合加热循环在温熵图中如图 11-3 所示。它的热效率为
$$\eta_t=1-\frac{q_2}{q_1}=1-\frac{q_2}{q_{1v}+q_{1p}} \tag{a}$$
假定工质是等比热容理想气体，则
$$\left.\begin{aligned}q_2&=c_{V0}\ (T_5-T_1)\\q_{1v}&=c_{V0}\ (T_3-T_2)\\q_{1p}&=c_{p0}\ (T_4-T_3)\end{aligned}\right\} \tag{b}$$
将式 (b) 代入式 (a) 得
$$\eta_t=1-\frac{c_{V0}\ (T_5-T_1)}{c_{V0}\ (T_3-T_2)+c_{p0}\ (T_4-T_3)}=1-\frac{T_5-T_1}{(T_3-T_2)+\gamma_0\ (T_4-T_3)} \tag{c}$$
过程 1→2 是绝热（等熵）过程，因此

$$T_2 = T_1\left(\frac{v_1}{v_2}\right)^{\gamma_0 - 1} = T_1\varepsilon^{\gamma_0 - 1} \tag{d}$$

过程 2→3 是等容过程，因此

$$T_3 = T_2\,\frac{p_3}{p_2} = T_1\varepsilon^{\gamma_0 - 1}\lambda \tag{e}$$

过程 3→4 是等压过程，因此

$$T_4 = T_3\,\frac{v_4}{v_3} = T_1\varepsilon^{\gamma_0 - 1}\lambda\rho \tag{f}$$

过程 4→5 是绝热（等熵）过程，因此

$$T_5 = T_4\left(\frac{v_4}{v_5}\right)^{\gamma_0 - 1} = T_4\left(\frac{v_3\rho}{v_1}\right)^{\gamma_0 - 1} = T_4\left(\frac{v_2\rho}{v_1}\right)^{\gamma_0 - 1} = T_1\varepsilon^{\gamma_0 - 1}\lambda p\left(\frac{p}{\varepsilon}\right)^{\gamma_0 - 1} = T_1\lambda\rho^{\gamma_0} \tag{g}$$

将式（d）~式（g）代入式（c）得

$$\eta_t = 1 - \frac{T_1\lambda\rho^{\gamma_0} - T_1}{(T_1\varepsilon^{\gamma_0 - 1}\lambda - T_1\varepsilon^{\gamma_0 - 1}) + \gamma_0\ (T_1\varepsilon^{\gamma_0 - 1}\lambda\rho - T_1\varepsilon^{\gamma_0 - 1}\lambda)}$$

化简后可得

$$\eta_t = 1 - \frac{1}{\varepsilon^{\gamma_0 - 1}}\,\frac{\lambda\rho^{\gamma_0} - 1}{(\lambda - 1) + \gamma_0\lambda\ (\rho - 1)} \tag{11-4}$$

3. 循环热效率的影响因素及提高循环热效率的途径

从式（11-4）可以看出：如果压升比和预胀比不变，那么提高压缩比可以提高混合加热循环的热效率。这也可以从温熵图中看出。图 11-4 中循环 12′3′4′51 的压缩比高于循环 123451 的，它也具有较高的平均吸热温度（$T'_{m1} > T_{m1}$，平均放热温度相同），因而具有较高的热效率（$\eta'_t > \eta_t$）。图 11-5 中的曲线表示混合加热循环的热效率随压缩比变化的情况。

为了保证气缸中的空气在压缩终了时具有足够高的温度，以便喷油燃烧，同时也为了获得较高的热效率，柴油机的压缩比比较高，　般为 15 ~ 22。

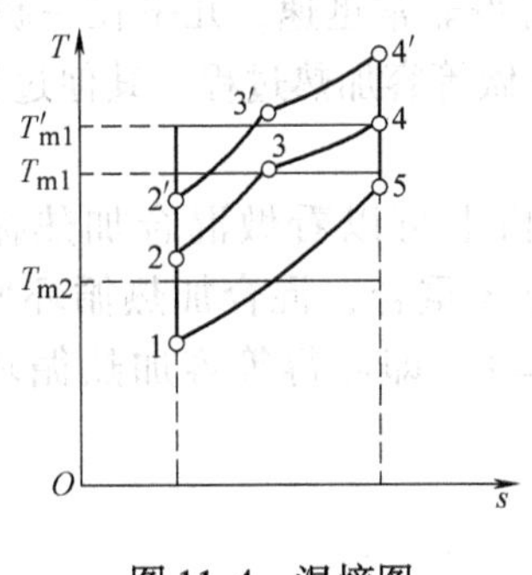

图 11-4　温熵图

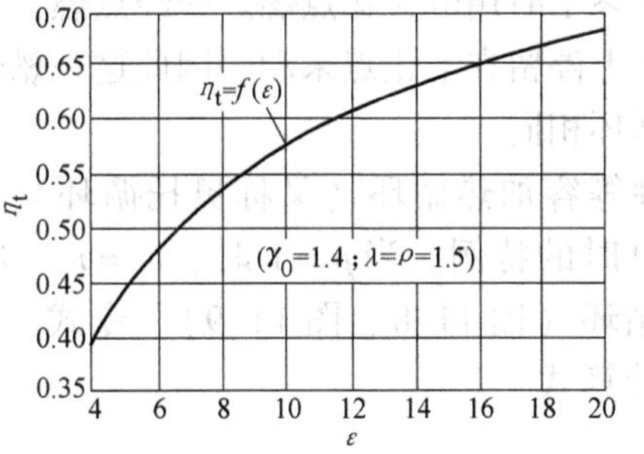

图 11-5　压缩比与循环热效率的关系

压升比和预胀比对混合加热循环热效率的影响如图 11-6 中曲线所示。从图中可以看出：提高压升比，降低预胀比，可以提高混合加热循环的热效率。也可以用温熵图来说明压升比和预胀比对混合加热循环热效率的影响。图 11-7 中循环 123′4′51 比循环 123451 具有较高的压升比（$\lambda' > \lambda$）和较低的预胀比（$\rho' < \rho$）。循环 123451 的热效率为

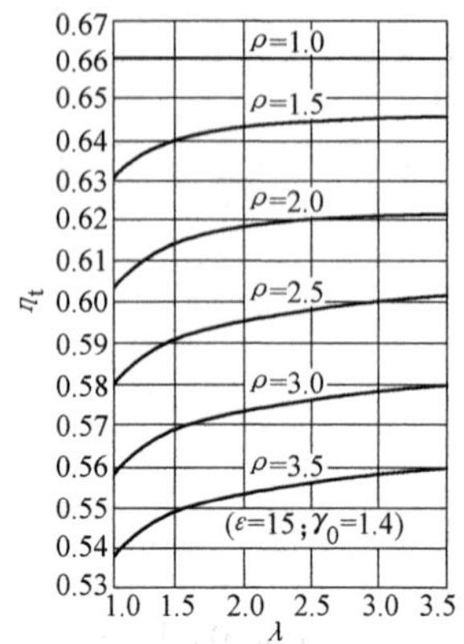

图 11-6 压升比和预胀比对混合加热循环热效率的影响

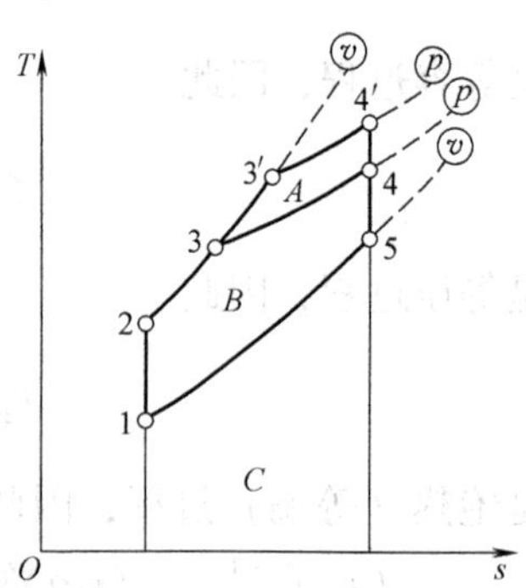

图 11-7 压升比和预胀比变化时的温熵图

$$\eta_t = 1 - \frac{q_2}{q_1} = 1 - \frac{\text{面积}\ C}{\text{面积}\ (B+C)}$$

循环 123′4′51 的热效率为

$$\eta_t' = 1 - \frac{q_2'}{q_1'} = 1 - \frac{\text{面积}\ C}{\text{面积}\ (A+B+C)}$$

显然

$$\eta_t' > \eta_t$$

所以，如果压缩比不变，那么提高压升比并降低预胀比（意即使燃烧过程更多地在等容下进行，更少地在等压下进行），可以提高混合加热循环的热效率。

11.3 活塞式内燃机的等容加热循环和等压加热循环

1. 活塞式内燃机等容加热循环分析

有些活塞式内燃机（如煤气机和汽油机），燃料是预先和空气混合好再进入气缸的，然后在压缩终了时用电火花点燃。一经点燃，燃烧过程进行得非常迅速，几乎在一瞬间完成，活塞基本上停留在上止点未动，因此这一燃烧过程可以看做等容加热过程。其他过程则和混合加热循环相同。

这种等容加热循环（又称奥托循环）在热力学分析上可以看做混合加热循环在预胀比$\rho=1$时的特例。当$\rho=1$时，$v_4=v_3$，状态 4 和状态 3 重合，混合加热循环便成了等容加热循环（图 11-8、图 11-9）。令式（11-4）中$\rho=1$，即可得等容加热循环的理论热效率计算式

$$\eta_{t,v} = 1 - \frac{1}{\varepsilon^{\gamma_0 - 1}} \tag{11-5}$$

从式（11-5）可以看出：提高压缩比可以提高等容加热循环的理论热效率。但是，由于这种点燃式内燃机中被压缩的是燃料和空气的混合物，压缩比过高，使压缩终了的温度和压力太高，容易引起不正常的燃烧（爆燃），不仅会降低热效率，而且会损坏发动机。所以，点燃式内燃机的压缩比都比较低，一般为 5～9，远低于压燃式内燃机（柴油机）的压缩比（13～20）。

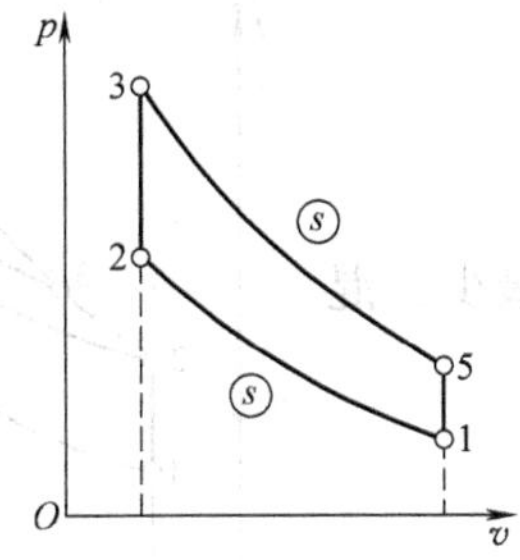

图 11-8 等容加热循环的压容图

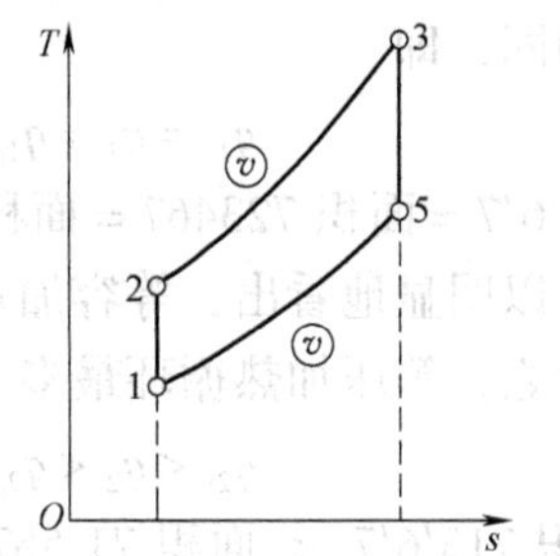

图 11-9 等容加热循环的温熵图

2. 活塞式内燃机等压加热循环分析

另外，有些柴油机的燃烧过程主要在活塞离开上止点的一段行程中进行。这时，一面燃烧，一面膨胀，气缸内气体的压力基本保持不变，相当于等压加热。这种等压加热循环（又称狄赛尔循环）也可以看做混合加热循环的特例。当 $\lambda=1$ 时，$p_3=p_2$，状态 3 和状态 2 重合，混合加热循环便成了等压加热循环（图 11-10、图 11-11）。令式（11-4）中 $\lambda=1$，即可得等压加热循环的理论热效率计算式

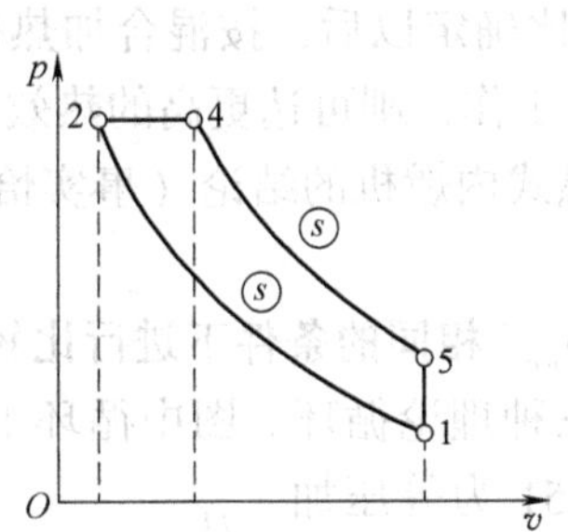

图 11-10 等压加热循环的压容图

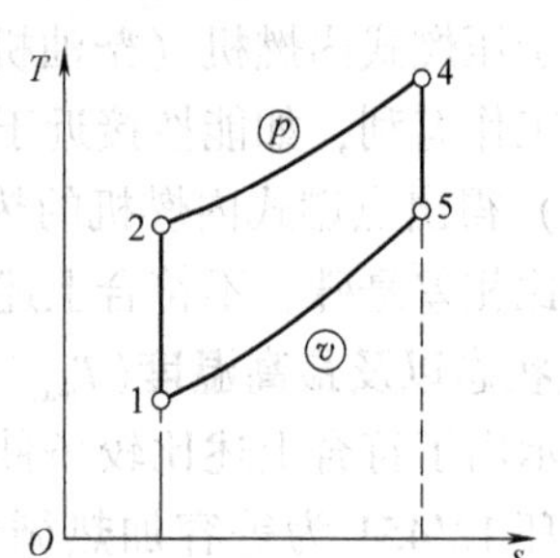

图 11-11 等压加热循环的温熵图

$$\eta_{t,p}=1-\frac{1}{\varepsilon^{\gamma_0-1}}\frac{\rho^{\gamma_0}-1}{\gamma_0(\rho-1)} \tag{11-6}$$

从式（11-6）可以看出：如果预胀比不变，那么提高压缩比可以提高等压加热循环的热效率；如果压缩比不变，那么预胀比的增大（即增加发动机负荷）会引起循环热效率的降低（这是由于 $\gamma_0>1$，当 ρ 增大时 $\rho^{\gamma_0}-1$ 比 $\rho-1$ 增加得快）。从图 11-6 也可以看出：当 $\lambda=1$ 时，η_t 随 ρ 的增加而下降。

11.4 活塞式内燃机各种循环的比较

上面讨论的活塞式内燃机的三种循环，它们的工作条件并不相同，但是为了对它们进行比较，需要给定某些相同的比较条件。只要比较条件选择恰当，还是可以得出某些合理结论的。

1. 在进气状态、压缩比以及吸热量相同的条件下进行比较

图 11-12 示出了符合上述条件的内燃机的三种理论循环。图中循环 123451 为混合加热循环，循环 124′5′1 为等容加热循环，循环 124″5″1 为等压加热循环。按所给的条件，三种

循环吸热量相同，即

$$q_{1v}=q_1=q_{1p}$$

即　面积 724′6′7 = 面积 723467 = 面积 724″6″7

从图中可以明显地看出，等容加热循环放出的热量最少，混合加热循环次之，等压加热循环最多

$$q_{2v}<q_2<q_{2p}$$

即　　面积 715′6′7 < 面积 71 567 < 面积 715″6″7

根据循环热效率的公式$\left(\eta_t=1-\dfrac{q_2}{q_1}\right)$可知

$$\eta_{t,v}>\eta_t>\eta_{t,p} \tag{11-7}$$

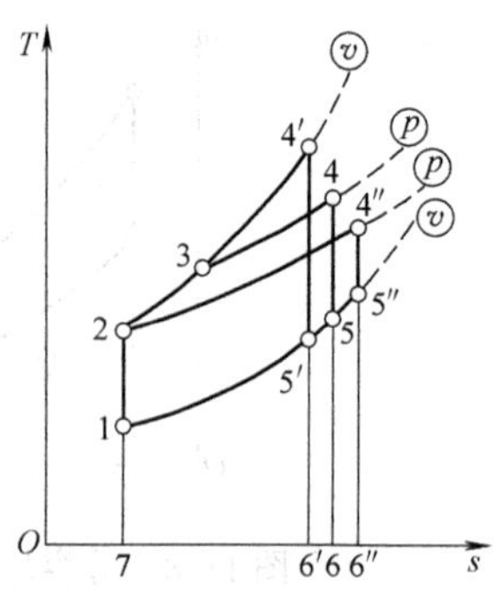

图 11-12　三种循环比较的温熵图（一）

所以，在进气状态、压缩比和吸热量相同的条件下，等容加热循环的热效率最高，混合加热循环次之，等压加热循环最低。这一结论说明了如下两点：

第一，对点燃式内燃机（汽油机、煤气机等），在所用燃料已经确定，压缩比也跟着基本确定的情况下，发动机按等容加热循环工作是最有利的；

第二，对于压燃式内燃机（柴油机等），在压缩比确定以后，按混合加热循环工作比按等压加热循环工作有利，如能按接近于等容加热循环工作，则可达更高的热效率。但是，不能从式（11-7）得出点燃式内燃机的热效率高于压燃式内燃机的结论（事实恰恰相反），因为它们的压缩比相差悬殊，不符合上述比较条件。

2. 在进气状态以及最高温度(T_{max})和最高压力(p_{max})相同的条件下进行比较

图 11-13 示出了符合上述比较条件的内燃机的三种理论循环。图中循环 123451 为混合加热循环，循环 12′451 为等容加热循环，循环 12″451 为等压加热循环。从图中可以看出，三种循环放出的热量相同，即

$$q_{2p}=q_2=q_{2v}=\text{面积 }71567$$

它们吸收的热量则以等压加热循环的最多，混合加热循环的次之，等容加热循环的最少，即

$$q_{1p}>q_1>q_{1v}$$

面积 72″467 > 面积 723467 > 面积 72′467

根据循环热效率的公式$\left(\eta_t=1-\dfrac{q_2}{q_1}\right)$可知

$$\eta_{t,p}>\eta_t>\eta_{t,v} \tag{11-8}$$

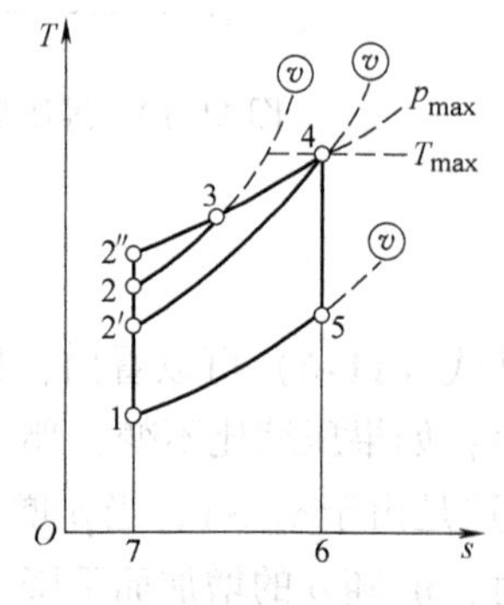

图 11-13　三种循环比较的温熵图（二）

所以，在进气状态以及最高温度和最高压力相同的条件下，等压加热循环的热效率最高，混合加热循环次之，等容加热循环最低。这一结论也说明了两点：

第一，在内燃机的热强度和机械强度受到限制的情况下，为了获得较高的热效率，采用等压加热循环是适宜的。

第二，如果近似地认为点燃式内燃机循环和压燃式内燃机循环具有相同的最高温度和最高压力，那么压燃式内燃机具有较高的热效率。实际情况正是这样，由于压缩比较高，柴油机的热效率通常都显著地超过汽油机。

例 11-1　试计算活塞式内燃机等压加热循环各特性点（图 11-10 中状态 1、2、4、5）的温度、压力、比体积，以及单位质量工质的循环功、放出的热量和循环热效率。已知 $p_1=0.1\text{MPa}$，$t_1=50℃$，$\varepsilon=16$、$q_1=1000\text{kJ/kg}$。工质为空气，按等比热容理想气体计算。

解　对空气，查附录 A 表 A-1 得

$$R_g=287.1\text{J/(kg·K)},\ \gamma_0=1.4$$

$$c_{p0}=1.005\text{kJ/(kg·K)},\ c_{V0}=0.718\text{kJ/(kg·K)}$$

状态 1

$$p_1=0.1\text{MPa},\ T_1=323.15\text{K}$$

$$v_1=\frac{R_gT_1}{p_1}=\frac{287.1\times323.15}{0.1\times10^6}\text{m}^3/\text{kg}=0.9278\text{m}^3/\text{kg}$$

状态 2

$$v_2=\frac{v_1}{\varepsilon}=\frac{0.9278}{16}\text{m}^3/\text{kg}=0.05799\text{m}^3/\text{kg}$$

$$p_2=p_1\left(\frac{v_1}{v_2}\right)^{\gamma_0}=p_1\varepsilon^{\gamma_0}=0.1\times16^{1.4}\text{MPa}=4.850\text{MPa}$$

$$T_2=\frac{p_2v_2}{R_g}=\frac{4.850\times10^6\times0.05799}{287.1}\text{K}=979.6\text{K}$$

状态 4

$$p_4=p_2=4.850\text{MPa}$$

$$T_4=T_2+\frac{q_1}{c_{p0}}=\left(979.6+\frac{1000}{1.005}\right)\text{K}=1974.6\text{K}$$

$$v_4=v_2\frac{T_4}{T_2}=0.05799\times\frac{1974.6}{979.6}\text{m}^3/\text{kg}=0.1169\text{m}^3/\text{kg}$$

状态 5

$$v_5=v_1=0.9278\text{m}^3/\text{kg}$$

$$p_5=p_4\left(\frac{v_4}{v_5}\right)^{\gamma_0}=4.850\times\left(\frac{0.1169}{0.9278}\right)^{1.4}\text{MPa}=0.2668\text{MPa}$$

$$T_5=\frac{p_5v_5}{R_g}=\frac{0.2668\times10^6\times0.9278}{287.1}\text{K}=862.2\text{K}$$

单位质量工质放出的热量

$$q_2=c_{V0}(T_5-T_1)=0.718\times(862.2-323.15)\text{kJ/kg}=387\text{kJ/kg}$$

单位质量工质的循环功

$$w_0=q_1-q_2=(1000-387)\text{kJ/kg}=613\text{kJ/kg}$$

循环热效率

$$\eta_{t,p}=\frac{w_0}{q_1}=\frac{613}{1000}=0.613$$

或

$$\rho=\frac{v_4}{v_2}=\frac{0.1169}{0.05799}=2.016$$

$$\eta_{t,p}=1-\frac{1}{\varepsilon^{\gamma_0-1}}\frac{\rho^{\gamma_0}-1}{\gamma_0\ (\rho-1)}=1-\frac{1}{16^{1.4-1}}\times\frac{2.016^{1.4}-1}{1.4\times(2.016-1)}=0.613$$

11.5 燃气轮机装置的循环

燃气轮机装置（图 11-14）包括下列三部分主要设备：压气机、燃烧室、燃气轮机。压气机都采用叶轮式的。关于叶轮式压气机已在第 10 章中作了介绍。这里简单介绍一下燃气轮机。

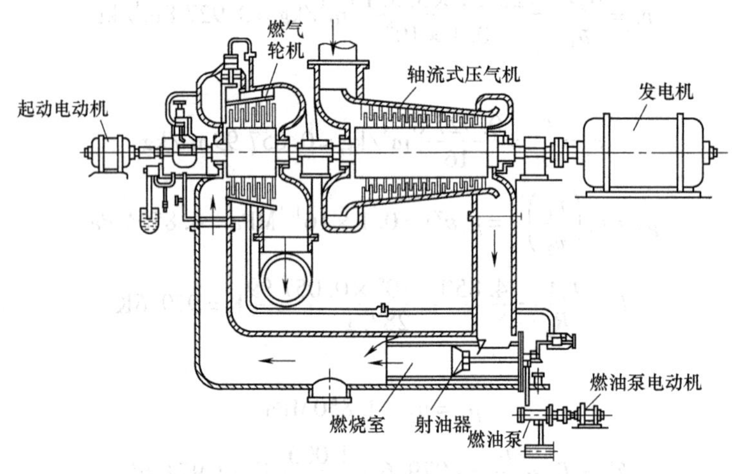

图 11-14 燃气轮机装置

1. 燃气轮机简介

燃气轮机主要由装有动叶片的转子和固定在机壳上的静叶片（叶片间的通道构成喷管）组成。燃气进入燃气轮机后，沿轴向在一环环静叶片构成的喷管中降压、加速，并通过紧接每一环静叶片后面的动叶片推动转子旋转对外做功。

燃气在燃气轮机中的膨胀过程可以认为是绝热的，因为燃气很快通过燃气轮机，散失到周围空气中的热量很少（图 11-15）。另外，燃气轮机进口和出口气流的动能都不大，它们的差值更可略去不计$[(c_2^2-c_1^2)/2\approx0]$；气流重力位能的变化也可以忽略 $[g\ (z_2-z_1)\approx0]$。因此，根据能量方程式可得出燃气轮机所做的功等于燃气的焓降，有

$$w_T=h_1-h_2 \tag{11-9}$$

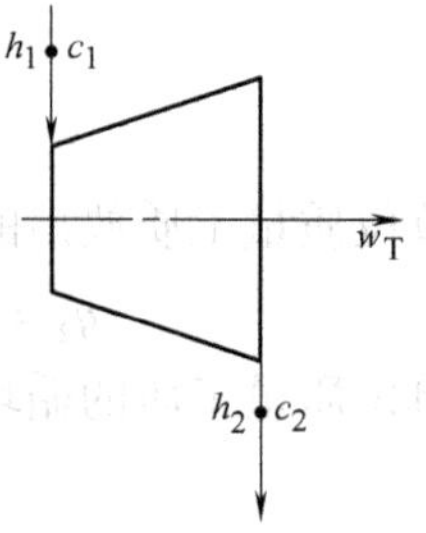

图 11-15 燃气轮机膨胀做功示意图

如果将燃气看做等比热容理想气体，则

$$w_T=c_{p0}\ (T_1-T_2) \tag{11-10}$$

如果膨胀过程是可逆的等熵过程，则

$$w_{T,s}=\frac{\kappa}{\kappa-1}p_1v_1\left[1-\left(\frac{p_2}{p_1}\right)^{\frac{\kappa-1}{\kappa}}\right] \tag{11-11}$$

对等比热容理想气体的等熵过程，则

$$w_{\mathrm{T},s}=\frac{\gamma_0}{\gamma_0-1}R_{\mathrm{g}}T_1\left[1-\left(\frac{p_2}{p_1}\right)^{\frac{\gamma_0-1}{\gamma_0}}\right] \tag{11-12}$$

2. 燃气轮机装置的简单等压加热循环

图 11-16 所示为最简单的按等压加热循环（也叫勃雷顿循环）工作的燃气轮机装置的示意图。空气从大气进入压气机，在压气机中绝热压缩（图 11-17 和图 11-18 中过程 1→2）；然后压缩空气进入燃烧室，与同时喷入燃烧室的燃料混合后在等压的情况下燃烧（过程 2→3）；燃烧生成的燃气进入燃气轮机中进行绝热膨胀（过程 3→4）；膨胀后的燃气（废气）排向大气。从燃气轮机排出的废气压力 p_4 和进入压气机的空气压力 p_1 都接近于大气压力，只是温度不同（$T_4>T_1$）。从状态 4 到状态 1 相当于一个等压冷却过程（过程 4→1）[⊖]。这样便完成了一个循环（循环 12341）。这一循环便是燃气轮机装置的简单等压加热循环。

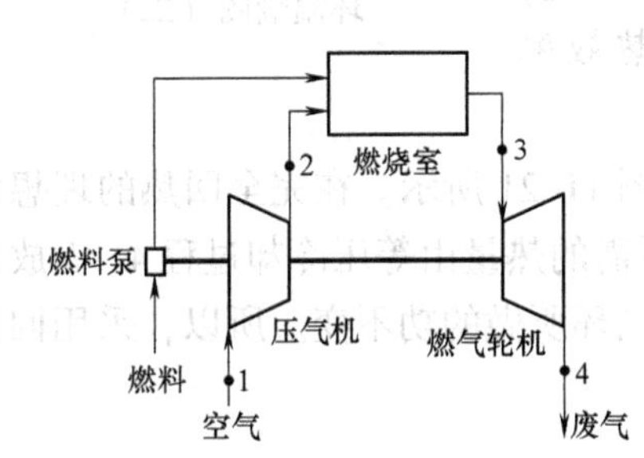

图 11-16　简单的燃气轮机装置

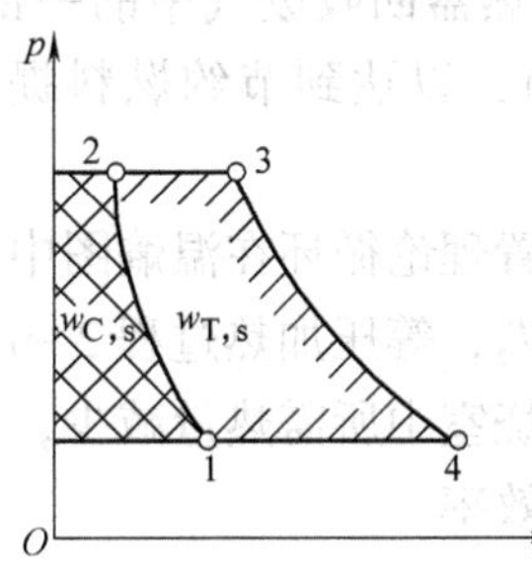

图 11-17　燃气轮机装置循环压容图

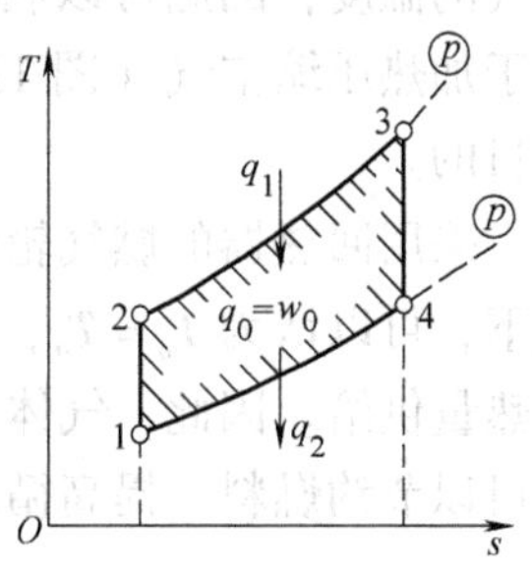

图 11-18　燃气轮机装置循环温熵图（一）

等压加热循环的特性可由增压比 π（$\pi=p_2/p_1$）和升温比 τ（$\tau=T_3/T_1$）来确定。

假定燃气轮机装置中工质的化学成分在整个循环期间保持不变并近似地把它看做等比热容理想气体，那么等压加热循环的理论热效率为

$$\eta_{\mathrm{t},p}=1-\frac{q_2}{q_1}=1-\frac{c_{p0}\ (T_4-T_1)}{c_{p0}\ (T_3-T_2)}=1-\frac{T_4-T_1}{T_3-T_2}$$

其中

$$T_2=T_1\left(\frac{p_2}{p_1}\right)^{\frac{\gamma_0-1}{\gamma_0}}=T_1\pi^{\frac{\gamma_0-1}{\gamma_0}}$$

$$T_3=T_1\tau$$

$$T_4=T_3\left(\frac{p_4}{p_3}\right)^{\frac{\gamma_0-1}{\gamma_0}}=T_3\left(\frac{p_1}{p_2}\right)^{\frac{\gamma_0-1}{\gamma_0}}=T_1\tau\left(\frac{1}{\pi}\right)^{\frac{\gamma_0-1}{\gamma_0}}$$

所以

$$\eta_{\mathrm{t},p}=1-\frac{T_1\tau\left(\frac{1}{\pi}\right)^{\frac{\gamma_0-1}{\gamma_0}}-T_1}{T_1\tau-T_1\pi^{\frac{\gamma_0-1}{\gamma_0}}}$$

⊖ 可以设想这一等压冷却过程是在大气中完成的。

化简后得

$$\eta_{t,p}=1-\frac{1}{\pi^{\frac{\gamma_0-1}{\gamma_0}}} \tag{11-13}$$

从式（11-13）可以看出：按等压加热循环工作的燃气轮机装置的理论热效率仅仅取决于增压比，而和升温比无关，增压比愈高，理论热效率也愈高[⊖]。

从图 11-19 可以看出，加大增压比 π（升温比 τ 不变），可以提高循环的平均吸热温度（$T'_{m1}>T_{m1}$）并降低循环的平均放热温度（$T'_{m2}<T_{m2}$），因此可以提高循环的热效率。

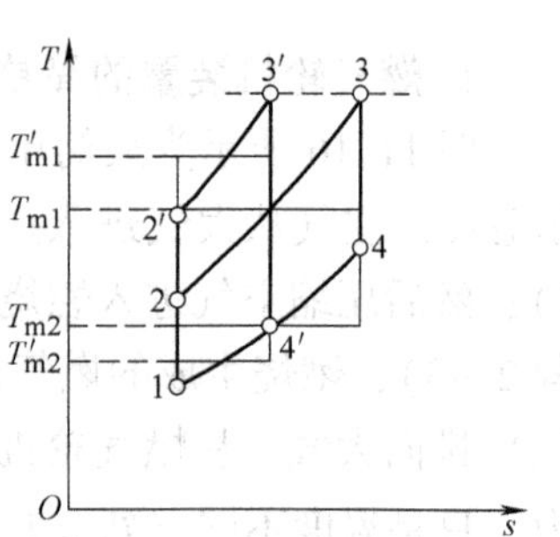

图 11-19　燃气轮机装置循环温熵图（二）

3. 燃气轮机装置的回热等压加热循环

由于燃气轮机排出的废气温度通常都高于压气机出口压缩空气的温度，因此可以利用回热器回收废气中的一部分热能，用于加热压缩空气（图 11-20），以达到节约燃料提高热效率的目的。

采用回热器的燃气轮机装置理论循环在温熵图中如图 11-21 所示。在完全回热的理想情况下，可以认为 $T_a=T_4$，$T_b=T_2$，等压加热过程 $2\to a$ 所需的热量由等压冷却过程 $4\to b$ 放出的热量供给。因此，气体在燃烧室中所需热量减少，而循环所做的功不变。所以，采用回热器可以节约燃料，提高循环热效率。

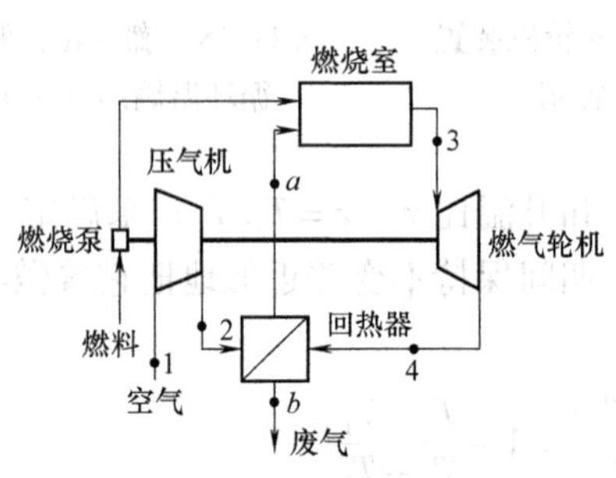

图 11-20　带回热器的燃气轮机装置

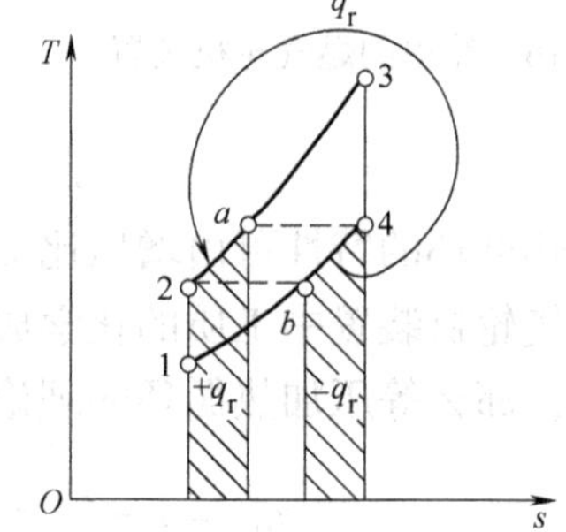

图 11-21　带回热器的燃气轮机循环温熵图

也可以这样来解释回热循环比不回热循环具有更高的热效率：回热循环从外界吸热的过程 $a\to3$ 比不回热循环的吸热过程 $2\to3$ 具有较高的平均吸热温度，而回热循环向外界放热的过程 $b\to1$ 比不回热循环的放热过程 $4\to1$ 具有较低的平均放热温度。因此，回热循环的热效率比不回热循环的热效率高。

理想回热循环的热效率为（认为工质是等比热容理想气体）：

$$\eta_{t,r}=1-\frac{q_2}{q_1}=1-\frac{c_{p0}(T_b-T_1)}{c_{p0}(T_3-T_a)}=1-\frac{T_2-T_1}{T_3-T_4}$$

⊖ 如果考虑到燃气轮机装置中的不可逆损失（主要是压气机和燃气轮机中的不可逆损失），那么循环的实际热效率将不仅和增压比有关，也和升温比有关。在压气机效率、燃气轮机效率以及升温比已经给定的情况下，有一最佳增压比。燃气轮机装置工作在最佳增压比下，将能获得最高热效率。

其中

$$T_2 = T_1 \pi^{\frac{\gamma_0 - 1}{\gamma_0}} \quad T_3 = T_1 \tau \quad T_4 = T_1 \tau \left(\frac{1}{\pi} \right)^{\frac{\gamma_0 - 1}{\gamma_0}}$$

所以

$$\eta_{t,r} = 1 - \frac{T_1 \pi^{\frac{\gamma_0 - 1}{\gamma_0}} - T_1}{T_1 \tau - T_1 \tau \left(\frac{1}{\pi} \right)^{\frac{\gamma_0 - 1}{\gamma_0}}}$$

化简后得

$$\eta_{t,r} = 1 - \frac{\pi^{\frac{\gamma_0 - 1}{\gamma_0}}}{\tau} \tag{11-14}$$

从式（11-14）可以看出：提高升温比 τ 或降低增压比 π 都能提高理想回热循环的热效率。

用温熵图来分析。如果 π 不变（图 11-22），提高 τ（$\tau' > \tau$），可以提高循环的平均吸热温度（$T'_{m1} > T_{m1}$），平均放热温度不变（$T'_{m2} = T_{m2}$），所以能提高回热循环的热效率。

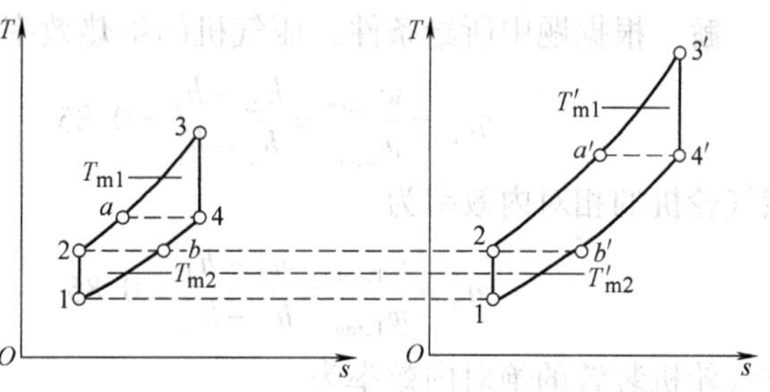

图 11-22　带回热器的燃气轮机循环温熵图（π 不变）

如果 τ 不变（图 11-23），降低 π（$\pi' < \pi$），可以提高循环的平均吸热温度（$T'_{m1} > T_{m1}$），同时降低平均放热温度（$T'_{m2} < T_{m2}$），所以能提高回热循环的热效率。

增压比较大的大型燃气轮机装置，也可以考虑分段压缩、中间冷却和分段膨胀、中间再热，再同时采取回热的措施。图 11-24 画出了这种装置的理论循环（循环 121′2′3′4′341）。在 $\frac{p_2}{p_1} = \frac{p'_2}{p'_1} = \frac{p'_3}{p'_4} = \frac{p_3}{p_4} = \sqrt{\pi}$（为整个循环的增压比）及完全回热（$|q_{2' \to a}| = |q_{4 \to b}|$）的条件下，这一复杂的理论循环相当于两个增压比均为 $\sqrt{\pi}$ 的理想回热循环（循环 12341 和循环 1′2′3′4′1′）。这两个循环的理论热效率相同，而且也就是整个循环的理论热效率［参看式（11-14）］。

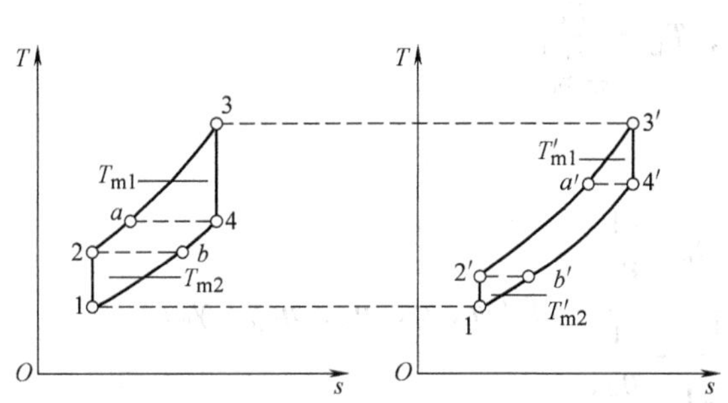

图 11-23　带回热器的燃气轮机温熵图（π 降低）

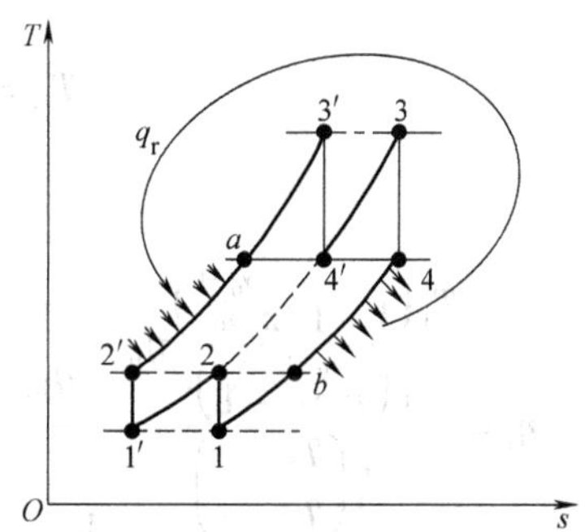

图 11-24　带回热器多级压缩的燃气轮机温熵图

$$\eta'_{t,r}=1-\frac{\sqrt{\pi^{\frac{\gamma_0-1}{\gamma_0}}}}{\tau} \tag{11-15}$$

显然在 π 和 τ 相同的情况下 $\eta'_{t,r}>\eta_{t,r}$。这一结论也可以用采取中间冷却、中间再热和回热措施后，提高了循环的平均吸热温度并降低了循环的平均放热温度来解释。

以上的分析只是理想情况，实际上由于复杂循环不仅增加了设备，也增加了附加的不可逆损失，循环实际效率的提高会打折扣，是否采用复杂循环需要根据具体情况进行技术经济分析和比较后才能作出抉择。

例 11-2 已知某燃气轮机装置中压气机的绝热效率和燃气轮机的相对内效率均为 0.85，升温比为 3.8。试求增压比为 4、6、8、10、12、14、16 时燃气轮机装置的绝对内效率，并画出它随增压比变化的曲线（按等比热容理想气体计算，取 $\gamma_0=1.4$）。

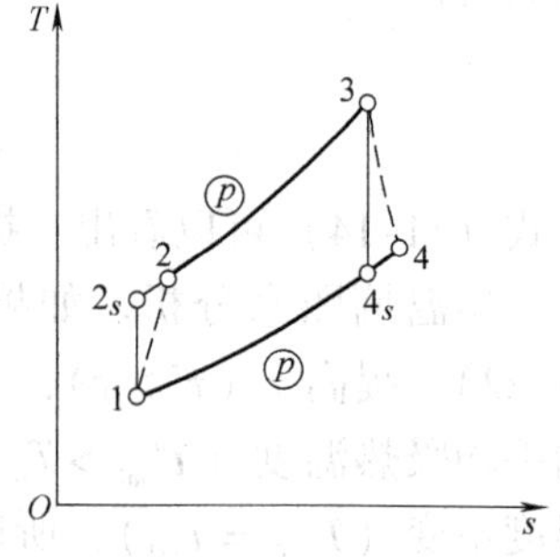

图 11-25 例 11-2 图

解 根据题中所给条件，压气机的绝热效率为（图 11-25）

$$\eta_{C,s}=\frac{w_{C,the}}{w_{C,act}}=\frac{h_{2s}-h_1}{h_2-h_1}=0.85$$

燃气轮机的相对内效率为

$$\eta_{ri}=\frac{w_{T,act}}{w_{T,the}}=\frac{h_3-h_4}{h_3-h_{4s}}=0.85$$

燃气轮机装置的绝对内效率为

$$\eta_i=\frac{w_i}{q_1}=\frac{w_{T,act}-w_{C,act}}{q_1}=\frac{(h_3-h_4)-(h_2-h_1)}{q_1}$$

$$=\frac{(h_3-h_{4s})\eta_{ri}-\dfrac{h_{2s}-h_1}{\eta_{C,s}}}{(h_3-h_1)-\dfrac{h_{2s}-h_1}{\eta_{C,s}}}=\frac{c_{p0}(T_3-T_{4s})\eta_{ri}-\dfrac{c_{p0}(T_{2s}-T_1)}{\eta_{C,s}}}{c_{p0}(T_3-T_1)-\dfrac{c_{p0}(T_{2s}-T_1)}{\eta_{C,s}}}$$

$$=\frac{(T_3-T_{4s})\eta_{ri}-\dfrac{(T_{2s}-T_1)}{\eta_{C,s}}}{(T_3-T_1)-\dfrac{T_{2s}-T_1}{\eta_{C,s}}}=\frac{\dfrac{T_3-T_{4s}}{T_{2s}-T_1}\eta_{ri}-\dfrac{1}{\eta_{C,s}}}{\dfrac{T_3-T_1}{T_{2s}-T_1}-\dfrac{1}{\eta_{C,s}}}$$

其中

$$T_{2s}=T_1\pi^{\frac{\gamma_0-1}{\gamma_0}},\quad T_{4s}=\frac{T_3}{\pi^{\frac{\gamma_0-1}{\gamma_0}}}$$

所以

$$\eta_i=\frac{\dfrac{T_3\left(1-1/\pi^{\frac{\gamma_0-1}{\gamma_0}}\right)}{T_1\left(\pi^{\frac{\gamma_0-1}{\gamma_0}}-1\right)}\eta_{ri}-\dfrac{1}{\eta_{C,s}}}{\dfrac{T_1\left(\dfrac{T_3}{T_1}-1\right)}{T_1\left(\pi^{\frac{\gamma_0-1}{\gamma_0}}-1\right)}-\dfrac{1}{\eta_{C,s}}}=\frac{\dfrac{\tau}{\pi^{\frac{\gamma_0-1}{\gamma_0}}}\eta_{ri}-\dfrac{1}{\eta_{C,s}}}{\dfrac{\tau-1}{\pi^{\frac{\gamma_0-1}{\gamma_0}}-1}-\dfrac{1}{\eta_{C,s}}}=f(\pi,\tau,\eta_{ri},\eta_{C,s},\gamma_0)$$

令 $\eta_{ri}=\eta_{C,s}=0.85$，$\tau=3.8$，$\gamma_0=1.4$，则可计算出燃气轮机装置在不同增压比下的绝对内

效率，见下表。

π	4	6	8	10	12	14	16
η_i	0.217	0.252	0.267	0.271	0.269	0.262	0.251

燃气轮机装置绝对内效率随增压比变化的曲线如图11-26所示。当 $\pi\approx10$ 时，η_i 有最大值。所以，在本题所给的条件下，最佳增压比 $\pi_{opt}\approx10$，最高绝对内效率 $\eta_{i,max}\approx0.271$。

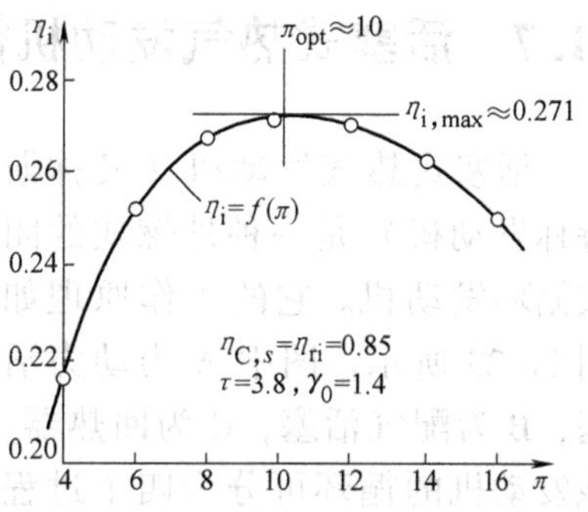

图 11-26　绝对内效率随增压比变化的曲线

11.6　喷气发动机循环简介

燃气轮机装置是利用高温、高压气体在喷管中加速时的作用力推动叶轮做功的。与之相反，喷气发动机的工作特点则是利用高温、高压气体在喷管中加速时的反作用力推动移动装置，如飞机、汽车等。图 11-27 所示为现代喷气式飞机中采用的涡轮喷气发动机的示意图，概括地讲，其理论热力过程是由两次压缩、一次燃烧和两次膨胀构成的，如图 11-28 所示。飞机在飞行时，空气以飞行速度的相对流速进入扩压管，通过它初步提高压力（图 11-28 中过程 1→5），这是第一次压缩，再进入压气机继续压缩（过程 5→2），然后压缩空气进入燃烧室喷油燃烧（定压加热过程 2→3）。从燃烧室出来的高温、高压燃气先在燃气轮机中初步（第一次）膨胀（过程 3→6），所做之功供压气机之用，有

$$w_T = h_3 - h_6 = \text{面积 } d36cd,\quad w_C = h_2 - h_5 = \text{面积 } d25bd$$

$$w_T = w_C$$

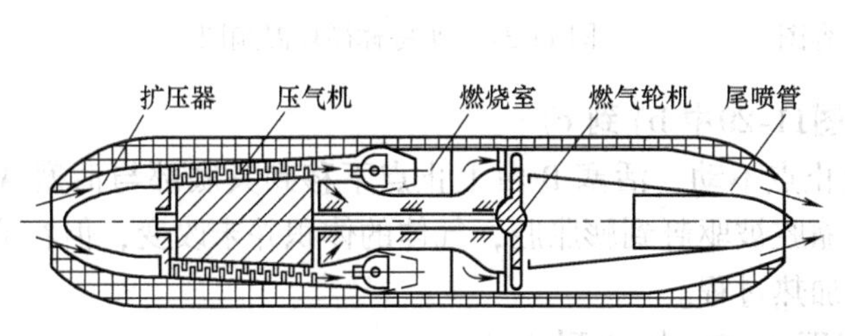

图 11-27　喷气发动机的示意图

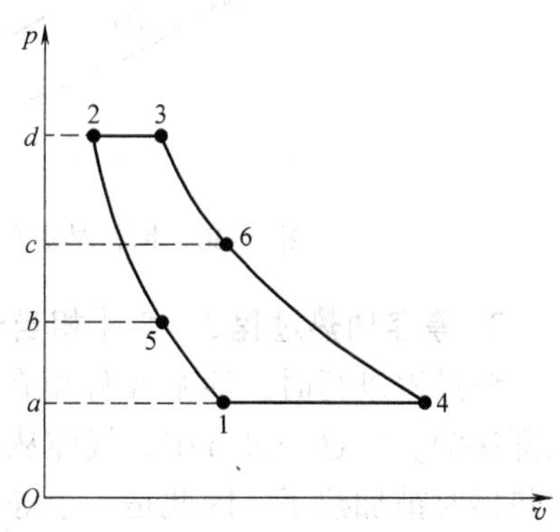

图 11-28　喷气发动机循环压容图

最后，燃气在尾喷管中膨胀（第二次）至环境压力，并以高速喷出，对飞机产生推力。每流过 1kg 气体，在尾喷管中获得的速度能相当于面积 $c64ac$，而扩压管消耗的速度能相当于面积 $b51ab$，二者之差（面积 $c6415bc$）和整个膨胀过程（过程 3→4）与整个压缩过程（过程 1→2）的技术功之差（面积 12 341）相等。在理论上可以将整个发动机的工作过程看做由等熵压缩过程 1→2、等压加热过程 2→3、等熵膨胀过程 3→4 和喷出气体在大气中的等压

冷却过程 4→1 构成的勃雷顿循环。其理论热效率的计算式与式（11-13）相同，即

$$\eta_{t,p}=1-\frac{1}{\pi^{\frac{\gamma_0-1}{\gamma_0}}}\qquad\left(\pi=\frac{p_2}{p_1}=\frac{p_3}{p_4}\right)$$

11.7 活塞式热气发动机循环

活塞式热气发动机（又称斯特林发动机）是一种外燃式的闭式循环发动机。它的工作原理如图 11-29 所示。图中 A 为动力活塞，B 为配气活塞，C 为回热器。该发动机的循环可分为四个过程（图 11-30、图 11-31）。

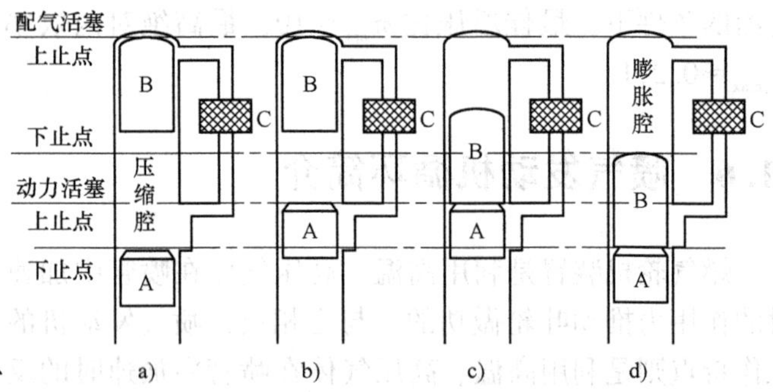

图 11-29 斯特林发动机工作原理

a）等温压缩 b）等容加热 c）等温膨胀 d）等容冷却

1. 等温压缩过程 1→2［相当于图11-29中 a) 到 b)］

该过程进行时，活塞 B 停留在上止点不动，活塞 A 由下止点移向上止点，气体工质在腔内压缩。由于压缩腔壁有冷却水冷却，而压缩过程也进行得比较缓慢，气体被压缩时得到比较充分的冷却，因而可以近似地认为是定温压缩过程。

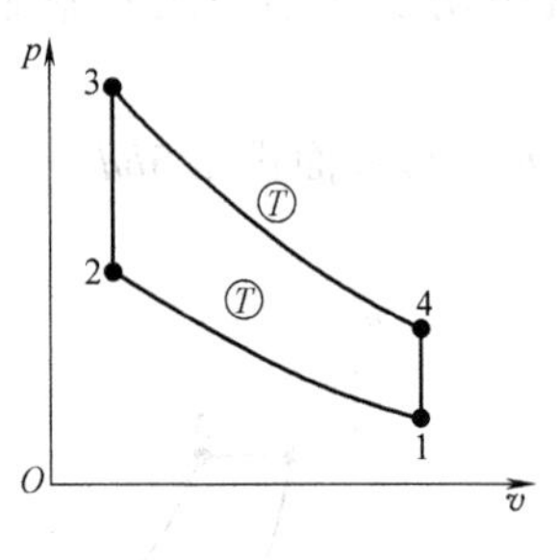

图 11-30 斯特林循环压容图

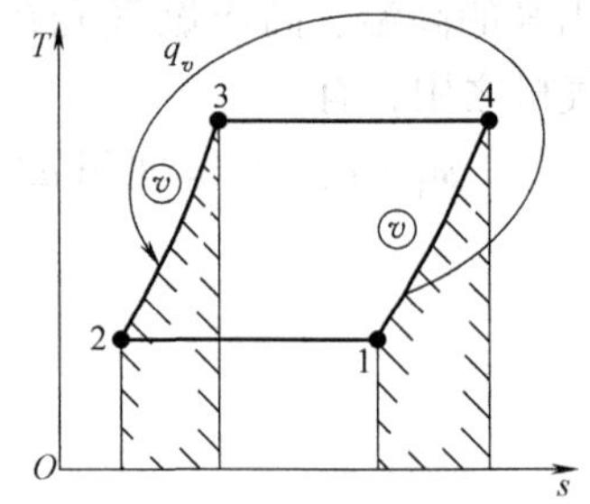

图 11-31 斯特林循环温熵图

2. 等容加热过程 2→3 ［相当于图11-29中 b) 到 c)］

该过程进行时，活塞 A 停留在上止点不动，活塞 B 由上止点下移到其底部与活塞 A 的顶部接触。在这一过程中，气体从压缩腔被驱赶到膨胀腔，气体的体积并未改变，但在流经回热器时被加热了，因此是一个等容加热过程。

3. 等温膨胀过程 3→4 ［相当于图 11-29 中 c) 到 d)］

这时活塞 B 推动活塞 A 下行，并同时达到各自的下止点。这一膨胀过程是一个通过活塞 A 对外做功的过程（活塞 A 因此而叫做动力活塞）。气体在膨胀的同时，由于有外界燃烧系统向它提供热能，而膨胀过程也进行得比较缓慢，气体膨胀时的温度基本保持不变，因而可以认为是等温膨胀（做功）过程。

4. 等容冷却过程 ［相当于图 11-29 中 d) 到 a)］

这时活塞 A 停留在下止点不动，活塞 B 由下止点向上止点移动，高温气体由膨胀腔被

赶进压缩腔，体积没有改变，但在流经回热器时将热量传给回热器（以备下一个循环加热压缩气体），从而经历了一个等容冷却过程。

在经历了上述四个过程后，发动机完成了一个工作周期，气体工质完成了一个循环。该循环由两个等温过程和两个吸热、放热相互抵消的等容过程组成。该循环也叫斯特林循环，是回热卡诺循环的一种，其理论热效率为

$$\eta'_{t,C} = 1 - \frac{T_2}{T_3} \tag{11-16}$$

斯特林发动机实现了回热卡诺循环，理论上达到了一定温度范围内最高的循环热效率，但实际上，由于一些技术条件的限制和过程的不可逆损失，斯特林循环的热效率达不到式(11-16)的计算值。现代斯特林发动机的热效率约为40%～50%，这样的热效率可算较高，加之所用燃料品种不限，工作也稳定可靠，虽然因过程较慢，功率不可能很大，在应用上也还是占有一席之地。

本章要求重点与讨论

1）掌握活塞式内燃机混合、等容、等压三种加热循环的分析计算，了解循环热效率的影响因素及提高途径，了解三种不同循环的差异优劣。

2）掌握燃气轮机装置简单等压加热循环的分析与计算，了解带回热器的燃气轮机装置循环特性。

本章的知识结构框图如图11-32所示。

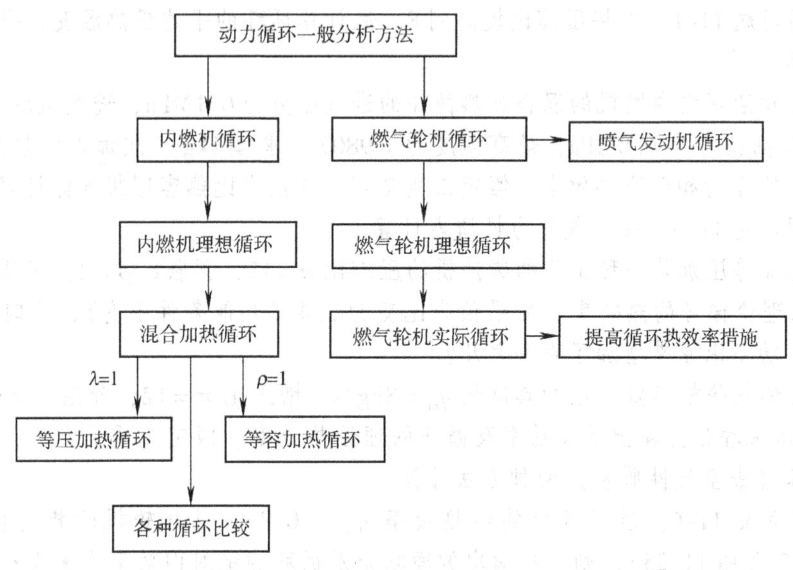

图11-32 知识结构框图

思 考 题

1. 内燃机循环从状态 f 到状态 g（图11-1）实际上是排气过程而不是等容冷却过程。

试在 p-v 图和 T-s 图中将这一过程进行时气缸中气体的实际状态变化情况表示出来。

2. 活塞式内燃机循环中，如果绝热膨胀过程不是在状态5结束（图11-33），而是继续膨胀到状态6（$p_6=p_1$），那么循环的热效率是否会提高？试用 p-s 图加以分析。

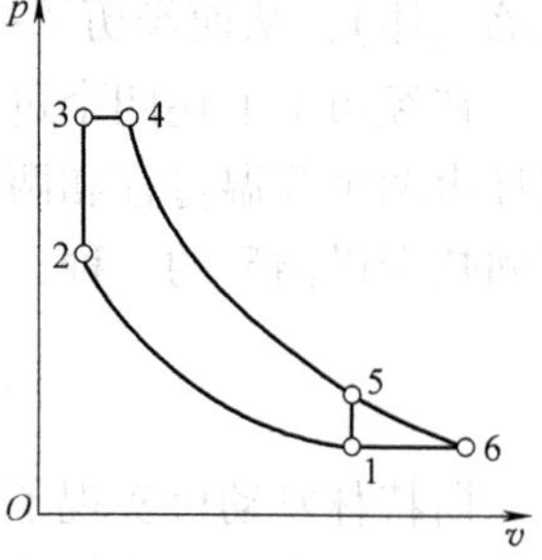

图11-33 思考题2图

3. 试证明：对于燃气轮机装置的等压加热循环和活塞式内燃机的等容加热循环，如果燃烧前气体被压缩的程度相同，那么它们将具有相同的理论热效率。

4. 在燃气轮机装置的循环中，如果空气的压缩过程采用等温压缩（而不是等熵压缩），那么压气过程消耗的功就可以减少，因而能增加循环的净功（w_0）。在不采用回热的情况下，这种等温压缩的循环比起等熵压缩的循环来，热效率是提高了还是降低了？为什么？

5. 为什么内燃机、燃气轮机装置、喷气发动机以及热气发动机这些产生动力的机械都伴有消耗动力的气体压缩过程？能否取消压缩过程以增加输出的动力呢？

习 题

11-1 已知活塞式内燃机等容加热循环的进气参数为 $p_1=0.1\text{MPa}$、$t_1=50℃$，压缩比 $\varepsilon=6$，加入的单位质量热量 $q_1=750\text{kJ/kg}$。试求循环的最高温度、最高压力、压升比、循环的净功和理论热效率。假定工质是空气并按定比热容理想气体计算。

11-2 同习题11-1，但将压缩比提高到8。试计算循环的平均吸热温度、平均放热温度和理论热效率。

11-3 已知活塞式内燃机的混合加热循环的进气压力为0.1MPa，进气温度为300K，压缩比为16，最高压力为6.8MPa，最高温度为1 980K。求每1kg工质加入的热量、压升比、预胀比、循环的净功和理论热效率。假定工质是空气并按定比热容理想气体计算。

11-4 同习题11-3，按空气热力性质表计算。

11-5 已知等压加热循环工作的柴油机的压缩比 $\varepsilon=15$，预胀比 $\rho=2$，工质的等熵指数 $\kappa_0=1.33$。求理论循环的热效率。如果预胀比变为2.4（其他条件不变），这时循环的热效率将是多少？功率比原来增加了百分之几？

11-6 某燃气轮机装置，已知其流量 $q_m=8\text{kg/s}$，增压比 $\pi=12$，升温比 $\tau=4$，大气温度为295K。试求理论上输出的净功率及循环的理论热效率。假定工质是空气，并按等比热容和变比热容（查空气性质表）两种方法计算。

11-7 同习题11-6。若压气机的绝热效率 $\eta_{C,s}=0.86$，燃气轮机的相对内效率 $\eta_{ri}=0.88$（例11-2及图11-25），则实际输出的净功率及循环的绝对内效率为多少？按空气热力性质表计算。

11-8 已知某燃气轮机装置的增压比为9、升温比为4，大气温度为295K。如果采用回热循环，则其理论热效率比不回热循环增加多少？假定工质是空气，按等比热容和变比热容（查表）两种方法计算。

11-9 有一采用中间冷却和中间再热的燃气轮机装置（图11-24），已知装置总的增压比为25，压气机进气温度为300K，燃气轮机入口燃气温度为1 350K，如果不采用回热器，它的理论热效率比相同增压比和相同升温比的勃雷顿循环的理论热效率是提高了，还是降低了？若在采用中间冷却、中间再热的同时也采用回热装置，则其循环的理论热效率为多少？对计算结果略加讨论。

11-10 参见例11-2。在压气机绝热效率和燃气轮机相对内效率都较低、而升温比又不高的情况下，采用较高的增压比反而不利，甚至不能输出功率（压气机消耗了燃气轮机发出的全部功率）。试计算：当 $\eta_{C,s}=\eta_{ri}=0.78$，$\tau=3$ 时，增压比多高时会出现输出功率为零这种情况（按空气计算，并视空气为等比热容理想气体）。

11-11 参见例11-2。当 $\eta_{C,s}$、η_{ri}、τ、γ_0 不变时，试证明燃气轮装置最佳增压比（在该增压比下循环绝对内效率最高）为

$$\pi_{opt}=\left\{\frac{\eta_{ri}\tau\sqrt{\eta_{ri}(\tau-1)\left[\eta_{C,s}(\tau-1)-(\eta_{ri}\eta_{C,s}\tau-1)\right]}}{\eta_{ri}\tau-(\tau-1)}\right\}^{\frac{\gamma_0}{\gamma_0-1}}$$

并利用此式计算习题11-10的最佳增压比和最高绝对内效率的值。

（提示：令 $\pi^{\frac{\gamma_0-1}{\gamma_0}}=x$，并令 $\frac{\partial\eta_i}{\partial x}=0$）。

11-12 根据每1kg工质做功最多（这样相同功率的机器将更轻小），也可以得出另一种最佳增压比，试证明：相应于 $w_{i,max}$ 的最佳增压比为

$$\pi'_{opt}=(\tau\eta_{ri}\eta_{C,s})^{\frac{\gamma_0}{2(\gamma_0-1)}}$$

并以例11-2所给条件，分别根据习题11-11与本题中的公式计算出 π_{opt} 和 π'_{opt} 之值。对计算结果略加讨论。

选读之十四 内燃机的发明

内燃机的概念的历史甚至比活塞蒸汽机的概念的历史还要长。在17世纪后半叶，荷兰物理学家惠更斯（Christiaan Huygens，1629—1695）就对用大气压来产生有用的动力感兴趣。他设计了一台靠少量的火药在汽缸里燃烧来提升平衡的活塞的机器。当气体冷却时，大气压力再次将活塞向下推，靠此向下的冲程来做功。巴本（Denis Papin，1647—1714）继续进行了惠更斯的实验，但是直到以蒸汽的膨胀力取代了火药的膨胀力时还没有制造出实用的发动机。1859年，法国人勒努瓦（Etienne Lenoir，1822—1900）设计了一台靠煤气和空气的混合物的爆发来运行的发动机。这台发动机与卧式双作用式蒸汽机非常相像，具有一个气缸、一个活塞、一根连杆和一个飞轮，不同之处仅在于用燃气代替了蒸汽，混合气体是靠气缸内两极之间在适当的时候产生的火药来点燃。当活塞到达冲程的中间位置时，蓄电池和感应圈便提供必要的高强度火花，用以点燃混合气体。在活塞返回的冲程中，废气被排除，在活塞另一边新充入的煤气和空气则被点燃，所以此发动机是双作用式的发动机。这种发动机使用了蒸汽机上所用的那种滑阀，并且是水冷的。与同样功率的蒸汽机相比，它的运行费用很大，每千焦需要消耗0.00107m^3 的煤气。然而，这种新式发动机的部分成功却带来了吉祥的预兆，其结果是鼓励了许多别的研究者去发展他们在这方面的思想。其中有一位研究者休根，他在1862年制造了一台能在爆炸以后往气缸中注入很细的水雾以帮助冷却的发动机。人们发现，与勒努瓦的发动机相比，它可以减少煤气的消耗量而且可以降低废气的温度，但这种发动机的一种实质性缺点是它不存在混合气体的起始压缩。

同年（1862年）初，另一位法国人德罗夏（Alphonse Beau de Rochas，1818—1891）获得了一项专利。他发现了每种实用的燃气发动机为获得有效的结果所必须满足的根本条件。这些条件包括：点火前要高压；燃气要迅速膨胀，达到最大膨胀比等。他还提出了实现这些条件的具体步骤：就是把活塞运动分作四

个冲程：活塞下移，进燃气；活塞上移，压缩燃气；点火，气体迅速燃烧膨胀，活塞下移做功；活塞上移，排出废气。德罗夏提出四冲程只是对内燃机理论作出贡献，并没有实际制造出内燃机，他的理论是由别人在实践中实现的。但是，内燃机的理论却是德罗夏奠定的。

1859 年，美国钻了第一口油井，从此，汽油和柴油逐渐成为普通商品，成为一种可以广泛应用的新燃料，为内燃机的迅猛发展提供了方便、高效的“粮食”。

1876 年，德国人奥托（1832—1891）应用德罗夏的理论，设计制造了第一台四冲程内燃机，因此通常把内燃机的发明权归功于他。奥托内燃机具有体积小、转速快等优点，在其诞生后的 17 年中销售了 5 万台。奥托内燃机通常用汽油作燃料，也叫汽油机。

1892 年，另一位工程师狄塞尔获得了在内燃机中使用压缩点火的专利。他希望通过提高压缩比来提高热效率。所谓压缩比，就是气体进入气缸后的最大体积跟被压缩后的最小体积的比值。用压缩气体产生的高温来点火，不但可以省去点火装置和汽化器，而且可以用比汽油便宜的柴油作燃料。狄塞尔经过 5 年的实验，在 1897 年制成了第一台实用的压缩点火内燃机，也就是通常所称的柴油机。狄塞尔曾经得到了著名的克虏伯公司的支持，他最初企图用煤粉作燃料，失败后才改用柴油。在蒸汽机以后，内燃机的问世又一次引起交通运输的革命。

选读之十五　燃气轮机和涡轮喷气发动机的发明

20 世纪初，燃气轮机的概念是相当普通的，而且真正地制造出了一些通常是如图 11-27 所示式样，这也是当今的燃气轮机式样。

这种内燃机在结构上与奥托内燃机和狄塞尔内燃机有本质的区别。不过 4 个基本功能是完全相同的：①吸入空气；②压缩空气；③通过在空气中燃烧燃料给空气加热，使空气膨胀并对某一物体施加压力而做功；④排出废气。在汽油机或柴油机中，4 个过程在同一气缸中一个接着一个地间歇进行。而在燃气轮机中，同样的 4 个过程在发动机的不同部位进行，每个过程是持续进行的。空气进来后，通常用转子压缩机压缩，而后送到燃烧室，在燃室燃料连续地喷射，并强烈地燃烧着。膨胀着的气体通过并驱动涡轮，把一部分热能转换成功，然后，由排气喷嘴排出。涡轮带动压气机，并把所剩的全部能量用做驱动一台发电机或飞机螺旋桨之类的有用功。

这种热机方案的重大优点在于燃烧是连续的。活塞循环中的间歇燃烧所引起的各种各样问题全部消失了；不需精确的定时点火和控制气阀，发动机对燃料质量的敏感性小了，因为用不着每秒钟开始和停止燃烧许多次。另外，敲缸问题没有了：即没有对发动机比功率的这种限制。

然而，连续燃烧确实带来了一个重要问题：涡轮必须一直承受非常高的温度，从效率观点出发，温度愈高愈好。于是，燃气轮机的性能受到了涡轮叶片的材料的限制。另一个问题是它的回转部件压气机和涡轮机的效率低。因为，燃气轮机要做许多内功，只有很少的一部分能作为有用的功输出。尽管如此，在 1940 年前，或许有上百种燃气轮机被制造出来并销售出去。它们用于工业动力或发电，有些甚至在船上和机车上作试验。瑞士的布朗·博韦里公司是 20 世纪 30 年代后期在发展工业燃气轮机方面的先驱。

燃气轮机作为空中动力的潜力引起了一些有远见的军用飞机设计人员的兴趣。在 1920 年到 1935 年间，对两种可能性——燃气轮机作为飞机的原动机代替活塞发动机和喷气作为一种推进方式代替螺旋桨都有过热心的设想和一些认真的研究，但对于燃料经济性和比功的认真分析却令人失望。至少速度在 900km/h 以内，螺旋桨是一种比喷气更有效的推进方式。另外，燃气轮机的燃油消耗高达活塞发动机的 2 ~ 3 倍。只有到了 20 世纪 30 年代后期，第二次世界大战即将到来，这种非正宗发动机的研制才从政治上获得可能。

1935 年到 1945 年间，涡轮喷气发动机的研制差不多同时在英国和德国独立展开。英国皇家飞机研究院从 1926 年起，开始研制轴流式压气机和涡轮组成的试验用燃气轮机，三年后放弃，直到 1936 年再没有作进一步研究。与此同时，皇家空军军校的学员惠特尔（F. Whittle）对飞机的推进理论产生了兴趣，并在他的 1930 年的专利中揭示了涡轮喷气式飞机的本质。1936 年，皇家空军把他送到剑桥大学攻读机械学，在那里他与几个志同道合的人组成了“喷气动力有限公司”来实现他的设想。他们装好了一台试验用发动机，并于1937年运转起来。第二年他们搞到了一个政府合同，又装了一台试验用发动机，在战争前夕，得到空军部的全力支持，研究经费也就充足了。

1941年5月15日英国进行了首次试验飞行。用的是一架由早期的惠特尔发动机驱动的格洛斯特流星式飞机，发动机推力为5 327.28N，已经是第一台发动机的两倍。

德国人冯·奥海恩（H. P. von Ohain）这位在格丁根空气动力学理论研究中心学习的学生，从来没有听说过惠特尔及他的工作，设计了一个涡轮喷气发动机系统并申请了专利。他的系统本质上和惠特尔的相同，但几乎所有的零件都不一样。1936年，冯·奥海恩来到黑恩克（一家对火箭和喷气推进感兴趣的飞机制造商）工作，并于第二年使一台发动机运转，在1939年8月27日，就在战争开始之前，涡轮喷气飞机起飞了。这是世界上第一次喷气飞机飞行。德国另一条由柏林的空气动力学教授瓦格纳（H. A. Wagner）开创的发展路线，在另一个飞机制造公司——容克斯飞机制造公司进行。瓦格纳的原始设想是涡轮螺旋桨发动机系统，1938年改为涡轮喷气发动机，最终研制成了容克斯004，是第一台投入战争的喷气式发动机。

英国和德国双方在1944年的战争中都使用了喷气式飞机。英国用的是格洛斯特流星式战斗机，由两台惠特尔发动机作为动力，每台推力7 370.58N，速度为625km/h，比最好的德国活塞驱动的战斗机稍快。

美国的研制工作开始得比欧洲晚，但一旦开始就进行得生气勃勃。其中最早的一台工业用燃气轮机是于1937年在宾西法尼亚州的一个炼油厂组装成功的。同时，对机车和船用燃气轮机也作了些研究。

美国最早的先驱者是一个叫莫斯（S. H. Moss）的工科大学生，他在1902年写了一篇关于燃气轮机的论文。通用电气公司对他产生了兴趣，雇用了莫斯，并对燃气轮机计划支持了几年。可是，莫斯能获得的最好的效率是3%。

在美国，航空史上最有影响的机构是美国国家航空咨询委员会（NASA），它为工业和院校实验室的研究提供资金，NASA也在1917年建立了自己的实验室。燃气轮机和喷气推进的课题在战争迫近时也没有获得NASA大的资助。在战争结束前，没有美国自己制造的燃气轮机飞机起飞过，但美国式的惠特尔发动机发展迅速并成了上天的第一台美国喷气发动机。

有趣的是英、德、美三个国家涡轮喷气飞机的发展途径很相似。燃气轮机和喷气推进这两个想法都被搁置了一段时间。在第二次世界大战之前，喷气推动是幻想的，被认为是不切实际的空想。燃气轮机用做固定动力是切实可行的，但专家们直到1940年还是认为它不适于做航空动力。每个国家都有一二位工程师独自经过持续的理论研究相信这是可行的。这些人既不是热情的业余爱好者也不是自学成才的机械师，他们都是在热力学和空气动力学方面受过正规训练的学者。燃气轮机是现代工程科学的产物。燃气轮机和20世纪大多数技术成就一样，也是复杂的研究机构网络的产物，而不是发明英雄个人的创造。

燃气轮机出现的太晚，没有影响第二次世界大战的进程，不过，战后的岁月里它彻底地改变了军用航空和所有长途客运业的面貌。1953年人们第一次实现了持续的超声速飞行。

第 12 章　蒸汽动力循环

【提要】 本章首先指出了湿蒸汽卡诺循环的实际不可行性，接着分别着重阐述了蒸汽动力基本循环——朗肯循环、蒸汽再热循环、抽汽回热循环，并对每种循环热效率的影响因素及其提高途径进行了分析。本章对节能与环保效益明显的双工质动力循环和热电联产循环进行了分析与计算。本章还给出了实际蒸汽动力循环能量分析与㶲分析的实例。

12.1　基本蒸汽动力循环——朗肯循环

12.1.1　湿蒸汽的卡诺循环及其改进

从理论上讲，根据卡诺定理，在一定的温度范围内，卡诺循环热效率最高，蒸汽在湿蒸汽区内可以实现卡诺循环。但是，实际上这样的卡诺循环存在诸多缺点：一是受临界点限制，循环的吸热温度不会很高，因此循环热效率较低；二是给水泵工作在高湿度区，不仅给水泵压缩湿蒸汽耗功多，而且稳定性差，压缩效率低；三是蒸汽轮机也在湿度较高的区域工作，不仅湿蒸汽膨胀时速度三角形会发生畸变，气动性能不好，效率大为降低，而且蒸汽轮机末级叶片腐蚀严重，安全性不好。为了克服这些缺点，给水泵压缩的不是湿蒸汽而是饱和水，从而降低了压缩功耗，提高了压缩效率和工作稳定性。在蒸汽轮机中膨胀的不是湿蒸汽而是过热蒸汽，从而提高了循环吸热温度和蒸汽膨胀做功能力，降低了叶片的腐蚀。这种经过改进的循环就是朗肯循环。

12.1.2　基本蒸汽动力循环——朗肯循环

1. 简单朗肯循环蒸汽动力装置构成及工作原理

简单朗肯循环蒸汽动力装置包括四部分主要设备——蒸汽锅炉、蒸汽轮机、凝汽器、给水泵（图 12-1）。来自于给水泵的凝结水在蒸汽锅炉中预热、汽化并过热，变成过热水蒸气（图 12-2、图 12-3、图 12-4 中过程 0→1）。过热水蒸气进入到蒸汽轮机

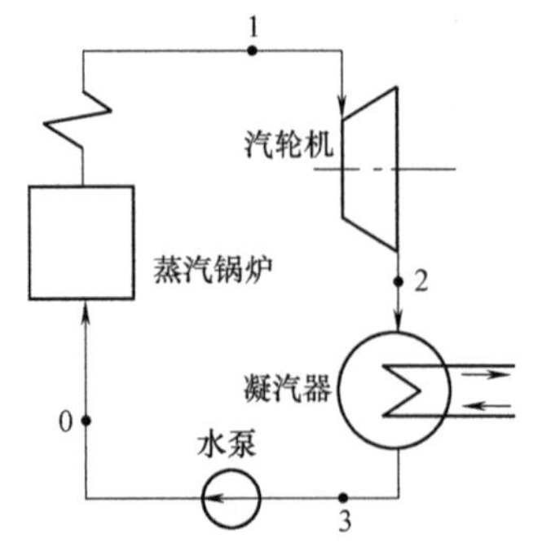

图 12-1　简单朗肯循环

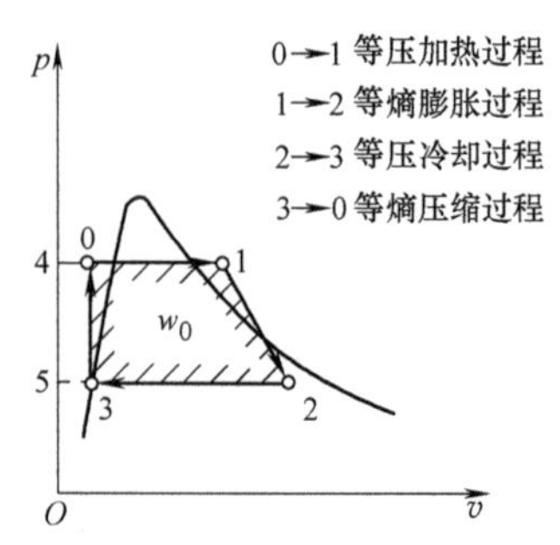

图 12-2　简单朗肯循环压容图

膨胀做功带动发电机发电或带动其他原动机工作，蒸汽轮机做功后的乏汽进入到凝汽器凝结放热，放出的凝结热被冷却水带走，凝结出来的凝结水进入给水泵，给水泵压缩凝结水并将其打入蒸汽锅炉再进行下一个循环。通过上述这样周而复始的循环，连续不断地将热能转变为机械能。

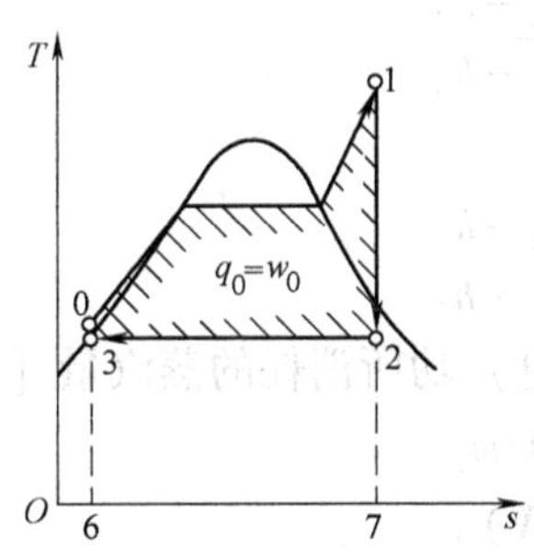

图 12-3　简单朗肯循环温熵图

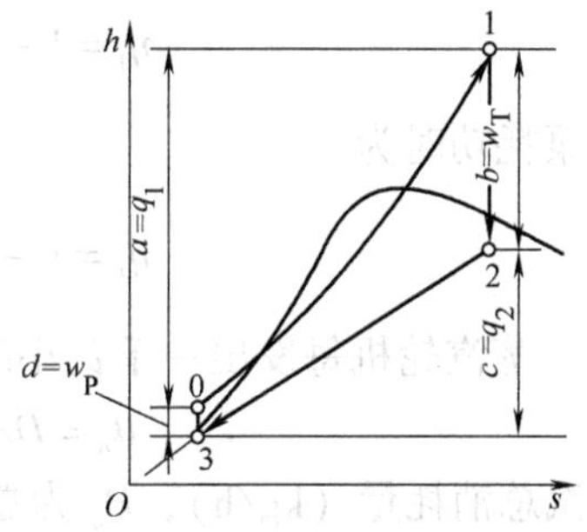

图 12-4　简单朗肯循环焓熵图

2. 简单朗肯循环的构成及其在压容图、温熵图和焓熵图上的表示

（1）未饱和水在蒸汽锅炉中的等压加热过程（过程 0→1）　来自于给水泵的凝结水在蒸汽锅炉中预热、汽化并过热，变成过热水蒸气。平均每千克蒸汽获得的热量

$$q_1 = h_1 - h_0 \tag{12-1}$$

在图 12-3 中，q_1表示为面积 60 176；在图 12-4 中，q_1表示为线段 a。

（2）过热水蒸气在蒸汽轮机中的膨胀做功过程（过程 1→2）　从蒸汽锅炉出来的水蒸气（即所谓新汽）进入蒸汽轮机膨胀做功。因为大量水蒸气快速流过蒸汽轮机，平均每千克蒸汽散失到外界的热量相对来说很少，因此可以认为过程是绝热的。在绝热（等熵）膨胀过程中，水蒸气通过蒸汽轮机对外所做的功（技术功）为

$$w_T = h_1 - h_2 \tag{12-2}$$

在图 12-2 中，w_T 表示为面积 41 254；在图 12-4 中，w_T 表示为线段 b。

（3）做功后的乏汽在凝汽器中凝结放热过程（过程 2→3）　从蒸汽轮机做功后的乏汽进入到凝汽器凝结放热，放出的凝结热被冷却水带走，每千克乏汽所放出的热量为

$$q_2 = h_2 - h_3 \tag{12-3}$$

在图 12-3 中，q_2表示为面积 63 276；在图 12-4 中，q_2表示为线段 c。

（4）凝结水在给水泵中的压缩过程（过程 3→0）　凝结水经过给水泵，提高压力后再进入蒸汽锅炉。水在给水泵中被压缩时散失到外界的热量很少，可以认为过程是绝热的。因此给水泵消耗的功（技术功）为

$$w_P = h_0 - h_3 \tag{12-4}$$

在图 12-2 中，w_P 表示为面积 40 354；在图 12-4 中，w_P 表示为线段 d。由于水的比体积比水蒸气的比体积小得多，因此给水泵所消耗的功只占蒸汽轮机所做功的很小一部分。

经过上述四个过程后，工质回到了原状态，这样便完成了一个循环。这种由两个等压过程（或者说由两个不做技术功的过程）和两个绝热过程组成的最简单的蒸汽动力循环，称为朗肯循环。每千克工质，每完成一个循环，对外界做出的功为

$$w_0 = w_T - w_P = q_1 - q_2 = q_0 \tag{12-5}$$

图 12-2 和图 12-3 中包围在循环曲线内部的面积 01230 即表示循环所做的功 w_0（或循环的净热量 q_0）。

朗肯循环的理论热效率计算：

考虑给水泵耗功时为

$$\eta_t = 1 - \frac{q_2}{q_1} = 1 - \frac{h_2 - h_3}{h_1 - h_0} \tag{12-6}$$

忽略给水泵耗功时为

$$\eta_t = 1 - \frac{q_2}{q_1} = 1 - \frac{h_2 - h_3}{h_1 - h_3} \tag{12-7}$$

汽耗率 d_o：蒸汽轮机每发出一千瓦小时（一度电）功所消耗的蒸汽量［kg/(kW · h)］。

$$d_o = D/P_o = 3\ 600/w_T$$

式中，D 为蒸汽总消耗量（kg/h）；P_o 为总功率（kW）。

热耗率 q_t：蒸汽轮机每发出一千瓦小时（一度电）功所消耗的热量［kJ/(kW · h)］。

$$q_t = 3\ 600/\eta_t$$

煤耗率 b^b：蒸汽轮机每发出一千瓦小时（一度电）功所消耗的标煤克数［g/(kW · h)］。

$$b^b = 123/\eta_{ndc}$$

式中，η_{ndc}为凝汽式机组热效率

国外机组供电平均煤耗约 350g/(kW · h)，国内为 400g/(kW · h)。计算循环热效率时，各状态点的比焓值可由水蒸气的焓熵图或热力性质表查得。

例 12-1 某蒸汽动力装置按简单朗肯循环工作。新汽参数为 $p_1 = 3$MPa，$t_1 = 450$℃，乏汽压力 $p_2 = 0.005$MPa。蒸汽流量为 60t/h。试求：

1）新蒸汽每小时从锅炉吸收的热量和乏汽每小时在凝汽器中放出的热量；

2）蒸汽轮机发出的理论功率和水泵消耗的理论功率；

3）循环的理论热效率（可忽略水泵消耗的功率）。

设蒸汽轮机的相对内效率为 82%，再求：

4）蒸汽轮机发出的实际功率；

5）乏汽在凝汽器中实际放出的热量；

6）循环的绝对内效率（可忽略水泵消耗的功率）。

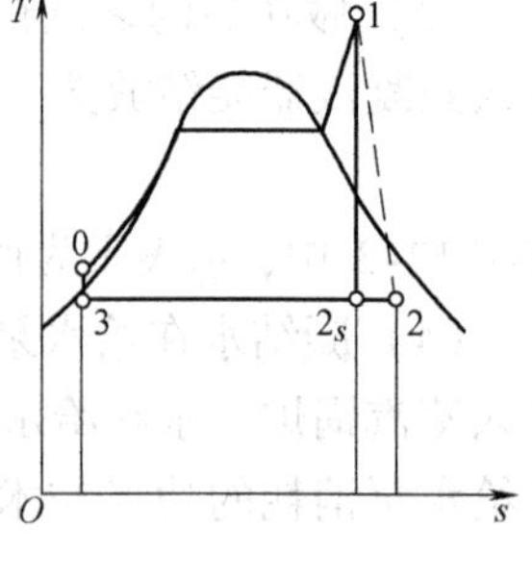

图 12-5 例 12-1 图

解 理论的朗肯循环和考虑蒸汽轮机内部不可逆损失的朗肯循环如图 12-5 中循环 $012s30$ 和循环 01230 所示。查水蒸气的焓熵图（附录 B 图 B-4）得

$$h_1 = 3\ 345\text{kJ/kg} \qquad [s_1 = 7.080\text{kJ/(kg} \cdot \text{K)}]$$

$$h_{2s} = 2\ 158\text{kJ/kg} \qquad [s_{2s} = 7.080\text{kJ/(kg} \cdot \text{K)}]$$

查饱和水与饱和水蒸气的热力性质表（附录 A 表 A-7）得

$$h_3 = 137.7\text{kJ/kg},\ v_3 = 0.001\ 005\ 3\text{m}^3\text{/kg}$$

由式（12-4）可知

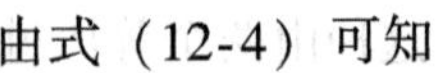

$$\begin{aligned} h_0 &= h_3 + w_P \approx h_3 + v_3(p_0 - p_3) \\ &= 137.7\text{kJ/kg} + 0.001\ 005\ 3\text{m}^3\text{/kg} \times [(3 - 0.005) \times 10^6]\text{Pa} \times 10^{-3}\text{kJ/kg} = 140.7\text{kJ/kg} \end{aligned}$$

另外，根据蒸汽轮机相对内效率的定义

$$\eta_{ri}=\frac{h_1-h_2}{h_1-h_{2s}}=\frac{3\ 345-h_2}{3\ 345-2\ 158}=0.82$$

所以

$$h_2=[3\ 345-0.82\times(3\ 345-2\ 158)]\text{kJ/kg}=2\ 372\text{kJ/kg}$$

1）新蒸汽从锅炉吸收的热量。

$$\dot{Q}_1=q_m(h_1-h_0)=(60\times10^3)\times(3\ 345-140.7)\text{kJ/h}=192.3\times10^6\text{kJ/h}$$

乏汽在凝汽器中放出的热量。

$$\dot{Q}_2=q_m(h_{2s}-h_3)=(60\times10^3)\times(2\ 158-137.7)\text{kJ/h}=121.2\times10^6\text{kJ/h}$$

2）蒸汽轮机发出的理论功率。

$$P_T=q_m(h_1-h_{2s})=\left(\frac{60\times10^3}{3\ 600}\right)\times(3\ 345-2\ 158)\text{kJ/s}=19\ 780\text{kW}$$

水泵消耗的理论功率

$$P_P=q_m(h_0-h_3)=\left(\frac{60\times10^3}{3\ 600}\right)\times(140.7-137.7)\text{kJ/s}=50\text{kW}$$

或

$$P_P\approx q_mv_3(p_0-p_3)=\left(\frac{60\times10^3}{3\ 600}\right)\times0.001\ 005\ 3\times[(3-0.005)\times10^6]\times10^{-3}\text{kW}\approx50\text{kW}$$

3）循环的理论热效率。

$$\eta_t=\frac{3\ 600\ (P_T-P_P)}{\dot{Q}_1}\approx\frac{3\ 600P_T}{\dot{Q}_1}=\frac{3\ 600\times19\ 780}{192.3\times10^6}=0.37=37\%$$

4）蒸汽轮机发出的实际功率。

$$P'_T=q_m(h_1-h_2)=\left(\frac{60\times10^3}{3\ 600}\right)\times(3\ 345-2\ 372)\text{kJ/s}=16\ 220\text{kW}$$

或

$$P'_T=P_T\eta_{ri}=19\ 780\times0.82\text{kW}=16\ 220\text{kW}$$

5）乏汽在凝汽器中实际放出的热量。

$$\dot{Q}'_2=q_m\ (h_2-h_3)=(60\times10^3)\times(2\ 372-137.7)\text{kJ/h}=134.1\times10^6\text{kJ/h}$$

6）循环的绝对内效率。

$$\eta_i\approx\frac{3\ 600P'_T}{\dot{Q}_1}=\eta_t\eta_{ri}=0.37\times0.82=0.303=30.3\%$$

12.1.3　蒸汽参数对朗肯循环热效率的影响

在确定了新汽的温度（初温 T_1）、压力（初压 p_1）以及乏汽的压力（终压 p_2）的条件下，整个朗肯循环也就确定了。因此，所谓蒸汽参数对朗肯循环热效率的影响，也就是指初温、初压和终压对朗肯循环热效率的影响。

假定新汽和乏汽压力保持为 p_1 和 p_2 不变，将新汽的温度从 T_1 提高到 T_1'（图 12-6），结果朗肯循环的平均吸热温度有所提高（$T'_{m1}>T_{m1}$），而平均放热温度未变，因而循环的热效率也就提高了（$\eta'_t>\eta_t$）。同时可以降低汽耗率和汽轮机乏汽湿度，减少机组腐蚀。

假定新汽温度和乏汽压力保持为 T_1 和 p_2 不变，将新汽压力由 p_1 提高到 p_1'（图 12-7）。

在通常情况下，这也能提高朗肯循环的平均吸热温度（$T'_{m1} > T_{m1}$），而平均放热温度不变，因而可以提高循环的热效率。

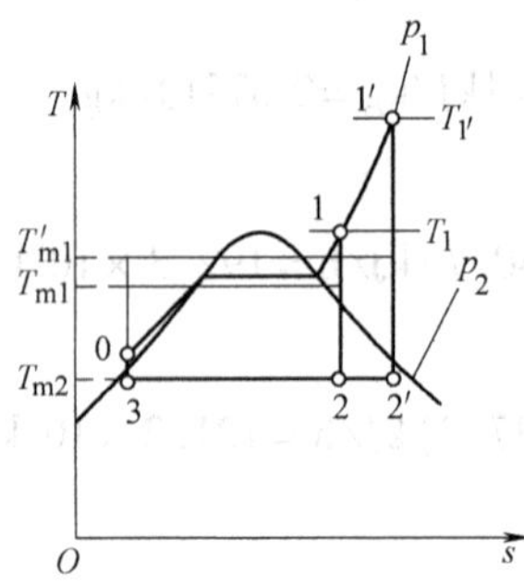

图 12-6　初温对循环的影响

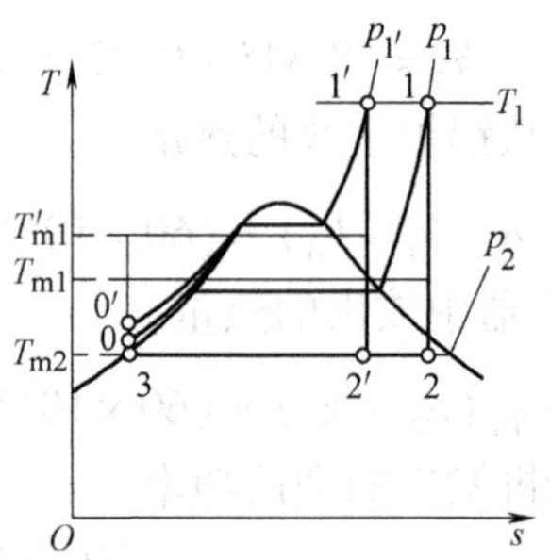

图 12-7　初压对循环的影响

需要注意的是，虽然提高蒸汽的压力能提高朗肯循环的热效率，但是，如果单独提高初压会使膨胀终了时乏汽的湿度增大，如图 12-7 中 2′点的湿度大于 2 点的湿度。乏汽湿度过大，不仅影响蒸汽轮机最末几级的工作效率，而且危及安全。为此，现代大型蒸汽动力装置除了采用疏水和蒸汽轮机最末几级动叶进汽边背弧硬化处理外，均对湿度加以限制。大型凝汽式机组湿度为 9% ~10%，调节抽汽式机组湿度为 14% ~18%。由于提高初温则可降低膨胀终了时乏汽的湿度，如图 12-6 中 2′点的湿度小于 2 点的湿度。所以，蒸汽的初温和初压一般都是同时提高的，这样既可避免单独提高初压带来的乏汽湿度增大的问题，又可使循环热效率的增长更为显著。提高蒸汽的初温和初压一直是蒸汽动力装置的发展方向，现代大型蒸汽动力装置的蒸汽初温达 550℃，初压超过 15MPa。

再来分析乏汽压力对朗肯循环热效率的影响。假定新汽温度和压力保持为 T_1 和 p_1 不变，将乏汽压力由 p_2 降低到 $p_{2'}$（图 12-8），结果循环的平均放热温度显著降低了，而平均吸热温度降低很少，因此随着乏汽压力的降低，朗肯循环的热效率有显著的提高。但是由于乏汽是饱和的，乏汽压力受相对于该乏汽压力的饱和温度的限制，而乏汽温度充其量也只能降低到和天然冷源（大气、海水等）相同的温度，因此乏汽压力的降低也是有限度的而不能无限降低。目前，大型蒸汽动力装置中蒸汽轮机的乏汽压力为 $p_2 \approx 0.004$MPa（因为相应的饱和温度为 29℃），可以说已经到了下限。

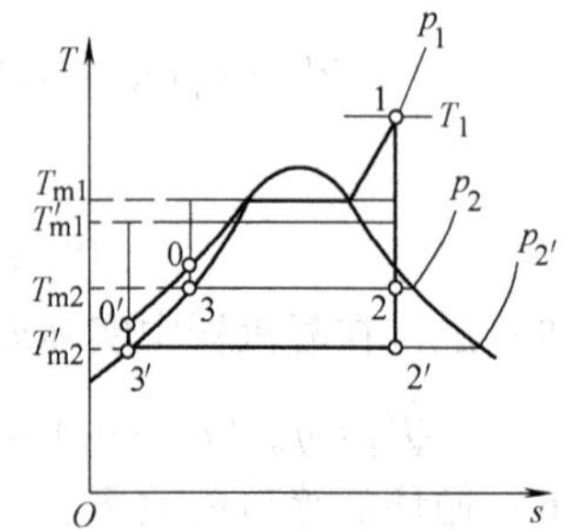

图 12-8　乏汽压力对循环的影响

12.2　蒸汽再热循环和抽汽回热循环

1. 蒸汽再热循环

采用蒸汽再热（再热循环）也是提高热效率的一个有效措施。图 12-9 所示为一个采用再热循环的蒸汽动力装置。过热水蒸气在蒸汽轮机中不是立刻膨胀到最低压力，而是先膨胀到某个中间压力，接着到再热器中再次加热，然后到第二段蒸汽轮机中继续膨胀。其他过程和朗肯循环相同。再热循环在温熵图中如图 12-10 所示。只要再热参数（p_1'、t_1'）选择得合理，再热循环（循环 $01a1'2'30$）的热效率就会比朗肯循环（循环 01230）的热效率高（图 12-10 中再热循环的平均吸热温度高于朗肯循环的平均吸热温度，$T'_{m1} > T_{m1}$，而二者的平均放热温度相同）。采用再热循环还可以显著地降低乏汽的湿度（$2'$点的湿度小于 2 点的湿度）。目前大型超高压蒸汽动力装置几乎都采用再热循环。

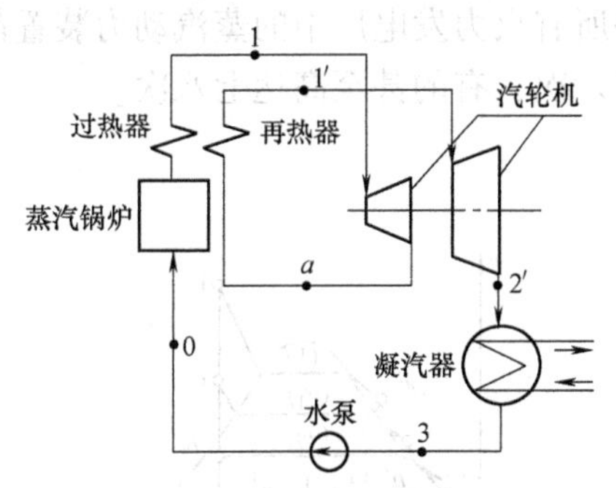

图 12-9　蒸汽再热循环

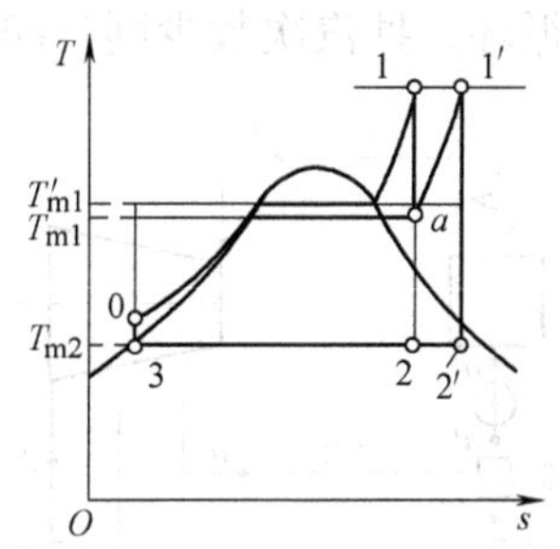

图 12-10　蒸汽再热循环温熵图

再热循环热效率的计算式为

$$\eta_{t,z} = 1 - \frac{q_2}{q_1} = 1 - \frac{h_{2'} - h_3}{(h_1 - h_0) + (h_{1'} - h_a)} \tag{12-8}$$

蒸汽再热的温度 $T_{1'}$ 一般与新蒸汽的温度 T_1 相同或稍低。在初压（p_1）和终压（p_2）之间再热的中间压力如何选择方为最佳呢？从热力学的角度分析（图 12-11），前段汽轮机排汽状态 a（其压力为中间再热压力 p_a）应落在再热循环平均吸热温度线上。这样，因采取再热措施而形成的附加循环（循环 $a1'2'2a$）的吸热温度高于平均吸热温度（T_{m1}）。若采用较高的再热压力 $p_{a'}$，则附加循环（循环 $a'b'c'2a'$）虽然吸热温度较高，但循环功较小，未充分发挥再热的潜力，对整个循环热效率的增益也较小。若采用较低的再热压力 $p_{a''}$，则附加循环（循环 $a''b''c''2a''$）中开始吸热时的温度低于平均吸热温度，这会减弱再热对整个循环热效率的增益。所以说，前段汽轮机的排汽状态应落在再热循环的平均吸热温度线上，这对循环热效率的提高最为有利。考虑到压力越低，再热管道越显粗大，权衡利弊，将再热压力选得比热力学意义上的最佳值稍高些，应更为有利。

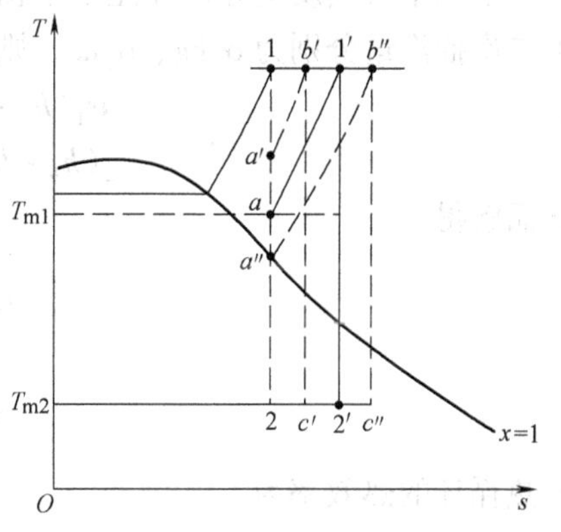

图 12-11　再热压力的选择

2. **抽汽回热朗肯循环**

从卡诺定理对热机的指导原则可知，在循环平均放热温度不变的情况下，提高热效率的关键是提高循环的平均吸热温度。在朗肯循环中，等压吸热过程（图 12-3 中过程 0→1）的平均吸热温度远低于新汽温度，这主要是由于水的预热过程温度较低。如能设法使吸热过程不包括这一段水的低温预热过程，那么循环的平均吸热温度将会提高不少，因而循环的热效率也就能相应地得到提高。采用抽汽回热来预热给水正是出于这种考虑。

图 12-12 所示为一个采用二次抽汽回热的蒸汽动力装置。这个抽汽回热循环在温熵图中如图 12-13 所示。从汽轮机的不同中间部位抽出一小部分不同压力的蒸汽，使它们等压冷却，完全凝结（过程 $a \to a'$、$b \to b'$），放出的热量用来预热锅炉的给水（过程 $b'' \to a'$、$c \to b'$），其余大部分蒸汽在汽轮机中继续膨胀做功。这样一来，使蒸汽锅炉中的吸热过程变为 $a'' \to 1$，提高了吸热平均温度，从而提高了循环的热效率。抽汽回热循环是提高蒸汽动力装置热效率的切实可行和行之有效的方法，因而几乎所有火力发电厂中的蒸汽动力装置都采用这种抽汽回热循环。抽汽次数少则三四次，多则五六次，有的甚至高达七八次。

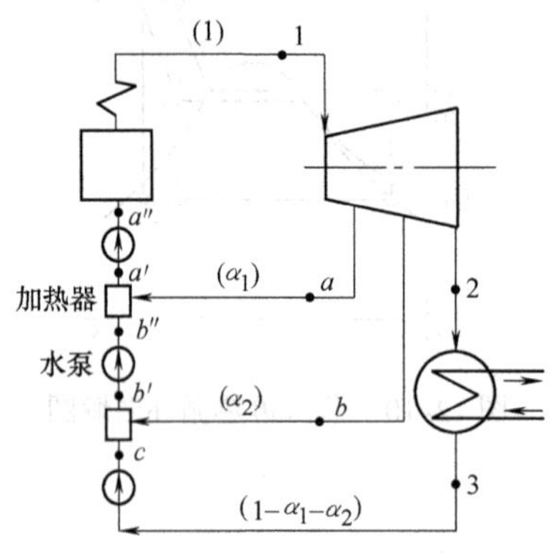

图 12-12 二次抽汽回热的蒸汽动力装置

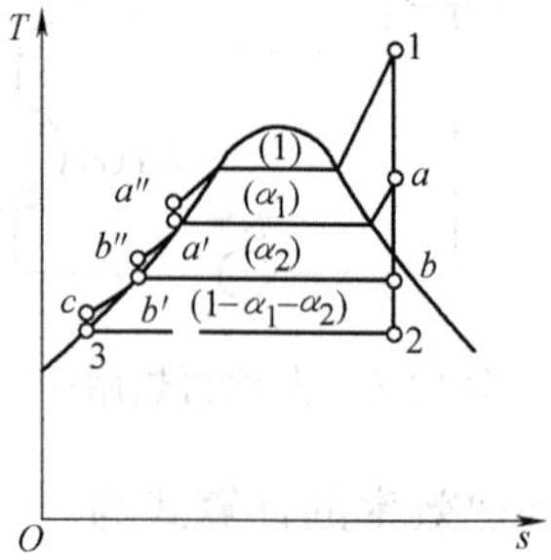

图 12-13 抽汽回热循环的温熵图

抽汽量可按质量守恒和能量平衡方程求出。假定进入汽轮机的水蒸气量为 1kg；第一、第二次抽汽量分别为 $\alpha_1$kg、$\alpha_2$kg，则可得（不考虑散热损失）

$$\alpha_1(h_a - h_{a'}) = (1 - \alpha_1)(h_{a'} - h_{b''})$$

$$\alpha_2(h_b - h_{b'}) = (1 - \alpha_1 - a_2)(h_{b'} - h_c)$$

从而解得

$$\left.\begin{aligned} \alpha_1 &= \frac{h_{a'} - h_{b''}}{h_a - h_{b''}} \\ \alpha_2 &= (1 - \alpha_1)\frac{h_{b'} - h_c}{h_b - h_c} \end{aligned}\right\} \tag{12-9}$$

回热循环的热效率为

$$\eta_{t,h} = 1 - \frac{Q_2}{Q_1} = 1 - \frac{(1 - \alpha_1 - \alpha_2)(h_2 - h_3)}{h_1 - h_{a''}} \tag{12-10}$$

式（12-9）和式（12-10）中各状态点的比焓值可以根据给定的条件从水蒸气图表中查得。

多级抽汽回热时各级的抽汽压力如何确定才对提高循环热效率最有利，这是一个值得探讨的问题。目前虽有不同的确定方法（如焓降分配法、等焓差分配法、等温升分配法、等温比分配法等），但所得结果也并非相差甚远，特别是当回热级数较多时更是如此。有的学者认为从凝汽器出口温度到锅炉给水温度之间，按最简单的等温升法分配各级回热之温升（即每一级回热器中水的预热温升相同）即可获得接近最佳的效果。

例 12-2 某回热并再热的蒸汽动力循环如图 12-14 所示。已知初压 $p_1 = 10\text{MPa}$，初温 $t_1 = 500℃$；第一次抽汽压力，亦即再热压力 $p_a = p_{1'} = 1.5\text{MPa}$，再热温度 $t_{1'} = 500℃$；第二次抽汽压力 $p_b = 0.13\text{MPa}$；终压 $p_2 = 0.005\text{MPa}$。试求该循环的理论热效率。它比相同参数的朗

肯循环（循环01230）的理论热效率提高了多少？

解 查水蒸气的焓熵图和水蒸气热力性质表，得各状态点的比焓值为

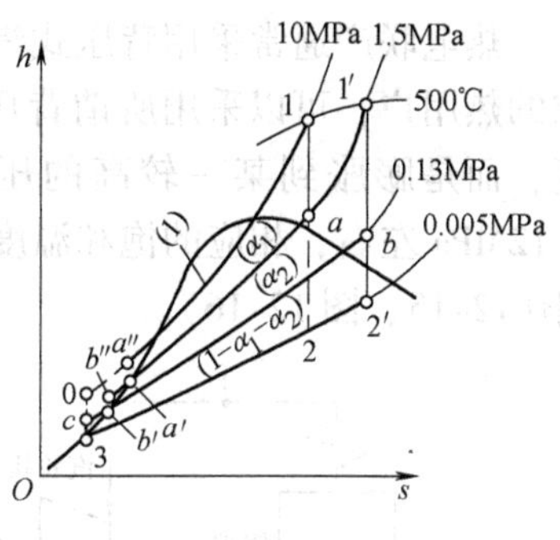

图12-14 例12-2图

$h_1 = 3\,376\text{kJ/kg}$，$[s_1 = 6.595\text{kJ/(kg·K)}]$

$h_{1'} = 3\,475\text{kJ/kg}$，$[s_{1'} = 7.565\text{kJ/(kg·K)}]$

$h_a = 2\,866\text{kJ/kg}$，$h_b = 2\,810\text{kJ/kg}$

$h_{2'} = 2\,308\text{kJ/kg}$，$h_2 = 2\,008\text{kJ/kg}$

$h_3 = 137.7\text{kJ/kg}$，$h_c = 137.8\text{kJ/kg}$

$h_0 = 147.7\text{kJ/kg}$，$h_{b'} = 449.2\text{kJ/kg}$

$h_{b''} = 450.6\text{kJ/kg}$，$h_{a'} = 844.8\text{kJ/kg}$

$h_{a''} = 854.6\text{kJ/kg}$

计算抽汽率

$$\alpha_1 = \frac{h_{a'} - h_{b''}}{h_a - h_{b''}} = \frac{844.8 - 450.6}{2\,866 - 450.6} = 0.163\,2 = 16.32\%$$

$$\alpha_2 = (1-\alpha_1)\ \frac{h_{b'} - h_c}{h_b - h_c} = (1 - 0.1632)\ \frac{449.2 - 137.8}{2810 - 137.8} = 0.0975 = 9.75\%$$

再热、回热循环的理论热效率为

$$\eta_{t再热\ 回热} = 1 - \frac{Q_2}{Q_1} = 1 - \frac{(1-\alpha_1-\alpha_2)(h_2 - h_3)}{h_1 - h_{a''}}$$

$$= 1 - \frac{(1-0.163\,2-0.097\,5)(2\,308 - 137.7)}{(3\,376 - 854.6) + (1-0.163\,2)(3\,475 - 2\,866)}$$

$$= 0.470\,6 = 47.06\%$$

相同参数的朗肯循环的理论热效率为

$$\eta_t = 1 - \frac{q_2}{q_1} = 1 - \frac{h_2 - h_3}{h_1 - h_0} = 1 - \frac{2\,008 - 137.7}{3\,376 - 147.7} = 0.420\,7 = 42.07\%$$

前者比后者热效率提高的百分率为

$$\frac{\Delta\eta_t}{\eta_t} = \frac{0.470\,6 - 0.420\,7}{0.420\,7} = 0.118\,6 = 11.86\%$$

12.3 热电联产循环

虽然高温高压并且采用再热、回热等措施的现代化大型蒸汽动力装置，其发电效率可达50%左右，但是燃料中仍有另一半能量作为废热由凝汽器排向了大气而损失掉了。然而，另一方面，生产和生活中需要用热的地方，又往往另外消耗燃料来生产中、低压力和温度的蒸汽直接供给用户，而没有利用蒸汽的做功潜能。如果设法将热和电的需要集中由大型热电厂提供，便可以有效地提高燃料能量的利用率，这就是热电联产的概念。

热电联产的常用方法是根据热用户的要求，从汽轮机的中间部位抽出所需温度和压力的一部分蒸汽送往热用户。这样，虽然流经汽轮机抽汽口后面的蒸汽流量将减少，因而会减少汽轮机输出功率，并使循环热效率比不抽汽时有所降低，但是由于这时电厂不仅提供了电

力，还提供了热能，总的能量利用率还是显著提高了。

热电联产通常采用背压式汽轮机组和调节式机组两种方式。对于具有相当规模和稳定需求的热用户，可以采用所谓背压式汽轮机，即蒸汽在汽轮机中不是一直膨胀到接近环境温度，而是膨胀到某一较高的压力和温度（例如对于采暖用热，可将汽轮机背压设计为0.12MPa左右，相应的饱和温度为105℃左右），然后将汽轮机全部排汽直接提供给热用户（图12-15、图12-16）。

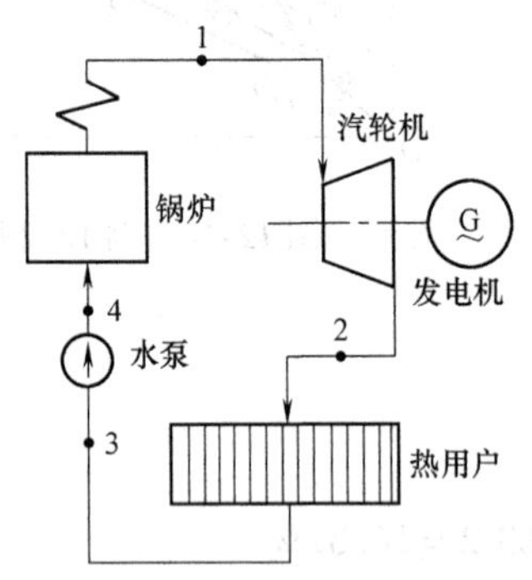

图12-15　背压式热电联产循环

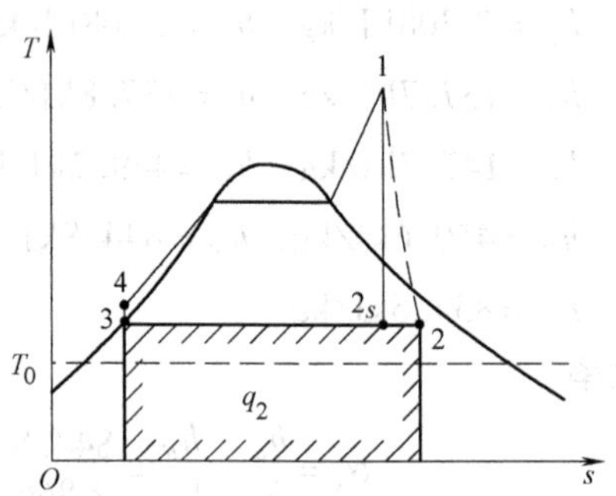

图12-16　背压式热电联产循环温熵图

背压式汽轮机的优点是能量利用率高。理论上蒸汽能量的利用率可达100%（在考虑到汽轮机膨胀过程是不可逆的情况下也是如此）。这时能量利用率为

$$\xi = \frac{\text{发电能量} + \text{供热能量}}{\text{蒸汽从锅炉获得的能量}} = \frac{w_0 + q_2}{q_1} \tag{12-11}$$

由于式（12-11）中未计锅炉中的热损失，加之供热管道等其他损失，实际的燃料能量利用率约为70%左右。

由于背压式的热电联供，其电产量和热产量的比例不能调节，在用热不足时，发电也受限制而使机组不能发挥应有的效能。调节式的热电联产可以克服这个缺点，这种方式可以根据用户在不同时期电热需求的变化灵活地调节输出的电能和热能（图12-17，图12-18）。

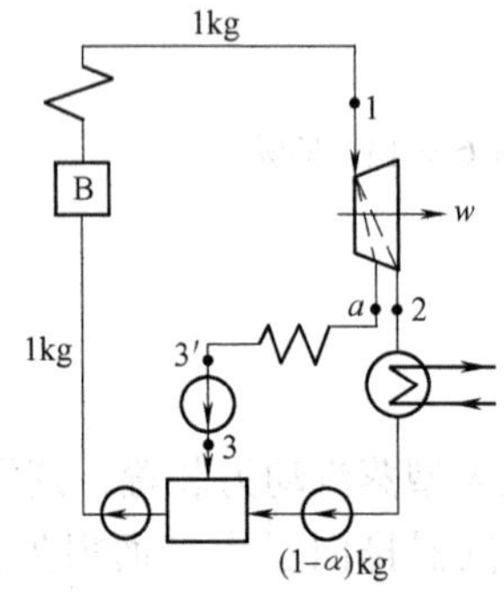

图12-17　调节式热电联产循环

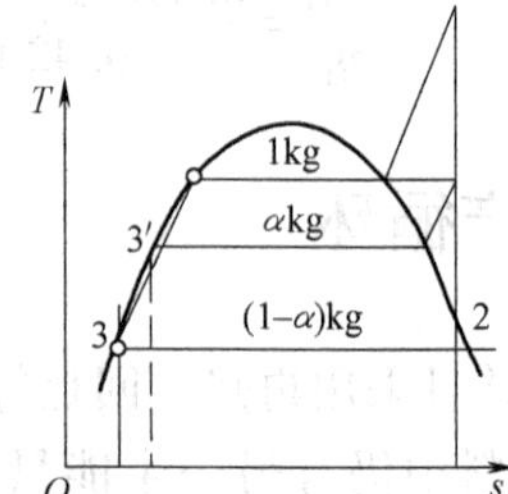

图12-18　调节式热电联产循环温熵图

12.4　实际蒸汽动力循环的能量分析与㶲分析

实际的蒸汽动力循环必然存在着各种能量损失和㶲损失。能量分析法依据的是热力学第

一定律（能量守恒），㶲分析法依据的是热力学第二定律（㶲不守恒）。两种方法依据不同，对损失的分析结果当然会有差异。现举如下算例来说明这两种分析方法。

有一燃油的火力发电厂，按朗肯循环工作（图12-19、图12-20）。已知进入汽轮机的新汽参数为 $p_1=13.5\text{MPa}$、$t_1=550℃$，流出汽轮机的乏汽压力（亦即凝汽器压力）为 $p_2=0.004\text{MPa}$，汽轮机相对内效率 $\eta_{\text{ri}}=0.88$，锅炉给水压力（即水泵出口压力）为 $p_4=14\text{MPa}$，水泵效率 $\eta_{\text{P}}=0.75$。燃料的高发热量（计及燃烧产物在低温下水蒸气放出的凝结潜热）$H_{\text{V,H,f}}=43\,200\text{kJ/kg}$，低发热量（认为燃烧产物在低温下仍为气态，不考虑水蒸气的凝结）$H_{\text{V,L,f}}=41\,000\text{kJ/kg}$。锅炉效率 $\eta_{\text{B}}=0.90$。

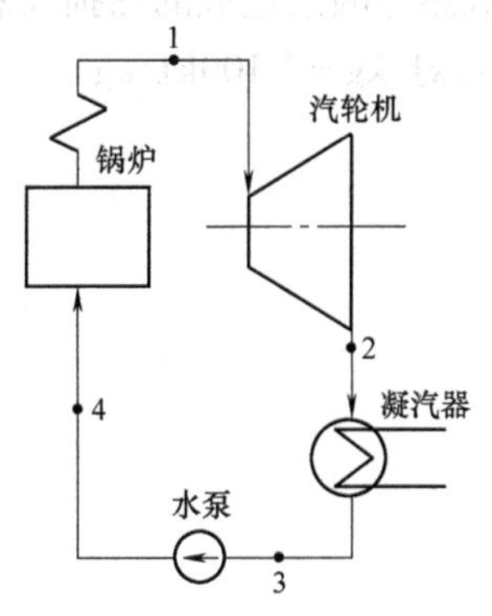

图12-19 火力发电厂的朗肯循环

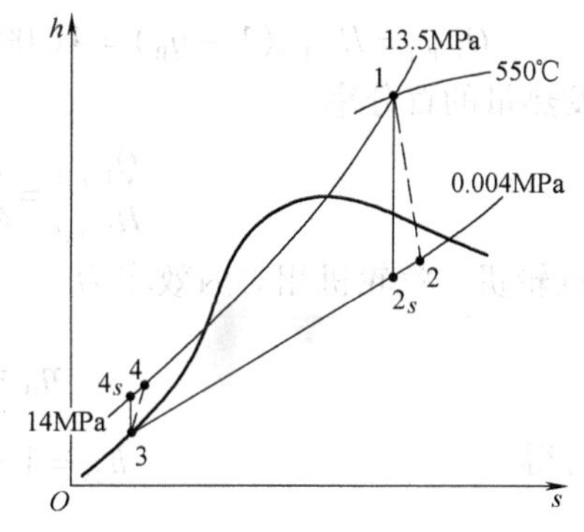

图12-20 火力发电厂的朗肯循环焓熵图

1. 能量分析法

（1）水泵 水泵理论上（等熵时）消耗的功与实际消耗功的比值为水泵效率，有

$$\eta_{\text{P}}=\frac{h_{4s}-h_3}{h_4-h_3}$$

由蒸汽表可查得

$$h_3=121.30\text{kJ/kg}\ (0.004\text{MPa 饱和水的焓}),\quad h_{4s}=135.83\text{kJ/kg}$$

所以

$$h_4=\frac{h_{4s}-h_3}{\eta_{\text{P}}}+h_3=\left(\frac{135.83-121.30}{0.75}+121.30\right)\text{kJ/kg}=140.67\text{kJ/kg}$$

对于1kg燃料水泵消耗功

$$w_{\text{P}}=h_4-h_3=(140.67-121.30)\text{kJ/kg}=19.37\text{kJ/kg}$$

$$W_{\text{P}}=mw_{\text{P}}=11.1037\times19.37\text{kJ/kg}=215.08\text{kJ/kg}$$

（m 为1kg燃料产生的蒸汽量，见下面的计算）

由于水泵中进行的是绝热过程，没有热量散失，所以

$$Q_{\text{L,P}}=0$$

（2）锅炉 按习惯，锅炉效率是指每燃烧1kg燃料蒸汽获得能量与燃料低发热量之比。设每消耗1kg燃料可产生 m kg新蒸汽，则锅炉效率

$$\eta_{\text{B}}=\frac{m(h_1-h_4)}{H_{\text{V,L,f}}}$$

由于过程4→1为无技术功过程，即使在由水变为蒸汽的吸热过程中压力有所下降，吸热量仍等于焓的增量。

由蒸汽表查得 $h_1 = 3\ 463.9\text{kJ/kg}$

所以

$$m = \frac{H_{V,L,f}\eta_B}{h_1 - h_4} = \frac{41\ 000 \times 0.90}{3\ 463.9 - 140.67} = 11.103\ 7$$

消耗1kg燃料产生11.103 7kg蒸汽，所吸收的热量为

$$Q_1 = m(h_1 - h_4) = 1.103\ 7 \times (3\ 463.9 - 140.67)\text{kJ/kg} = 36\ 900.1\text{kJ/kg}$$

锅炉由于排出温度较高的烟气、不完全燃烧及炉体散热等因素造成的热损失总计为

$$Q_{L,B,f} = H_{V,L,f}(1 - \eta_B) = 41\ 000 \times (1 - 0.90)\text{kJ/kg} = 4\ 100\text{kJ/kg}$$

占燃料低发热量的百分率

$$\frac{Q_{L,B,f}}{H_{V,L,f}} = \frac{4\ 100}{41\ 000} = 10\%$$

（3）汽轮机 汽轮机相对内效率为

$$\eta_{ri} = \frac{h_1 - h_2}{h_1 - h_{2s}}$$

查蒸汽表可得 $h_{2s} = 1\ 982.51\text{kJ/kg}$

所以

$$h_2 = h_1 - \eta_{ri}(h_1 - h_{2s}) = [3\ 463.9 - 0.88(3\ 463.9 - 1\ 982.51)]\text{kJ/kg} = 2\ 160.28\text{kJ/kg}$$

消耗1kg燃料汽轮机所做功为

$$W_T = m(h_1 - h_2) = 11.103\ 7 \times (3\ 463.9 - 2\ 160.28)\text{kJ/kg} = 14\ 475.0\text{kJ/kg}$$

由于汽轮机中进行的是绝热过程，没有热量损失，所以

$$Q_{L,T} = 0$$

（4）凝汽器 乏汽在凝汽器中放出的热量

$$Q_2 = m(h_2 - h_3) = 11.103\ 7 \times (2\ 160.28 - 121.30)\text{kJ/kg} = 22\ 640.2\text{kJ/kg}$$

这热量通过冷却水全部排放到大气中，成为热损失

$$Q_{L,C,f} = Q_2 = 22\ 640.2\text{kJ/kg}$$

占燃料低发热量的百分率为

$$\frac{Q_{L,C,f}}{H_{V,L,f}} = \frac{22\ 640.2}{41\ 000} = 55.22\%$$

总的能量平衡（按1kg燃料计算）

燃料的低发热量 =（水泵、锅炉、汽轮机、凝汽器总的热损失）+（汽轮机所做功 − 水泵所耗功）

$$\begin{aligned} Q_{V,L,f} &= Q_{L,P} + Q_{L,B,f} + Q_{L,T} + Q_{L,C,f} + W_T - W_P \\ &= (0 + 4\ 100 + 0 + 22\ 640.2 + 14\ 475.0 - 215.08)\text{kJ/kg} \\ &= 41\ 000.1\text{kJ/kg} \end{aligned}$$

以新蒸汽的吸热量 Q_1 为100%（不包括锅炉的热损失），循环的热效率为

$$\eta_t = \frac{W_T - W_P}{Q_1} = 1 - \frac{Q_2}{Q_1} = \frac{14\ 475.0 - 215.08}{36\ 900.1}$$

$$=1-\frac{22\ 640.2}{36\ 900.1}=38.645\%$$

若以燃料的低发热量 $H_{V,L,f}$ 为100%（包括锅炉的热损失在内），则循环的热效率为

$$\eta_t'=\frac{W_T-W_P}{H_{V,L,f}}=\frac{14\ 475.0-215.08}{41\ 000}=34.78\%$$

以燃料的低发热量为100%，将各项热损失及循环作出的功直观地画在能流图中（图12-21）。

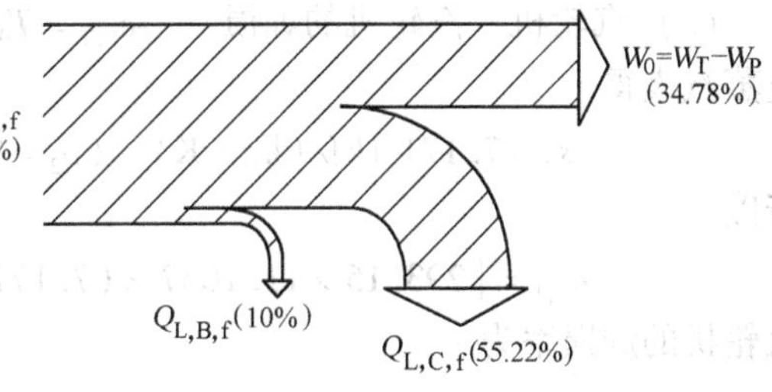

图12-21　能流图

2. 㶲分析法

碳氢燃料的比㶲（$e_{x,U,f}$）与燃料的高发热量（$H_{V,H,f}$）很接近，对常用的燃料油，可以认为 $E_{x,U,f}\approx 0.975\ H_{V,H,f}$，这就是说，燃料中的化学能在理论上（通过可逆的化学反应）绝大部分都能转化为有用功。然而，在实际的蒸汽动力装置中，燃料㶲在所有的有关过程都会有不可逆损失。分析这些损失在各个相关设备的分布情况，对改进设备性能，减少㶲损，提高整个装置的效率有指导意义。

分析计算仍针对上述算例进行。设环境状态为：$p_0=0.1\text{MPa}$、$T_0=293.15\text{K}$（20℃）。

（1）水泵　对于1kg燃料，水泵的㶲损

$$e_{L,P}=T_0m(s_4-s_3)$$

查蒸汽表得　$s_3=0.422\ 1\text{kJ/(kg·K)}$　（0.004MPa饱和水）

$s_4=0.439\ 6\text{kJ/(kg·K)}$　（$p_4=14\text{MPa}$，$h_4=140.67\text{kJ/kg}$ 时）

所以

$$e_{L,P}=293.15\times 11.103\ 7\times(0.439\ 6-0.422\ 1)\text{kJ/kg}=56.963\text{kJ/kg}$$

以燃料比㶲（$e_{x,U,f}$）为100%，有

$$e_{x,U,f}=0.975H_{V,H,f}=0.975\times 43\ 200\text{kJ/kg}=42\ 120\text{kJ/kg}$$

水泵的㶲损率为

$$\frac{e_{L,P}}{e_{x,U,f}}=\frac{56.963}{42\ 120}=0.135\%$$

（2）锅炉　锅炉的㶲损

$$e_{L,B}=e_{x,U,f}-m(e_{x1}-e_{x4})=e_{x,U,f}-m[(h_1-h_4)-T_0(s_1-s_4)]$$

查蒸汽表得　$s_1=6.582\ 7\text{kJ/(kg·K)}$

所以

$$e_{L,B}=[42\ 120-11.103\ 7\times(3\ 463.9-140.67)-293.15(6.582\ 7-0.439\ 6)]\text{kJ/kg}$$
$$=25\ 215.95\text{kJ/kg}$$

锅炉的㶲损率为

$$\frac{e_{L,B}}{e_{x,U,f}}=\frac{25\ 215.95}{42\ 120}=59.867\%$$

锅炉的㶲损高达燃料㶲的一半以上，主要是由于燃烧是一个强烈的不可逆过程，还有锅

炉中的火焰、烟气与水和蒸汽之间的传热温差很大，往往高达几百度甚至上千度。提高蒸汽的温度虽然可以减少传热的不可逆㶲损，但又受到材料耐热性能的限制。锅炉的排烟温度较高，直接将烟气中的可用能排放到大气中未加利用也造成锅炉的㶲损，然而降低排烟温度也受到多种因素的制约。锅炉中的其他㶲损，如不完全燃烧、炉体散失、管道阻力、阀门节流等造成的㶲损相对较小。

（3）汽轮机　汽轮机的㶲损　　$e_{L,T}=T_0m(s_2-s_1)$

查蒸汽表得

$$s_2=7.171\ 1\text{kJ/(kg}\cdot\text{K)}\quad (p_2=0.004\text{MPa},\ h_2=2\ 160.28\text{kJ/kg 时})$$

所以

$$e_{L,T}=[293.15\times 11.1037\times(7.1711-6.5827)]\text{kJ/kg}=1\ 915.27\text{kJ/kg}$$

汽轮机的㶲损率为

$$\frac{e_{L,T}}{e_{x,U,f}}=\frac{1\ 915.27}{42\ 120}=4.547\%$$

（4）凝汽器　凝汽器的㶲损

$$\begin{aligned}e_{L,C}&=m(e_{x2}-e_{x3})=m[(h_2-h_3)-T_0(s_2-s_3)]\\&=11.103\ 7\times(2\ 160.28-121.30)-293.15\times(7.171\ 1-0.422\ 1)\text{kJ/kg}]\\&=671.89\text{kJ/kg}\end{aligned}$$

凝汽器的㶲损率为

$$\frac{e_{L,C}}{e_{x,U,f}}=\frac{671.89}{42\ 120}=1.595\%$$

对于1kg燃料，装置输出的功（可用能）与燃料㶲的比值称为循环的㶲效率

$$\begin{aligned}\eta_{ex}&=\frac{W_0}{e_{x,U,f}}=\frac{W_T-W_P}{e_{x,U,f}}\\&=\frac{(14\ 475.0-215.08)}{42\ 120}=33.855\%\end{aligned}$$

总的㶲平衡（按1kg燃料计算）

1kg燃料的㶲=（水泵、锅炉、汽轮机、凝汽器总的㶲损失）+（汽轮机所作功水泵消耗功）

即

$$\begin{aligned}e_{x,U,f}&=e_{L,P}+e_{L,B}+e_{L,T}+e_{L,C}+W_T-W_P\\&=(56.963+25\ 215.92+1\ 915.27+671.89+14\ 475.0-215.08)\text{kJ/kg}\\&=42\ 120\text{kJ/kg}\end{aligned}$$

以1kg燃料的总㶲为100%，将各项㶲损及循环输出的功直观地画在㶲流图中（图12-22）。

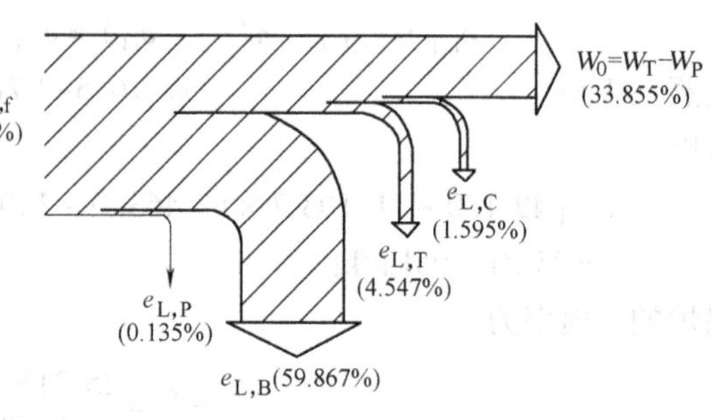

图12-22　㶲流图

将能量分析和㶲分析的各项计算结果列成表（表12-1），以便对照比较。表12-1中的数据清楚地显示：能量平衡中的最大损失在凝汽器，㶲平衡中的最大损失在锅炉，二者均超过50%。应该

说㶲分析的结果更合理、更具指导意义。要提高从燃料化学能到可用功的能量转换效率，不可能从减少凝汽器的排热中找到出路（凝汽器排热中的绝大部分，从理论上来说是必须的），而应从减少锅炉燃烧、传热、排烟等的㶲损中和所有实际设备都存在的㶲损中找出路（任何㶲损在理论上都可以避免）。

表 12-1　能量平衡和㶲平衡（1kg 燃料）

项　目		水泵损失	锅炉损失	汽轮机损失	凝汽器损失	装置输出功	总　计
能量平衡	$\frac{kJ}{kg}$	0	4 100	0	22 640.2	14 259.9	41 000.1($H_{V,L}$)
	%	0	10	0	55.22	34.78	100.00
㶲平衡	$\frac{kJ}{kg}$	56.963	25 215.95	1 915.27	671.89	14 259.9	42 120 ($e_{x,U,f}$)
	%	0.135	59.867	4.547	1.595	33.855	100.00

12.5　双工质动力循环

1. 概述和循环充满度

现代的燃气轮机装置循环最高温度可达 1 300℃，排气温度也高约 600℃，循环热效率仅为 30% 左右，它与相同最高温度和环境温度（设为 20℃）范围内的卡诺循环的热效率之比为（图 12-23）

$$\frac{\eta_t}{\eta_{t,C}}=\frac{0.3}{1-\dfrac{293}{1\ 573}}=0.368\ 7$$

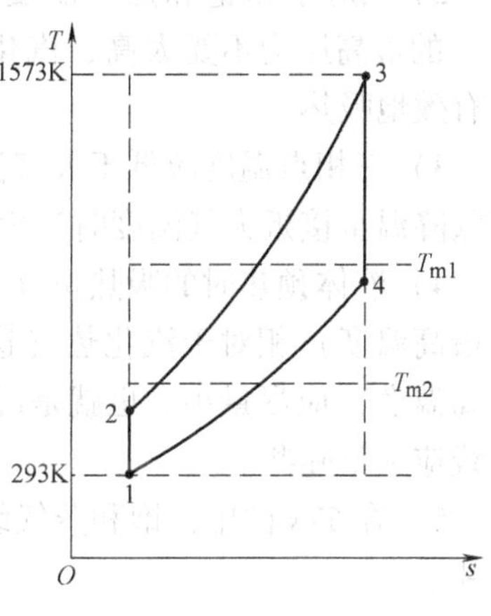

图 12-23　布雷顿循环与卡诺循环温熵图

现代蒸汽动力循环的最高温度接近 600℃，排汽温度约为 30℃，循环热效率约为 40%。该循环热效率与相同最高温度与环境温度（设为 20℃）范围内的卡诺循环的热效率之比为（图 12-24）

$$\frac{\eta_t}{\eta_{t,C}}=\frac{0.4}{1-\dfrac{293}{873}}=0.602\ 1$$

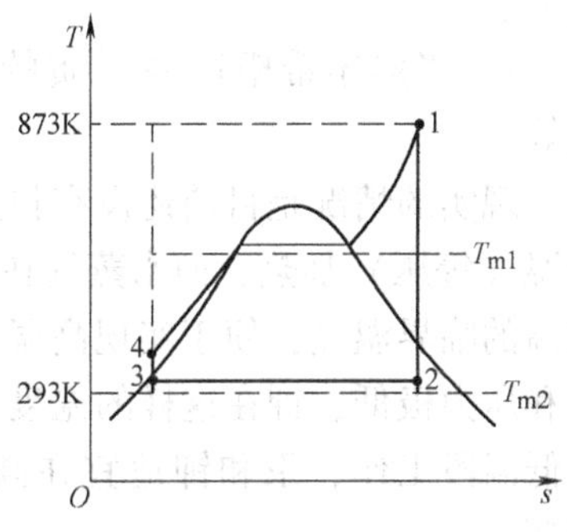

图 12-24　朗肯循环与卡诺循环温熵图

上述的循环热效率与相同温度范围内卡诺循环热效率之比称为循环的充满度，意即该循环在温熵图中与矩形的卡诺循环相比时的饱满程度。

动力循环热效率的高低完全取决于平均吸热温度（T_{m1}）和平均放热温度（T_{m2}）。平均吸热温度愈高，平均放热温度愈低，则循环的热效率愈高。燃气轮机装置的平均吸热温度虽较高，但平均放热温度也高，所以循环热效率不高。蒸汽动力循环的平均吸热温度虽不很高，但平均放热温度很低（接近环境温度），所以其循环热效率显著高于燃气轮机装置的循环热效率。但从循环的充满度来说，二者均远小于1。如何提高循环的充满度而使之更接近相同温度范围的卡诺循环的热效率呢？能否将不同循环结合起来，取长补短，达到更佳效果呢？这就是本章要讨论的问题。

2. 工质性质对循环热效率的影响

蒸汽动力循环比燃气轮机装置循环热效率高的主要原因是它具有接近环境温度的等温放热过程。因为在饱和区内，等温放热即等压放热，而等压放热（或吸热）过程（无技术功的换热过程）可以通过换热器方便地实现。燃气因不处于饱和区内，只能实现等压吸热或放热过程，很难实现等温过程。蒸汽动力循环的等压吸热过程只有汽化过程这一段处于饱和区内，因而同时也是等温的，但温度仍不高，无法与卡诺循环的最高吸热温度相比。这些都是工质的热力性质决定的。那么动力工质应具备哪些特性才能保证循环的高效率而同时在技术上又可行呢？

理想的动力工质应具备下列主要特性：

1）工质的临界温度必须远超过材料容许的蒸气最高温度 T_{max}，以便在饱和区内实现等温（亦即等压）的吸热和放热过程（图12-25）。

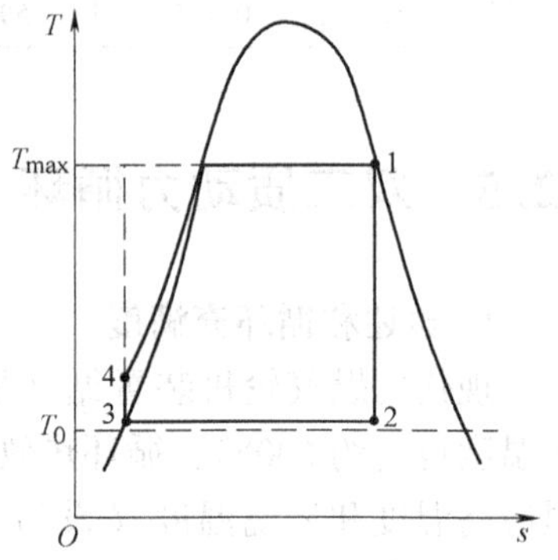

图12-25 临界温度与饱和区关系的温熵图

2）相应于新饱和蒸气温度 T_1（即材料容许的最高温度）的最高压力不要太高，汽化热则应尽可能大些，以便更有效地吸热。

3）三相点温度应低于大气温度，以免工质在涡轮机中膨胀降温至接近大气温度时产生固态物质。

4）液体预热时的吸热量（这段预热过程的吸热温度低于最高温度）相对于汽化热（这部分热量的吸热温度等于最高温度）应尽量小。也就是说，液体的比定压热容应尽量小，或者说，在 T-s 图中饱和液体线应尽量陡些。

5）在 T-s 图中，饱和蒸气线也应尽量陡些，以免涡轮机后面各级蒸气湿度大而损害叶片。

6）相应于冷凝温度 T_2（它接近大气温度 T_0）的饱和压力 p_2 不要太低，以免增加维持冷凝器内高真空度的困难以及由于比体积太大造成涡轮机后面几级的叶片及排气管道的尺寸过大。

7）当然还希望这种工质的化学稳定性好、无毒、不腐蚀金属、来源充足、价格便宜等。

现实的情况是目前还没有找到这样的工质。水蒸气的临界温度太低，无法实现高温下的等温（等压）加热，但水蒸气在接近大气温度时的饱和压力还不算很低。水银和钾都具有很高的临界温度，便于实现高温下的等温（等压）吸热，但在接近大气温度时水银和钾的饱和压力极低，钾在这样的温度下则已凝固。鉴于水和汞及钾在性质上的互补性（水适宜在低温段工作，汞和钾适宜在高温段工作），人们提出了汞-水双蒸气循环或钾-水双蒸气循环。

3. 双蒸气循环

蒸汽动力循环的主要缺点是水在预热和汽化时平均吸热温度不高，提高蒸汽的初温受到材料耐热性能的限制。提高蒸汽的初压，则由于水的临界温度不高（$t_c=373.99$℃），即使初压超过临界压力（$p_c=22.064$MPa），也不会带来多少效益，这时朗肯循环将接近一三角形（图12-26），而循环的充满度（或平均吸热温度）并无显著提高。

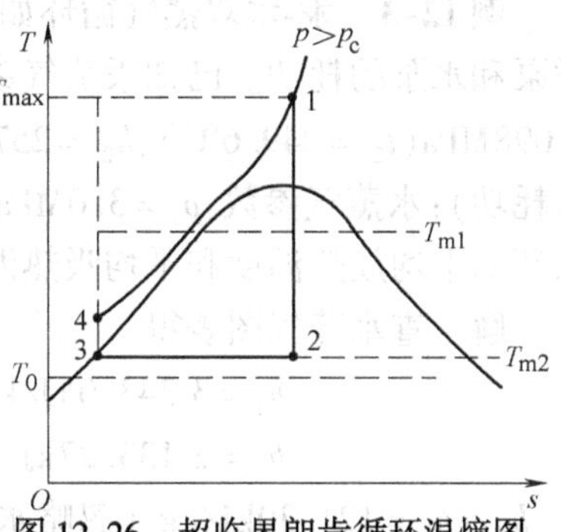

图12-26　超临界朗肯循环温熵图

用临界温度高的物质（如汞、钾等）进行顶循环，以水蒸气循环作为底循环，顶循环的放热通过换热器被底循环的水预热和汽化时所吸收，这样可收到很好的效果。图12-27和图12-28画出了钾-水双蒸气循环的系统示意图和相应的T-s图。

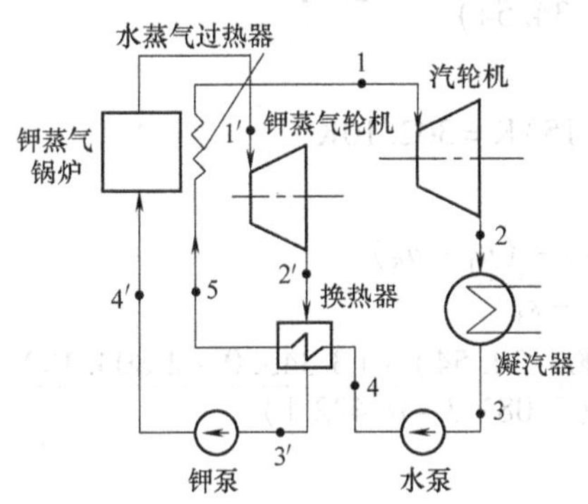

图12-27　钾-水双蒸气循环系统

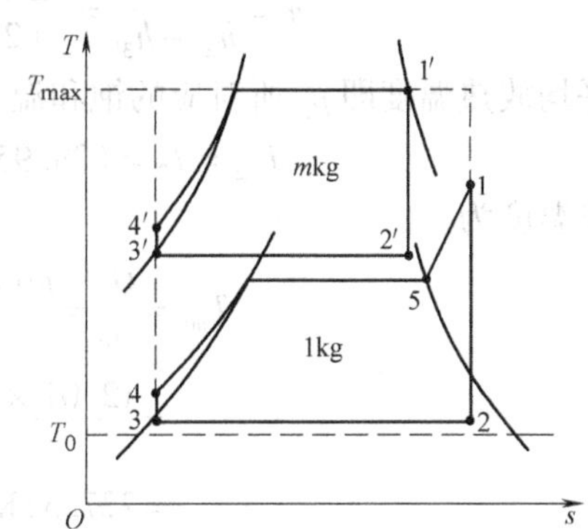

图12-28　钾-水双蒸气循环温熵图

设钾蒸气流量与水蒸气流量之比为m，则

$$\frac{q'_m}{q_m}=m=\frac{h_5-h_4}{h_{2'}-h_{3'}} \tag{12-12}$$

对1kg水蒸气而言，整个双蒸气循环所做之功为

$$\begin{aligned}W_0&=mw'_0+w_0=m(w'_T-w'_P)+(w_T-w_P)\\&=m[(h_{1'}-h_{2'})-(h_{4'}-h_{3'})]+[(h_1-h_2)-(h_4-h_3)]\end{aligned} \tag{12-13}$$

循环从外界吸收的热量为

$$Q_1=mq'_1+q_1=m(h_{1'}-h_{4'})+(h_1-h_5)\quad\text{（平均吸热温度较高）} \tag{12-14}$$

循环向外界放出的热量为

$$Q_2=q_2=h_2-h_3\quad\text{（平均放热温度很低）} \tag{12-15}$$

双蒸气循环的热效率为

$$\eta_t=\frac{W_0}{Q_1}=1-\frac{Q_2}{Q_1}=1-\frac{h_2-h_3}{m\ (h_{1'}-h_{4'})+(h_1-h_5)} \tag{12-16}$$

过去实现的汞-水双蒸气循环也曾达到较高的热效率，但由于水银价格高，而且有毒，对设备的密封要求特别高，现在已不再采用。钾蒸气具有与汞蒸气类似的性质，它在高温760～982℃下的饱和压力仅为0.1～0.533MPa，而在放热温度为611～477℃下的饱和压力为0.016～0.002 6MPa，不存在高压或高真空度的技术困难，因而有很好的发展前景。

例 12-3 汞-水双蒸气循环如图 12-27 所示。涡轮机中进行的是可逆(等熵)过程,忽略汞泵和水泵的耗功。已知汞蒸气参数:$t_{1'}=515.5℃$ ($p_{1'}=0.981\text{MPa}$),$h_{1'}=393.00\text{kJ/kg}$,$p_{2'}=0.098\text{MPa}$($t_{2'}=249.6℃$),$h_{2'}=257.85\text{kJ/kg}$(已考虑到 $s_{2'}=s_{1'}$)$h_{4'}\approx h_{3'}=34.54\text{kJ/kg}$(忽略汞泵耗功);水蒸气参数:$p_1=3.0\text{MPa}$,$t_1=450℃$,$p_2=0.004\text{MPa}$;大气温度:$t_0=20℃$。试计算该循环的平均放热温度和平均吸热温度、循环的热效率和充满度。

解 查水蒸气图表得

$$h_1=3\,343.0\text{kJ/kg}[t_5=233.89℃,s_1=7.081\,7\text{kJ/(kg·K)}]$$

$$h_2=2\,133.27\text{kJ/kg}\ (t_2=28.95℃,\ 已考虑到\ s_2=s_1)$$

$h_4\approx h_3=121.30\text{kJ/kg}$ (忽略水泵耗功) $s_3=0.422\,1\text{kJ/(kg·K)}$, $h_5=2\,803.19\text{kJ/kg}$

汞蒸气流量与水蒸气流量之比为

$$m=\frac{h_5-h_4}{h_{2'}-h_{3'}}=\frac{(2\,803.19-121.30)}{(257.85-34.54)}=12.01$$

循环的平均放热温度即 p_2 所对应的饱和温度为

$$T_{\text{m2}}=T_2=(28.95+273.15)\text{K}=302.10\text{K}$$

平均吸热温度为

$$T_{\text{m1}}=\frac{Q_1}{\Delta s}=\frac{m(h_{1'}-h_{4'})+(h_1-h_5)}{s_2-s_3}$$

$$=\frac{12.01\times(393.00-34.54)+(3\,343.0-2\,803.19)}{(7.081\,7-0.422\,1)}\text{K}$$

$$=727.51\text{K}$$

双蒸气循环的热效率

$$\eta_{\text{t}}=1-\frac{T_{\text{m2}}}{T_{\text{m1}}}=1-\frac{302.10}{727.51}=58.47\%$$

工作在相同最高温度和环境温度之间的卡诺循环的热效率为

$$\eta_{\text{t,C}}=1-\frac{T_0}{T_{1'}}=1-\frac{293.15}{515.5+273.15}=62.83\%$$

循环的充满度为

$$\frac{\eta_{\text{t}}}{\eta_{\text{t,C}}}=\frac{0.584\,7}{0.628\,3}=93.06\%$$

4. 燃气-蒸汽联合循环

比双蒸气循环更为现实的是用已获得广泛应用的燃气轮机装置循环与蒸汽动力循环相配合,形成优势互补。燃气轮机的排气温度较高(600℃左右),如果燃气轮机装置进行顶循环,蒸汽动力装置进行底循环,将燃气轮机的排气引入余热锅炉加热水,使之变为蒸汽,进入汽轮机做功,这样便形成了燃气-蒸汽联合循环(图 12-29、图 12-30)。

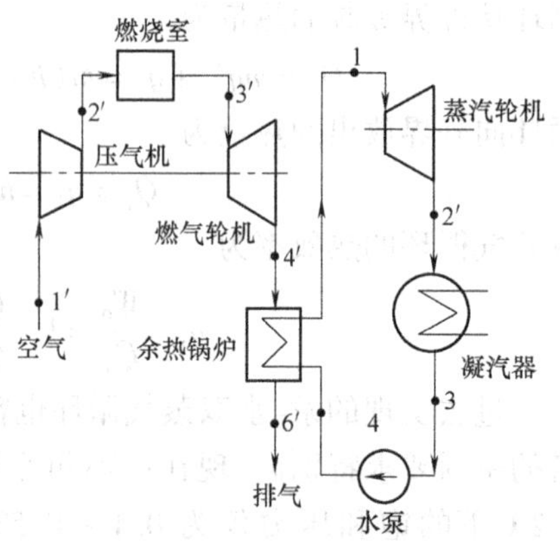

图 12-29 燃气-蒸汽联合循环系统

在余热锅炉中,水在等压汽化时温度保持不变($T_5=T_s$),而燃气轮机排气在冷却过程中温度是一直下降的。图 12-31 画出了余热锅炉中燃气放热和水吸热生成蒸汽时温度变化与热量的关系。图中显示了冷热流体间的传热温差分布状况，其中以水开始汽化时（状态 5）与燃气间的温差最小。这一温差称为节点（Pinch Point，pp），温差，有

$$\Delta T_{pp} = T_{5'} - T_5 \tag{12-17}$$

为了保证必要的传热强度，节点温差一般不小于 10K。在选定了节点温差的值后，就可以确定 $T_{5'}$（$T_{5'} = T_5 + T_{pp}$），这样状态 5′也就确定了，因而燃气（空气）与蒸汽流量之比（m）也就可以由下式确定

$$\frac{q'_m}{q_m} = m = \frac{h_1 - h_5}{h_{4'} - h_{5'}} \tag{12-18}$$

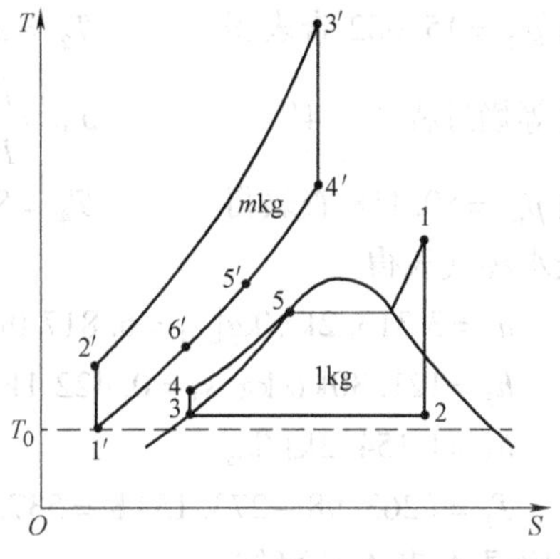

图 12-30　燃气-蒸汽联合循环温熵图

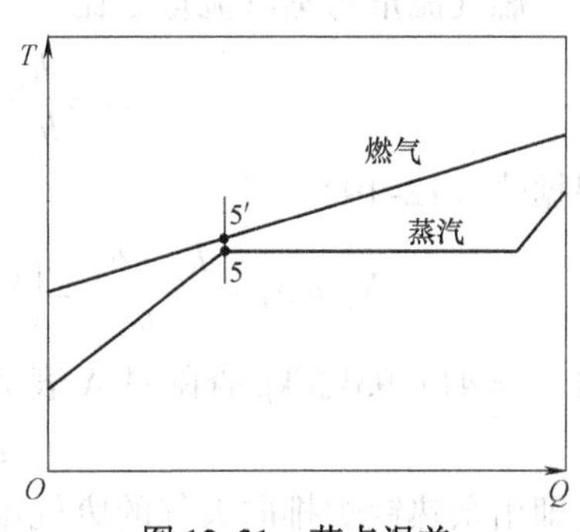

图 12-31　节点温差

而状态 6′则可由已知的 m 值求得

从而得

$$\left.\begin{aligned} m &= \frac{h_1 - h_4}{h_{4'} - h_{6'}} \\ h_{6'} &= h_{4'} - \frac{h_1 - h_4}{m} \end{aligned}\right\} \tag{12-19}$$

对于 1kg 蒸汽而言，整个联合循环所做之功为

$$\begin{aligned} W_0 &= mw'_0 + w_0 = m(w'_T - w'_C) + (w_T - w_P) \\ &= m[(h_{3'} - h_{4'}) - (h_{2'} - h_{1'})] + [(h_1 - h_2) - (h_4 - h_3)] \end{aligned} \tag{12-20}$$

从外界吸收的热量为

$$Q_1 = mq'_1 = m(h_{3'} - h_{2'}) \tag{12-21}$$

向外界放出的热量为

$$Q_2 = m(h_{6'} - h_{1'}) + (h_2 - h_3) \tag{12-22}$$

燃气-蒸汽联合循环的热效率为

$$\eta_t = \frac{W_0}{Q_1} = 1 - \frac{Q_2}{Q_1} = 1 - \frac{m(h_{6'} - h_{1'}) + (h_2 - h_3)}{m(h_{3'} - h_{2'})} \tag{12-23}$$

由于燃气轮机装置和蒸汽动力装置在技术上都很成熟，因此实现燃气-蒸汽联合循环并无困难。目前，联合循环的净发电效率可达 50% 以上。

例 12-4　燃气-蒸汽联合装置循环如图 12-29 所示。已知燃气轮机装置循环参数：$T_{1'} = 295\text{K}$，$p_{1'} = p_{4'} = 0.1\text{MPa}$，$T_{3'} = 1\,500\text{K}$，$p_{3'} = p_{2'} = 1.2\text{MPa}$；蒸汽动力循环参数：$p_1 = 5\text{MPa}$，$t_1 = 450℃$，$p_2 = 0.004\text{MPa}$；大气参数：$T_0 = 295\text{K}$，$p_0 = 0.1\text{MPa}$；余热锅炉中的节点温差：$T_{pp} = 10\text{K}$。假定水泵、压气机和涡轮机中进行的均为等熵过程，燃气性质接近空气，忽略燃料质量。

试利用空气的热力性质表（附录 A 表 A-5）和水蒸气图表计算联合循环的理论热效率。

解　查附录 A 表 A-5 得

$$h_{1'} = 295.17\text{kJ/kg},\quad p_{r1'} = 1.306\,8,\quad h_{3'} = 1\,635.97\text{kJ/kg},\quad p_{r3'} = 601.9$$

对等熵过程 1′→2′　$p_{r2'} = \frac{p_{2'}}{p_{1'}} p_{r1'} = \frac{1.2}{0.1} \times 1.306\,8 = 15.682$

由 $p_{r2'}=15.682$ 查表得 $T_{2'}=593.84\text{K}$，$h_{2'}=600.55\text{kJ/kg}$

对等熵过程 $3'\to4'$ $p_{r4'}=\dfrac{p_{4''}}{p_{3'}}p_{r3'}=\dfrac{0.1}{1.2}\times601.9=50.158$

由 $p_{r4'}=50.158$ 查表得 $T_{4'}=801.16\text{K}$，$h_{4'}=833.14\text{kJ/kg}$

查水蒸气表得

$h_1=3\,315.2\text{kJ/kg}[s_1=6.817\,0\text{kJ/(kg}\cdot\text{K)}]$，$h_2=2\,100.77\text{kJ/kg}(s_2=s_1)$

$h_3=121.30\text{kJ/kg}[s_3=0.422\,1\text{kJ/(kg}\cdot\text{K)}]$，$h_4=126.38\text{kJ/kg}(s_4=s_3)$，

$h_5=1\,154.2\text{kJ/kg}$

$T_5=(263.98+273.15)\text{K}=537.13\text{K}$，$T_{5'}=T_5+\Delta T_{pp}=(537.13+10)\text{K}=547.13\text{K}$

查附录 A 表 A-5 可知 $h_{5'}=551.76\text{kJ/kg}$

燃气流量与蒸汽流量之比

$$m=\frac{h_1-h_5}{h_{4'}-h_{5'}}=\frac{3\,315.2-1\,154.2}{833.14-551.76}=7.680$$

根据式（12-19）

$$h_{6'}=h_{4'}-\frac{h_1-h_4}{m}=\left(833.14-\frac{3\,315.2-126.38}{7.680}\right)\text{kJ/kg}=417.93\text{kJ/kg}$$

由 $h_{6'}=417.93\text{kJ/kg}$ 查附录 A 表 A-5 得

$$T_{6'}=416.72\text{K}\ (143.57℃)$$

此即由余热锅炉排向大气的废气温度。

整个联合循环所做之功［式（12-20）］

$$\begin{aligned}W_0&=m[(h_{3'}-h_{4'})-(h_{2'}-h_{1'})]+[(h_1-h_2)-(h_4-h_3)]\\&=\{7.680\times[(1\,635.97-833.14)-(600.55-295.17)]+\\&\quad[(3\,315.2-2\,100.77)-(126.38-121.30)]\}\text{kJ/kg}\\&=5\,029.77\text{kJ/kg}\end{aligned}$$

对 1kg 水蒸气亦即对 $m$kg 燃气而言，循环吸收的热量［式（12-21）］

$$\begin{aligned}Q_1&=m\ (h_{3'}-h_{2'})=7.680\times(1\,635.97-600.55)\text{kJ/kg}\\&=7\,952.03\text{kJ/kg}\end{aligned}$$

循环放出的热量［式（11-11）］

$$\begin{aligned}Q_2&=m(h_{6'}-h_{1'})+(h_2-h_3)\\&=[7.680\times(417.93-295.17)+(2\,100.77-121.30)]\text{kJ/kg}\\&=2\,922.27\text{kJ/kg}\end{aligned}$$

燃气-蒸汽联合循环的热效率

$$\eta_t=\frac{W_0}{Q_1}=\frac{5\,029.77}{7\,952.03}=63.25\%$$

$$\left(\eta_t=1-\frac{Q_2}{Q_1}=1-\frac{2\,922.27}{7\,952.03}=63.25\%\right)$$

5. 注蒸汽-燃气轮机装置循环

上节讨论的燃气-蒸汽联合循环，燃气（空气）和蒸汽分别进行各自的勃雷顿循环和朗肯循环，工质并不掺混，它是串联的双工质循环（双蒸气循环也是串联的双工质循环）。本

节要讨论的注蒸汽-燃气轮机装置循环则将余热锅炉产生的蒸汽直接注入从燃烧室流出的高温燃气（图 12-32），然后燃气和蒸汽的混合物（湿燃气）进入涡轮机膨胀做功，并在余热锅炉中放出部分热量后排入大气。水则在余热锅炉中吸收涡轮机排气放出的热量变为蒸汽后注入高温燃气。所以，注蒸汽-燃气轮机装置循环是并联的双工质循环。

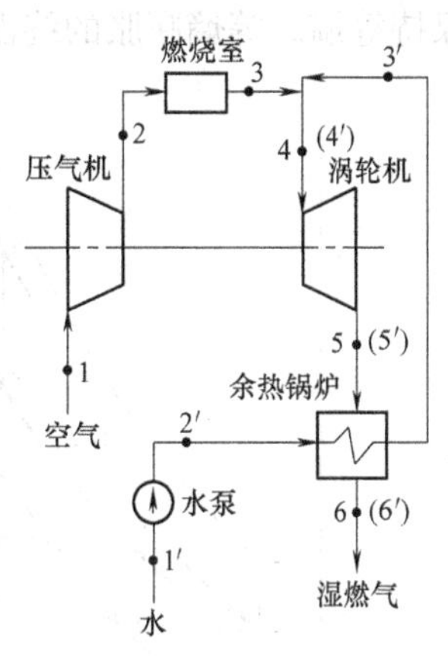

图 12-32　蒸汽-燃气轮机装置

在压气机进气状态（T_1、p_1）、燃气轮机组的增压比（膨胀比）π 不变，给水参数（$T_{1'}$、$p_{1'}$）、蒸汽参数（$T_{3'}$、$p_{3'}$）也不变，注蒸汽比 $D=q'_m/q_m$（即蒸汽流量与燃气流量之比，亦即每千克燃气的注蒸汽量）给定的情况下，整个循环及其他参数（如 T_3、T_6、p_4、p_5 等）也就完全确定了（认为绝热膨胀和绝热压缩过程均为等熵过程，不考虑流动阻力及散热）。

注蒸汽混合过程的能量平衡式为

$$h_3-h_4=D(h_{4'}-h_{3'}) \tag{12-24}$$

认为混合后的压力保持混合前燃气的压力（$p_4+p_{4'}=p_3$）。p_4 和 $p_{4'}$ 为湿燃气中燃气和蒸汽的分压力，它们可以根据注蒸汽比计算：

燃气的摩尔分数为

$$x=\frac{1/M}{1/M+D/M'} \tag{12-25}$$

蒸汽的摩尔分数为

$$x'=\frac{D/M'}{1/M+D/M'} \tag{12-26}$$

式中 M 和 M' 依次为燃气和蒸汽的摩尔质量。燃气和蒸汽的分压力分别为

$$p_4=p_3x,\qquad p_{4'}=p_3x' \tag{12-27}$$

在整个膨胀过程（过程 4→5、4′→5′）和放热过程（过程 5→6、5′→6′）中，燃气和蒸汽的分压力保持不变的比率（x/x'）。

湿燃气（包括其中的水蒸气）在较高温度 T_1 下可视为理想气体，它在涡轮机中作等熵膨胀时近似遵守 $pv^{\kappa_m}=$ 常数的规律。式中 κ_m 为湿燃气的平均等熵指数，它可以由燃气的等熵指数（κ）和蒸汽的等熵指数（κ'）按下式计算[⊖]：

$$\kappa_m=x\kappa+x'\kappa' \tag{12-28}$$

应该指出，图 12-33 所示的膨胀过程 4→5 和 4′→5′（$T_4=T_{4'}$，$p_4/p_5=p_{4'}/p_{5'}=\pi$）并非等熵线，因为燃气和蒸汽在相同的初温（$T_4=T_{4'}$）和相同的膨胀比（$p_4/p_5=p_{4'}/p_{5'}$）的条件下分别作等熵膨胀时，由于等熵指数不同（$\kappa>\kappa'$），所达到的终温是不同的（$T_{5s}<T_{5's}$，参看图 12-34 及例 12-5）。然而，事实上蒸汽和燃气混合在一起无法分开，它们在膨胀过程中，温度始终是同步下降的。如果设想它们并未掺混，则为了保持温度同步下降，燃气必须吸热，蒸汽必须放热，前者增熵，后者减熵（图 12-34 中过程 4→5 和 4′→5′），二者合起来

⊖ 较为严格的计算式为：$\kappa_m=\dfrac{xC_{p,m}+x'C'_{p,m}}{xC_{p,m}+x'C'_{p,m}-R}$，式中 $C_{p,m}$ 和 $C'_{p,m}$ 为燃气和蒸汽的摩尔定压热容，R 为摩尔气体常数。

保持等熵。等熵膨胀的终温（$T_5=T_{5'}$）可由湿燃气的平均等熵指数确定，即

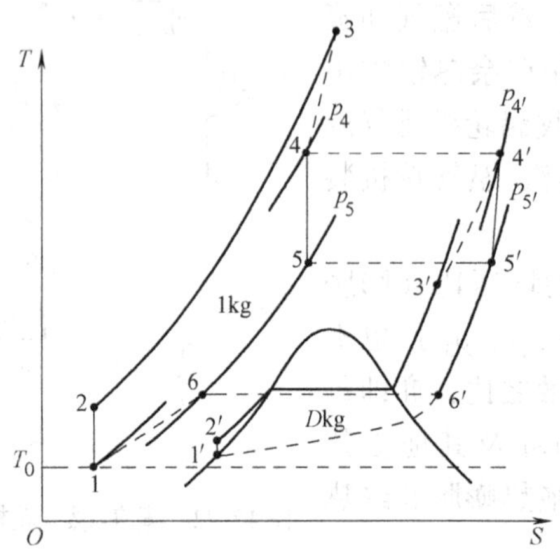

图 12-33 蒸汽-燃气轮机装置循环温熵图

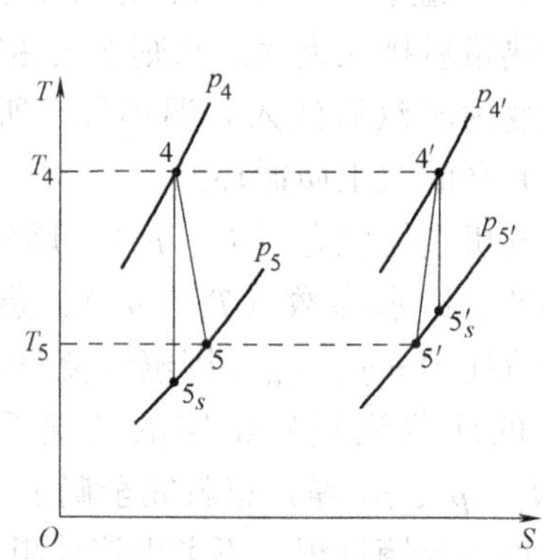

图 12-34 燃气和蒸汽膨胀终态的温度

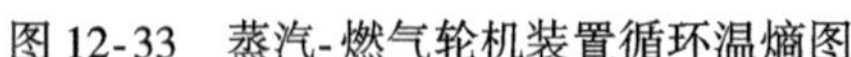

$$T_5=T_{5'}=T_4\left(\frac{p_5}{p_4}\right)^{\frac{\kappa_m-1}{\kappa_m}}=T_4\left(\frac{1}{\pi}\right)^{\frac{\kappa_m-1}{\kappa_m}} \tag{12-29}$$

状态 5 应根据 p_5 和 T_5 来确定，状态 5′应根据 $p_{5'}$和 $T_{5'}$来确定，而不是从状态 4 和 4′沿等熵线而下，与等压线 p_5 和 $p_{5'}$的交点（5_s 和 $5_s'$）来确定。

余热锅炉的能量平衡式为

$$(h_5-h_6)+D(h_{5'}-h_{6'})=D(h_{3'}-h_{2'}) \tag{12-30}$$

循环做出的功

$$W_0=W_T-W_C-W'_P=[(h_4-h_5)+D(h_{4'}-h_{5'})]-(h_2-h_1)-D(h_{2'}-h_{1'}) \tag{12-31}$$

循环吸热量

$$Q_1=q_1=h_3-h_2 \tag{12-32}$$

循环放热量

$$Q_2=(h_6-h_1)+D(h_{6'}-h_{1'}) \tag{12-33}$$

循环热效率

$$\eta_t=\frac{W_0}{Q_1}=1-\frac{Q_2}{Q_1}=1-\frac{(h_6-h_1)+D(h_{6'}-h_{1'})}{h_3-h_2} \tag{12-34}$$

注蒸汽-燃气轮机装置循环不需要单独的汽轮机，它只需在原有燃气轮机装置的基础上增加一台余热锅炉；注蒸汽后，涡轮机的流量增大，因而功率增大，但压气机耗功不变，因此整个机组的输出功率增大，循环热效率也有所提高，这些都是它的优点，但它的缺点是要消耗大量经过处理的软水。如何设法回收水，形成闭式的水-汽循环系统是值得研究的问题。

例 12-5 注蒸汽-燃气轮机装置循环如图 12-32 所示。已知 $p_1=p_{1'}=p_0=0.1\text{MPa}$，$t_{3'}=450℃$，$T_1=T_{1'}=T_0=295\text{K}$，$\pi=p_2/p_1=12$，$T_4=T_{4'}=1\ 500\text{K}$，$p_{3'}=2\text{MPa}$，注蒸汽比 $D=0.15$。试求该循环的热效率（假定燃气性质接近于空气，忽略燃料质量，膨胀、压缩过程均可逆）。

解 湿燃气中燃气的摩尔分数为

$$x=\frac{1/M}{1/M+D/M'}=\frac{\dfrac{1}{28.965}}{\dfrac{1}{28.965}+\dfrac{0.15}{18.016}}=0.8057$$

蒸汽的摩尔分数为

$$x'=1-x=1-0.8057=0.1943$$

在800~1 500K的高温段，燃气的等熵指数$\kappa\approx1.33$，蒸汽的等熵指数$\kappa'\approx1.24$。根据式（12-28），湿燃气的平均等熵指数为

$$\kappa_m=x\kappa+x'\kappa'=0.8057\times1.33+0.1943\times1.24=1.3125$$

所以，涡轮机出口湿燃气温度为［式（12-29）］

$$T_5=T_{5'}=T_4\left(\frac{1}{\pi}\right)^{\frac{\kappa_m-1}{\kappa_m}}=1\,500\left(\frac{1}{12}\right)^{\frac{1.3125-1}{1.3125}}\text{K}=830.12\text{K}\ (556.97℃)$$

若设想燃气和蒸汽分别作等熵膨胀（图12-33），则得

$$T_{5s}=T_4\left(\frac{p_5}{p_4}\right)^{\frac{\kappa-1}{\kappa}}=1\,500\left(\frac{1}{12}\right)^{\frac{1.33-1}{1.33}}\text{K}=809.7\text{K}$$

$$T_{5s'}=T_{5'}\left(\frac{p_{5'}}{p_{4'}}\right)^{\frac{\kappa'-1}{\kappa'}}=1\,500\left(\frac{1}{12}\right)^{\frac{1.24-1}{1.24}}\text{K}=927.3\text{K}$$

［$T_5(T_{5'})=830.12$K为T_{5s}和$T_{5s'}$的中间值］

查附录A表A-5，当$T_5=830.12$K时，$h_5=855.05$kJ/kg。

$$p_{5'}=x'(p_5+p_{5'})=x'p_1=0.1943\times0.1\text{MPa}=0.01943\text{MPa}$$

查过热蒸汽表中0.019 43MPa一栏（查相近的压力，例如0.02MPa一栏亦可，压力的差异在此处造成的误差不大，因为在低压高温下，焓基本上只与温度有关），当$t_{5'}=556.97$℃时，$h_{5'}=3\,609.3$kJ/kg。

涡轮机所做的功 $$W_T=(h_4-h_5)+D(h_{4'}-h_{5'})$$

查附录A表A-5，当$T_4=1\,500$K时，$h_4=1\,635.97$kJ/kg。

一般的水蒸气表温度未达1 500K（1 226.85℃）。由本书附录A表A-3可知，在1 226.85℃时，水蒸气的平均比定压热容$c_{p0}\big|_0^t=2.2196$kJ/(kg·℃)，所以有

$$\begin{aligned}h_{4'}&=h'_{0℃}+c_{p0}\big|_0^t t\\&=(2500.51+2.2196\times1\,226.85)\text{kJ/kg}=5\,223.6\text{kJ/kg}\end{aligned}$$

所以

$$\begin{aligned}W_T&=(h_4-h_5)+D(h_{4'}-h_{5'})\\&=[(1\,635.97-855.05)+0.15\times(5\,223.6-3\,609.3)]\text{kJ/kg}=1\,023.07\text{kJ/kg}\end{aligned}$$

根据余热锅炉的能量平衡式［式（12-30）］

$$(h_5-h_6)+D(h_{5'}-h_{6'})=D(h_{3'}-h_{2'})$$

查蒸汽表，得

$$p_{3'}=p_{2'}=2\text{MPa}、t_{3'}=450℃时，h_{3'}=3\,356.4\text{kJ/kg}$$

$$p_{1'}=0.1\text{MPa}、t_{1'}=21.85℃(295\text{K})\ 时，h_{1'}=91.7\text{kJ/kg}$$

水泵消耗的功

$$W'_{\mathrm{P}} = v'_{\mathrm{w}}(p_{2'} - p_{1'}) = 0.001 \times (2 - 0.1) \times 10^6 \times 10^{-3}\mathrm{kJ/kg} = 1.9\mathrm{kJ/kg}$$

$$h_{2'} = h_{1'} + W'_{\mathrm{P}} = (91.7 + 1.9)\mathrm{kJ/kg} = 93.6\mathrm{kJ/kg}$$

将各比焓值代入余热锅炉的能量平衡式，有

$$(855.05\mathrm{kJ/kg} - h_6) + 0.15 \times (3\,609.3\mathrm{kJ/kg} - h_{6'}) = 0.15 \times (3\,356.4 - 93.6)\mathrm{kJ/kg}$$

即

$$h_6 + 0.15h_{6'} = 907.23\mathrm{kJ/kg}$$

查附录 A 表 A-5 和水蒸气表，用试算法得

$$T_6 = 473.13\mathrm{K}(199.98℃), \quad h_6 = 475.45\mathrm{kJ/kg}, \quad h_{6'} = 2\,878.5\mathrm{kJ/kg}$$

循环放出的热量［式(12-33)］为

$$Q_2 = (h_6 - h_1) + D(h_{6'} - h_{1'})$$

查附录 A 表 A-5，有 $T_1 = 295\mathrm{K}$ 时，$h_1 = 295.17\mathrm{kJ/kg}$

所以

$$Q_2 = [475.45 - 295.17 + 0.15 \times (2\,878.5 - 91.7)]\mathrm{kJ/kg} = 598.30\mathrm{kJ/kg}$$

根据式（12-24）可计算出注蒸汽前燃气的比焓

$$h_3 = h_4 + D(h_{4'} - h_{3'}) = [1\,635.97 + 0.15 \times (5\,223.6 - 3\,356.4)]\mathrm{kJ/kg} = 1\,916.05\mathrm{kJ/kg}$$

查附录 A 表 A-5，有 $h_3 = 1\,916.05\mathrm{kJ/kg}$，$T_3 = 1\,729.2\mathrm{K}$

压气机消耗的功

$$W_{\mathrm{C}} = h_2 - h_1$$

查附录 A 表 A-5，有 $T_1 = 295\mathrm{K}$ 时，$h_1 = 295.17\mathrm{kJ/kg}$，$s^0_{T_1} = 1.685\,15\mathrm{kJ/(kg \cdot K)}$

对等熵过程 1→2，有

$$s^0_{T_2} = s^0_{T_1} + R_{\mathrm{g}}\ln\frac{p_2}{p_1} = (1.685\,15 + 0.287 \times \ln 12)\mathrm{kJ/(kg \cdot K)} = 2.398\,57\mathrm{kJ/(kg \cdot K)}$$

查附录 A 表 A-5 当 $s^0_{T_2} = 2.398\,57\mathrm{kJ/(kg \cdot K)}$ 时，$T_2 = 594.1\mathrm{K}$，$h_2 = 600.79\mathrm{kJ/kg}$

所以

$$W_{\mathrm{C}} = h_2 - h_1 = (600.79 - 295.17)\mathrm{kJ/kg} = 305.62\mathrm{kJ/kg}$$

循环的吸热量［式（12-32）］

$$Q_1 = q_1 = h_3 - h_2 = (1\,916.05 - 600.79)\mathrm{kJ/kg} = 1\,315.26\mathrm{kJ/kg}$$

整个循环的功［式（12-31）］

$$W_0 = W_{\mathrm{T}} - W_{\mathrm{C}} - DW'_{\mathrm{P}} = (1\,023.07 - 305.62 - 0.15 \times 1.9)\mathrm{kJ/kg} = 717.17\mathrm{kJ/kg}$$

所以，该注蒸汽-燃气轮机装置循环的热效率为

$$\eta_{\mathrm{t}} = \frac{W_0}{Q_1} = \frac{717.17}{1\,315.26} = 54.53\%$$

$$\left(\eta_{\mathrm{t}} = 1 - \frac{Q_2}{Q_1} = 1 - \frac{598.30}{1\,315.26} = 54.51\%\right)$$

本章要求重点与讨论

1）掌握基本蒸汽动力循环-朗肯循环的分析计算。

2）了解蒸汽再热循环、抽汽回热循环的特性及其热效率提高的热力学原理。

3）了解双工质动力循环中的主要循环方式及其特性。

4）理解蒸汽动力循环的能量分析法与㶲分析法的异同及其对节能工作的指导意义。

本章的知识结构框图如图 12-35 所示。

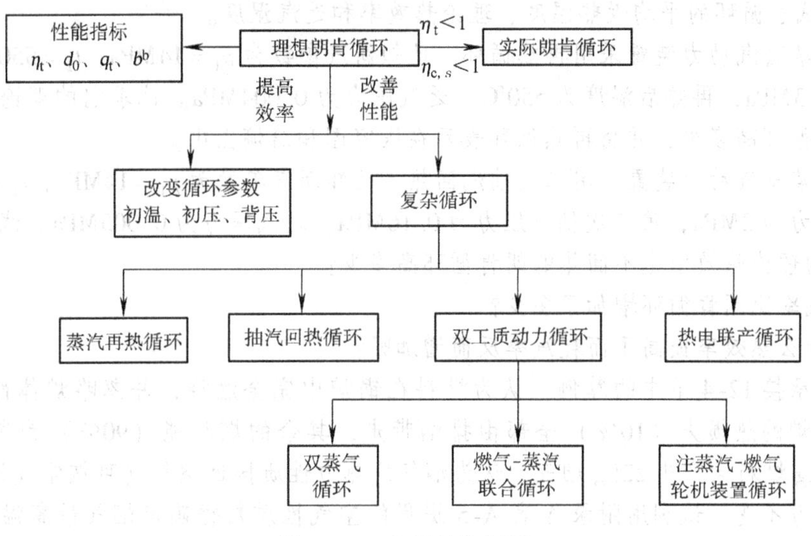

图 12-35　知识结构框图

思　考　题

1. 理想气体的热力学能只是温度的函数，而实际气体的热力学能则和温度及压力都有关。试根据水蒸气图表中的数据，举例计算过热水蒸气的热力学能以验证上述结论。

2. 根据式（3-31）$\left[c_p=\left(\dfrac{\partial h}{\partial T}\right)_p\right]$可知：在等压过程中 $dh=c_p dT$。这对任何物质都适用，只要过程是等压的。如果将此式应用于水的等压汽化过程，则得 $dh=c_p dT=0$（因为水等压汽化时温度不变，$dT=0$）。然而众所周知，水在汽化时比焓是增加的（$dh>0$）。问题到底出在哪里？

3. 各种气体动力循环和蒸汽动力循环，经过理想化以后可按可逆循环进行计算，但所得理论热效率即使在温度范围相同的条件下也并不相等。这和卡诺定理有矛盾吗？

4. 能否在蒸汽动力循环中将全部蒸汽抽出来用于回热（这样就可以取消凝汽器，$Q_2=0$），从而提高热效率？能否不让乏汽凝结放出热量 Q_2，而用压缩机将乏汽直接压入锅炉，从而减少热能损失，提高热效率？

5. 对热电联产循环为什么要同时考虑能量利用率和热效率？

6. 为什么说对循环进行的㶲分析的结果比能量分析的结果更合理？

7. 什么是循环的充满度？循环充满度高，循环的热效率就一定高吗？

8. 两种工质掺混的并联型的双工质循环，比起两种工质不掺混的串联型的双工质循环来，其主要优点和缺点是什么？

习　　题

12-1　已知朗肯循环的蒸汽初压 $p_1=10\text{MPa}$，终压 $p_2=0.005\text{MPa}$；初温为：①500℃；

②550℃。试求循环的平均吸热温度、理论热效率和耗汽率［kg/(kW·h)］。

12-2 已知朗肯循环的初温 $t_1 = 500℃$，终压 $p_2 = 0.005\text{MPa}$。初压为：①10MPa；②15MPa。试求循环的平均吸热温度、理论热效率和乏汽湿度。

12-3 某蒸汽动力装置采用再热循环。已知新汽参数为 $p_1 = 14\text{MPa}$，$t_1 = 550℃$，再热蒸汽的压力为 3MPa，再热后温度为 550℃，乏汽压力为 0.004MPa。试求它的理论热效率比不再热的朗肯循环高多少，并将再热循环表示在压容图和焓熵图中。

12-4 某蒸汽动力装置采用二次抽汽回热。已知新汽参数为 $p_1 = 14\text{MPa}$，$t_1 = 550℃$，第一次抽汽压力为 2MPa，第二次抽汽压力为 0.16MPa，乏汽压力为 0.005MPa。试问：

1）它的理论热效率比不回热的朗肯循环高多少？

2）耗汽率比朗肯循环增加了多少？

3）为什么热效率提高了而耗汽率反而增加呢？

12-5 承接 12-4 节中的算例。认为燃料在锅炉中完全燃烧，并忽略炉体散热等损失，亦即认为锅炉的热损失（10%）全部由排烟带走，其余的燃料能（90%）为蒸汽所吸收。已知消耗 1kg 燃料油产生 22kg 烟气，认为烟气的热力性质接近空气（可按空气计算），在放热过程中压力不变。试利用附录 A 表 A-5 提供的空气性质数据确定烟气最高温度和排烟温度（即烟气传热量给水及蒸汽之前和之后的温度），并计算燃烧、不等温传热［管道阻力（由 14MPa 降至 13.5MPa）造成的少量㶲损并入此项］和排烟这三项的㶲损率。将三项计算结果的总和与算例中已得出的锅炉㶲损率对照。

12-6 续例 12-4。设燃气轮机和蒸汽轮机的相对内效率以及压气机的绝热效率均为 90%，水泵的效率为 75%。试计算该燃气-蒸汽联合循环的实际热效率（参考例 12-4）。

12-7 续例 12-5。设涡轮机的相对内效率和压气机的绝热效率均为 90%，试计算该注蒸汽-燃气轮机装置循环的实际热效率。

选读之十六 蒸汽机的发明者——瓦特

瓦特（James Watt，1736—1819，图 12-36）出生于英国苏格兰西部克莱德河上的格里诺克。作为船厂主的儿子，瓦特从小就展示出了制作方面的才能。正是在他父亲的工作室里，他积累了最早的机械知识。

蒸汽机是人类继发明用火之后，在驯服自然力方面所取得的最大胜利。蒸汽机把火转化为动力，发生了动力革命，给人们增添了无穷的力量。利用蒸汽作为动力的设想古已有之，古罗马时代的希罗就曾作过一个利用蒸汽的反冲力的模型。在近代，罗马林琴学院的创始人之一的波尔塔在 1601 年出版的《神灵三书》一书中提出，可以用蒸汽的压力使水提升，而蒸汽冷却后形成的真空又可将水从低处吸进来。然而，波尔塔设计的装置仅仅是一种实验器械，并不具备实用价值。1690 年，法国工程师巴本终于制成了世界上第一台蒸汽机。该蒸汽机是一个单缸活塞式蒸汽机：汽缸底部放有少量的水，汽缸加热时所产生的蒸汽推动活塞至顶端，再将热源撤除，里面的蒸汽便冷凝形成真空，于是汽缸在大气压的作用下下落。这整个过程可以提供动力。

图 12-36 瓦特

1698 年，英国工程师萨弗里发明了第一台实用的蒸汽机——用于矿井排水的蒸汽泵。该蒸汽泵由汽缸和 3 根导管组成，其中一根导管通往蒸汽锅炉，另两根导管分别是进水管和出水管。蒸汽进入汽缸后即注凉水使其冷却形成真空将水吸入，第二次通入蒸汽则将汽缸中的水压出。这种蒸汽泵虽然能用于生产实践，但缺点是十分明显的：它不能将水提得很高，因为那将需要较高的蒸汽压，而锅炉不能安全地提供这样高压的蒸汽；而且它的热效率也太低。

蒸汽机的下一步改进是由英国工程师纽可门完成的。纽可门专程拜访了物理学家胡克并与萨弗里本人一起探讨了改进方案。1705年，第一台纽克门蒸汽机终于诞生了。这台机器吸取了巴本蒸汽机和萨弗里蒸汽泵的优点，有一个带活塞的汽缸，但蒸汽由另外的锅炉输入。纽可门为了提高冷凝速度，在汽缸里一个冷水喷射器，这大大提高了热效率（约为1%），是他独特的创造。与萨弗里的蒸汽泵不同，纽可门蒸汽机依靠大气压力而不是蒸汽压力工作，不存在高压蒸汽的危险性。纽可门蒸汽机被迅速投入使用，效果良好。到了1712年，英国的煤场和矿场基本上都用上了这种新式蒸汽机。

然而过了半个世纪，工业生产对于动力机的需要空前增长，纽可门蒸汽机只能用于矿山抽水，不能满足新的需要。此时，瓦特蒸汽机应运而生。这种蒸汽机被应用于工业领域的各个部门，最终解决了工业革命中困扰人们已久的动力问题并使工业技术得到了迅猛发展。瓦特也因此被认为是广义上的无可置辩的蒸汽机发明人。

1764年，当瓦特还在格拉斯哥大学当一名机修工时，一个客户带来了一台纽可门蒸汽机要求修理。这使得瓦特有机会仔细研究纽可门蒸汽机的结构，并思考如何对它进行改进。瓦特发现纽可门蒸汽机的热量浪费太大，因为每一次蒸汽进入汽缸后，为了得到真空都要用冷水冷却；而下一次先得将已经冷却的汽缸加热才能推动汽缸，使汽缸充满高温蒸汽。在这一冷一热的轮流过程中，热量损失太大。如何克服这一缺点呢？1765年，瓦特终于想出了在汽缸后再加一个冷凝器的主意。对此瓦特曾回忆自述："那是一个晴朗的星期天下午，我出去散步。从察罗托街尽头的城门来到了草原，走过旧衣店，那时我正在继续考虑蒸汽机的事情。然后我来到了牧人的茅舍，这时我突然想到，因为蒸汽是具有弹性的物质，所以能够冲进真空中，如果把汽缸和排汽的容器连接起来的话，那么蒸汽猛然冲入容器里，就可以在不使汽缸冷却的情况下使蒸汽在容器中凝结了吧！当这在我的头脑里考虑成熟的时候，我还没有走到高尔夫球球场。"

瓦特用一个可调节的阀门连接冷凝器与汽缸。当高温蒸汽注入汽缸时阀门关上，做功后阀门打开，蒸汽马上被引入冷凝器（冷凝器事先用一台抽气机抽成真空）冷却，随后在冷凝器和汽缸内均形成真空。活塞在大气压力下做功，随后阀门关闭，重新将冷凝器抽成真空，重复前一个过程。瓦特于1769造出了第一台样机，并以"在火力驱动机中减少蒸汽和燃料消耗的新方法"的名义注册了专利。事实上，经瓦特改进后的蒸汽机节省燃料达75%以上（热效率约3%）。瓦特杰出的工作引起了伯明翰一位工程师兼企业家布尔顿的关注。1775年，瓦特和布尔顿正式合作，进一步开发完善蒸汽机。随后，他们雇用了工程师莫多克，帮助他们将蒸汽机缩小以便能够放入矿井中。与此同时，瓦特不断地改进和完善他的蒸汽机。当布尔顿预见到工业生产中将更多地需要旋转的动力而不仅仅是上下直线式的动力时，瓦特用一个齿轮装置将活塞的直线往复运动转化为轮轴的旋转运动。1782年，瓦特进一步设计出了双向汽缸，使蒸汽轮流从活塞的两端进入。这不仅使蒸汽机的热效率提高了一倍，而且完全淘汰了老式蒸汽机中利用大气压使活塞回复原位的方法。最后，瓦特还发明了离心调节器，使得输入的蒸汽不致太多或太少。蒸汽驱使一个调节杆转动，转得越快，调节杆上的两个金属球就相互飞离得越远，这使得蒸汽出口变小，而蒸汽出口变小、蒸汽输出减少后，调节杆转动就慢了，两个金属球离得近了，又使蒸汽出口变大。

经过进一步改进后的瓦特机，成了效率显著、可用于一切动力机械的万能"原动机"。到18世纪末，瓦特机已几乎全部取代了老式的纽可门机，仅英国就生产了500多台。瓦特机的广泛应用使工业革命进入了新高潮。随着动力来源问题的解决，大规模生产不仅可能而且成为必要。纺织业、采矿业和冶金业在瓦特机的带动下迅猛发展，而瓦特机的制造又促进了制造业的繁荣。这不仅为瓦特带来了可观的财富，也使他备受尊崇，荣誉接踵而至。1785年，瓦特被选为皇家学会会员，格拉斯哥大学还授予他名誉博士学位。

1819年，瓦特在伯明翰逝世。为了纪念他，人们用他的名字来命名功率的单位。由于瓦特蒸汽机的发明对人类社会的进步起了巨大的推动作用，瓦特作为历史上最伟大的发明家之一而被载入史册。

选读之十七　蒸汽轮机的发明

长期以来，蒸汽轮机早就引起了发明家们的注意，到1880年，总共提出了大约100份关于蒸汽轮机的专利申请，但是没有一份专利能制造出满意的机器。1815 特里维西克制造了一台 4.572m 的“涡流式蒸汽发动机”。1884 年英国帕森斯（Charles A. Parsons）发明了一种能直接驱动发电机的成功的蒸汽轮机。他在设计蒸汽轮机时参考了水轮机的工作原理。他首先认识到，如果将总的蒸汽压力的降落分为许多小级，并在每一级上都放置一个单元涡轮，那么这组涡轮中的每个单元涡轮都会像一台水轮机那样，具有 70% ~ 80% 的效率。这样，整个汽轮机就能具有很高的效率。而且，只需用适中的转速，即可达到最高的效率。

帕森斯与克拉克-查普曼公司一起制造了一系列小的单元涡轮，每个单元涡轮由一圈装在一根长轴上的叶片组成，此长轴位于一个固定的圆环形机壳内。机壳内侧装有一圈圈向内突的位于长轴叶片上的叶片圈之间的类似叶片。装有叶片的轴称为转子，装有叶片的固定机壳称为定子。当具有锅炉压力的蒸汽进入一端时，它便沿着平行于汽轮机水平轴线的方向在定子叶片和转子叶片之间交替流动，直到压力降到大气压而排除时为止。这样，转子就被驱动了。

帕森斯开始时是想用他的汽轮机来驱动一台直耦式发电机，但是由于当时发电机的最大转速仅为 1 200r/min左右，所以他不得不设计了一台新的高速直流发电机，这种发电机与汽轮机一样是具有革命性的。他于 1884 年获得了两项专利。同年，他制造出了他的第一台直流涡轮发电机。它是非冷凝式的，能以 100V 的电压，发电 7.5kW，并能以 18 000r/min 的惊人速度旋转。蒸汽是由中心进入的，等量分配地沿轴向流动，从而可以消除转子上的不平衡的轴向推力。

一经帕森斯证实了他的设计是切实可行以后，汽轮机便迅速发展起来了。尽管在制造大型涡轮交流发电机方面还存在着许多有待解决的难题。1887 年，他制造了一台具有高压级和低压级的两级反冲式汽轮机，并于 1888 年在一个公用发电站上安装了第一台由汽轮机驱动的发电机组。这是四台 75kW、4 800r/min 的涡轮交流发电机中的第一台。

1889 年，帕森斯离开了克拉克-查普曼公司，建立了自己的公司——帕森斯公司。1891 年，他为剑桥电灯公司制造了一台 100kW、4 800r/min 的径流式的涡轮交流发电机。这是第一台冷凝式的汽轮机，至今机器和 1884 年制造的蒸汽轮机仍保存在南肯星顿（Kensington）的科学博物馆里。当时尤因对这台汽轮机作了性能试验。试验结果表明，这台汽轮机的蒸汽消耗量小于当时相同功率的蒸汽机。由于蒸汽轮机省燃料，占地少，可靠和振动小，因而它被认定为发电站的最好的原动机。

1893 年，帕森斯根据协议规定重新获得了他的关于轴流方式的专利权，从那时起，他便致力于制造这种形式的汽轮机，使得轴流式汽轮机有了很大的发展。在 1900 年，他为德国的埃伯菲尔德市成功地安装了两台具有重要意义的 1 000kW 汽轮交流发电机。它们是最早的串联汽缸式汽轮机组，其体积非常大。

在 19 世纪的最后 10 年里，一些发明家也热衷于设计不同形式的汽轮机，他们中间最著名的有瑞典的德·拉维尔、美国的柯蒂斯和法国的拉托。汽轮机的功率也越来越大，1923 年就制造出了 50MW 的汽轮机，1950 年 150MW 的机组问世了，至今超百万千瓦的机组也不是新闻了。

第 13 章　制冷循环

【提要】本章扼要介绍了逆向卡诺循环，着重阐述了空气压缩制冷循环和蒸汽压缩制冷循环以及制冷剂的热力性质，对蒸汽引射制冷和吸收式制冷循环作了简要介绍。

13.1　逆向卡诺循环

热功转换装置中，除了使热能转变为机械能的动力装置外，还有一类使热能从温度较低的物体转移到温度较高的物体的装置，这就是制冷机和热泵。在制冷机（或热泵）中进行的循环，其方向正好和动力循环相反，这种逆向循环称为制冷循环（或供热循环）。如果说卡诺循环是理想的动力循环，那么逆向卡诺循环则是理想的制冷循环（或供热循环）。

1. 逆向卡诺制冷循环

设有一逆向卡诺循环工作在冷库温度 T_R 和大气温度 T_0 之间。对于1kg 工质它消耗功 w_0，同时从冷库吸收热量 q_2，并向大气放出热量 q_1（图 13-1）。

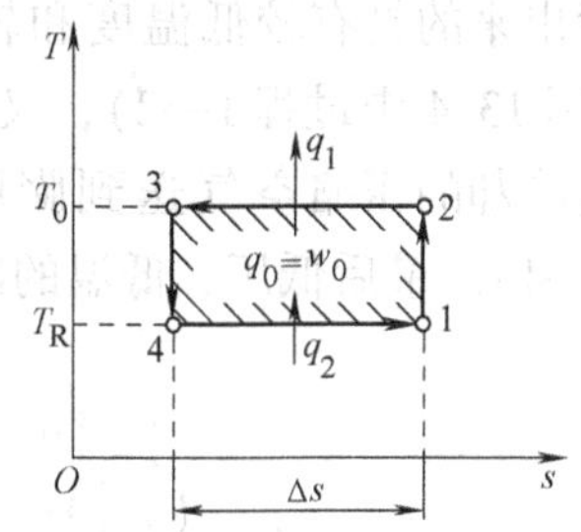

图 13-1　逆向卡诺制冷循环

制冷循环的热经济性用制冷系数衡量。制冷系数是制冷剂（制冷装置中的工质）从冷库吸取的热量与循环消耗的净功的比值

$$\varepsilon = \frac{q_2}{w_0} \tag{13-1}$$

逆向卡诺循环的制冷系数为

$$\varepsilon_C = \frac{q_2}{w_0} = \frac{T_R \Delta s}{(T_0 - T_R)\ \Delta s} = \frac{T_R}{T_0 - T_R} = \frac{1}{\dfrac{T_0}{T_R} - 1} \tag{13-2}$$

当大气温度 T_0 一定时，冷库温度 T_R 愈低，制冷系数愈小。制冷系数可以大于 1，也可以小于 1。如果取 $T_0 = 300K$，那么当 $T_R < 150K$ 时，逆向卡诺循环的制冷系数 $\varepsilon_C < 1$。因此，在深度冷冻的情况下制冷系数通常都小于 1，而在冷库温度不很低的情况下，制冷系数往往大于 1。

2. 逆向卡诺供热循环

利用逆向卡诺循环也可以达到供热的目的，这时循环工作在大气温度 T_0 和供热温度 T_H 之间（图 13-2）。对每千克工质，供热装置（即热泵）消耗功 w_0（转变为热 q_0），同时从大气吸取热量 q_2，并向供热对象放出热量 q_1（$q_1 = q_0 + q_2$）。

供热循环的热经济性用供热系数衡量。供热系数是热泵的供热量 q_1 和净耗功量 w_0 的比值

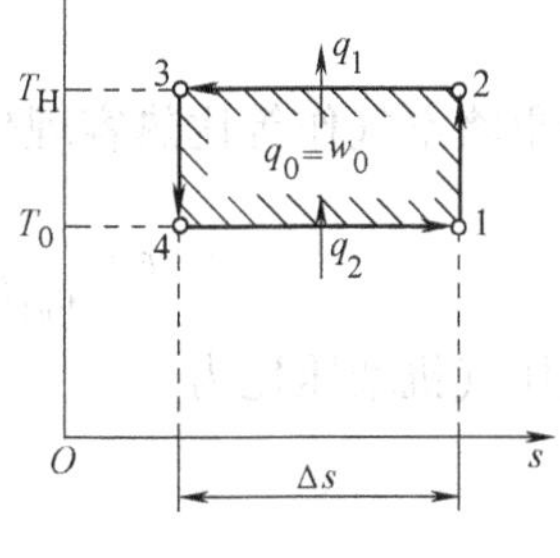

$$\zeta = \frac{q_1}{w_0} \tag{13-3}$$

图 13-2　逆向卡诺供热循环

逆向卡诺供热循环的供热系数为

$$\zeta_C=\frac{q_1}{w_0}=\frac{T_H\Delta s}{(T_H-T_0)\Delta s}=\frac{T_H}{T_H-T_0}=\frac{1}{1-\dfrac{T_0}{T_H}} \tag{13-4}$$

当大气温度一定时，供热温度 T_H 愈高，供热系数愈小。但供热系数一定大于 1。

供热循环和制冷循环在热力学原理上没有什么两样，只是使用目的和工作的温度范围不同罢了，所以在后面各节中将只讨论制冷循环。

13.2 空气压缩制冷循环

空气的温度随着压力的变化而变化，空气被压缩时其温度升高，空气膨胀时其温度降低，空气压缩制冷就是基于这样的原理。

1. 空气压缩制冷循环装置的构成及制冷原理

图 13-3 表示空气压缩制冷装置。它包括压气机、冷却器、膨胀机和冷库四部分。从冷库出来的具有较低温度和较低压力的空气在压气机中被绝热压缩至较高压力和较高温度（图 13-4 中过程 1→2），又在冷却器中等压冷却到接近大气温度（过程 2→3），然后将这经过冷却的压缩空气送到膨胀机中绝热膨胀到较低压力，温度降到冷库温度以下（过程 3→4）。最后低压、低温的冷空气在冷库中等压吸热（过程 4→1），从而达到制冷的目的。

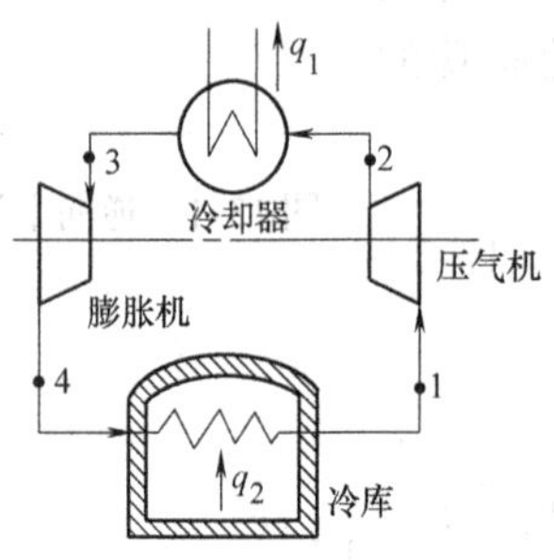

图 13-3 空气压缩制冷循环系统

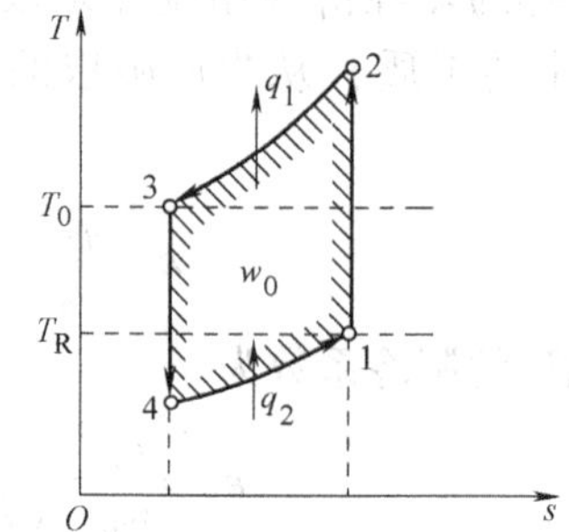

图 13-4 空气压缩制冷循环温熵图

2. 空气压缩制冷循环的制冷系数及其影响因素

空气压缩制冷循环的制冷系数为

$$\varepsilon=\frac{q_2}{w_0}=\frac{h_1-h_4}{(h_2-h_1)-(h_3-h_4)} \tag{a}$$

如果将空气作等比热容理想气体处理，则从式（a）得

$$\varepsilon=\frac{c_{p0}(T_1-T_4)}{c_{p0}(T_2-T_1)-c_{p0}(T_3-T_4)}=\frac{T_1-T_4}{(T_2-T_1)-(T_3-T_4)} \tag{b}$$

设压气机增压比为

$$\pi=\frac{p_2}{p_1}$$

则可得

$$\left.\begin{aligned} T_1 &= T_R \\ T_2 &= T_1\left(\frac{p_2}{p_1}\right)^{\frac{\gamma_0-1}{\gamma_0}} = T_R\pi^{\frac{\gamma_0-1}{\gamma_0}} \\ T_3 &= T_0 \\ T_4 &= T_3\left(\frac{p_4}{p_3}\right)^{\frac{\gamma_0-1}{\gamma_0}} = T_0\left(\frac{1}{\pi}\right)^{\frac{\gamma_0-1}{\gamma_0}} \end{aligned}\right\} \tag{c}$$

将式（c）代入式（b）得

$$\varepsilon = \frac{T_R - T_0/\pi^{\frac{\gamma_0-1}{\gamma_0}}}{\left(T_R\pi^{\frac{\gamma_0-1}{\gamma_0}} - T_R\right) - \left(T_0 - T_0/\pi^{\frac{\gamma_0-1}{\gamma_0}}\right)} = \frac{T_R - T_0/\pi^{\frac{\gamma_0-1}{\gamma_0}}}{\left(\pi^{\frac{\gamma_0-1}{\gamma_0}} - 1\right)\left(T_R - T_0/\pi^{\frac{\gamma_0-1}{\gamma_0}}\right)}$$

即
$$\varepsilon = \frac{1}{\pi^{\frac{\gamma_0-1}{\gamma_0}} - 1} = \frac{1}{\dfrac{T_2}{T_R} - 1} \tag{13-5}$$

在相同的大气温度和冷库温度下，逆向卡诺循环的制冷系数为

$$\varepsilon_C = \frac{1}{\dfrac{T_0}{T_R} - 1}$$

显然，由于 $T_2 > T_0$，所以 $\varepsilon < \varepsilon_C$。

从式（13-5）可以看出：增压比愈大（或 T_2 愈高），空气压缩制冷循环的制冷系数愈小。

3. 回热式空气压缩制冷循环

由前可知，高增压比将导致制冷系数的降低，是否可以降低增压比来提高空气压缩制冷循环的制冷系数呢？在理论上当然是可以的。但是，降低增压比会减小每千克空气的制冷量，而压缩空气的制冷能力由于空气的比定压热容较小本来就已经显得小了。另外，不适当地降低增压比还可能引起实际制冷系数（即考虑压气机和膨胀机等设备不可逆损失的制冷系数）降低。一种可行的办法是采用回热循环（图13-5、图13-6中循环 $1_r2_r3_r41_r$）。

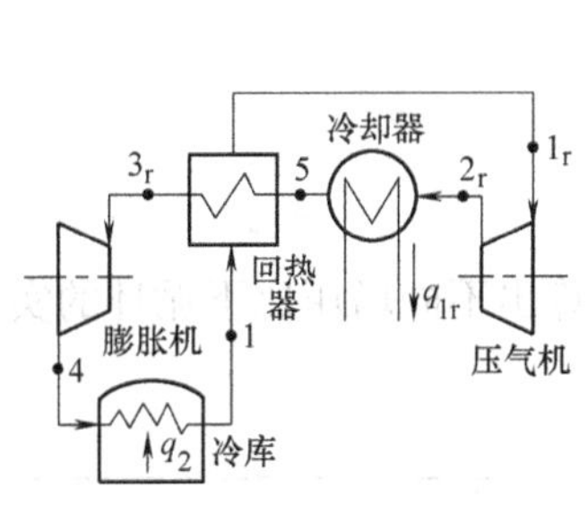

图13-5　回热式空气压缩制冷循环

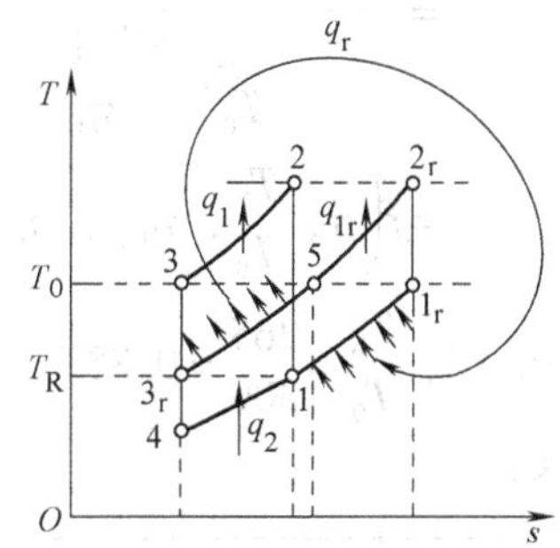

图13-6　理论回热式空气压缩制冷循环温熵图

从图13-6可以看出：采用回热循环后，在理论上，制冷能力（过程4→1的吸热量 q_2）以及循环消耗的净功、向外界排出的热量与没有回热的循环（循环12341）相比，显然都没有变（$w_{0r} = w_0$，$q_{1r} = q_1$），所以理论的制冷系数也没有变。但是，采用回热

后，循环的增压比降低，从而使压气机耗功和膨胀机做功减少了同一数量，减轻了压气机和膨胀机的工作负担，使它们在较小的压力范围内工作，因而机器可以设计得比较简单而轻小。另外，如果考虑到压气机和膨胀机中过程的不可逆性（图13-7），那么因采用回热，压气机少消耗的功将不是等于而是大于膨胀机少做的功。因此，制冷机实际消耗的净功将因采用回热而减少。同时，每千克空气的制冷量也相应地有所增加(增加量如图13-7中面积 a 所示)。所以，采用回热措施能提高空气压缩制冷循环的实际制冷系数。由于空气压缩制冷循环采用回热后具有上述优点，它在深度冷冻、液化气体等方面获得了实际的应用。

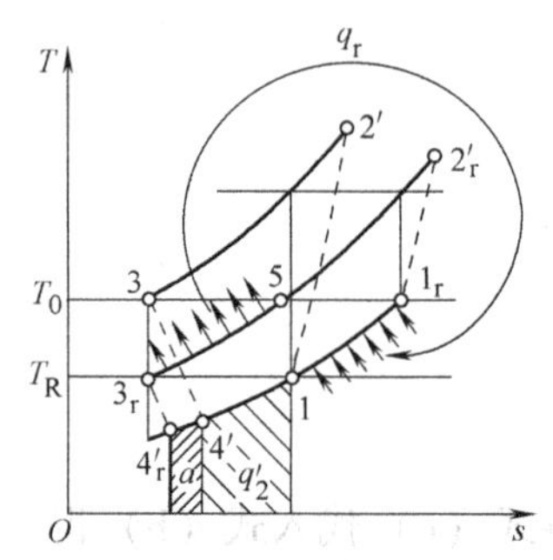

图 13-7　实际回热式空气压缩制冷循环温熵图

例 13-1　考虑压气机和膨胀机不可逆损失的空气压缩制冷循环如图13-7中循环12′34′1所示。已知大气温度 $T_0=300\text{K}$，冷库温度 $T_R=265\text{K}$，压气机的绝热效率和膨胀机的相对内效率均为0.82。试计算增压比分别为2、3、4、5、6时循环的实际制冷系数（按等比热容理想气体计算）。

解　考虑到压气机和膨胀机的不可逆损失，循环的实际制冷系数为

$$\varepsilon'=\frac{q'_2}{w'_C-w'_T}=\frac{h_1-h_{4'}}{(h_{2'}-h_1)-(h_3-h_{4'})}=\frac{(h_3-h_{4'})-(h_3-h_1)}{(h_{2'}-h_1)-(h_3-h_{4'})}$$

$$=\frac{(h_3-h_4)\eta_{ri}-(h_3-h_1)}{(h_2-h_1)\dfrac{1}{\eta_{C,s}}-(h_3-h_4)\ \eta_{ri}}=\frac{(T_3-T_4)\eta_{ri}-(T_3-T_1)}{(T_2-T_1)\dfrac{1}{\eta_{C,s}}-(T_3-T_4)\eta_{ri}}$$

$$=\frac{\left(1-\dfrac{T_4}{T_3}\right)\eta_{ri}-\left(1-\dfrac{T_1}{T_3}\right)}{\dfrac{T_1}{T_3}\left(\dfrac{T_2}{T_1}-1\right)\dfrac{1}{\eta_{C,s}}-\left(1-\dfrac{T_4}{T_3}\right)\eta_{ri}}=\frac{\left(1-1/\pi^{\frac{\gamma_0-1}{\gamma_0}}\right)\eta_{ri}-\left(1-\dfrac{T_R}{T_0}\right)}{\dfrac{T_R}{T_0}\left(\pi^{\frac{\gamma_0-1}{\gamma_0}}-1\right)\dfrac{1}{\eta_{C,s}}-\left(1-1/\pi^{\frac{\gamma_0-1}{\gamma_0}}\right)\eta_{ri}}$$

$$=\frac{\eta_{ri}-\left(1-\dfrac{T_R}{T_0}\right)\Big/\left(1-1/\pi^{\frac{\gamma_0-1}{\gamma_0}}\right)}{\dfrac{T_R}{T_0}\pi^{\frac{\gamma_0-1}{\gamma_0}}\dfrac{1}{\eta_{C,s}}-\eta_{ri}}$$

$$=f\left(\pi,\ \frac{T_R}{T_0},\ \eta_{C,s},\ \eta_{ri},\ \gamma_0\right)$$

令 $\eta_{C,s}=\eta_{ri}=0.82$，$\dfrac{T_R}{T_0}=\dfrac{265}{300}=0.883\,3$，$\gamma_0=1.4$，则可计算出不同增压比下循环的实际制冷系数，见下表：

π	2	3	4	5	6
ε'	0.346 0	0.591 2	0.593 4	0.568 2	0.541 1

图13-8所示为 $\varepsilon'=f(\pi)$ 的曲线。从图中可以看出：相应于 ε' 的最大值（0.599 7）有一最佳增压比（3.45）。选取太大或太小的增压比都会引起实际制冷系数的下降。

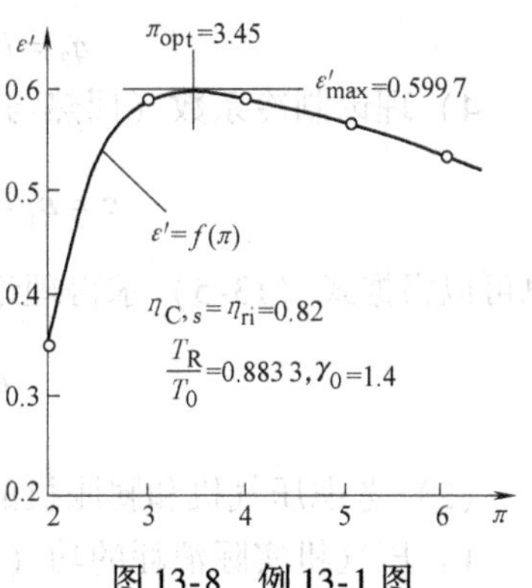

图 13-8　例 13-1 图

例 13-2　空气压缩制冷循环如图 13-6、图 13-7 所示。已知大气温度 $T_0=T_3=T_5=T_{1r}=293\text{K}$，冷库温度 $T_R=T_{3r}=T_1=263\text{K}$，压气机增压比 $\pi=\dfrac{p_2}{p_1}=\dfrac{p_3}{p_4}=3$，压气机理论出口温度 $T_2=T_{2r}$。试针对回热和不回热两种情况求（按等比热容理想气体计算）：

1）压气机消耗的理论功；

2）膨胀机做出的理论功；

3）每 1kg 空气的理论制冷量；

4）理论制冷系数。

设压气机的绝热效率和膨胀机的相对内效率均为 85%，其他条件不变，再对回热和不回热两种情况求：

1）压气机实际消耗的功；

2）膨胀机实际做出的功；

3）每 1kg 空气的实际制冷量；

4）实际制冷系数。

解　(1) 理论情况

1）压气机消耗的理论功（1kg 空气）。

不回热

$$w_C=\frac{\gamma_0}{\gamma_0-1}R_gT_1\left(\pi^{\frac{\gamma_0-1}{\gamma_0}}-1\right)=\frac{1.4}{1.4-1}\times 0.2871\times 263\times\left(3^{\frac{1.4-1}{1.4}}-1\right)\text{kJ/kg}=97.45\text{kJ/kg}$$

回热

$$w_{C,r}=h_{2r}-h_{1r}=c_{p0}(T_{2r}-T_{1r})=c_{p0}(T_2-T_{1r})=c_{p0}\left(T_1\pi^{\frac{\gamma_0-1}{\gamma_0}}-T_{1r}\right)$$

$$=1.005\times\left(263\times 3^{\frac{1.4-1}{1.4}}-293\right)\text{kJ/kg}=67.31\text{kJ/kg}$$

$$w_C-w_{C,r}=(97.45-67.31)\text{kJ/kg}=30.14\text{kJ/kg}$$

2）膨胀机做出的理论功（1kg 空气）。

不回热

$$w_T=\frac{\gamma_0}{\gamma_0-1}R_gT_3\left(1-\frac{1}{\pi^{\frac{\gamma_0-1}{\gamma_0}}}\right)=\frac{1.4}{1.4-1}\times 0.2871\times 293\times\left(1-\frac{1}{3^{\frac{1.4-1}{1.4}}}\right)\text{kJ/kg}$$

$$=79.32\text{kJ/kg}$$

回热

$$w_{T,r}=h_{3r}-h_4=c_{p0}(T_{3r}-T_4)=c_{p0}\left(T_{3r}-\frac{T_3}{\pi^{\frac{\gamma_0-1}{\gamma_0}}}\right)$$

$$=1.005\times\left(263-\frac{293}{3^{\frac{1.4-1}{1.4}}}\right)\text{kJ/kg}=49.18\text{kJ/kg}$$

$$w_T-w_{T,r}=(79.32-49.18)\text{kJ/kg}=30.14\text{kJ/kg}=w_C-w_{C,r}$$

采用回热后由于减小了增压比，压气机将少消耗功。这少消耗的功在理论上正好等于膨胀机少做出的功。

3）每 1kg 空气的理论制冷量（回热与不回热相同）。

$$q_2 = h_1 - h_4 = h_{3r} - h_4 = w_{T,r} = 49.18\text{kJ/kg}$$

4）理论制冷系数（回热与不回热一样）。

$$\varepsilon = \varepsilon_r = \frac{q_2}{w_C - w_T} = \frac{q_2}{w_{C,r} - w_{T,r}} = \frac{49.18}{18.13} = 2.713$$

也可以根据式（13-5）求得理论制冷系数

$$\varepsilon = \frac{1}{\pi^{\frac{\gamma_0 - 1}{\gamma_0}} - 1} = \frac{1}{3^{\frac{1.4-1}{1.4}} - 1} = 2.712$$

（2）考虑压气机和膨胀机的不可逆损失（$\eta_{C,s} = \eta_{ri} = 0.85$）

1）压气机实际消耗的功（1kg 空气）。

不回热 $$w'_C = h_{2'} - h_1 = \frac{w_C}{\eta_{C,s}} = \frac{97.45}{0.85} = 114.65\text{kJ/kg}$$

回热 $$w'_{C,r} = h_{2'r} - h_{1r} = \frac{w_{C,r}}{\eta_{C,s}} = \frac{67.31}{0.85}\text{kJ/kg} = 79.19\text{kJ/kg}$$

$$w'_C - w'_{C,r} = (114.65 - 79.19)\text{kJ/kg} = 35.46\text{kJ/kg}$$

2）膨胀机实际做出的功（1kg 空气）。

不回热 $$w'_T = h_3 - h_{4'} = w_T\eta_{ri} = 79.32 \times 0.85\text{kJ/kg} = 67.42\text{kJ/kg}$$

回热 $$w'_{T,r} = h_{2r} - h_{4'r} = w_{T,r}\eta_{ri} = 49.18 \times 0.85\text{kJ/kg} = 41.80\text{kJ/kg}$$

$$w'_T - w'_{T,r} = (67.42 - 41.80)\ \text{kJ/kg} = 25.62\text{kJ/kg} < 35.46\text{kJ/kg} = w'_C - w'_{C,r}$$

采用回热后压气机少消耗的功大于膨胀机少做出的功。

3）每 1kg 空气的实际制冷量。

不回热

$$q'_2 = h_1 - h_{4'} = (h_1 - h_3) + (h_3 - h_{4'}) = c_{p0}(T_1 - T_3) + w'_T$$
$$= [1.005 \times (263 - 293) + 67.42]\text{kJ/kg} = 37.27\text{kJ/kg}$$

回热 $$q'_{2r} = h_1 - h_{4'r} = h_{3r} - h_{4'r} = w'_{T,r} = 41.80\text{kJ/kg}$$

回热后每 1kg 空气增加的制冷量

$$q'_{2r} - q'_2 = (41.80 - 37.27)\text{kJ/kg} = 4.53\text{kJ/kg}$$ （相当于图 13-7 中面积 a）

4）实际制冷系数。

不回热 $$\varepsilon' = \frac{q'_2}{w'_C - w'_T} = \frac{37.27}{114.65 - 67.42} = 0.7891$$

回热 $$\varepsilon'_r = \frac{q'_{2r}}{w'_{C,r} - w'_{T,r}} = \frac{41.80}{79.19 - 41.80} = 1.118$$

$$\varepsilon'_r > \varepsilon'$$

回热后提高了实际制冷系数。

13.3 蒸气压缩制冷循环

利用一些低沸点物质的蒸气作为制冷剂，在其饱和区中实现逆向卡诺循环，这在原理上是可行的，因为在饱和区中可以实现等温过程（图 13-9）。但是考虑到工作在高湿度的湿蒸气区的压气机和膨胀机（特别是膨胀机），不仅效率低，而且工作不可靠，因此实际的蒸气压缩制冷循环都取消膨胀机而代之以节流阀（图 13-10）。这样虽然损失一些功和制冷量（图 13-11 中 $h_{4'}-h_4$），但设备要简单和可靠得多，而且节流阀更便于调节。另外，压气机采用干蒸气压缩。这样虽然压气机多消耗一些功（$h_{2'}-h_{1'}>h_2-h_1$），但压气机的工作稳定，效率提高，而且制冷量也有所增加（增加了 $h_{1'}-h_1$）。所以，蒸气压缩式制冷机一般都采用这种干蒸气压缩制冷循环（循环 1′2′34′1′）。

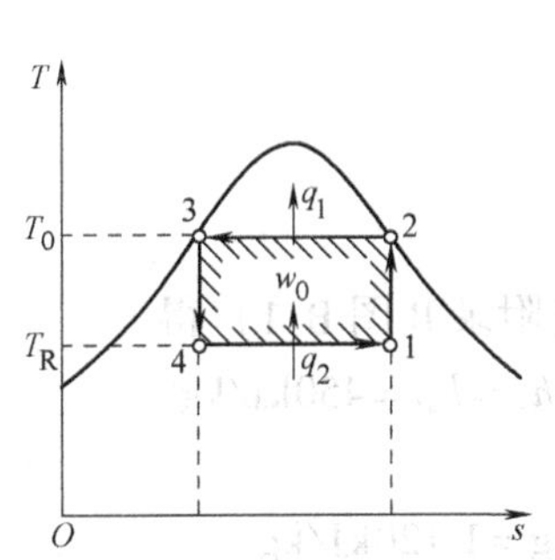

图 13-9　蒸气逆向卡诺制冷循环温熵图

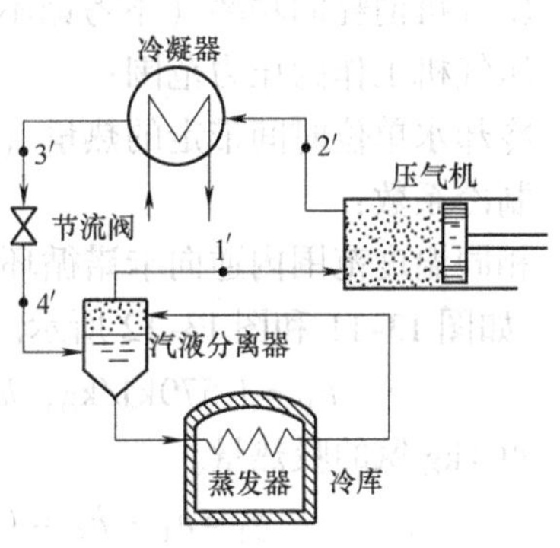

图 13-10　蒸气压缩制冷循环系统

这种蒸气压缩制冷循环的制冷系数为

$$\varepsilon=\frac{q_2}{w_0}=\frac{q_2}{w_C}=\frac{h_{1'}-h_{4'}}{h_{2'}-h_{1'}}=\frac{h_{1'}-h_3}{h_{2'}-h_{1'}} \tag{13-6}$$

若考虑到压气机的不可逆损失，则其制冷系数为

$$\varepsilon'=\frac{q_2}{w'_0}=\frac{q_2}{w_0/\eta_{C,s}}=\frac{h_{1'}-h_3}{h_{2'}-h_{1'}}\eta_{C,s} \tag{13-7}$$

式中，$\eta_{C,s}$为压气机的绝热效率。

式（13-6）和式（13-7）中各状态点的焓值可在制冷剂热力性质的专用图表中查得。最常用的制冷剂热力性质图是压焓图（p-h 图，参看附录 B 图 B-1、图 B-2）。蒸气压缩制冷循环在压焓图中的表示如图 13-12 中循环 1′2′34′1′所示。

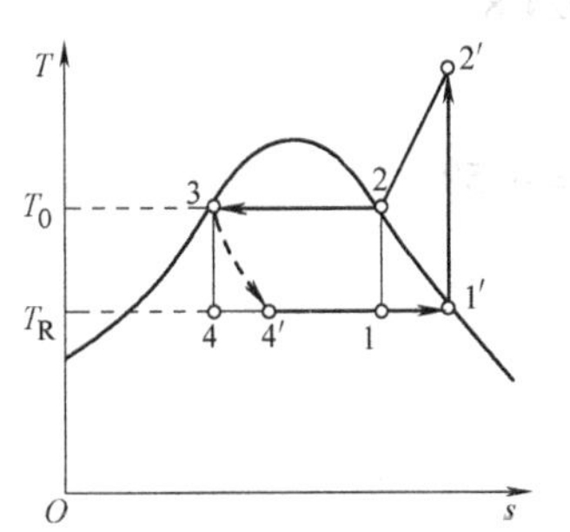

图 13-11　蒸气压缩制冷循环温熵图

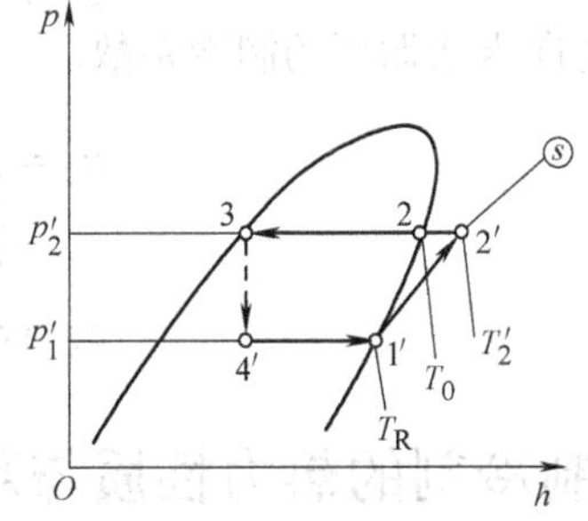

图 13-12　蒸气压缩制冷循环压焓图

由于蒸气压缩制冷循环在冷库中的吸热过程是最有利的等温吸热汽化过程，冷凝器中的冷却过程也有一段是等温过程，因此制冷系数比较大。另外，制冷剂的汽化热相对于气体的吸热能力来说一般都大得多，因此每 1kg 制冷剂的制冷量较大，设备比较紧凑。还可以根据

制冷的温度范围选择适当的制冷剂，以达到更好的效果。正因为蒸气压缩式制冷机有以上一系列优点，所以得到了广泛的应用。

例 13-3 某蒸气压缩式制冷机，用氨作为制冷剂。制冷量为 10^5kJ/h。冷凝器出口氨饱和液的温度为 300K，节流后温度为 260K。试求：

1）每 1kg 氨的吸热量；

2）氨的流量；

3）压气机消耗的功率（不考虑不可逆损失）；

4）压气机工作的压力范围；

5）冷却水单位时间带走的热量（kJ/h）；

6）制冷系数；

7）相同温度范围内逆向卡诺循环的制冷系数。

解 如图 13-11 和图 13-12 所示。查氨的压焓图（附录 B 图 B-1）得

$$h_{1'}=1\ 570\text{kJ/kg},\ h_{2'}=1\ 770\text{kJ/kg},\ h_3=h_{4'}=450\text{kJ/kg}$$

1）每 1kg 氨的吸热量。

$$q_2=h_{1'}-h_{4'}=(1\ 570-450)\text{kJ/kg}=1\ 120\text{kJ/kg}$$

2）氨的流量。

$$q_m=\frac{\dot{Q}_2}{q_2}=\frac{10^5}{1\ 120}=89.29\text{kg/h}=0.024\ 80\text{kg/s}$$

3）压气机消耗的功率。

$$P_C=q_m w_C=q_m(h_{2'}-h_{1'})=0.024\ 8\times(1\ 770-1\ 570)\text{kJ/s}=4.96\text{kW}$$

4）压气机工作的压力范围即 260K 和 300K 所对应的饱和压力。查压焓图得此压力范围为0.255～1.06MPa。

5）冷却水单位时间带走的热量。

$$\dot{Q}_1=q_m q_1=q_m(h_{2'}-h_3)=89.29\times(1\ 770-450)\text{kJ/h}=0.117\ 9\times10^6\text{kJ/h}$$

6）制冷系数。

$$\varepsilon=\frac{q_2}{w_C}=\frac{q_2}{p_C/q_m}=\frac{1\ 120}{4.96/0.024\ 8}=5.60$$

7）逆向卡诺循环的制冷系数。

$$\varepsilon_C=\frac{1}{\dfrac{T_3}{T_{4'}}-1}=\frac{1}{\dfrac{300}{260}-1}=6.50$$

$$\varepsilon_C>\varepsilon$$

13.4 制冷剂的热力性质与新型制冷剂

1. 制冷剂的热力性质

蒸气压缩式制冷机中采用的制冷剂一般都是低沸点物质。常用的有氨及各种不同化学组成的氯氟烃（CFC），如 R12、R22、R142 等。由于氯氟烃中的氯原子对大气中的臭氧层有破坏作用，近年来国际上已开始禁用这些物质，并逐步采用不含氯原子的制

冷工质，如 R134a、R152a 以及烷烃如丙烷、异丁烷等。制冷剂的热力性质对制冷装置的结构、所用材料及工作压力等都有密切关系。在选择制冷剂时应考虑到以下一些热力性质上的要求：

1）对应于大气温度的饱和压力不要太高，以降低压气机成本和对设备强度、密封方面的要求。

2）对应于冷库温度的压力不要太低，最好稍高于大气压力，以免为维持真空度而引起麻烦。

3）在冷库温度下的汽化热要大，以使单位质量的制冷剂具有较大的制冷能力。

4）液体比热容要小。也就是说在温熵图中的饱和液体线要陡，这样就可以减小因节流而损失的功和制冷量。节流过程引起的功和制冷量的损失为（图 13-13）

$$\begin{aligned} h_{4'} - h_4 &= h_3 - h_4 = (h_3 - h_5) - (h_4 - h_5) \\ &= \text{面积 } 53765 - \text{面积 } 54765 \\ &= \text{面积 } 5345 \end{aligned}$$

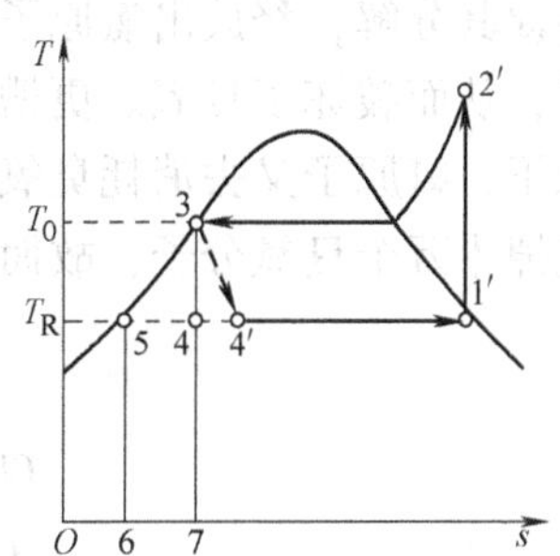

图 13-13　节流对耗功和制冷量的影响

饱和液体线愈陡，则面积 5345 愈小，节流过程引起的功和制冷量的损失也就愈小。

5）临界温度要显著高于大气温度，以免循环在近临界区进行，不能更多地利用等温放热而引起制冷能力和制冷系数的下降。

6）凝固点应低于冷库温度，以免制冷剂在工作过程中凝固。

此外，希望制冷剂每单位容积的制冷能力大些，以便减小制冷装置尺寸；希望制冷剂传热性能良好，使换热器更紧凑；希望制冷剂不溶于油，以免影响润滑；希望制冷剂有一定的吸水性，以免因析出水分而在节流降温后产生冰塞；还希望制冷剂不易分解变质，不腐蚀设备，不易燃，对人体无害，价格低廉，来源充足等。

氨作为制冷剂应用较多。它有很多优点：汽化热大，工作压力适中，几乎不溶于油，吸水性强，价格低廉，来源充足。但也有缺点：对人体有刺激性，对铜腐蚀性强，空气中含氨量高时遇火会引起爆炸。

各种氯氟烃的化学性质都很稳定，不腐蚀设备，不燃烧，对人体无害，但汽化热较小，价格较高。由于各种氯氟烃的临界参数、凝固温度及饱和蒸气压等各不相同，这就提供了根据不同工作温度选择合适的制冷剂的可能，因而得到广泛应用，但是由于氯氟烃的蒸气破坏大气臭氧层，国际上已逐步禁止使用。因此，氯氟烃的替代物如 R134a、R152a 以及一些烷烃类物质被推荐采用。然而它们虽然对臭氧层没有破坏作用，但还是有其他不足之处。寻找各方面都令人满意的制冷剂仍是值得探讨的课题。

2. 氟利昂对大气臭氧层的破坏及制冷剂替代工质的研究简介

氟利昂名称及其含义。氟利昂是英文 Freon 一词的译音，这个词出现之初仅指二氯二氟甲烷（制冷剂 R12），现在它代表一个相当大的化学物质类别——卤代烷（烃）。当只讲它们作为制冷剂的共性时，仍可以用氟利昂这一简单而笼统的名称称呼它们，但是当讨论破坏臭氧层的问题时就不能一概而论了。科学家说：氟利昂家族中出了破坏人类赖以生存的臭氧层的败家子，但不是全部，因此我们必须区别对待。

氟利昂既是制冷行业的骄子，又是破坏大气臭氧层的罪魁。从 20 世纪 30 年代起，氟利昂以其无毒、稳定和良好的热力性能而广泛应用于制冷等行业，为人类生活繁荣起到了巨大的推动作用。70年代初，德国、美国科学家保罗·克鲁岑、舍伍德·罗兰德和马里奥·莫利纳三人发现并证明了氯氟烃是破坏大气臭氧层的罪魁祸首。这三位科学家由此荣获1995年诺贝尔化学奖。

（1）氯氟烃破坏大气臭氧层的机理　氯氟烃类化学性质极其稳定，寿命很长，可达百年以上，在低空中很难分解，最终都会分解在高空的平流层中。在平流层中，强烈的紫外线将促其分解，释放出氯原子，这种新鲜的氯原子对臭氧具有亲和作用，生成了氧化氯和氧分子，从而破坏了臭氧。更糟糕的是，氧化氯又能和大气中游离的氧原子起作用，重新生成氯原子，氯原子又去消耗臭氧，如此循环下去，一个氯氟烃分子分解生成的氯原子可以连续消耗掉十万个臭氧分子，故而臭氧层危矣！整个过程的化学变化为

（2）臭氧层（O_3）的作用及其破坏后的危害　臭氧是氧的同素异形体，无色，气味特臭，故称臭氧。氧气或空气进行无声放电时即可产生臭氧。在离地面15～50km的大气平流层中集中了地球上90%的臭氧气体，虽然其含量从未超过十万分之一，全部集中起来也只有比鞋底还要薄的一层，但是它却吸收了绝大部分对生物有害的太阳紫外线，正是由于有了臭氧层这道天然屏障，才使地球上的人类和生物得以正常生长和世代繁衍。如果臭氧层遭到破坏后，太阳紫外线便可长驱直入，危及地球上的生物。强烈的紫外线使人体的抗病能力降低，从而诱发多种（皮肤癌、白内障）疾病；会使许多农作物与微生物受到损害，绝大多数农作物和其他植物会减产或降低质量。有害的紫外线对20m内海水的浮游生物、鱼虾和藻类等也会造成危害。紫外线也将引起建筑物、绘画及包装物质的老化，缩短使用寿命，每年造成巨大的经济损失。

3. 世界对策及研究现状。

在发现氟利昂破坏大气臭氧层后，国际社会在上20世纪80年代末到90年代初召开了一系列国际会议，限制使用CFCs物质，这就是“蒙特利尔议定书”的由来。其中冰箱制冷剂CFC12（R12）和发泡剂CFC11（R11）是主要禁止使用的物质。美、日等发达国家承诺1996年，我国承诺2005年禁止使用这两种物质。我国“无氟冰箱”便应运而生。其实，制冷剂中的氟原子并不危害臭氧层，只有其中的氯原子才破坏臭氧层。目前，大体有三种制冷剂替代工质：HFC134a（美国杜邦公司）、丙烷和异丁烷等碳氢化合物（欧洲绿色和平组织、德国）、HFC152a（中国）。但是，迄今为止，各国提出的新型冰箱制冷剂替代物除了环保性能外，其他性能还都没有全面优于CFC12，可以说全世界范围内还没有找到一种永久的CFC12替代物。于是，人们在继续寻找更好的制冷剂的同时，正在积极研究磁制冷等其他新型制冷方式。预计人类要想彻底解决这一世界难题还得走相当长的一段路。值得庆幸的是，日本科学家预测：氟利昂排放所造成的南极上空臭氧层空洞从2020年左右将开始缩小，到2050年左右将基本消失。

表13-1给出了某些常用制冷剂的基本热力性质。在附录B图B-1和图B-2中还给出了氨和R134a的热力性质图（压焓图）。

表 13-1 常用制冷剂的基本热力性质

物质	分子式	摩尔质量 $M/(g/mol)$	沸点/℃ (10^5Pa)	凝固点/℃ (10^5Pa)	临界温度 t_c/℃	临界压力 p_c/MPa
空气	—	28.965	−194.4	—	−140.7	3.774
氨	NH_3	17.031	−33.4	−77.7	132.4	11.30
R12	CCl_2F_2	120.93	−29.8	−155.0	112.0	4.12
R22	$CHClF_2$	86.48	−40.8	−160.0	96.1	4.98
R142	$C_2H_3ClF_2$	100.48	−9.3	−130.8	137.0	4.12
R134a	$C_2H_2F_4$	102.032	−26.1	−101.2	101.1	4.059
R152a	$C_2H_4F_2$	66.051	−24.0	−118.6	113.2	4.517
乙烷	C_2H_6	30.070	−88.5	−183.2	32.2	4.88
丙烷	C_3H_8	44.097	−42.1	−187.7	96.7	4.248
异丁烷	C_4H_{10}	58.124	−11.8	−159.6	134.7	3.629

13.5 蒸汽喷射制冷循环和吸收式制冷循环

前面各节所讨论的各种制冷循环（逆向卡诺循环、空气压缩制冷循环和蒸气压缩制冷循环）都靠消耗外功来达到制冷目的。但是，也可以不消耗外功，而以消耗温度较高的热能为代价来达到同样的制冷目的。蒸汽喷射制冷循环和吸收式制冷循环正是这样的循环。

1. 蒸汽喷射制冷循环

图 13-14 表示蒸汽喷射制冷装置。该装置的特征是用由喷管、混合室和扩压管三部分组成喷射器来替代消耗外功的压缩机。图 13-15 示出了相应循环的 T-s 图。

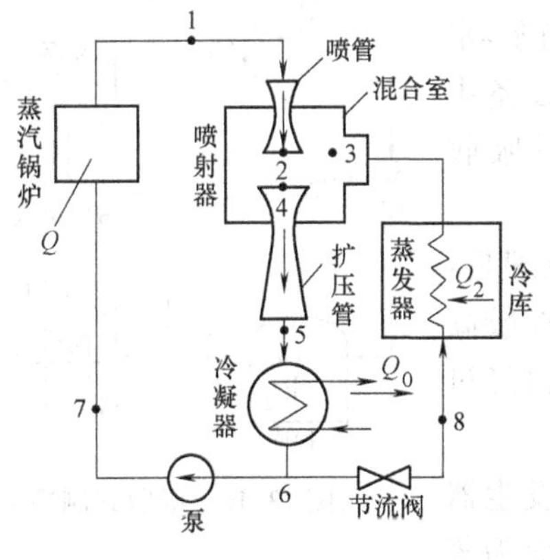

图 13-14 蒸汽喷射制冷装置

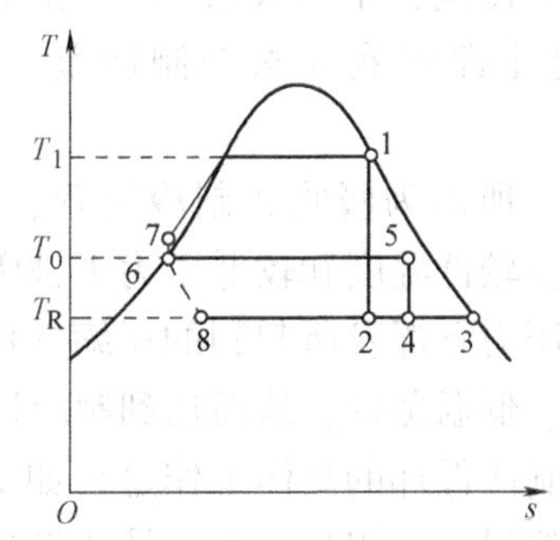

图 13-15 蒸汽喷射制冷循环温熵图

从蒸汽锅炉引来的较高温度和较高压力的蒸汽（状态 1）在喷管中膨胀至较低的混合室压力并获得高速（状态 2）。这股高速汽流在混合室中与从蒸发器过来的低压蒸汽（状态 3）混合后形成一股速度略低的汽流（状态 4）进入扩压管减速升压（过程 4→5），然后在冷凝器中凝结（过程 5→6）。凝结液则分为两路：一路经泵提高压力后送入蒸汽锅炉再加热汽化变为高压蒸汽；另一路经节流阀降压、降温（过程 6→8），然后在蒸发器中吸热汽化变成低温低压的蒸汽（状态 3）再进入混合室。

如上所述，蒸汽喷射制冷循环实际上包括两个循环：一个是逆向（在温熵图中逆时针方向）的制冷循环 456834；另一个是正向循环 1245671。二者合用喷射器和冷凝器。喷射器对制冷循环来说起到了压缩蒸汽的作用，而这部分蒸汽的压缩是靠正循环中那部分蒸汽的膨胀作为补偿才得以实现的。从整个装置来看，低温热之所以能转移到温度较高的大气中去，是以供给锅炉的更高温度的热能最终也转移到大气中作为补偿的。

高压蒸汽流量与低压蒸汽流量之比（q_{m1}/q_{m2}），与高压蒸汽的温度、冷库温度、大气温度（冷却水温度）以及喷射器的效能都有关系。显然，高压蒸汽的温度比大气温度高得愈多，冷库温度比大气温度低得愈少，喷射器效能愈高，则上述比值愈小（即消耗的高压蒸汽相对愈少）。

如果忽略泵所消耗的少量的功，那么整个喷射制冷装置是不消耗功的，而只消耗热量 Q。热量平衡方程为

$$Q + Q_2 = Q_0 \tag{13-8}$$

式中，Q 为蒸汽在锅炉中吸收的热量；Q_2 为蒸汽在冷库中吸收的热量；Q_0 为蒸汽在冷凝器中放出的热量。

蒸汽喷射制冷装置的热经济性可用热利用系数 ξ 来衡量

$$\xi = \frac{Q_2}{Q} \tag{13-9}$$

由于蒸汽混合过程的不可逆损失很大，因而热利用系数一般都较低而且降温有限。但由于这种装置用简单紧凑的喷射器取代了复杂昂贵的压气机，而喷射器又容许通过很大的容积流量，可以利用低压水蒸气作为制冷剂，因此在有现成蒸汽可用的场合，常被用于调节气温。

2. 吸收式制冷循环

吸收式制冷装置中采用沸点较高的物质做吸收剂，沸点较低、较易挥发的物质做制冷剂。常用的有氨-水溶液（氨是制冷剂，水是吸收剂）。在空气调节设备中也常用水-溴化锂溶液（水是制冷剂，溴化锂是吸收剂）。

图 13-16 所示为吸收式制冷装置。其工作原理是：利用制冷剂在较低温度和较低压力下被吸收以及在较高温度和较高压力下挥发所起到的压缩气体作用，再经过冷凝、节流、低温蒸发，从而达到制冷目的。

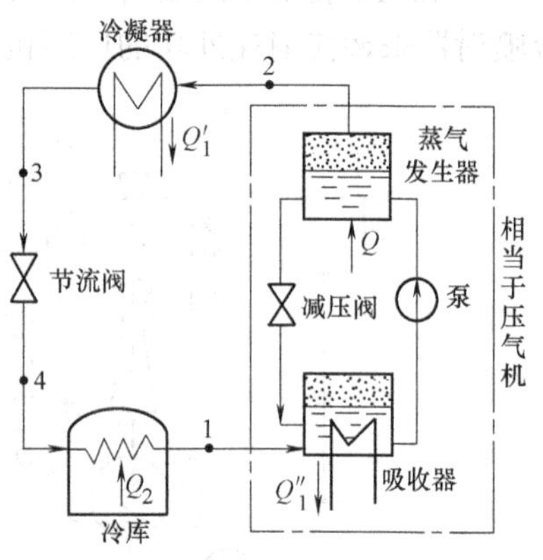

图 13-16 吸收式制冷装置

吸收式制冷循环的具体工作过程如下：蒸气发生器从外界吸收热量 Q，使溶液中较易挥发的制冷剂变为蒸气（其中夹有少量吸收剂的蒸气）。这蒸气具有较高的温度和较高的压力（状态 2），在冷凝器中凝结后（过程 2→3），经节流降压，温度降至冷库温度（过程 3→4），然后进入冷库中蒸发吸热 Q_2（过程 4→1），再送到吸收器中在较低的温度和压力下被吸收剂所吸收。吸收器中的溶液由于吸收了制冷剂，含量（制冷剂相对含量）较高，并有增加的趋势；而蒸

气发生器中的溶液则由于制冷剂的挥发，含量较低，并有减少的趋势。为了使制冷装置能稳定地连续工作，可用泵和减压阀使蒸气发生器和吸收器中的溶液发生交换，以取得制冷剂的质量平衡，使吸收器和蒸气发生器中的溶液维持各自不变的含量。另外，由于制冷剂被吸收剂吸收时会放出热量，而蒸气发生器经节流阀进入吸收器的溶液又具有较高的温度，为了保持吸收器中溶液的吸收能力，除了要维持制冷剂的含量不要太高以外，还必须维持溶液有较低的温度，因此吸收器必须加以冷却。以上是吸收式制冷循环的整个工作过程。除蒸气发生器和吸收器（它们共同起着压缩气体的作用）的工作过程比较特殊外，其他工作过程和蒸气压缩制冷循环基本相同。

如果忽略溶液泵消耗的少量的功，那么整个吸收式制冷装置也是不消耗功的，而只消耗热量 Q。热量平衡方程为

$$Q + Q_2 = Q'_1 + Q''_1 \tag{13-10}$$

吸收式制冷循环的热经济性也用热利用系数 ξ 表示

$$\xi = \frac{\text{收获}}{\text{消耗}} = \frac{Q_2}{Q}$$

吸收式制冷装置的热利用系数比较低，但由于设备简单、造价低廉（不需要昂贵的压气机）、不消耗功、可以利用温度不很高的热能，因此常用在有余热可以利用的场合。

近年来，一些根据其他原理工作的新型制冷装置也不断研制开发出来，如半导体制冷机、脉管制冷机、吸附式制冷机等。它们在一些特殊场合下有着不可取代的优越性。

本章要求重点与讨论

1）掌握蒸气压缩制冷循环和空气压缩制冷循环的分析与计算。

2）了解蒸气喷射制冷循环和吸收式制冷循环的特点。

3）了解制冷剂的热力学性能要求及环保性要求。

本章的知识结构框图如图 13-17 所示。

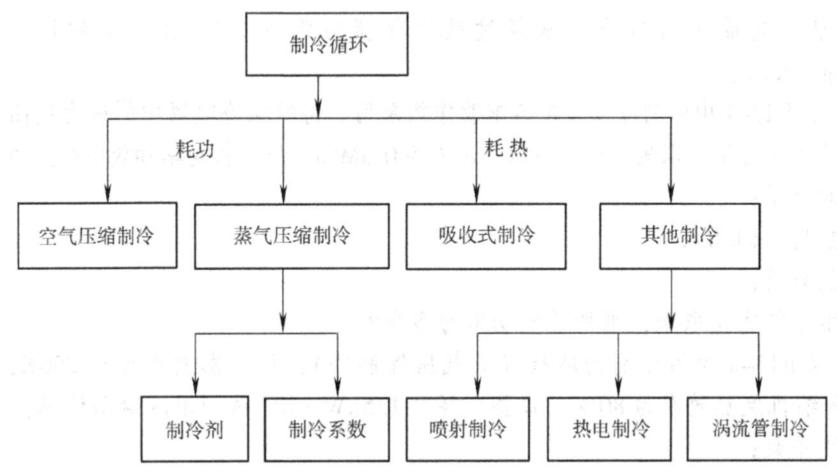

图 13-17　知识结构框图

思 考 题

1. 利用制冷机产生低温，再利用低温物体做冷源以提高热机循环的热效率。这样做是否有利？

2. 如何理解空气压缩制冷循环采取回热措施后，不能提高理论制冷系数，却能提高实际制冷系数？

3. 如图 13-13 所示。如果蒸气压缩制冷装置按 1′2′351′运行，就可以在不增加压气机耗功的情况下增加制冷剂在冷库中的吸热量（由原来的 $h_{1'}-h_{4'}$增加为 $h_{1'}-h_5$），从而可以提高制冷系数。这样考虑对吗？

习 题

13-1 1）设大气温度为 30℃，冷库温度分别为 0℃、-10℃、-20℃，求逆向卡诺循环的制冷系数。

2）设大气温度为 10℃，供热温度分别为 40℃、50℃、60℃，求逆向卡诺循环的供热系数。

13-2 已知大气温度为 25℃，冷库温度为 -10℃，压气机增压比分别为 2、3、4、5、6。试求空气压缩制冷循环的理论制冷系数。在所给的条件下，理论制冷系数最大可达多少（按定比热容理想气体计算）？

13-3 大气温度和冷库温度同习题 13-2。压气机增压比为 3，压气机绝热效率为 82%，膨胀机相对内效率为 84%，制冷量为 0.8×10^6kJ/h。求压气机所需功率、整个制冷装置消耗的功率和制冷系数（按等比热容理想气体计算）。

13-4 某氨蒸气压缩制冷装置（图 13-10），已知冷凝器中氨的压力为 1MPa，节流后压力降为 0.2MPa，制冷量为 0.12×10^6kJ/h，压气机绝热效率为 80%。试求：

1）氨的流量；

2）压气机出口温度及所耗功率；

3）制冷系数；

4）冷却水流量［已知冷却水经过氨冷凝器后温度升高 8K，水的比定压热容为 4.187kJ/(kg·K)］。

13-5 习题 13-4 中的制冷装置在冬季改作热泵用。将氨在冷凝器中的压力提高到 1.6MPa，氨凝结时放出的热量用于取暖，节流后氨的压力为 0.3MPa，压气机功率和效率同上题。试求：

1）氨的流量；

2）供热量（kJ/h）；

3）供热系数；

4）若用电炉直接取暖，则所需电功率为多少？

13-6 以 R134a 为制冷剂的冰箱（蒸气压缩制冷），已知蒸发温度为 250K，冷凝温度为 300K，压缩机绝热效率为 80%，每昼夜耗电 1.5kW·h。试利用压焓图计算：

1）制冷系数；

2）每昼夜制冷量；

3）压缩机的增压比及出口温度。

第4部分 化学热力学基础和能量直接转换及可再生能源

第14章 化学热力学基础

【提要】 本章论述了热力学第一、第二定律在化学反应系统中的应用。介绍了反应热、过程热效应、标准生成焓等概念及在计算化学反应中具有重要意义的盖斯定律和基尔霍夫定律，结合燃烧反应介绍了燃料理论燃烧温度的确定。在热力学第二定律的应用中，讨论了化学反应的最大有用功、化学反应方向的判断及化学平衡。本章对热力学第三定律也作了简要的介绍。

14.1 概述

化学热力学就是研究有化学反应时的热力学问题。能源、环境等工程领域的化学问题日益增多，如燃料电池、污水处理、大气臭氧层的消耗、生命体内的能量转换等，这使化学热力学显得更加重要。

包含化学反应的热力系统与前面各章讲述的只有物理变化的简单可压缩系统有所不同。化学反应过程中，物质的分子结构发生了变化。由于不同分子结构具有不同的化学能，因此在研究能量关系时，必须考虑内部化学能的变化。此时热力学能不仅包括分子动能和分子位能，还应包括化学能。

在简单可压缩系统中，工质的状态取决于两个相互独立的状态参数。化学反应中，由于组分是变化的，所以需要更多的参数（如各组元的质量分数 w_i 或摩尔分数 x_i）才能表达热力系的状态，例如

$$u=u\ (T,\ p,\ w_1,\ w_2,\ \cdots,\ w_i,\ \cdots,\ w_n)$$
$$h=h\ (T,\ p,\ w_1,\ w_2,\ \cdots,\ w_i,\ \cdots,\ w_n)$$
$$\cdots$$

由于独立变量的增多，当两个相互独立的状态参数保持不变时，化学反应过程仍能进行，如等温-等压过程、等温-等容过程。这样的过程在简单可压缩系统中是无法实现的，但在化学反应系统中却具有特殊重要的意义，因为有许多实际过程接近这两种理想化的过程。

简单可压缩系统仅与外界交换容积变化功（膨胀功）W，化学反应系统则可能包含其他形式的功，如电功。化学反应过程的容积变化功实际上很难、也很少加以利用，所以非容积变化功是化学反应系统与外界交换功量的主要形式。化学热力学将非容积变化功称为有用

功，用 W_u 表示。从而，系统总功

$$W_{tot} = W + W_u$$

14.2 热力学第一定律在化学反应系统中的应用

1. 化学反应系统的能量方程

第 2 章给出了热力学第一定律的一般表达式

$$Q = \Delta E + \int_{(\tau)} (e_2 \delta m_2 - e_1 \delta m_1) + W_{tot}$$

将上式应用于化学反应系统，则 Q 表示化学反应过程中系统与外界交换的热量，称为反应热；W_{tot}表示化学反应过程中系统与外界交换的总功量；e 为比总能，$e = u + c^2/2 + gz$，u 中包含化学能。

在等压或等容条件下进行的、不做有用功的化学反应是实际中最常见的化学反应，其能量平衡方程可由上式导出。

对闭口系的等容过程，容积变化功为零。如果不做有用功，且不计工质宏观动能和宏观位能的变化，则得过程的反应热为

$$Q_v = \Delta U = U_{Pr} - U_{Re} \tag{14-1}$$

式中，下标 Pr 和 Re 分别表示生成物和反应物。可见，等容过程的反应热等于反应前后系统热力学能的变化。

对闭口系的等压过程，容积变化功 $W = p\Delta V$，如果不做有用功，且不计工质宏观动能和宏观位能的变化，则有

$$Q_p = \Delta H = H_{Pr} - H_{Re} \tag{14-2}$$

对稳定流动开口系，无论是否等压过程，只要不做技术功和有用功，且忽略过程始末宏观动能和宏观位能的变化，同样有

$$Q = H_2 - H_1 = H_{Pr} - H_{Re} \tag{14-3}$$

可见，闭口系的等压过程和开口系的稳定流动过程，其反应热的表达式相同，都等于生成物与反应物的焓差。

在化学热力学中，不做有用功的等温-等容过程、等温-等压过程、绝热等压过程、绝热等容过程是四种基本的热力过程，大多数化学反应可以理想化为这四种基本过程。

对等温-等容过程，同样有式（14-1）

$$Q_v = U_{Pr} - U_{Re} \tag{14-4}$$

此时的反应热 Q_v 称为等容热效应。

对等温-等压过程，同样有式（14-2）

$$Q_p = H_{Pr} - H_{Re} \tag{14-5}$$

此时的反应热 Q_p 称为等压热效应。

可见，等压热效应和等容热效应的定义中已经包含了过程等温、不做有用功等限定条件。而实际上，式（14-4）和式（14-5）并不要求反应过程自始至终是等温的，只要过程的初、终状态温度相等，该二式就能成立（因为 U 和 H 都是状态参数，过程始末两状态参数之差与过程路径无关）。

对绝热等容过程，由式（14-1），有

$$U_{Pr}=U_{Re} \tag{14-6}$$

对绝热等压过程，由式（14-2），有

$$H_{Pr}=H_{Re} \tag{14-7}$$

2. 焓基准、标准生成焓

由式（14-4）和式（14-5）可知，等容热效应 Q_v 和等压热效应 Q_p 存在的关系为

$$Q_p-Q_v=(H_{Pr}-H_{Re})-(U_{Pr}-U_{Re})=(pV)_{Pr}-(pV)_{Re} \tag{14-8}$$

如果反应物和生成物都为理想气体，则

$$Q_p-Q_v=RT(n_{Pr}-n_{Re})$$

由于 Q_v 可以由 Q_p 计算出来，更重要的是因为等温-等压过程更为常见，所以以后的讨论以 Q_p 为主。Q_p 是等温、等压下过程的反应热，其数值与发生反应的温度和压力条件有关。化学热力学规定了化学标准状况：$t^0=25℃$、$p^0=101.325\text{kPa}(1\text{atm})$。标准状况下的等压热效应称为标准等压热效应，用 $Q_p{}^0$ 表示。

由上述各式可见，在分析化学反应过程的能量关系时，反应物和生成物的焓的计算非常重要。化学反应系统中，生成物和反应物组分不同，只有当不同物质具有相同的焓基准点时，才能进行比较和计算。由于各种化合物都由确定的单质化合而成，因此化学热力学规定稳定单质在标准状况下的焓值为零，从而保证了不同物质有相同的焓起点。

稳定单质在标准状况下生成化合物的热效应称为标准生成热。标准生成热即为生成反应的标准等压热效应：$Q_p^0=H_{hhw}^0-\sum H_{dz}^0$。由于稳定单质在标准状况下的焓值 H_{dz}^0 规定为零，因此，化合物在标准状况下的焓值 H_{hhw}^0 等于其标准生成热。习惯上将标准生成热称为标准生成焓，用 H_f^0 表示。附录A表A-9给出了一些化合物的标准生成焓。

标准生成焓是生成反应的一个过程量，可以通过精确的热量测量来确定，对指定的化合物，它是一个确定的常数。这就意味着，在标准状况下，指定化合物的焓值是常数，与达到此状态的途径无关。因此，作为标准状况下化合物的焓值，标准生成焓可以脱离生成反应而独立地加以应用。

3. 利用标准生成焓计算化学反应热

以标准生成焓为基础，可以计算物质在任意 T、p 下的焓值，即

$$H_m(T,\ P)=H_m(T^0,\ p^0)+[H_m(T,\ P)-H_m(T^0,\ p^0)]=H_f^0+\Delta H_m \tag{14-9}$$

式中，H_m 表示摩尔焓。

H_f^0 为物质的标准生成焓，亦即物质在标准状况下的摩尔焓。对单质，$H_f^0=0$。ΔH_m 表示物质由（T^0、p^0）到（T、p）焓的变化，这是一个物理过程，其计算与基准点的选取无关，计算方法与前面各章相同。附录A表A-10给出了几种理想气体在不同温度下的摩尔焓值，可供查取。

所以，不做有用功的等压过程的反应热

$$\begin{aligned}Q_p&=H_{Pr}-H_{Re}=\sum_j(n_jH_{m,j})_{Pr}-\sum_i(n_iH_{m,i})_{Re}=\sum_j(n_jH_{f,j}^0+n_j\Delta H_{m,j})_{Pr}-\sum_i(n_iH_{f,i}^0+n_i\Delta H_{m,i})_{Re}\\&=\left[\sum_j(n_jH_{f,j}^0)_{Pr}-\sum_i(n_iH_{f,i}^0)_{Re}\right]+\left[\sum_j(n_j\Delta H_{m,j})_{Pr}-\sum_i(n_i\Delta H_{m,i})_{Re}\right]\\&=Q_p^0+\sum_j(n_j\Delta H_{m,j})_{Pr}-\sum_i(n_i\Delta H_{m,i})_{Re}\end{aligned} \tag{14-10}$$

依据上式可以计算任意反应物温度、任意生成物温度、任意压力下等压过程的反应热。若反应物和生成物温度相同，都为 T，则得温度 T 下的等压热效应 Q_p，若过程在标准状况下

进行，各物质的 $\Delta H_m = 0$，则得标准等压热效应 Q_p^0

$$Q_p^0 = \sum_j (n_j H_{f,j}^0)_{Pr} - \sum_i (n_i H_{f,i}^0)_{Re} \tag{14-11}$$

4. 盖斯定律

由式（14-4）和式（14-5）可知，反应热效应只取决于反应的初、末状态，与反应途径无关。这是将热力学第一定律用于化学反应系统得出的结论。早在热力学第一定律建立之前，盖斯就通过实验得到了这个规律，因此又将此规律称作盖斯定律。盖斯定律在化学热力学的发展中起过重要作用。

利用反应热效应的这一特性，可以由已知反应的热效应很方便地计算某些未知反应的热效应。如碳在等压下的不完全燃烧性，有

$$C + \frac{1}{2}O_2 \xlongequal{Q_p} CO \tag{a}$$

这个反应的热效应很难测得，因为碳燃烧的产物不只是 CO，还有 CO_2。可以借助以下两个反应的热效应来计算，即

$$CO + \frac{1}{2}O_2 \xlongequal{Q'_p} CO_2 \tag{b}$$

$$C + O_2 \xlongequal{Q''_p} CO_2 \tag{c}$$

可见，反应（a）+反应（b）可以达到与反应（c）相同的效果，是由 C 和 O_2 生成 CO_2 的另一种途径。根据盖斯定律，有

$$Q_p + Q'_p = Q''_p$$

可得碳不完全燃烧的热效应 $Q_p = Q''_p - Q'_p$

(1) 理论空气量、过量空气系数　以甲烷的燃烧反应为例

$$CH_4 + 2O_2 = CO_2 + 2H_2O$$

可见，1mol 甲烷完全燃烧理论上需要 2mol 氧气。实际燃烧过程中提供的通常不是纯氧，而是空气。计算时可认为空气由 O_2 和 N_2 组成，摩尔分数分别为 0.21 和 0.79，故空气中相应于 1mol O_2 有 0.79/0.21 = 3.76mol N_2。因此，甲烷完全燃烧理论上需要 $2 \times (1 + 3.76)$ mol = 9.52mol 空气，这是理论上保证 1mol 甲烷完全燃烧所需的最小空气量，称为理论空气量。在理论空气量下，CH_4 的燃烧反应方程为

$$CH_4 + 2(O_2 + 3.76N_2) = CO_2 + 2H_2O + 2 \times 3.76N_2$$

在实际燃烧过程中，为了保证燃料充分氧化或调整燃烧产物的温度，常常需供入高于理论值的空气量，这就是实际空气量。实际空气量与理论空气量的比值称为过量空气系数。

设过量空气系数为 α，则甲烷的燃烧反应可表示为：

$$CH_4 + 2\alpha(O_2 + 3.76N_2) = CO_2 + 2H_2O + (2\alpha - 2)O_2 + 2\alpha \times 3.76N_2$$

燃烧过程是剧烈的化学反应过程，前面关于化学反应的讨论都适用于燃烧过程。

(2) 燃烧产物温度　利用式（14-10）可以计算任意等压燃烧产物的温度。

在燃烧过程中，燃烧热量一部分释放给外界，一部分用于加热燃烧产物。显然，释放给外界的热量越少，燃烧产物的量越少，则燃烧产物的温度越高。对一定量的燃料，燃烧产物的量取决于过量空气系数，当 $\alpha = 1$（即无过量空气）时，燃烧产物最少。

因此，理论空气量下的绝热完全燃烧过程，其燃烧产物的温度最高，称为理论燃烧温

度。不完全燃烧、过量空气、对外散热等都会使实际燃烧产物的温度低于理论燃烧温度。

利用绝热等压过程的能量方程 $H_{Pr}=H_{Re}$[式(14-7)]，结合理论空气量下的燃烧方程式，即可计算理论燃烧温度。计算时，认为反应物在标准状况下进入反应系统（参见例14-2）。

例 14-1 C_2H_4 在氧气中等压完全燃烧时，反应式为

$$C_2H_4(g)+3O_2(g)=2CO_2(g)+2H_2O$$

1）计算此燃烧反应的标准等压热效应（即标准燃烧热）。按生成物中的 H_2O 为液态和气态两种情况计算。

2）计算 500K 时的等压热效应（即燃烧热）。

3）如果反应物的温度为 298.15K，生成物的温度为 500K，计算反应热。

解 由式（14-10），得反应热

$$Q_{(p)}=Q_p^0+[(2\Delta H_{m,CO_2}+2\Delta H_{m,H_2O})-(\Delta H_{m,C_2H_4}+3\Delta H_{m,O_2})]$$

1）标准等压热效应。

$$Q_p^0=(2H_{f,CO_2}^0+2H_{f,H_2O}^0)-(H_{f,C_2H_4}^0+3H_{f,O_2}^0)$$

查附录 A 表 A-9 得

$$H_{f,CO_2}^0=-393\ 522\text{J/mol},\quad H_{f,H_2O}^0(1)=-285\ 830\text{J/mol}$$

$$H_{f,\ H_2O}^0(g)=-241\ 826\text{J/mol},\quad H_{f,C_2H_4}^0=52\ 467\text{J/mol}$$

$$H_{f,O_2}^0=0$$

代入上式，当燃烧产物中的 H_2O 为液态时，燃烧反应的标准等压热效应

$$Q_p^0=\{[2\times(-393\ 522)+2\times(-285\ 830)]-(52\ 467+3\times0)\}\text{J/mol}=-1\ 411\ 171\text{J/mol}$$

燃烧产物中水为气态时的标准等压热效应为

$$Q_p^0=\{[2\times(-393\ 522)+2\times(-241\ 826)]-(52\ 467+3\times0)\}\text{J/mol}=-1\ 323\ 163\text{J/mol}$$

298.15K 时水的汽化热

$$r=\frac{(-1\ 323\ 163)-(-1\ 411\ 171)}{2}\text{J/mol}$$

$$=44\ 004\text{J/mol}=2\ 442.5\text{kJ/kg}$$

2）将反应物和生成物都看做理想气体，则

$$\Delta H_m=H_{m,500K}-H_{m,298.15K}$$

查附录 A 表 A-10，并计算得 ΔH_m 之值，见下表。

气体种类	$H_{m,298.15K}$/(J/mol)	$H_{m,500K}$/(J/mol)	ΔH_m/(J/mol)
CO_2	9 364.0	17 668.9	8 304.9
H_2O	9 904.0	16 830.2	6 926.2
O_2	8 683.0	14 767.3	6 084.3
C_2H_4	10 511.6	21 188.4	10 676.8

所以 500K 时的等压热效应为

$$Q_p=Q_p^0+[(2\Delta H_{m,CO_2}+2\Delta H_{m,H_2O})-(\Delta H_{C_2,H_4}+3\Delta H_{m,O_2})]$$

$$=\{-1\ 323\ 163+[(2\times8\ 304.9+2\times6\ 926.2)-(10\ 676.8+3\times6\ 084.3)]\}\text{J/mol}$$

$$=-1\ 321\ 631\text{J/mol}$$

3）反应物温度为 298.15K，有

$$\Delta H_{m,C_2,H_4}=0,\ \Delta H_{m,O_2}=0$$

生成物温度为500K，其与标准状况的摩尔焓差为

$$\Delta H_{m,CO_2}=8\ 304.9\text{J/mol},\ \Delta H_{m,H_2O}=6\ 926.2\text{J/mol}$$

从而得反应热为

$$\begin{aligned}Q_{(p)}&=Q_p^0+[(2\Delta H_{m,CO_2}+2\Delta H_{m,H_2O})-(\Delta H_{m,C_2H_4}+3\Delta H_{m,O_2})]\\&=\{-1\ 323\ 163+[(2\times 8\ 304.9+2\times 6\ 926.2)-(0+3\times 0)]\}\text{J/mol}\\&=-1\ 292\ 701\text{J/mol}\end{aligned}$$

例 14-2 计算碳的理论燃烧温度。

解 碳在理论空气量下完全燃烧的方程式为

$$C+O_2+3.76N_2=CO_2+3.76N_2$$

由绝热等压过程的能量方程 $H_{Pr}=H_{Re}$，并考虑到反应物处于标准状况，得

$$H_{f,C}^0+H_{f,O_2}^0+3.76H_{f,N_2}^0=(H_{f,CO_2}^0+\Delta H_{m,CO_2})+3.76(H_{f,N_2}^0+\Delta H_{m,N_2})$$

其中

$$H_{f,C}^0=0,\ H_{f,O_2}^0=0,\ H_{f,N_2}^0=0$$

由附录 A 表 A-9 查得

$$H_{f,CO_2}^0=-393\ 522\text{J/mol}$$

从而得

$$393\ 522\text{J/mol}=\Delta H_{m,CO_2}+3.76\Delta H_{m,N_2}$$

温度的计算需采用试算法。查附录 A 表 A-10 并计算上式等号右边得

T/K	H_{m,CO_2}/(J/mol)	H_{m,N_2}/(J/mol)	($\Delta H_{CO_2}+3.76\Delta H_{N2}$)/(J/mol)
298.15	9 364.0	8 670.0	
2 400	125 139.6	79 309.1	381 378.6
2 500	131 278.2	82 965.7	401 266.0

通过插值计算得理论燃烧温度 $T=2\ 461$K。

14.3 化学反应过程的最大有用功

不同的化学反应过程具有不同目的。有的是为了获得热量（如燃烧反应），有的是为了获得预期的生成物，有的则是为了获得有用功（如燃料电池）。对于旨在获得有用功的化学反应，显然最大有用功的计算非常重要。即使对不做有用功的化学反应，在分析其能量转换时，也常用到最大有用功。此外，最大有用功还常用于物质化学㶲和物质间化学亲和力（不同物质相互作用发生化学反应的能力）的研究。

1. 化学反应过程的最大有用功

热力学第二定律是计算化学反应最大有用功的依据。由一般热力系的熵方程

$$\Delta S=S_f+S_g+\int_{(\tau)}(s_1\delta m_1-s_2\delta m_2)$$

对闭口系

$$\int_{(\tau)}(s_1\delta m_1-s_2\delta m_2)=0,\ \Delta S=S_{Pr}-S_{Re}$$

同时考虑到

$$S_f = \int \frac{\delta Q}{T},\ S_g \geqslant 0$$

可得

$$S_g = S_{Pr} - S_{Re} - \int \frac{\delta Q}{T} \geqslant 0 \tag{14-12}$$

对稳定流动开口系

$$\Delta S = 0,\ \int_{(\tau)} (s_1 \delta m_1 - s_2 \delta m_2) = S_{Re} - S_{Pr}$$

同时考虑到

$$S_f = \int \frac{\delta Q}{T},\ S_g \geqslant 0$$

同样得到式（14-12）。

下面从式（14-12）出发，分析等温-等容过程和等温-等压过程的最大有用功。

从热力学第一定律的一般表达式可得闭口系在无宏观动能和位能变化时等温-等容过程的能量方程

$$Q_{(T,v)} = U_{Pr} - U_{Re} + W_{u(T,v)} \tag{a}$$

对等温-等容过程，由式（14-12）可得

$$\int \frac{\delta Q_{(T,v)}}{T} = \frac{Q_{(T,v)}}{T} \leqslant S_{Pr} - S_{Re} \tag{b}$$

将式（a）代入式（b），经整理后得

$$W_{u(T,v)} \leqslant (U_{Re} - TS_{Re}) - (U_{Pr} - TS_{Pr})$$

由式 $U - TS = F$ 可知，F 为亥姆霍兹自由能（又称亥姆霍兹函数）。从而得

$$W_{u(T,v)} \leqslant F_{Re} - F_{Pr} \tag{14-13}$$

$$W_{u(T,v)\max} = F_{Re} - F_{Pr} \tag{14-14}$$

式（14-14）表明：等温-等容过程的最大有用功等于系统亥姆霍兹自由能的减少量。

与等温-等容过程相仿，等温-等压过程的能量方程为

$$Q_{(T,p)} = H_{Pr} - H_{Re} + W_{u(T,p)} \tag{c}$$

对等温-等压过程，从式（14-12）可得

$$\int \frac{\delta Q_{(T,p)}}{T} = \frac{Q_{(T,p)}}{T} \leqslant S_{Pr} - S_{Re} \tag{d}$$

将式（c）代入式（d），经整理后得

$$W_{u(T,p)} \leqslant (H_{Re} - TS_{Re}) - (H_{Pr} - TS_{Pr})$$

由式 $H - TS = G$ 可知，G 为吉布斯自由能（又称吉布斯函数）。从而得

$$W_{u(T,p)} \leqslant G_{Re} - G_{Pr} \tag{14-15}$$

$$W_{u(T,p)\max} = G_{Re} - G_{Pr} \tag{14-16}$$

式（14-16）表明：等温-等压过程的最大有用功等于系统吉布斯自由能的减少量。

2. 吉布斯自由能的计算

求等温-等压过程的最大有用功时需要计算吉布斯自由能的变化，在判断化学反应方向、计算平衡特性等时也常用到吉布斯自由能差。由于生成物和反应物的组成不同，计算吉布斯自由能差时同样要求不同的物质具有相同的基准。对此有两种处理方法。

（1）焓基准-熵基准法　根据吉布斯自由能的定义式 $G = H - TS$，化学反应过程吉布斯自由能的变化可写为

$$
\begin{aligned}
G_{\mathrm{Pr}}-G_{\mathrm{Re}} &= \sum_j (n_j G_{\mathrm{m},j})_{\mathrm{Pr}} - \sum_i (n_i G_{\mathrm{m},i})_{\mathrm{Re}} \\
&= \sum_j [n_j(H_{\mathrm{m},j}-T_j S_{\mathrm{m},j})]_{\mathrm{Pr}} - \sum_i [n_i(H_{\mathrm{m},i}-T_i S_{\mathrm{m},i})]_{\mathrm{Re}} \\
&= \left[\sum_j (n_j H_{\mathrm{m},j})_{\mathrm{Pr}} - \sum_i (n_i H_{\mathrm{m},i})_{\mathrm{Re}}\right] - \left[\sum_j (n_j T_j S_{\mathrm{m},j})_{\mathrm{Pr}} - \sum_i (n_i T_i S_{\mathrm{m},i})_{\mathrm{Re}}\right]
\end{aligned} \tag{14-17}
$$

可见，对不同物质，只要具有相同的焓基准和熵基准即可进行计算。14.2 节已经给出了焓基准和焓的计算方法。熵基准则根据热力学第三定律给出（见 14.5 节）：稳定单质和化合物在 0K 时熵为 0，物质在其状态下的熵称为绝对熵。附录 A 表 A-9 给出了一些物质在标准状况下的绝对熵 S_{m}^0，附录 A 表 A-10 给出了一些理想气体在 101.325kPa、不同温度下的绝对熵 S_{m} $(T,\ p^0)$。

当物质在标准状况下的绝对熵 S_{m}^0 已知时，任意 T、p 下的绝对熵可以这样计算

$$
S_{\mathrm{m}}(T,\ p) = S_{\mathrm{m}}(T^0,\ p^0) + [S_{\mathrm{m}}(T,\ p) - S_{\mathrm{m}}(T^0,\ p^0)] = S_{\mathrm{m}}^0 + \Delta S_{\mathrm{m}} \tag{14-18}
$$

ΔS_{m} 表示物质由（T^0、p^0）到（T、p）的熵变。若为理想气体，则

$$
S_{\mathrm{m}}(T,p) = S_{\mathrm{m}}^0 + \int_{T^0}^{T} C_{p\mathrm{m}} \frac{\mathrm{d}T}{T} - R\ln\frac{p}{p^0} \tag{14-19}
$$

对于附录 A 表 A-10 中列出的物质，由于 S_{m} $(T,\ p^0)$ 已知，$S_{\mathrm{m}}(T,\ p)$ 也可这样计算

$$
S_{\mathrm{m}}(T,\ p) = S_{\mathrm{m}}(T,p^0) + [S_{\mathrm{m}}(T,p) - S_{\mathrm{m}}(T,p^0)] \tag{14-20}
$$

若为理想气体，则

$$
S_{\mathrm{m}}(T,p) = S_{\mathrm{m}}(T,p^0) - R_{\mathrm{g}}\ln\frac{p}{p^0} \tag{14-21}
$$

（2）吉布斯自由能基准-熵基准法　吉布斯自由能基准规定：稳定单质在标准状况下的吉布斯自由能为 0；稳定单质在标准状况下生成化合物时吉布斯自由能的变化为该化合物的标准生成吉布斯自由能。显然，化合物在标准状况下的吉布斯自由能值等于其标准生成吉布斯自由能，它是一定值，与达到这一状态的途径无关。附录 A 表 A-9 给出了一些物质的标准生成吉布斯自由能 G_{f}^0。

当物质的标准生成吉布斯自由能 G_{f}^0 已知时，任意 T、p 下的摩尔吉布斯自由能的计算式为

$$
\begin{aligned}
G_{\mathrm{m}}(T,\ p) &= G_{\mathrm{m}}(T^0,p^0) + [G_{\mathrm{m}}(T,\ p) - G_{\mathrm{m}}(T^0,\ p^0)] \\
&= G_{\mathrm{f}}^0 + \Delta G_{\mathrm{m}} \\
&= G_{\mathrm{f}}^0 + [H_{\mathrm{m}}(T,p) - TS_{\mathrm{m}}(T,p)] - [H_{\mathrm{m}}(T^0,p^0) - T^0 S_{\mathrm{m}}(T^0,\ p^0)] \\
&= G_{\mathrm{f}}^0 + \Delta H_{\mathrm{m}} - [(TS_{\mathrm{m}} - T^0 S_{\mathrm{m}}^0)]
\end{aligned}
$$

从而

$$
\begin{aligned}
G_{\mathrm{Pr}} - G_{\mathrm{Re}} &= \sum_j (n_j G_{\mathrm{m},j})_{\mathrm{Pr}} - \sum_i (n_i G_{\mathrm{m},i})_{\mathrm{Re}} \\
&= \sum_j \left[n_j(G_{\mathrm{f},j}^0 + \Delta G_{\mathrm{m}})\right]_{\mathrm{Pr}} - \sum_i \left[n_i(G_{\mathrm{f},i}^0 + \Delta G_{\mathrm{m},i})\right]_{\mathrm{Re}} \\
&= \left[\sum_j (n_j G_{\mathrm{f},j}^0)_{\mathrm{Pr}} - \sum_i (n_i G_{\mathrm{f},i}^0)_{\mathrm{Re}}\right] + \left[\sum_j (n_j \Delta H_{\mathrm{m},j})_{\mathrm{Pr}} - \sum_i (n_i \Delta H_{\mathrm{m},i})_{\mathrm{Re}}\right] - \\
&\quad \left[\sum_j n_j(T_j S_{\mathrm{m},j} - T^0 S_{\mathrm{m},j}^0)_{\mathrm{Pr}} - \sum_i n_i(T_i S_{\mathrm{m},i} - T^0 S_{\mathrm{m},i}^0)_{\mathrm{Re}}\right]
\end{aligned} \tag{14-22}
$$

可见，对不同物质，只要具有相同的吉布斯自由能基准和熵基准即可进行计算。

例 14-3　燃料电池中所进行的反应可视为等温-等压反应。若反应为

$$CH_4(g) + 2O_2(g) = CO_2(g) + 2H_2O\ (l)$$

求标准状况下反应的最大有用功。

解　方法一：反应在标准状况下进行，由式（14-16）和式（14-17）可得

$$W_{u(T,p),\max} = (H^0_{f,CH_4} + 2H^0_{f,O_2} - H^0_{f,CO_2} - 2H^0_{f,H_2O}) - 298.15\ (S^0_{m,CH_4} + 2S^0_{m,O_2} - S^0_{m,CO_2} - 2S^0_{m,H_2O})$$

查附录 A 表 A-9 得

物质种类	H^0_f/(J/mol)	S^0_m/[J/(mol·K)]
$CH_4(g)$	−74 873	186.251
$O_2(g)$	0	205.147
$CO_2(g)$	−393 522	213.795
$H_2O(l)$	−285 830	69.950

$$\begin{aligned} W_{u(T,p),\max} &= \{[(-74\,873 + 2\times 0 - (-393\,522) - 2\times(-285\,830)] - 298.15 \times \\ &\quad (186.251 + 2\times 205.147 - 213.795 - 2\times 69.950)\}\ \text{J/mol} \\ &= 817\,903\ \text{J/mol} \end{aligned}$$

方法二：反应在标准状况下进行，由式（14-16）和式（14-17）得

$$W_{u(T,p),\max} = G_{Re} - G_{Pr} = G^0_{f,CH_4} + 2G^0_{f,O_2} - G^0_{f,CO_2} - 2G^0_{f,H_2O}$$

查附录 A 表 A-9 得

$$G^0_{f,CO_2} = -394\,389\,\text{kJ/kmol},\quad G^0_{f,H_2O}(l) = -237\,141\,\text{kJ/kmol}$$

$$G^0_{f,O_2} = 0,\quad G^0_{f,CH_4} = -50\,768\,\text{kJ/kmol}$$

从而

$$W_{u(T,p),\max} = [-50\,768 + 2\times 0 - (-394\,389) - 2\times(-237\,141)]\ \text{J/mol} = 817\,903\ \text{J/mol}$$

可见，两种方法结果相同。但对本例而言，显然，第二种方法更为简便。

14.4　化学反应方向及化学平衡

前面研究的都是反应物完全转化为生成物的理论化学反应。如 CO 的燃烧反应

$$CO + \frac{1}{2}O_2 = CO_2$$

方程中各物质的系数称为化学计量系数，它们遵守质量守恒原理。这种满足质量平衡又无多余反应物的理论反应方程称为化学计量方程。化学计量方程的一般形式为

$$\sum \gamma_i A_i = 0 \tag{14-23}$$

式中 γ_i 表示组元 i 的化学计量系数，对反应物取负值，对生成物取正值。A_i 表示物质反应或生成物质。因此 CO 的理论反应也可写为

$$CO_2 - CO - \frac{1}{2}O_2 = 0$$

化学计量方程实际上表示的是反应物和生成物的质量平衡关系。在化学反应中，各物质的量

的变化必定满足

$$\frac{dn_1}{\gamma_1}=\frac{dn_2}{\gamma_2}=\frac{dn_3}{\gamma_3}=\cdots=\frac{dn_n}{\gamma_n} \tag{14-24}$$

在实际中，大多数化学反应并不能进行到反应物完全消失，原因是在反应物发生正向反应形成生成物的同时，生成物也在进行着逆向反应，形成反应物。当正向反应速度大于逆向反应速度时，宏观上表现为正向反应；反之，则表现为逆向反应。当正向反应和逆向反应速度相等时，达到化学平衡。此时，系统中反应物和生成物共存，并处于动态平衡。

如 CO 的燃烧反应。若有 1mol CO 和 0.5mol O_2 参加反应，完全燃烧时将生成 1mol CO_2。但由于逆向反应的存在，达到化学平衡时，1mol CO_2 中有 β mol 发生了离解反应，根据质量平衡，离解生成 βmol CO 和 0.5β mol O_2。从而实际反应为

$$CO+\frac{1}{2}O_2\rightarrow(1-\beta)CO_2+\beta CO+\frac{\beta}{2}O_2$$

β 表示达到化学平衡时，单位物质量的主要生成物中离解部分所占的比例，称为离解度，其值可根据化学平衡特性确定。

1. 亥姆霍兹函数判据和吉布斯函数判据

热力学第二定律是分析热力过程进行的方向和平衡条件的依据。由熵方程出发，得到了孤立系统熵增原理

$$dS_{id}\geqslant 0$$

即实际过程总是向着使孤立系统熵增大的方向进行，当熵达到极大值时，系统达到平衡状态。因此平衡判据为

$$\left.\begin{aligned}dS&=0\\ d^2S&<0\end{aligned}\right\} \tag{14-25}$$

$dS=0$ 表明处于平衡状态的孤立系统的熵不再发生变化，$d^2S<0$ 则表明此时系统的熵为极大值。

熵判据是宏观热力过程的普适判据，当然也适用于化学反应过程。对于化学反应中常见的等温-等容和等温-等压过程，以此为依据可以得出更实用的亥姆霍兹函数判据和吉布斯函数判据。

对不做有用功的等温-等容过程而言，由式（14-13）可得

$$F_{Re}-F_{Pr}\geqslant 0$$

亦即

$$F_{Pr}-F_{Re}\leqslant 0 \quad 或 \quad dF\leqslant 0 \tag{14-26}$$

亦即等温-等容反应总是自发地向着使系统的亥姆霍兹自由能减小的方向进行，当亥姆霍兹自由能达到极小值时，系统达到平衡状态。因此平衡判据为

$$\left.\begin{aligned}dF&=0\\ d^2F&>0\end{aligned}\right\} \tag{14-27}$$

式（14-26）和式（14-27）即为等温-等容过程的亥姆霍兹自由能判据。

同理，对不做有用功的等温-等压过程而言，由式（14-15）可得

$$G_{Re}-G_{Pr}\geqslant 0$$

亦即 $$G_{\mathrm{Pr}} - G_{\mathrm{Re}} \leqslant 0 \quad 或 \quad \mathrm{d}G \leqslant 0 \tag{14-28}$$

亦即等温-等压反应总是自发地向着使系统的吉布斯自由能减小的方向进行，当吉布斯自由能达到极小值时，系统达到平衡状态。因此平衡判据为

$$\left.\begin{aligned} \mathrm{d}G &= 0 \\ \mathrm{d}^2 G &> 0 \end{aligned}\right\} \tag{14-29}$$

式（14-28）和式（14-29）即为等温-等压过程的吉布斯自由能判据。

对绝热等容、绝热等压等过程，也可推导出类似的判据。

2. 化学反应过程的一般判据

化学势可以作为化学反应的一般判据。首先给出化学势的定义。

化学反应系统是多元系统。对具有 r 个组元的多元系，其亥姆霍兹自由能和吉布斯自由能可表示为

$$F = F(T, V, n_1, \cdots, n_i, \cdots, n_r)$$

$$G = G(T, p, n_1, \cdots, n_i, \cdots, n_r)$$

对二式微分，得

$$\mathrm{d}F = \left(\frac{\partial F}{\partial T}\right)_{V,n} \mathrm{d}T + \left(\frac{\partial F}{\partial V}\right)_{T,n} \mathrm{d}V + \sum_{i=1}^{r} \left(\frac{\partial F}{\partial n_i}\right)_{T,V,n_j(j \neq i)} \mathrm{d}n_i$$

$$\mathrm{d}G = \left(\frac{\partial G}{\partial T}\right)_{p,n} \mathrm{d}T + \left(\frac{\partial G}{\partial p}\right)_{T,n} \mathrm{d}p + \sum_{i=1}^{r} \left(\frac{\partial G}{\partial n_i}\right)_{T,p,n_j(j \neq i)} \mathrm{d}n_i$$

根据式（5-21）、式（5-23），对定成分的简单可压缩系，有

$$\left(\frac{\partial F}{\partial T}\right)_{V,n} = -S, \quad \left(\frac{\partial F}{\partial V}\right)_{T,n} = -p$$

$$\left(\frac{\partial G}{\partial T}\right)_{p,n} = -S, \quad \left(\frac{\partial G}{\partial p}\right)_{T,n} = V$$

因此

$$\mathrm{d}F = -S\mathrm{d}T - p\mathrm{d}V + \sum_{i=1}^{r} \left(\frac{\partial F}{\partial n_i}\right)_{T,V,n_j(j \neq i)} \mathrm{d}n_i \tag{a}$$

$$\mathrm{d}G = -S\mathrm{d}T + V\mathrm{d}p + \sum_{i=1}^{r} \left(\frac{\partial G}{\partial n_i}\right)_{T,p,n_j(j \neq i)} \mathrm{d}n_i \tag{b}$$

由 $G = H - TS$，$F = U - TS$ 和 $H = U + pV$，得

$$G = F + pV$$

微分，得 $$\mathrm{d}G = \mathrm{d}F + V\mathrm{d}p + p\mathrm{d}V \tag{c}$$

将式（a）和式（b）代入式（c），得

$$\left(\frac{\partial F}{\partial n_i}\right)_{T,V,n_j(j \neq i)} = \left(\frac{\partial G}{\partial n_i}\right)_{T,p,n_j(j \neq i)}$$

定义

$$\mu_i = \left(\frac{\partial F}{\partial n_i}\right)_{T,V,n_j(j \neq i)} = \left(\frac{\partial G}{\partial n_i}\right)_{T,p,n_j(j \neq i)} \tag{14-30}$$

μ_i 称组元 i 的化学势，它表示系统广延量随组元 i 物量的变化。从而式（a）和式（b）可表示为

$$dF = -SdT - pdV + \sum_{i=1}^{r} \mu_i dn_i \tag{14-31}$$

$$dG = -SdT + Vdp + \sum_{i=1}^{r} \mu_i dn_i \tag{14-32}$$

对等温-等容过程，由式（14-31）并结合式（14-31），有

$$dF = \sum_{i=1}^{r} \mu_i dn_i \leqslant 0$$

对等温-等容过程，由式（14-32）并结合式（14-31），有

$$dG = \sum_{i=1}^{r} \mu_i dn_i \leqslant 0$$

即对等温-等容和对等温-等压过程，都有

$$\sum_{i=1}^{r} \mu_i dn_i \leqslant 0 \tag{14-33}$$

对绝热等容、绝热等压等过程也可以得到相同的结果。

式（14-33）是对于多元系而言的。在化学反应中，由反应物和生成物构成的多元系，各组元摩尔数的变化可以通过化学反应方程联系起来。将式（14-29）代入式（14-33），得化学反应的一般判据

$$\sum_{i=1}^{r} \gamma_i dn_i \leqslant 0 \tag{14-34}$$

若用 ξ_i 和 ξ_j 表示反应物和生成物的化学计量系数（它们都是正值），则 $\sum_i (\xi_i \mu_i)_{Re}$ 表示反应物的总的化学势，$\sum_j (\xi_j \mu_j)_{pr}$ 表示生成物的总的化学势，化学反应的一般判据又可表示为

$$\sum_j (\xi_j \mu_j)_{pr} \leqslant \sum_i (\xi_i \mu_i)_{Re} \tag{14-35}$$

式（14-35）表明：

当 $\sum_j (\xi_j \mu_j)_{pr} < \sum_i (\xi_i \mu_i)_{Re}$ 时，正向反应可以自发进行；

当 $\sum_j (\xi_j \mu_j)_{pr} > \sum_i (\xi_i \mu_i)_{Re}$ 时，正向反应可以自发进行；

当 $\sum_j (\xi_j \mu_j)_{pr} = \sum_i (\xi_i \mu_i)_{Re}$ 时，反应达到平衡。

可见，化学反应总是向着减小反应物和生成物化学势差（即整个反应系统的化学势）的方向进行。正如温差是热量传递的驱动势、压差是容积功量的驱动势一样，化学势差是质量传递的驱动势。当温差、压差为零时，系统达到热平衡、力平衡；当化学势差为零时，系统达到化学平衡。

3. 平衡常数

化学反应达到平衡时，反应物和生成物的含量（或分压力）之间必存在一定的比例关系，这一比例关系称为化学反应的平衡常数。

以分压力表示的化学反应的平衡常数可用 K_p 表示，其普通式为

$$\ln K_p = -\frac{\Delta G_{T,p^0}}{RT} \tag{14-36}$$

K_p 称为平衡常数。对一定的化学反应，当温度一定时，K_p 为一常数。

对任意多元的理想气体的化学反应：$aA+bB=cC+eE$

根据化学反应的方向判据，可导出

$$\frac{\left(\frac{p_C}{p^0}\right)^c\left(\frac{p_E}{p^0}\right)^e}{\left(\frac{p_A}{p^0}\right)^a\left(\frac{p_B}{p^0}\right)^b}\leqslant K_p \tag{14-37}$$

该式表明：

当 $\frac{\left(\frac{p_C}{p^0}\right)^c\left(\frac{p_E}{p^0}\right)^e}{\left(\frac{p_A}{p^0}\right)^a\left(\frac{p_B}{p^0}\right)^b}<K_p$ 时，正向反应可以自发进行；

当 $\frac{\left(\frac{p_C}{p^0}\right)^c\left(\frac{p_E}{p^0}\right)^e}{\left(\frac{p_A}{p^0}\right)^a\left(\frac{p_B}{p^0}\right)^b}>K_p$ 时，逆向反应可以自发进行；

当 $\frac{\left(\frac{p_C}{p^0}\right)^c\left(\frac{p_E}{p^0}\right)^e}{\left(\frac{p_A}{p^0}\right)^a\left(\frac{p_B}{p^0}\right)^b}=K_p$ 时，反应达到平衡。

以上是以分压力表示的平衡常数。将 $p_i=x_ip$ 代入 K_p，可得用摩尔分数表示的平衡常数 K_x 为

$$K_x=\frac{{x_C}^c{x_E}^e}{{x_A}^a{x_B}^b}=K_p\left(\frac{p}{p^0}\right)^{(a+b-c-e)}=K_p\left(\frac{p}{p^0}\right)^{-\Delta n} \tag{14-38}$$

式中，Δn 表示反应前后气态物质物质的量的变化。

显然，平衡常数越大，达到化学平衡时生成物的分压力（或含量）越大，反应进行得越完全。因此，平衡常数的大小反映了反应可能达到的深度。

平衡常数是分析化学反应方向和平衡特性的重要依据。利用平衡常数，可以预测化学反应进行的方向［式（14-37)］。依据不同因素对平衡常数的影响，通过调整反应条件，可以控制反应进行的方向和深度。利用平衡常数，还可以计算化学平衡时的物质成分（平衡成分)。

4. 平衡移动原理

处于化学平衡的反应系统，当外部条件（如温度、压力，加入或除去某些物质等）发生变化时，原来的平衡状态遭到破坏，反应将向着建立新的平衡状态的方向移动。吕-查德里研究了外部因素对化学平衡影响的各种实例后指出：在化学平衡遭到破坏的系统中，化学反应总是向着削弱外部作用影响的方向移动。这就是平衡移动原理，又称吕-查德里原理。根据吕-查德里原理，提高温度，会使吸热反应加剧（吸热量增加，以削弱温度升高的影响)；降低温度，会使放热反应加剧（放热量增加，以削弱温度降低的影响)。

例 14-4　有水煤气反应

$$CO(g)+H_2O(g)=CO_2(g)+H_2(g)$$

反应物和生成物都作理想气体处理。

1）计算反应在 2 000K 下的平衡常数（用 $\ln K_p$ 表示）；

2）若初始反应物为 1kmol CO、2kmol H_2O，求在 2 000K 下平衡时各组元的摩尔数和 CO_2 的离解度。

解 1）$\ln K_p = -\dfrac{\Delta G_{T,p^0}}{RT}$

$$\Delta G_{T,p^0} = G_{m,CO_2}(T,p^0) + G_{m,H_2}(T,p^0) - G_{m,CO}(T,p^0) - G_{m,H_2O}(T,\ p^0)$$

其中

$$G_m(T,\ p^0) = H_m(2\ 000K) - TS_m(2\ 000K,\ 101.325kPa) = H_f^0 + \Delta H_m - TS_m\ (2\ 000K,\ 101.325kPa)$$

查附录 A 表 A-9 和表 A-10，得

气体种类	S_m(2 000K,101.325kPa) /[J/(mol·K)]	H_m(298.15K)/(J/mol)	H_m(2 000K)/(J/mol)	H_f^0/(J/mol)
CO	258.711	8 671.0	65 413.9	-110 527
H_2O	264.772	9 904.0	82 694.7	-241 826
CO_2	309.301	9 364.0	100 811.2	-393 522
H_2	188.416	8 467.0	61 416.1	0

$$G_{m,CO}(T,\ p^0) = [-110\ 527 + (65\ 413.9 - 8\ 671.0) - 2\ 000 \times 258.711]J/mol = -571\ 206J/mol$$

$$G_{m,H_2O}(T,\ p^0) = [-241\ 826 + (82\ 694.7 - 9\ 904.0) - 2\ 000 \times 264.772]J/mol = -698\ 579J/mol$$

$$G_{m,CO_2}(T,\ p^0) = [-393\ 522 + (100\ 811.2 - 9\ 364.0) - 2\ 000 \times 309.301]J/mol = -920\ 677J/mol$$

$$G_{m,H_2}(T,\ p^0) = [0 + (61\ 416.1 - 8\ 467.0) - 2\ 000 \times 188.416]J/mol = -323\ 883J/mol$$

从而得

$$\Delta G_{T,p^0} = [-920\ 677 - 323\ 883 - (-571\ 206) - (-698\ 579)]J/mol = 25\ 225J/mol$$

$$\ln K_p = -\frac{25\ 225}{8.314\ 51 \times 2\ 000} = -1.517$$

2）若初始反应物为 1kmol CO、2kmol H_2O，设平衡时有 x kmol CO 发生了反应，则

项　目	CO	H_2O	CO_2	H_2
初始时各组元物质的量/kmol	1	2	0	0
平衡时各组元物质的量/kmol	$1-x$	$2-x$	x	x
平衡时各组元的分压力（p 为系统总压力）	$\frac{1-x}{3}p$	$\frac{2-x}{3}p$	$\frac{x}{3}p$	$\frac{x}{3}p$

由式（14-37），得平衡时

$$\ln K_p = \ln \frac{\dfrac{p_{CO_2}}{p^0}\dfrac{p_{H_2}}{p^0}}{\dfrac{p_{CO}}{p^0}\dfrac{p_{H_2O}}{p^0}} = \ln \frac{\dfrac{x}{3}\dfrac{x}{3}}{\dfrac{1-x}{3}\dfrac{2-x}{3}} = -1.517$$

解得 $x=0.44$。从而得平衡时各组元的摩尔数为

$x_{CO}=(1-x)\text{kmol}=0.56\text{kmol}$，$x_{H_2O}=(2-x)\text{kmol}=1.56\text{kmol}$，$x_{CO_2}=x\text{kmol}=0.44\text{kmol}$，$x_{H_2}=x\text{kmol}=0.44\text{kmol}$

CO_2 的离解度

$$\beta = 1-x = 1-0.44 = 0.56$$

在本例中，反应前后物质的摩尔数不变，所以温度一定时，压力对平衡成分和离解度没有影响。

14.5　热力学第三定律

热力学第三定律揭示的是温度趋于绝对零度时物质的极限特性。1906 年，德国化学家能斯特根据低温下化学反应的实验结果，得出一个结论：在可逆等温过程中，当温度趋于绝对零度时，凝聚系的熵趋于不变。即

$$\lim_{T\to 0}(\Delta S)_T = 0 \tag{14-39}$$

这就是能斯特热定律。

能斯特热定律说明：在接近绝对零度时，如果凝聚系进行了可逆等温化学反应，虽然反应前后物质成分发生了变化，但总熵变趋于零。对此唯一的解释就是，不同凝聚物在绝对零度时的熵值相同。为与统计热力学理论相一致，规定纯物质的完整晶体在绝对零度时的熵值为零。这样不同物质就有了相同的熵的基准点，物质在其他任意状态下的熵值称为绝对熵。

在低温时，由于环境中没有更低温度的冷源使物体降温，唯一可行的降温途径就是绝热过程。显然，可逆绝热过程（等熵过程）降温效果最好。但在绝对零度附近，等熵过程就是等温过程，想通过绝热过程使物体降温是不可能的，因此绝对零度不可能达到，这是热力学第三定律的一种常见的表述方式。

本章要求重点与讨论

1）了解化学反应系统中存在多种组元，而且各组元在反应中物质结构可以变化，这是不同于非反应系统的物理过程的基本特点。

2）了解化学反应系统热和功的计算，区分反应热、热效应、标准生成焓、容积功、非容积功、有用功及最大有用功等概念。

3）了解热力学第一定律在化学反应系统中的应用及得到的主要结论，了解盖斯定律和基尔霍夫定律在计算反应热中的作用。

4）了解热力学第二定律在化学反应系统中的应用，了解化学反应方向的判断、反应最

大有用功及化学平衡。

5）了解热力学第三定律的实质，了解绝对熵的概念及绝对零度不可能达到的原理。

本章的知识结构框图如图 14-1 所示

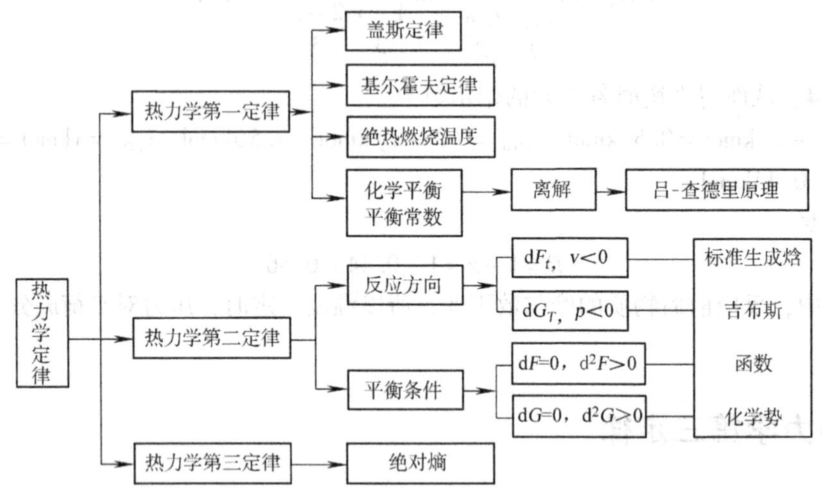

图 14-1 知识结构框图

思 考 题

1. $Q_{(p)}$、Q_p、Q_p^0、$Q_{(T,p)}$ 各代表什么？反应热和反应热效应有何区别和联系？

2. 化学热力学为什么规定焓基准、熵基准、吉布斯自由能基准？

3. 根据吉布斯自由能基准，O_2 在标准状况下的吉布斯自由能为0。根据焓基准和熵基准，标准状况下，$H^0_{m,O_2}=0$，$S^0_{m,O_2}=205.147\text{J/(mol}\cdot\text{K)}$，从而 $G^0_{m,O_2}=H^0_{m,O_2}-T^0S^0_{m,O_2}=(0-298.15\times205.147)\text{J/mol}=61\ 164.6\text{J/mol}$。二者是否矛盾？会不会影响计算结果？

4. 化学计量方程的不同书写形式对平衡常数的计算有无影响？如 CO 的燃烧反应，其计量方程可以写作 $2CO+O_2=2CO_2$，也可以写作 $CO+\frac{1}{2}O_2=CO_2$。

5. 氨的合成反应：$N_2(g)+3H_2(g)=2NH_3(g)$，用平衡移动原理判断下列情况下平衡移动的方向：

1）加入 N_2；

2）加入 H_2；

3）提高反应温度；

4）提高反应总压。

6. 在什么情况下，生成热就是燃烧热？

7. 空气中除氧气外的其他成分的存在是否影响反应的标准等压热效应？是否影响燃烧反应中燃烧产物的温度？是否影响燃料的化学性质？

习 题

14-1 甲烷 CH_4（气态）在纯氧（气态）中发生燃烧反应，计算其标准等压热效应。燃烧产物中的 H_2O 按液态和气态分别计算。若反应在 500K 下进行，计算燃烧的等压热效应。

14-2 对燃烧反应 $H_2(g)+\frac{1}{2}O_2(g)=H_2O(g)$，$H_2$、$O_2$、$H_2O$ 都可作为理想气体处理，计算反应的标准等压热效应和 298.15K 下的等容热效应。

14-3 利用吉布斯函数判据判断反应 $2H_2O(g)=2H_2(g)+O_2(g)$ 在标准状况下能否自发进行。

14-4 1mol CO 和 1mol O_2 进行化学反应，求在 101.325kPa、3 000K 下达到化学平衡时 CO_2 的离解度和系统的平衡成分。已知平衡常数 $K_p=3.06$。(化学计量方程为：$CO+\frac{1}{2}O_2=CO_2$)

14-5 求 CH_4 的理论燃烧温度。

选读之十八 吉布斯

吉布斯（Josiah Willard Gibbs，1836—1903，图 14-2）是美国著名物理学家、统计正则分布的建立者，1839 年生于美国康涅狄州的纽黑文。他的父亲是耶鲁大学教授。在父亲的教育指导下，吉布斯从小就打下了良好的基础。在小学、中学读书时，学习成绩始终名列前茅。1863 年毕业于耶鲁大学，获博士学位，并留校任教。1866 年到欧洲留学。1869 年回国后任耶鲁大学数学物理教授，直至逝世。

吉布斯主要从事热力学、统计物理和物理化学等方面的研究工作。他对热力学的发展贡献极大，他的数学造诣颇为高深，以致当时能够了解他的研究成果的美国科学家为数不多，英国科学家麦克斯韦称他为“天才的科学家”。

图 14-2 吉布斯

吉布斯最先提出的相律，是对于不均匀物系平衡的定律。它简明地解释了物质各种状态之间的物理关系。例如：水、冰和水蒸气之间的关系。现在为了纪念他的这一贡献，称为吉布斯相律。

吉布斯最先引进了化学势的概念，对化学热力学起了重要作用，并为物理化学的发展奠定了理论基础。吉布斯被誉为近代物理化学之父。

吉布斯还引进了热力势，用来处理热力学问题。同时，他还给出了现在称为吉布斯自由能的定义。这大大地促进了热力学的发展。

吉布斯的著作很多。主要的有：《用平面方法对物质的热力学性质进行几何表示》(1873)，《图解方法在流体热力学中的应用》(1873)，《论多相物质的平衡》(1878) 和《统计力学中的基本原理》(1902)，等等。

鉴于吉布斯在科学研究，特别是在热力学、统计物理和物理化学方面所作出的杰出成就，1881 年，他荣获波士顿美国物理学会的伦福特奖章，1901 年，他又获得英国伦敦皇家学会的科普勒奖章。

吉布斯的一生不仅在物理学的研究方面创立了不朽的业绩，而且在物理教学方面也建立了卓越的功勋。他终生在耶鲁大学任教，具有渊博的学识，对物理学家必须具备的数学、物理知识，他都极为精通。吉布斯刚刚三十岁就是耶鲁大学的知名教授了。他平易近人、谦逊和蔼，对待青年学生，他既热情帮助，又严格要求。因此，吉布斯深受青年学生们的爱戴和尊敬，他为美国物理学界培养了许多杰出的人才。

吉布斯在热力学、统计物理和物理化学方面的贡献是非常杰出的。尤其是吉布斯自由能、吉布斯相律、吉布斯正则分布等概念，直到今天仍然是有关物理教科书中的重要内容。在物理学的发展中，吉布斯立下了丰功伟绩，作为美国历史上的伟人，他是当之无愧的。

选读之十九　热力学第三定律的建立

热力学第三定律是热力学中又一基本定律，它不能由任何其他物理定律推导得出，只能看成是从实验事实作出的经验总结。这些实验事实跟低温的获得有密切的关系。

1852 年，焦耳和汤姆逊在研究气体的热力学能与体积变化的关系时，发现充分预冷的高压气体通过多孔塞在低压绝热膨胀后，一般要发生温度变化，这就是“焦耳-汤姆逊效应”。焦耳-汤姆逊效应为获得低温提供了一个新的途径。

1877 年 12 月，在法国科学院的同一个会议上，法国的铁器制造商盖勒泰特（L. Cailletet，1832—1905）和瑞士的皮克泰特（Raoul Pictet，1846—1904）宣布他们用不同的方法各自独立地液化了氧。盖勒泰特将冷却到 -29℃ 的氧加压到 30 030. 4MPa 后，然后使它突然膨胀而降温，得到了凝聚成雾状的氧蒸气云。皮克泰特则逐级降低温度的级联冷却法，获得了液态的氧雾。以上这两位物理学家首先把“永久气体”的氧液化了。

1875 ~ 1880 年，德国工程师林德（Karl Linde，1842—1934）根据焦耳-汤姆逊效应，采用“循环对流冷却”的方法，制成了气体压缩式制冷机，发展了气体液化技术。1883 年奥匈帝国的乌罗布列夫斯基（Szygmunt F. Wroblewski，1845—1888）和奥耳舍夫斯基（Karol S. Olszewski，1846—1915）用这种方法使氧气和氮气大量液化。1898 年，英国的杜瓦（James Dewar，1842—1923）成功地实现了氢气的液化。

这时，荷兰物理学家卡末林 · 昂内斯（1853—1926）开始在这一领域的研究中发挥领导作用。他在莱顿建立的低温实验室，用氯甲烷达到 -90℃，用乙烯达到 -145℃，用氧气达到 -183℃，用氢气达到 -253℃。昂内斯制造出一台非常精巧的装置，先用蒸发氢使氦气冷却，在利用焦耳-汤姆逊效应使氦气液化，终于在 1908 年 7 月 10 日首次制出液态氦，这使人类首次获得 4K 的低温，从而消除了最后一种“永久气体”。

向愈来愈低的温度逼近，虽然愈来愈困难，但总还是可能的。那么是否存在着降低温度的极限呢？早在 1702 年，法国物理学家阿蒙顿已经提到了“绝对零度”的概念。他由空气受热时体积和压强都随温度的变化而设想，在某个温度下空气的压力将等于零。根据他的计算，这个温度按后来提出的摄氏温标约为 -239℃。后来，兰伯特更精确地重复了阿蒙顿的实验，计算出这个温度为 -270. 3℃。他说，在这个“绝对零度”的情况下，空气将紧密地挤在一起。他们的这个看法没有得到人们的重视。直到盖 · 吕萨克定律提出之后，存在绝对零度的思想才得到物理界的普遍承认。

1848 年，汤姆逊在确立热力学温标时，重新提出了绝对零度是温度的下限的观点。1906 年，德国物理化学家能斯特（Walther Nernst，1864—1941）在研究低温条件下物质的变化时，把热力学的原理应用到低温现象和化学反应过程，发现了一个新的规律，这个规律被表述为：“当热力学温度趋于零时，凝聚系（固体和液体）的熵在等温过程中的改变趋于零。”德国物理学家普朗克把这一定律改述为：“当热力学温度趋于零时，固体和液体的熵也趋于零。”这就消除了熵的常数取值的任意性。1912 年，能斯特又把这一规律表述为绝对零度不可能达到原理：“不可能使一个物体冷却到热力学温度的零度。”这就是热力学第三定律。

第 15 章　能量直接转换及可再生能源

【摘要】目前广泛采用的传统的能量转换方式存在着两个严重的弊端：一是能量转换方式是一种间接转换方式，中间环节多，转换效率低；二是目前这种间接转换都要燃烧化石（煤、石油、天然气等）燃料，而且低效高耗，既使得有限的化石燃料日益枯竭，又对环境造成了严重的污染。因此，必须研究现有能源的高效洁净转换技术、能量的直接转换技术和寻找新能源与可再生能源。本章简要介绍了能源分类、分析能源形态及其开发利用程度与人类文明程度和环境状况的相互关系。着重阐述了能源科学合理利用、磁流体发电、燃料电池等能量直接转换新技术。本章比较详细地阐述了目前太阳能、生物质能、风能、地热能、海洋能等可再生能源的估计储存量、主要利用方式及利用程度和未来重点发展方向。

15.1　能源分类

1. 能源分类

自然界中的能源根据它们的初始来源，可概括为四大类。

第一类是与太阳有关的能源。太阳能除可直接利用它的光和热外，它还是地球上多种能源的主要源泉。人类所需能量的绝大部分都直接或间接地来自太阳。各种植物通过光合作用把太阳能转变成化学能在植物体内贮存下来，这部分能量为人类和动物界的生存提供了能源。煤炭、石油、天然气、油页岩等化石燃料也是由古代埋在地下的动植物经过漫长的地质年代形成的，它们实质上是由古代生物固定下来的太阳能。此外，水能、风能、波浪能、海流能等也都是由太阳能转换来的。从数量上看，太阳能非常巨大。理论计算表明，太阳每秒钟辐射到地球上的能量相当于 500 多万吨煤燃烧时放出的热量，一年就有相当于 170 万亿吨煤的热量，现在全世界一年消耗的能量还不及它的万分之一。但是，到达地球表面的太阳能只有千分之一二被植物吸收，并转变成化学能贮存起来，其余绝大部分都转换成热，散发到宇宙空间去了。

第二类是与地球内部的热能有关的能源。地球是一个大热库，从地面向下，随着深度的增加，温度也不断增高。从地下喷出地面的温泉水和火山爆发喷出的岩浆就是地热的表现。地球上的地热资源贮量也很大，按目前钻井技术可钻到地下 10 公里的深度，估计地热能资源总量相当于世界年能源消费量的 400 多万倍。

第三类是与原子核反应有关的能源。这是某些物质在发生原子核反应时释放的能量。原子核反应主要有裂变反应和聚变反应。目前在世界各地运行的 440 多座核电站就是使用铀原子核裂变时放出的热量。使用氘、氚、锂等轻核聚变时放出更大能量的核电站正在研究之中。世界上已探明的铀储量约 490 万吨，钍储量约 275 万吨。这些裂变燃料足够人类使用到迎接聚变能的到来。聚变燃料主要是氘和锂，海水中氘的含量为 0.03g/L，据估计地球上的海水量约为 138 亿立方米，所以世界上氘的储量约 40 万亿吨；地球上的锂储量虽比氘少得多，也有 2 000 多亿吨，用它来制造氚，足够人类过渡到氘、氚聚变的年代。这些聚变燃料所释放的能量比全世界现有能源总量放出的能量大千万倍。按目前世界能源消费的水平，地球上可供原子核聚变的氘和氚，能供人类使用上千亿年。因此，只要解决核聚变技术，人类就将从根本上解决能源问题。实现可控制的核聚变，以获得取之不尽、用之不竭的聚变能，这正是当前核科学家们孜孜以求的。

第四类是与地球—月球—太阳相互联系有关的能源。地球、月亮、太阳之间有规律的运动，造成相对位置周期性的变化，它们之间产生的引力使海水涨落而形成潮汐能。与上述三类能源相比，潮汐能的总量很小，全世界的潮汐能折合成煤约为每年 30 亿吨，而实际可用的只是浅海区那一部分，每年约为 6 000 万吨煤。

以上四大类能源都是自然界中现成存在的、未经加工或转换的能源，也称作一次能源或初级能源。其他如电力、氢气、沼气、煤气、汽油、激光、酒精等由一次能源直接或间接转化而来的能源称作二次能源。

根据能否再生，一次能源又可分为可再生能源和非再生能源。可再生能源是指不会随着人类利用而减少的、具有天然再生能力的能源。非再生能源则是储量有限，会越用越少，终至枯竭。

根据各种能源的开发利用情况和在社会经济生活中的地位，习惯上又将能源分为常规能源和新能源。常规能源是指技术上比较成熟、已被广泛利用的能源，新能源是指尚未大规模科学利用的、正在积极研究和开发的能源。由于新能源和常规能源是相对而言的，所以把未来将要大力开发利用的新能源称为可再生能源更为科学合理。当前能源的分类如下：

- 能源
  - 一次能源
    - 常规能源
      - 可再生能源：水能
      - 非再生能源：煤，石油，天然气，核裂变燃料
    - 新能源
      - 可再生能源：太阳能，风能，生物质能，海洋能，地热能
      - 非再生能源：核聚变燃料
  - 二次能源：电力，氢气，沼气，煤气，汽油，蒸汽，工业余能，甲醇，酒精，激光，等等

2. 能源与环境

能源是人类社会存在和发展的物质基础，是人类生产和生活最重要的支柱之一。从薪柴的直接燃烧到化石燃料（煤炭、石油、天然气等）的大量开采、再到原子核能和各种新能源的研究和利用，从原始的人力、畜力到现代机械和电力的应用，能源的开发和利用构筑了人类社会的辉煌文明。

长期以来，化石燃料一直是世界能源结构的主体。由于不断的开发和利用，这些非再生能源的储量日益减少。与此同时，世界人口的增长和经济生活的发展使人类对能源的需求量越来越大，二者的矛盾日趋尖锐。另外，能源的利用，特别是化石燃料的大量利用，已对人类赖以生存的自然界构成严重威胁。CO_2、SO_2、NO_x、粉尘及各种废水、废渣的排放使温室效应加剧、酸雨增加、大气质量下降、土壤和水域污染……人类正面临能源短缺与环境污染的双重挑战。

长期以来，中国以煤为主的能源结构和粗放型的能源生产和消费方式使能源供应与环境保护之间的矛盾日益尖锐。煤炭生产过程造成的环境污染和生态破坏问题已经成为制约中国煤炭工业可持续发展的重要因素。近年，中国二氧化碳排放量已位居世界第二位。随着中国民用汽车拥有量的迅速上升，机动车消耗的燃料数量也大大增加，汽车尾气也已成为中国城市大气污染又一重要原因。展望未来，随着能源消费的进一步增长和人们对环境质量要求的日趋提高，中国能源供应与环境保护之间的矛盾将进一步加剧。

能源与环境问题的妥善解决是人类社会可持续发展的前提。目前主要从两个方面入手：

一是合理利用现有能源，二是积极开发和利用各种可再生能源。二者并举，完成能源结构从常规能源向可再生能源的过渡和转换，最终解决能源问题并消除环境污染产生的根源。

15.2　能源的科学合理高效利用

首先，依靠科技进步，通过开发新型高效用能设备、开发能源转化新技术等来改造传统能源工业是实现现有能源合理利用的主要途径。与此同时，还必须注重能源的总体规划和管理，即从总能系统的概念出发，根据能源的特性和品位高低，从环境和社会的高度安排好各种能量的配合关系和转换利用，从而实现一个机组、一个企业以至一个地区的能源的合理利用。

1. 洁净煤技术

目前，煤炭在世界能源结构中的地位仅次于石油，占第二位。在我国，有 70% 以上的能源需求由煤炭提供。传统的煤炭利用技术效率很低，严重污染环境，从而促使人们开展了以清洁高效用煤为目的的洁净煤技术。洁净煤技术包括煤炭开发和利用的全过程，主要有以下几个方面：

（1）煤炭的燃前净化和加工　燃烧前用物理的、化学的或生物的方法将原煤脱灰、降硫、除去矸石，并按煤种、粒度、发热量等分类或选配，以满足不同用户的要求；或者以物理方法为主将煤炭预加工成具有一定性能的优质高效燃料。最有代表性的煤炭加工技术是型煤技术和水煤浆技术。

1）型煤技术是指在粉煤或低品位煤中加入添加剂，并将之加工成具有一定形状和尺寸的煤制品。型煤分为民用型煤和工业型煤，煤球和蜂窝煤就是最早使用的民用型煤。与直接燃煤相比，型煤燃烧效率高，烟尘和有害气体的排放量大大降低，是一种行之有效的方法。

2）水煤浆是一种以煤代油的新型燃料，是由 70% 左右的煤粉与 30% 左右的水和适量的化学添加剂配制而成的煤水混合物。水煤浆保留了煤炭的物理和化学特性，又具有良好的流动性和稳定性，可以像燃料油一样运输、储存和燃烧，且燃烧效率比固体煤高，污染也小。

（2）煤炭的高效清洁燃烧　采用设计先进的炉型和燃烧新技术以提高效率，并在燃烧过程中加入各种添加剂以降低污染。循环流化床燃烧技术是其中很突出的一种。将煤和脱硫剂（如石灰石）加入燃烧室的床层中，从炉底鼓风，使床层悬浮，实现流态化燃烧，这就是流化床燃烧技术。流化床燃烧可以形成湍流混合条件，提高了燃烧效率；脱硫剂固硫，减少了 SO_2 排放；床内温度较低（一般850 ~900℃），使 NO_x 的生成量大大减少。另外，流化床燃烧对煤种的适应性很广，可以燃用煤矸石、低热值煤等。循环流化床是在普通流化床的基础上发展起来的。循环流化床采用高参数（高风速、高床层、高固体物料通量）的流态化操作和颗粒物料部分循环等方法，使燃烧效率更高、污染更低。

（3）燃烧后的净化　即对烟气进行净化，包括除尘、脱硫、脱氮等。

（4）煤炭的转化　主要包括煤炭的气化和液化，即通过化学方法将固体煤炭转化为气体或液体燃料。煤炭的气化和液化可以提高煤炭的利用率，同时减少煤炭直接利用对环境的污染。

煤炭气化通常是指煤炭在一定的温度、压力及气化剂（空气、氧气、水蒸气、氢气等）的作用下转化为煤气的过程。煤气的有效成分主要是 H_2、CO 和 CH_4。不同的气化剂，不同的气化工艺和条件，可以得到不同组成的煤气。根据其组成和特性，煤气可以用作工业燃料、城市煤气、化工原料或天然气的替代燃料等。

煤炭液化就是将煤炭转化为液体燃料。目前煤炭液化主要有两种途径：直接液化和间接液化。直接液化通常是将煤在适当的温度、压力和催化剂作用下加氢，提高其氢碳比，使部分有机成分直接转化为液态烃。间接液化通常是在煤炭气化的基础上将煤气中的一氧化碳和氢气进一步合成为液体燃料。

此外，将上述煤炭燃烧和转化技术与先进的热力循环相结合构成燃煤发电系统也是洁净煤技术的一个重要组成部分，如整体煤气化联合循环、整体煤气化燃料电池联合循环、燃煤磁流体-蒸汽联合循环等，这些将在本章后面的内容中介绍。

2. 能量的梯级利用和工业余能利用

根据做功能力的不同，能量有品质高低之分。按照能量品质的高低做到“分配得当、各得其所、温度对口、梯级利用”，是用能过程应遵循的原则，也是节能的有效途径。

（1）燃气-蒸汽联合循环和热电联供　热电联供循环、双蒸汽循环、燃气-蒸汽联合循环、注蒸汽燃气轮机循环等都是能量梯级利用的简单而典型的例子。其中，以燃气-蒸汽联合循环和热电联供循环应用最广。

根据燃气轮机装置初温高（透平入口工质温度）、排气温度高和蒸汽动力装置初温低、排气温度低的特点，将二者串联起来，就构成了燃气-蒸汽联合循环装置。将煤气化技术与燃气-蒸汽联合循环装置按优化方式组合就构成整体煤气化联合循环装置。此装置很好地体现了能量综合利用和梯级利用的原则，例如煤炭气化用的压缩空气来自燃气轮机装置的压气机，蒸汽从汽轮机抽汽而来，煤气先经煤气透平做功，然后作为燃气轮机装置的燃料等，因此具有优良的热力性能。整体煤气化联合循环装置是目前燃煤动力装置研究的热点。

现代热电联供技术已经发展为同时生产热水、蒸汽、冷量、机械能、电能、甚至煤气、化工原料等的多联供技术，具有很好的节能效果。

（2）工业余能　工业生产中有许多余能余热，如果不加以妥善利用，不仅会造成能源的浪费，而且会对环境产生热污染。根据品质、特性（如液态、固态、气态或有无腐蚀等）和实际需要因地制宜地利用工业余能是节能的一个重要方面。

工业余能的利用方式大致可分为两种：动力利用和热利用。

将温度和压力都较高的工业余气通入涡轮机做功，或者以工业余能为热源加热水或某些低沸点工质（如氨，常压下沸点为 -33.4℃；丙烷，常压下沸点为 -42.1℃）产生蒸汽、驱动蒸汽轮机做功，这都属于工业余能的动力利用。

将余能通过换热器或其他设备用于烘干、供热、制冷等都属于余能的热利用。这里特别要提到的是热泵和一些以热能作为补偿能量的制冷装置。热泵是以机械能或热能为补偿能量，将热能从低温热源输送到高温热源的机械。与电加热、燃用燃料加热和直接利用余能供热相比，热泵的节能效果显著。吸收式制冷、蒸汽喷射式制冷、吸附式制冷都是以热能作为补偿能量的制冷方式，它们特别适合于有中、低温余热又需要冷量的场合。

15.3 能量直接转换

1. 磁流体发电

磁流体发电是一种新型的发电方法。传统的发电技术是利用线圈相对磁场转动来发电，而磁流体发电是将带电的流体（离子气体或液体）以极高的速度喷射到磁场中去，利用磁场对带电的流体产生的作用发电。目前，中国、美国、欧盟、印度以及澳大利亚等国家和地区都积极致力于这方面的研究。

磁流体发电的最大好处是可以大大提高发电效率。普通的火力发电，燃烧燃料释放的能量中，只有20%～40%转变为电能。而用磁流体发电，是把燃料的热能直接转化为电能，省略了由热能转化为机械能的过程，因此，这种发电方法效率较高，可达到60%以上。

磁流体发电的另一个优势是对环境污染少。火力发电燃烧燃料产生的废气里含有大量的二氧化硫，这是造成空气污染的一个重要原因。磁流体发电，不仅使燃料在高温下燃烧得更加充分，它使用的一些添加材料还可以和硫化合，生成硫酸钾，可被回收利用，这就避免了直接把硫排放到空气中对环境所造成的污染。

(1) 霍尔效应 1879年，霍尔（E. H. Hall）发现，将一导电板放在垂直于板面的磁场中（图15-1），当有电流通过时，在导电板的A和A'两侧会产生一个电势差$U_{AA'}$，即霍尔电压这种现象称为霍尔效应。

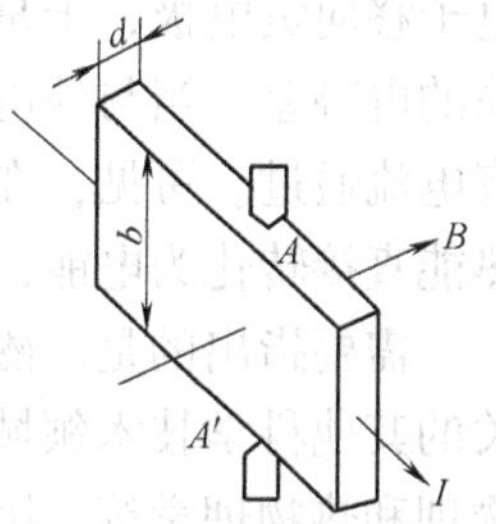

图15-1 霍尔效应原理图

实验表明，霍尔电压$U_{AA'}$与电流I和磁感应强度B成正比，而与导电板的厚度d成反比，即

$$U_{AA'}=K\frac{IB}{d}$$

式中，比例系数K称为霍尔系数。

霍尔效应是因外加磁场使漂移运动的电子或别的载流子发生横向偏转而形成的，运动电荷在磁场中所受的力称为洛伦兹力。磁流体发电技术就是依据等离子体的霍尔效应，利用热离子气体（或液态金属）等导电流体与磁场相互作用实现热能与电能的直接转换。

(2) 磁流体发电装置 磁流体发电中的带电流体，通常是通过加热燃料、惰性气体、碱金属蒸气得到的。在几千摄氏度的高温下，这些物质中的原子和电子的运动都很剧烈，有些电子甚至可以脱离原子核的束缚。结果，这些物质变成自由电子、失去电子的离子以及原子核的混合物，这就是等离子体。

如图15-2所示，将等离子体以超声速的速度通过加有垂直强磁场的管道里面，等离子体中的正、负离子在洛伦兹力的作用下，分别向两极偏转并到达导管两侧的电极上，这样两极之间就会产生电势差。如果将两侧电极与外负载相接便可引出电流，从而获得电功率。只要等离子体连续通过磁场，电能便可以连续不断输出。

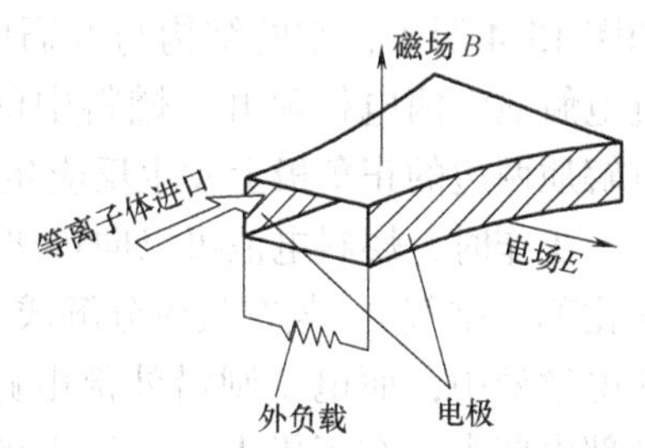

图15-2 磁流体发电装置示意图

由于磁流体发电可直接将热能转换为电能，这样就允许采用更高的入口温度（2 000～3 000K），提高了热效率，同时又免去了高温高速旋转运动的汽轮机装置。磁流体发电本身的效率仅为20%左右，但由于其排烟温度很高，所排出的气体可供给辅助蒸汽发生器产生高温蒸汽，用它驱动汽轮发电机组，组成高效的联合循环发电系统，总的热效率可达50%～60%，是目前正在开发中的高效发电技术中最高的。

(3) 磁流体发电机 磁流体发电机由燃烧室、发电通道和磁体部分组成，如图15-3所示。燃料在燃烧室中燃烧，产生温度很高（约3 000K）的等离子体，在燃烧室的末端装有加速喷管，使高温等离子体以约1 000m/s的速度喷出，并穿越发电通道。在发电通道的水平方向上放置一对磁极，在竖直方向放置一对电极。由于高速运动的等离子体垂直地穿过磁场，作切割磁感线运动。在洛伦兹力的作用下，带正电的离子移向正电极，而电子移向负电极，于是在两极上就形成了很高的电势差。当与外电路接通时，负载上就有电流通过。可见，在磁流体发电机中，等离子体作为导电流体，在磁场的作用下，实现了热能直接转化为电能，可输出强大电流。

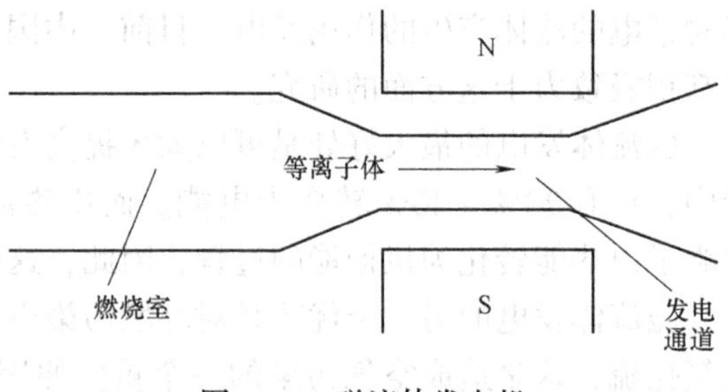

图 15-3 磁流体发电机

需要指出的是，磁流体发电是一门综合性十分强的技术，其发展前景取决于与之密切相关的其他科学技术领域的突破和进展，如磁流体动力学、高温技术、低温超导技术、等离子物理和热物理学等。因此，磁流体发电实用化、商业化还要走过相当长一段路程。

2. 燃料电池

燃料电池被认为是21世纪首选的洁净高效发电技术，被列为继火电、水电和核电之后的第四种电力。近十几年来，国外政府和企业对燃料电池的投资额超过100亿美元，其中，美国将其列为27项涉及国家安全技术之一，日本政府认为其是21世纪能源环境领域的核心，加拿大计划将其发展成国家的支柱产业。

电池是一种将其他形式的能量直接转换为直流电的装置。电池按转换能量方式分两大类：一类是物理电池，如太阳能电池；另一类是化学电池，即把化学能转变为电能的装置。任何一种电池都由四个基本部件组成：正负电极、电解质、隔膜和外壳。电池是在一种或多种化学溶液组成的电解质中，插入两根称为电极的金属棒。一个电极上的电势比另一个电极上的大，因此，如果这两个电极用一根导线连接起来，电子就会通过导线从一个电极流向另一个电极。这样的电子流就是电流，只要电池中进行化学反应，这种电流就会继续下去。

燃料电池是一种把燃料和电池两种概念结合在一起的装置。如图15-4所示，它的结构与普通电池相同，也有阴极、阳极，通过电解质将两电极隔开。燃料中的氢气与氧化剂中的氧气分别在电解质两边的正负极上发生反应生成水，同时产生电流。

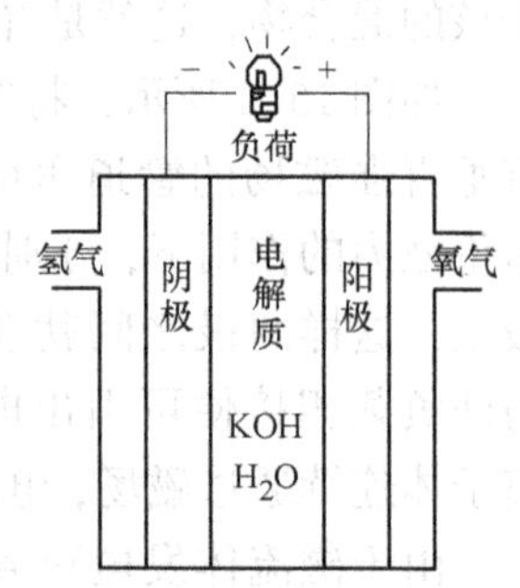

图 15-4 燃料电池构造图

工作时，燃料电池可以向负极供给燃料（氢气），向正极供给氧化剂（空气）。氢在负极分解成正离子H^+和电子e^-。氢离子进入电解液中，而电子则沿外部电路移向正极。用电的负载就接在外部电路中。在正极上，空气中的氧同电解液中的氢离子吸收抵达正极上的电子形成水。当源源不断地从外部向燃料电池供给燃料和氧化剂时，燃料电池可以连续发电。

燃料电池最初只用于宇航业，近二三十年才开始用于地面，此后发展非常迅速。与其他发电方式相比，燃料电池有许多突出的优点

（1）能量转换效率高　燃料电池根据电化学原理工作，其效率不受卡诺循环效率的限制，可以达到很高，且在部分负荷下也基本能维持满负荷时的发电效率。若考虑利用余热，效果更佳。有的燃料电池可以和燃气-蒸汽联合循环结合，构成燃料电池联合循环。若以煤

炭气化得到的煤气为燃料则为整体煤气化燃料电池联合循环，预计可得到比整体煤气化联合循环更优越的性能。

（2）低污染、无噪声　燃料电池污染物排放极少，是一种清洁的能源技术，并且没有机械转动部件，所以没有噪声污染。

（3）对燃料的适应性强　燃料电池可以使用多种燃料，如氢气、甲醇、天然气、煤炭等，甚至包括火力发电不宜使用的低质燃料。大多数燃料需经改质处理，形成燃料电池适用的燃料气。燃料电池为化石燃料的高效、清洁利用提供了一条途径。

（4）重量轻　燃料电池重量轻，体积小，起动和关闭迅速。

（5）用途广　燃料电池既可作为固定电源，也可作为汽车、潜艇等移动工具的电源；可以小到一家一户的供电取暖，也可以大到分布式电站，与外电网并网发电。

现在推出的燃料电池，按所用电解质材料来分共有五种类型：碱溶液型、磷酸型、熔融碳酸盐型、固体氧化物型和质子交换膜型燃料电池。

3. 温差发电

温差发电是一种新型的发电技术，具有清洁，无噪声污染和无有害物质排放，高效，寿命长，坚固，可靠性高，稳定等一系列优点，符合绿色环保要求，对国民经济的可持续发展具有重要的意义。

（1）塞贝克（Seebeck）效应　设有两种半导体 A 和 B，它们一端结合在一起并处于高温状态 T_2（热端）状态，而另一端开路且处于低温 T_1 状态（冷端），则在冷端存在开路电压 V（图 15-5），这一效应称为塞贝克（Seebeck）效应。

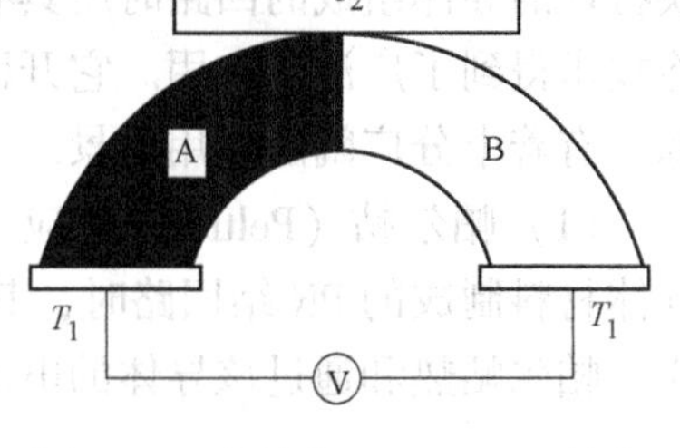

图 15-5　塞贝克（Seebeck）效应

Seebeck 电压 V 与热冷两端的温度差 ΔT 成正比，即

$$V=\alpha\Delta T=\alpha\ (T_2-T_1)$$

式中，α 为塞贝克参数（V/K）。

自从上世纪 60 年代发现较高优值的半导体材料之后，热电材料的应用研究开始引起人们的高度重视。利用热电效应制成的温差发电机，具有使用方便，安全可靠，无污染等诸多优点，目前已在医疗器械、红外器件、电子器件的温控上得到了应用。目前，温差发电器存在的问题是能量转换效率较低而半导体制冷器存在的问题是耗电量过大，且价格亦较昂贵。以上缺点主要是由于材料性能不理想造成的，目前热电材料的优值（ZT 值）仅为 1 左右，如果能把优值提高到 3 以上，则由这种材料制成的热电装置可达到接近于理想卡诺机的效率。这将在发电和制冷领域引起一场革命。各国研究人员在各种材料上进行了大量研究工作，以求获得更高优值（ZT 值）的材料。

（2）温差发电机原理　温差发电原理示如图 15-6 所示，该装置可利用温差直接产生电力。

在 P 型（N 型）半导体中，由于热激发作用较强，高温端的空穴（电子）含量比低温端大，在这种含量梯度的驱动下，空穴（电子）由于热扩散作用，会从高温端向低温端扩散，形成一种电势差，从而产生塞贝克效应。

如图 15-7 所示将 P 型和 N 型半导体的热端相连，则在冷端可得到一个电压，这样一个 PN 结就可以利用高温热源与低温热源之间的温差将热能直接转换成电能，将很多个这样的 PN 结串联起来（图 15-7），就可得到足够高的电压，成为一个温差发电机，很显然这样的温差发电机完全没有转动部分，因此非常可靠。

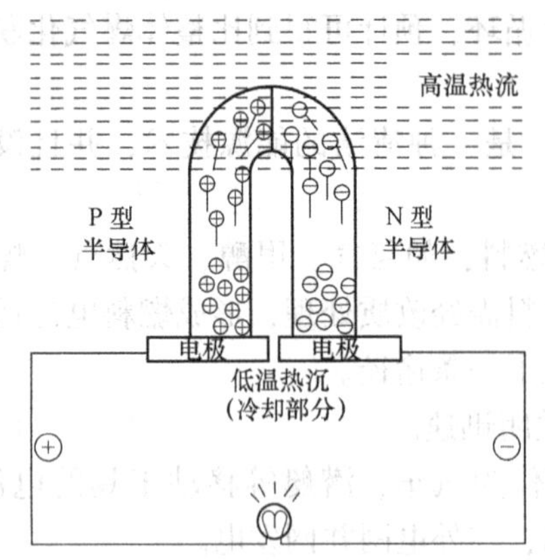

图 15-6　温差发电原理图

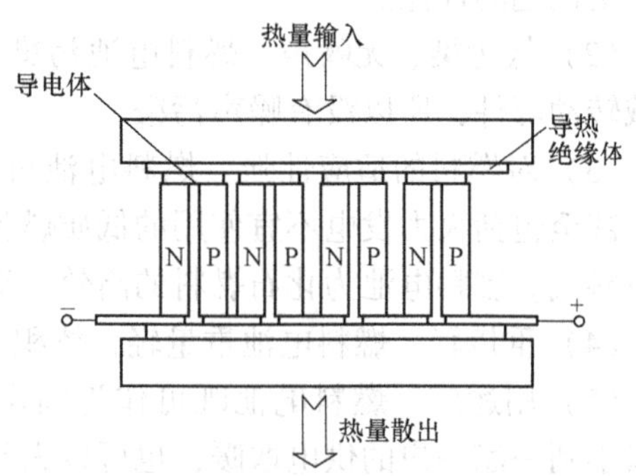

图 15-7　温差发电机结构示意图

作为一种环境友好的新能源技术，温差发电在军事、航天和其他科研领域具有非常重要的应用价值，目前国际上已开始将温差发电推向工业应用。

4. 热电(半导体)制冷

半导体制冷是热电制冷的一种，又称温差制冷。热电制冷是指当直流电通过具有热电转换特性的导体组成的回路时所具有的制冷功能。自 20 世纪 50 年代末发展起来后，半导体制冷技术得到了广泛的应用。它开辟了制冷技术的一个新分支，解决了许多特殊场合的制冷难题，有着十分广阔的应用前景。

(1) 帕尔帖（Peltier）效应　半导体制冷的基本原理是帕尔帖效应。当直流电通过由半导体材料制成的 PN 结回路时，其 PN 结的接触面上将产生吸热或放热现象，称为帕尔帖效应。帕尔帖热和通过该导体的电流的关系为

$$Q_p = \pi I$$

式中，π 为常数，称为帕尔帖系数。对于 PN 结来说，$\pi = (\alpha_p - \alpha_n)\ T$。$\alpha_p$、$\alpha_n$ 分别为 P 型结和 N 型结的温差电动势率，T 为相应接头上的热力学温度。

(2) 半导体制冷器原理　目前采用半导体材料成 P 型和 N 型热电偶，用模块的方法组成半导体制冷器件。P 型材料电子不足，有正温差电势；N 型材料有多余的电子，有负温差电势。当电子从 P 型穿过结点至 N 型时，其能量必然增加，而且增加的能量相当于结点所消耗的能量。

如图 15-8 所示，把一个 N 型和 P 型半导体用金属连接片焊接成一个电偶对。当直流电流从 N 极流向 P 极时，2-3 端上产生吸热现象，此端称冷端，下面的 1-4 端产生放热现象，此端称热端。如果电流方向反过来，则冷热端相互转换。由于一个电偶产生热效应较小，所以实际上将若干对半导体热电偶对在电路上串联起来，而在传热方面则是并联的，这就构成了一个常见的制冷热电堆。借助热交换器等各种传热手段，使热电堆的热端不断散热并且保持一定的温度，把热电堆的冷端放到工作环境中去吸热降温，这就是半导体制冷器的原理。

如图 15-8 所示，电子由负极→金属片→结点 4→P 型→结点 3→结点金属片→结点 2 →N 型→结点 1 →金属片→电源正极。由于左半部是 P 型，导电方式是空穴，空穴流动方向与电子流动方向相反，所以空穴是从结点 3 金属片→P 型→结点 4 金属片。结点 3 金属中的空穴具有的能量低于 P 型中空穴能量，当空穴在电场作用下从节点 3 到达 P 型，必须要增加能

量，并把这部分能量转化为空穴的势能。这能量只能从金属片取得，因而在结点 3 处的金属被冷却下来，当空穴从 P 流向结点 4 时，P 型中空穴能量大于金属中空穴的能量，因而要释放多余的势能，这多余的势能以热量的形式释放出来，因此结点 4 处的金属片是被加热。右半部是 N 型，靠自由电子导电的，而在结点 2 金属中自由电子的势能低于 N 型电子的势能，当自由电子在电场的作用下电子通过结点 2 到达 N 型时必然要增加势能，这部分势能只能从金属片势能取得，同时必然使结点 2 金属片冷却下来，当电子由 N 型流向结点 1 金属片时，由于电子从势能较高的地方流向势能低处，故要释放多余的势能，并变成热能，在结点 1 处使金属片加热。总之，2-3 端上产生吸热现象，此端称冷端；1-4 端产生放热现象，此端称热端。

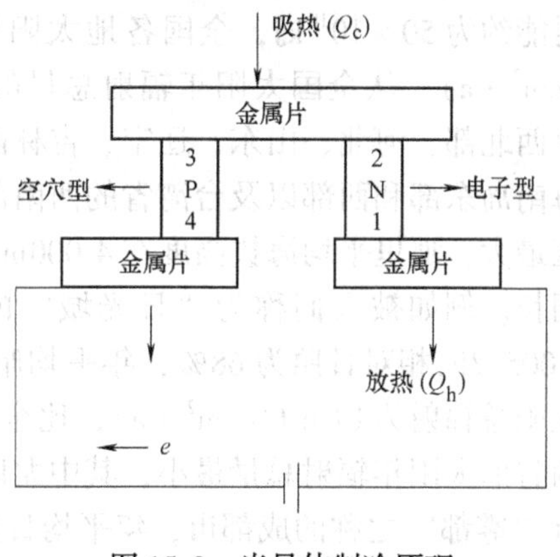

图 15-8　半导体制冷原理

在发达国家，半导体制冷已用于汽车、冰箱、白内障冷冻摘除器（冷刀）、核潜艇空调器、红外制导空对空导弹的红外探测器探头冷却器、照相显影液恒温冷却器、宇航员及坦克乘员的空调服等多个方面。随着我国经济的持续高速发展，许多领域有待于用半导体制冷技术去进一步拓展。

15.4　可再生能源

目前，可再生能源主要是指太阳能、生物质能、风能、地热能、海洋能。核聚变能虽然不能再生，但是储量巨大。可再生能源有两个突出的特点：一是清洁，二是储量巨大或近乎无限。可再生能源的开发和利用是解决能源与环境问题、保证人类社会可持续发展的根本途径。

随着我国《可再生能源法》的颁布实施，国家已将可再生能源的开发利用列为能源发展的优先领域。从能源安全、减少污染、改善生态等方面来考虑，开发利用可再生能源，并提高其在能源结构中的比重，是实现经济社会可持续发展的重要保证。本节将重点阐述这些能源的基本特性及转换方式。

1. 太阳能

太阳能是来源于太阳内部氢变氦的核聚变反应的能量。除了核能、地热能和潮汐能以外，地球上大部分能源都直接或间接地来自太阳能，煤炭、石油、天然气等化石燃料是亿万年前太阳能转换的积蓄，水能、风能、波浪能、生物质能等同样是太阳辐射能的转换形式。这是广义的太阳能。本节介绍的是狭义的太阳能，即直接利用的太阳辐射能。

太阳能是一种清洁的可再生能源，分布广泛，不需运输，取之不尽，用之不竭，地球每年从太阳获得的能量约为 17×10^{12}kW，相当于目前世界每年能源供应量的几万倍。但是太阳能的能量密度低，并且由于受到昼夜、季节、纬度和海拔等因素的影响而具有间断性和不均匀性，这些给太阳能的利用带来一定困难。但是太阳能的广泛性、无限性和清洁性决定了其发展的必然性和生命力。

我国幅员广大，有着十分丰富的太阳能资源。据估算，我国陆地表面每年接受的太阳辐

射能约为 50×10^{18}kJ，全国各地太阳年辐射总量达 335 ~ 837kJ/(cm^2·a)，中值为 586kJ/(cm^2·a)。从全国太阳年辐射总量的分布来看，西藏、青海、新疆、内蒙古南部、山西、陕西北部、河北、山东、辽宁、吉林西部、云南中部和西南部、广东东南部、福建东南部、海南岛东部和西部以及台湾省的西南部等广大地区的太阳辐射总量很大。尤其是青藏高原地区最大，那里平均海拔高度在 4 000m 以上，大气层薄而清洁，透明度好，纬度低，日照时间长。例如被人们称为“日光城”的拉萨市，1961 年至 1970 年间，年平均日照时间为 3 005.7h,相对日照为 68%，年平均晴天为 108.5 天，阴天为 98.8 天，年平均云量为 4.8，太阳总辐射为 816kJ/(cm^2·a)，比全国其他省区和同纬度的地区都高。全国以四川和贵州两省的太阳年辐射总量最小，其中尤以四川盆地为最，那里雨多、雾多，晴天较少。例如素有“雾都”之称的成都市，年平均日照时间仅为 1 152.2h，相对日照为 26%，年平均晴天为 24.7 天，阴天达 244.6 天，年平均云量高达 8.4。其他地区的太阳年辐射总量居中。

我国太阳能资源分布的主要特点有：太阳能的高值中心和低值中心都处在北纬22°~35°这一带，青藏高原是高值中心，四川盆地是低值中心；太阳年辐射总量，西部地区高于东部地区，而且除西藏和新疆两个自治区外，基本上是南部低于北部；由于南方多数地区云雾雨多，在北纬 30°~40°地区，太阳能的分布情况与一般的太阳能随纬度而变化的规律相反，太阳能不是随着纬度的增加而减少，而是随着纬度的增加而增加。

太阳能的利用主要包括光热利用和光电利用。

（1）太阳能光热利用　太阳能光热利用就是将太阳辐射能转换为热能而加以利用。其系统由光热转换和热能利用两部分组成，前者为各种形式的太阳能集热器，后者是根据不同使用要求而设计的各种用热装置。近年来，太阳能的热利用发展很快，出现了多种热利用装置和技术，如太阳能热水系统、太阳能建筑、太阳能游泳池、太阳能蒸馏、太阳能制冷空调、太阳能干燥、太阳能热发电、太阳能海水淡化、太阳能冶炼炉、太阳灶、太阳能热发电等。

收集和吸收太阳辐射能的装置叫做太阳能集热器，它是实现太阳能热利用的基本装置。目前太阳能集热器种类繁多、名称各异，但总的说来可分为非聚光式和聚光式两大类。

非聚光式集热器的工作原理是温室效应。这种集热器结构简单，造价低，但由于太阳能的能量密度低，所以其工作温度也较低，通常在200℃以下，属于太阳能的低温热利用。波长较短的太阳光透过透明盖层进入集热器，透明盖层起减小对流换热损失和辐射损失的作用；吸收表面将太阳辐射能转变为热能，因吸收表面温度较低，其热辐射波长集中在红外长波波段，不易透过透明盖层，从而使集热器起到“收集热能”的作用；管内流体将热能带出。

常见的非聚光式集热器还有平板式和热管式（图 15-9a、b）。另外还有一种特殊的集热器——太阳池，它是一个盐水池，盐水的密度随水深而增大。阳光照到池底，转变为热能，但稳定的盐水层使热对流难以形成，从而池底温度越集越高。太阳池有集热和蓄热双重功能。某些咸水湖就是天然的太阳池，例如世界上著名的咸水湖——死海边上就已经建起了许多太阳能热利用装置。

聚光式集热器根据光学系统的聚焦原理而工作，通常需采用太阳跟踪系统，分为透射式和反射式，是太阳能中、高温热利用的重要部件，其最高集热温度可达到 3 000℃以上。

（2）太阳能光电利用　太阳能光电利用是通过光电效应将太阳能直接转变为电能而加以利用（图 15-9c）。太阳电池是太阳能光电转换的最核心器件。

a)

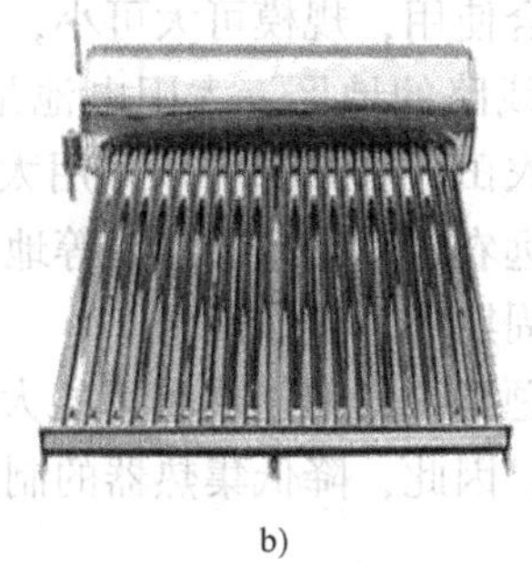

b)

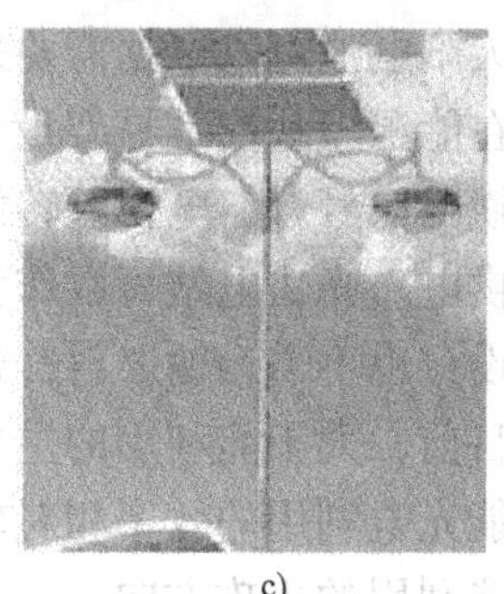

c)

图 15-9　太阳能利用

a）平板式太阳能集热器　b）热管式太阳能集热器　c）太阳能照明

太阳电池根据半导体的性质工作。目前，已知的可以制造太阳电池的半导体材料有十几种，可制成各种不同形式的太阳电池，常见的有硅系列太阳电池（包括单晶硅、多晶硅和非晶硅）、多元化合物太阳电池（如硫化镉太阳电池、砷化镓太阳电池、铜铟硒太阳电池等）等。目前已实现工业化生产的主要是硅系列太阳电池，而其中单晶硅太阳电池研究最早、技术最成熟。

图 15-10 为典型硅太阳电池的工作原理图。通常硅片的厚度为 0.2 ~ 0.4mm，上部掺入微量的磷、砷、锑等五价元素，形成主要以带负电的电子导电的 N 型半导体；下部掺入微量的硼、镓、铝等三价元素，形成主要以带正电的空穴导电的 P 型半导体（图 15-10a）；由于电子和空穴的扩散，界面处形成 PN 结，结内有一个由 N 区指向 P 区的内建电场（图 15-10b）。当足够强度的阳光照射到半导体表面时，激发产生电子-空穴对。N 区的光生空穴向 PN 结扩散，进入 PN 结后，即被内建电场推向 P 区；P 区的光生电子向 PN 结扩散，然后被内建电场推向 N 区；PN 结处产生的电子和空穴，则立即被内建电场分别推向 N 区和 P 区（图 15-10c）。这样，N 区就积累了大量带负电的电子，P 区积累了大量带正电的空穴，P 区和 N 区之间产生了光生电动势，光能就直接转变成了电能。

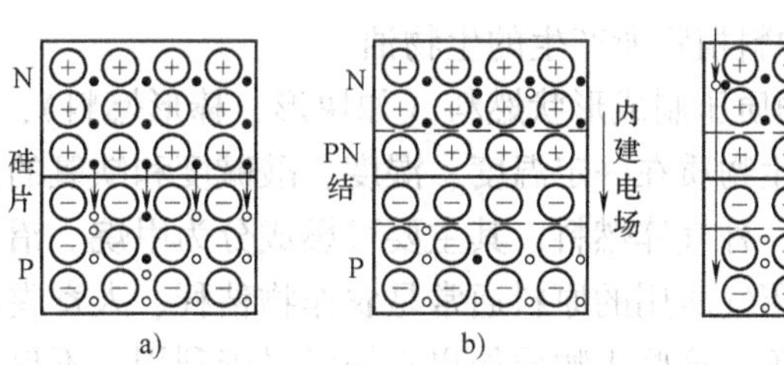

a)　b)　c)

图 15-10　硅太阳电池的工作原理图

a）硅片结构　b）内建电场　c）光生电场

在电池的上下表面布上电极，并将电池用透明的减反射膜覆盖，就得到一个太阳电池单体，它是实现光电转换的最小单元。将单体太阳电池串、并联，就得到一定功率的太阳电池组件，它可以作为手表、计算器等小型电器的电源。把许多组件进行串、并联，就得到较大功率的太阳电池方阵，可以作为太阳能汽车、太阳能电视机、光伏水泵等的电源。数个太阳电池方阵串、并联，可构成功率更大的太阳能光伏电站。

太阳电池是一种物理电源，完全不同于通常的化学电池，它不需要消耗燃料，不需要任何电解质，也不向外界排放废物，是一种理想的清洁能源。太阳电池体积小，重量轻，没有转动部件，无噪声，故障率低，使用维修简便，运行安全可靠，且运行费用低。只要有足够的光源，太阳电池就可运行，而太阳能随处可得，所以太阳电池的使用不受地域限制。另外，太阳电池可以根据需要来组合使用，规模可大可小，非常灵活。

在能源短缺或不易架设输电线路的地区，太阳电池是保证电力供给的极好方法。航标灯、铁路信号灯、电视差转站、农田灭虫灯都可以采用太阳电池作为电源，做到无人值守，稳定供电。光伏电站可以作为边远农村、海岛和沙漠等地区的独立供电站，不需进行大型基础建设，也不需运输燃料，建设周期短，操作简便。

目前，太阳能利用的主要问题是：太阳能热利用的大型集热器设备的初投资相对较高，太阳能光电利用的效率相对较低，因此，降低集热器的制造成本和提高光电转换效率是未来太阳能利用的主攻方向。

2. 生物质能

生物质能是太阳能以化学能形式贮存在生物中的一种能量形式。从根本上讲，各种生物质能都直接或间接地来自太阳能。生物质能是地球上存在最广泛的物质，包括所有的动物、植物和微生物以及由这些有生命物质派生、代谢而形成的有机质（矿物燃料除外）具有的能量。

据估计，每年地球上经过太阳光合作用生成的生物质总量约为 1 440 ~ 1 800 亿吨（干吨），相当于目前世界总能耗的 3 ~ 8 倍。但是，迄今人们实际利用的生物质能还很少。在世界能耗中，生物质能约占 14%，在不发达地区占 60% 以上。全世界约 25 亿人的生活能源的 90% 以上是生物质能。生物质能的优点是燃烧容易，污染少，灰分较低；缺点是热值及热效率低，体积大而不易运输。直接燃烧生物质的热效率仅为 10% ~ 30%。

尽管目前被用作能源的生物质能只是生物质能总量的极小的一部分，而且利用效率很低。世界性的能源危机和环境污染使人们对生物质能有了新的认识，现代科技的发展为生物质能的有效利用创造了条件，从而生物质能被提到了可再生能源领域。合理有效地利用生物质能，就是要开发高效的生物质能转换技术，将能量密度低的生物质能转变成便于使用的高品质的能源。

目前世界各国正逐步采用如下方法利用生物质能：

1）热化学转化法。将生物质通过高温干馏、热解、液化等方法获得木炭、可燃气体和焦油等品质高的能源产品。

2）生物化学转化法。使生物质在微生物的发酵作用下，生成沼气、酒精等能源产品。

3）利用油料植物所产生的生物油。

4）把生物质压制成形状燃料（如块形、棒形燃料），以便集中利用和提高热效率。

沼气就是生物质在一定温度、湿度、酸碱度和缺氧的条件下，经过厌氧微生物发酵分解作用而生成的一种气体燃料，其主要可燃成分为甲烷。沼气既可作为生活用气，也可作为工业燃料。生产沼气所用的原料通常是农作物秸秆、人畜粪便、树叶杂草、工业和生活有机废水、有机垃圾等，这些生物质如果不加以妥善利用，不仅会造成能源的浪费，有些还会对环境造成很大污染。在农村，沼气工程可以和养殖业、种植业等结合起来，后者为前者提供原料，发酵后的沼渣、沼液又可为后者提供部分肥料，这样实现生物质的综合利用和能源与环境的良性循环。我国北京郊区留民营大力发展以大型沼气工程为核心的农业循环经济，获得经济发展、生态改善和结构优化的三赢，这是我国建设生态友好型和资源节约型的社会主义新农村的有效途径，受到了前联合国秘书长安南的高度评价：留民营“探索出了一个兼顾经济增长和环境保护的新方法，这不但对中国，对整个世界都十分有益”。

为减少石油的耗量和防止环境污染，国际上已经开始采用醇类燃料（主要是甲醇和乙醇）作为代用燃料。甲醇和乙醇都可以用生物质为原料来制取，如甲醇可以用木质纤维素经蒸馏获得，乙醇可以通过将生物质发酵获得。

将生物质在适当温度下快速热解，可得到裂解粗油，这是生物质热解液化；与煤炭相似，生物质也可以通过一系列热化学反应生成气体燃料，这是生物质热解气化；将油料作物生产的植物油通过酯化处理，可得到燃料油，等等。生物质能的转换技术可谓多种多样。

现代化的生物质能技术不仅要充分利用现有的各种生物质，还要建立以获取能源为目的的生物质生产基地，如图15-11所示的种植速生的薪炭林、油料作物等能源植物，利用植物的光合作用收集太阳能，可获得能源生产和环境保护双重效益。

图 15-11　生物质能的生产与利用

3. **风能**

风能是流动的空气所具有的能。地球大气层因太阳辐射的不均匀而产生温差，从而产生压差形成空气流动，所以风能是太阳辐射能的一种转换形式。

据估计，全球可利用的风能约为 130 ~ 200 亿千瓦，如果有 1% 被利用，即可满足人类对能源的全部需求，这是一个巨大的潜在的能源宝库。

我国 10m 高度层的风能资源总储量为 32.26 亿 kW，其中实际可开发利用的风能资源储量为 2.53 亿 kW。其中，东南沿海及其附近岛屿、内蒙古、甘肃走廊、新疆和青藏高原等是风能资源丰富地区，沿海岛屿有效风能密度在 300W/m^2 以上，全年中风速大于或等于 3m/s 的时数约为 7 000 ~ 8 000h，大于或等于 6m/s 的时数为 4 000h。

目前利用风能的主要方式是风力发电和风力提水，风力机是实现风能利用的重要装置，它将空气无规则流动的动能转变为机械有规则转动的动能。

现代风力机形式多种多样。按结构大致可分为水平轴式和垂直轴式，前者的旋转轴与地面平行（图15-12a），后者的旋转轴与地面垂直（图 15-12b）。近年来还出现了一些特殊形式的风力机，如扩压式风力机、旋风式风力机等。

利用风力机所得到的是机械能，机械能是高品质能，可以直接作为动力带动各种动力机械（如带动水泵提水），可以通过发电机转变为电能，也可以转变为热能。

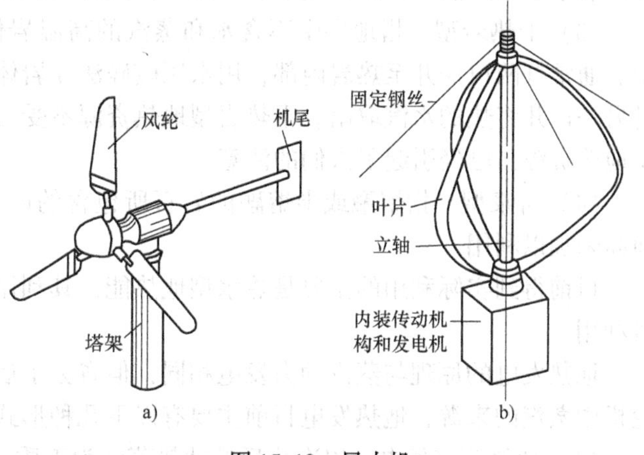

图 15-12　风力机

a）旋转轴与地面平行　b）旋转轴与地面垂直

风力发电是风能利用的重点，

它可以作为边远地区的生产生活电源。在风力资源丰富的地区，利用大型风力发电机，或者将多台风力发电机按照地形和主风向排成阵列，构成风力发电场（或称风力田），可以并网发电。丹麦是世界上风力发电最发达最先进的国家，风电成本可以和煤电相媲美。

目前在世界各国运行的风能利用机械中约有 50% 以上用于风力提水，解决农牧场的人畜饮水和灌溉。我国风力提水机利用较普遍的是内蒙古草原和江苏苏北里下河地区，主要用于农田灌溉、提水晒盐、水产养殖、冲洗盐碱改土、芦苇种植、牧区人畜饮水、草原养护等作业。

风力制热可以用来供暖或为工业、农业提供低温热能。目前风力制热的方法主要有液体挤压制热、搅拌液体制热、固体摩擦制热、涡电流制热等。

另外，在电子技术自动化和新型材料发展的基础上，出现了现代的风帆助航船，采用风力与燃油动力相结合，用计算机自动控制切换，节能效果明显。

与太阳能相同，风能具有随机性，利用风能必须考虑储能和与其他能源的相互配合，才能获得稳定的能源供应。另一方面，风能的能量密度低，所以风能利用装置体积大、耗材多、投资高。但是作为一种清洁的可再生能源，风能将是未来社会的重要补充能源。最后需要提及的是风力机利用风能的理论极限问题，风力机的叶轮一般由三四个叶片组成，但是，无论采用多么完善设计的叶片组成的风轮，它也只能把 59.3% 的风能转换为机械能，这个 0.593 数值称为“贝茨极限”（德国科学家 A. Betz 计算的理论最大风能利用系数）。

4. 地热能

地热能是指蕴藏在地球内部的巨大的天然热能。地热能的热量主要来自地球内部岩石和矿物中具有足够丰度、生热率较高、半衰期与地球年龄相当的、多集中在地表层数百公里内的放射性元素衰变所产生的巨大的热能量。据估计，地气内部由放射性元素衰变而产生的热量平均每年为 1.2×10^{24} J/a。正因为如此，地热能作为一种可再生能源受到了世界各国普遍的重视。

根据存在的形式，地热资源通常分为以下四大类：

（1）水热型　包括地热蒸汽和地热水，是现在开发利用的主要地热资源。

（2）地压型　封闭在地层深处沉积岩中的高压热水，通常溶有甲烷等碳氢化合物，因此其能量包括热能、势能和化学能，是一种尚待研究和开发的地热资源。

（3）干热岩型　指地层中不含水和蒸汽的高温岩体，其能量需通过人造地热系统来利用。通常打两口深井至热岩内部，用水压破碎法在岩体内形成洞穴，从一口井注入冷水，通过另一口井将热的水汽取出。干热岩型地热资源不受自然地热田的限制，可以更大范围地开发地热资源，已经引起了人们的注意。

（4）岩浆型　指熔融或半熔融的岩石所包含的巨大热能，其利用的技术难度很大，目前尚未加以利用。

目前得到实际利用的主要是热水型地热能，其利用方式可分为两种：地热发电和地热直接利用。

地热发电的原理与蒸汽动力发电相同，但省去了后者的锅炉和相应的燃料消耗。根据汽轮机中蒸汽的来源，地热发电目前主要有以下几种形式：

（1）地热蒸汽发电　以净化后的地热蒸汽为工质。

（2）扩容法地热发电。将地热水通入压力较低的扩容器中，热水迅速汽化，体积增大，这就是扩容，也叫闪蒸。根据具体情况，可以多次扩容，以获得更多的蒸汽用于发电。

（3）双循环地热发电　利用地热水加热某种低沸点工质，产生蒸汽。当地热水腐蚀、结垢性强或温度较低时常采用这种方法。

后两种是利用低温热能发电的常用方法，亦可用于太阳能热发电、海洋温差能发电、工业余能发电等场合。

近年来还出现了一种全流发电系统，即将地热井口的全部流体，不论是蒸汽、热水、不凝气体及化学物质等直接送入全流动力机械中膨胀做功，以充分利用地热流体的能量。

地热水的直接利用非常广泛，主要有采暖、空调、工业烘干、农业温室、水产养殖、旅游疗养等。

地热资源的利用要做到一水多用、逐级开发、综合利用，如先发电、后供暖，然后养鱼、灌溉等。同时还要考虑环境保护，如回灌地下水防止地面下陷、处理地热流体中的有害物质等。1904年意大利在拉德瑞罗地热田建立起世界上第一座550W的地热电站，我国具有丰富的地热资源，已发现的地下地热点有2 500处，天然地面热泉有2 000处以上，高温地热资源主要分布在藏南、云南等地区，西藏羊八井电站是我国地热发电的成功范例。

5. 海洋能

海洋能指的是海洋中的可再生能源，包括潮汐能、波浪能、海流和潮流能、海洋温差能、海洋盐差能等。除了潮汐能和潮流能源于星球间的引力外，其他海洋能均源于太阳能。全世界海洋能的理论可再生量约为760多亿kW，其中海洋温差能约400亿kW，盐度差能约为300亿kW，潮汐和潮流能约为30～40亿kW，波浪能约为30亿kW，甲烷冰约为500～800亿m^3，如此众多而巨大的可再生能源正等待人们用现代技术去开发利用。

（1）潮汐能　潮汐能是海水受月球和太阳的引力作用而发生周期性涨落所具有的能量。潮汐能的利用主要是发电。

潮汐发电是在潮汐能丰富的海湾入口或河口筑堤构成水库，在堤坝内或堤坝侧安装水轮发电机组，利用堤坝两侧潮汐涨落的水位差驱动水轮机组发电。

潮汐发电不需要燃料供应，没有烟渣排放，没有水电站的淹没损失，不涉及移民问题。堤坝的修建改变了周围的自然环境，可同时进行围垦种植、水产养殖、旅游、交通等综合开发。但是机组在海水中工作，需要解决防腐、防污（海生物附着）、防淤等问题。

目前，潮汐发电已经实用化。加拿大安纳波斯潮汐电站安装的2万kW全贯流水轮发电机组是目前世界上最大最先进的潮汐发电机组，单向退潮发电，设计水头5.5m，年发电量为5亿kW·h。我国在浙江、江苏、山东、福建运行的有7座小型潮汐发电站，最大装机容量的是浙江温岭江夏2 200kW的双向发电25m水头差的潮汐发电站。

（2）波浪能　波浪是由于风和重力作用而形成的海水的起伏运动，它所具有的能就是波浪能。通过某种装置将波浪能转换为机械能、气压能或液压能，然后通过传动机构、汽轮机、水轮机或油压马达驱动发电机发电，这样就将波浪能转化成了电能。

根据能量的中间转换方式，波浪发电可分为机械式、气动式和液压式三大类，目前气动式采用的最多。图15-13即为漂浮气动式装置的工作原理图。由于波浪运动的表面性和较长的中心管的阻隔，中心管内的水面可以看做基本不动。管内水面和汽轮机之间是气室。浮体带动中心管随波浪上升时，气室容积增大，经进气阀吸入空气。浮体带动中心管随波浪下降时，气室容积减小，气体驱动汽轮机发电，并经排气阀排出。

应用波力发电的小型装置如航标灯、灯塔等已经得到推广应用，大型的波力发电装置如大型波力发电站、波力发电船等也已经出现。1978 年 6 月，日本在“海明号”船上建成当时世界上最大的波浪发电装置，整个装置由 22 个无底的箱子（空气室）组成，每两个空气室装有一台空气涡轮机和一台发电机，即有 11 台机组可以发出电力，单机容量 125kW，总装机容量为 2 000kW。20 世纪 80 年代，我国研制成功了世界新一代航标灯用波浪发电装置，可使航标灯的灯光明亮、稳定。

(3) 海洋温差能　海洋表层海水的温度高于深层海水的温度，在热带和亚热带海域，这个温差可以达到 20℃。从热力学上讲，有温差就可以产生动力，所以海洋温差中蕴含的能量称做海洋温差能或海洋热能。据测算，全球热带海洋的水温只要下降 1℃ 就能释放出 1 200 亿 kW 的能量。实际上海洋的温差能居于海洋能之首。

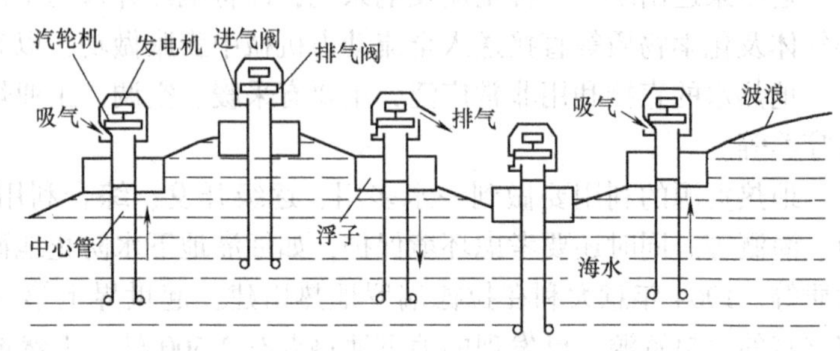

图 15-13　漂浮气动式装置工作原理图

在海洋的表层（高温热源）和深层（低温热源）之间安装热机，可以将温差能转变为机械能，进而通过发电装置转变为电能。所采用的热力循环通常是朗肯循环，利用海水加热低沸点工质或利用海水闪蒸产生的蒸汽来驱动汽轮机。

1979 年美国在夏威夷建立的 OTEC 试验装置是目前世界上最有代表性的。该装置安装在一艘海军驳船上，采用朗肯闭式循环，发电功率 50kW，冷水管径 0.6m，长达 663m 深入海底，冷水温度 7℃，表层海水温度 28℃，温差 21℃。1981 年进行新的试验，功率扩大到 1 000kW,并副产淡水，改为岸式海洋温差发电，用三条 600m 长的水管从深海抽取冷水，另有三条水管从 15m 海水中抽取温水，采用朗肯开式循环。另外，日本、法国、英国也有类似的电站。海水温差发电虽然非常诱人，但是费用巨大，而且电站易受台风等自然条件影响，平台、锚系等技术问题也相当难，如何使海水温差发电与海上采油平台配合是一个值得注意的问题。

此外，还有海洋盐差能、海流能也是有待开发利用的海洋能，但是利用难度较大，尚待进一步探索和研究。

海洋中还有一种储量巨大、潜在的能源——甲烷冰。海洋深处动植物遗体等有机质是生成石油和天然气的物质基础，能在微生物作用下产生甲烷。巨大的海水压力和低温使大部分甲烷气体不断串入海底沉积岩的细微孔隙中并转化为水合物，年深月久这部分水合物就变成了固态化合物——甲烷冰。现已探明沿美国和加拿大的海域有数百亿立方米甲烷冰，我国海域辽阔，也有很多深海区，无疑也会拥有大量的这种宝藏等待人们去研究开发利用。

6. 核能

核能是原子核结构发生变化时放出的能量。通常的化学反应只是原子核外的电子发生位置变化或产生运动，原子核并不变化。核能的获得主要有两种途径：重原子核的分裂反应即核裂变和轻原子核的聚变反应即核聚变。无论是核裂变还是核聚变，反应后原子核都要失去一部分质量，与此同时释放出巨大的能量。物质所具有的核能比化学能要大几百万倍以上，如 1kg 铀 235（^{235}U）全部裂变产生的核能相当于 2 500 t 优质煤完全燃烧放出的热量。

核裂变目前已实用化。常用的核裂变燃料是铀的同位素铀 235 和钚的同位素钚 239（^{239}Pu）等重元素物质。图 15-14a 为核裂变原理图。用中子轰击 ^{235}U 原子核，原子核分裂成两个或多个质量较轻的原子核（称为碎片）并释放出 2～3 个中子。释放出的中子又去轰击其他 ^{235}U 原子核，再次引起原子核分裂，这种连续的裂变反应称为链式反应，反应释放出巨大的核裂变能。利用核裂变原理现在已经建成了各种核反应堆，如轻水堆、重水堆、快中子增殖堆等，用于发电、供热或用作某些大型装置（如核潜艇）的动力。1954 年苏联建造了世界上第一台核电站。至今，世界已有 400 多座核电站在运行，法国是世界上核电最发达的国家。我国预计到 2015 年规模达 3 000 万 kW，占全国总发电量的 6% 左右。

核裂变能划入常规能源的范畴。但是，核裂变远远比不上核聚变。核裂变堆的核材料蕴藏极为有限，不仅产生强大的辐射，伤害人类，而且贻害千年的废料也很难处理。

核聚变是轻原子核在超高温下克服原子核间斥力而聚合成较重的原子核的过程，因反应在极高温度下才能进行，所以也称热核反应。最容易实现的核聚变反应是氢的同位素氘（$_1^2D$）和氚（$_1^3T$）聚变为氦（$_2^4He$）的反应，反应式为：

$$_1^2D + _1^3T = _2^4He + \text{中子} + \text{聚变能}$$

图 15-14b 为核聚变的原理图。核聚变能量巨大，如 1kg 氘和氚聚变释放的能量相当于1 万多吨优质煤的化学能，且聚变的产物只是氦和中子，聚变的辐射则少得多。另外，核聚变燃料可以从海水中获得，储量极为丰富，可以说取之不尽，用之不竭。据测算：一桶海水中能获取的氘的能量相当于 300 桶汽油。若将浩瀚大海中所具有的氘能都释放出来，它所产生的能量足以供人类使用数百亿年。

核聚变能利用的关键在于可控核聚变反应堆的研制。核聚变反应在几千万度以至上亿度高温下进行，且反应的初始条件非常严格，给核聚变的实施带来许多技术上的难题。尽管如此，人类早在 20 世纪 50 年代就开始了这方面的研究和探索，1952 年爆炸的氢弹就是根据核聚变原理制造的，但因聚变反应的速度难以控制，不能作为能源来利用。20 世纪 60 年代的激光技术解决了核聚变反应的高温"点火"问题，苏联科学家提出的托卡马克环流器的超导"磁瓶"解决了核聚变反应的极高温度的"容器"问题。世界各国都在加紧研究受控核聚变装置，因为人类面临着环境污染和能源危机，目前大量使用的矿物能源，不仅造成各种严重的污染和"温室效应"，而且大约在 200 年之后，石油、煤和天然气资源都有枯竭危险。核能将是继石油、煤和天然气之后的主要能源，人类将从"石油文明"走向"核能文明"。如今，"国际热核试验堆"计划已经开始正式实施，包括欧盟以及加拿大、俄罗斯、日本、韩国、中国和美国等共同攻关，这是在"国际空间站"、"人类基因组计划"之后，又一个大型的国际科技合作项目。世界首座核聚变反应堆建造计划在 30 年中总投资 100 亿欧元，其首期建造工程将

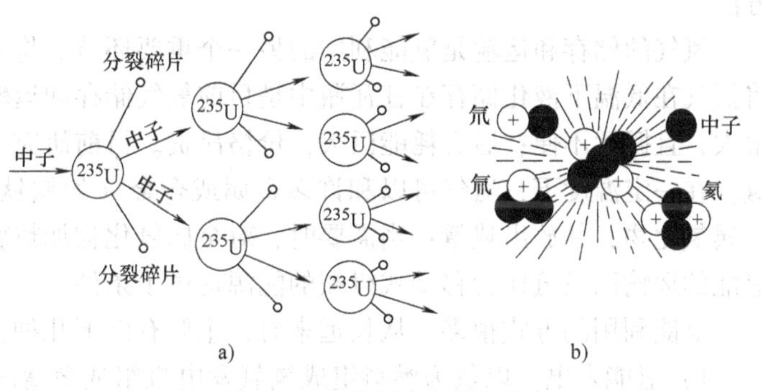

图 15-14　核裂变与核聚变
a）核裂变原理图　b）核聚变原理图

持续10年，预计耗资47亿欧元。我国研制的全超导托卡马克装置，已达到1 000s稳态运行，正在力争达到实际应用的水平。我们相信，“太阳之火”在地球上点燃的日子为期不远了。

7. 氢能

氢是最轻的化学元素，在地球上广泛存在于水、各种碳氢化合物和地壳中，可以说是来源广泛、取之不尽的。

在常温常压下氢单质是无色、无味的气体，发热量很高，超过石油、煤炭和天然气。氢气在空气中的燃烧温度可以达到2 000℃，燃烧时无烟无尘，燃烧产物只有水，而水又是制取氢气的主要原料。因此氢能是人们梦寐以求的能源。

尽管地球上氢元素含量丰富，但氢单质却很少存在，因此氢能是二次能源，需要人工来制取。大量而廉价地制取氢是氢能利用的关键。

工业上常用的制氢方法是化石燃料制氢和电解水制氢。前者制氢效率不高，对环境污染大，还要消耗本已不多的化石燃料资源，因此不能作为未来氢能的来源。后者则需要消耗大量珍贵的电能，总的能量利用率很低，所以也是不足取的。当然，如果是作为储能的手段，那么电解水制氢还是可以利用的。

目前正在研究的制氢方法很多。光化制氢法是在阳光照射下和催化剂作用下使水分解；热解制氢法是在高温下使水离解，人们考虑利用太阳能聚焦或核反应的热能作为热解的热源；热化学制氢法利用多步热化学反应制氢，它克服了热解制氢法温度高的缺点；生物制氢是利用某些植物的光合作用产氢或利用某些细菌分解有机物产氢。这些都是很有前途的制氢方法。

氢气的储存和运输是氢能利用的另一个重要环节。将氢气加压后储存在特制的钢瓶中或将氢气在低温下液化储存在杜瓦瓶中是目前氢气储存和运输常用的方法。但前者储气量不会很大，且搬运不便；后者耗能巨大，价格昂贵。目前研究最活跃的储氢技术是金属氢化物储氢。在一定温度下，氢气可以和许多金属或合金（如铁钛合金、镁及镁基合金）化合形成金属氢化物，并放出热量；当需要时，对金属氢化物加热就可以得到氢气。这种储氢方法为氢能的运输以及氢作为移动式机械的能源提供了条件。

氢能利用的方式很多，从长远来看，主要有以下几种：

1）氢能发电。以氢为燃料组成氢氧发电机组或氢-氧燃料电池是氢能发电的主要方式。由于燃料电池的基本原理就是电解水的逆反应，因此氢-氧燃料电池比其他形式的燃料电池更有效，也更简单。

2）作为汽车、飞机、舰艇等动力机械的能源，或用于产生热能以取代化石燃料。氢能将来有可能通过管道输送到各家各户，成为主要的二次能源。

3）作为储存和输运能量的载体。太阳能、风能等可再生能源往往连续性差，需要一定的储能装置，才能实现连续供能。当电站处于用电低负荷或有多余电力时，储能也是一个重要问题。电能是过程性能源，很难长期储存，而氢能是含能体能源，有良好的输运和转换性，是极好的储能介质。

人们预计，今后20 ~30年将是新能源和可再生能源技术发展的大好时期，目前世界新能源的开发量约为150万t油当量，预计到2020年将达到1 500万t油当量。今后30年拉美和中国及太平洋地区可再生能源的发展比例最大约占世界总量的45%，其次为北美和中南亚地区约占 25%。北美、拉美、中国和太平洋地区的新能源技术的发展潜力占绝对优势，约占世界新能源开发总量的 65% 以上。

本章要求重点与讨论

1）了解科学合理利用现有能源的主要技术与水平。

2）了解能量直接转换的技术与水平。

3）了解世界和我国各种可再生能源的储存量、主要利用方式与利用水平及未来发展方向。

本章的知识结构框图如图 15-15 所示。

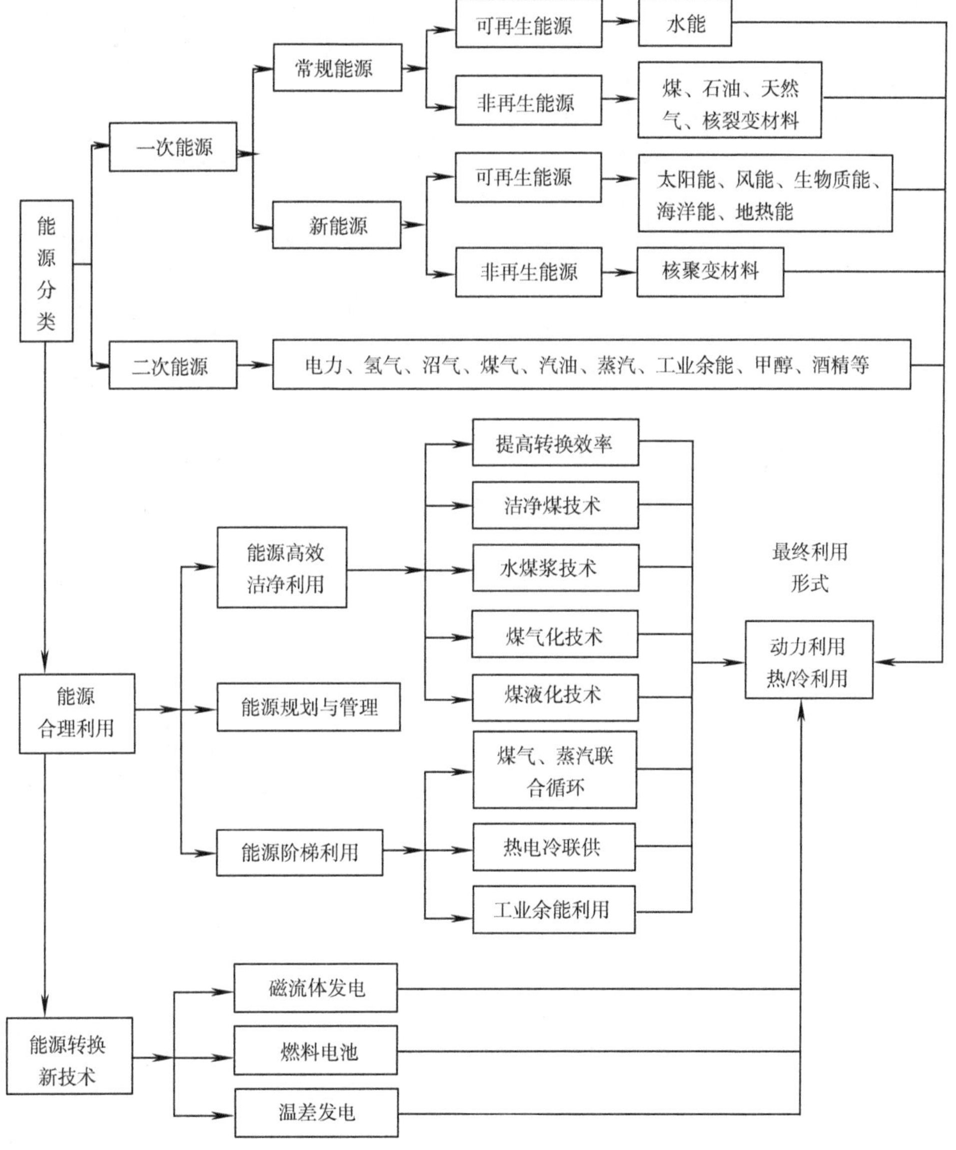

图 15-15　知识结构框图

思 考 题

1. 如何科学合理高效地利用能源？
2. 可再生能源有哪几种？如何利用？

附　　录

附录 A　常用热力性质表

表 A-1　常用气体的某些基本热力性质

气体	摩尔质量 M	气体常数 R_g	密度 ρ_0 (0℃；101 325Pa)	比定压热容 c_{p0} (25℃)	比定容热容 c_{V0} (25℃)	比热比 γ_0 (25℃)
	g/mol	kJ/(kg·K)	kg/m³	kJ/(kg·K)	kJ/(kg·K)	
He	4.003	2.077 1	0.178 6	5.196	3.119	1.666
Ar	39.948	0.208 1	1.784	0.520 8	0.312 7	1.665
H_2	2.016	4.124 3	0.089 9	14.03	10.18	1.405
O_2	32.000	0.259 8	1.429	0.917	0.657	1.396
N_2	28.016	0.296 8	1.251	1.039	0.742	1.400
空气	28.965	0.287 1	1.293	1.005	0.718	1.400
CO	28.011	0.296 8	1.250	1.041	0.744	1.399
CO_2	44.011	0.188 92	1.977	0.844	0.655	1.289
H_2O	18.016	0.461 5	0.804	1.863	1.402	1.329
CH_4	16.043	0.518 3	0.717	2.227	1.709	1.303
C_2H_4	28.054	0.296 4	1.261	1.551	1.255	1.236
C_2H_6	30.070	0.276 5	1.357	1.752	1.475	1.188
C_3H_8	44.097	0.188 55	2.005	1.667	1.478	1.128

表 A-2　某些常用气体在理想气体状态下的比定压热容与温度的关系式

$$\{c_{p0}\}_{kJ/(kg\cdot K)} = a_0 + a_1\{T\}_K + a_2\{T\}_K^2 + a_3\{T\}_K^3$$

气体	a_0	$a_1\times10^3$	$a_2\times10^6$	$a_3\times10^9$	适用温度范围/K	最大误差（%）
H_2	14.439	−0.950 4	1.986 1	−0.431 8	273 ~ 1 800	1.01
O_2	0.805 6	0.434 1	−0.181 0	0.027 48	273 ~ 1 800	1.09
N_2	1.031 6	−0.056 08	0.288 4	−0.102 5	273 ~ 1 800	0.59
空气	0.970 5	0.067 91	0.165 8	−0.067 88	273 ~ 1 800	0.72
CO	1.005 3	0.059 80	0.191 8	−0.079 33	273 ~ 1 800	0.89
CO_2	0.505 8	1.359 0	−0.795 5	0.169 7	273 ~ 1 800	0.65
H_2O	1.789 5	0.106 8	0.586 1	−0.199 5	273 ~ 1 500	0.52
CH_4	1.239 8	3.131 5	0.791 0	−0.686 3	273 ~ 1 500	1.33
C_2H_4	0.147 07	5.525	−2.907	0.605 3	298 ~ 1 500	0.30
C_2H_6	0.180 05	5.923	−2.307	0.289 7	298 ~ 1 500	0.70
C_3H_6	0.089 02	5.561	−2.735	0.516 4	298 ~ 1 500	0.44
C_3H_8	−0.095 70	6.946	−3.597	0.729 1	298 ~ 1 500	0.28

表 A-3 某些常用气体在理想气体状态下的平均比定压热容

$\bar{c}_{p0}\,|_0^t$/[kJ/(kg·K)]

温度/℃ \ 气体	H_2	O_2	N_2	空气	CO	CO_2	H_2O
0	14.195	0.915	1.039	1.004	1.040	0.815	1.859
100	14.353	0.923	1.040	1.006	1.042	0.866	1.873
200	14.421	0.935	1.043	1.012	1.046	0.910	1.894
300	14.446	0.950	1.049	1.019	1.054	0.949	1.919
400	14.447	0.965	1.057	1.028	1.063	0.983	1.948
500	14.509	0.979	1.066	1.039	1.075	1.013	1.978
600	14.542	0.993	1.076	1.050	1.086	1.040	2.009
700	14.587	1.005	1.087	1.061	1.098	1.064	2.042
800	14.641	1.016	1.097	1.071	1.109	1.085	2.075
900	14.706	1.026	1.108	1.081	1.120	1.104	2.110
1 000	14.776	1.035	1.118	1.091	1.130	1.122	2.144
1 100	14.853	1.043	1.127	1.100	1.140	1.138	2.177
1 200	14.934	1.051	1.136	1.108	1.149	1.153	2.211
1 300	15.023	1.058	1.145	1.117	1.158	1.166	2.243
1 400	15.113	1.065	1.153	1.124	1.166	1.178	2.274
1 500	15.202	1.071	1.160	1.131	1.173	1.189	2.305
1 600	15.294	1.077	1.167	1.138	1.180	1.200	2.335
1 700	15.383	1.083	1.174	1.144	1.187	1.209	2.363
1 800	15.472	1.089	1.180	1.150	1.192	1.218	2.391
1 900	15.561	1.094	1.186	1.156	1.198	1.226	2.417
2 000	15.649	1.099	1.191	1.161	1.203	1.233	2.442
2 100	15.736	1.104	1.197	1.166	1.208	1.241	2.466
2 200	15.819	1.109	1.201	1.171	1.213	1.247	2.489
2 300	15.902	1.114	1.206	1.176	1.218	1.253	2.512
2 400	15.983	1.118	1.210	1.180	1.222	1.259	2.533
2 500	16.064	1.123	1.214	1.184	1.226	1.264	2.554

表 A-4 某些常用气体在理想气体状态下的平均比定容热容

$\bar{c}_{V0}|_0^t/[kJ/(kg \cdot K)]$

温度/℃ \ 气体	H_2	O_2	N_2	空气	CO	CO_2	H_2O
0	10. 071	0. 655	0. 742	0. 716	0. 743	0. 626	1. 398
100	10. 228	0. 663	0. 744	0. 719	0. 745	0. 677	1. 411
200	10. 297	0. 675	0. 747	0. 724	0. 749	0. 721	1. 432
300	10. 322	0. 690	0. 752	0. 732	0. 757	0. 760	1. 457
400	10. 353	0. 705	0. 760	0. 741	0. 767	0. 794	1. 486
500	10. 384	0. 719	0. 769	0. 752	0. 777	0. 824	1. 516
600	10. 417	0. 733	0. 779	0. 762	0. 789	0. 851	1. 547
700	10. 463	0. 745	0. 790	0. 773	0. 801	0. 875	1. 581
800	10. 517	0. 756	0. 801	0. 784	0. 812	0. 896	1. 614
900	10. 581	0. 766	0. 811	0. 794	0. 823	0. 916	1. 648
1 000	10. 652	0. 775	0. 821	0. 804	0. 834	0. 933	1. 682
1 100	10. 729	0. 783	0. 830	0. 813	0. 843	0. 950	1. 716
1 200	10. 809	0. 791	0. 839	0. 821	0. 857	0. 964	1. 749
1 300	10. 899	0. 798	0. 848	0. 829	0. 861	0. 977	1. 781
1 400	10. 988	0. 805	0. 856	0. 837	0. 869	0. 989	1. 813
1 500	11. 077	0. 811	0. 863	0. 844	0. 876	1. 001	1. 843
1 600	11. 169	0. 817	0. 870	0. 851	0. 883	1. 010	1. 873
1 700	11. 258	0. 823	0. 877	0. 857	0. 889	1. 020	1. 902
1 800	11. 347	0. 829	0. 883	0. 863	0. 896	1. 029	1. 929
1 900	11. 437	0. 834	0. 889	0. 869	0. 901	1. 037	1. 955
2 000	11. 524	0. 839	0. 894	0. 874	0. 906	1. 045	1. 980
2 100	11. 611	0. 844	0. 900	0. 879	0. 911	1. 052	2. 005
2 200	11. 694	0. 849	0. 905	0. 884	0. 916	1. 058	2. 028
2 300	11. 798	0. 854	0. 909	0. 889	0. 921	1. 064	2. 050
2 400	11. 858	0. 858	0. 914	0. 893	0. 925	1. 070	2. 072
2 500	11. 939	0. 863	0. 918	0. 897	0. 929	1. 075	2. 093

表 A-5　空气在理想气体状态下的热力性质表

T/K	h/(kJ/kg)	p_r	u/(kJ/kg)	v_r	s_T^0/[kJ/(kg·K)]
200	199.97	0.336 3	142.56	1 707	1.295 59
210	209.97	0.398 7	149.69	1 512	1.344 44
220	219.97	0.469 0	156.82	1 346	1.391 05
230	230.02	0.547 7	164.00	1 205	1.435 57
240	240.02	0.635 5	171.13	1 084	1.478 24
250	250.05	0.732 9	178.28	979	1.519 17
260	260.09	0.840 5	185.45	887.8	1.558 48
270	270.11	0.959 0	192.60	808.0	1.596 34
280	280.13	1.088 9	199.75	738.0	1.632 79
285	285.14	1.158 4	203.33	706.1	1.650 55
290	290.16	1.231 1	206.91	676.1	1.668 02
295	295.17	1.306 8	210.49	647.9	1.685 15
300	300.19	1.386 0	214.07	621.2	1.702 03
305	305.22	1.468 6	217.67	596.0	1.718 65
310	310.24	1.554 6	221.25	572.3	1.734 98
315	315.27	1.644 2	224.85	549.8	1.751 06
320	320.29	1.737 5	228.43	528.6	1.766 90
325	325.31	1.834 5	232.02	508.4	1.782 49
330	330.34	1.935 2	235.61	489.4	1.797 83
340	340.42	2.149	242.82	454.1	1.827 90
350	350.49	2.379	250.02	422.2	1.857 08
360	360.67	2.626	257.24	393.4	1.885 43
370	370.67	2.892	264.46	367.2	1.913 13
380	380.77	3.176	271.69	343.4	1.940 01
390	390.88	3.481	278.93	321.5	1.966 33
400	400.98	3.806	286.16	301.6	1.991 94
410	411.12	4.153	293.43	283.3	2.016 99
420	421.26	4.522	300.69	266.6	2.041 42
430	431.43	4.915	307.99	251.1	2.065 33
440	441.61	5.332	315.30	236.8	2.088 70
450	451.80	5.775	322.62	223.6	2.111 61
460	462.02	6.245	329.97	211.4	2.134 07
470	472.24	6.742	337.32	200.1	2.156 04
480	482.49	7.268	344.70	189.5	2.177 60
490	492.74	7.824	352.08	179.7	2.198 76
500	503.02	8.411	359.49	170.6	2.219 52

（续）

T/K	h/(kJ/kg)	p_r	u/(kJ/kg)	v_r	s_T^0/[kJ/(kg·K)]
510	513.32	9.031	366.92	162.1	2.239 93
520	523.63	9.684	374.36	154.1	2.259 97
530	533.98	10.37	381.84	146.7	2.279 67
540	544.35	11.10	389.34	139.7	2.299 06
550	554.74	11.86	396.86	133.1	2.318 09
560	565.17	12.66	404.42	127.0	2.336 85
570	575.59	13.50	411.97	121.2	2.355 31
580	586.04	14.38	419.55	115.7	2.373 48
590	596.52	15.31	427.15	110.6	2.391 40
600	607.02	16.28	434.78	105.8	2.409 02
610	617.53	17.30	442.42	101.2	2.426 44
620	628.07	18.36	450.09	96.92	2.443 56
630	638.63	19.48	457.78	92.84	2.460 48
640	649.22	20.64	465.50	88.99	2.477 16
650	659.84	21.86	473.25	85.34	2.493 64
660	670.47	23.13	481.01	81.89	2.509 85
670	681.14	24.46	488.81	78.61	2.525 89
680	691.82	25.85	496.62	75.50	2.541 75
690	702.52	27.29	504.45	72.56	2.557 31
700	713.27	28.80	512.33	69.76	2.572 77
710	724.04	30.38	520.23	67.07	2.588 10
720	734.82	32.02	528.14	64.53	2.603 19
730	745.62	33.72	536.07	62.13	2.618 03
740	756.44	35.50	544.02	59.82	2.632 80
750	767.29	37.35	551.99	57.63	2.647 37
760	778.18	39.27	560.01	55.54	2.661 76
780	800.03	43.35	576.12	51.64	2.690 13
800	821.95	47.75	592.30	48.08	2.717 87
820	843.98	52.49	608.59	44.84	2.745 04
840	866.08	57.60	624.95	41.85	2.771 70
860	888.27	63.09	641.40	39.12	2.797 83
880	910.56	68.98	657.95	36.61	2.823 44
900	932.93	75.29	674.58	34.31	2.848 56
920	955.38	82.05	691.28	32.18	2.873 24
940	977.92	89.28	708.08	30.22	2.897 48
960	1 000.55	97.00	725.02	28.40	2.921 28

（续）

T/K	h/(kJ/kg)	p_r	u/(kJ/kg)	v_r	s_T^0/[kJ/(kg·K)]
980	1 023.25	105.2	741.98	26.73	2.944 68
1 000	1 046.04	114.0	758.94	25.17	2.967 70
1 020	1 068.89	123.4	771.60	23.72	2.990 34
1 040	1 091.85	133.3	793.36	22.39	3.012 60
1 060	1 114.86	143.9	810.62	21.14	3.034 49
1 080	1 137.89	155.2	827.88	19.98	3.056 08
1 100	1 161.07	167.1	845.33	18.896	3.077 32
1 120	1 184.28	179.7	862.79	17.886	3.098 25
1 140	1 207.57	193.1	880.35	16.946	3.118 83
1 160	1 230.92	207.2	897.91	16.064	3.139 16
1 180	1 254.34	222.2	915.57	15.241	3.159 16
1 200	1 277.79	238.0	933.33	14.470	3.178 88
1 220	1 301.31	254.7	951.09	13.747	3.198 34
1 240	1 324.93	272.3	968.95	13.069	3.217 51
1 260	1 348.55	290.8	986.90	12.435	3.236 38
1 280	1 372.24	310.4	1 004.76	11.835	3.255 10
1 300	1 395.97	330.9	1 022.82	11.275	3.273 45
1 320	1 419.76	352.5	1 040.88	10.747	3.291 60
1 340	1 443.60	375.3	1 058.94	10.274	3.309 59
1 360	1 467.49	399.1	1 077.10	9.780	3.327 24
1 380	1 491.44	424.2	1 095.26	9.337	3.344 74
1 400	1 515.42	450.5	1 113.52	8.919	3.362 00
1 420	1 539.44	478.0	1 131.77	8.526	3.379 01
1 440	1 563.51	506.9	1 150.13	8.153	3.395 86
1 460	1 587.63	537.1	1 168.49	7.801	3.412 47
1 480	1 611.79	568.8	1 186.95	7.468	3.428 92
1 500	1 635.97	601.9	1 205.41	7.152	3.445 16
1 520	1 660.23	636.5	1 223.87	6.854	3.461 20
1 540	1 684.51	672.8	1 242.43	6.569	3.477 12
1 560	1 708.82	710.5	1 260.99	6.301	3.492 76
1 580	1 733.17	750.0	1 279.65	6.046	3.508 29
1 600	1 757.57	791.2	1 298.30	5.804	3.523 64
1 620	1 782.00	834.1	1 316.96	5.574	3.538 79
1 640	1 806.46	878.9	1 335.72	5.355	3.553 81
1 660	1 830.96	925.6	1 354.48	5.147	3.568 67
1 680	1 855.50	974.2	1 373.24	4.949	3.583 35
1 700	1 880.1	1 025	1 392.7	4.761	3.597 9
1 750	1 941.6	1 161	1 439.8	4.328	3.633 6
1 800	2 003.3	1 310	1 487.2	3.944	3.668 4
1 850	2 065.3	1 475	1 534.9	3.601	3.702 3
1 900	2 127.4	1 655	1 582.6	3.295	3.735 4
1 950	2 189.7	1 852	1 630.6	3.022	3.767 7
2 000	2 252.1	2 068	1 678.7	2.776	3.799 4
2 050	2 314.6	2 303	1 726.8	2.555	3.830 3
2 100	2 377.4	2 559	1 775.3	2.356	3.860 5
2 150	2 440.3	2 837	1 823.8	2.175	3.890 1
2 200	2 503.2	3 138	1 872.4	2.012	3.919 1
2 250	2 566.4	3 464	1 921.3	1.864	3.947 4

表 A-6 饱和水与饱和水蒸气的热力性质表（按温度排列）

临界参数：$P_c = 22.064\text{MPa}$　　$h_c = 2\,085.9\text{kJ/kg}$

$v_c = 0.003\,106\text{m}^3/\text{kg}$　$s_c = 4.409\,2\text{kJ/(kg·K)}$

$t_c = 373.99℃$

温度	压力	比体积		比焓		汽化热	比熵	
		液体	蒸汽	液体	蒸汽		液体	蒸汽
t/℃	p/MPa	v'/(m³/kg)	v''/(m³/kg)	h'/(kJ/kg)	h''/(kJ/kg)	r/(kJ/kg)	s'/[kJ/(kg·K)]	s''/[kJ/(kg·K)]
0	0.000 611 2	0.001 000 22	206.154	−0.05	2 500.51	2 500.6	−.000 2	9.154 4
0.01	0.000 611 7	0.001 000 21	206.012	0.00	2 500.53	2 500.5	0.000 0	9.154 1
1	0.000 657 1	0.001 000 18	192.464	4.18	2 502.35	2 498.2	0.015 3	9.127 8
2	0.000 705 9	0.001 000 13	179.787	8.39	2 504.19	2 495.8	0.030 6	9.101 4
3	0.000 758 0	0.001 000 09	168.041	12.61	2 506.03	2 493.4	0.045 9	9.075 2
4	0.000 813 5	0.001 000 08	157.151	16.82	2 507.87	2 491.1	0.061 1	9.049 3
5	0.000 872 5	0.001 000 08	147.048	21.02	2 509.71	2 488.7	0.076 3	9.023 6
6	0.000 932 5	0.001 000 10	137.670	25.22	2 511.55	2 486.3	0.091 3	8.998 2
7	0.001 001 9	0.001 000 14	128.961	29.42	2 513.39	2 484.0	0.106 3	8.973 0
8	0.001 072 8	0.001 000 19	120.868	33.62	2 515.23	2 481.6	0.121 3	8.948 0
9	0.001 148 0	0.001 000 26	113.342	37.81	2 517.06	2 479.3	0.136 2	8.923 3
10	0.001 227 9	0.001 000 34	106.341	42.00	2 518.90	2 476.9	0.151 0	8.898 8
11	0.001 312 6	0.001 000 43	99.825	46.19	2 520.74	2 474.5	0.165 8	8.874 5
12	0.001 402 5	0.001 000 54	93.756	50.38	2 522.57	2 472.2	0.180 5	8.850 4
13	0.001 497 7	0.001 000 66	88.101	54.57	2 524.41	2 469.8	0.195 2	8.826 5
14	0.001 598 5	0.001 000 80	82.828	58.76	2 526.24	2 467.5	0.209 8	8.802 9
15	0.001 705 3	0.001 000 94	77.910	62.95	2 528.07	2 465.1	0.224 3	8.779 4
16	0.001 818 3	0.001 001 10	73.320	67.13	2 529.90	2 462.8	0.238 8	8.756 2
17	0.001 937 7	0.001 001 27	69.034	71.32	2 531.72	2 460.4	0.253 3	8.733 1
18	0.002 064 0	0.001 001 45	65.029	75.50	2 533.55	2 458.1	0.267 7	8.710 3
19	0.002 197 5	0.001 001 65	61.287	79.68	2 535.37	2 455.7	0.282 0	8.687 7
20	0.002 338 5	0.001 001 85	57.786	83.86	2 537.20	2 453.3	0.296 3	8.665 2
22	0.002 644 4	0.001 002 29	51.445	92.23	2 540.84	2 448.6	0.324 7	8.621 0
24	0.002 984 6	0.001 002 76	45.884	100.59	2 544.47	2 443.9	0.353 0	8.577 4
26	0.003 362 5	0.001 003 28	40.997	108.95	2 548.10	2 439.2	0.381 0	8.534 7
28	0.003 781 4	0.001 003 83	36.694	117.32	2 551.73	2 434.4	0.408 9	8.492 7
30	0.004 245 1	0.001 004 42	32.899	125.68	2 555.35	2 429.7	0.436 6	8.451 4
35	0.005 626 3	0.001 006 05	25.222	146.59	2 564.38	2 417.8	0.505 0	8.351 1
40	0.007 381 1	0.001 007 89	19.529	167.50	2 573.36	2 405.9	0.572 3	8.255 1
45	0.009 589 7	0.001 009 93	15.263 6	188.42	2 582.30	2 393.9	0.638 6	8.163 0
50	0.012 344 6	0.001 012 16	12.036 5	209.33	2 591.19	2 381.9	0.703 8	8.074 5
55	0.015 752	0.001 014 55	9.572 3	230.24	2 600.02	2 369.8	0.768 0	7.989 6
60	0.019 933	0.001 017 13	7.674 0	251.15	2 608.79	2 357.6	0.831 2	7.908 0

（续）

温度	压力	比体积		比焓		汽化热	比熵	
		液体	蒸汽	液体	蒸汽		液体	蒸汽
t/℃	p/MPa	v'/(m³/kg)	v''/(m³/kg)	h'/(kJ/kg)	h''/(kJ/kg)	r/(kJ/kg)	s'[kJ/(kg·K)]	s''[kJ/(kg·K)]
65	0.025 024	0.001 019 86	6.199 2	272.08	2 617.48	2 345.4	0.893 5	7.829 5
70	0.031 178	0.001 022 76	5.044 3	293.01	2 626.10	2 333.1	0.955 0	7.754 0
75	0.038 565	0.001 025 82	4.133 0	313.96	2 634.63	2 320.7	1.015 6	7.681 2
80	0.047 376	0.001 029 03	3.408 6	334.93	2 643.06	2 308.1	1.075 3	7.611 2
85	0.057 818	0.001 032 40	2.828 8	355.92	2 651.40	2 295.5	1.134 3	7.543 6
90	0.070 121	0.001 035 93	2.361 6	376.94	2 659.63	2 282.7	1.192 6	7.478 3
95	0.084 533	0.001 039 61	1.982 7	397.98	2 667.73	2 269.7	1.250 1	7.415 4
100	0.101 325	0.001 043 44	1.673 6	419.06	2 675.71	2 256.6	1.306 9	7.354 5
110	0.143 243	0.001 051 56	1.210 6	461.33	2 691.26	2 229.9	1.418 6	7.238 6
120	0.198 483	0.001 060 31	0.892 19	503.76	2 706.18	2 202.4	1.527 7	7.129 7
130	0.270 018	0.001 069 68	0.668 73	546.38	2 720.39	2 174.0	1.634 6	7.027 2
140	0.361 190	0.001 079 72	0.509 00	589.21	2 733.81	2 144.6	1.739 3	6.930 2
150	0.475 71	0.001 090 46	0.392 86	632.28	2 746.35	2 114.1	1.842 0	6.838 1
160	0.617 66	0.001 101 93	0.307 09	675.62	2 757.92	2 082.3	1.942 9	6.750 2
170	0.791 47	0.001 114 20	0.242 83	719.25	2 768.42	2 049.2	2.042 0	6.666 1
180	1.001 93	0.001 127 32	0.194 03	763.22	2 777.74	2 014.5	2.139 6	6.585 2
190	1.254 17	0.001 141 36	0.156 50	807.56	2 785.80	1 978.2	2.235 8	6.507 1
200	1.553 66	0.001 156 41	0.127 32	852.34	2 792.47	1 940.1	2.330 7	6.431 2
210	1.906 17	0.001 172 58	0.104 38	897.62	2 797.65	1 900.0	2.424 5	6.357 1
220	2.317 83	0.001 190 0	0.086 157	943.46	2 801.20	1 857.7	2.517 5	6.284 6
230	2.795 05	0.001 208 82	0.071 553	989.95	2 803.00	1 813.0	2.609 6	6.213 0
240	2.344 59	0.001 229 22	0.059 743	1 037.20	2 802.88	1 765.7	2.701 3	6.142 2
250	3.973 51	0.001 251 45	0.050 112	1 085.3	2 800.66	1 715.4	2.792 6	6.071 6
260	4.689 23	0.001 275 79	0.042 195	1 134.3	2 796.14	1 661.8	2.883 7	6.000 7
270	5.499 56	0.001 302 62	0.035 637	1 184.5	2 789.05	1 604.5	2.975 1	5.929 2
280	6.412 73	0.001 332 42	0.030 165	1 236.0	2 779.08	1 543.1	3.066 8	5.856 4
290	7.437 46	0.001 365 82	0.025 565	1 289.1	2 765.81	1 476.7	3.159 4	5.781 7
300	8.583 08	0.001 403 69	0.021 669	1 344.0	2 748.71	1 404.7	3.253 3	5.704 2
310	9.859 7	0.001 447 28	0.018 343	1 401.2	2 727.01	1 325.9	3.349 0	5.622 6
320	11.278	0.001 498 44	0.015 479	1 461.2	2 699.72	1 238.5	3.447 5	5.535 6
330	12.851	0.001 560 08	0.012 987	1 524.9	2 665.30	1 140.4	3.550 0	5.440 8
340	14.593	0.001 637 28	0.010 790	1 593.7	2 621.32	1 027.6	3.658 6	5.334 5
350	16.521	0.001 740 08	0.008 812	1 670.3	2 563.39	893.0	3.777 3	5.210 4
360	18.657	0.001 894 23	0.006 958	1 761.1	2 481.68	720.6	3.915 5	5.053 6
370	21.033	0.002 214 80	0.004 982	1 891.7	2 338.79	447.1	4.112 5	4.807 6
371	21.286	0.002 279 69	0.004 735	1 911.8	2 314.11	402.3	4.142 9	4.767 4
372	21.542	0.002 365 30	0.004 451	1 936.1	2 282.99	346.9	4.179 6	4.717 3
373	21.802	0.002 496 00	0.004 087	1 968.8	2 237.98	269.2	4.229 2	4.645 8

表 A-7 饱和水与饱和水蒸气的热力性质表（按压力排列）

压力	温度	比体积		比焓		汽化热	比熵	
		液体	蒸汽	液体	蒸汽		液体	蒸汽
p/MPa	t/℃	v′/(m³/kg)	v″/(m³/kg)	h′/(kJ/kg)	h″/(kJ/kg)	r/(kJ/kg)	s′/[kJ/(kg·K)]	s″/[kJ/(kg·K)]
0.001 0	6.949 1	0.001 000 1	129.185	29.21	2 513.29	2 484.1	0.105 6	8.973 5
0.002 0	17.540 3	0.001 001 4	67.008	73.58	2 532.71	2 459.1	0.261 1	8.722 0
0.003 0	24.114 2	0.001 002 8	45.666	101.07	2 544.68	2 443.6	0.354 6	8.575 8
0.004 0	28.953 3	0.001 004 1	34.796	121.30	2 553.45	2 432.2	0.422 1	8.472 5
0.005 0	32.879 3	0.001 005 3	28.191	137.72	2 560.55	2 422.8	0.476 1	8.393 0
0.006 0	36.166 3	0.001 006 5	23.738	151.47	2 566.48	2 415.0	0.520 8	8.328 3
0.007 0	38.996 7	0.001 007 5	20.528	163.31	2 571.56	2 408.3	0.558 9	8.273 7
0.008 0	41.507 5	0.001 008 5	18.102	173.81	2 576.06	2 402.3	0.592 4	8.226 6
0.009 0	43.790 1	0.001 009 4	16.204	183.36	2 580.15	2 396.8	0.622 6	8.185 4
0.010 0	45.798 8	0.001 010 3	14.673	191.76	2 583.72	2 392.0	0.649 0	8.148 1
0.015	53.970 5	0.001 014 0	10.022	225.93	2 598.21	2 372.3	0.754 8	8.006 5
0.020	60.065 0	0.001 017 2	7.649 7	251.43	2 608.90	2 357.5	0.832 0	7.906 8
0.025	64.972 6	0.001 019 8	6.204 7	271.96	2 617.43	2 345.5	0.893 2	7.829 8
0.030	69.104 1	0.001 022 2	5.229 6	289.26	2 624.56	2 335.3	0.944 0	7.767 1
0.040	75.872 0	0.001 026 4	3.993 9	317.61	2 636.10	2 318.5	1.026 0	7.668 8
0.050	81.338 8	0.001 029 9	3.240 9	340.55	2 645.31	2 304.8	1.091 2	7.592 8
0.060	85.949 6	0.001 033 1	2.732 4	359.91	2 652.97	2 293.1	1.145 4	7.531 0
0.070	89.955 6	0.001 035 9	2.365 4	376.75	2 659.55	2 282.8	1.192 1	7.478 9
0.080	93.510 7	0.001 038 5	2.087 6	391.71	2 665.33	2 273.6	1.233 0	7.433 9
0.090	96.712 1	0.001 040 9	1.869 8	405.20	2 670.48	2 265.3	1.269 6	7.394 3
0.10	99.634	0.001 043 2	1.694 3	417.52	2 675.14	2 257.6	1.302 8	7.358 9
0.12	104.810	0.001 047 3	1.428 7	439.37	2 683.26	2 243.9	1.360 9	7.297 8
0.14	109.318	0.001 051 0	1.236 8	458.44	2 690.22	2 231.8	1.411 0	7.246 2
0.16	113.326	0.001 054 4	1.091 59	475.42	2 696.29	2 220.9	1.455 2	7.201 6
0.18	116.941	0.001 057 6	0.977 67	490.76	2 701.69	2 210.9	1.494 6	7.162 3
0.20	120.240	0.001 060 5	0.885 85	504.78	2 706.53	2 201.7	1.530 3	7.127 2
0.25	127.444	0.001 067 2	0.718 79	535.47	2 716.83	2 181.4	1.607 5	7.052 8
0.30	133.556	0.001 073 2	0.605 87	561.58	2 725.26	2 163.7	1.672 1	6.992 1
0.35	138.891	0.001 078 6	0.524 27	584.45	2 732.37	2 147.9	1.727 8	6.940 7
0.40	143.642	0.001 083 5	0.462 46	604.87	2 738.49	2 133.6	1.776 9	6.896 1
0.45	147.939	0.001 088 2	0.413 96	623.38	2 743.85	2 120.5	1.821 0	6.856 7
0.50	151.867	0.001 092 5	0.374 86	640.35	2 748.59	2 108.2	1.861 0	6.821 4
0.60	158.863	0.001 100 6	0.315 63	670.67	2 756.66	2 086.0	1.931 5	6.760 0
0.70	164.983	0.001 107 9	0.272 81	697.32	2 763.29	2 066.0	1.992 5	6.707 9
0.80	170.444	0.001 114 8	0.240 37	721.20	2 768.86	2 047.7	2.046 4	6.662 5

（续）

压力	温度	比体积		比焓		汽化热	比熵	
		液体	蒸汽	液体	蒸汽		液体	蒸汽
p/MPa	t/℃	v′/(m³/kg)	v″/(m³/kg)	h′/(kJ/kg)	h″/(kJ/kg)	r/(kJ/kg)	s′/[kJ/(kg·K)]	s″/[kJ/(kg·K)]
0.90	175.389	0.001 121 2	0.214 91	742.90	2 773.59	2 030.7	2.094 8	6.622 2
1.00	179.916	0.001 127 2	0.194 38	762.84	2 777.67	2 014.8	2.138 8	6.585 9
1.10	184.100	0.001 133 0	0.177 47	781.35	2 781.21	1 999.9	2.179 2	6.552 9
1.20	187.995	0.001 138 5	0.163 28	798.64	2 784.29	1 985.7	2.216 6	6.522 5
1.30	191.644	0.001 143 8	0.151 20	814.89	2 786.99	1 972.1	2.251 5	6.494 4
1.40	195.078	0.001 148 9	0.140 79	830.24	2 789.37	1 959.1	2.284 1	6.468 3
1.50	198.327	0.001 153 8	0.131 72	844.82	2 791.46	1 946.6	2.314 9	6.443 7
1.60	201.410	0.001 158 6	0.123 75	858.69	2 793.29	1 934.6	2.344 0	6.420 6
1.70	204.346	0.001 163 3	0.116 68	871.96	2 794.91	1 923.0	2.371 6	6.398 8
1.80	207.151	0.001 167 9	0.110 37	884.67	2 796.33	1 911.7	2.397 9	6.378 1
1.90	209.838	0.001 172 3	0.104 707	896.88	2 797.58	1 900.7	2.423 0	6.358 3
2.00	212.417	0.001 176 7	0.099 588	908.64	2 798.66	1 890.0	2.447 1	6.339 5
2.20	217.289	0.001 185 1	0.090 700	930.97	2 800.41	1 869.4	2.492 4	6.304 1
2.40	221.829	0.001 193 3	0.083 244	951.91	2 801.67	1 849.8	2.534 4	6.271 4
2.60	226.085	0.001 201 3	0.076 898	971.67	2 802.51	1 830.8	2.573 6	6.240 9
2.80	230.096	0.001 209 0	0.071 427	990.41	2 803.01	1 812.6	2.610 5	6.212 3
3.00	233.893	0.001 216 6	0.066 662	1 008.2	2 803.19	1 794.9	2.645 4	6.185 4
3.50	242.597	0.001 234 8	0.057 054	1 049.6	2 802.51	1 752.9	2.725 0	6.123 8
4.00	250.394	0.001 252 4	0.049 771	1 087.2	2 800.53	1 713.4	2.796 2	6.068 8
5.00	263.980	0.001 286 2	0.039 439	1 154.2	2 793.64	1 639.5	2.920 1	5.972 4
6.00	275.625	0.001 319 0	0.032 440	1 213.3	2 783.82	1 570.5	3.026 6	5.888 5
7.00	285.869	0.001 351 5	0.027 371	1 266.9	2 771.72	1 504.8	3.121 0	5.812 9
8.00	295.048	0.001 384 3	0.023 520	1 316.5	2 757.70	1 441.2	3.206 6	5.743 0
9.00	303.385	0.001 417 7	0.020 485	1 363.1	2 741.92	1 378.9	3.285 4	5.677 1
10.00	311.037	0.001 452 2	0.018 026	1 407.2	2 724.46	1 317.2	3.359 1	5.613 9
11.00	318.118	0.001 488 1	0.015 987	1 449.6	2 705.34	1 255.7	3.428 7	5.552 5
12.00	324.715	0.001 526 0	0.014 263	1 490.7	2 684.50	1 193.8	3.495 2	5.492 0
13.00	330.894	0.001 566 2	0.012 780	1 530.8	2 661.80	1 131.0	3.559 4	5.431 8
14.00	336.707	0.001 609 7	0.011 486	1 570.4	2 637.07	1 066.7	3.622 0	5.371 1
15.00	342.196	0.001 657 1	0.010 340	1 609.8	2 610.01	1 000.2	3.683 6	5.309 1
16.00	347.396	0.001 709 9	0.009 311	1 649.4	2 580.21	930.8	3.745 1	5.245 0
17.00	352.334	0.001 770 1	0.008 373	1 690.0	2 547.01	857.1	3.807 3	5.177 6
18.00	357.034	0.001 840 2	0.007 503	1 732.0	2 509.45	777.4	3.871 5	5.105 1
19.00	361.514	0.001 925 8	0.006 679	1 776.9	2 465.87	688.9	3.939 5	5.025 0
20.00	365.789	0.002 037 9	0.005 870	1 827.2	2 413.05	585.9	4.015 3	4.932 2
21.00	369.868	0.002 207 3	0.005 012	1 889.2	2 341.67	452.4	4.108 8	4.812 4
22.00	373.752	0.002 704 0	0.003 684	2 013.0	2 084.02	71.0	4.296 9	4.406 6

表 A-8　未饱和水与过热水蒸气的热力性质表

p/MPa	0.001			0.003		
参数	t_s=6.949℃ v'=0.001 000 1m³/kg，v''=129.185m³/kg h'=29.21kJ/kg，h''=2 513.3kJ/kg s'=0.105 6kJ/(kg·K)，s''=8.973 5kJ/(kg·K)			t_s=24.114℃ v'=0.001 002 8m³/kg，v''=45.666m³/kg h'=101.07kJ/kg，h''=2 544.7kJ/kg s'=0.354 6kJ/(kg·K)，s''=8.575 8kJ/(kg·K)		
t/℃	v/(m³/kg)	h/(kJ/kg)	s/[kJ/(kg·K)]	v/(m³/kg)	h/(kJ/kg)	s/[kJ/(kg·K)]
0	0.001 000 2	−0.05	−0.000 2	0.001 000 2	−0.05	−0.000 2
10	130.598	2 519.0	8.993 8	0.001 000 3	42.01	0.151 0
20	135.226	2 537.7	9.058 8	0.001 001 8	83.86	0.296 3
40	144.475	2 575.2	9.182 3	48.124	2 574.6	8.673 8
60	153.717	2 612.7	9.298 4	51.213	2 612.3	8.790 4
80	162.956	2 650.3	9.408 0	54.298	2 650.0	8.900 3
100	172.192	2 688.0	9.512 0	57.380	2 687.8	9.004 5
120	181.426	2 725.9	9.610 9	60.462	2 725.7	9.103 5
140	190.660	2 764.0	9.705 4	63.542	2 763.8	9.198 1
160	199.893	2 802.3	9.795 9	66.621	2 802.1	9.288 6
180	209.126	2 840.7	9.882 7	69.700	2 840.6	9.375 5
200	218.358	2 879.4	9.966 2	72.778	2 879.3	9.459 1
220	227.590	2 918.3	10.046 8	75.857	2 918.2	9.539 6
240	236.821	2 957.5	10.124 6	78.934	2 957.4	9.617 4
260	246.053	2 996.8	10.199 8	82.012	2 996.8	9.692 7
280	255.284	3 036.4	10.272 7	85.090	3 036.4	9.765 6
300	264.515	3 076.2	10.343 4	88.167	3 076.2	9.836 4
350	287.592	3 176.8	10.511 7	95.861	3 176.8	10.004 6
400	310.669	3 278.9	10.669 2	103.554	3 278.8	10.162 2
450	333.746	3 382.4	10.817 6	111.247	3 382.4	10.310 5
500	356.823	3 487.5	10.958 1	118.939	3 487.5	10.451 1
550	379.900	3 594.4	11.092 1	126.632	3 594.4	10.585 0
600	402.976	3 703.4	11.220 6	134.324	3 703.4	10.713 6

（续）

p/MPa	0.004			0.005		
参数	t_s=28.953℃ v'=0.001 004 1m³/kg，v''=34.796m³/kg h'=121.30kJ/kg，h''=2 553.5kJ/kg s'=0.422 1kJ/(kg·K)，s''=8.472 5kJ/(kg·K)			t_s=32.879℃ v'=0.001 005 3m³/kg，v''=28.191m³/kg h'=137.72kJ/kg，h''=2 560.6kJ/kg s'=0.476 1kJ/(kg·K)，s''=8.393 0kJ/(kg·K)		
t/℃	v/(m³/kg)	h/(kJ/kg)	s/[kJ/(kg·K)]	v/(m³/kg)	h/(kJ/kg)	s/[kJ/(kg·K)]
0	0.001 000 2	−0.05	−0.000 2	0.001 000 2	−0.05	−0.000 2
10	0.001 000 3	42.01	0.151 0	0.001 000 3	42.01	0.151 0
20	0.001 001 8	83.87	0.296 3	0.001 001 8	83.87	0.296 3
40	36.080	2 574.3	8.540 3	28.854	2 574.0	8.436 6
60	38.400	2 612.0	8.657 1	30.712	2 611.8	8.553 7
80	40.716	2 649.8	8.767 2	32.566	2 649.7	8.663 9
100	43.029	2 687.7	8.871 4	34.418	2 687.5	8.768 2
120	45.341	2 725.6	8.970 6	36.269	2 725.5	8.867 4
140	47.652	2 763.8	9.065 2	38.118	2 763.7	8.962 0
160	49.962	2 802.1	9.155 7	39.967	2 802.0	9.052 6
180	52.272	2 840.6	9.242 6	41.815	2 840.5	9.139 6
200	54.581	2 879.3	9.326 2	43.662	2 879.2	9.223 2
220	56.890	2 918.2	9.406 8	45.510	2 918.2	9.303 8
240	59.199	2 957.3	9.484 6	47.357	2 957.3	9.381 6
260	61.507	2 996.7	9.559 9	49.204	2 996.7	9.456 9
280	63.816	3 036.3	9.632 8	51.051	3 036.3	9.529 8
300	66.124	3 076.2	9.703 5	52.898	3 076.1	9.600 5
350	71.894	3 176.8	9.871 8	57.514	3 176.7	9.768 8
400	77.664	3 278.8	10.029 4	62.131	3 278.8	9.926 4
450	83.434	3 382.4	10.177 7	66.747	3 382.4	10.074 7
500	89.204	3 487.5	10.318 3	71.362	3 487.5	10.215 3
550	94.973	3 594.4	10.452 3	75.978	3 594.4	10.349 3
600	100.743	3 703.4	10.580 8	80.594	3 703.4	10.477 8

（续）

p/MPa	0.006			0.008		
参数	t_s=36.166℃ v'=0.001 006 5m³/kg，v''=23.738m³/kg h'=151.47kJ/kg，h''=2 566.5kJ/kg s'=0.520 8kJ/(kg·K)，s''=8.328 3kJ/(kg·K)			t_s=41.507℃ v'=0.001 008 5m³/kg，v''=18.102m³/kg h'=173.81kJ/kg，h''=2 576.1kJ/kg s'=0.592 4kJ/(kg·K)，s''=8.226 6kJ/(kg·K)		
t/℃	v/(m³/kg)	h/(kJ/kg)	s/[kJ/(kg·K)]	v/(m³/kg)	h/(kJ/kg)	s/[kJ/(kg·K)]
0	0.001 000 2	−0.05	−0.000 2	0.001 000 2	−0.05	−0.000 2
10	0.001 000 3	42.01	0.151 0	0.001 000 3	42.10	0.151 0
20	0.001 001 8	83.87	0.296 3	0.001 001 8	83.87	0.296 3
40	24.036	2 573.8	8.351 7	0.001 007 9	167.50	0.572 3
60	25.587	2 611.6	8.469 0	19.180	2 611.2	8.335 3
80	27.133	2 649.5	8.579 4	20.342	2 649.2	8.445 9
100	28.678	2 687.4	8.683 8	21.502	2 687.2	8.550 5
120	30.220	2 725.4	8.783 1	22.660	2 725.2	8.649 9
140	31.762	2 763.6	8.877 8	23.817	2 763.4	8.744 7
160	33.303	2 801.9	8.968 4	24.973	2 801.8	8.835 4
180	34.843	2 840.5	9.055 3	26.129	2 840.4	8.922 4
200	36.384	2 879.2	9.138 9	27.285	2 879.1	9.006 0
220	37.923	2 918.1	9.219 5	28.440	2 918.0	9.086 6
240	39.463	2 957.3	9.297 4	29.595	2 957.2	9.164 5
260	41.002	2 996.7	9.372 7	30.750	2 996.6	9.239 8
280	42.541	3 036.3	9.445 6	31.904	3 036.2	9.312 8
300	44.080	3 076.1	9.516 4	33.059	3 076.1	9.383 5
350	47.928	3 176.7	9.684 7	35.945	3 176.7	9.551 8
400	51.775	3 278.8	9.842 2	38.830	3 278.8	9.709 4
450	55.622	3 382.3	9.990 6	41.715	3 382.3	9.857 8
500	59.468	3 487.5	10.131 1	44.601	3 487.4	9.998 3
550	63.315	3 594.4	10.265 1	47.485	3 594.4	10.132 3
600	67.161	3 703.4	10.393 7	50.370	3 703.4	10.260 9

（续）

p/MPa	0.01			0.05		
参数	t_s=45.799℃ v'=0.001 010 3m³/kg，v''=14.673m³/kg h'=191.76kJ/kg，h''=2 583.7kJ/kg s'=0.649 0kJ/(kg·K)，s''=8.148 1kJ/(kg·K)			t_s=81.339℃ v'=0.001 029 9m³/kg，v''=3.240 9m³/kg h'=340.55kJ/kg，h''=2 645.3kJ/kg s'=1.091 2kJ/(kg·K)，s''=7.592 8kJ/(kg·K)		
t/℃	v/(m³/kg)	h/(kJ/kg)	s/[kJ/(kg·K)]	v/(m³/kg)	h/(kJ/kg)	s/[kJ/(kg·K)]
0	0.001 000 2	−0.04	−0.000 2	0.001 000 2	0.00	−0.000 2
10	0.001 000 3	42.01	0.151 0	0.001 000 3	42.05	0.151 0
20	0.001 001 8	83.87	0.296 3	0.001 001 8	83.91	0.296 3
40	0.001 007 9	167.51	0.572 3	0.001 007 9	167.54	0.572 3
60	15.336	2 610.8	8.231 3	0.001 017 1	251.18	0.831 2
80	16.268	2 648.9	8.342 2	0.001 029 0	334.93	1.075 3
100	17.196	2 686.9	8.447 1	3.418 8	2 682.1	7.694 1
120	18.124	2 725.1	8.546 6	3.607 8	2 721.2	7.796 2
140	19.050	2 763.3	8.641 4	3.795 8	2 760.2	7.892 8
160	19.976	2 801.7	8.732 2	3.983 0	2 799.1	7.984 8
180	20.901	2 840.2	8.819 2	4.169 7	2 838.1	8.072 7
200	21.826	2 879.0	8.902 9	4.356 0	2 877.1	8.157 1
220	22.750	2 918.0	8.983 5	4.542 0	2 916.3	8.238 8
240	23.674	2 957.1	9.061 4	4.727 7	2 955.7	8.316 5
260	24.598	2 996.5	9.136 7	4.913 3	2 995.3	8.392 2
280	25.522	3 036.2	9.209 7	5.098 7	3 035.0	8.465 4
300	26.446	3 076.0	9.280 5	5.284 0	3 075.0	8.536 4
350	28.755	3 176.6	9.448 8	5.746 9	3 175.9	8.705 1
400	31.063	3 278.7	9.606 4	6.209 4	3 278.1	8.862 9
450	33.372	3 382.3	9.754 8	6.671 7	3 381.8	9.011 5
500	35.680	3 487.4	9.895 3	7.133 8	3 487.0	9.152 1
550	37.988	3 594.3	10.029 3	7.595 8	3 594.0	9.286 2
600	40.296	3 703.4	10.157 9	8.057 7	3 703.1	9.414 8

（续）

p/MPa	0.1			0.2		
参数	t_s=99.634℃ v'=0.001 043 1m³/kg，v''=1.694 3m³/kg h'=417.52kJ/kg，h''=2 675.1kJ/kg s'=1.302 8kJ/(kg·K)，s''=7.358 9kJ/(kg·K)			t_s=120.240℃ v'=0.001 060 5m³/kg，v''=0.885 85m³/kg h'=540.78kJ/kg，h''=2 706.5kJ/kg s'=1.530 3kJ/(kg·K)，s''=7.127 2kJ/(kg·K)		
t/℃	v/(m³/kg)	h/(kJ/kg)	s/[kJ/(kg·K)]	v/(m³/kg)	h/(kJ/kg)	s/[kJ/(kg·K)]
0	0.001 000 2	0.05	−0.000 2	0.001 000 1	0.15	−0.000 2
10	0.001 000 3	42.10	0.151 0	0.001 000 2	42.20	0.151 0
20	0.001 001 8	83.96	0.296 3	0.001 001 8	84.05	0.296 3
40	0.001 007 8	167.59	0.572 3	0.001 007 8	167.67	0.572 2
60	0.001 017 1	251.22	0.831 2	0.001 017 0	251.31	0.831 1
80	0.001 029 0	334.97	1.075 3	0.001 029 0	335.05	1.075 2
100	1.696 1	2 675.9	7.360 9	0.001 043 4	419.14	1.306 8
120	1.793 1	2 716.3	7.466 5	0.001 060 3	503.76	1.527 7
140	1.888 9	2 756.2	7.565 4	0.935 11	2 748.0	7.230 0
160	1.983 8	2 795.8	7.659 0	0.984 07	2 789.0	7.327 1
180	2.078 3	2 835.3	7.748 2	1.032 41	2 829.6	7.418 7
200	2.172 3	2 874.8	7.833 4	1.080 30	2 870.0	7.505 8
220	2.265 9	2 914.3	7.915 2	1.127 87	2 910.2	7.589 0
240	2.359 4	2 953.9	7.994 0	1.175 20	2 950.3	7.668 8
260	2.452 7	2 993.7	8.070 1	1.222 33	2 990.5	7.745 7
280	2.545 8	3 033.6	8.143 6	1.269 31	3 030.8	7.819 9
300	2.638 8	3 073.8	8.214 8	1.316 17	3 071.2	7.891 7
350	2.870 9	3 174.9	8.384 0	1.432 94	3 172.9	8.061 8
400	3.102 7	3 277.3	8.542 2	1.549 32	3 275.8	8.220 5
450	3.334 2	3 381.2	8.690 9	1.665 46	3 379.9	8.369 7
500	3.565 6	3 486.5	8.831 7	1.781 42	3 485.4	8.510 8
550	3.796 8	3 593.5	8.965 9	1.897 26	3 592.6	8.645 2
600	4.027 9	3 702.7	9.094 6	2.013 01	3 701.9	8.774 0

（续）

p/MPa	0.3			0.4		
参数	t_s=133.556℃ v'=0.001 073 2m³/kg，v''=0.605 87m³/kg h'=561.58kJ/kg，h''=2 725.3kJ/kg s'=1.672 1kJ/(kg·K)，s''=6.992 1kJ/(kg·K)			t_s=143.642℃ v'=0.001 083 6m³/kg，v''=0.462 46m³/kg h'=604.87kJ/kg，h''=2 738.5kJ/kg s'=1.776 9kJ/(kg·K)，s''=6.896 1kJ/(kg·K)		
t/℃	v/(m³/kg)	h/(kJ/kg)	s/[kJ/(kg·K)]	v/(m³/kg)	h/(kJ/kg)	s/[kJ/(kg·K)]
0	0.001 000 1	0.26	−0.000 2	0.001 000 0	0.36	−0.000 2
10	0.001 000 2	42.29	0.151 0	0.001 000 1	42.39	0.151 0
20	0.001 001 7	84.14	0.296 3	0.001 001 7	84.24	0.296 2
40	0.001 007 8	167.76	0.572 2	0.001 007 7	167.85	0.572 1
60	0.001 017 0	251.39	0.831 1	0.001 017 0	251.47	0.831 0
80	0.001 028 9	335.13	1.075 2	0.001 028 9	335.21	1.075 1
100	0.001 043 3	419.21	1.306 8	0.001 043 3	419.29	1.306 7
120	0.001 060 2	503.83	1.527 7	0.001 060 2	503.90	1.527 6
140	0.616 92	2 739.3	7.026 4	0.001 079 7	589.23	1.739 3
160	0.650 64	2 782.0	7.127 4	0.483 80	2 774.8	6.981 5
180	0.683 68	2 823.8	7.221 7	0.509 24	2 817.8	7.078 7
200	0.716 25	2 865.0	7.310 7	0.534 17	2 860.0	7.169 8
220	0.748 47	2 905.9	7.395 4	0.558 73	2 901.7	7.256 0
240	0.780 43	2 946.7	7.476 3	0.583 02	2 943.0	7.338 1
260	0.812 19	2 987.3	7.554 0	0.607 11	2 984.1	7.416 7
280	0.843 80	3 028.0	7.628 9	0.631 03	3 025.1	7.492 3
300	0.875 28	3 068.7	7.701 2	0.654 83	3 066.1	7.565 1
350	0.953 60	3 171.0	7.872 3	0.713 93	3 169.0	7.737 2
400	1.031 53	3 274.2	8.031 7	0.772 63	3 272.6	7.897 2
420	1.062 62	3 315.8	8.092 6	0.796 03	3 314.4	7.958 3
440	1.093 69	3 357.6	8.152 0	0.819 40	3 356.3	8.017 9
450	1.109 20	3 378.6	8.181 2	0.831 08	3 377.3	8.047 2
460	1.124 72	3 399.6	8.210 1	0.842 74	3 398.4	8.076 1
480	1.155 72	3 441.9	8.267 0	0.866 06	3 440.7	8.133 1
500	1.186 71	3 484.3	8.322 6	0.889 35	3 483.3	8.188 8
550	1.264 09	3 591.7	8.457 2	0.947 50	3 590.8	8.323 6
600	1.341 38	3 701.1	8.586 2	1.005 57	3 700.4	8.452 8

（续）

p/MPa	0.5			0.6		
参数	t_s=151.867℃ v'=0.001 092 5m³/kg，v''=0.374 86m³/kg h'=640.35kJ/kg，h''=2 748.6kJ/kg s'=1.861 0kJ/(kg·K)，s''=6.821 4kJ/(kg·K)			t_s=158.863℃ v'=0.001 100 6m³/kg，v''=0.315 63m³/kg h'=670.67kJ/kg，h''=2 756.7kJ/kg s'=1.931 5kJ/(kg·K)，s''=6.760 0kJ/(kg·K)		
t/℃	v/(m³/kg)	h/(kJ/kg)	s/[kJ/(kg·K)]	v/(m³/kg)	h/(kJ/kg)	s/[kJ/(kg·K)]
0	0.001 000 0	0.46	−0.000 1	0.000 999 9	0.56	−0.000 1
10	0.001 000 1	42.49	0.151 0	0.000 000 0	42.59	0.151 0
20	0.001 001 6	84.33	0.296 2	0.001 001 6	84.43	0.296 2
40	0.001 007 7	167.94	0.572 1	0.001 007 6	168.03	0.572 1
60	0.001 016 9	251.56	0.831 0	0.001 016 9	251.64	0.830 9
80	0.001 028 8	335.29	1.075 0	0.001 028 8	335.37	1.075 0
100	0.001 043 2	419.36	1.306 6	0.001 043 2	419.44	1.306 5
120	0.001 060 1	503.97	1.527 5	0.001 060 1	504.04	1.527 4
140	0.001 079 6	589.30	1.739 2	0.001 079 6	589.36	1.739 1
160	0.383 58	2 767.2	6.864 7	0.316 67	2 759.3	6.766 2
180	0.404 50	2 811.7	6.965 1	0.334 61	2 805.3	6.870 1
200	0.424 87	2 854.9	7.058 5	0.351 97	2 849.6	6.965 7
220	0.444 85	2 897.3	7.146 2	0.368 91	2 892.9	7.055 2
240	0.464 55	2 939.2	7.229 5	0.385 56	2 935.4	7.139 7
260	0.484 04	2 980.8	7.309 1	0.401 98	2 977.5	7.220 2
280	0.503 36	3 022.2	7.385 3	0.418 23	3 019.3	7.297 2
300	0.522 55	3 063.6	7.458 8	0.434 36	3 061.0	7.371 3
350	0.570 12	3 167.0	7.631 9	0.474 24	3 165.0	7.545 3
400	0.617 29	3 271.1	7.792 4	0.513 72	3 269.5	7.706 6
420	0.636 08	3 312.9	7.853 7	0.529 44	3 311.5	7.768 0
440	0.654 83	3 354.9	7.913 5	0.545 12	3 353.6	7.828 0
450	0.664 20	3 376.0	7.942 8	0.552 95	3 374.7	7.857 4
460	0.673 56	3 397.2	7.971 9	0.560 77	3 395.9	7.886 5
480	0.692 26	3 439.6	8.028 9	0.576 39	3 438.4	7.943 7
500	0.710 94	3 482.2	8.084 8	0.591 99	3 481.1	7.999 6
550	0.757 55	3 589.9	8.219 8	0.630 91	3 589.0	8.134 8
600	0.804 08	3 699.6	8.349 1	0.669 75	3 698.8	8.264 3

（续）

p/MPa	0.7			0.8		
参数	t_s=164.983℃ v'=0.001 107 9m³/kg，v''=0.272 81m³/kg h'=697.32kJ/kg，h''=2 763.3kJ/kg s'=1.992 5kJ/(kg·K)，s''=6.707 9kJ/(kg·K)			t_s=170.444℃ v'=0.001 114 8m³/kg，v''=0.240 37m³/kg h'=721.20kJ/kg，h''=2 768.9kJ/kg s'=2.046 4kJ/(kg·K)，s''=6.662 5kJ/(kg·K)		
t/℃	v/(m³/kg)	h/(kJ/kg)	s/[kJ/(kg·K)]	v/(m³/kg)	h/(kJ/kg)	s/[kJ/(kg·K)]
0	0.000 999 9	0.66	-0.000 1	0.000 999 8	0.77	-0.000 1
10	0.001 000 0	42.68	0.151 0	0.001 000 0	42.78	0.151 0
20	0.001 001 5	84.52	0.296 2	0.001 001 5	84.61	0.296 1
40	0.001 007 6	168.12	0.572 0	0.001 007 5	168.21	0.572 0
60	0.001 016 8	251.73	0.830 9	0.001 016 8	251.81	0.830 8
80	0.001 028 7	335.45	1.074 9	0.001 028 7	335.53	1.074 8
100	0.001 043 1	419.51	1.306 4	0.001 043 1	419.59	1.306 4
120	0.001 060 0	504.11	1.527 3	0.001 060 0	504.18	1.527 2
140	0.001 079 5	589.43	1.739 0	0.001 079 4	589.49	1.738 9
160	0.001 101 9	675.67	1.942 8	0.001 101 8	675.72	1.942 7
180	0.284 64	2 798.8	6.787 6	0.247 11	2 792.0	6.174 2
200	0.299 86	2 844.3	6.885 8	0.260 74	2 838.7	6.815 1
220	0.314 64	2 888.3	6.977 0	0.273 92	2 883.7	6.908 2
240	0.329 11	2 931.5	7.062 8	0.286 77	2 927.6	6.995 4
260	0.343 36	2 974.1	7.144 3	0.299 38	2 970.7	7.077 8
280	0.357 42	3 016.3	7.222 1	0.311 81	3 013.4	7.156 4
300	0.371 35	3 058.4	7.296 7	0.324 10	3 055.7	7.231 6
350	0.405 76	3 163.0	7.471 8	0.354 39	3 161.0	7.407 8
400	0.439 75	3 267.9	7.633 7	0.384 26	3 266.3	7.570 3
420	0.453 27	3 310.0	7.695 3	0.396 13	3 308.6	7.632 1
440	0.466 75	3 352.3	7.755 4	0.407 97	3 350.9	7.692 4
450	0.473 48	3 373.4	7.784 9	0.413 88	3 372.1	7.721 9
460	0.480 20	3 394.7	7.814 1	0.419 78	3 393.4	7.751 2
480	0.493 63	3 437.3	7.871 4	0.431 55	3 436.1	7.808 6
500	0.507 03	3 480.0	7.927 4	0.443 31	3 479.0	7.864 8
550	0.540 46	3 588.1	8.062 9	0.472 62	3 587.2	8.000 4
600	0.573 80	3 698.0	8.192 5	0.501 84	3 697.2	8.130 2

（续）

p/MPa	0.9			1		
参数	t_s = 175.389℃ v' = 0.001 121 2m³/kg，v'' = 0.214 91m³/kg h' = 742.90kJ/kg，h'' = 2 773.6kJ/kg s' = 2.094 8kJ/(kg·K)，s'' = 6.622 2kJ/(kg·K)			t_s = 179.916℃ v' = 0.001 127 2m³/kg，v'' = 0.194 38m³/kg h' = 762.84kJ/kg，h'' = 2 777.7kJ/kg s' = 2.138 8kJ/(kg·K)，s'' = 6.585 9kJ/(kg·K)		
t/℃	v/(m³/kg)	h/(kJ/kg)	s/[kJ/(kg·K)]	v/(m³/kg)	h/(kJ/kg)	s/[kJ/(kg·K)]
0	0.000 999 8	0.87	−0.000 1	0.000 999 7	0.97	−0.000 1
10	0.000 999 9	42.88	0.150 9	0.000 999 9	42.98	0.150 9
20	0.001 001 4	84.71	0.296 1	0.001 001 4	84.80	0.296 1
40	0.001 007 5	168.29	0.572 0	0.001 007 4	168.38	0.571 9
60	0.001 016 7	251.89	0.830 7	0.001 016 7	251.98	0.830 7
80	0.001 028 6	335.61	1.074 8	0.001 028 6	335.69	1.074 7
100	0.001 043 0	419.66	1.306 3	0.001 043 0	419.74	1.306 2
120	0.001 059 9	504.25	1.527 1	0.001 059 9	504.32	1.527 0
140	0.001 079 4	589.56	1.738 7	0.001 079 3	589.62	1.738 6
160	0.001 101 7	675.78	1.942 5	0.001 101 7	675.84	1.942 4
180	0.217 87	2 785.1	6.647 6	0.194 43	2 777.9	6.586 4
200	0.230 29	2 833.1	6.751 4	0.205 90	2 827.3	6.693 1
220	0.242 23	2 879.0	6.846 5	0.216 86	2 874.2	6.790 3
240	0.253 82	2 923.6	6.935 1	0.227 45	2 919.6	6.880 4
260	0.265 16	2 967.3	7.018 6	0.237 79	2 963.8	6.965 0
280	0.276 32	3 010.4	7.097 9	0.247 93	3 007.3	7.045 1
300	0.287 34	3 053.1	7.173 8	0.257 93	3 050.4	7.121 6
350	0.314 43	3 159.0	7.351 0	0.282 47	3 157.0	7.299 9
400	0.341 11	3 264.7	7.514 2	0.306 58	3 263.1	7.463 8
420	0.351 70	3 307.1	7.576 2	0.316 15	3 305.6	7.526 0
440	0.362 25	3 349.6	7.636 6	0.325 68	3 348.2	7.586 6
450	0.367 52	3 370.9	7.666 2	0.330 43	3 369.6	7.616 3
460	0.372 78	3 392.2	7.695 5	0.335 18	3 390.9	7.645 6
480	0.383 27	3 434.9	7.753 1	0.344 65	3 433.8	7.703 3
500	0.393 75	3 477.9	7.809 4	0.354 10	3 476.8	7.759 7
550	0.419 85	3 586.3	7.945 2	0.377 64	3 585.4	7.895 8
600	0.445 87	3 696.5	8.075 2	0.401 09	3 695.7	8.025 9

（续）

p/MPa	2			3		
参数	t_s =212.417℃ v' =0.001 176 7m³/kg，v'' =0.099 588m³/kg h' =908.64kJ/kg，h'' =2 798.7kJ/kg s' =2.447 1kJ/(kg·K)，s'' =6.339 5kJ/(kg·K)			t_s =233.893℃ v' =0.001 216 6m³/kg，v'' =0.066 662m³/kg h' =1 008.2kJ/kg，h'' =2 803.2kJ/kg s' =2.645 4kJ/(kg·K)，s'' =6.185 4kJ/(kg·K)		
t/℃	v/(m³/kg)	h/(kJ/kg)	s/[kJ/(kg·K)]	v/(m³/kg)	h/(kJ/kg)	s/[kJ/(kg·K)]
0	0.000 999 2	1.99	0.000 0	0.000 998 7	3.01	0.000 0
10	0.000 999 4	44.95	0.150 8	0.000 998 9	44.92	0.150 7
20	0.001 000 9	85.74	0.295 9	0.001 000 5	86.68	0.295 7
40	0.001 007 0	169.27	0.571 5	0.001 006 6	170.15	0.571 1
60	0.001 016 2	252.82	0.830 2	0.001 015 8	253.66	0.829 6
80	0.001 028 1	336.48	1.074 0	0.001 027 6	337.28	1.073 4
100	0.001 042 5	420.49	1.305 4	0.001 042 0	421.24	1.304 7
120	0.001 059 3	505.03	1.526 1	0.001 058 7	505.73	1.525 2
140	0.001 078 7	590.27	1.737 6	0.001 078 1	590.92	1.736 6
160	0.001 100 9	676.43	1.941 2	0.001 100 2	677.01	1.940 0
180	0.001 126 5	763.72	2.138 2	0.001 125 6	764.23	2.136 9
200	0.001 156 0	852.52	2.330 0	0.001 154 9	852.93	2.328 4
220	0.102 116	2 820.8	6.384 7	0.001 189 1	943.65	2.516 2
240	0.108 415	2 875.6	6.493 6	0.068 184	2 823.4	6.225 0
260	0.114 331	2 926.7	6.591 4	0.072 828	2 884.4	6.341 7
280	0.119 985	2 975.4	6.681 1	0.077 101	2 940.1	6.444 3
300	0.125 449	3 022.6	6.764 8	0.081 226	2 992.4	6.537 1
350	0.138 564	3 136.2	6.955 0	0.090 520	3 114.4	6.741 4
400	0.151 190	3 246.8	7.125 8	0.099 352	3 230.1	6.919 9
420	0.156 151	3 290.7	7.190 0	0.102 787	3 275.4	6.986 4
440	0.161 074	3 334.5	7.252 3	0.106 180	3 320.5	7.050 5
450	0.163 523	3 356.4	7.282 8	0.107 864	3 343.0	7.081 7
460	0.165 965	3 378.3	7.312 9	0.109 540	3 365.4	7.112 5
480	0.170 828	3 422.1	7.371 8	0.112 870	3 410.1	7.172 8
500	0.175 666	3 465.9	7.429 3	0.116 174	3 454.9	7.231 4
550	0.187 679	3 576.2	7.567 5	0.124 349	3 566.9	7.371 8
600	0.199 598	3 687.3	7.699 1	0.132 427	3 679.9	7.505 1

（续）

p/MPa	4			5		
参数	t_s = 250.394℃ v' = 0.001 252 4m³/kg，v'' = 0.049 771m³/kg h' = 1 087.2kJ/kg，h'' = 2 800.5kJ/kg s' = 2.796 2kJ/(kg·K)，s'' = 6.068 8kJ/(kg·K)			t_s = 263.980℃ v' = 0.001 286 1m³/kg，v'' = 0.039 439m³/kg h' = 1 154.2kJ/kg，h'' = 2 793.6kJ/kg s' = 2.920 0kJ/(kg·K)，s'' = 5.972 4kJ/(kg·K)		
t/℃	v/(m³/kg)	h/(kJ/kg)	s/[kJ/(kg·K)]	v/(m³/kg)	h/(kJ/kg)	s/[kJ/(kg·K)]
0	0.000 998 2	4.03	0.000 1	0.000 997 7	5.04	0.000 2
10	0.000 998 4	45.89	0.150 7	0.000 997 9	46.87	0.150 6
20	0.001 000 0	87.62	0.295 5	0.000 999 6	88.55	0.295 2
40	0.001 006 1	171.04	0.570 8	0.001 005 7	171.92	0.570 4
60	0.001 015 3	254.50	0.829 1	0.001 014 9	255.34	0.828 6
80	0.001 027 2	338.07	1.072 7	0.001 026 7	338.87	1.072 1
100	0.001 041 5	421.99	1.303 9	0.001 041 0	422.75	1.303 1
120	0.001 058 2	506.44	1.524 3	0.001 057 6	507.14	1.523 4
140	0.001 077 4	591.58	1.735 5	0.001 076 8	592.23	1.734 5
160	0.001 099 5	677.60	1.938 9	0.001 098 8	678.19	1.937 7
180	0.001 124 8	764.74	2.135 5	0.001 124 0	765.25	2.134 2
200	0.001 153 9	853.34	2.326 8	0.001 152 9	853.75	2.325 3
220	0.001 187 9	943.93	2.514 4	0.001 186 7	944.21	2.512 5
240	0.001 228 2	1 037.2	2.699 8	0.001 226 6	1 037.3	2.697 6
260	0.051 731	2 835.4	6.134 7	0.001 275 1	1 134.3	2.882 9
280	0.055 443	2 900.7	6.255 0	0.042 228	2 855.8	6.086 4
300	0.058 821	2 959.5	6.359 5	0.045 301	2 923.3	6.206 4
350	0.066 436	3 091.5	6.580 5	0.051 932	3 067.4	6.447 7
400	0.073 401	3 212.7	6.767 7	0.057 804	3 194.9	6.644 6
420	0.076 079	3 259.7	6.836 5	0.060 033	3 243.6	6.715 9
440	0.078 713	3 306.2	6.902 6	0.062 216	3 291.5	6.784 0
450	0.080 016	3 329.2	6.934 7	0.063 291	3 315.2	6.817 0
460	0.081 310	3 352.2	6.966 3	0.064 358	3 338.8	6.849 4
480	0.083 877	3 398.0	7.027 9	0.066 469	3 385.6	6.912 5
500	0.086 417	3 443.6	7.087 7	0.068 552	3 432.2	6.973 5
550	0.092 676	3 557.5	7.230 4	0.073 664	3 548.0	7.118 7
600	0.098 836	3 671.9	7.365 3	0.078 675	3 663.9	7.255 3

（续）

p/MPa	6			7		
参数	t_s=275.625℃ v'=0.001 319 0m³/kg，v''=0.032 440m³/kg h'=1 213.3kJ/kg，h''=2 783.8kJ/kg s'=3.026 6kJ/(kg·K)，s''=5.888 5kJ/(kg·K)			t_s=285.869℃ v'=0.001 351 5m³/kg，v''=0.027 371m³/kg h'=1 266.9kJ/kg，h''=2 771.7kJ/kg s'=3.121 0kJ/(kg·K)，s''=5.812 9kJ/(kg·K)		
t/℃	v/(m³/kg)	h/(kJ/kg)	s/[kJ/(kg·K)]	v/(m³/kg)	h/(kJ/kg)	s/[kJ/(kg·K)]
0	0.000 997 2	6.05	0.000 2	0.000 996 7	7.07	0.000 3
10	0.000 997 5	47.83	0.150 5	0.000 997 0	48.80	0.150 4
20	0.000 999 1	89.49	0.295 0	0.000 998 6	90.42	0.294 8
40	0.001 005 2	172.81	0.570 0	0.001 004 8	173.69	0.569 6
60	0.001 014 4	256.18	0.828 0	0.001 014 0	257.01	0.827 5
80	0.001 026 2	339.67	1.071 4	0.001 025 8	340.46	1.070 8
100	0.001 040 4	423.50	1.302 3	0.001 039 9	424.25	1.301 6
120	0.001 057 1	507.85	1.522 5	0.001 056 5	508.55	1.521 6
140	0.001 076 2	592.88	1.733 5	0.001 075 6	593.54	1.732 5
160	0.001 098 1	678.78	1.936 5	0.001 097 4	679.37	1.935 3
180	0.001 123 1	765.76	2.132 8	0.001 122 3	766.28	2.131 5
200	0.001 151 9	854.17	2.323 7	0.001 151 0	854.59	2.322 2
220	0.001 185 4	944.50	2.510 7	0.001 184 2	944.79	2.508 9
240	0.001 225 0	1 037.5	2.695 5	0.001 223 5	1 037.6	2.693 3
260	0.001 273 0	1 134.1	2.880 2	0.001 271 0	1 134.0	2.877 6
280	0.033 171	2 803.6	5.924 3	0.001 330 7	1 235.7	3.064 8
300	0.036 148	2 883.1	6.065 6	0.029 457	2 837.5	5.929 1
350	0.042 213	3 041.9	6.331 7	0.035 225	3 014.8	6.226 5
400	0.047 382	3 176.4	6.539 5	0.039 917	3 157.3	6.446 5
450	0.052 128	3 300.9	6.717 9	0.044 143	3 286.2	6.631 4
500	0.056 632	3 420.6	6.878 1	0.048 110	3 408.9	6.795 4
520	0.058 388	3 467.9	6.938 4	0.049 649	3 457.0	6.856 9
540	0.060 122	3 514.9	6.997 0	0.051 166	3 504.8	6.916 4
550	0.060 983	3 538.4	7.025 7	0.051 917	3 528.7	6.945 6
560	0.061 839	3 561.8	7.054 0	0.052 664	3 552.4	6.974 3
580	0.063 540	3 608.7	7.109 6	0.054 147	3 600.0	7.030 6
600	0.065 228	3 655.7	7.164 0	0.055 617	3 647.5	7.085 7

（续）

p/MPa	8			9		
参数	t_s = 295.048℃ v' = 0.001 384 3m³/kg，v'' = 0.023 520m³/kg h' = 1 316.5kJ/kg，h'' = 2 757.7kJ/kg s' = 3.206 6kJ/(kg·K)，s'' = 5.743 0kJ/(kg·K)			t_s = 303.385℃ v' = 0.001 417 7m³/kg，v'' = 0.020 485m³/kg h' = 1 363.1kJ/kg，h'' = 2 741.9kJ/kg s' = 3.285 4kJ/(kg·K)，s'' = 5.677 1kJ/(kg·K)		
t/℃	v/(m³/kg)	h/(kJ/kg)	s/[kJ/(kg·K)]	v/(m³/kg)	h/(kJ/kg)	s/[kJ/(kg·K)]
0	0.000 996 2	8.08	0.000 3	0.000 995 7	9.08	0.000 4
10	0.000 996 5	49.77	0.150 2	0.000 996 1	50.74	0.150 1
20	0.000 998 2	91.36	0.294 6	0.000 997 7	92.29	0.294 4
40	0.001 004 4	174.57	0.569 2	0.001 003 9	175.46	0.568 8
60	0.001 013 6	257.85	0.827 0	0.001 013 1	258.69	0.826 5
80	0.001 025 3	341.26	1.070 1	0.001 024 8	342.06	1.069 5
100	0.001 039 5	425.01	1.300 8	0.001 039 0	425.76	1.300 0
120	0.001 056 0	509.26	1.520 7	0.001 055 4	509.97	1.519 9
140	0.001 075 0	594.19	1.731 4	0.001 074 4	594.85	1.730 4
160	0.001 096 7	679.97	1.934 2	0.001 096 0	680.56	1.933 0
180	0.001 121 5	766.80	2.130 2	0.001 120 7	767.32	2.128 8
200	0.001 150 0	855.02	2.320 7	0.001 149 0	855.44	2.319 1
220	0.001 183 0	945.09	2.507 1	0.001 181 9	945.40	2.505 3
240	0.001 222 0	1 037.7	2.691 2	0.001 220 5	1 037.8	2.689 0
260	0.001 268 9	1 133.8	2.874 9	0.001 266 9	1 133.7	2.872 4
280	0.001 327 8	1 235.1	3 061.4	0.001 324 9	1 234.6	3.058 1
300	0.024 255	2 784.5	5.789 9	0.001 401 8	1 343.5	3.251 4
350	0.029 940	2 986.1	6.128 2	0.025 786	2 955.3	6.034 2
400	0.034 302	3 137.5	6.362 2	0.029 921	3 117.1	6.284 2
450	0.038 145	3 271.3	6.554 0	0.033 474	3 256.0	6.483 5
500	0.041 712	3 397.0	6.722 1	0.036 733	3 385.0	6.656 0
520	0.043 089	3 446.0	6.784 8	0.037 984	3 435.0	6.719 8
540	0.044 443	3 494.7	6.845 3	0.039 211	3 484.4	6.781 4
550	0.045 113	3 518.8	6.874 9	0.039 817	3 509.0	6.811 4
560	0.045 778	3 543.0	6.904 0	0.040 419	3 533.5	6.841 0
580	0.047 097	3 591.1	6.961 1	0.041 611	3 582.2	6.898 8
600	0.048 403	3 639.2	7.016 8	0.042 789	3 630.8	6.955 2

（续）

p/MPa	10			11		
参数	t_s=311.037℃ v'=0.001 452 2m³/kg，v''=0.018 026m³/kg h'=1 407.2kJ/kg，h''=2 724.5kJ/kg s'=3.359 1kJ/(kg·K)，s''=5.613 9kJ/(kg·K)			t_s=318.118℃ v'=0.001 488 1m³/kg，v''=0.015 987m³/kg h'=1 449.6kJ/kg，h''=2 705.3kJ/kg s'=3.428 7kJ/(kg·K)，s''=5.522 2kJ/(kg·K)		
t/℃	v/(m³/kg)	h/(kJ/kg)	s/[kJ/(kg·K)]	v/(m³/kg)	h/(kJ/kg)	s/[kJ/(kg·K)]
0	0.000 995 2	10.09	0.000 4	0.000 994 7	11.10	0.000 5
10	0.000 995 6	51.70	0.150 0	0.000 995 1	52.66	0.149 9
20	0.000 997 3	93.22	0.294 2	0.000 996 9	94.16	0.293 9
40	0.001 003 5	176.34	0.568 4	0.001 003 1	177.22	0.568 0
60	0.001 012 7	259.53	0.825 9	0.001 012 2	260.37	0.825 4
80	0.001 024 4	342.85	1.068 8	0.001 023 9	343.65	1.068 2
100	0.001 038 5	426.51	1.299 3	0.001 038 0	427.27	1.298 5
120	0.001 054 9	510.68	1.519 0	0.001 054 4	511.39	1.518 1
140	0.001 073 8	595.50	1.729 4	0.001 073 1	596.16	1.728 4
160	0.001 095 3	681.16	1.931 9	0.001 094 6	681.76	1.930 7
180	0.001 119 9	767.84	2.127 5	0.001 119 1	768.37	2.126 2
200	0.001 148 1	855.88	2.317 6	0.001 147 1	856.31	2.316 1
220	0.001 180 7	945.71	2.503 6	0.001 179 5	946.02	2.501 8
240	0.001 219 0	1 038.0	2.687 0	0.001 217 5	1 038.1	2.684 9
260	0.001 265 0	1 133.6	2.869 8	0.001 263 1	1 133.6	2.867 3
280	0.001 322 2	1 234.2	3.054 9	0.001 319 5	1 233.7	3.051 7
300	0.001 397 5	1 342.3	3.246 9	0.001 393 2	1 341.2	3.242 5
350	0.022 415	2 922.1	5.942 3	0.019 604	2 886.0	5.850 7
400	0.026 402	3 095.8	6.210 9	0.023 508	3 073.7	6.141 1
450	0.029 735	3 240.5	6.418 4	0.026 672	3 224.6	6.357 5
500	0.032 750	3 372.8	6.595 4	0.029 494	3 360.5	6.539 3
520	0.033 900	3 423.8	6.660 5	0.030 563	3 412.6	6.605 8
540	0.035 027	3 474.1	6.723 2	0.031 607	3 463.8	6.669 5
550	0.035 582	3 499.1	6.753 7	0.032 121	3 489.1	6.700 5
560	0.036 133	3 523.9	6.783 7	0.032 630	3 514.3	6.730 9
580	0.037 222	3 573.3	6.842 3	0.033 635	3 564.4	6.790 3
600	0.038 297	3 622.5	6.899 2	0.034 626	3 614.1	6.848 0

（续）

p/MPa	12			13		
参数	t_s =324.715℃ v' =0.001 526 0m³/kg，v'' =0.014 263m³/kg h' =1 490.7kJ/kg，h'' =2 684.5kJ/kg s' =3.495 2kJ/(kg·K)，s'' =5.492 0kJ/(kg·K)			t_s =330.894℃ v' =0.001 566 2m³/kg，v'' =0.012 780m³/kg h' =1 530.8kJ/kg，h'' =2 661.8kJ/kg s' =3.559 4kJ/(kg·K)，s'' =5.431 8kJ/(kg·K)		
t/℃	v/(m³/kg)	h/(kJ/kg)	s/[kJ/(kg·K)]	v/(m³/kg)	h/(kJ/kg)	s/[kJ/(kg·K)]
0	0.000 994 2	12.10	0.000 5	0.000 993 7	13.10	0.000 5
10	0.000 994 7	53.63	0.149 8	0.000 994 2	54.59	0.149 7
20	0.000 996 4	95.09	0.293 7	0.000 996 0	96.02	0.293 5
40	0.001 002 6	178.10	0.567 6	0.001 002 2	178.98	0.567 3
60	0.001 011 8	261.20	0.824 9	0.001 011 4	262.04	0.824 4
80	0.001 023 5	344.45	1.067 5	0.001 023 0	345.24	1.066 9
100	0.001 037 5	428.02	1.297 7	0.001 037 0	428.78	1.297 0
120	0.001 053 8	512.10	1.517 2	0.001 053 3	512.81	1.516 3
140	0.001 072 5	596.82	1.727 4	0.001 072 0	597.48	1.726 4
160	0.001 093 9	682.36	1.929 6	0.001 093 2	682.96	1.928 5
180	0.001 118 3	768.90	2.124 9	0.001 117 5	769.43	2.123 6
200	0.001 146 2	856.75	2.314 6	0.001 145 2	857.19	2.313 1
220	0.001 178 4	946.34	2.500 1	0.001 177 2	946.67	2.498 3
240	0.001 216 1	1 038.3	2.682 8	0.001 214 6	1 038.5	2.680 8
260	0.001 261 1	1 133.5	2.864 8	0.001 259 3	1 133.4	2.862 3
280	0.001 316 8	1 233.3	3.048 5	0.001 314 2	1 232.9	3.045 4
300	0.001 389 2	1 340.1	3.238 2	0.001 385 2	1 339.1	3.234 1
350	0.017 202	2 846.2	5.757 4	0.015 103	2 801.9	5.660 4
400	0.021 079	3 050.6	6.073 6	0.019 008	3 026.4	6.008 0
450	0.024 114	3 208.2	6.299 8	0.021 942	3 191.4	6.244 8
500	0.026 782	3 348.0	6.486 8	0.024 485	3 335.3	6.437 2
520	0.027 785	3 401.2	6.554 7	0.025 435	3 389.6	6.506 6
540	0.028 762	3 453.3	6.619 6	0.026 357	3 442.8	6.572 8
550	0.029 242	3 479.1	6.651 1	0.026 809	3 469.0	6.604 9
560	0.029 716	3 504.7	6.682 0	0.027 255	3 495.0	6.636 3
580	0.030 652	3 555.5	6.742 3	0.028 134	3 546.5	6.697 4
600	0.031 573	3 605.8	6.800 6	0.028 996	3 597.5	6.756 4

（续）

p/MPa	14			15		
参数	t_s=336.707℃ v'=0.001 609 7m³/kg，v''=0.011 486m³/kg h'=1 570.4kJ/kg，h''=2 637.1kJ/kg s'=3.622 0kJ/(kg·K)，s''=5.371 1kJ/(kg·K)			t_s=342.196℃ v'=0.001 657 1m³/kg，v''=0.010 340m³/kg h'=1 609.8kJ/kg，h''=2 610.0kJ/kg s'=3.683 6kJ/(kg·K)，s''=5.309 1kJ/(kg·K)		
t/℃	v/(m³/kg)	h/(kJ/kg)	s/[kJ/(kg·K)]	v/(m³/kg)	h/(kJ/kg)	s/[kJ/(kg·K)]
0	0.000 993 3	14.10	0.000 5	0.000 992 8	15.10	0.000 6
10	0.000 993 8	55.55	0.149 6	0.000 993 3	56.51	0.149 4
20	0.000 995 5	96.95	0.293 2	0.000 995 1	97.87	0.293 0
40	0.001 001 8	179.86	0.566 9	0.001 001 4	180.74	0.566 5
60	0.001 010 9	262.88	0.823 9	0.001 010 5	263.72	0.823 3
80	0.001 022 6	346.04	1.066 3	0.001 022 1	346.84	1.065 6
100	0.001 036 5	429.53	1.296 2	0.001 036 0	430.29	1.295 5
120	0.001 052 7	513.52	1.515 5	0.001 052 2	514.23	1.514 6
140	0.001 071 4	598.14	1.725 4	0.001 070 8	598.80	1.724 4
160	0.001 092 6	683.56	1.927 3	0.001 091 9	684.16	1.926 2
180	0.001 116 7	769.96	2.122 3	0.001 115 9	770.49	2.121 0
200	0.001 144 3	857.63	2.311 6	0.001 143 4	858.08	2.310 2
220	0.001 176 1	947.00	2.496 6	0.001 175 0	947.33	2.494 9
240	0.001 213 2	1 038.6	2.678 8	0.001 211 8	1 038.8	2.676 7
260	0.001 257 4	1 133.4	2.859 9	0.001 255 6	1 133.3	2.857 4
280	0.001 311 7	1 232.5	3.042 4	0.001 309 2	1 232.1	3.039 3
300	0.001 381 4	1 338.2	3.230 0	0.001 377 7	1 337.3	3.226 0
350	0.013 218	2 751.2	5.556 4	0.011 469	2 691.2	5.440 3
400	0.017 218	3 001.1	5.943 6	0.015 652	2 974.6	5.879 8
450	0.020 074	3 174.2	6.191 9	0.018 449	3 156.5	6.140 8
500	0.022 512	3 322.3	6.390 0	0.020 797	3 309.0	6.344 9
520	0.023 418	3 377.9	6.461 0	0.021 665	3 365.8	6.417 5
540	0.024 295	3 432.1	6.528 5	0.022 504	3 421.1	6.486 3
550	0.024 724	3 458.7	6.561 1	0.022 913	3 448.3	6.519 5
560	0.025 147	3 485.2	6.593 1	0.023 317	3 475.2	6.552 0
580	0.025 978	3 537.5	6.655 1	0.024 109	3 528.3	6.615 0
600	0.026 792	3 589.1	6.714 9	0.024 882	3 580.7	6.675 7

（续）

p/MPa	16			17		
参数	$t_s=347.396$℃ $v'=0.001\,709\,9\text{m}^3/\text{kg}$，$v''=0.009\,310\,8\text{m}^3/\text{kg}$ $h'=1\,649.4\text{kJ/kg}$，$h''=2\,580.2\text{kJ/kg}$ $s'=3.745\,1\text{kJ/(kg·K)}$，$s''=5.245\,0\text{kJ/(kg·K)}$			$t_s=352.334$℃ $v'=0.001\,770\,1\text{m}^3/\text{kg}$，$v''=0.008\,372\,9\text{m}^3/\text{kg}$ $h'=1\,690.0\text{kJ/kg}$，$h''=2\,547.0\text{kJ/kg}$ $s'=3.807\,3\text{kJ/(kg·K)}$，$s''=5.177\,6\text{kJ/(kg·K)}$		
t/℃	v/(m³/kg)	h/(kJ/kg)	s/[kJ/(kg·K)]	v/(m³/kg)	h/(kJ/kg)	s/[kJ/(kg·K)]
0	0.000 992 3	16.10	0.000 6	0.000 991 8	17.10	0.000 6
10	0.000 992 9	57.47	0.149 3	0.000 992 4	58.42	0.149 2
20	0.000 994 6	98.80	0.292 8	0.000 994 2	99.73	0.292 6
40	0.001 000 9	181.62	0.566 1	0.001 000 5	182.50	0.565 7
60	0.001 010 1	264.55	0.822 8	0.001 009 6	265.39	0.822 3
80	0.001 021 7	347.63	1.065 0	0.001 021 2	348.43	1.064 4
100	0.001 035 5	431.04	1.294 7	0.001 035 1	431.80	1.294 0
120	0.001 051 7	514.94	1.513 7	0.001 051 2	515.65	1.512 9
140	0.001 070 2	599.47	1.723 4	0.001 069 6	600.13	1.722 5
160	0.001 091 2	684.77	1.925 1	0.001 090 6	685.37	1.923 9
180	0.001 115 2	771.03	2.119 7	0.001 114 4	771.57	2.118 5
200	0.001 142 5	858.53	2.308 7	0.001 141 6	585.98	2.307 2
220	0.001 173 9	947.67	2.493 2	0.001 172 8	948.01	2.491 5
240	0.001 210 4	1 039.0	2.674 8	0.001 209 1	1 039.2	2.672 8
260	0.001 253 8	1 133.3	2.855 1	0.001 252 0	1 133.3	2.852 7
280	0.001 306 7	1 231.8	3.036 4	0.001 304 3	1 231.5	3.033 4
300	0.001 374 0	1 336.4	3.222 1	0.001 370 5	1 335.6	3.218 3
350	0.009 755 3	2 615.2	5.301 2	0.001 726 9	1 666.0	3.769 0
400	0.014 265 0	2 946.7	5.816 1	0.013 025 0	2 917.2	5.752 0
450	0.017 022 0	3 138.3	6.091 2	0.015 758 5	3 119.7	6.042 7
500	0.019 293 7	3 295.5	6.301 5	0.017 965 1	3 281.7	6.259 6
520	0.020 128 2	3 353.6	6.375 7	0.018 770 1	3 341.2	6.335 6
540	0.020 932 6	3 410.0	6.445 9	0.019 544 1	3 398.7	6.407 2
550	0.021 325 1	3 437.6	6.479 7	0.019 921 3	3 426.8	6.441 6
560	0.021 711 9	3 465.0	6.512 8	0.020 292 7	3 454.7	6.475 2
580	0.022 469 6	3 519.0	6.576 8	0.021 019 8	3 509.4	6.540 2
600	0.023 208 8	3 572.1	6.638 3	0.021 728 5	3 563.3	6.602 5

（续）

p/MPa	18			20		
参数	t_s=357.034℃ v'=0.001 840 2m³/kg，v''=0.007 503 3m³/kg h'=1 732.0kJ/kg，h''=2 509.5kJ/kg s'=3.871 5kJ/(kg·K)，s''=5.105 1 kJ/(kg·K)			t_s=365.789℃ v'=0.002 037 9m³/kg，v''=0.005 870 2m³/kg h'=1 827.2kJ/kg，h''=2 413.1kJ/kg s'=4.015 3kJ/(kg·K)，s''=4.932 2kJ/(kg·K)		
t/℃	v/(m³/kg)	h/(kJ/kg)	s/[kJ/(kg·K)]	v/(m³/kg)	h/(kJ/kg)	s/[kJ/(kg·K)]
0	0.000 991 3	18.09	0.000 6	0.000 990 4	20.08	0.000 6
10	0.000 992 0	59.38	0.149 1	0.000 991 1	61.29	0.148 8
20	0.000 993 8	100.65	0.292 3	0.000 992 9	102.50	0.291 9
40	0.001 000 1	183.37	0.565 3	0.000 999 2	185.13	0.564 5
60	0.001 009 2	266.23	0.821 8	0.001 008 4	267.90	0.820 7
80	0.001 020 8	349.23	1.063 7	0.001 019 9	350.82	1.062 4
100	0.001 034 6	432.55	1.293 2	0.001 033 6	434.06	1.291 7
120	0.001 050 6	516.36	1.512 0	0.001 049 6	517.79	1.510 3
140	0.001 069 0	600.79	1.721 5	0.001 067 9	602.12	1.719 5
160	0.001 089 9	685.98	1.922 8	0.001 088 6	687.20	1.920 6
180	0.001 113 6	772.11	2.117 2	0.001 112 1	773.19	2.114 7
200	0.001 140 7	859.44	2.305 8	0.001 138 9	860.36	2.302 9
220	0.001 171 7	948.36	2.489 9	0.001 169 5	949.07	2.486 5
240	0.001 207 7	1 039.4	2.670 8	0.001 205 1	1 039.8	2.667 0
260	0.001 250 3	1 133.3	2.850 3	0.001 246 9	1 133.4	2.845 7
280	0.001 302 0	1 231.2	3.030 5	0.001 297 4	1 230.7	3.024 9
300	0.001 367 1	1 334.8	3.214 5	0.001 360 5	1 333.4	3.207 2
350	0.001 702 8	1 658.1	3.753 5	0.001 664 5	1 645.3	3.727 5
400	0.011 905 3	2 885.9	5.687 0	0.009 945 8	2 816.8	5.552 0
450	0.014 630 9	3 100.5	5.995 3	0.012 701 3	3 060.7	5.902 5
500	0.016 782 5	3 267.8	6.219 1	0.014 768 1	3 239.3	6.141 5
520	0.017 561 6	3 328.6	6.296 8	0.015 504 6	3 303.0	6.222 9
540	0.018 308 7	3 387.2	6.369 8	0.016 206 7	3 364.0	6.298 9
550	0.018 672 1	3 415.9	6.404 9	0.016 547 1	3 393.7	6.335 2
560	0.019 029 7	3 444.2	6.439 0	0.016 881 1	3 422.9	6.370 5
580	0.019 729 0	3 499.8	6.505 0	0.017 532 8	3 480.3	6.438 5
600	0.020 409 9	3 554.4	6.568 2	0.018 165 5	3 536.3	6.503 5

（续）

p/MPa	25			30		
参数	t_s=357.034℃ v'=0.001 840 2m³/kg，v''=0.007 503 3m³/kg h'=1 732.0kJ/kg，h''=2 509.5kJ/kg s'=3.871 5kJ/(kg·K)，s''=5.105 1 kJ/(kg·K)			t_s=365.789℃ v'=0.002 037 9m³/kg，v''=0.005 870 2m³/kg h'=1 827.2kJ/kg，h''=2 413.1kJ/kg s'=4.015 3kJ/(kg·K)，s''=4.932 2kJ/(kg·K)		
t/℃	v/(m³/kg)	h/(kJ/kg)	s/[kJ/(kg·K)]	v/(m³/kg)	h/(kJ/kg)	s/[kJ/(kg·K)]
0	0.000 988 0	25.01	0.000 6	0.000 985 7	29.92	0.000 5
10	0.000 988 8	66.04	0.148 1	0.000 986 6	70.77	0.147 4
20	0.000 990 8	107.11	0.290 7	0.000 988 7	111.71	0.289 5
40	0.000 997 2	189.51	0.562 6	0.000 995 1	193.87	0.560 6
60	0.001 006 3	272.08	0.818 2	0.001 004 2	276.25	0.815 6
80	0.001 017 7	354.80	1.059 3	0.001 015 5	358.78	1.056 2
100	0.001 031 3	437.85	1.288 0	0.001 029 0	441.64	1.284 4
120	0.001 047 0	521.36	1.506 1	0.001 044 5	524.95	1.501 9
140	0.001 065 0	605.46	1.714 7	0.001 062 2	608.82	1.710 0
160	0.001 085 4	690.27	1.915 2	0.001 082 2	693.36	1.909 8
180	0.001 108 4	775.94	2.108 5	0.001 104 8	778.72	2.102 4
200	0.001 134 5	862.71	2.295 9	0.001 130 3	865.12	2.289 0
220	0.001 164 3	950.91	2.478 5	0.001 159 3	952.85	2.470 6
240	0.001 198 6	1 041.0	2.657 5	0.001 192 5	1 042.3	2.648 5
260	0.001 238 7	1 133.6	2.834 6	0.001 231 1	1 134.1	2.823 9
280	0.001 286 6	1 229.6	3.011 3	0.001 276 6	1 229.0	2.998 5
300	0.001 345 3	1 330.3	3.190 1	0.001 331 7	1 327.9	3.174 2
350	0.001 598 1	1 623.1	3.678 8	0.001 552 2	1 608.0	3.642 0
400	0.006 001 4	2 578.0	5.138 6	0.002 792 9	2 150.6	4.472 1
450	0.009 166 6	2 950.5	5.675 4	0.006 736 3	2 822.1	5.443 3
500	0.011 122 9	3 164.1	5.961 4	0.008 676 1	3 083.3	5.793 4
520	0.011 789 7	3 236.1	6.053 4	0.009 303 3	3 165.4	5.898 2
540	0.012 415 6	3 303.8	6.137 7	0.009 882 5	3 240.8	5.992 1
550	0.012 716 1	3 336.4	6.177 5	0.010 158 0	3 276.6	6.035 9
560	0.013 009 5	3 368.2	6.216 0	0.010 425 4	3 311.4	6.078 0
580	0.013 577 8	3 430.2	6.289 5	0.010 939 7	3 378.5	6.157 6
600	0.014 124 9	3 490.2	6.359 1	0.011 431 0	3 442.9	6.232 1

注：粗水平线之上为未饱和水，粗水平线之下为过热水蒸气。

表 A-9　一些物质的标准生成焓 H_f^0、标准生成吉布斯自由能 G_f^0 和标准状况下的绝对熵 S_m^0

物　质	分子式	摩尔质量/(g/mol)	H_f^0/(J/mol)	G_f^0/(J/mol)	S_m^0/[J/(mol·K)]
一氧化碳	CO (g)	28.011	−110 527	−137 163	197.653
二氧化碳	CO_2 (g)	44.011	−393 522	−394 389	213.795
水（气）	H_2O (g)	18.016	−241 826	−228 582	188.834
水（液）	H_2O (l)	18.016	−285 830	−237 141	69.950
甲烷	CH_4 (g)	16.043	−74 873	−50 768	186.251
乙炔	C_2H_2 (g)	26.038	226 731	209 200	200.958
乙烯	C_2H_4 (g)	28.054	52 467	68 421	219.330
乙烷	C_2H_6 (g)	30.070	−84 740	−32 885	229.597
丙烯	C_3H_6 (g)	42.081	20 430	62 825	267.066
丙烷	C_3H_8 (g)	44.097	−103 900	−23 393	269.917
丁烷	C_4H_{10} (g)	58.124	126 200	15 970	306 647
苯	C_6H_6 (g)	78.114	82 980	129 765	269.562
辛烷（气）	C_8H_{18} (g)	114.232	−208 600	16 660	466.514
辛烷（液）	C_8H_{18} (l)	114.232	−250 105	6 741	360.575
氢	H_2 (g)	2.016	0	0	130.680
氧	O_2 (g)	32.000	0	0	205.147
氮	N_2 (g)	28.016	0	0	191.609
碳（石墨）	C (s)	12.011	0	0	5.74

表 A-10 一些理想气体的摩尔焓 H_m 及 101.325kPa 下的绝对熵 $S_m(T, p^0)$

[H_m 的单位：J/mol，$S_m(T, p^0)$ 的单位：J/(mol·K)]

T/K	CO		CO_2		H_2		H_2O		N_2	
	H_m	$S_m(T, p^0)$	H_m	$S_m(T, p^0)$	H_m	$S_m(T, p^0)$	H_m	$S_m(T, p^0)$	H_m	$S_m(T, p^0)$
200	5 804.9	185.991	5 951.8	199.980	5 667.8	119.303	6 626.8	175.506	5 803.1	179.944
298.15	8 671.0	197.653	9 364.0	213.795	8 467.0	130.680	9 904.0	188.834	8 670.0	191.609
300	8 724.9	197.833	9 432.8	214.025	8 520.4	130.858	9 966.1	189.042	8 723.9	191.789
400	11 646.2	206.236	13 366.7	225.314	11 424.9	139.212	13 357.0	198.792	11 640.4	200.179
500	14 601.4	212.828	17 668.9	234.901	14 348.6	145.736	16 830.2	206.538	14 580.2	206.737
600	17 612.7	218.317	22 271.3	243.284	17 278.6	151.078	20 405.9	213.054	17 564.2	212.176
700	20 692.6	223.063	27 120.0	250.754	20 215.1	155.604	24 096.2	218.741	20 606.6	216.865
800	23 845.9	227.273	32 172.6	257.498	23 166.4	159.545	27 907.2	223.828	23 715.2	221.015
900	27 070.6	231.070	37 395.9	263.648	26 141.9	163.049	31 842.5	228.461	26 891.8	224.756
1 000	30 359.8	234.535	42 763.1	269.302	29 147.3	166.215	35 904.6	232.740	30 132.2	228.169
1 100	33 705.1	237.723	48 248.2	274.529	32 187.4	169.112	40 094.1	236.732	33 428.8	231.311
1 200	37 099.6	240.676	53 836.7	279.391	35 266.4	171.791	44 412.4	240.489	36 778.0	234.225
1 300	40 537.1	243.428	59 512.8	283.934	38 386.7	174.289	48 851.4	244.041	40 173.0	236.942
1 400	44 012.0	246.003	65 263.1	288.195	41 549.8	176.633	53 403.6	247.414	43 607.8	239.487
1 500	47 519.3	248.422	71 076.3	292.206	44 756.1	178.845	58 061.6	250.628	47 077.1	241.881
1 600	51 054.8	250.704	76 943.0	295.992	48 005.7	180.942	62 818.1	253.697	50 576.6	244.139
1 700	54 614.9	252.862	82 855.4	299.576	51 297.9	182.937	67 666.1	256.636	54 102.5	246.276
1 800	58 196.5	254.909	88 807.3	302.978	54 631.5	184.843	72 599.1	259.455	57 651.4	248.305
1 900	61 796.9	256.856	94 793.9	306.215	58 004.8	186.666	77 610.7	262.165	61 220.9	250.235
2 000	65 413.9	258.711	100 811.2	309.301	61 416.1	188.416	82 694.7	264.772	64 808.5	252.075
2 100	69 045.8	260.483	106 856.4	312.250	64 863.3	190.098	87 845.6	267.285	68 412.5	253.833
2 200	72 691.0	262.179	112 927.3	315.075	68 344.2	191.717	93 057.9	269.710	72 031.5	255.517
2 300	76 348.3	263.805	119 022.2	317.784	71 856.8	193.279	98 326.7	272.052	75 664.0	257.132
2 400	80 016.7	265.366	125 139.6	320.387	75 399.0	194.786	103 647.3	274.316	79 309.1	258.683
2 500	83 695.4	266.867	131 278.2	322.893	78 969.1	196.243	109 015.5	276.508	82 965.7	260.176
2 600	87 383.4	268.314	137 436.6	325.308	82 565.7	197.654	114 427.7	278.630	86 632.9	261.614
2 700	91 080.2	269.709	143 613.0	327.639	86 187.7	199.021	119 880.3	280.688	90 309.8	263.001
2 800	94 785.0	271.056	149 805.2	329.891	89 834.8	200.347	125 370.6	282.685	93 995.3	264.342
2 900	98 497.0	272.359	156 010.3	332.069	93 507.0	201.636	130 896.2	284.624	97 688.2	265.638
3 000	102 215.2	273.620	162 224.3	334.175	97 205.4	202.890	136 455.2	286.508	101 387.1	266.892

（续）

T/K	NO		CH_4		C_2H_2		C_2H_4		O_2	
	H_m	S_m (T, p^0)	H_m	S_m (T, p^0)	H_m	S_m (T, p^0)	H_m	S_m (T, p^0)	H_m	S_m (T, p^0)
200	6 253.1	198.797	6 691.7	172.733	6 076.7	185.062	6 818.6	204.417	5 814.7	193.481
298.15	9 192.0	210.758	10 018.7	186.233	10 005.4	200.936	10 511.6	219.308	8 683.0	205.147
300	9 247.1	210.942	10 089.9	186.471	10 093.7	201.231	10 597.4	219.595	8 737.3	205.329
400	12 234.2	219.534	13 888.9	197.367	14 843.4	214.853	15 406.8	233.362	11 708.9	213.872
500	15 262.9	226.290	18 225.3	207.019	20 118.2	226.605	21 188.4	246.224	14 767.3	220.693
600	18 358.2	231.931	23 151.4	215.984	25 783.2	236.924	27 850.1	258.347	17 926.1	226.449
700	21 528.3	236.817	28 659.1	224.463	31 759.0	246.130	35 281.9	269.789	21 181.4	231.466
800	24 770.9	241.146	34 704.6	232.528	38 003.7	254.465	43 372.8	280.584	24 519.3	235.922
900	28 079.3	245.042	41 232.6	240.212	44 496.0	262.109	52 027.1	290.771	27 924.0	239.931
1 000	31 449.2	248.591	48 200.7	247.550	51 217.3	269.188	61 180.4	300.411	31 384.4	243.576
1 100	34 871.9	251.853	55 567.3	254.568	58 143.2	275.788	70 773.3	309.551	34 893.5	246.921
1 200	38 339.5	254.870	63 290.1	261.285	65 261.1	281.980	80 761.2	318.239	38 441.1	250.007
1 300	41 845.3	257.676	71 325.4	267.716	72 552.1	287.815	91 092.2	326.506	42 022.9	252.874
1 400	45 383.8	260.298	79 634.7	273.872	79 999.2	293.333	101 721.0	334.382	45 635.9	255.551
1 500	48 950.2	262.759	88 183.9	279.770	87 587.2	298.568	112 608.4	341.893	49 277.4	258.064
1 600	52 540.4	265.076	96 943.5	285.422	95 302.5	303.547	123 720.8	349.064	52 945.4	260.431
1 700	56 151.1	267.265	105 887.7	290.844	103 133.1	308.294	135 029.5	355.919	56 638.3	262.670
1 800	59 779.5	269.339	114 994.3	296.049	111 068.3	312.829	146 510.3	362.481	60 335.1	264.794
1 900	63 423.4	271.309	124 244.4	301.050	119 098.8	317.171	158 142.9	368.770	64 094.9	266.816
2 000	67 081.0	273.185	133 621.7	305.860	127 216.2	321.334	169 910.5	374.805	67 857.5	268.746
2 100	70 750.9	274.975	143 112.5	310.490	135 413.3	325.334	181 799.2	380.606	71 642.6	270.593
2 200	74 432.0	276.688	152 705.1	314.952	143 683.8	329.181	193 797.1	386.187	75 450.0	272.364
2 300	78 123.4	278.329	162 389.7	319.257	152 022.0	332.887	205 894.6	391.564	79 279.7	274.066
2 400	81 824.5	279.904	172 157.5	323.414	160 422.9	336.463	218 082.9	396.752	83 131.9	275.706
2 500	85 534.6	281.418	182 001.0	327.432	168 882.0	339.916	230 354.4	401.761	87 006.2	277.287
2 600	89 253.1	282.877	191 913.1	331.320	177 395.1	343.254	242 701.4	406.603	90 902.6	278.815
2 700	92 979.3	284.283	201 886.9	335.084	185 958.3	346.486	255 115.9	411.289	94 820.6	280.294
2 800	96 712.4	285.641	211 915.6	338.731	194 567.7	349.617	267 589.1	415.825	98 759.4	281.726
2 900	100 451.2	286.953	221 991.7	342.267	203 219.6	352.653	280 110.9	420.219	102 717.9	283.115
3 000	104 194.5	288.222	232 106.8	345.696	211 909.8	355.599	292 669.1	424.476	106 694.5	284.464

表 A-11 化学平衡常数的自然对数值（$\ln K_p$）

T/K	$H_2=2H$	$O_2=2O$	$N_2=2N$	$H_2O=H_2+\frac{1}{2}O_2$	$H_2O=\frac{1}{2}H_2+OH$	$CO_2=CO+\frac{1}{2}O_2$	$\frac{1}{2}N_2+\frac{1}{2}O_2=NO$
298	-164.005	-186.975	-367.480	-92.208	-106.208	-103.762	-35.052
500	-92.827	-105.630	-213.372	-52.691	-60.281	-57.616	-20.295
1 000	-39.803	-45.150	-99.127	-23.163	-26.034	-23.529	-9.388
1 200	-30.874	-35.005	-80.011	-18.182	-20.283	-17.871	-7.569
1 400	-24.463	-27.742	-66.329	-14.609	-16.099	-13.842	-6.270
1 600	-19.637	-22.285	-56.055	-11.921	-13.066	-10.830	-5.294
1 800	-15.866	-18.030	-48.051	-9.826	-10.657	-8.497	-4.536
2 000	-12.840	-14.622	-41.645	-8.145	-8.728	-6.635	-3.931
2 200	-10.353	-11.827	-36.391	-6.768	-7.148	-5.120	-3.433
2 400	-8.276	-9.497	-32.011	-5.619	-5.832	-3.860	-3.019
2 600	-6.517	-7.521	-28.304	-4.648	-4.719	-2.801	-2.671
2 800	-5.002	-5.826	-25.117	-3.812	-3.763	-1.894	-2.372
3 000	-3.685	-4.357	-22.359	-3.086	-2.937	-1.111	-2.114
3 200	-2.534	-3.072	-19.937	-2.451	-2.212	-0.429	-1.888
3 400	-1.516	-1.935	-17.800	-1.891	-1.576	0.169	-1.690
3 600	-0.609	-0.926	-15.898	-1.392	-1.088	0.701	-1.513
3 800	0.202	-0.019	-14.199	-0.945	-0.501	1.176	-1.356
4 000	0.934	0.796	-12.660	-0.542	-0.044	1.599	-1.216
4 500	2.486	2.513	-9.414	0.312	0.920	2.490	-0.921
5 000	3.725	3.895	-6.807	0.996	1.689	3.197	-0.686

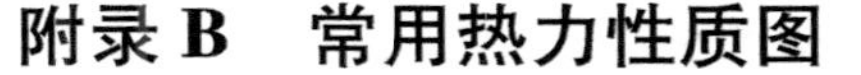

附录 B 常用热力性质图

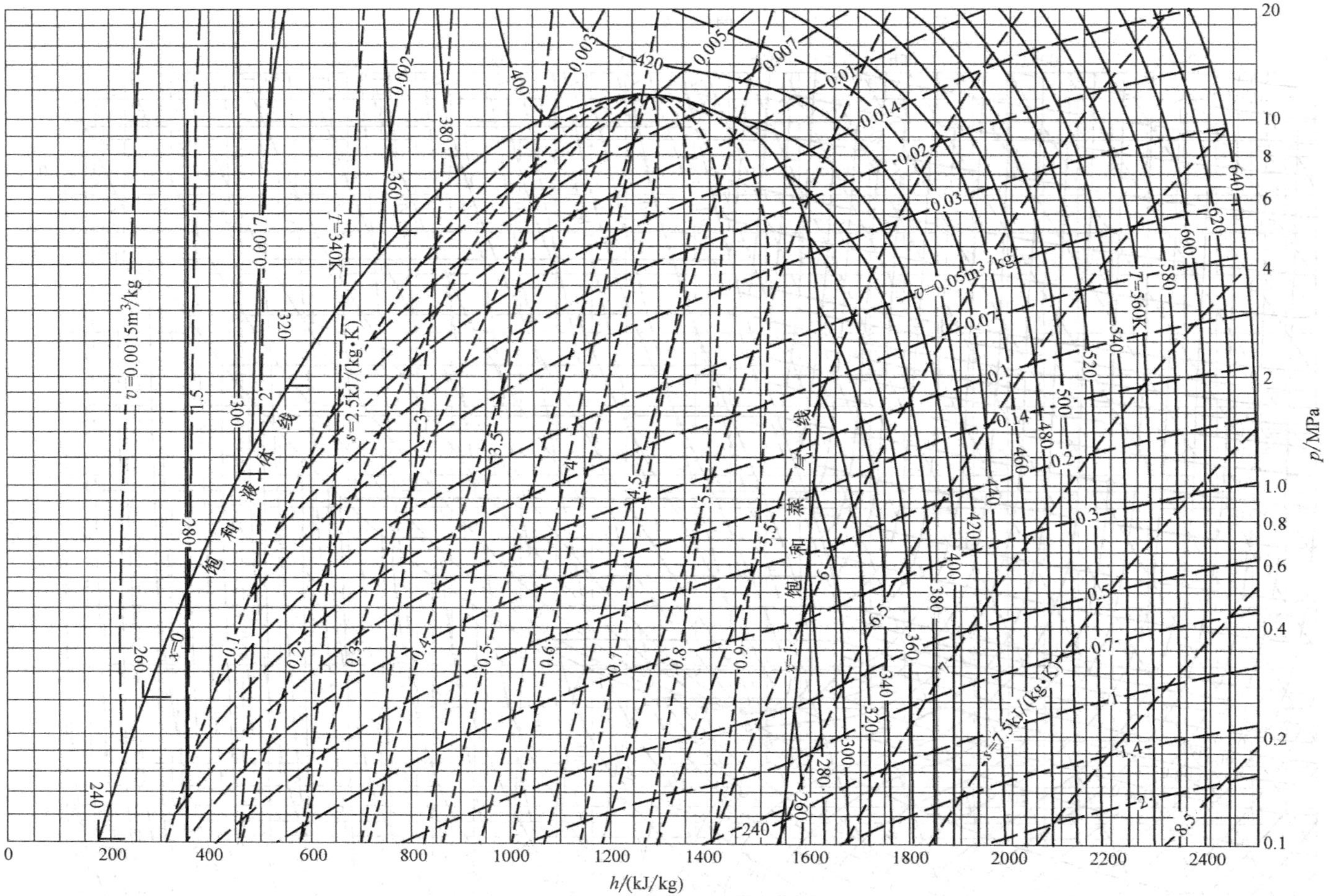

图 B-1 氨(NH_3)的压焓图

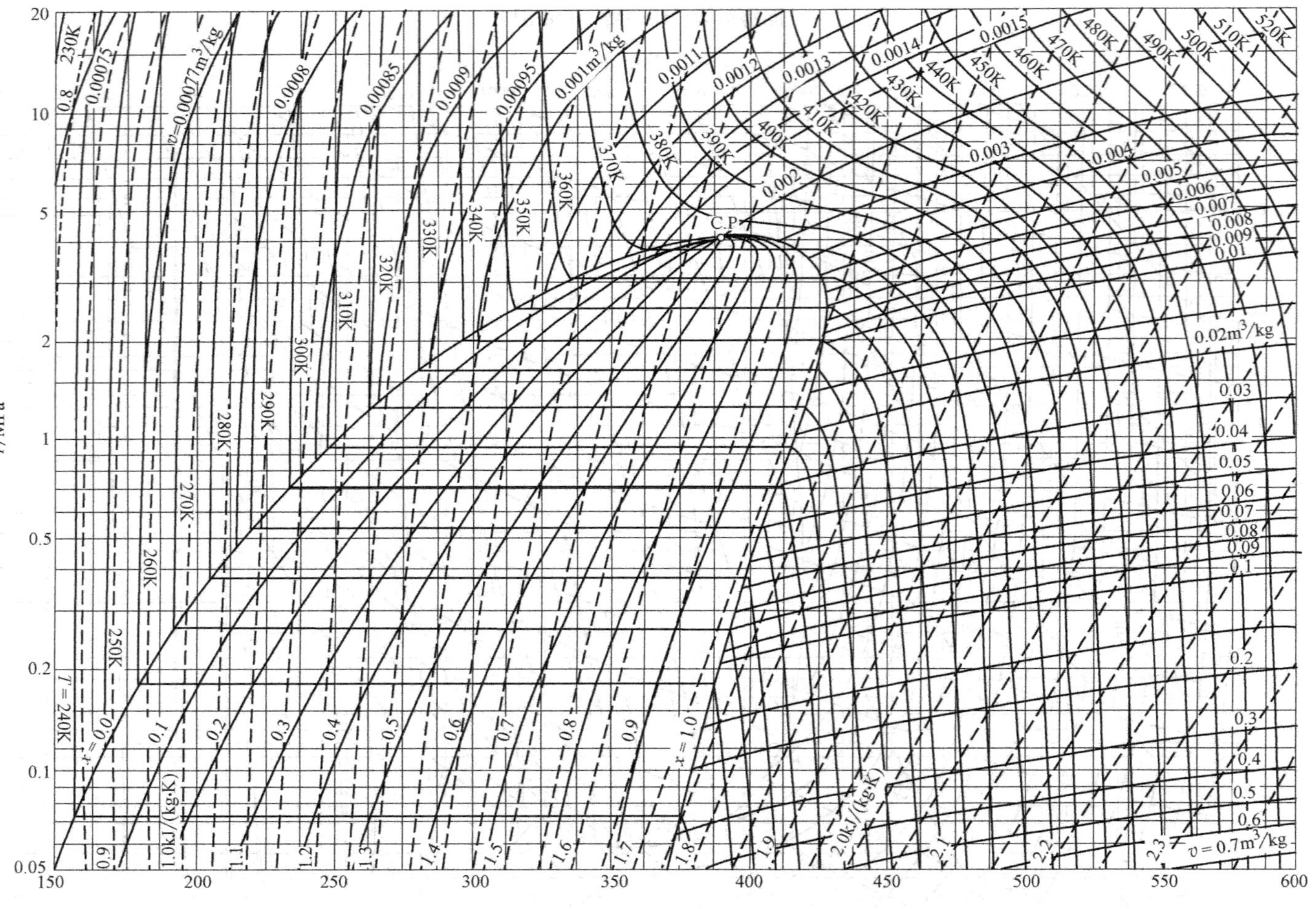

图 B-2 R134a 的压焓图

水蒸气的分压力p_V/kPa
0.0
0.5
1.0
1.5
2.0
2.5
3.0
3.5
4.0
4.5
5.0
5.5
6.0
6.5
温度t/℃
含湿量d/[g/kg(DA)]
φ=0.01
0.02
0.04
0.06
0.08
0.10
0.15
0.20
0.25
0.30
0.40
0.50
0.60
0.080
φ=1
h=150kJ/kg(DA)
h=100kJ/kg(DA)
t_w=40℃
t_w=30℃
t_w=20℃
t_w=10℃
t_w=0℃

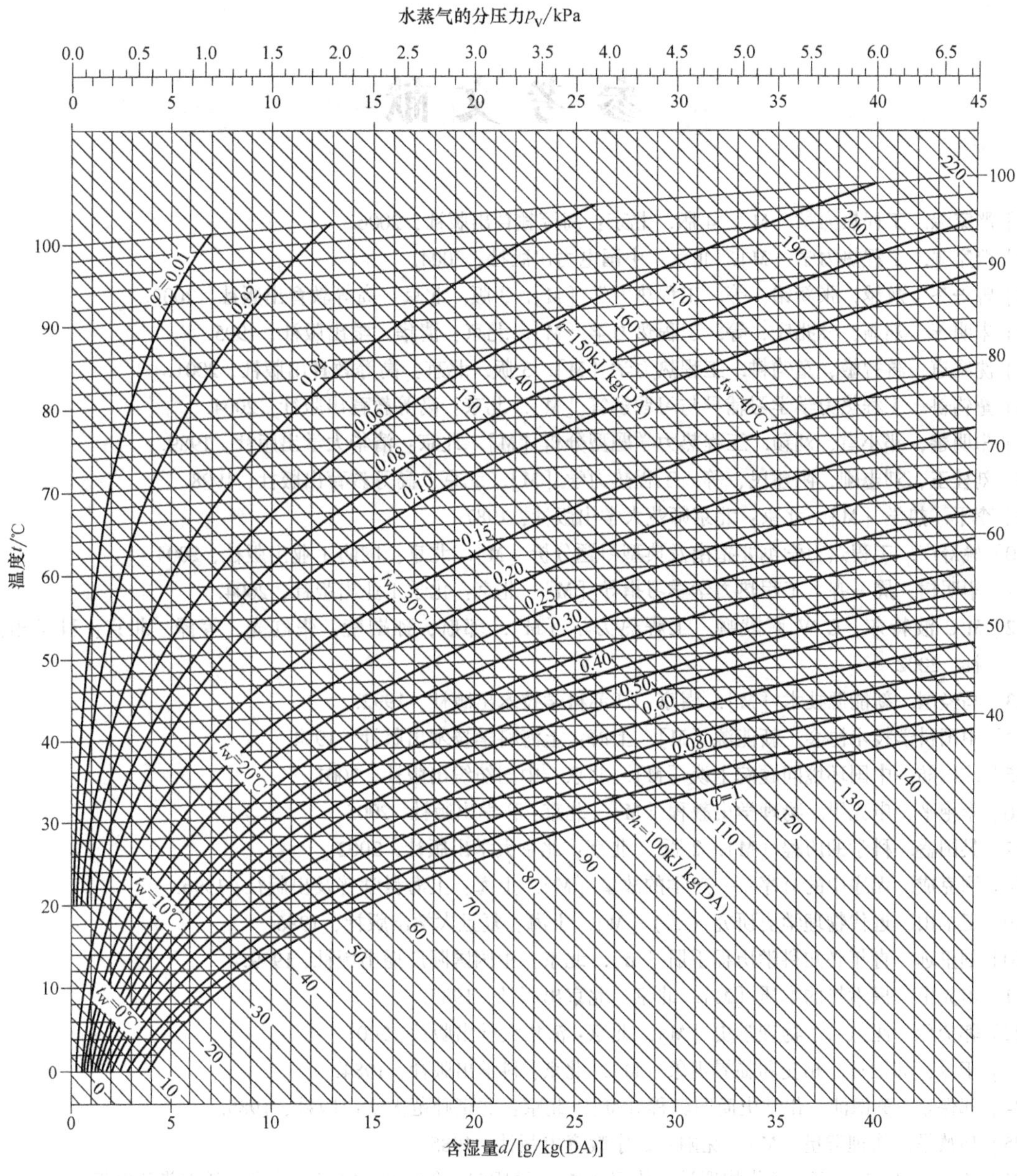

图 B-3　湿空气的焓湿图

参 考 文 献

[1] 严家騄. 工程热力学 [M]. 4 版. 北京：高等教育出版社，2006.
[2] 严家騄. 工程热力学 [M]. 北京：中国电力出版社，2004.
[3] 曾丹苓，敖越，张新铭，等. 工程热力学 [M]. 3 版. 北京：高等教育出版社，2002.
[4] 朱明善，刘颖，林兆庄，等. 工程热力学 [M]. 北京：清华大学出版社，1995.
[5] 沈维道，蒋智敏，童钧耕. 工程热力学 [M]. 3 版. 北京：高等教育出版社，2001.
[6] 童钧耕. 工程热力学学习辅导与习题解答 [M]. 北京：高等教育出版社，2004.
[7] 朱明善，邓小雪，刘颖. 工程热力学题型分析 [M]. 北京：清华大学出版社，1989.
[8] 刘桂玉，刘志刚，阴建民，等. 工程热力学 [M]. 北京：高等教育出版社，1998.
[9] 李平. 热学 [M]. 北京：北京师范大学出版社，1987.
[10] 姚寿广. 工程热力学纲要指南及典型习题分析 [M]. 北京：国防工业出版社，2004.
[11] 毕明树，周一卉. 工程热力学学习指导 [M]. 北京：化学工业出版社，2004.
[12] M C 波特尔，C W 萨默顿. 工程热力学 [M]. 郭航，孙嗣莹，张红光，等译. 北京：科学出版社，2002.
[13] 马经国. 新能源技术 [M]. 南京：江苏科学技术出版社，1992.
[14] 中国科学技术协会. 新能源 [M]. 上海：上海科学技术出版社，1994.
[15] 沈国舫. 中国环境问题院士谈 [M]. 北京：中国纺织出版社，2001.
[16] 李艳平，申先甲. 物理学史教程 [M]. 北京：科学出版社，2005.
[17] 吴国盛. 科学的历程 [M]. 2 版. 北京：北京大学出版社，2002.
[18] 缪克成. 无序中的有序——热学的故事 [M]. 上海：上海科学普及出版社，1996.
[19] 王福山. 近代物理学史研究（二）[M]. 上海：复旦大学出版社，1986.
[20] 刘里远. 青年必知科学历程手册 [M]. 北京：中国国际广播出版社，1999.
[21] 申先甲. 探索热的本质 [M]. 北京：北京出版社，1985.
[22] 郭奕玲，沈慧君. 物理学史 [M]. 北京：清华大学出版社，2001.
[23] 于渌，郝柏林. 相变和临界现象 [M]. 北京：科学出版社，1984.
[24] 郭保章，董德沛. 化学史简明教程 [M]. 北京：北京师范大学出版社，1985.
[25] 马德录. 物理群星 [M]. 沈阳：辽宁教育出版社，1985.
[26] Martin J Klein，等. 近代物理学家传记 [M]. 欧阳鸰，金怀诚，等译. 北京：科学普及出版社，1985.
[27] 自然杂志社. 科学家传记 [M]. 上海：上海交通大学出版社，1985.
[28] 袁运开，王顺义. 世界科技英才录：技术发明卷 [M]. 上海：上海科技教育出版社，1999.
[29] 申漳. 简明科学技术史话 [M]. 北京：中国青年出版社，1990.

《工程热力学》信息反馈表

尊敬的老师：

您好！感谢您多年来对机械工业出版社的支持和厚爱！为了进一步提高我社教材的出版质量，更好地为我国高等教育发展服务，欢迎您对我社的教材多提宝贵意见和建议。如果您在教学中选用了本书，欢迎您对本书提出修改建议和意见。

一、基本信息

姓名：________ 性别：________ 职称：________ 职务：________

邮编：________ 地址：________________________

任教课程：________ 电话：________—____________（H）________（O）

电子邮件：________________ 手机：____________

二、您对本书的意见和建议

（欢迎您指出本书的疏误之处）

三、您对我们的其他意见和建议

请与我们联系：

100037 北京百万庄大街 22 号 · 机械工业出版社 · 高等教育分社 蔡编辑 收

Tel：010—8837 9713（O），6899 7455（Fax）

E-mail：cky@ mail. machineinfo. gov. cn